机械设计手册

第6版

单行本

机构设计

主　编　闻邦椿

副主编　鄂中凯　张义民　陈良玉　孙志礼
　　　　宋锦春　柳洪义　巩亚东　宋桂秋

机械工业出版社

《机械设计手册》第6版 单行本共26分册，内容涵盖机械常规设计、机电一体化设计与机电控制、现代设计方法及其应用等内容，具有系统全面、信息量大、内容现代、突显创新、实用可靠、简明便查、便于携带和翻阅等特色。各分册分别为：《常用设计资料和数据》《机械制图与机械零部件精度设计》《机械零部件结构设计》《连接与紧固》《带传动和链传动 摩擦轮传动与螺旋传动》《齿轮传动》《减速器和变速器》《机构设计》《轴 弹簧》《滚动轴承》《联轴器、离合器与制动器》《起重运输机械零部件和操作件》《机架、箱体与导轨》《润滑 密封》《气压传动与控制》《机电一体化技术及设计》《机电系统控制》《机器人与机器人装备》《数控技术》《微机电系统及设计》《机械系统概念设计》《机械系统的振动设计及噪声控制》《疲劳强度设计 机械可靠性设计》《数字化设计》《工业设计与人机工程》《智能设计 仿生机械设计》。

本单行本为《机构设计》，主要介绍机构的基本概念和分析方法，连杆机构设计，共轭曲线机构设计，凸轮机构设计，棘轮机构、槽轮机构和不完全齿轮机构设计，组合机构，并联机构的设计与应用，柔顺机构设计，机构选型，机构创新设计，机构系统方案设计等内容。

本书供从事机械设计、制造、维修及有关工程技术人员作为工具书使用，也可供大专院校的有关专业师生使用和参考。

图书在版编目（CIP）数据

机械设计手册. 机构设计/闻邦椿主编. —6 版. —北京：机械工业出版社，2020.1（2023.1 重印）
 ISBN 978-7-111-64745-4

Ⅰ.①机… Ⅱ.①闻… Ⅲ.①机械设计-技术手册 Ⅳ.①TH122-62

中国版本图书馆 CIP 数据核字（2020）第 024380 号

机械工业出版社（北京市百万庄大街 22 号 邮政编码 100037）
策划编辑：曲彩云 责任编辑：曲彩云 高依楠
责任校对：徐 强 封面设计：马精明
责任印制：张 博
北京雁林吉兆印刷有限公司印刷
2023 年 1 月第 6 版第 2 次印刷
184mm×260mm · 22.5 印张 · 554 千字
标准书号：ISBN 978-7-111-64745-4
定价：69.00 元

电话服务　　　　　　　　网络服务
客服电话：010-88361066　机 工 官 网：www.cmpbook.com
　　　　　010-88379833　机 工 官 博：weibo.com/cmp1952
　　　　　010-68326294　金 书 网：www.golden-book.com
封底无防伪标均为盗版　机工教育服务网：www.cmpedu.com

出 版 说 明

《机械设计手册》自出版以来，已经进行了 5 次修订，2018 年第 6 版出版发行。截至 2019年，《机械设计手册》累计发行 39 万套。作为国家级重点科技图书，《机械设计手册》深受广大读者的欢迎和好评，在全国具有很大的影响力。该书曾获得中国出版政府奖提名奖、中国机械工业科学技术奖一等奖、全国优秀科技图书奖二等奖、中国机械工业部科技进步奖二等奖，并多次获得全国优秀畅销书奖等奖项。《机械设计手册》已成为机械设计领域的品牌产品，是机械工程领域最具权威和影响力的大型工具书之一。

《机械设计手册》第 6 版共 7 卷 55 篇，是在前 5 版的基础上吸收并总结了国内外机械工程设计领域中的新标准、新材料、新工艺、新结构、新技术、新产品、新的设计理论与方法，并配合我国创新驱动战略的需求编写而成的。与前 5 版相比，第 6 版无论是从体系还是内容，都在传承的基础上进行了创新。重点充实了机电一体化系统设计、机电控制与信息技术、现代机械设计理论与方法等现代机械设计的最新内容，将常规设计方法与现代设计方法相融合，光、机、电设融为一体，局部的零部件设计与系统化设计互相衔接，并努力将创新设计的理念贯穿其中。《机械设计手册》第 6 版体现了国内外机械设计发展的新水平，精心诠释了常规与现代机械设计的内涵、全面荟萃凝练了机械设计各专业技术的精华，它将引领现代机械设计创新潮流、成就新一代机械设计大师，为我国实现装备制造强国梦做出重大贡献。

《机械设计手册》第 6 版的主要特色是：体系新颖、系统全面、信息量大、内容现代、突显创新、实用可靠、简明便查。应该特别指出的是，第 6 版手册具有较高的科技含量和大量技术创新性的内容。手册中的许多内容都是编著者多年研究成果的科学总结。这些内容中有不少依托国家 "863 计划" "973 计划" "985 工程" "国家科技重大专项" "国家自然科学基金" 重大、重点和面上项目资助项目。相关项目有不少成果曾获得国际、国家、部委、省市科技奖励、技术专利。这充分体现了手册内容的重大科学价值与创新性。如仿生机械设计、激光及其在机械工程中的应用、绿色设计与和谐设计、微机电系统及设计等前沿新技术；又如产品综合设计理论与方法是闻邦椿院士在国际上首先提出，并综合 8 部专著后首次编入手册，该方法已经在高铁、动车及离心压缩机等机械工程中成功应用，获得了巨大的社会效益和经济效益。

在《机械设计手册》历次修订的过程中，出版社和作者都广泛征求和听取各方面的意见，广大读者在对《机械设计手册》给予充分肯定的同时，也指出《机械设计手册》卷册厚重，不便携带，希望能出版篇幅较小、针对性强、便查便携的更加实用的单行本。为满足读者的需要，机械工业出版社于 2007 年首次推出了《机械设计手册》第 4 版单行本。该单行本出版后很快受到读者的欢迎和好评。《机械设计手册》第 6 版已经面市，为了使读者能按需要、有针对性地选用《机械设计手册》第 6 版中的相关内容并降低购书费用，机械工业出版社在总结《机械设计手册》前几版单行本经验的基础上推出了《机械设计手册》第 6 版单行本。

《机械设计手册》第 6 版单行本保持了《机械设计手册》第 6 版（7 卷本）的优势和特色，依据机械设计的实际情况和机械设计专业的具体情况以及手册各篇内容的相关性，将原手册的7 卷 55 篇进行精选、合并，重新整合为 26 个分册，分别为：《常用设计资料和数据》《机械制图与机械零部件精度设计》《机械零部件结构设计》《连接与紧固》《带传动和链传动 摩擦轮传动与螺旋传动》《齿轮传动》《减速器和变速器》《机构设计》《轴 弹簧》《滚动轴承》《联轴器、离合器与制动器》《起重运输机械零部件和操作件》《机架、箱体与导轨》《润滑 密封》《气压传动与控制》《机电一体化技术及设计》《机电系统控制》《机器人与机器人装备》《数控技术》《微机电系统及设计》《机械系统概念设计》《机械系统的振动设计及噪声控制》《疲劳强度设计　机械可靠性设计》《数字化设计》《工业设计与人机工程》《智能设计　仿生机械设计》。各分册内容针对性强、篇幅适中、查阅和携带方便，读者可根据需要灵活选用。

　　《机械设计手册》第6版单行本是为了助力我国制造业转型升级、经济发展从高增长迈向高质量，满足广大读者的需要而编辑出版的，它将与《机械设计手册》第6版（7卷本）一起，成为机械设计人员、工程技术人员得心应手的工具书，成为广大读者的良师益友。

　　由于工作量大、水平有限，难免有一些错误和不妥之处，殷切希望广大读者给予指正。

机械工业出版社

前　言

　　本版手册为新出版的第 6 版 7 卷本《机械设计手册》。由于科学技术的快速发展，需要我们对手册内容进行更新，增加新的科技内容，以满足广大读者的迫切需要。

　　《机械设计手册》自 1991 年面世发行以来，历经 5 次修订，截至 2016 年已累计发行 38 万套。作为国家级重点科技图书的《机械设计手册》，深受社会各界的重视和好评，在全国具有很大的影响力，该手册曾获得全国优秀科技图书奖二等奖（1995 年）、中国机械工业部科技进步奖二等奖（1997 年）、中国机械工业科学技术奖一等奖（2011 年）、中国出版政府奖提名奖（2013 年），并多次获得全国优秀畅销书奖等奖项。1994 年，《机械设计手册》曾在我国台湾建宏出版社出版发行，并在海内外产生了广泛的影响。《机械设计手册》荣获的一系列国家和部级奖项表明，其具有很高的科学价值、实用价值和文化价值。《机械设计手册》已成为机械设计领域的一部大型品牌工具书，已成为机械工程领域权威的和影响力较大的大型工具书，长期以来，它为我国装备制造业的发展做出了巨大贡献。

　　第 5 版《机械设计手册》出版发行至今已有 7 年时间，这期间我国国民经济有了很大发展，国家制定了《国家创新驱动发展战略纲要》，其中把创新驱动发展作为了国家的优先战略。因此，《机械设计手册》第 6 版修订工作的指导思想除努力贯彻"科学性、先进性、创新性、实用性、可靠性"外，更加突出了"创新性"，以全力配合我国"创新驱动发展战略"的重大需求，为实现我国建设创新型国家和科技强国梦做出贡献。

　　在本版手册的修订过程中，广泛调研了厂矿企业、设计院、科研院所和高等院校等多方面的使用情况和意见。对机械设计的基础内容、经典内容和传统内容，从取材、产品及其零部件的设计方法与计算流程、设计实例等多方面进行了深入系统的整合，同时，还全面总结了当前国内外机械设计的新理论、新方法、新材料、新工艺、新结构、新产品和新技术，特别是在现代设计与创新设计理论与方法、机电一体化及机械系统控制技术等方面做了系统和全面的论述和凝练。相信本版手册会以崭新的面貌展现在广大读者面前，它将对提高我国机械产品的设计水平、推进新产品的研究与开发、老产品的改造，以及产品的引进、消化、吸收和再创新，进而促进我国由制造大国向制造强国跃升，发挥出巨大的作用。

　　本版手册分为 7 卷 55 篇：第 1 卷　机械设计基础资料；第 2 卷　机械零部件设计（连接、紧固与传动）；第 3 卷　机械零部件设计（轴系、支承与其他）；第 4 卷　流体传动与控制；第 5 卷　机电一体化与控制技术；第 6 卷　现代设计与创新设计（一）；第 7 卷　现代设计与创新设计（二）。

　　本版手册有以下七大特点：

　　一、构建新体系

　　构建了科学、先进、实用、适应现代机械设计创新潮流的《机械设计手册》新结构体系。该体系层次为：机械基础、常规设计、机电一体化设计与控制技术、现代设计与创新设计方法。该体系的特点是：常规设计方法与现代设计方法互相融合，光、机、电设计融为一体，局部的零部件设计与系统化设计互相衔接，并努力将创新设计的理念贯穿于常规设计与现代设计之中。

　　二、凸显创新性

　　习近平总书记在 2014 年 6 月和 2016 年 5 月召开的中国科学院、中国工程院两院院士大会上分别提出了我国科技发展的方向就是"创新、创新、再创新"，以及实现创新型国家和科技强国的三个阶段的目标和五项具体工作。为了配合我国创新驱动发展战略的重大需求，本版手册突出了机械创新设计内容的编写，主要有以下几个方面：

（1）新增第7卷，重点介绍了创新设计及与创新设计有关的内容。

该卷主要内容有：机械创新设计概论，创新设计方法论，顶层设计原理、方法与应用，创新原理、思维、方法与应用，绿色设计与和谐设计，智能设计，仿生机械设计，互联网上的合作设计，工业通信网络，面向机械工程领域的大数据、云计算与物联网技术，3D打印设计与制造技术，系统化设计理论与方法。

（2）在一些篇章编入了创新设计和多种典型机械创新设计的内容。

"第11篇　机构设计"篇新增加了"机构创新设计"一章，该章编入了机构创新设计的原理、方法及飞剪机剪切机构创新设计，大型空间折展机构创新设计等多个创新设计的案例。典型机械的创新设计有大型全断面掘进机（盾构机）仿真分析与数字化设计、机器人挖掘机的机电一体化创新设计、节能抽油机的创新设计、产品包装生产线的机构方案创新设计等。

（3）编入了一大批典型的创新机械产品。

"机械无级变速器"一章中编入了新型金属带式无级变速器，"并联机构的设计与应用"一章中编入了数十个新型的并联机床产品，"振动的利用"一章中新编入了激振器偏移式自同步振动筛、惯性共振式振动筛、振动压路机等十多个典型的创新机械产品。这些产品有的获得了国家或省部级奖励，有的是专利产品。

（4）编入了机械设计理论和设计方法论等方面的创新研究成果。

1）闻邦椿院士团队经过长期研究，在国际上首先创建了振动利用工程学科，提出了该类机械设计理论和方法。本版手册中编入了相关内容和实例。

2）根据多年的研究，提出了以非线性动力学理论为基础的深层次的动态设计理论与方法。本版手册首次编入了该方法并列举了若干应用范例。

3）首先提出了和谐设计的新概念和新内容，阐明了自然环境、社会环境（政治环境、经济环境、人文环境、国际环境、国内环境）、技术环境、资金环境、法律环境下的产品和谐设计的概念和内容的新体系，把既有的绿色设计篇拓展为绿色设计与和谐设计篇。

4）全面系统地阐述了产品系统化设计的理论和方法，提出了产品设计的总体目标、广义目标和技术目标的内涵，提出了应该用IQCTES六项设计要求来代替QCTES五项要求，详细阐明了设计的四个理想步骤，即"3I调研""7D规划""1+3+X实施""5（A+C）检验"，明确提出了产品系统化设计的基本内容是主辅功能、三大性能和特殊性能要求的具体实现。

5）本版手册引入了闻邦椿院士经过长期实践总结出的独特的、科学的创新设计方法论体系和规则，用来指导产品设计，并提出了创新设计方法论的运用可向智能化方向发展，即采用专家系统来完成。

三、坚持科学性

手册的科学水平是评价手册编写质量的重要方面，因此，本版手册特别强调突出内容的科学性。

（1）本版手册努力贯彻科学发展观及科学方法论的指导思想和方法，并将其落实到手册内容的编写中，特别是在产品设计理论方法的和谐设计、深层次设计及系统化设计的编写中。

（2）本版手册中的许多内容是编著者多年研究成果的科学总结。这些内容中有不少是国家863、973计划项目，国家科技重大专项，国家自然科学基金重大、重点和面上项目资助项目的研究成果，有不少成果曾获得国际、国家、部委、省市科技奖励及技术专利，充分体现了本版手册内容的重大科学价值与创新性。

下面简要介绍本版手册编入的几方面的重要研究成果：

1）振动利用工程新学科是闻邦椿院士团队经过长期研究在国际上首先创建的。本版手册中编入了振动利用机械的设计理论、方法和范例。

2）产品系统化设计理论与方法的体系和内容是闻邦椿院士团队提出并加以完善的，编写者依据多年的研究成果和系列专著，经综合整理后首次编入本版手册。

3）仿生机械设计是一门新兴的综合性交叉学科，近年来得到了快速发展，它为机械设计的创新提供了新思路、新理论和新方法。吉林大学任露泉院士领导的工程仿生教育部重点实验室开展了大量的深入研究工作，取得了一系列创新成果且出版了专著，据此并结合国内外大量较新的文献资料，为本版手册构建了仿生机械设计的新体系，编写了"仿生机械设计"篇（第50篇）。

4）激光及其在机械工程中的应用篇是中国科学院长春光学精密机械与物理研究所王立军院士依据多年的研究成果，并参考国内外大量较新的文献资料编写而成的。

5）绿色制造工程是国家确立的五项重大工程之一，绿色设计是绿色制造工程的最重要环节，是一个新的学科。合肥工业大学刘志峰教授依据在绿色设计方面获多项国家和省部级奖励的研究成果，参考国内外大量较新的文献资料为本版手册首次构建了绿色设计新体系，编写了"绿色设计与和谐设计"篇（第48篇）。

6）微机电系统及设计是前沿的新技术。东南大学黄庆安教授领导的微电子机械系统教育部重点实验室多年来开展了大量研究工作，取得了一系列创新研究成果，本版手册的"微机电系统及设计"篇（第28篇）就是依据这些成果和国内外大量较新的文献资料编写而成的。

四、重视先进性

（1）本版手册对机械基础设计和常规设计的内容做了大规模全面修订，编入了大量新标准、新材料、新结构、新工艺、新产品、新技术、新设计理论和计算方法等。

1）编入和更新了产品设计中需要的大量国家标准，仅机械工程材料篇就更新了标准126个，如GB/T 699—2015《优质碳素结构钢》和GB/T 3077—2015《合金结构钢》等。

2）在新材料方面，充实并完善了铝及铝合金、钛及钛合金、镁及镁合金等内容。这些材料由于具有优良的力学性能、物理性能以及回收率高等优点，目前广泛应用于航空、航天、高铁、计算机、通信元件、电子产品、纺织和印刷等行业。增加了国内外粉末冶金材料的新品种，如美国、德国和日本等国家的各种粉末冶金材料。充实了国内外工程塑料及复合材料的新品种。

3）新编的"机械零部件结构设计"篇（第4篇），依据11个结构设计方面的基本要求，编写了相应的内容，并编入了结构设计的评估体系和减速器结构设计、滚动轴承部件结构设计的示例。

4）按照GB/T 3480.1~3—2013（报批稿）、GB/T 10062.1~3—2003及ISO 6336—2006等新标准，重新构建了更加完善的渐开线圆柱齿轮传动和锥齿轮传动的设计计算新体系；按照初步确定尺寸的简化计算、简化疲劳强度校核计算、一般疲劳强度校核计算，编排了三种设计计算方法，以满足不同场合、不同要求的齿轮设计。

5）在"第4卷　流体传动与控制"卷中，编入了一大批国内外知名品牌的新标准、新结构、新产品、新技术和新设计计算方法。在"液力传动"篇（第23篇）中新增加了液黏传动，它是一种新型的液力传动。

（2）"第5卷　机电一体化与控制技术"卷充实了智能控制及专家系统的内容，大篇幅增加了机器人与机器人装备的内容。

机器人是机电一体化特征最为显著的现代机械系统，机器人技术是智能制造的关键技术。由于智能制造的迅速发展，近年来机器人产业呈现出高速发展的态势。为此，本版手册大篇幅增加了"机器人与机器人装备"篇（第26篇）的内容。该篇从实用性的角度，编写了串联机器人、并联机器人、轮式机器人、机器人工装夹具及变位机；编入了机器人的驱动、控制、传感、视角和人工智能等共性技术；结合喷涂、搬运、电焊、冲压及压铸等工艺，介绍了机器人的典型应用实例；介绍了服务机器人技术的新进展。

（3）为了配合我国创新驱动战略的重大需求，本版手册扩大了创新设计的篇数，将原第6卷扩编为两卷，即新的"现代设计与创新设计（一）"（第6卷）和"现代设计与创新设计（二）"（第7卷）。前者保留了原第6卷的主要内容，后者编入了创新设计和与创新设计有关的内容及一些前沿的技术内容。

本版手册"现代设计与创新设计（一）"卷（第6卷）的重点内容和新增内容主要有：

1）在"现代设计理论与方法综述"篇（第32篇）中，简要介绍了机械制造技术发展总趋势、在国际上有影响的主要设计理论与方法、产品研究与开发的一般过程和关键技术、现代设计理论的发展和根据不同的设计目标对设计理论与方法的选用。闻邦椿院士在国内外首次按照系统工程原理，对产品的现代设计方法做了科学分类，克服了目前产品设计方法的论述缺乏系统性的不足。

2）新编了"数字化设计"篇（第40篇）。数字化设计是智能制造的重要手段，并呈现应用日益广泛、发展更加深刻的趋势。本篇编入了数字化技术及其相关技术、计算机图形学基础、产品的数字化建模、数字化仿真与分析、逆向工程与快速原型制造、协同设计、虚拟设计等内容，并编入了大型全断面掘进机（盾构机）的数字化仿真分析和数字化设计、摩托车逆向工程设计等多个实例。

3）新编了"试验优化设计"篇（第41篇）。试验是保证产品性能与质量的重要手段。本篇以新的视觉优化设计构建了试验设计的新体系、全新内容，主要包括正交试验、试验干扰控制、正交试验的结果分析、稳健试验设计、广义试验设计、回归设计、混料回归设计、试验优化分析及试验优化设计常用软件等。

4）将手册第5版的"造型设计与人机工程"篇改编为"工业设计与人机工程"篇（第42篇），引入了工业设计的相关理论及新的理念，主要有品牌设计与产品识别系统（PIS）设计、通用设计、交互设计、系统设计、服务设计等，并编入了机器人的产品系统设计分析及自行车的人机系统设计等典型案例。

（4）"现代设计与创新设计（二）"卷（第7卷）主要编入了创新设计和与创新设计有关的内容及一些前沿技术内容，其重点内容和新编内容有：

1）新编了"机械创新设计概论"篇（第44篇）。该篇主要编入了创新是我国科技和经济发展的重要战略、创新设计的发展与现状、创新设计的指导思想与目标、创新设计的内容与方法、创新设计的未来发展战略、创新设计方法论的体系和规则等。

2）新编了"创新设计方法论"篇（第45篇）。该篇为创新设计提供了正确的指导思想和方法，主要编入了创新设计方法论的体系、规则，创新设计的目的、要求、内容、步骤、程序及科学方法，创新设计工作者或团队的四项潜能，创新设计客观因素的影响及动态因素的作用，用科学哲学思想来统领创新设计工作，创新设计方法论的应用，创新设计方法论应用的智能化及专家系统，创新设计的关键因素及制约的因素分析等内容。

3）创新设计是提高机械产品竞争力的重要手段和方法，大力发展创新设计对我国国民经济发展具有重要的战略意义。为此，编写了"创新原理、思维、方法与应用"篇（第47篇）。除编入了创新思维、原理和方法，创新设计的基本理论和创新的系统化设计方法外，还编入了29种创新思维方法、30种创新技术、40种发明创造原理，列举了大量的应用范例，为引领机械创新设计做出了示范。

4）绿色设计是实现低资源消耗、低环境污染、低碳经济的保护环境和资源合理利用的重要技术政策。本版手册中编入了"绿色设计与和谐设计"篇（第48篇）。该篇系统地论述了绿色设计的概念、理论、方法及其关键技术。编者结合多年的研究实践，并参考了大量的国内外文献及较新的研究成果，首次构建了系统实用的绿色设计的完整体系，包括绿色材料选择、拆卸回收产品设计、包装设计、节能设计、绿色设计体系与评估方法，并给出了系列典型范例，这些对推动工程绿色设计的普遍实施具有重要的指引和示范作用。

5）仿生机械设计是一门新兴的综合性交叉学科，本版手册新编入了"仿生机械设计"篇（第50篇），包括仿生机械设计的原理、方法、步骤，仿生机械设计的生物模本，仿生机械形态与结构设计，仿生机械运动学设计，仿生机构设计，并结合仿生行走、飞行、游走、运动及生机电仿生手臂，编入了多个仿生机械设计范例。

6）第55篇为"系统化设计理论与方法"篇。装备制造机械产品的大型化、复杂化、信息化程度越来越高，对设计方法的科学性、全面性、深刻性、系统性提出的要求也越来越高，为了满足我国制造强国的重大需要，亟待创建一种能统领产品设计全局的先进设计方法。该方法已经在我国许多重要机械产品（如动车、大型离心压缩机等）中成功应用，并获得重大的社会效益和经济效益。本版手册对该系统化设计方法做了系统论述并给出了大型综合应用实例，相信该系统化设计方法对我国大型、复杂、现代化机械产品的设计具有重要的指导和示范作用。

7）本版手册第7卷还编入了与创新设计有关的其他多篇现代化设计方法及前沿新技术，包括顶层设计原理、方法与应用，智能设计，互联网上的合作设计，工业通信网络，面向机械工程领域的大数据、云计算与物联网技术，3D打印设计与制造技术等。

五、突出实用性

为了方便产品设计者使用和参考，本版手册对每种机械零部件和产品均给出了具体应用，并给出了选用方法或设计方法、设计步骤及应用范例，有的给出了零部件的生产企业，以加强实际设计的指导和应用。本版手册的编排尽量采用表格化、框图化等形式来表达产品设计所需要的内容和资料，使其更加简明、便查；对各种标准采用摘编、数据合并、改排和格式统一等方法进行改编，使其更为规范和便于读者使用。

六、保证可靠性

编入本版手册的资料尽可能取自原始资料，重要的资料均注明来源，以保证其可靠性。所有数据、公式、图表力求准确可靠，方法、工艺、技术力求成熟。所有材料、零部件、产品和工艺标准均采用新公布的标准资料，并且在编入时做到认真核对以避免差错。所有计算公式、计算参数和计算方法都经过长期检验，各种算例、设计实例均来自工程实际，并经过认真的计算，以确保可靠。本版手册编入的各种通用的及标准化的产品均说明其特点及适用情况，并注明生产厂家，供设计人员全面了解情况后选用。

七、保证高质量和权威性

本版手册主编单位东北大学是国家211、985重点大学、"重大机械关键设计制造共性技术"985创新平台建设单位、2011国家钢铁共性技术协同创新中心建设单位，建有"机械设计及理论国家重点学科"和"机械工程一级学科"。由东北大学机械及相关学科的老教授、老专家和中青年学术精英组成了实力强大的大型工具书编写团队骨干，以及一批来自国家重点高校、研究院所、大型企业等 30 多个单位、近 200 位专家、学者组成了高水平编审团队。编审团队成员的大多数都是所在领域的著名资深专家，他们具有深广的理论基础、丰富的机械设计工作经历、丰富的工具书编纂经验和执着的敬业精神，从而确保了本版手册的高质量和权威性。

在本版手册编写中，为便于协调，提高质量，加快编写进度，编审人员以东北大学的教师为主，并组织邀请了清华大学、上海交通大学、西安交通大学、浙江大学、哈尔滨工业大学、吉林大学、天津大学、华中科技大学、北京科技大学、大连理工大学、东南大学、同济大学、重庆大学、北京化工大学、南京航空航天大学、上海师范大学、合肥工业大学、大连交通大学、长安大学、西安建筑科技大学、沈阳工业大学、沈阳航空航天大学、沈阳建筑大学、沈阳理工大学、沈阳化工大学、重庆理工大学、中国科学院长春光学精密机械与物理研究所、中国科学院沈阳自动化研究所等单位的专家、学者参加。

在本版手册出版之际，特向著名机械专家、本手册创始人、第 1 版及第 2 版的主编徐灝教授致以崇高的敬意，向历次版本副主编邱宣怀教授、蔡春源教授、严隽琪教授、林忠钦教授、余俊教授、杜恺总工程师、周士昌教授致以崇高的敬意，向参加本手册历次版本的编写单位和人员表示衷心感谢，向在本手册历次版本的编写、出版过程中给予大力支持的单位和社会各界朋友们表示衷心感谢，特别感谢机械科学研究总院、郑州机械研究所、徐州工程机械集团公司、北方重工集团沈阳重型机械集团有限责任公司和沈阳矿山机械集团有限责任公司、沈阳机床集团有限责任公司、沈阳鼓风机集团有限责任公司及辽宁省标准研究院等单位的大力支持。

由于编者水平有限，手册中难免有一些不尽如人意之处，殷切希望广大读者批评指正。

主编　闻邦椿

目　录

第11篇　机 构 设 计

第1章　机构的基本概念和分析方法

第2章　连杆机构设计

第3章　共轭曲线机构设计

第 10 章　机构创新设计

第 11 章　机构系统方案设计

第 11 篇　机构设计

主　编　邓宗全　于红英　邹　平　焦映厚
编写人　邓宗全　于红英　邹　平　焦映厚
　　　　　陈照波　唐德威　杨　飞　刘文涛
　　　　　陶建国　荣伟彬　王乐锋　陈　明
　　　　　刘荣强
审稿人　陈良玉　杨玉虎

第5版
第11篇　机构设计

主　编　施永乐　邹平

撰写人　施永乐　邹慧君

　　　　李德锡　邹　平　郭凤麟

审稿人　陈良玉

第1章 机构的基本概念和分析方法

1 与机构相关的常用名词术语（见表11.1-1）

表 11.1-1 常用名词术语

名词术语			定义及意义
零件			机构中的制造单元,如螺钉、键、轴等,也是组成构件的单元体
构件	定义		机构中独立的运动单元,可以是一个零件或多个零件刚性连接而成,所以构件可看作为刚体
	分类	主动件	机构中由外部(原动机或传动系统)输入驱动力(力矩)的构件,一般与机架相连,又称原动件、起始构件或输入构件
		从动件	机构中除机架和主动件以外的构件,其中直接输出运动或力的构件称输出构件
		机架	机构中用以支承运动构件的构件,一般认为它是相对静止的,可作为研究运动的参考基准
运动副	定义		两构件直接接触而又保持一定相对运动的可动连接
	分类	低副	两构件以面接触组成的运动副
		高副	两构件以点或线接触组成的运动副
运动链	定义		若干个构件通过运动副连接而成的可动构件系统
	分类	闭式	运动链形成封闭环路,可分为单闭环和多闭环
		开式	运动链没有形成封闭环路
机构	定义		用来传递运动和力的,以一个构件为机架,用运动副连接而成的构件系统
	分类	平面机构	机构中各个构件上的点都在相互平行的平面内运动
		空间机构	机构中各个构件上的点不都在相互平行的平面内运动
机器			由一个或多个机构组成,用以执行机械运动,以变换和传递能量、物料或信息
机械			一般为机构和机器两者的总称

2 运动副及其分类

构件通过直接接触组成一个运动副时,彼此限制了某些相对运动,这种限制运动的条件称为约束。例如,一个没有任何约束的自由构件在空间运动时具有6个独立运动参数（自由度）,即绕 x、y、z 轴的3个独立转动 θ_x、θ_y、θ_z 和沿这3个轴的独立移动 S_x、S_y、S_z。当两个构件组成运动副时,由于某些相对运动受到限制,自由度减少。表11.1-2中列举了各种不同运动副的简图符号、级别、代号、相对自由度和约束情况。

表 11.1-2 常用各级运动副及其表示方法

名称		图例	简图符号	副级	代号	约束条件	自由度
开式空间运动副	球面高副	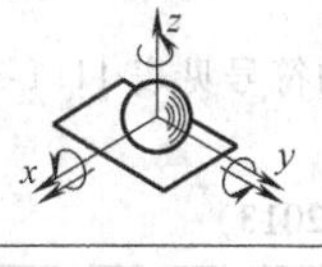		I	P_1 (S_h)	S_z	5
	柱面高副	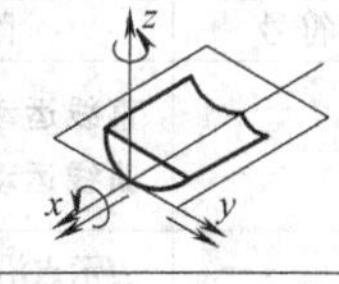	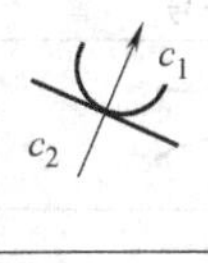	II	P_2 (C_h)	S_z、θ_y	4
闭式空间运动副	球面低副	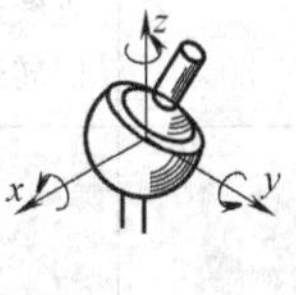		III	P_3 (S)	S_x、S_y、S_z	3

（续）

	名称	图例	简图符号	副级	代号	约束条件	自由度
闭式空间运动副	球销副	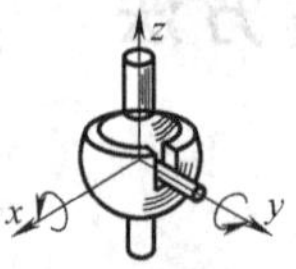	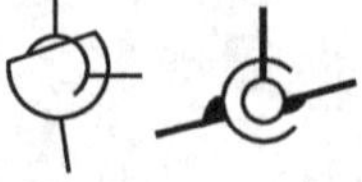	Ⅳ	P_4 (S')	S_x、S_y、S_z、θ_z	2
	圆柱副	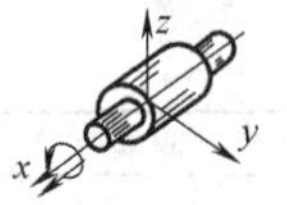		Ⅳ	P_4 (C)	S_y、S_z、θ_y、θ_z	2
	螺旋副	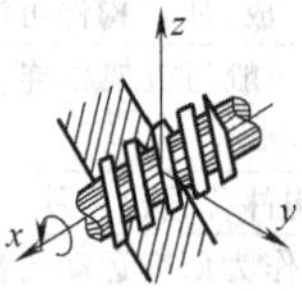		Ⅴ	P_5 (H)	S_x、S_y、S_z、θ_z、θ_y	1
开式平面运动副	平面高副	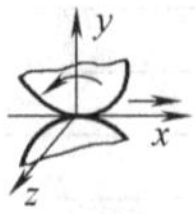		Ⅳ	P_4	S_y、S_z、θ_x、θ_y	2
闭式平面运动副	转动副	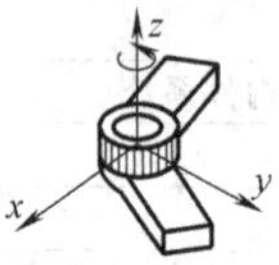	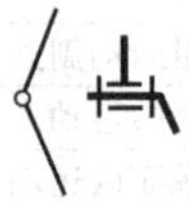	Ⅴ	P_5 (R)	S_x、S_y、S_z、θ_x、θ_y	1
	移动副	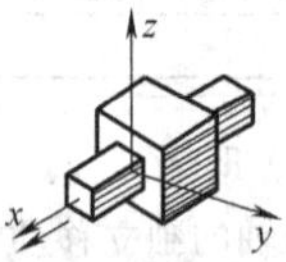	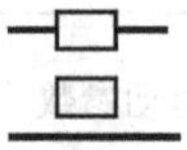	Ⅴ	P_5 (P)	S_y、S_z、θ_x、θ_y、θ_z	1

注：1. 表中 P_1、P_2、P_3、P_4、P_5分别表示运动副的级别为 Ⅰ、Ⅱ、Ⅲ、Ⅳ、Ⅴ等级。
　　2. 表中带括号的代号是机构学中常用的代号。

3　机构运动简图

3.1　机构运动简图的定义及符号

为了使问题简化，在研究机构的运动时可以不考虑构件、运动副的外形和具体构造，用简单的线条和符号代表构件和运动副，按一定比例确定各运动副的相对位置。这种描述构件间相对位置关系的简单图形称为机构运动简图，如不按比例来绘制，把这样的简图称为机构示意图。

机构运动简图的符号见表 11.1-3。

表 11.1-3　机构运动简图符号（参考 GB/T 4460—2013）

类别	名　称	基本符号	可用符号	附　注
机构构件的运动	运动轨迹	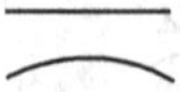		直线运动 曲线运动
	运动指向			表示点沿轨迹运动的指向
	中间位置的瞬时停顿	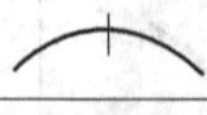		直线运动 回转运动
	中间位置的停留	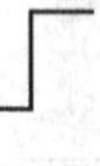		

（续）

类别	名　　称		基本符号	可用符号	附　　注
机构构件的运动	极限位置的停留				
	局部反向运动				直线运动 回转运动
	停止				
	单向运动	直线或曲线的单向运动		○	直线运动 曲线运动
		具有瞬时停顿的单向运动			直线运动 回转运动
		具有停留的单向运动			直线运动 回转运动
		具有局部反向的单向运动			直线运动 回转运动
		具有局部反向及停留的单向运动			直线运动 回转运动
	往复运动	直线或回转的往复运动			直线运动 回转运动
		在一个极限位置停留的往复运动			直线运动 回转运动
		在中间位置停留的往复运动			直线运动 回转运动
		在两个极限位置停留的往复运动			直线运动 回转运动
		运动终止			直线运动 回转运动
构件及其组成部分的连接	机架				
	轴、杆				
	构件组成部分的永久连接				
	组成部分与轴（杆）的固定连接				
	构件组成部分的可调连接				

（续）

类别	名　　称			基本符号	可用符号	附　注
多杆构件及其组成部分	单副元素构件	构件是回转副的一部分	平面机构 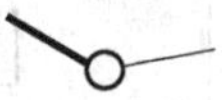			
			空间机构 			
		机架是回转副的一部分	平面机构  			
			空间机构 			
		构件是棱柱副的一部分  				
		构件是圆柱副的一部分 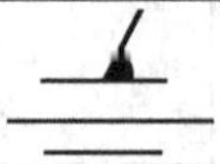				
		构件是球面副的一部分 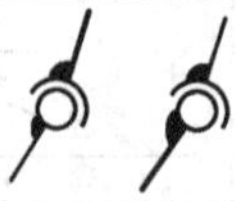				
	双副元素构件		通用情况			细实线表示相邻构件
		连接两个回转副的构件	连杆 平面机构			
			连杆 空间机构			
			曲柄（或摇杆）平面机构	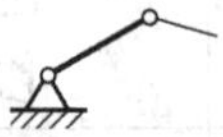		
			曲柄（或摇杆）空间机构			
			偏心轮 			
		连接两个棱柱副的构件	通用情况 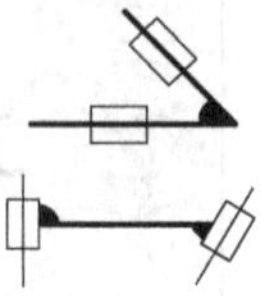			
			滑块 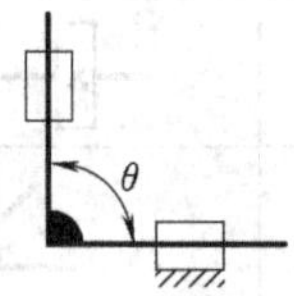 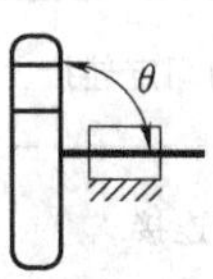	θ	θ	

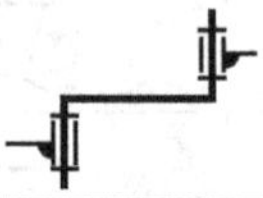

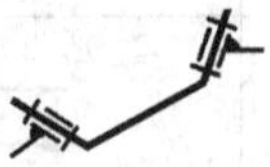

（续）

类别	名 称		基本符号	可用符号	附 注
多杆构件及其组成部分	双副元素构件	连接回转副与棱柱副的构件 — 通用情况			细实线表示相邻构件
		导杆			
		滑块	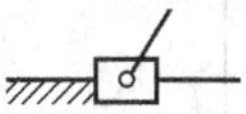		
	三副元素构件 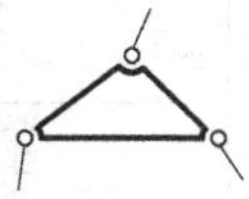 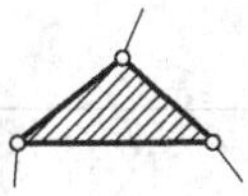 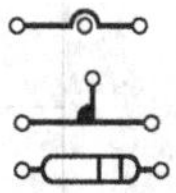				
	多副元素构件				符号与双副、三副元素构件类似
	运动简图示例 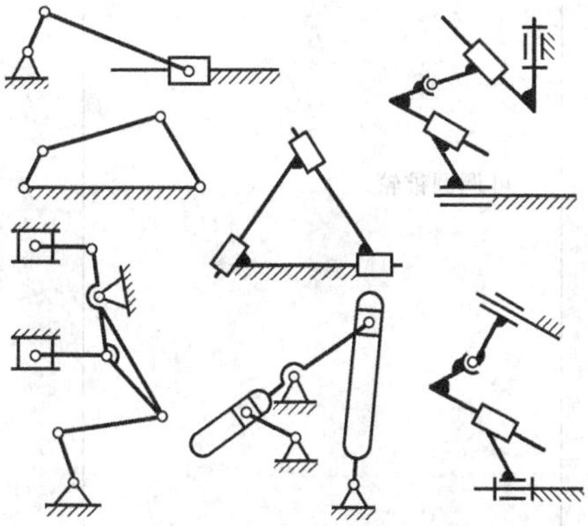				
摩擦机构	摩擦轮	圆柱轮  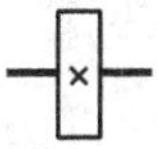			
		圆锥轮 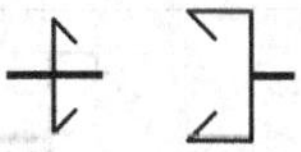 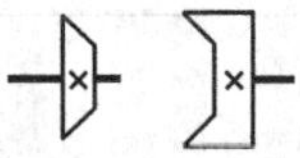			
		曲线轮 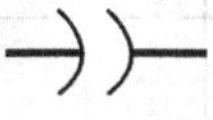 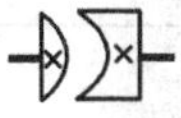			
		冕状轮  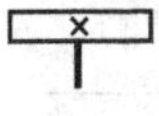			
		挠性轮 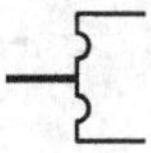			

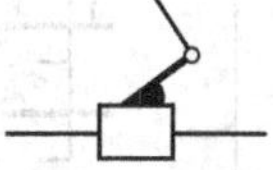

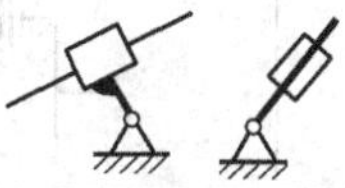

（续）

类别		名　称	基本符号	可用符号	附　注
摩擦机构	摩擦传动	圆柱轮	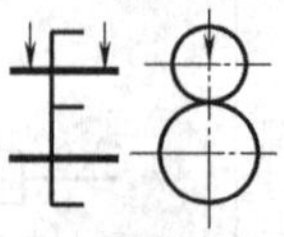	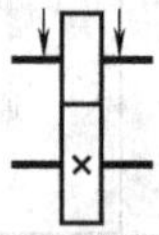	
		圆锥轮	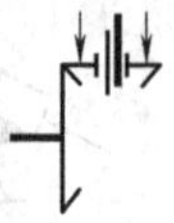	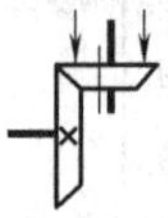	
		双曲面轮		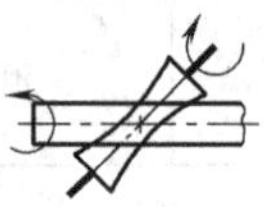	
		可调圆锥轮	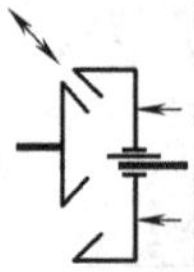	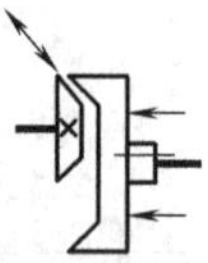	带中间体的可调圆锥轮 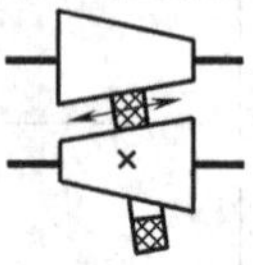 带可调圆环的圆锥轮 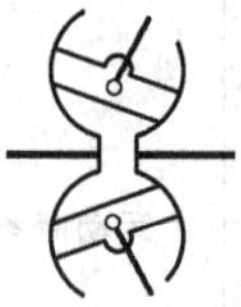 带可调球面轮的圆锥轮 
		可调冕状轮	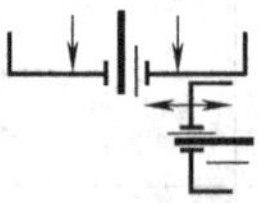	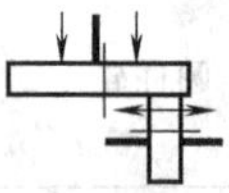	
齿轮机构	齿轮（不指明齿线）	圆柱齿轮	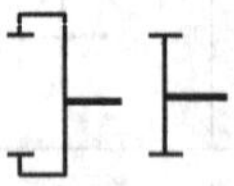		
		锥齿轮		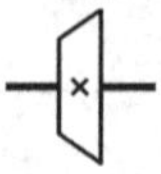	
		挠性齿轮	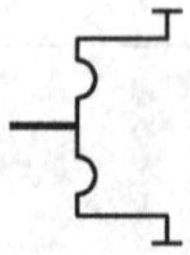		

（续）

类别			名　　称	基本符号	可用符号	附　　注
齿轮机构	齿线符号	圆柱齿轮	直齿		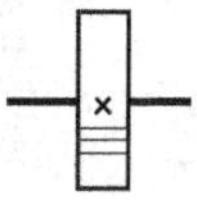	
			斜齿		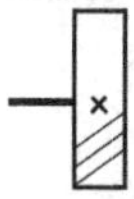	
			人字齿		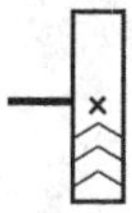	
		锥齿轮	直齿	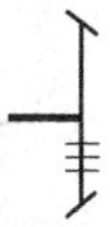	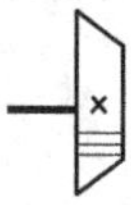	
			斜齿		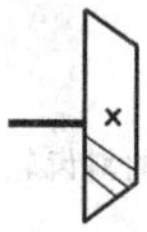	
			弧齿	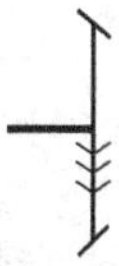	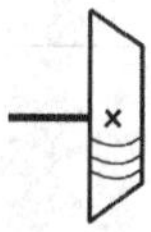	
	齿轮传动（不指明齿线）		圆柱齿轮	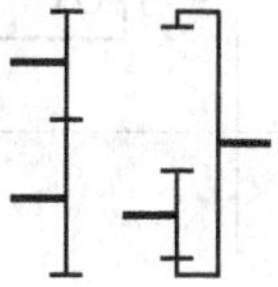	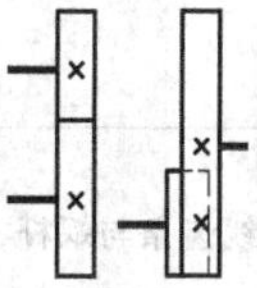	
			非圆齿轮	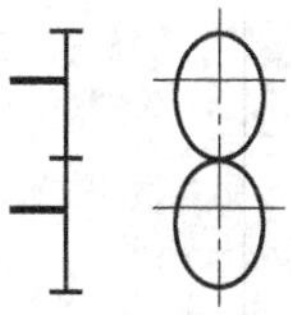		
			锥齿轮	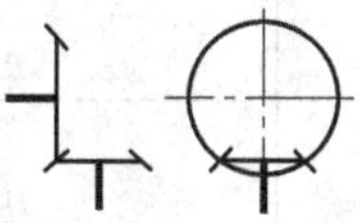	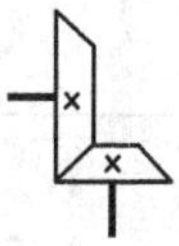	
			准双曲面齿轮	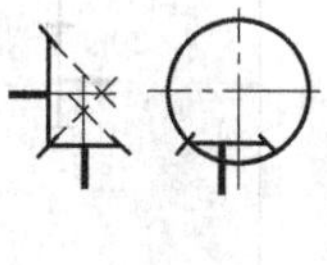	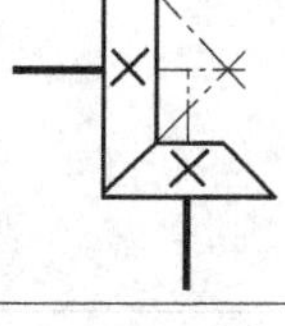	

（续）

类别		名　　称	基本符号	可用符号	附　　注
齿轮机构	齿轮传动（不指明齿线）	蜗轮与圆柱蜗杆	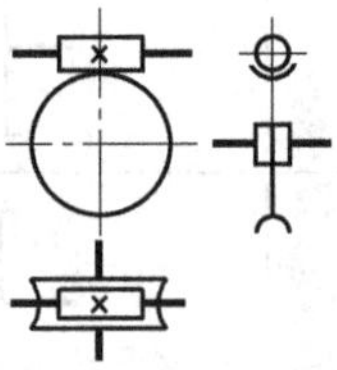	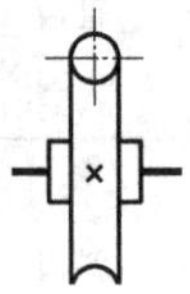	
		蜗轮与球面蜗杆	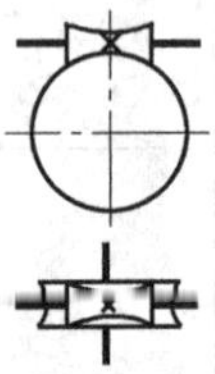	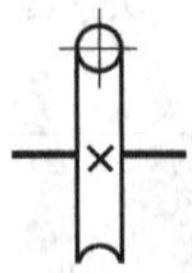	
		交错轴斜齿轮		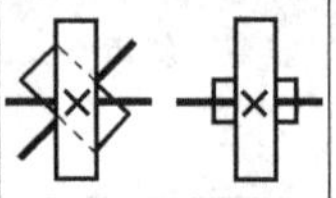	
	齿条传动	一般表示	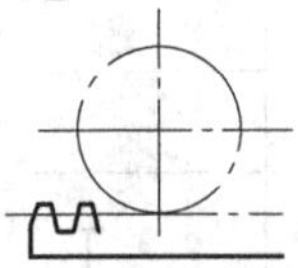	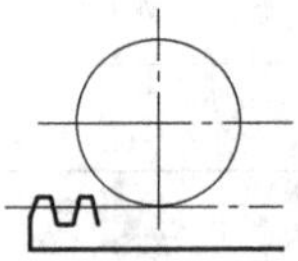	
		蜗线齿条与蜗杆		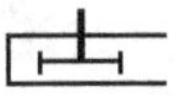	
		齿条与蜗杆		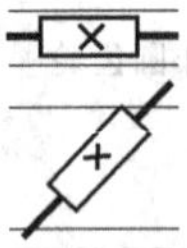	
		扇形齿轮传动	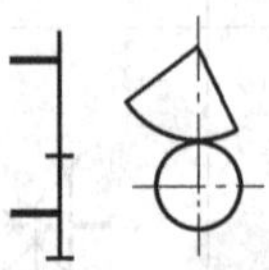	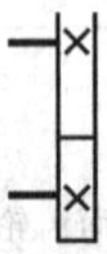	

（续）

类别	名　称	基本符号	可用符号	附　注
齿轮机构	运动简图示例	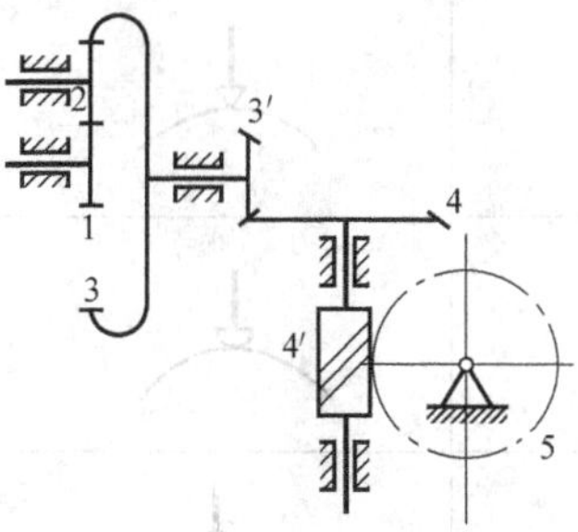 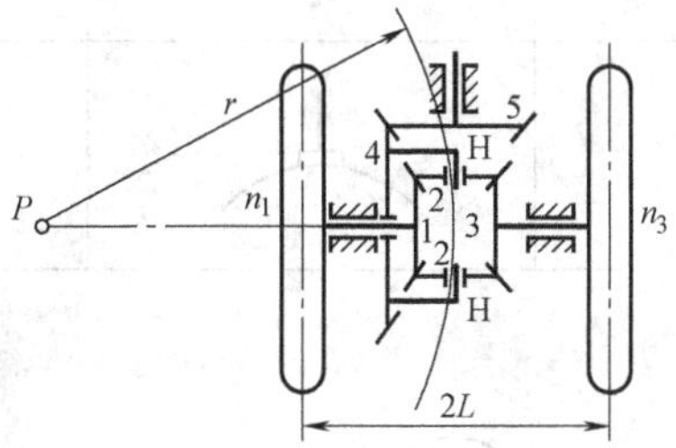	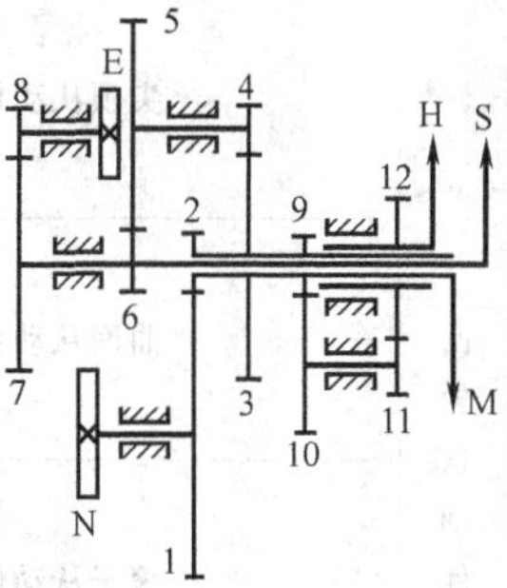 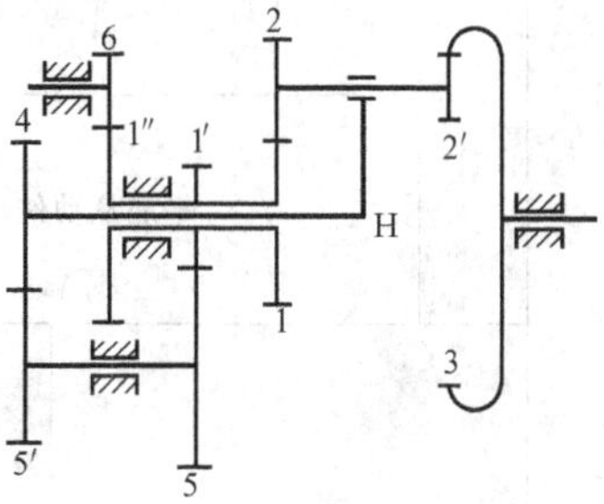	
凸轮机构	盘形凸轮	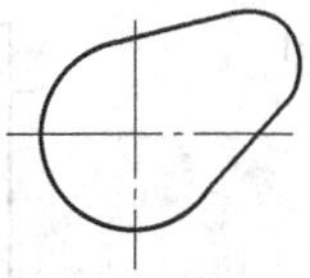		沟槽盘形凸轮 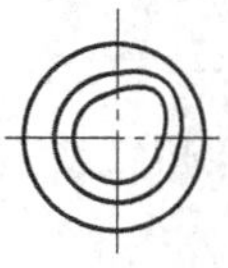
	移动凸轮	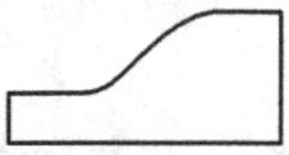		
	与杆固连的凸轮	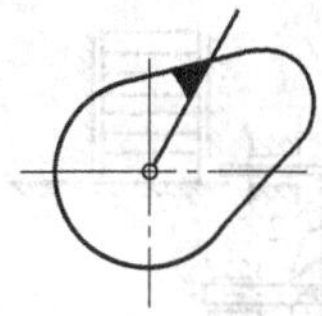		可调连接 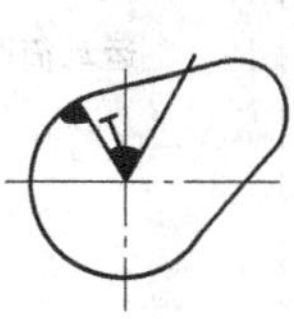
	空间凸轮　圆柱凸轮	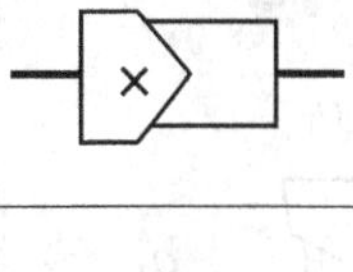	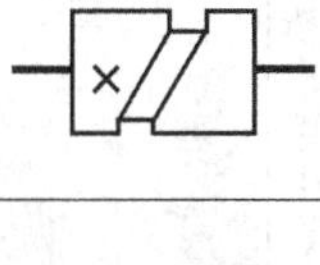	
	空间凸轮　圆锥凸轮	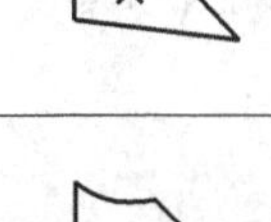	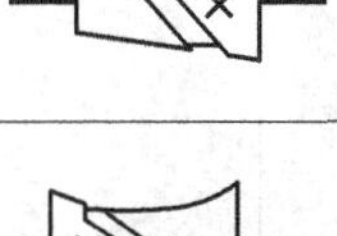	
	空间凸轮　双曲面凸轮	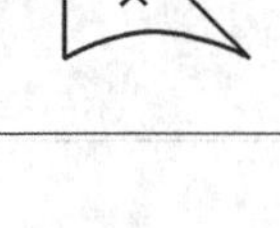	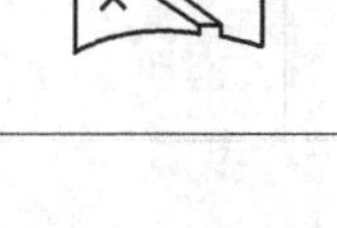	

（续）

类别	名　称	基本符号	可用符号	附　注
凸轮从动件	尖顶从动件	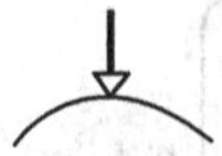		在凸轮副中,凸轮从动件的符号 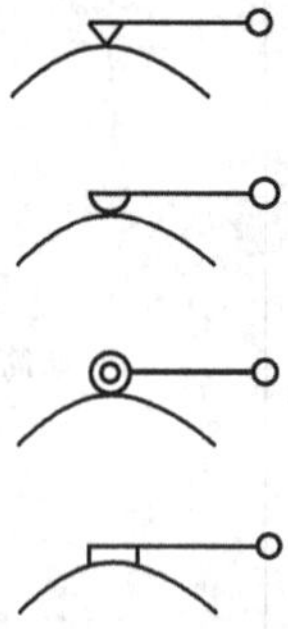
	曲面从动件	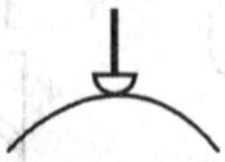		
	滚子从动件			
	平底从动件			
凸轮机构	运动简图示例 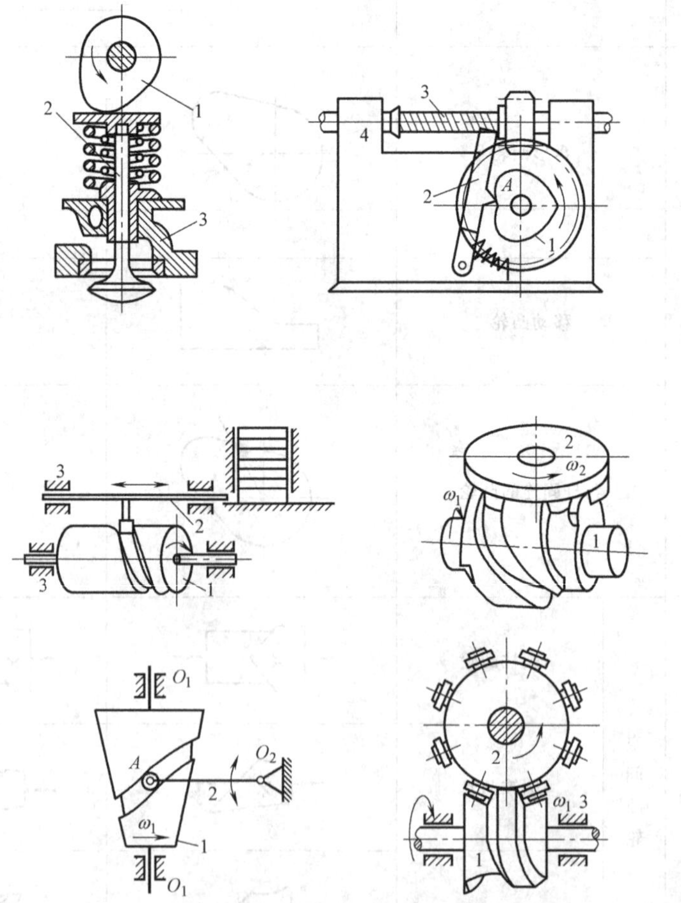			

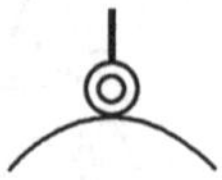

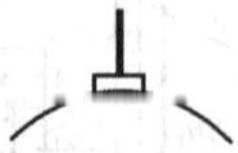

（续）

类别		名 称	基本符号	可用符号	附 注
槽轮机构和棘轮机构	槽轮机构	一般符号	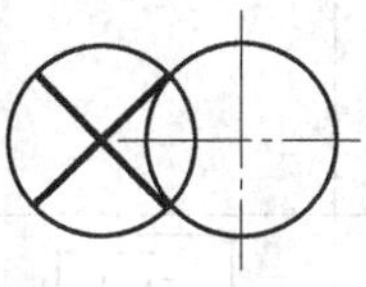		
		外啮合	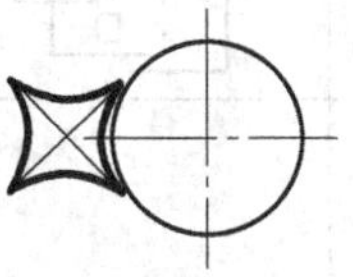	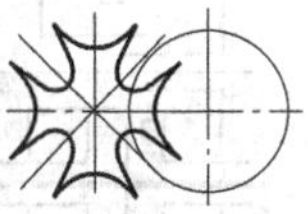	
		内啮合		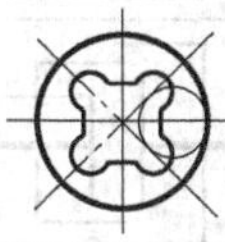	
	棘轮机构	外啮合		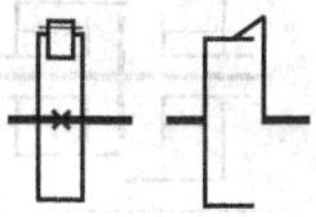	
		内啮合	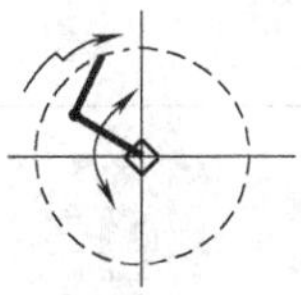	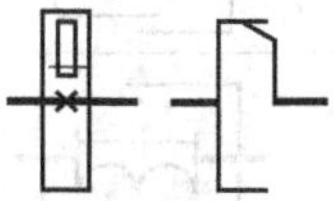	
		棘齿条啮合	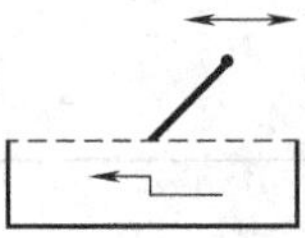		
联轴器、离合器及制动器	联轴器	一般符号(不指明类型)	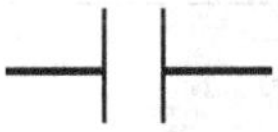		
		固定联轴器	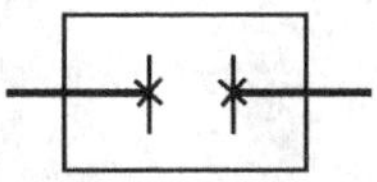		
		可移式联轴器	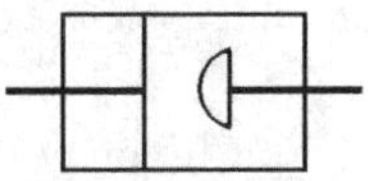		
		弹性联轴器	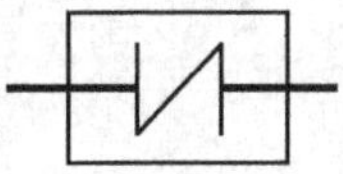		

（续）

类别	名 称			基本符号	可用符号	附 注
联 轴 器 、 离 合 器 及 制 动 器	离 合 器	可 控 离 合 器	一般符号			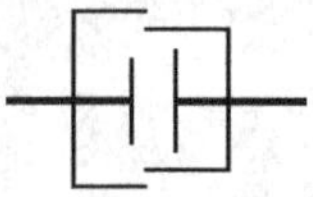 当需要表明操作方式时,可使用下列符号 　M—机动的 　H—液动的 　P—气动的 　E—电动的(如电磁) 　例:具有气动开关起动的单向摩擦离合器 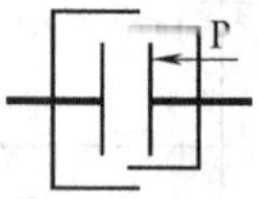
			啮合 式离 合 器 单向式	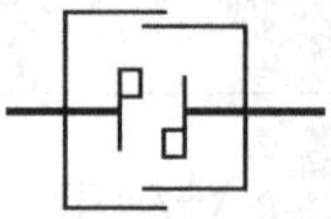	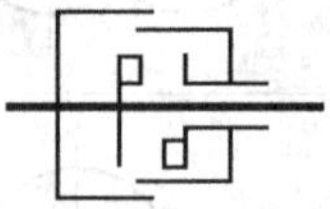	
			啮合 式离 合 器 双向式	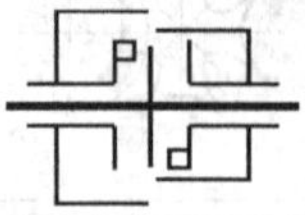		
			摩擦 离合 器 单向式	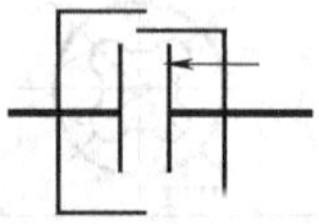	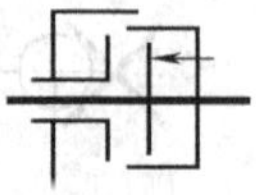	
			摩擦 离合 器 双向式	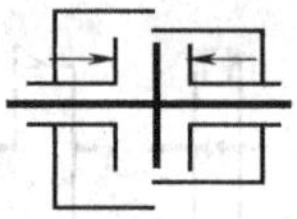	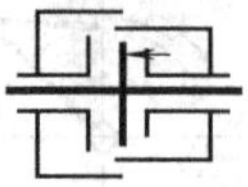	
			液压离合器 一般符号 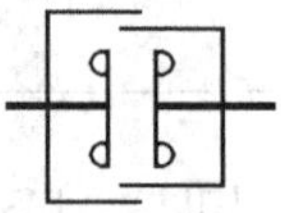			
			电磁离合器 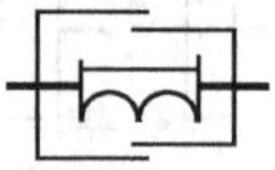			
		自 动 离 合 器	一般符号 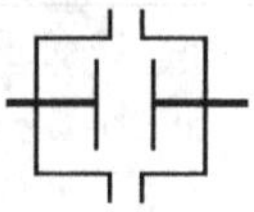			
			离心摩擦离合器 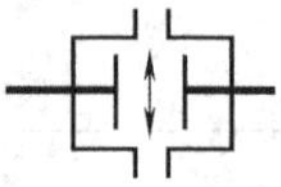			
			超越离合器 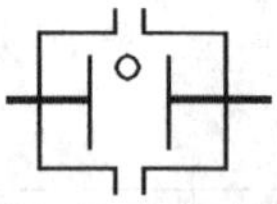			
			安全 离合 器 带有易 损元件	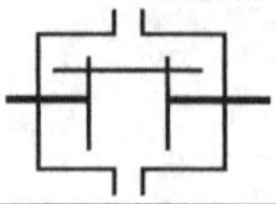		
			安全 离合 器 无易损 元件	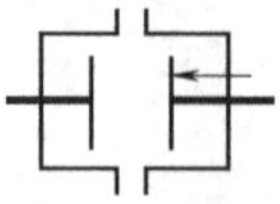		
	制 动 器		一般符号			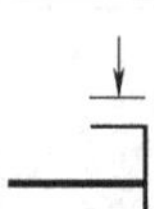 不规定制动器外观

（续）

类别	名　称	基本符号	可用符号	附　注
其他机构及其组件	带传动 一般符号（不指明类型）	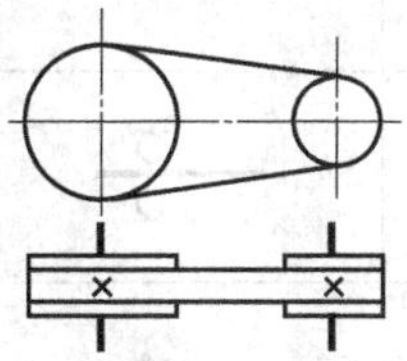 或 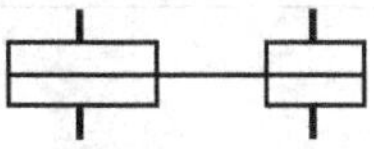		若需指明带类型可采用下列符号 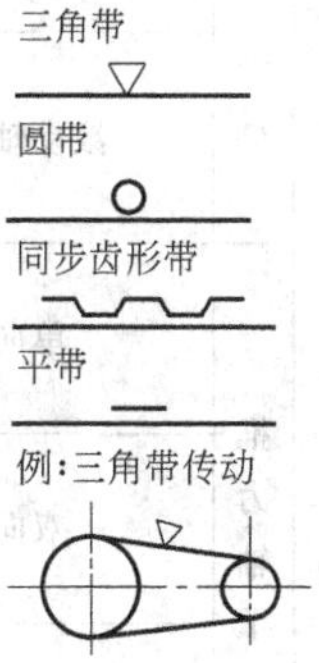 三角带 圆带 同步齿形带 平带 例:三角带传动
	轴上的宝塔轮	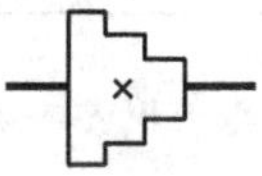		
	链传动 一般符号（不指明类型）	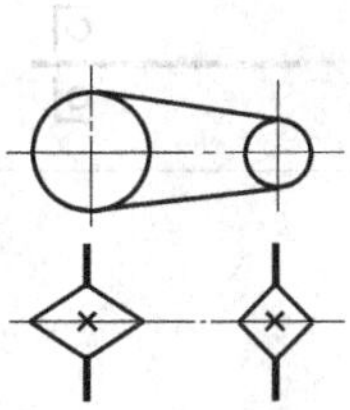		若需指明链条类型,可采用下列符号 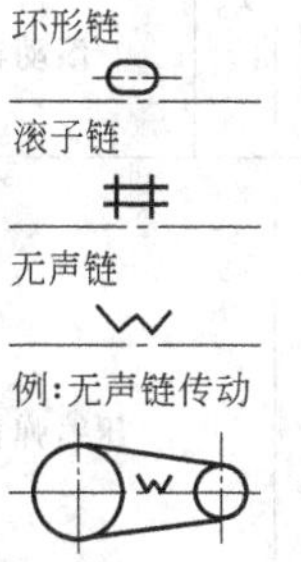 环形链 滚子链 无声链 例:无声链传动
螺杆传动	整体螺母	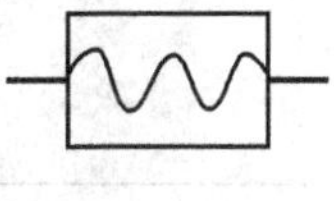	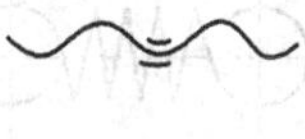	
	开合螺母	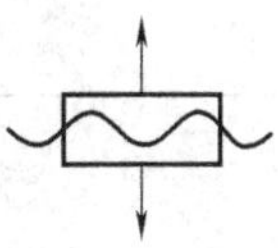	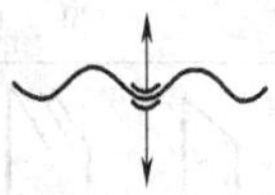	
	滚珠螺母		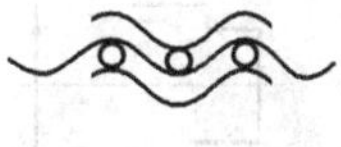	

（续）

类别		名　称	基本符号	可用符号	附　注
其他机构及其组件	轴承	向心轴承　滑动轴承	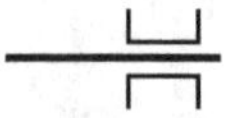		若有需要可指明轴承型号
		向心轴承　滚动轴承	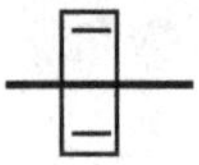	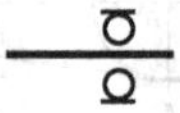	
		推力轴承　单向	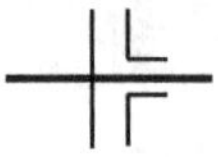		
		推力轴承　双向			
		推力轴承　滚动轴承	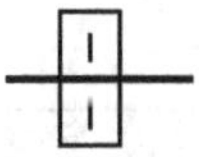	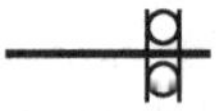	
		向心推力轴承　单向	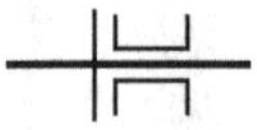		
		向心推力轴承　双向			
		向心推力轴承　滚动轴承	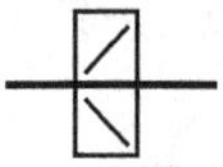		
	弹簧	压缩弹簧	ϕ或□		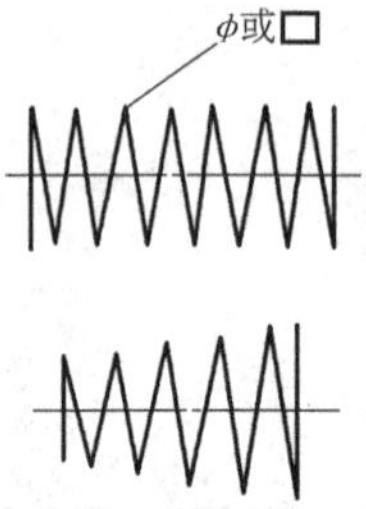 弹簧的符号详见 GB/T 4459.4
		拉伸弹簧 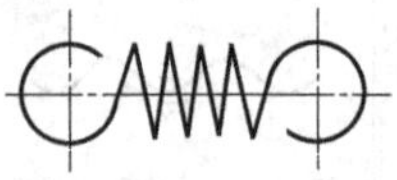			
		扭转弹簧 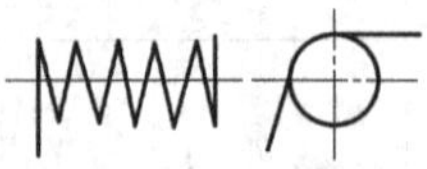			
		碟形弹簧 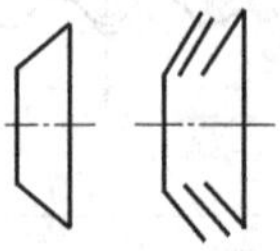			
		截锥涡卷弹簧 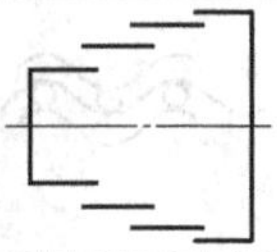			

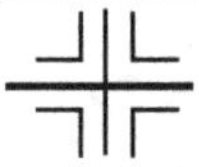

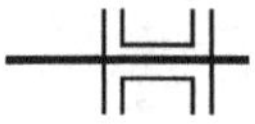

（续）

类别	名　称	基本符号	可用符号	附　注
其他机构及其组件	弹簧 涡卷弹簧			弹簧的符号详见 GB/T 4459.4
	弹簧 板状弹簧	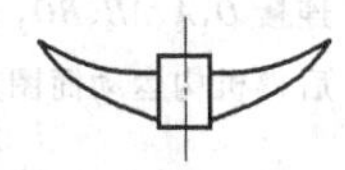		
	挠性轴			 可以只画一部分
	轴上飞轮 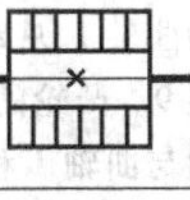 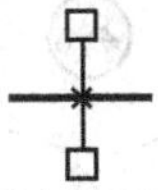			
	分度头	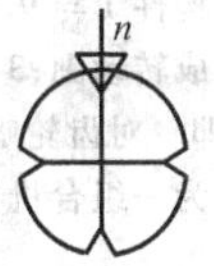		n 为分度数
原动机	通用符号（不指明类型）	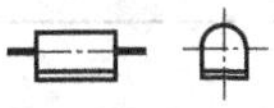		说明 GB/T 4460—2013 没有原动机的符号。这里编入的是 GB/T 4460—1984 中的符号
	电动机一般符号	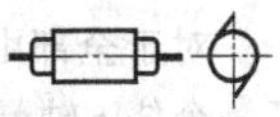		
	装三支架上的电动机	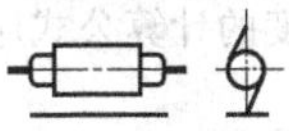		

3.2　机构运动简图的绘制

根据表 11.1-3 中规定的符号，可以绘制出给定机构的运动简图，步骤如下：

1）确定机架和活动构件数，标注序号。

2）由组成运动副两构件间的相对运动特性，定出该运动副要素：转动副中心位置、移动副导路的方位和高副廓线的形状等。具有两个以上转动副的构件，其转动副中心的连线即代表该构件。

3）选择恰当的视图，以主动件的某一位置为作图位置（如令主动件与水平线呈某一角度），用规定的符号，根据构件尺寸，选定比例尺，按比例画出机构运动简图。

4）必要时应标出主动件的运动方向和参数，如转速、功率和转矩以及齿轮的齿数、模数等。

机构运动简图绘制图例见表 11.1-4。

表 11.1-4　机构运动简图的绘制图例

图　例	说　明
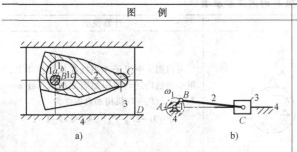 a)　　　　　　　　b)	图 a 为一压力机机构,构件有主动件 1（包括 $1a$、1_b、$1c$ 3 个零件）、连杆 2、滑块 3 共 3 个活动构件及固定机架 4。4 与 1、1 与 2 和 2 与 3 分别绕 A、B、C 相对转动（B 为圆盘 $1c$ 的圆心）,为 3 个 V 级转动副。3 与 4 沿 AC 方向相对移动,是一个 V 级移动副,则杆 AB 和 BC 可分别代表杆 1 和杆 2。机构运动简图见图 b,为一曲柄滑块机构

（续）

图　例	说　明
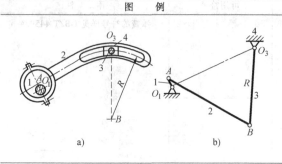 a)　　　　　　b)	先确定图 a 中主动件 1、从动件 2 和 3 及机架 4。构件 4 与 1、1 与 2、2 与 3、3 与 4 分别绕 O_1、A、B 及 O_3 点相对转动（这里构件 3 与 4 为圆柱面接触），因此都是 V 级转动副。连接 O_1A、AB、BO_3 及 O_1O_3 可分别代表 1、2、3、4 四杆。最后得机构运动简图见图 b，为一曲柄摇杆机构
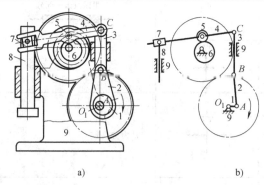 a)　　　　　　b)	图 a 为一带有齿轮、凸轮和连杆的压力机机构，先确定主动曲轴 1、从动杆 2~4、滚子 5、凸轮 6、滑块 7、压杆 8 以及机架 9。凸轮的转动用一对齿轮由曲轴传入（这两个齿轮分别与曲轴 1 和凸轮 6 固连，不能另外算作构件）构件 1 与 9、1 与 2、2 与 3、3 与 4、4 与 5、7 与 8、6 与 9 都组成转动副；3 与 9、4 与 7、8 与 9 组成移动副；5 与 6、1 与 6（即一对齿轮啮合）组成高副。最后得机构运动简图见图 b，为一组合机构

4　机构的自由度

　　机构的自由度 F 就是保证机构有确定运动所需的独立运动参数的数目。一般来说，机构自由度也是机构所需的主动件数。

4.1　平面机构的自由度

　　（1）平面机构自由度计算公式

　　大多数平面机构具有 3 个公共约束（$M=3$），即所有构件都失去了 3 个自由度。设平面的坐标系为 xOy，则这 3 个公共约束为绕 x 和 y 轴的转动及沿 z 轴方向的移动。组成机构的运动副只有转动副、移动副和平面高副三种类型。设机构中活动构件数为 n，低副（转动副和移动副）数为 P_5，高副数为 P_4，则机构的自由度为

$$F = 3n - 2P_5 - P_4 \qquad (11.1\text{-}1a)$$

　　对于全部由移动副组成的平面机构来说，由于多了一个绕 z 轴转动的公共约束，故 $M=4$，机构自由度的计算公式应为

$$F = 2n - P_5 \qquad (11.1\text{-}1b)$$

式中　n——机构的活动构件数；

　　P_5、P_4——平面低副（V 级运动副）及做平面运动的高副（IV 级运动副）个数，参照表 11.1-2 确定。

　　（2）计算机构自由度时的注意事项

　　用式（11.1-1a）、式（11.1-1b）计算机构自由度时还应注意一些事项，详见表 11.1-5。

　　（3）平面机构自由度计算例题　计算平面机构自由度的图例见表 11.1-6。

表 11.1-5　计算 F 时的注意事项

注意事项	定义	图例	计算说明
局[①]部自由度	不影响机构整体运动特性的自由度（如滚子的自转），称为局部自由度，主要是为了减少磨损	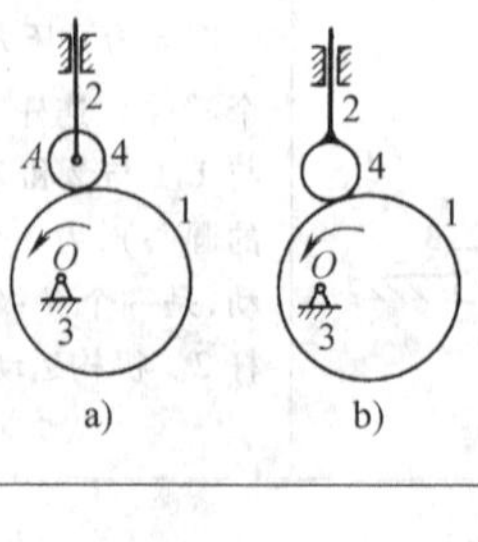 a)　　　b)	可将图 a 中滚子 4 固接在从动件 2 上，得到的机构运动简图如图 b 所示。故 $n=2$，$P_5=2$，$P_4=1$，机构的自由度为 $$F = 3n - 2P_5 - P_4 = 3 \times 2 - 2 \times 2 - 1 = 1$$

（续）

注意事项	定义	图例	计算说明
复合铰链	当两个以上构件用同一个铰链连接时就形成复合铰链	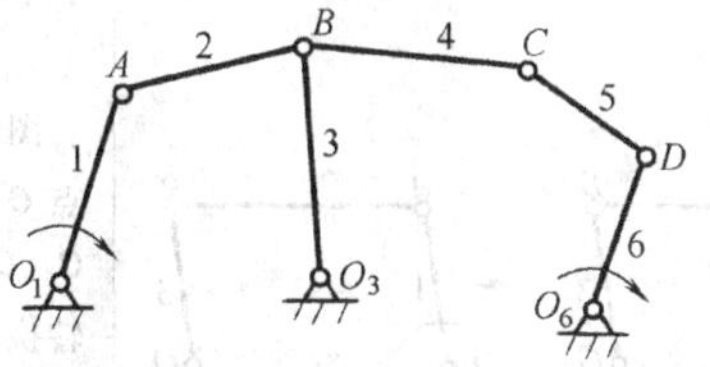	图中 B 为复合铰链,其转动副数为 $3-1=2$,故 $n=6$、$P_5=8$、$P_4=0$,该机构的自由度为 $F=3n-2P_5-P_4=3\times6-2\times8-0=2$
虚约束	在运动副所加的约束中,有些约束互相重合,重合的约束中有一些对构件运动不起约束作用的称为虚约束,亦称消极约束,计算 F 时应除去虚约束	**两构件间形成多个运动副** 	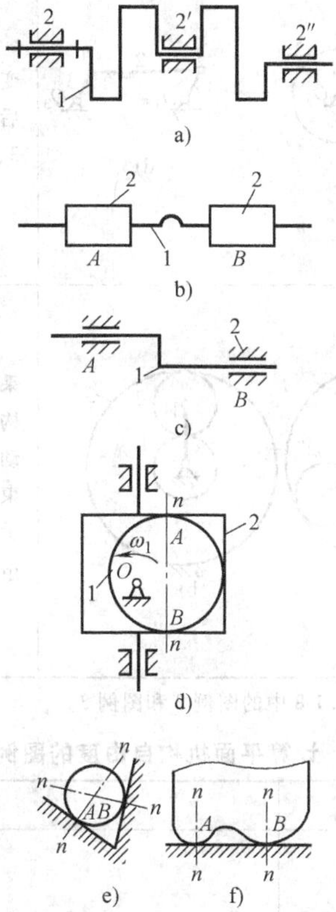 （1）转动副轴线重合:如图 a 所示,构件 1 与机架形成三个转动副,而且转动副的轴线重合,所以只有一个约束起作用,存在虚约束。其转动副数为 1,故 $n=1$、$P_5=1$、$P_4=0$,该机构的自由度为 $F=3n-2P_5-P_4=3\times1-2\times1-0=1$ （2）移动副导路重合或平行:如图 b、c 所示,构件 1 与构件 2 间形成两个移动副,这两个移动副导路重合或平行,所以只有一个约束起作用,存在虚约束。其移动副数为 1,故 $n=1$、$P_5=1$、$P_4=0$,该机构的自由度为 $F=3n-2P_5-P_4=3\times1-2\times1-0=1$ （3）高副接触点的法线重合:如图 d 所示,凸轮 1 与从动件 2 形成两个高副,且这两个高副机构接触点的法线重合,所以只有一个约束起作用,存在虚约束。其高副数为 1,故 $n=2$、$P_5=2$、$P_4=1$,该机构的自由度为 $F=3n-2P_5-P_4=3\times2-2\times2-1=1$ 如果两构件接触形成的两个高副接触点的法线不重合,则不形成虚约束,如图 e 和图 f 所示。图 e 相当于一个转动副,图 f 相当于一个移动副
		轨迹重合 	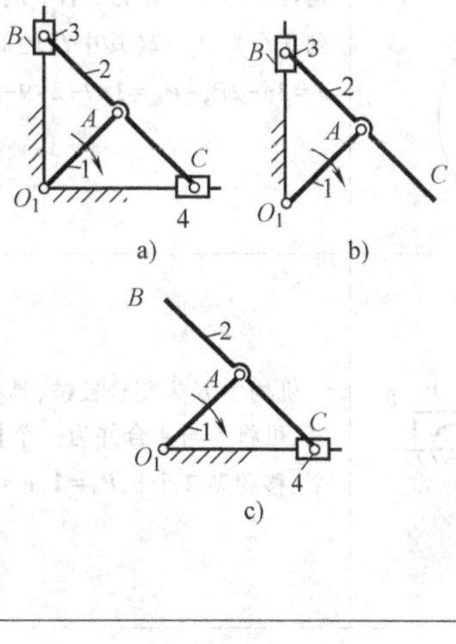 当尺寸满足特定条件时引入的虚约束。图 a 中,当 $AB=AC$、$O_1B\perp O_1C$ 时,C 点的轨迹始终为直线,滑块 4 的存在对其运动轨迹并不产生影响。故计算机构自由度时,滑块 4 连同 C 点的转动副和移动副都应去除,得到的转换机构如图 b 所示。该机构中,$n=3$、$P_5=4$、$P_4=0$,自由度为 $F=3n-2P_5-P_4=3\times3-2\times4-0=1$ 注意:此机构也可看成滑块 3 是虚约束,将滑块 3 连同 B 点的转动副和移动副都去除,得到的转换机构如图 c 所示

（续）

注意事项	定义	图例	计算说明
虚约束	在运动副所加的约束中，有些约束互相重合，重合的约束中有一些对构件运动不起约束作用的称为虚约束，亦称消极约束，计算 F 时应除去虚约束	不同构件上两点间距离始终保持不变 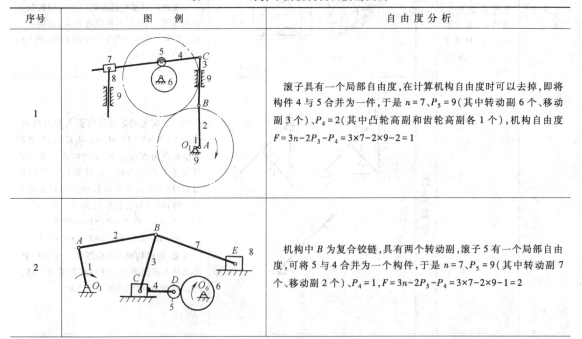	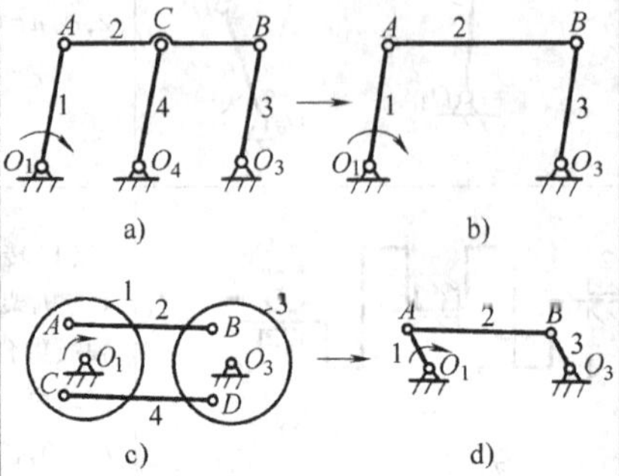 图 a 中由于杆 4 不论存在与否，点 O_4 与点 C 间的距离始终保持不变，故杆 4 连同 O_4、C 两个转动副在计算自由度时应去掉。转换后的机构简图如图 b 所示。该机构中，$n=3$、$P_5=4$、$P_4=0$，机构的自由度为 $$F=3n-2P_5-P_4=3\times3-2\times4-0=1$$ 图 c 中由于点 C、D 间距离始终保持不变，同样存在一个虚约束，也应去除，转换后的机构简图如图 d 所示。该机构中，$n=3$、$P_5=4$、$P_4=0$，机构的自由度为 $$F=3n-2P_5-P_4=3\times3-2\times4-0=1$$
		具有重复或对称的结构	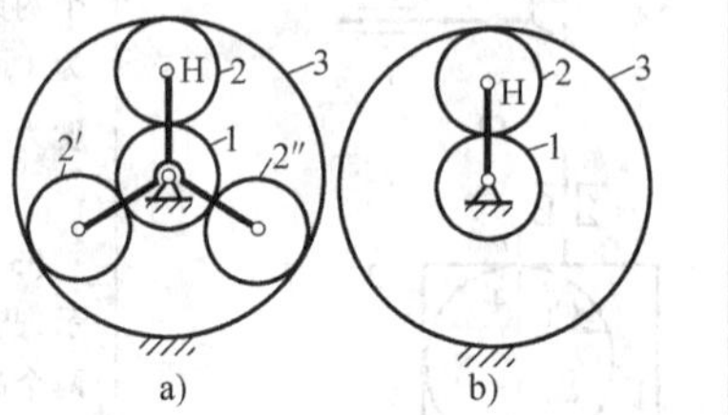 图 a 所示的行星轮系中，为了受力均衡，采取三个行星轮 2、2′和 2″对称布置的结构，而事实上只要一个行星轮便可满足运动要求，其他两个行星轮则引入两个虚约束，应该去除，转换后的机构简图如图 b 所示，该机构的 $n=3$、$P_5=3$、$P_4=2$，机构的自由度为 $$F=3n-2P_5-P_4=3\times3-2\times3-2=1$$

① 空间机构也有局部自由度问题，可参见表 11.1-8 中的图例 2 和图例 3。

表 11.1-6　计算平面机构自由度的图例

序号	图　例	自由度分析
1		滚子具有一个局部自由度，在计算机构自由度时可以去掉，即将构件 4 与 5 合并为一件，于是 $n=7$、$P_5=9$（其中转动副 6 个、移动副 3 个）、$P_4=2$（其中凸轮高副和齿轮高副各 1 个），机构自由度 $F=3n-2P_5-P_4=3\times7-2\times9-2=1$
2		机构中 B 为复合铰链，具有两个转动副，滚子 5 有一个局部自由度，可将 5 与 4 合并为一个构件，于是 $n=7$、$P_5=9$（其中转动副 7 个、移动副 2 个）、$P_4=1$，$F=3n-2P_5-P_4=3\times7-2\times9-1=2$

（续）

序号	图　　例	自由度分析
3	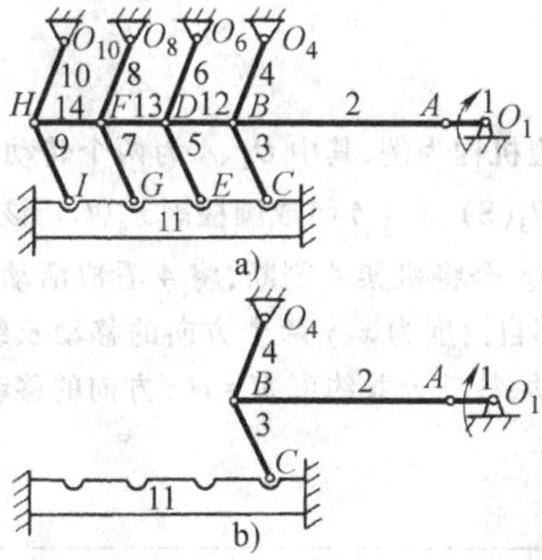	图 a 中 5、6、7、8、9、10、12、13、14 为虚约束，在计算自由度时应去掉，如图 b 所示。这样，只有铰链 B 是复合铰链，于是 $n=5$、$P_5=7$（其中一个是移动副）、$P_4=0$，$F=3n-2P_5-P_4=3\times5-2\times7-0=1$
4	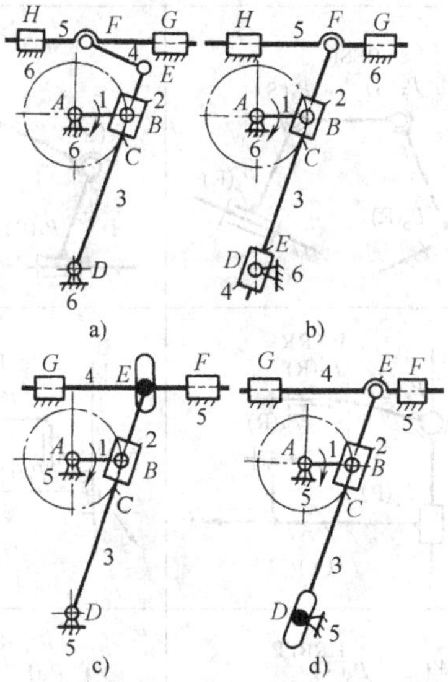	图 a、b 中：$n=5$、$P_5=7$、$P_4=0$ $$F=3n-2P_5-P_4=3\times5-2\times7-0=1$$ 图 c、d 中：$n=4$、$P_5=5$、$P_4=1$ $$F=3n-2P_5-P_4=3\times4-2\times5-1=1$$
5	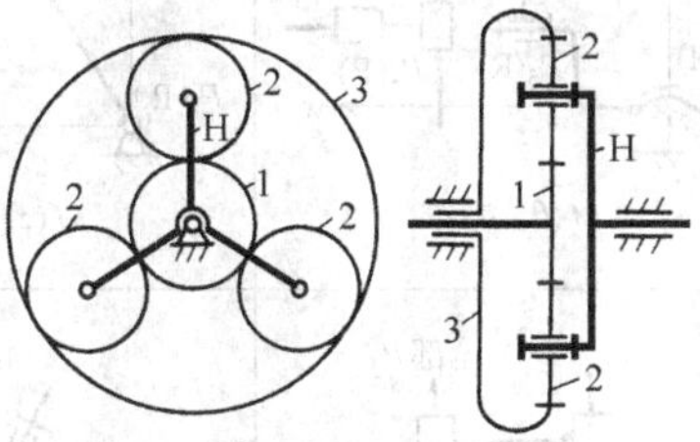	这是差动轮系，三个行星轮中的两个起着虚约束的作用，计算机构自由度时只能保留一个，因此 $n=4$、$P_5=4$、$P_4=2$，$F=3n-2P_5-P_4=3\times4-2\times4-2=2$ 可以在 1、3、H 三构件中任选两构件为主动件

4.2　空间机构的自由度

4.2.1　单闭环空间机构

　　多数的空间机构属于单闭环，如表 11.1-7 中所示的机构，都是由一个封闭的运动链固定其中一个构件而成。这种机构的自由度为

$$F=P_5+2P_4+3P_3+4P_2+5P_1-(6-M) \qquad (11.1-2)$$

式中　P_1、P_2、P_3、P_4 和 P_5——Ⅰ、Ⅱ、Ⅲ、Ⅳ和Ⅴ级运动副的个数，见表 11.1-2；
其相对运动自由度依次为 5、4、3、2 和 1；

　　M——各运动副的公共约束数，可用割断机架法参考表 11.1-7 判定。

4.2.2　多闭环空间机构

　　由若干个封闭运动链组成的空间机构，其自由度为

$$F=P_5+2P_4+3P_3+4P_2+5P_1-\sum_{i=1}^{k}(6-M_i)$$

$$(11.1-3)$$

式中　k——闭环数，$k=\sum P-n=P_1+P_2+P_3+P_4+P_5-n$；

M_i——第 i 个闭环的公共约束数。

空间机构自由度的计算见表 11.1-8。

表 11.1-7 单闭环机构公共约束数 M 的判定

判定 M 的方法——割断机架法

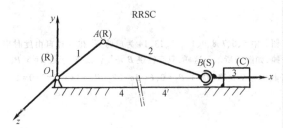

以左边机构为例,其中 O_1、A 为两个转动副 $P_5(R)$,B 为球面副 $P_3(S)$,3 与 4 组成圆柱副 $P_4(C)$,该机构形成 4-1-2-3-4 闭环。今将机架 4 割断,将 4′ 看成活动构件,可以看出 4′ 的全部自由度为 x、y 两个方向的移动及绕 x、y、z 三个方向的转动,故其公共约束 $M=1$(z 方向的移动)

M	M 不同的各种机构图例

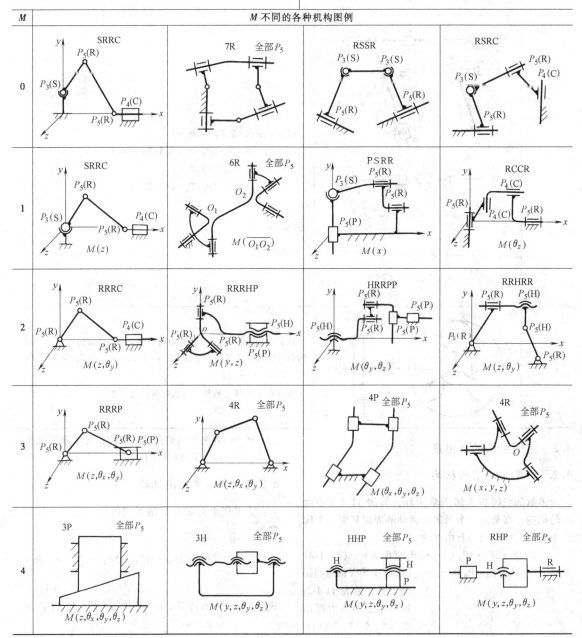

表 11.1-8　计算空间机构自由度的图例

序号	图　　例	自由度分析
1	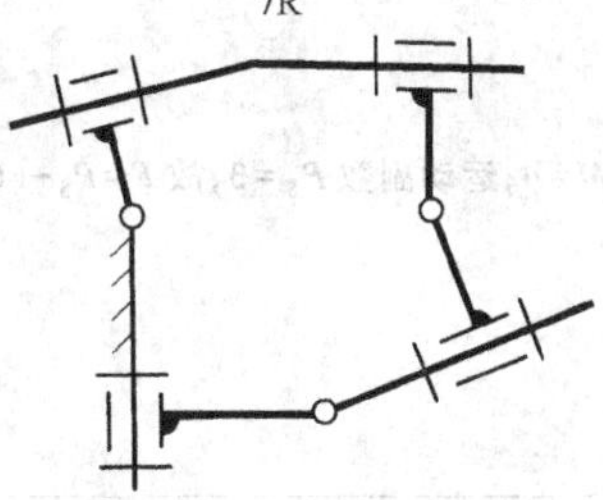 7R　　　全部 P_5	查表 11.1-7 知其公共约束数 $M=0$，全部运动副为 $P_5=7$，由式 (11.1-2) 得 $F=P_5+2P_4+3P_3+4P_2+5P_1-(6-M)=P_5-(6-M)=7-(6-0)=1$
2	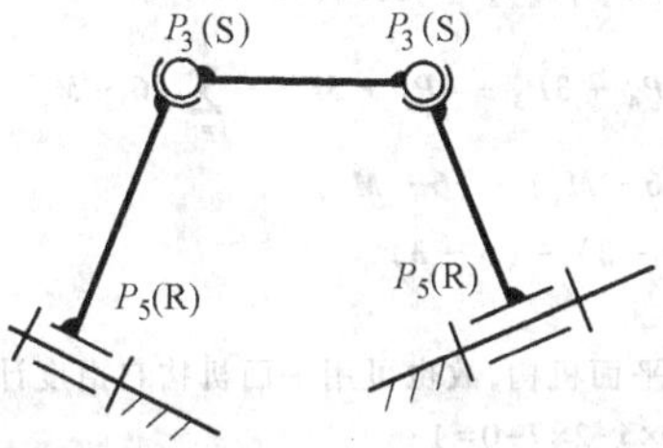 RSSR $P_3(S)$　　$P_3(S)$ $P_5(R)$　　$P_5(R)$	查表 11.1-7 知 $M=0$，运动副数为 $P_5=2$、$P_3=2$，故 $F=P_5+3P_3-(6-M)=2+3\times2-(6-0)=2$ 　　由于连杆带有两个球面副，因此存在一个绕自身轴线自转的局部自由度，故机构实际自由度 $F=1$
3	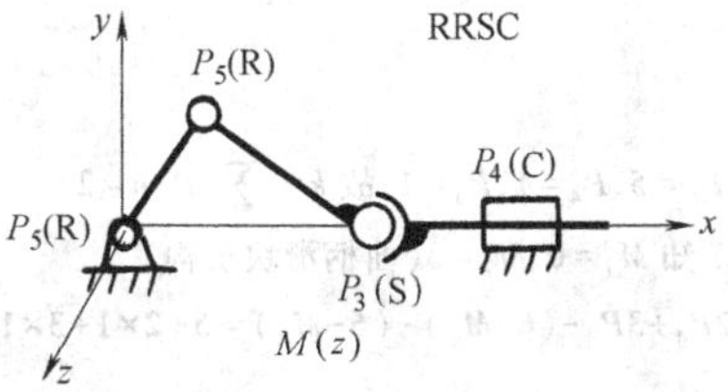 RRSC $P_5(R)$　$P_4(C)$ $P_5(R)$　$P_3(S)$　$M(z)$	查表 11.1-7 知 $M=1$，运动副数 $P_5=2$、$P_4=1$、$P_3=1$，故 $F=P_5+2P_4+3P_3-(6-M)=2+2\times1+3\times1-(6-1)=2$ 　　这里活塞与固定气缸组成的圆柱副具有一个局部自由度，故机构实际自由度 $F=1$
4	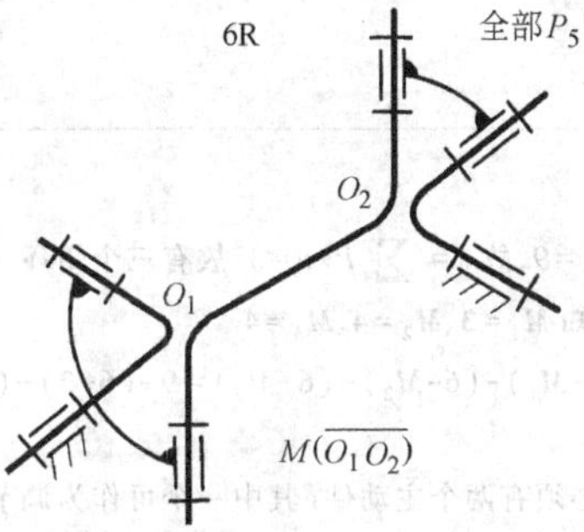 6R　　　全部 P_5 O_2　O_1　$M(\overline{O_1O_2})$	查表 11.1-7 知 $M=1$，运动副数 $P_5=6$，故 $F=P_5-(6-M)=6-(6-1)=1$
5	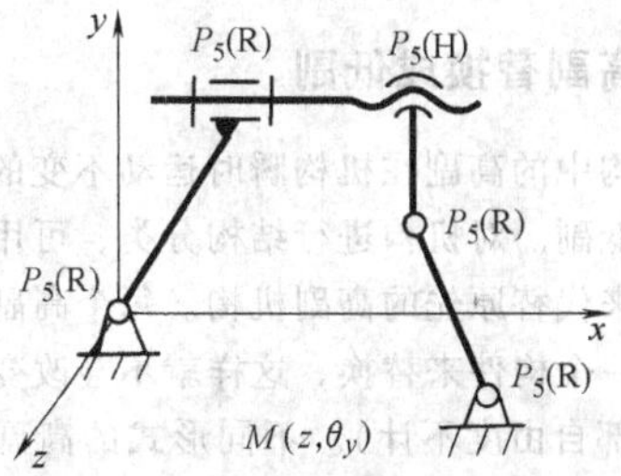 RRHRR $P_5(R)$　$P_5(H)$ $P_5(R)$　$P_5(R)$ $P_5(R)$　$M(z,\theta_y)$	查表 11.1-7 知 $M=2$，运动副数 $P_5=5$，故 $F=P_5-(6-M)=5-(6-2)=1$

(续)

序号	图 例	自 由 度 分 析
6	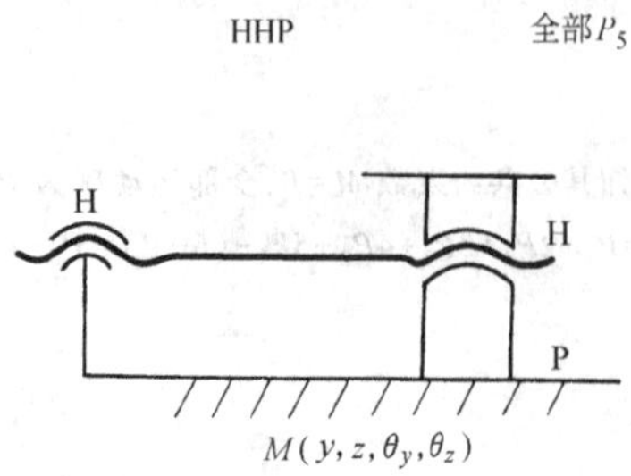 HHP 全部 P_5 $M(y, z, \theta_y, \theta_z)$	查表 11.1-7 知 $M=4$，运动副数 $P_5=3$，故 $F=P_5-(6-M)=3-(6-4)=1$
7	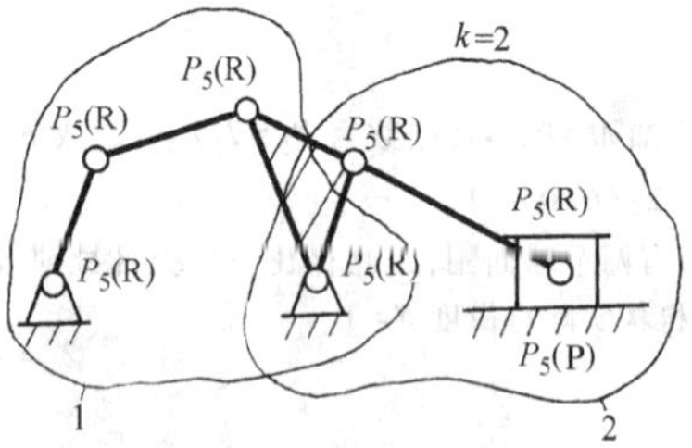	这里活动构件数 $n=5$、$P_5=7$，故闭环数 $k=\sum P-n=2$ 查表 11.1-7 知 $M_1=M_2=3$，由式（11.1-3）得 $$F = P_5 + 2P_4 + 3P_3 + 4P_2 + 5P_1 - \sum_{i=1}^{k}(6-M_i)$$ $$= P_5 - (6-M_1) - (6-M_2)$$ $$= 7 - (6-3) - (6-3)$$ $$= 1$$ 又因这是一平面机构，故也可用平面机构自由度计算公式 $F=3n-2P_5-P_4=3\times5-2\times7-0=1$
8	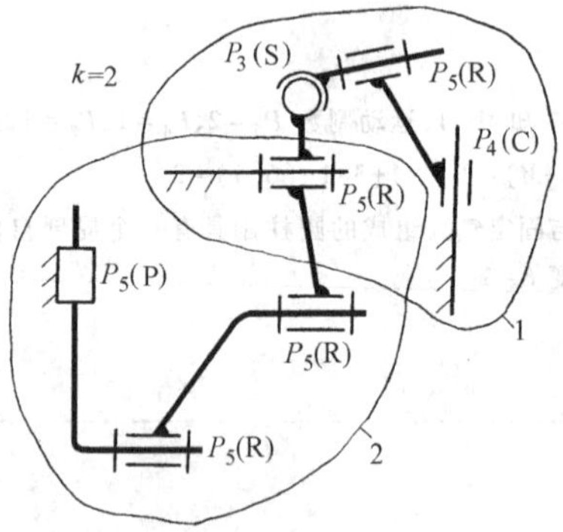	这里 $n=5$、$P_5=5$、$P_4=1$、$P_3=1$，故 $k=\sum P-n=2$ 查表 11.1-7 知 $M_1=0$、$M_2=3$（曲柄滑块机构） 故 $F=P_5+2P_4+3P_3-(6-M_1)-(6-M_2)=5+2\times1+3\times1-(6-0)-(6-3)=1$
9	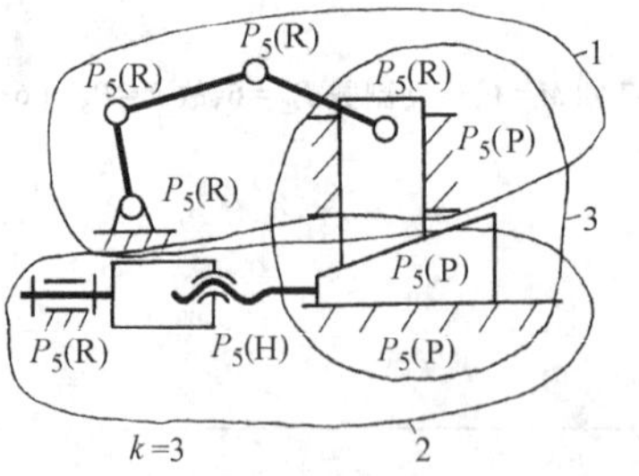	这里 $n=6$、$P_5=9$，故 $k=\sum P-n=3$，故有三个闭环 查表 11.1-7 知 $M_1=3$、$M_2=4$、$M_3=4$ 故 $F=P_5-(6-M_1)-(6-M_2)-(6-M_3)=9-(6-3)-(6-4)-(6-4)=2$ 可见该机构必须有两个主动件（其中一个可作为调节用）

5 平面机构的结构分析

机构结构分析就是先画出各种具体机构的机构运动简图并进行自由度计算，然后从机构结构的角度研究机构组成原理，并以此进行机构分类。平面机构的这种分类法是以低副机构为基础的，如机构中含有高副，应将其替换成低副，然后再进行机构结构分类。

5.1 高副替换成低副

机构中的高副在机构瞬时运动不变的前提下可以替换成低副。对机构进行结构分类，可用替换后的低副机构来代替原先的高副机构。每个高副用带有两个低副的一个构件来替换，这样就不会改变机构的自由度（局部自由度不计）。不同形式的高副，替换的方法也不同，见表 11.1-9。

表 11.1-9　高副替换成低副

接触形式	曲线和曲线	曲线和直线	曲线和点	点和直线
原机构	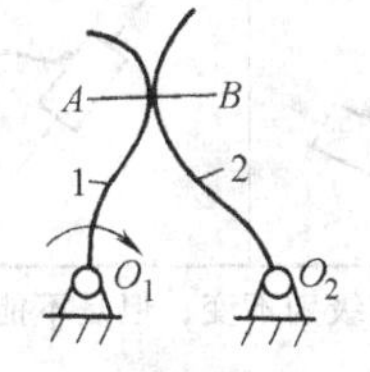	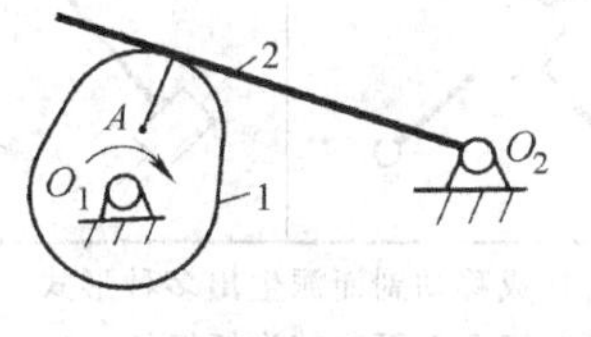	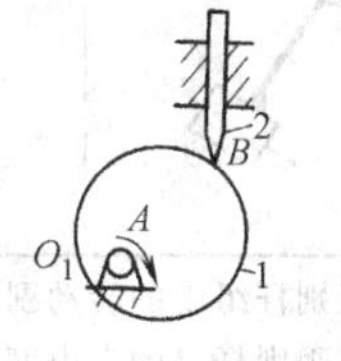	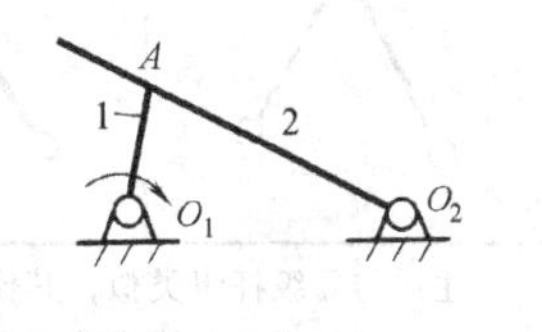
替换后机构	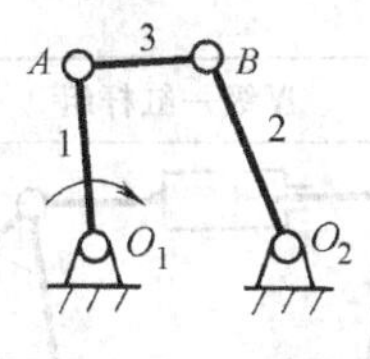	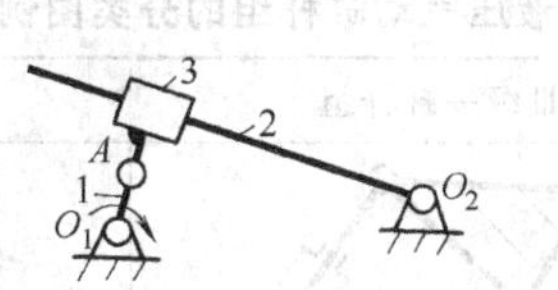	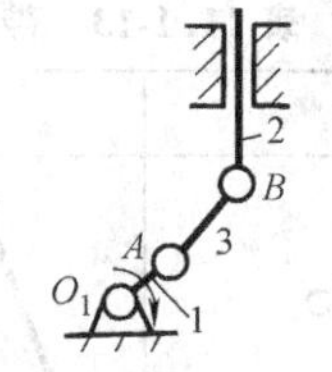	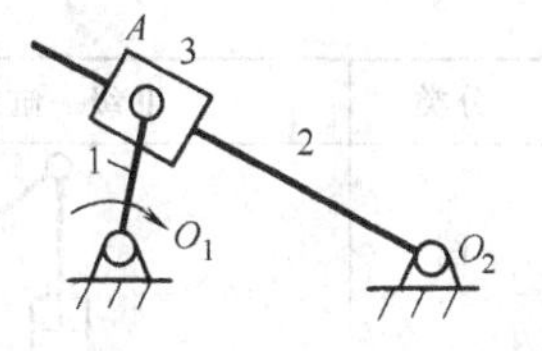

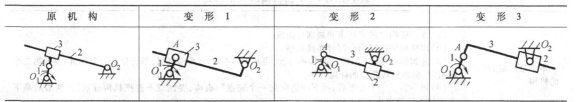

注：图中的 A、B 点为构件 1、2 上相应曲线在接触点的曲率中心，如果曲线改成圆弧，则曲率中心成为圆心，替换后的机构相同。不同的是前者为瞬时替换，而后者为永久替换。

当替换后的低副机构中带有移动副时，机构的形式可能有多种，表 11.1-10 所示的一系列机构，是由表 11.1-9 中的摆动从动件盘形凸轮机构转化而得，其运动特性完全一样，只是形式不同，实质上仍是一种机构。

表 11.1-10　带有移动副机构的变形

原　机　构	变　形　1	变　形　2	变　形　3

注：上面这四种机构中，3 个转动副位置相同，2、3 构件组成的移动副滑动方向相同。

5.2　杆组及其分类

各种平面低副机构（带液压气动元件的除外）都可看成是由一些自由度为零的运动链与主动件和机架相连组成。这些不可再分解的、自由度为 0 的运动链称为基本杆组或简称杆组。设组成杆组的构件数为 n，低副数为 P_5，则其自由度为

$$F = 3n - 2P_5 = 0$$

可见杆组中的构件数 n 必须是偶数，且当 $n=2$、4、6、…时，$P_5 = 3$、6、9、…。根据杆组的复杂程度，将杆组分成 Ⅱ、Ⅲ、Ⅳ 等级，见表 11.1-11。Ⅱ级杆组的全部形式见表 11.1-12。

机构中如含有液压、气动元件，则机构的组成可以看成是由一些带缸的特殊杆组与机架相连组成。这些特殊杆组的自由度等于杆组中的缸数，而不等于 0。机构的自由度则是组成机构的各带缸杆组自由度之和，即等于机构中的总缸数。由于带缸杆组是由一般杆组派生而得，故其级别与原杆组相同（见表 11.1-13）。由带缸杆组组成的机构，其级别同样由组成该机构的杆组最高级别而定。

表 11.1-11　杆组及其分类

级别	Ⅱ	Ⅲ		Ⅳ	
图例	$n=2$、$P_5=3$	$n=4$、$P_5=6$	$n=6$、$P_5=9$	$n=4$、$P_5=6$	$n=6$、$P_5=9$
说明	每个构件含两个低副	至少有一个构件具有三个低副		杆组中具有一个四边形	

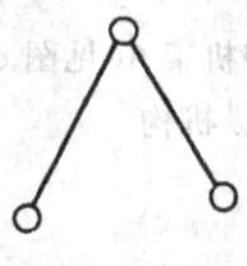

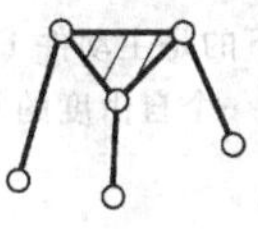

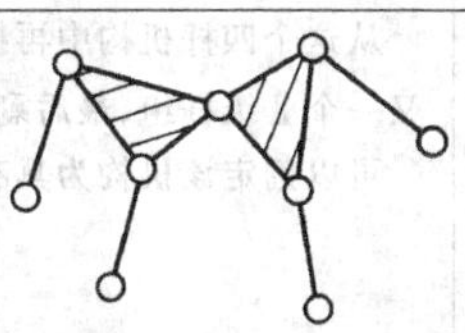

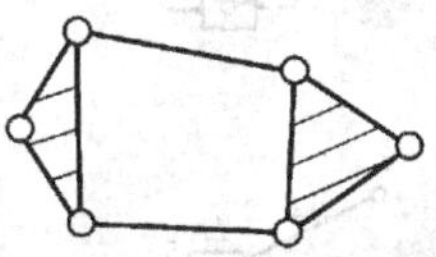

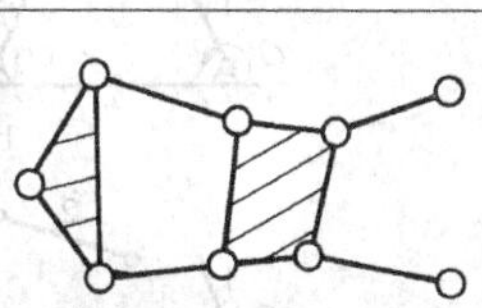

表 11.1-12　Ⅱ 级杆组的全部形式

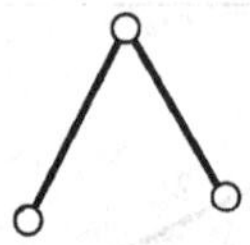	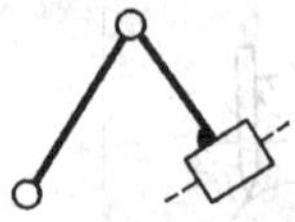	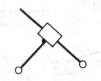	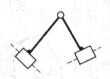	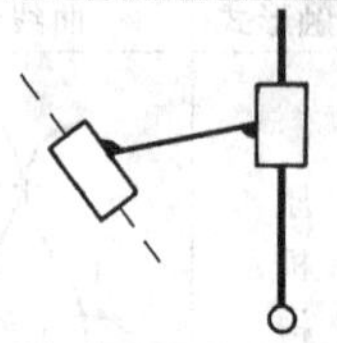

注：与Ⅱ级杆组类似，其他级别杆组中的转动副也可换成移动副而派生出多种形式，其级别不变，但是不能把杆组中的
　　转动副全都换成移动副，否则杆组的自由度就不等于 0 而不称其为杆组了。

表 11.1-13　带有液压气动缸杆组的分类图例

分类	Ⅱ级一缸杆组	Ⅲ级　缸杆组	Ⅳ级一缸杆组
图 例	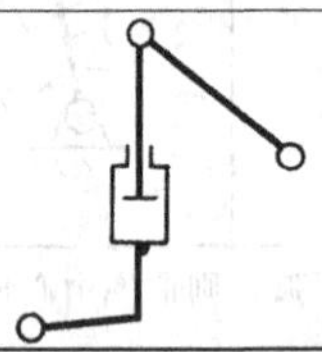 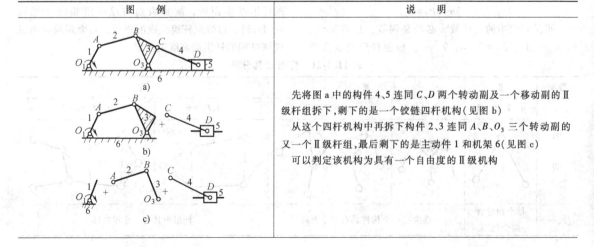	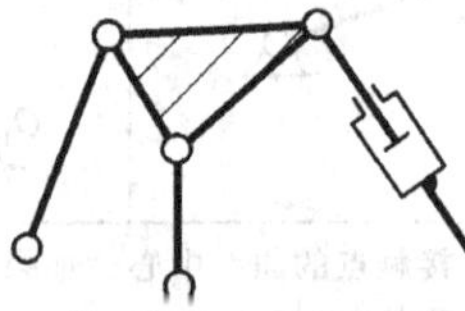	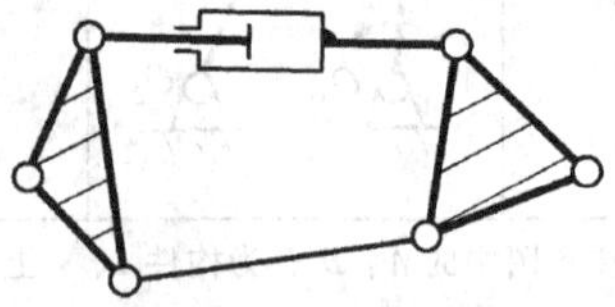

注：各级杆组的自由度等于杆组中的缸数。

5.3　平面机构级别的判定（见表 11.1-14）

表 11.1-15 为判定平面机构级别的图例。

表 11.1-14　平面机构级别的判定

类　别	判 定 步 骤
不带液压缸、气缸 的机构	(1)除去机构中的虚约束和局部自由度 (2)将机构中的高副全部替换成低副 (3)先试拆杆数 $n=2$ 的杆组，如不可能，再拆 $n=4$ 和 $n=6$ 的杆组，当已分出一个杆组，要拆第二个杆组时，仍需从最简单的杆组开始 (4)每当拆下一个杆组后，剩下的仍应是一个完整的机构，要注意不能把机构拆散，直到最后剩下主动件和机架为止 (5)根据所得杆组的级别确定机构的级别
带液压缸、气缸的 机构	(1)除去机构中的虚约束和局部自由度 (2)将机构中的高副全部替换成低副 (3)先试拆杆数较少的带缸或不带缸的杆组，如不可能，再拆杆数较多的杆组。注意不带缸的杆组，其自由度为零；带缸的杆组，其自由度等于缸数 (4)每当拆下一个杆组后，剩下的仍应是一个完整的机构，要注意不要把机构拆散，直到最后剩下的只是机架为止 (5)根据所得杆组的级别确定机构的级别

表 11.1-15　判定平面机构级别的图例

图　　例	说　　明
	先将图 a 中的构件 4、5 连同 C、D 两个转动副及一个移动副的Ⅱ级杆组拆下，剩下的是一个铰链四杆机构（见图 b） 从这个四杆机构中再拆下构件 2、3 连同 A、B、O_3 三个转动副的又一个Ⅱ级杆组，最后剩下的是主动件 1 和机架 6（见图 c） 可以判定该机构为具有一个自由度的Ⅱ级机构

（续）

图　例	说　明
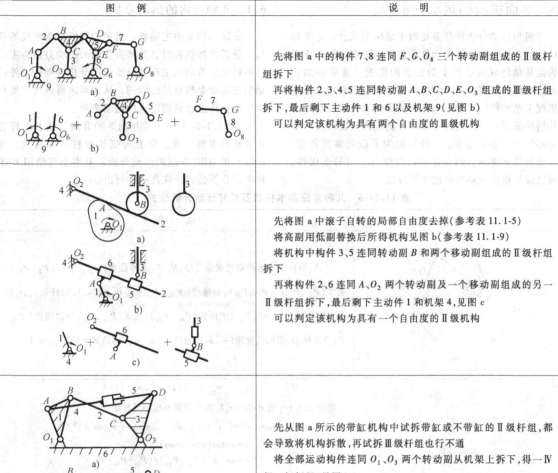	先将图 a 中的构件 7、8 连同 F、G、O_8 三个转动副组成的 Ⅱ 级杆组拆下 　　再将构件 2、3、4、5 连同转动副 A、B、C、D、E、O_3 组成的 Ⅲ 级杆组拆下，最后剩下主动件 1 和 6 以及机架 9（见图 b） 　　可以判定该机构为具有两个自由度的 Ⅲ 级机构
	先将图 a 中滚子自转的局部自由度去掉（参考表 11.1-5） 　　将高副用低副替换后所得机构见图 b（参考表 11.1-9） 　　将机构中构件 3、5 连同转动副 B 和两个移动副组成的 Ⅱ 级杆组拆下 　　再将构件 2、6 连同 A、O_2 两个转动副及一个移动副组成的另一 Ⅱ 级杆组拆下，最后剩下主动件 1 和机架 4，见图 c 　　可以判定该机构为具有一个自由度的 Ⅱ 级机构
	先从图 a 所示的带缸机构中试拆带缸或不带缸的 Ⅱ 级杆组，都会导致将机构拆散，再试拆 Ⅲ 级杆组也行不通 　　将全部运动构件连同 O_1、O_3 两个转动副从机架上拆下，得一 Ⅳ 级一缸杆组，见图 b 　　可以判定该机构为一个自由度的 Ⅳ 级机构
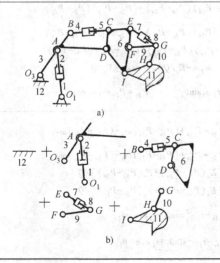	这是一个多缸机构。先从图 a 中将构件 10、11 连同 G、H、I 三个转动副组成的 Ⅱ 级杆组拆下。由于 G 是复合铰链，拆去一个后还剩一个 　　拆下构件 7、8、9 连同 E、F、G 三个转动副和一个移动副组成的 Ⅱ 级一缸杆组 　　再将构件 4、5、6 连同 B、C、D 三个转动副和一个移动副组成的另一个 Ⅱ 级一缸杆组拆下 　　最后将构件 1、2、3 连同 O_1、O_3、A 三个转动副和一个移动副组成的第三个 Ⅱ 级一缸杆组拆下，剩下的就只有机架 12 　　可以判定该机构为具有 3 个自由度带缸的 Ⅱ 级机构

6　平面机构的运动分析

机构运动分析的任务是对于结构型式及尺寸参数已定的具体机构，按主动件的位置、速度和加速度来确定从动件或从动件上指定点的位置、速度和加速度。大部分机械的运动学特性和运动参数直接关系到机械工艺动作的质量，而且运动参数又是机械动力学分析的依据，所以机构的运动分析是机械设计过程中必不可少的重要环节。以计算机为手段的解析方法，由于运算速度快，精确度高，程序有一定的通用性，现已成为机构运动分析的主要方法。

6.1　Ⅱ级机构的运动分析

Ⅱ级机构是由主动件、机架和Ⅱ级杆组组成的机构。分析具体机构时，先将待分析的机构分解为主动件和杆组，然后从主动件开始依次分析，则杆组外运动副的运动参数总是已知的，从而可求得机构中所有构件和构件上任意指定点的运动参数。

表 11.1-16 给出了常用的 5 种Ⅱ级杆组及单杆运动分析的求解公式。带有可变长度杆（如液压、气动缸）的 RRR 杆组的运动分析，基本上可借用 RRR 杆组的分析公式，在此一并列出。

表 11.1-16　几种常见基本杆组及单杆运动分析公式

RRR 杆组简图	说　明
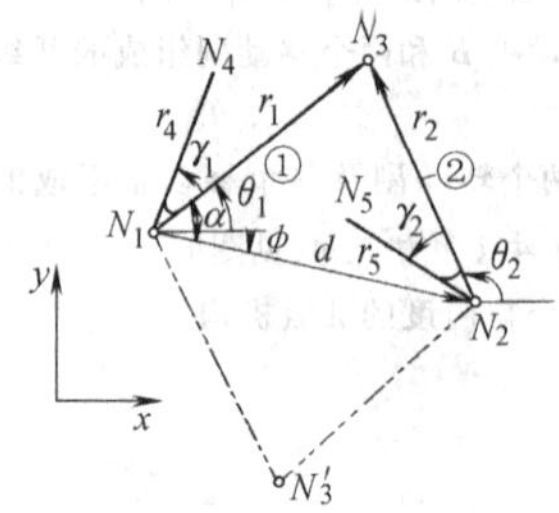	N_1、N_2 为杆组外运动副的虚拟点号，N_1、N_2 点的位置 (P_{1x}, P_{1y})、(P_{2x}, P_{2y})，速度 $(\dot{P}_{1x}, \dot{P}_{1y})$、$(\dot{P}_{2x}, \dot{P}_{2y})$，加速度 $(\ddot{P}_{1x}, \ddot{P}_{1y})$、$(\ddot{P}_{2x}, \ddot{P}_{2y})$，和杆长 r_1、r_2 是已知的。求内运动副 N_3 点的位置 (P_{3x}, P_{3y})、速度 $(\dot{P}_{3x}, \dot{P}_{3y})$ 和加速度 $(\ddot{P}_{3x}, \ddot{P}_{3y})$ 及杆①、②的位置角 (θ_1, θ_2)、角速度 (ω_1, ω_2) 和角加速度 $(\varepsilon_1, \varepsilon_2)$
位置分析	$$d = [(P_{2x} - P_{1x})^2 + (P_{2y} - P_{1y})^2]^{1/2}$$ 如果 $d > r_1 + r_2$ 或 $d < |r_1 - r_2|$，则此位置不能形成杆组 $$\cos\alpha = (d^2 + r_1^2 - r_2^2)/(2r_1 d) \qquad \sin\alpha = (1 - \cos^2\alpha)^{1/2}$$ $$\alpha = \arctan(\sin\alpha/\cos\alpha)$$ $$\phi = \arctan[(P_{2y} - P_{1y})/(P_{2x} - P_{1x})]$$ 如果 $\boldsymbol{r}_1 \times \boldsymbol{r}_2 > 0$（图中实线位置），则 $\theta_1 = \alpha - \phi$，否则 $\theta_1 = \alpha + \phi$ $$P_{3x} = P_{1x} + r_1\cos\theta_1 \qquad P_{3y} = P_{1y} + r_1\sin\theta_1$$ $$\theta_2 = \arctan[(P_{3y} - P_{2y})/(P_{3x} - P_{2x})]$$
速度分析	$$E_v = (\dot{P}_{2x} - \dot{P}_{1x})(P_{3x} - P_{2x}) + (\dot{P}_{2y} - \dot{P}_{1y})(P_{3y} - P_{2y})$$ $$F_v = (\dot{P}_{2x} - \dot{P}_{1x})(P_{3x} - P_{1x}) + (\dot{P}_{2y} - \dot{P}_{1y})(P_{3y} - P_{1y})$$ $$Q = (P_{3y} - P_{1y})(P_{3x} - P_{2x}) - (P_{3y} - P_{2y})(P_{3x} - P_{1x})$$ $$\omega_1 = -E_v/Q \qquad \omega_2 = -F_v/Q$$ $$\dot{P}_{3x} = \dot{P}_{1x} - r_1\omega_1\sin\theta_1 \qquad \dot{P}_{3y} = \dot{P}_{1y} + r_1\omega_1\cos\theta_1$$
加速度分析	$$E_a = \ddot{P}_{2x} - \ddot{P}_{1x} + (\dot{P}_{3y} - \dot{P}_{1y})\omega_1 - (\dot{P}_{3y} - \dot{P}_{2y})\omega_2$$ $$F_a = \ddot{P}_{2y} - \ddot{P}_{1y} + (\dot{P}_{3x} - \dot{P}_{1x})\omega_1 - (\dot{P}_{3x} - \dot{P}_{2x})\omega_2$$ $$\varepsilon_1 = -[E_a(P_{3x} - P_{2x}) + F_a(P_{3y} - P_{2y})]/Q$$ $$\varepsilon_2 = -[E_a(P_{3x} - P_{1x}) + F_a(P_{3y} - P_{1y})]/Q$$ $$\ddot{P}_{3x} = \ddot{P}_{1x} - r_1\omega_1^2\cos\theta_1 - r_1\varepsilon_1\sin\theta_1$$ $$\ddot{P}_{3y} = \ddot{P}_{1y} - r_1\omega_1^2\sin\theta_1 + r_1\varepsilon_1\cos\theta_1$$

（续）

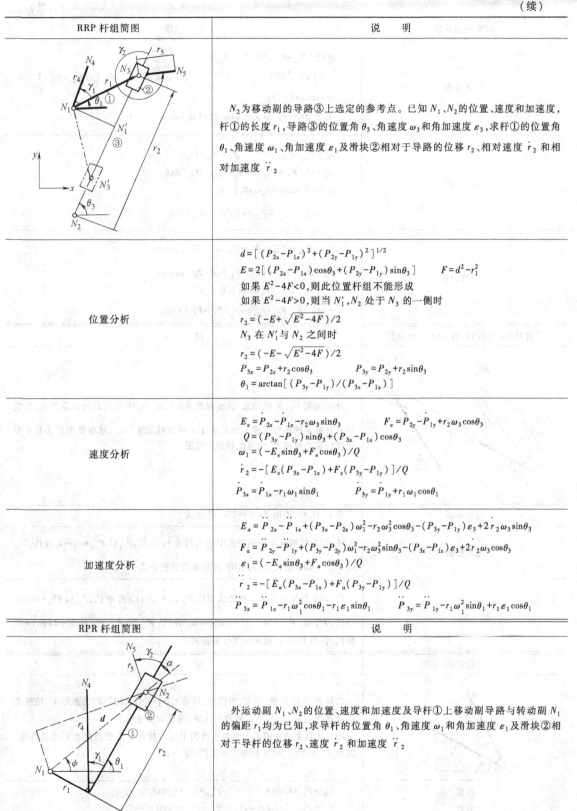

RRP 杆组简图	说　明
	N_2 为移动副的导路③上选定的参考点。已知 N_1、N_2 的位置、速度和加速度，杆①的长度 r_1，导路③的位置角 θ_3、角速度 ω_3 和角加速度 ε_3，求杆①的位置角 θ_1、角速度 ω_1、角加速度 ε_1 及滑块②相对于导路的位移 r_2、相对速度 $\dot{r}_2$ 和相对加速度 $\ddot{r}_2$

位置分析	$d = \left[(P_{2x}-P_{1x})^2 + (P_{2y}-P_{1y})^2 \right]^{1/2}$ $E = 2\left[(P_{2x}-P_{1x})\cos\theta_3 + (P_{2y}-P_{1y})\sin\theta_3 \right]$ 　　　$F = d^2 - r_1^2$ 如果 $E^2-4F<0$，则此位置杆组不能形成 如果 $E^2-4F>0$，则当 N_1'，N_2 处于 N_3 的一侧时 $r_2 = (-E + \sqrt{E^2-4F})/2$ N_3 在 N_1' 与 N_2 之间时 $r_2 = (-E - \sqrt{E^2-4F})/2$ $P_{3x} = P_{2x} + r_2\cos\theta_3$ 　　　$P_{3y} = P_{2y} + r_2\sin\theta_3$ $\theta_1 = \arctan\left[(P_{3y}-P_{1y})/(P_{3x}-P_{1x}) \right]$
速度分析	$E_v = \dot{P}_{2x} - \dot{P}_{1x} - r_2\omega_3\sin\theta_3$ 　　　$F_v = \dot{P}_{2y} - \dot{P}_{1y} + r_2\omega_3\cos\theta_3$ $Q = (P_{3y}-P_{1y})\sin\theta_3 + (P_{3x}-P_{1x})\cos\theta_3$ $\omega_1 = (-E_v\sin\theta_3 + F_v\cos\theta_3)/Q$ $\dot{r}_2 = -\left[E_v(P_{3x}-P_{1x}) + F_v(P_{3y}-P_{1y}) \right]/Q$ $\dot{P}_{3x} = \dot{P}_{1x} - r_1\omega_1\sin\theta_1$ 　　　$\dot{P}_{3y} = \dot{P}_{1y} + r_1\omega_1\cos\theta_1$
加速度分析	$E_a = \ddot{P}_{2x} - \ddot{P}_{1x} + (P_{3x}-P_{2x})\omega_1^2 - r_2\omega_3^2\cos\theta_3 - (P_{3y}-P_{1y})\varepsilon_3 + 2\dot{r}_2\omega_3\sin\theta_3$ $F_a = \ddot{P}_{2y} - \ddot{P}_{1y} + (P_{3y}-P_{2y})\omega_1^2 - r_2\omega_3^2\sin\theta_3 - (P_{3x}-P_{1x})\varepsilon_3 + 2\dot{r}_2\omega_3\cos\theta_3$ $\varepsilon_1 = (-E_a\sin\theta_3 + F_a\cos\theta_3)/Q$ $\ddot{r}_2 = -\left[E_a(P_{3x}-P_{1x}) + F_a(P_{3y}-P_{1y}) \right]/Q$ $\ddot{P}_{3x} = \ddot{P}_{1x} - r_1\omega_1^2\cos\theta_1 - r_1\varepsilon_1\sin\theta_1$ 　　　$\ddot{P}_{3y} = \ddot{P}_{1y} - r_1\omega_1^2\sin\theta_1 + r_1\varepsilon_1\cos\theta_1$

RPR 杆组简图	说　明
	外运动副 N_1、N_2 的位置、速度和加速度及导杆①上移动副导路与转动副 N_1 的偏距 r_1 均为已知，求导杆的位置角 θ_1、角速度 ω_1 和角加速度 ε_1 及滑块②相对于导杆的位移 r_2、速度 $\dot{r}_2$ 和加速度 $\ddot{r}_2$

（续）

RPR 杆组简图	说 明
位置分析	$d=\left[(P_{2x}-P_{1x})^2+(P_{2y}-P_{1y})^2\right]^{1/2}$ $r_2=(d^2-r_1^2)^{1/2}$ $\qquad$ $\phi=\arctan\left[(P_{2y}-P_{1y})/(P_{2x}-P_{1x})\right]$ $\alpha=\arctan(r_1/r_2)$ 如果 $d\times r_2>0$，则 $\theta_1=\phi+\alpha$，否则 $\theta_1=\phi-\alpha$
速度分析	$E_v=\dot{P}_{2x}-\dot{P}_{1x}$ $\qquad$ $F_v=\dot{P}_{2y}-\dot{P}_{1y}$ $Q=-\left[(P_{2x}-P_{1x})\cos\theta_1+(P_{2y}-P_{1y})\sin\theta_1\right]$ $\omega_1=(E_v\sin\theta_1-F_v\cos\theta_1)/Q$ $\dot{r}_2=-\left[E_v(P_{2x}-P_{1x})+F_v(P_{2y}-P_{1y})\right]/Q$
加速度分析	$E_a=\ddot{P}_{2x}-\ddot{P}_{1x}+(P_{2x}-P_{1x})\omega_1^2+2\dot{r}_2\omega_1\sin\theta_1$ $F_a=\ddot{P}_{2y}-\ddot{P}_{1y}+(P_{2y}-P_{1y})\omega_1^2-2\dot{r}_2\omega_1\cos\theta_1$ $\varepsilon_1=(E_a\sin\theta_1-F_a\cos\theta_1)/Q$ $\ddot{r}_2=-\left[E_a(P_{2x}-P_{1x})+F_a(P_{2y}-P_{1y})\right]/Q$

带有液压(气动)缸的 RRR 杆组简图	说 明
	外运动副 N_1、N_2 的位置、速度和加速度已知，N_1 与 N_3 间最短长度为 l_0，给定活塞与缸体的相对位移 s、相对速度 $\dot{s}$ 和相对加速度 $\ddot{s}$，求变长度杆①及不变长度杆②的角位置、角速度和角加速度
位置分析	令 $r_1=l_0+s$，借用 RRR 杆组分析公式
速度分析	将 RRR 杆组速度分析公式中的 r_1 以 l_0+s 替代，$\dot{P}_{1x}$ 以 $\dot{P}_{1x}+\dot{s}\cos\theta_1$ 替代，$\dot{P}_{1y}$ 以 $\dot{P}_{1y}+\dot{s}\sin\theta_1$ 替代，借用 RRR 杆组速度分析公式
加速度分析	将 RRR 杆组加速度分析公式中的 $\dot{P}_{1x}$ 以 $\dot{P}_{1x}+\dot{s}\cos\theta_1$ 替代，$\dot{P}_{1y}$ 以 $\dot{P}_{1y}+\dot{s}\sin\theta_1$ 替代，$\ddot{P}_{1x}$ 以 $\ddot{P}_{1x}+\ddot{s}\cos\theta_1-2\dot{s}\omega_1\sin\theta_1$ 替代，$\ddot{P}_{1y}$ 以 $\ddot{P}_{1y}+\ddot{s}\sin\theta_1+2\dot{s}\omega_1\cos\theta_1$ 替代，借用 RRR 杆组加速度分析公式

单杆简图	说 明
	已知 N_1 点的位置、速度、加速度，尺寸 r_1、r_1' 和 γ_1' 及构件的位置角 θ_1、角速度 ω_1 和角加速度 ε_1，求 N_2、N_3 点的位置、速度和加速度 用于计算主动件的运动参数或机构中运动构件上某些指定点的运动参数，例如 RRR、RRP、RPR 杆组简图上的 N_4、N_5 点
位置 分析	$P_{2x}=P_{1x}+r_1\cos\theta_1$ $\qquad$ $P_{2y}=P_{1y}+r_1\sin\theta_1$ $P_{3x}=P_{1x}+r_1'\cos(\theta_1+\gamma_1')$ $\qquad$ $P_{3y}=P_{1y}+r_1'\sin(\theta_1+\gamma_1')$

（续）

单杆简图	说　　明
速度分析	$\dot{P}_{2x}=\dot{P}_{1x}-r_1\omega_1\sin\theta_1 \qquad \dot{P}_{2y}=\dot{P}_{1y}+r_1\omega_1\cos\theta_1$ $\dot{P}_{3x}=\dot{P}_{1x}-r_1'\omega_1\sin(\theta_1+\gamma_1') \qquad \dot{P}_{3y}=\dot{P}_{1y}+r_1'\omega_1\cos(\theta_1+\gamma_1')$
加速度分析	$\ddot{P}_{2x}=\ddot{P}_{1x}-r_1\varepsilon_1\sin\theta_1-r_1\omega_1^2\cos\theta_1$ $\ddot{P}_{3x}=\ddot{P}_{1x}-r_1'\varepsilon_1\sin(\theta_1+\gamma_1')-r_1'\omega_1^2\cos(\theta_1+\gamma_1')$ $\ddot{P}_{3y}=\ddot{P}_{1y}+r_1'\varepsilon_1\cos(\theta_1+\gamma_1')-r_1'\omega_1^2\sin(\theta_1+\gamma_1')$ $\ddot{P}_{2y}=\ddot{P}_{1y}+r_1\varepsilon_1\cos\theta_1-r_1\omega_1^2\sin\theta_1$

注：表列公式中 P、$\dot{P}$、$\ddot{P}$ 的下标数字为杆组中虚拟点号，r、θ、ω、ε 的下标数字为杆组中虚拟构件号，在分析具体题目时应把它们代换为实际题目中对应的点和构件编号，见表 11.1-17 基本杆组运动分析例题。

表 11.1-17　基本杆组运动分析例题

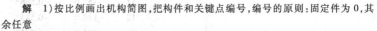

左图所示六杆机构。已知各部分尺寸：$l_{12}=0.056\text{m}$，$l_{13}=0.125\text{m}$，$l_{34}=0.167\text{m}$，$l_{24}=0.163\text{m}$，$l_{25}=0.125\text{m}$，$l_{56}=0.5\text{m}$，$\gamma=-170°$，滑块⑤的导路过点2，铅垂方向

设主动件①顺时针匀速转动，角速度为 $\omega_1=-10\text{rad/s}$，求主动件转动一周过程中滑块⑤的位移、速度和加速度的变化规律

解　1）按比例画出机构简图，把构件和关键点编号，编号的原则：固定件为 0，其余任意

2）选定坐标系，视解题方便任意选取。本例坐标原点在点 1，x 轴沿 1、2 点连线，右手坐标系

3）将机构分解为 RRP 杆组（④⑤）、RRR 杆组（②③）及单杆（①）（见左图）

4）令主动件位置角 θ_1 从零开始，以步长 $-15°$ 转至 $-360°$

5）用单杆运动分析公式计算点 3 的位置、速度和加速度，在此应以实际题目中点和构件的编号代换公式中的虚拟编号

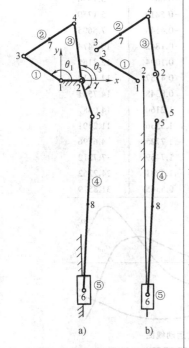

a)　　b)

虚拟点号	1	2	3	虚拟构件号	1
实际点号	1	3	0	实际构件号	1

6）用 RRR 杆组运动分析公式，计算构件②、③的位置角 θ_2、θ_3，角速度 ω_2、ω_3 和角加速度 ε_2、ε_3

虚拟点号	1	2	3	虚拟构件号	1	2
实际点号	3	2	4	实际构件号	2	3

$r_1=l_{34}$，$r_2=l_{24}$

7）用单杆运动分析公式求点 5 的运动参数

虚拟点号	1	2	3	虚拟构件号	1
实际点号	2	4	5	实际构件号	3

$r_1=l_{24}$，$r_1'=l_{25}$，$\gamma_1'=\gamma=-170°$

8）用 RRP 杆组运动分析公式计算点 6 的运动参数

（续）

虚拟点号	1 2 3	虚拟构件号	1　2　3
实际点号	5 2 6	实际构件号	4　5　0

$\theta_3 = -90°, \omega_3 = \varepsilon_3 = 0$

点 6 的位移、速度和加速度随主动件转角的变化规律

序号	$\theta_1/(°)$	P_{6y}/m	$V_{6y}/(m \cdot s^{-1})$	$a_{6y}/(m \cdot s^{-2})$
0	0.0	-0.3800	0.5565	-31.8579
1	-15.0	-0.3757	-0.1824	-22.5206
2	-30.0	-0.3866	-0.5955	-9.7068
3	-45.0	-0.4046	-0.7450	-2.7252
4	-60.0	-0.4246	-0.7777	-0.2787
5	-75.0	-0.4450	-0.7762	-0.2179
6	-90.0	-0.4653	-0.7716	0.0875
7	-105.0	-0.4855	-0.7723	-0.1350
8	-120.0	-0.5057	-0.7774	-0.2202
9	-135.0	-0.5261	-0.7815	-0.0333
10	-150.0	-0.5466	-0.7758	0.5354
11	-165.0	-0.5666	-0.7493	1.5759
12	-180.0	-0.5855	-0.6888	3.1338
13	-195.0	-0.6022	-0.5810	5.1750
14	-210.0	-0.6154	-0.4148	7.5605
15	-225.0	-0.6234	-0.1842	10.0474
16	-240.0	-0.6245	0.1094	12.3165
17	-255.0	-0.6172	0.4557	14.0114
18	-270.0	-0.6004	0.8348	14.7551
19	-285.0	-0.5735	1.2160	14.0887
20	-300.0	-0.5371	1.5536	11.2401
21	-315.0	-0.4931	1.7725	4.6796
22	-330.0	-0.4464	1.7469	-7.7212
23	-345.0	-0.4052	1.3281	-24.2262
24	-360.0	-0.3800	0.5565	-31.8579

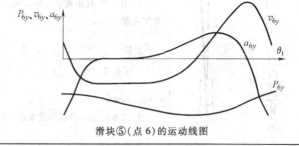

滑块⑤（点 6）的运动线图

6.2　高级机构的运动分析

由于Ⅲ、Ⅳ级杆组的位置分析不易求得解析解，故包括Ⅲ、Ⅳ级杆组的高级机构的运动分析通常应用求解环约束方程的方法。

（1）环约束方程的建立

将机构图中的构件或某些结构尺寸以矢量表示，则可形成若干个矢量环。每一个矢量环，按其闭合条件都可以写出两个标量方程。因为低副机构中每个构件的相对位置可由一个广义坐标确定，而主动件的位置是给定的，故求解机构位置所必需的标量方程个数应与除主动件外的机构活动构件数相等。表 11.1-18 给出了几种典型情况的环方程及相应的标量位置方程

的建立方法。

(2) 位置分析

Ⅲ级机构的运动位置求解见表 11.1-19。

表 11.1-18　Ⅲ级机构的运动分析方程式

机构简图	矢量环方程	标量环方程
	$P_1+r+l_1-l_2-l_3-P_2=0$ $P_2+l_3+l'_2-l_4-P_3=0$	$P_{1x}+r\cos q+l_1\cos\phi_1-l_2\cos\phi_2-l_3\cos\phi_3-P_{2x}=0$ $P_{1y}+r\sin q+l_1\sin\phi_1-l_2\sin\phi_2-l_3\sin\phi_3-P_{2y}=0$ $P_{2x}+l_3\cos\phi_3+l'_2\cos(\phi_2-\gamma)-l_4\cos\phi_4-P_{3x}=0$ $P_{2y}+l_3\sin\phi_3+l'_2\sin(\phi_2-\gamma)-l_4\sin\phi_4-F_{3y}=0$
	$P_1+r+l_1-l_2-l_3-P_2=0$ $P_2+l_3+l'_2-\phi_4-P_3=0$	$P_{1x}+r\cos q+l_1\cos\phi_1-l_2\cos\phi_2-l_3\cos\phi_3-P_{2x}=0$ $P_{1y}+r\sin q+l_1\sin\phi_1-l_2\sin\phi_2-l_3\sin\phi_3-P_{2y}=0$ $P_{2x}+l_3\cos\phi_3+l'_2\cos(\phi_2-\gamma)-\phi_4\cos\beta-P_{3x}=0$ $P_{2y}+l_3\sin\phi_3+l'_2\sin(\phi_2-\gamma)-\phi_4\sin\beta-P_{3y}=0$
	$P_1+r+l_1-l_2-l_3-P_2=0$ $P_2+l_3+l'_2-\phi_4-P_3=0$	$P_{1x}+r\cos q+l_1\cos\phi_1-l_2\cos\phi_2-l_3\cos\phi_3-P_{2x}=0$ $P_{1y}+r\sin q+l_1\sin\phi_1-l_2\sin\phi_2-l_3\sin\phi_3-P_{2y}=0$ $P_{2x}+l_3\cos\phi_3+l'_2\cos\left(\phi_2-\gamma-\dfrac{\pi}{2}\right)-\phi_4\cos(\phi_2-\gamma)-P_{3x}=0$ $P_{2y}+l_3\sin\phi_3+l'_2\sin\left(\phi_2-\gamma-\dfrac{\pi}{2}\right)-\phi_4\sin(\phi_2-\gamma)-P_{3y}=0$

表 11.1-19　Ⅲ级机构的运动位置求解

求解步骤	运动方程
位置方程是包括待定广义坐标 $\phi_1,\phi_2,\cdots,\phi_m$ 的强耦合、非线性方程组	$f(q,\Phi)=0$ (1) 式中　$\Phi=(\phi_1,\phi_2,\cdots,\phi_m)$
设定初值 $\Phi^0=\{\phi_1^0,\phi_2^0,\cdots,\phi_m^0\}$ 代上式,并设定一组校正值	$\Delta\Phi^0=(\Delta\phi_1^0,\Delta\phi_2^0,\cdots,\Delta\phi_m^0)$
设系统在初值附近存在扰动	$f(q,\Phi^0+\Delta\Phi^0)=0$ (2)
将上式展开成泰勒级数,并略去非线性项	$$\begin{pmatrix}\dfrac{\partial f_1}{\partial\phi_1}&\dfrac{\partial f_1}{\partial\phi_2}&\cdots&\dfrac{\partial f_1}{\partial\phi_m}\\[2mm]\dfrac{\partial f_2}{\partial\phi_1}&\dfrac{\partial f_2}{\partial\phi_2}&\cdots&\dfrac{\partial f_2}{\partial\phi_m}\\[1mm]\cdots&\cdots&&\cdots\\[1mm]\dfrac{\partial f_m}{\partial\phi_1}&\dfrac{\partial f_m}{\partial\phi_2}&\cdots&\dfrac{\partial f_m}{\partial\phi_m}\end{pmatrix}\begin{pmatrix}\Delta\phi_1^0\\[2mm]\Delta\phi_2^0\\[1mm]\cdots\\[1mm]\Delta\phi_m^0\end{pmatrix}=\begin{pmatrix}-f_1\ \Phi^0\\-f_2\ \Phi^0\\\cdots\\-f_m\ \Phi^0\end{pmatrix}$$ (3) 写成 $A\Delta\Phi^0=B$ 如果 A 非奇异,则可解出 $\Delta\Phi^0$

注: 1. 但一般情况下 $f(q,\Phi^0+\Delta\Phi^0)\neq0$, 这是因把式 (2) 展成泰勒级数后略去了非线性项。继续令 $\Phi^1=\Phi^0+\Delta\Phi^0$, 求 $\Delta\Phi'$, 直到 $||\Delta\Phi^k||$ 充分小, 此时可认为解 $\Phi=\Phi^k+\Delta\Phi^k$。

2. 这种方法称牛顿-拉夫森算法, 用计算机解题时可有现成子程序可供调用。

3. 算法是否收敛及收敛快慢主要决定于初值选得是否恰当。可应用图解试凑方法选定初值。通常经几次迭代即可收敛于足够精度的解。

（3）速度和加速度分析

Ⅲ级机构的运动速度与加速度求解见表 11.1-20。

（4）Ⅲ级机构的运动分析例题（见表 11.1-21）

表 11.1-20　Ⅲ级机构的运动速度与加速度求解

求解步骤	运动方程
标量位置方程组对时间 t 微分	$$A\dot{\Phi}=C \qquad (1)$$
对时间微分式	$$A\ddot{\Phi}=\dot{C}-\dot{A}\dot{\Phi}=D \qquad (2)$$ 可解得 $\ddot{\Phi}=(\ddot{\phi}_1,\ddot{\phi}_2,\cdots,\ddot{\phi}_m)$ 求出 $\dot{\Phi}$、$\ddot{\Phi}$ 后，任一构件上指定点的位置、速度和加速度都很容易求得

注：此中 A 与表 11.1-19 式（3）中系数矩阵相同，$\dot{\Phi}=(\dot{\phi}_1,\dot{\phi}_2,\cdots,\dot{\phi}_m)$，$C$ 为 m 行列阵，包括有主动件的结构和运动参数，是已知的。

表 11.1-21　Ⅲ级机构的运动分析例题

求解步骤	运动方程
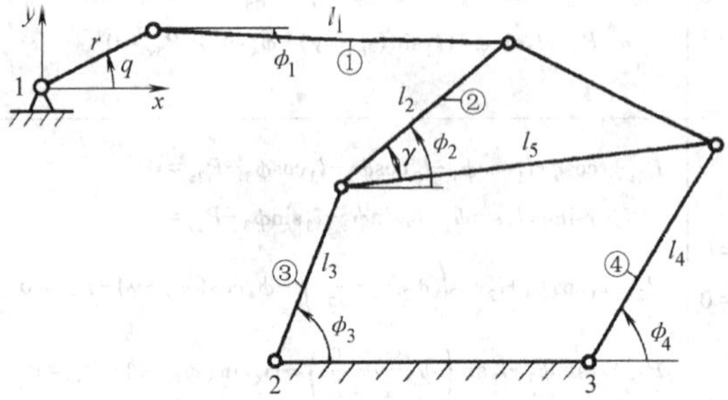	左图所示机构，$r=0.02$，$l_1=0.12$，$l_2=0.035$，$l_3=0.03$，$l_4=0.04$，$l_5=0.06$，$\gamma=30°$，长度单位为 m 点 1、2、3 的坐标分别为：$(0,0)$、$(0.1,-0.045)$、$(0.15,-0.045)$ 给定 $\dot{q}=10\text{rad/s}$，$\ddot{q}=0$ 求 q 从 0° 转动 360° 过程中构件①②的位置角 ϕ_1、ϕ_2，角速度 ω_1、ω_2 及角加速度 ε_1、ε_2 的变化规律
位置方程见表 11.1-19，写成式（1）的形式	$$\begin{pmatrix} -l_1\sin\phi_1 & l_2\sin\phi_2 & l_3\sin\phi_3 & 0 \\ l_1\cos\phi_1 & -l_2\cos\phi_2 & -l_3\cos\phi_3 & 0 \\ 0 & -l_5\sin(\phi_2-\gamma) & -l_3\sin\phi_3 & l_4\sin\phi_4 \\ 0 & l_5\cos(\phi_2-\gamma) & l_3\cos\phi_3 & -l_4\cos\phi_4 \end{pmatrix}\begin{pmatrix} \Delta\phi_1 \\ \Delta\phi_2 \\ \Delta\phi_3 \\ \Delta\phi_4 \end{pmatrix}$$ $$=\begin{pmatrix} -(P_{1x}+r\cos q+l_1\cos\phi_1-l_2\cos\phi_2-l_3\cos\phi_3-P_{2x}) \\ -(P_{1y}+r\sin q+l_1\sin\phi_1-l_2\sin\phi_2-l_3\sin\phi_3-P_{2y}) \\ -(P_{2x}+l_3\cos\phi_3+l_5\cos(\phi_2-\gamma)-l_4\cos\phi_4-P_{3x}) \\ -(P_{2y}+l_3\sin\phi_3+l_5\sin(\phi_2-\gamma)-l_4\sin\phi_4-P_{3y}) \end{pmatrix} \qquad (1)$$
给定 $q=0$，设定一组初值 $\Phi^0=(\phi_1^0,\phi_2^0,\phi_3^0,\phi_4^0)=(0,30,70,60)$，代入后经几次迭代得满足一定精度的解	$$\Phi=(1.1527,35.9315,67.2171,57.8325)$$ 然后以此为初值，求 $q=q+\Delta q$ 时的解（本题取 $\Delta q=10°$），如此继续下去，即可求出全部解
求解角速度和角加速度时，系数矩阵 A 不变，计算见式（2）和式（3）的形式	$$C=\begin{pmatrix} \dot{q}r\sin q \\ -\dot{q}r\cos q \\ 0 \\ 0 \end{pmatrix} \qquad (2)$$ $$D=\begin{pmatrix} \ddot{q}r\sin q+\dot{q}^2r\cos q+\omega_1^2l_1\cos\phi_1-\omega_2^2l_2\cos\phi_2-\omega_3^2l_3\cos\phi_3 \\ -\ddot{q}r\cos q+\dot{q}^2r\sin q+\omega_1^2l_1\sin\phi_1-\omega_2^2l_2\sin\phi_2-\omega_3^2l_3\sin\phi_3 \\ \omega_2^2l_5\cos(\phi_2-\gamma)+\omega_3^2l_3\cos\phi_3-\omega_4^2l_4\cos\phi_4 \\ \omega_2^2l_5\sin(\phi_2-\gamma)+\omega_3^2l_3\sin\phi_3-\omega_4^2l_4\sin\phi_4 \end{pmatrix}$$ $$(3)$$

（续）

求 解 步 骤	运 动 方 程
运动线图	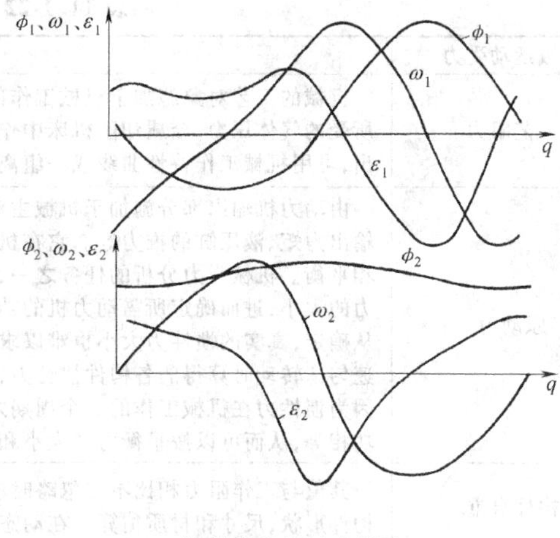 构件①②的运动线图
计算机软件（ADAMS）计算结果	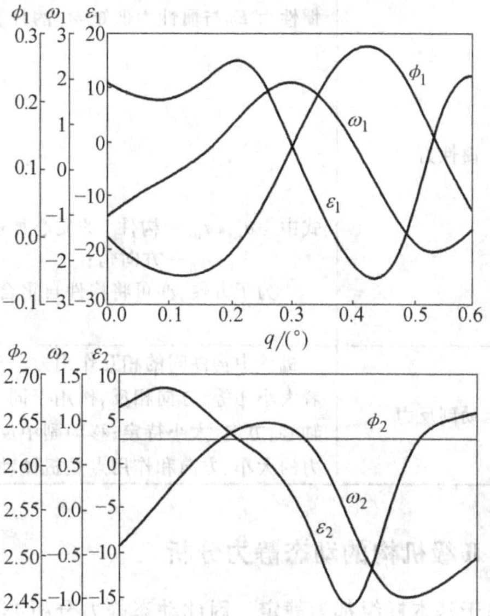 计算机软件（ADAMS）模拟构件①②的运动线图

注：图中字母下标表示构件号。

7　平面机构的动态静力分析

机械在工作过程中除受各种外力作用外，各构件相连接的运动副处产生构件之间相互作用的约束反力，即所谓"运动副反力"。计算运动副反力，可应用动态静力学方法，即在机械中非匀速运动的构件上，加惯性力和惯性力偶，再用静力学平衡方程式求解。

一般情况下，可根据机械主动件按名义转速匀速转动时求得的各构件的加速度值，计算相应的惯性力和惯性力偶，用以代替机械运动过程中各构件真实的惯性力和惯性力偶。

7.1 机械工作过程中所受的力 （见表 11.1-22）

表 11.1-22 机械受力说明

机械运动受力	说　明
工艺阻力	机械的工艺对象施加于机械工作部分,阻碍机械运动而做负功的力,例如往复式压气机气缸活塞上所受的气体压力,金属切削机床中作用于刀具上的切削力等。工艺阻力可由理论计算或实验方法得出,可用机械工作特性曲线或一组离散数据来表示,在动态静力分析中认为是已知外力
原动力	由动力机输出部分施加于机械主动件上驱使机械完成工艺运动而做正功的力或力偶。如电动机的输出力矩、液压缸的推力等。它在机械工作过程中与机械所受的工艺阻力、构件自重和惯性力等外力相平衡。机械受力分析的任务之一,就是要求出机械工作过程中,每一瞬时(或每一位置)所需原动力的大小,进而确定所需动力机的功率。但是,在动力机尚未选定的情况下,机械的真实运动规律无从确定,真实的惯性力大小也难以求得。因此,在计算原动力时,也常常用按机械的主动件以名义转速匀速转动时算得的各构件惯性力,替代真实的惯性力。这样求得的"理想的"原动力称作平衡力。因为惯性力在机械工作的一个周期之内做功为零,故平衡力与原动力在机械的一个工作周期之内做功相等,从而可以按平衡力的大小和变化规律,选择动力机的容量
构件自重	其值与工作阻力相比不容忽略时应考虑。在设计的初始阶段,只能按初步结构设计所概略确定的构件形状、尺寸和材质估算。在动态静力分析时被认为是已知的外力
介质阻力	机械工作时,周围介质施加于机械运动构件上的阻力。一般情况下可忽略
惯性力	动态静力学方法中的虚拟外力。设构件 i 的质心为 s_i,质量为 m_i,绕质心轴的转动惯量为 J_{si},则其惯性力 F_{Ii} 与惯性力偶矩 M_{Ii} 的计算公式为 $$\begin{cases} F_{Ii} = (F_{Iix}^2 + F_{Iiy}^2)^{1/2} \\ \alpha_{Ii} = \arctan(F_{Iiy}/F_{Iix}) \\ M_{Ii} = -J_{si}\varepsilon_i \\ F_{Iix} = -m_i a_{six} \\ F_{Iiy} = -m_i a_{siy} \end{cases}$$ 式中　a_{six}、a_{siy}—构件 i 的质心加速度的水平与铅垂分量 α_{Ii}—方向角; 为了方便,亦可将构件自重合并于惯性力的铅垂分量中,此时 $$F_{Iiy} = -m_i(a_{siy} + g)$$
运动副反力	机械中构件间的相互作用力。连接 i、j 两构件的运动副反力有 i 对 j 的作用力和 j 对 i 的作用力,二者大小相等,方向相反,作用于同一直线上。如果不计摩擦,转动副中反力作用线通过转动副的几何轴心,方向、大小待定;移动副中反力方向垂直于移动副导路,大小及作用点位置待定,确定运动副反力的大小、方向和作用点是机械动态静力分析的任务之一

7.2 Ⅱ级机构的动态静力分析

由于基本杆组都为静定,因此动态静力分析亦可按杆组进行。将机构分解为基本杆组、主动件和机架,按运动分析的逆序,逐个对每个杆组求解,最后分析主动件上的力(见表 11.1-23)。

常用Ⅱ级杆组及主动件动态静力分析公式列于表 11.1-24。表中每个构件上只设一个外力作用点,如果构件上有多个外力,则应先将所有外力向一个点简化,将 K 点外力向 j 点简化时,外力的大小、方向都不变,只附加一力偶矩 M_{FKj}。

表 11.1-23 Ⅱ级机构的动态静力分析约定标记符号说明

符号标记	说　明
F_{ix}、F_{iy}	杆组中作用在 i 点上外力的水平及铅垂分量
M_j	杆组中作用在 j 构件上的力偶矩
R_{ix}、R_{iy}	标号为 i 的运动副反力。对于杆组上的外运动副而言,它是作用在杆组构件上的力,对内运动副而言,约定为杆组中①构件对②构件的作用力
R_{kx}、R_{ky}	移动副中的反力,K 为反力作用点

注：为了简化计算公式,令

$$P_{ijx} = P_{ix} - P_{jx}; \qquad P_{ijy} = P_{iy} - P_{jy}$$

$M_{Fij} = P_{ijx}F_{iy} - P_{ijy}F_{ix}$ 为作用在 i 点的外力 F_i 对 j 点的力矩。

表 11.1-24　常见 Ⅱ 级杆组及主动件动态静力分析公式

杆 组 图 例	公 式 说 明
RRR 杆组 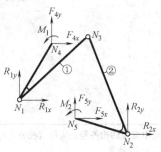	$A = -(M_{F42} + M_{F52} + M_1 + M_2)$ $B = -(M_{F43} + M_1)$ $C = P_{12y}P_{13x} - P_{12x}P_{13y}$ $R_{1y} = (-P_{13y}A + P_{12y}B)/C,\ R_{1x} = (P_{12x}B - P_{13x}A)/C$ $R_{2y} = -(R_{1y} + F_{4y} + F_{5y}),\ R_{2x} = -(R_{1x} + F_{4x} + F_{5x})$ $R_{3y} = -(R_{2y} + F_{5y}),\ R_{3x} = -(R_{2x} + F_{5x})$
RRP 杆组 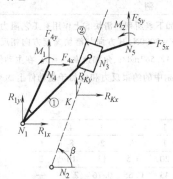	$A = -(M_{F43} + M_1),\ B = -[(F_{4x} + F_{5x})\cos\beta + (F_{4y} + F_{5y})\sin\beta]$ $C = P_{13x}\cos\beta + P_{13y}\sin\beta$ $R_{1x} = (P_{13x}B - A\sin\beta)/C,\ R_{1y} = (P_{13y}B + A\cos\beta)/C$ $R_{3x} = R_{1x} + F_{4x},\ R_{3y} = R_{1y} + F_{4y}$ $R_{Kx} = -(R_{3x} + F_{5x}),\ R_{Ky} = -(R_{3y} + F_{5y})$ $E = -(M_{F53} + M_2)$ $P_{K3x} = E/(R_{Ky} - R_{Kx}\tan\beta)$ $P_{K3y} = P_{K3x}\tan\beta$ $P_{Kx} = P_{3x} + P_{K3x},\ P_{Ky} = P_{3y} + P_{K3y}$
RPR 杆组 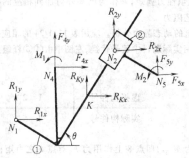	$A = -(M_{F41} + M_{F51} + M_1 + M_2)$ $B = -(F_{5x}\cos\theta + F_{5y}\sin\theta)$ $C = -(P_{21y}\sin\theta + P_{21x}\cos\theta)$ $R_{2x} = (A\sin\theta - P_{21x}B)/C,\ R_{2y} = -(A\cos\theta + P_{21y}B)/C$ $R_{1x} = -(R_{2x} + F_{4x} + F_{5x}),\ R_{1y} = -(R_{2y} + F_{4y} + F_{5y})$ $R_{Kx} = -(R_{2x} + F_{5x}),\ R_{Ky} = -(R_{2y} + F_{5y})$ $P_{K2x} = -(M_{F52} + M_2)/(R_{Ky} - R_{Kx}\tan\theta)$ $P_{K2y} = P_{K2x}\tan\theta$ $P_{Kx} = P_{2x} + P_{K2x},\ P_{Ky} = P_{2y} + P_{K2y}$
主动件, 平衡力偶矩 M_b 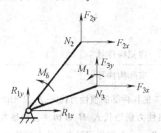	$M_b = (M_{F21} + M_{F31} + M_1)$ $R_{1x} = -(F_{2x} + F_{3x})$ $R_{1y} = -(F_{2y} + F_{3y})$

（续）

杆组图例	公式说明
主动件,平衡力 F_b 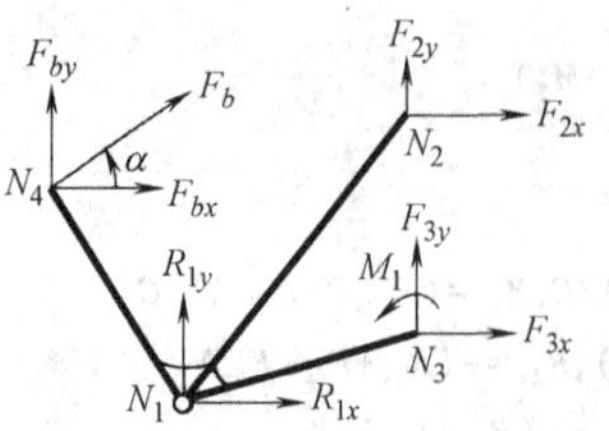	$A=-(M_{F21}+M_{F31}+M_1)$ $F_{bx}=A/(P_{41x}\tan\alpha-P_{41y})$ $F_{by}=F_{bx}\tan\alpha$ $R_{1x}=-(F_{bx}+F_{2x}+F_{3x})$ $R_{1y}=-(F_{by}+F_{2y}+F_{3y})$

注：表中各式中 P、F、R 的下标数字为杆组中虚拟的点号，M 的下标数字为杆组中虚拟的构件号，应用这些公式时应替换为实际题目中的点和构件的标号（见表 11.1-25）。

表 11.1-25   Ⅱ级机构的动态静力分析示例

机构简图	示 例
  a) b)	左图所示机构中,各构件的惯性参量如下表所列。滑块⑤上作用有工艺阻力,作用线通过点 6;当 $-45°\geqslant\theta_1\geqslant-165°$ 时, $F=7000N$,其方向与滑块速度方向相反,其他位置 $F=0$ 。主动件①的角速度 $\omega_1=-12.567rad/s$,角加速度 $\varepsilon_1=0$ 。在主动件转动 1 周过程中,按步长 15°,求出各运动副中的约束反力和应施加于主动件上的平衡力偶矩

构件号	1	2	3	4	5
质心位置点号	1	7	2	8	6
质量/kg	20	6.5	13	10	3
转动惯量/kg·m²	45	0.65	0.76	2.5	—

    解 1)做机构的运动分析,求出各构件的质心速度和加速度及各构件的角速度和角加速度

    2)根据公式求构件的惯性力及惯性力偶矩,并作为已知外力加到相应的构件上;按题目要求在构件⑤上施加工艺阻力

    3)做构件④⑤组成的 RRP 杆组的动态静力分析。应用表 11.1-24 的相应公式时应把公式中虚拟的点号、构件号用实际题目中编号代换,左图中由④⑤杆组成的 RRP 杆组,其间关系如下：

虚拟点号	1	2	3	4	5	虚拟构件号	1	2
实际点号	5	2	6	8	6	实际构件号	4	5

    例如:表 11.1-24 中 M_{F43} 实际应为 M_{F86} ,即点 8 上作用力 F_8 对点 6 之力矩;点 8 为构件 4 的质心, F_8 应为构件④的惯性力; M_1 应为 M_4 即构件④上的外力偶矩。在此应为构件④的惯性力偶矩

    解得 R_{5x} 、 R_{5y} 为构件③对构件④的作用力; R_{6x} 、 R_{6y} 为构件④对构件⑤的作用力; R_{kx} 、 R_{ky} 为导路对滑块⑤的作用力

    4)做构件②③组成的 RRR 杆组的力分析

虚拟点号	1	2	3	4	5	虚拟构件号	1	2
实际点号	3	2	4	7	5	实际构件号	2	3

    按表 11.1-24 中有关公式, F_4 以作用于点 7 的构件②的惯性力代入, F_5 以 RRP 杆组分析中求得的 $-R_5$ 代入, M_1 以构件②的惯性力偶矩代入, M_2 以构件③的惯性力偶矩代入,可解得 R_{3x} 、 R_{3y} 、 R_{2x} 、 R_{2y} 及 R_{4x} 及 R_{4y} 。 $-R_3$ 即作用于主动件上的外力 F_3

（续）

机构简图	示 例
	5）做主动构件的力分析

虚拟点号	1 2 3	虚拟构件号	1
实际点号	1 3 0	实际构件号	1

解得 R_{1x}、R_{1y} 及应作用于主动件上的平衡力偶矩 M_b

下面给出固定铰链 1、2 处运动副反力 R_1、R_2 及其方向角 β_1、β_2 和平衡力偶矩 M_b 的计算结果

$$R_1 = (R_{1x}^2 + R_{1y}^2)^{1/2}, \quad \beta_1 = \arctan(R_{1y}/R_{1x})$$

$$R_2 = (R_{2x}^2 + R_{2y}^2)^{1/2}, \quad \beta_2 = \arctan(R_{2y}/R_{2x})$$

序号	$\theta_t/(°)$	R_1/N	$\beta_1/(°)$	R_2/N	$\beta_2/(°)$	$M_b/N \cdot m$
0	0.00	620.29	71.67	1165.53	266.44	73.60
1	−15.00	2191.60	55.10	2508.50	234.45	257.59
2	−30.00	2216.99	32.38	2319.81	204.18	245.54
3	−45.00	4199.88	176.95	7267.90	−67.55	−350.92
4	−60.00	5409.47	159.68	8970.94	−67.23	−431.78
5	−75.00	5988.32	143.50	10406.64	−72.63	−465.95
6	−90.00	6224.53	128.43	11444.75	−79.36	−483.63
7	−105.00	6272.50	114.33	12124.61	−86.10	−496.94
8	−120.00	6195.13	101.06	12479.88	267.55	−508.70
9	−135.00	6003.06	88.54	12519.05	261.76	−516.92
10	−150.00	5678.54	76.70	12233.83	256.66	−516.59
11	−165.00	5190.81	65.49	11613.83	252.47	−500.61
12	−180.00	174.70	257.51	869.35	83.31	21.32
13	−195.00	137.65	248.37	888.50	83.17	17.09
14	−210.00	71.40	249.38	897.97	85.91	8.81
15	−225.00	64.49	6.37	903.22	93.19	−6.30
16	−240.00	249.47	17.15	946.54	105.84	−30.40
17	−255.00	513.80	11.02	1099.05	120.76	−64.07
18	−270.00	846.46	2.64	1393.08	132.17	−105.70
19	−285.00	1227.32	−6.81	1781.89	137.63	−151.85
20	−300.00	1621.78	−17.49	2163.28	137.75	−197.91
21	−315.00	1957.59	−30.09	2371.34	133.07	−236.46
22	−330.00	2032.44	−45.73	2109.90	122.56	−246.21
23	−345.00	1317.75	−64.27	931.94	101.53	−161.84
24	−360.00	620.29	71.67	1165.53	266.44	73.60

8 平面机构的动力学分析

由动力机、传动机构和工作机组成的系统称机械系统。机械系统动力学研究机械系统上所受的外力、系统的惯性参量和系统运动三者的关系。在实际情况中，机械系统动力学主要解决的问题见表 11.1-26。

表 11.1-26 实际情况中机械系统动力学主要解决的问题

序号	说 明
1	在系统的惯性参量已定的情况下，按系统的外力（主要是驱动力和工艺阻力）求系统的真实运动规律。确定机械的起动、制动时间，过渡过程分析、机械运转稳定性分析以及机械运转过程中动载荷的分析等都可归结为这一类问题
2	系统的和系统中各构件的惯性参量的合理设计。应用飞轮以减小机械运转过程中的速度波动或利用飞轮的惯性蓄能作用减小动力机容量，调节和合理设计各构件的惯性参量以减小机械的振动等可归结为这一类问题
3	调节外力以保证机械的稳定运转。这一类机械动力学问题详见调节器的设计，在分析机械系统动力学问题中常对实际情况做一定程度的简化，主要是不计系统中摩擦阻力，不考虑运动副的间隙和不考虑构件的弹性。如果在某些特殊问题中不允许做这样的简化，则将使分析难度大为增加

动力学分析与设计可以应用解析方法、图解方法和数值近似分析方法。图解法烦琐，工效低，而许多机械系统动力学难以求得解析解，故以计算机为手段的数值解法已成为机械系统动力学分析与设计的主要方法。此外有些问题目前还只能借助于实验方法解决。

作用于机械系统中的外力主要有动力机的驱动力

（驱动力矩）、工艺阻力和构件自重。驱动力和工艺阻力随动力机形式和工艺过程不同有不同的变化规律。如果它们的大小只与机械的工作位置有关，则在动力学分析之前可以解析函数或列表方式给出；如果它们还与机械的运动速度有关，则只能在动力学分析过程中确定。

8.1　机械系统的等效

（1）等效模型（见表 11.1-27）

对常见的单自由度机械系统，等效模型方法是动力学分析的一种简捷有效的方法。

（2）等效参量的求法

等效参量方法原理及示例见表 11.1-28 及表 11.1-29。

表 11.1-27　等效模型方法说明

机构简图	说　明
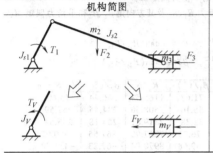	设想在机械中选定一个构件，解除机械中其他构件对它的约束后它具有一个自由度，则此构件应为以低副与机架相连接的构件。设想此构件有一虚拟的惯性参量 m_V 或 J_V，此惯性参量与机械系统中所有构件的惯性参量的动力学效应相同；同时此构件上作用一虚拟外力 F_V 或 T_V，此力与机械系统中所有外力的动力学效应相同，则这个具有虚拟惯性参量的选定构件在虚拟外力作用下，其运动规律必与它在原来机械系统中的运动规律相同。这样的选定构件称为等效构件，它就是机械系统的动力学等效模型。等效构件的虚拟惯性参量 m_V 或 J_V 称为等效质量或等效转动惯量，其上作用的虚拟外力 F_V 或 T_V 称为等效力或等效力偶。如果能用动力学方法求得等效构件的运动规律，则对于单自由度的机械系统，其余所有构件的运动规律可由运动学方法求出

表 11.1-28　等效参量方法原理

等效参量	原　理
—	依据动能定理 等效惯性参量的动能应与机械系统中各运动构件的动能之和相等 等效外力的瞬时功率与机械系统中所有外力瞬时功率之和相等
等效构件为转动件或移动件	等效转动惯量 J_V 和等效力偶矩 T_V 的计算式为 $$J_V = \frac{\sum_{i=1}^{n}\left(m_i(v_{six}^2 + v_{siy}^2) + J_{si}\omega_i^2\right)}{\omega_V^2} \quad (1)$$ $$T_V = \frac{\sum_{i=1}^{n}\left(F_{ix}v_{pix} + F_{iy}v_{piy} + T_i\omega_i\right)}{\omega_V} \quad (2)$$ 式中　m_i——机械系统中构件 i 的质量 　　　v_{six}, v_{siy}——构件 i 的质心的速度 　　　J_{si}——构件 i 绕其质心轴的转动惯量 　　　ω_i——构件 i 的角速度 　　　ω_V——等效构件的角速度 　　　F_{ix}, F_{iy}——作用于构件 i 上的外力 　　　v_{pix}, v_{piy}——F_i 作用点的速度 　　　T_i——构件 i 上作用的外力偶矩 选择坐标系时使某一坐标轴与其导路方向一致，等效力 F_V 的方向沿导路方向，则等效质量 m_V 和等效力 F_V 的计算式为 $$m_V = \frac{\sum_{i=1}^{n}\left(m_i(v_{six}^2 + v_{siy}^2) + J_{si}\omega_i^2\right)}{v_V^2} \quad (3)$$ $$F_V = \frac{\sum_{i=1}^{n}\left(F_{ix}v_{pix} + F_{iy}v_{piy} + T_i\omega_i\right)}{v_V} \quad (4)$$ 式中　v_V——移动的等效构件的速度 　　因为运动参量的比值是机构位置的函数而与机构真实运动参量无关，所以上述 J_V、m_V、T_V、F_V 的计算中 ω_V 与 v_V 值可任意设定，之后用运动分析方法即可求出各项运动参数 　　分析上述公式可见，J_V、m_V 可在动力学分析之前计算出来，按机构位置以列表函数形式给出。 　　但机械上所作用的某些外力可能与运动参数有关，在动力学分析之前不能求出其具体数值。如果所分析的机械系统外力中有与运动参数有关的外力，则可按如下方法处理 　　令　　　　　　　　　　$T_V = T_{V1} + T_{V2}$ 式中　T_{V1}——只与机构位置有关的外力和常量外力的等效力偶矩，在动力学分析前可求得 　　　T_{V2}——与运动参数有关的外力的等效力偶矩，它可以表达为运动参数的解析函数，其值只能在动力学分析过程中求得

表 11.1-29　等效参量方法原理示例

机 构 简 图	说　　明
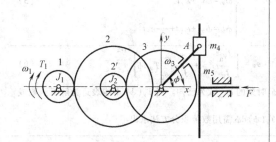	左图所示机械系统中,电动机、联轴器和齿轮 1 的转动惯量为 J_1,齿轮 2 及 2′的转动惯量为 J_2,齿轮 3 及长度为 R 的曲柄的转动惯量为 J_3,滑块 4、5 的质量分别为 m_4、m_5。系统上作用的外力有电动机的驱动力矩 $T_1 = a - b\omega_1$;工艺阻力 F。当 $\phi = 0 \sim \pi$ 时 $F = 0$;当 $\phi = \pi \sim 2\pi$ 时 $F = F_c = $ 常数 求以曲柄为等效构件时的 J_V 及 T_V **解** $$\omega_V = \omega_3, \quad v_{Ax} = v_5 = -R\omega_3 \sin\phi, \quad v_{Ay} = R\omega_3 \cos\phi$$ $$J_V = \left[J_1\omega_1^2 + J_2\omega_2^2 + J_3\omega_3^2 + m_4(v_{Ax}^2 + v_{Ay}^2) + m_5 v_{Ax}^2 \right] / \omega_V^2$$ $$= J_1\left(\frac{\omega_1}{\omega_3}\right)^2 + J_2\left(\frac{\omega_2}{\omega_3}\right)^2 + J_3 + m_4 \frac{R^2\omega_3^2(\sin^2\phi + \cos^2\phi)}{\omega_3^2}$$ $$+ m_5 R^2 \frac{\omega_3^2}{\omega_3^2}\sin^2\phi$$ $$= J_1\left(\frac{z_3 z_2}{z_2' z_1}\right)^2 + J_2\left(\frac{z_3}{z_2'}\right)^2 + J_3 + m_4 R^2 + m_5 R^2 \sin^2\phi$$ 等效力矩 T_V 分两种情况 当 $\phi = 0 \sim \pi, F = 0$ $$T_V = T_1\omega_1/\omega_2 = (a - b\omega_1)\frac{z_3 z_2}{z_2' z_1} = A - B\omega_3$$ $$A = a\frac{z_3 z_2}{z_2' z_1}, \quad B = b\left(\frac{z_3 z_2}{z_2' z_1}\right)^2$$ 当 $\phi = \pi \sim 2\pi, F = F_c = $ 常数时,有 $$T_V = A - B\omega_3 + F_c\frac{v_{Ax}}{\omega_3} = A - B\omega_3 - F_c R\sin\phi = T_{V_1} + T_{V_2}$$ $$T_{V_1} = A - F_c R\sin\phi \text{ 为只与机构位置有关的部分}$$ $$T_{V_2} = -B\omega_3 \text{ 为与速度有关的部分}$$ 由此例可见 1) J_V 一般由常量与变量组成。等速比传动部分,等效转动惯量为常量;变速比传动部分,等效转动惯量是机构位置的函数 2)转速高的部分构件的惯性参量在 J_V 中占较大比例 3)等效力矩一般是机构的位置、速度的函数

（3）等效构件的运动方程式及其求解

等效构件运动方程式求解及示例见表 11.1-30 及表 11.1-31。

对于机械系统起动过程的分析，这两种迭代方法都会遇到困难，因为 $\phi = \phi_0$ 时 $\omega_V = \omega_{V_0} = 0$，这时可按某一给定的 $\Delta\omega_V$ 值求出 ϕ_1，例如由动能定理可近似

表 11.1-30　等效构件运动方程式求解

运动方程式	说　明
一	根据拉格朗日方程或动能定理，可以导出机械系统等效构件的运动方程 如果所选取的等效构件为转动件,则 $$T_V = J_V \frac{d\omega_V}{dt} + \frac{\omega_V^2}{2}\frac{dJ_V}{d\phi} \qquad (1)$$ $$\int_{\phi_0}^{\phi} T_V d\phi = \frac{1}{2}\left(J_V \omega_V^2 - J_{V_0}\omega_{V_0}^2\right) \qquad (2)$$ 如果所选取的等效构件为移动件,则 $$F_V = m_V \frac{dv_V}{dt} + \frac{v_V^2}{2}\frac{dm_V}{ds} \qquad (3)$$ $$\int_{s_0}^{s} F_V ds = \frac{1}{2}\left(m_V v_V^2 - m_{V_0} v_{V_0}^2\right) \qquad (4)$$ 不同类型的机械系统,运动方程的解法也不相同,通常可有下面四种类型
$T_V = $ 常数,$J_V = $ 常数,此时 $\dfrac{dJ_V}{d\phi} = 0$	$$\begin{cases} \varepsilon_V = \dfrac{d\omega_V}{dt} = \dfrac{T_V}{J_V} \\[2mm] \omega_V = \omega_{V_0} + \varepsilon_V t \\[2mm] \phi_V = \phi_{V_0} + \omega_V t + \dfrac{1}{2}\varepsilon_V t^2 \end{cases} \qquad (5)$$
$T_V = T_V(\phi)$,$J_V = J_V(\phi)$	$$\omega_V = \left[\frac{J_{V_0}}{J_V}\omega_{V_0}^2 + \frac{2}{J_V}\int_{\phi_0}^{\phi} T_V d\phi\right]^{1/2} \qquad (6)$$ 利用上式时,$\phi = \phi_0$ 时刻的 ω_{V_0} 认为已知。当 $T_V(\phi)$ 不能表达为解析函数或难于求积分时,$\displaystyle\int_{\phi_0}^{\phi} T_V(\phi)d\phi$ 需用数值积分方法求出
$T_V = T_V(\omega)$,$J_V = $ 常数	运动方程因 $\dfrac{dJ_V}{d\phi} = 0$,成为 $$T_V(\omega) = J_V \frac{d\omega_V}{dt} \qquad (7)$$ 其解的一般形式为 $$t = t_0 + J_V \int_{\omega_{V_0}}^{\omega_V} \frac{d\omega_V}{T_V(\omega)} \qquad (8)$$ 由此得出 $\omega_V = \omega_V(t)$,积分之后可求得角位移 $$\phi = \phi_0 + \int_{t_0}^{t}\omega(t)dt \qquad (9)$$ 当 T_V 为 ω_V 的一次函数时,例如以交流电动机带动一恒定阻力矩定速比系统,则 $$T_V = A - B\omega_V \qquad (10)$$ 此系统稳定运转为等速转动,稳定运转时 $T_V = 0$,等效构件角速度为 $$\omega_{V_s} = \frac{A}{B} \qquad (11)$$ 如研究其起动过程,$t = 0$ 时 $\omega_V = 0$,则 $$\omega_V = \omega_{V_s}\left(1 - e^{-\frac{B}{J_V}t}\right) \qquad (12)$$ $$t = -\frac{J_V}{B}\ln\left(1 - \frac{\omega_V}{\omega_{V_s}}\right) \qquad (13)$$

（续）

运动方程式	说　明
$T_V = T_V(\omega)$，$J_V =$ 常数	可见欲使 $\omega_V = \omega_{V_s}$，需 $t \to \infty$，是一个无限渐近过程。实际上当 ω_V 与 ω_{V_s} 相当接近时，例如 $\dfrac{\omega_V}{\omega_{V_s}} = 0.95$ 即可认为已进入稳定运转阶段。据此计算起动时间 t_s $$t_s \approx 3\,\frac{J_V}{B} \tag{14}$$ 起动过程角加速度 $$\varepsilon_V = \frac{\mathrm{d}\omega_V}{\mathrm{d}t} = \frac{A}{J}\,\mathrm{e}^{\frac{B}{J_V}t} \tag{15}$$
$T_V = T_V(\phi,\omega)$，$J_V = J_V(\phi)$	运动方程 $$T_V(\phi,\omega) = J_V(\phi)\frac{\mathrm{d}\omega_V}{\mathrm{d}t} + \frac{\omega_V^2}{2}\frac{\mathrm{d}J_V(\phi)}{\mathrm{d}\phi} \tag{16}$$ 是二阶非线性变系数微分方程，一般情况下只能求数值解 设 $\phi = \phi_0$ 时，$\omega_V = \omega_{V_0}$ 为已知，则可求出 $\phi_1 = \phi_0 + \Delta\phi$ 时的 ω_{V_1}，如此连续迭代即可求得 $\omega_V = \omega_V(\phi)$ 应用欧拉方法的迭代公式为 $$\omega_{V_{(i+1)}} = \frac{T_V(\phi_i,\omega_i)\Delta\phi}{\omega_{V_i}J_V(\phi_i)} + \omega_{V_i}\frac{3J_V(\phi_i)-J_V(\phi_{i+1})}{2J_V(\phi_i)} \tag{17}$$ 应用四阶龙格-库塔方法的迭代公式为 $$\omega_{V_{(i+1)}} = \omega_{V_i} + (k_1 + 2k_2 + 2k_3 + k_4)/6 \tag{18}$$ 式中 $$k_j = f_j\Delta\phi \quad (j=1,2,3,4)$$ $$f_j = \left[T_V(\phi_j,\omega_j) - \frac{\omega_j^2}{2}\frac{\mathrm{d}J_V}{\mathrm{d}\phi}(\phi_j) \right] \Big/ J_V(\phi_j)/\omega_j \quad (j=1,2,3,4)$$ $$\omega_1 = \omega_{V_i} \qquad \phi_1 = \phi_i$$ $$\omega_2 = \omega_{V_i} + k_1/2 \qquad \phi_2 = \phi_i + \Delta\phi/2$$ $$\omega_3 = \omega_{V_i} + k_2/2 \qquad \phi_3 = \phi_i + \Delta\phi/2$$ $$\omega_4 = \omega_{V_i} + k_3 \qquad \phi_4 = \phi_i + \Delta\phi = \phi_{i+1}$$ $$\frac{\mathrm{d}J_V}{\mathrm{d}\phi}(\phi_i) = \frac{J_V(\phi_{i+1}) - J_V(\phi_i)}{\Delta\phi}$$

注：1. 欧拉方法计算简单但精度差，用小步长计算较宜。四阶龙格-库塔方法精度好，计算过程较繁，求 f_2、f_3 时需要插值计算。

2. 对于机械系统稳定运转过程真实运动规律的求解可取等效构件的名义角速度作为迭代的初始值 ω_{V_0}，计算次数超过 $N = \dfrac{\Phi}{\Delta\phi}$（$\Phi$ 为等效构件一个周期的转角）后随时检验 ω_{V_i} 与 $\omega_{V_{(i-N)}}$ 的值，如果 $|\,\omega_{V_i} - \omega_{V_{(i-N)}}\,| \leqslant \delta$（$\delta$ 可取 $10^{-4} \sim 10^{-6}$）则可认为 $\omega_{V_{(i-N)}}$，$\omega_{V_{(i+1-N)}}$，$\omega_{V_{(i+2-N)}}$，…，ω_{V_i} 即为等效构件稳定运转一个周期之内的速度解。

得出：

$$\phi_1 = \phi_0 + \frac{1}{2}\frac{J_V(\phi_0)(\Delta\omega_V)^2}{T_V(\phi_0,\omega_{V_0})}$$

然后从 $\phi = \phi_1$、$\omega_V = \Delta\omega_V$ 开始用欧拉方法或四阶龙格-库塔方法迭代求解。

表 11.1-31　等效构件运动方程式求解例题

机构简图	说　　明
	左图为卷扬机简图,已知重物质量 $m=100\text{kg}$,鼓轮半径 $r=0.2\text{m}$,减速机齿轮齿数 $z_1=17,z_2=32,z_3=85$ 各轮对中心转动惯量 $J_1=0.7\text{kg}\cdot\text{m}^2$(包括电动机转子、制动轮),$J_2=0.3\text{kg}\cdot\text{m}^2$,$J_2'=0.2\text{kg}\cdot\text{m}^2$,$J_3=0.4\text{kg}\cdot\text{m}^2$,鼓轮 $J_3'=0.6\text{kg}\cdot\text{m}^2$,当重物下降速度 $v=1\text{m/s}$ 时突然断电,同时在轮 1 轴上施制动力矩 $T_f=40\text{N}\cdot\text{m}$,试求停车时间

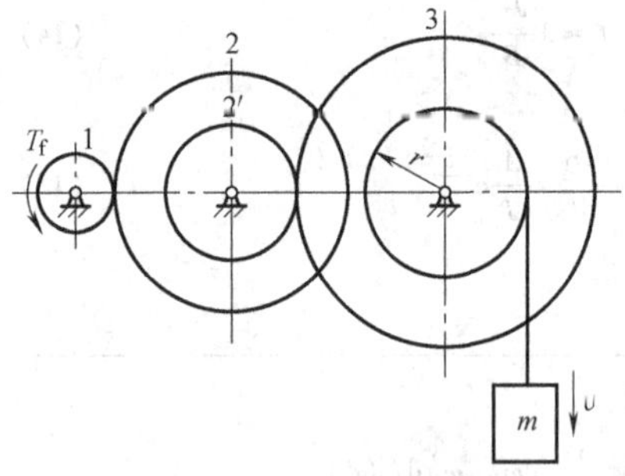

解　本例为定速比传动,$J_V=$ 常数,断电后只有制动力矩 T_f 作用,$T_V=$ 常数,故为类型 a 系统

取轮 1 为等效构件

$$J_V=J_1+(J_2+J_2')\left(\frac{z_1}{z_2}\right)^2+(J_3+J_3'+mr^2)\left(\frac{z_1z_2'}{z_2z_3}\right)^2$$

$$=\left[0.7+(0.3+0.2)\times\left(\frac{17}{64}\right)^2+(0.4+0.6+100\times0.2^2)\times\left(\frac{17}{64}\times\frac{32}{85}\right)^2\right]\text{kg}\cdot\text{m}^2$$

$$=0.8828\text{kg}\cdot\text{m}^2$$

$$T_V=-T_f\frac{\omega_1}{\omega_1}+mgr\frac{\omega_3}{\omega_1}=-T_f+mgr\frac{z_1z_2'}{z_2z_3}$$

$$=\left[-40+100\times9.81\times0.2\times\left(\frac{17}{64}\times\frac{32}{85}\right)\right]\text{N}\cdot\text{m}=-59.62\text{N}\cdot\text{m}$$

运动方程:$T_V=J_V\dfrac{\text{d}\omega_V}{\text{d}t}$。积分后可求得制动时间

$$t_p=\frac{J_V}{T_V}\int_{\omega_1}^{0}\text{d}\omega_1 \quad 因\ \omega_1=\frac{z_2z_3}{z_1z_2'}\omega_3,\omega_3=\frac{v}{r}$$

故　　$$t_p=-\frac{J_V}{T_V}\frac{z_2z_3}{z_1z_2'}\frac{v}{r}=-\frac{0.8828\times64\times85\times1}{-59.62\times17\times32\times0.2}\text{s}=0.74\text{s}$$

8.2　飞轮设计

（1）飞轮转动惯量的计算

对于以减小机械系统稳定运转过程中速度波动为目的的飞轮设计的设计准则可归结为

$$\delta\leqslant[\delta]$$

其中,$\delta=\dfrac{\omega_{V\max}-\omega_{V\min}}{\omega_p}$ 称速度波动系数,ω_p 为等效构件的平均角速度,可近似表示为 $\omega_p=\dfrac{\omega_{V\max}+\omega_{V\min}}{2}$。

速度波动系数的许用值见表 11.1-32。

表 11.1-32　许用速度波动系数

机械类型		$[\delta]$	机械类型		$[\delta]$
破碎机		$\frac{1}{20}\sim\frac{1}{5}$	印刷机,磨粉机,驱动螺旋桨用船用发动机		$\frac{1}{20}\sim\frac{1}{50}$
轧钢机		$\frac{1}{10}\sim\frac{1}{25}$	织布机,磨面机,造纸机		$\frac{1}{40}\sim\frac{1}{50}$
农业机械		$\frac{1}{10}\sim\frac{1}{50}$	纺纱机		$\frac{1}{60}\sim\frac{1}{100}$
压力机,剪床,活塞泵,水泥搅拌机		$\frac{1}{7}\sim\frac{1}{30}$	电动机驱动的活塞式压缩机	带传动	$\frac{1}{30}\sim\frac{1}{40}$
金属切削机床		$\frac{1}{30}\sim\frac{1}{40}$		弹性连接	$\frac{1}{80}$
汽车,拖拉机		$\frac{1}{20}\sim\frac{1}{60}$		刚性连接	$\frac{1}{100}\sim\frac{1}{150}$
直流发电机	带传动	$\frac{1}{70}\sim\frac{1}{80}$	交流发电机	带传动	$\frac{1}{125}\sim\frac{1}{150}$
	直联	$\frac{1}{100}\sim\frac{1}{150}$		直连	$\frac{1}{150}\sim\frac{1}{200}$
	用于电车	$\frac{1}{250}\sim\frac{1}{300}$		并列运行	$<\frac{1}{150}$
小汽车用汽油机		$\frac{1}{200}\sim\frac{1}{300}$	航空发动机		$\frac{1}{200}\sim\frac{1}{300}$

1）运动方程式迭代求解法。

机械系统的飞轮转动惯量的计算可用机械系统运动方程式迭代求解，首先令飞轮转动惯量 $J_F = 0$，解机械系统运动方程求出 $\omega_{V\max}$ 和 $\omega_{V\min}$，计算 ω_p 及 δ，如果 $\delta > [\delta]$，则令 $J_V = J_V + \Delta J_F$，重新计算，直至 $\delta \le$

$[\delta]$，迭代过程如图 11.1-1 所示。

这种迭代方法是求解飞轮转动惯量通用而准确的方法。

2）盈亏功计算方法（见表 11.1-33 和表 11.1-34）。

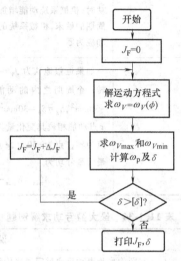

图 11.1-1　求解飞轮转动惯量的运动方程式迭代求解方法

表 11.1-33　计算盈亏功的图解法

盈亏功图	说　　明
（图：$T_V/\text{N·m}$ 对 ϕ/rad 曲线，标注 $S_1, S_2, S_3, S_4, S_5, S_6$，$T_{V_1}$，$T_{V_2}$，点 a, b, c, d, e, f, g）	如果等效驱动力矩和等效阻力矩都可以表达为等效构件位置的函数，则可以用以下公式求飞轮的转动惯量 $$J_F = \frac{A^{\pm}_{\max}}{\omega_p^2[\delta]} - J_{V_0} \qquad (1)$$ 式中 $A^{\pm}_{\max}$——等效构件在稳定运转一个同期之内的最大盈亏功即等效构件动能的最大值 $E_{\max}$ 和最小值 $E_{\min}$ 之差，可按等效阻力矩 $T_{V_1}(\phi)$ 等效驱动力矩 $T_{V_2}(\phi)$ 数值积分方法或图解方法求得 　　　　ω_p——等效构件的平均角速度，可以等效构件的名义角速度替代 　　　　J_{V_0}——不包括飞轮的等效转动惯量，如果 J_{V_0} 是变量，则取其最小值
a	在坐标纸上以一定比例尺 $\mu_T \dfrac{\text{N·m}}{\text{mm}}$、$\mu_\phi \dfrac{\text{rad}}{\text{mm}}$ 画出等效阻力（包括工艺阻力和构件自重）曲线 $T_{V_1}(\phi)$ 这条曲线与横坐标轴之间包围的面积就是以比例尺 $\mu_A = \mu_T \mu_\phi$ 表示的等效阻力功
b	画出等效驱动力矩 $T_{V_2}(\phi)$ 曲线，此曲线与横坐标轴之间包围的面积就是以比例尺 μ_A 表示的等效驱动力功（左图中，T_{V_2}=常数，一般可为周期变量） 在机械系统稳定运转的一个周期之内等效驱动力功与等效阻力功一定是数值相等的 $$\int_a^\phi (T_{V_2} - T_{V_1})\,\mathrm{d}\phi = 0 \qquad (2)$$

(续)

盈亏功图	说　明
c	$T_{V_1}(\phi)$ 与 $T_{V_2}(\phi)$ 间包围的面积就是以 μ_A 比例尺表示的盈亏功 $A^{\pm}$，在 $T_{V_2}>T_{V_1}$ 区间称盈功 A^+，在 $T_{V_2}<T_{V_1}$ 区间称亏功 A^-，当有盈功时，机械系统动能增加，有亏功时动能减少。由于稳定运转一个周期的始末，机械系统的动能应相等，故在一个周期之内盈亏功之和应为零
d	如果近似地认为 $J_V=$ 常数，则从左图可以看出机械系统稳定运转一个周期之内的动能变化。设左图中 $S_1=-5\text{m}^2$，$S_3=S_5=-30\text{mm}^2$，$S_2=S_6=30\text{mm}^2$，$S_4=5\text{mm}^2$，取 a 点为参考点，其他点动能与 a 点动能相较其变化量为：b 点为 $-5\mu_A$，c 点为 $25\mu_A$，d 点为 $-5\mu_A$，e 点为零，f 点为 $-30\mu_A$，g 点为零，可见 c 点动能最大，f 点动能最小，最大盈亏功为 $$A^{\pm}_{\max}=E_{\max}-E_{\min}=[25-(-30)]\mu_A=55\mu_A$$

表 11.1-34　最大盈亏功求解例题

盈亏功图	说　明
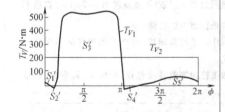	左图为异步电动机通过定速比传动驱动工作图，$\omega_{V\max}=13.197\text{rad/s}$，$\omega_{V\min}=12.170\text{rad/s}$。$\delta=0.08097$ 如果许用速度波动系数 $[\delta]=0.05$，求所需飞轮转动惯量 J_F **解**　1）用运动方程迭代方法，按图 11.1-1 迭代计算，当 $J_F=35\text{kg}\cdot\text{m}^2$ 时 $\delta=0.04995$，已满足 $\delta<[\delta]$ 要求。取 $J_F=35\text{kg}\cdot\text{m}^2$，令 $J_V=J_V+J_F$，计算等效构件角速度 ω_V 具体见表 11.1-30 等效构件运动方程式求解 2）用盈亏功法 按本章例 2 算得的等效阻力矩 T_{V_1} 的数据，以 $\mu_T=10\dfrac{\text{N}\cdot\text{m}}{\text{mm}}$，$\mu_{\phi}=\dfrac{\pi}{60}\dfrac{\text{rad}}{\text{mm}}$ 比例尺画出 T_{V_1}-ϕ 曲线左图。可算出稳定运转一个周期之内的等效阻力功 $$A_{V_1}=(S'_1+S'_3+S'_5-S'_2-S'_4)\mu_T\mu_{\phi}=2427.5\times10\times\frac{\pi}{60}\text{N}\cdot\text{m}=1271.04\text{N}\cdot\text{m}$$ 本例中动力机为异步电动机，T_{V_2} 为 ω 的函数 T_{V_2}，具体数值只能由求解运动方程求得。在近似求解飞轮转动惯量时可假定 $T_{V_2}=$ 常数，由稳定运转条件 $$\int_0^{\Phi}(T_{V_2}-T_{V_1})\mathrm{d}\phi=0$$ 可求得：$T_{V_2}=\dfrac{A_{V_1}}{\Phi}=\dfrac{1271.04}{2\pi}\text{N}\cdot\text{m}=202.29\text{N}\cdot\text{m}$ 在左图上画出 T_{V_2}-ϕ 为平行于横轴的直线，T_{V_2}-ϕ 与 T_{V_1}-ϕ 曲线包围的面积就是以 μ_A 比例尺表示的盈亏功，经分析，T_{V_2}-ϕ 直线上方和 T_{V_1}-ϕ 曲线包围的面积为最大亏功，其面积为 1290mm^2 $$|A^{\pm}_{\max}|=1290\times10\times\frac{\pi}{60}\text{N}\cdot\text{m}=675.44\text{N}\cdot\text{m}$$ 所需飞轮转动惯量 $$J_F\geqslant\frac{|A^{\pm}_{\max}|}{\omega_p^2[\delta]}-J_{V_0}=\left(\frac{675.44}{12.567^2\times0.05}-45.978\right)\text{kg}\cdot\text{m}^2=39.56\text{kg}\cdot\text{m}^2$$ 计算结果 J_F 偏大，这是由于假定 $J_V=$ 常数和 $T_{V_2}=$ 常数所致

（2）飞轮的结构尺寸设计

满足转动惯量 J_F 的飞轮结构尺寸可以设计成多种方案，质量应集中于轮缘，外径尺寸大则重量可以小。一般小型飞轮可设计成圆盘式（见图 11.1-2a），中小型可设计成辐板式（见图 11.1-2b），大型飞轮设计成辐条式（见图 11.1-2c）。如有可能也可以将某些传动件（如大带轮等）的转动惯量加大，使同时起飞轮作用。

结构尺寸可参照表 11.1-35 设计，常需反复试凑才能得到经济合理的结构尺寸。

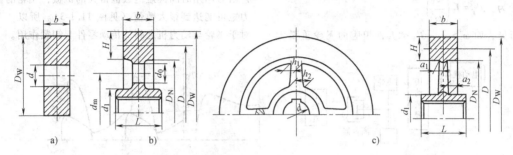

图 11.1-2　飞轮结构设计

表 11.1-35　飞轮结构尺寸设计

飞轮结构类型	圆盘式	辐板式	辐条式
初定平均直径 D	初步可由结构及允许圆周速度 $[v]$ 确定：$D \leqslant \dfrac{1910[v]}{n_p}$ (cm)，n_p 名义转速(r/min)		
允许圆周速度 $[v]$	铸铁　（30~50）m/s 铸钢　（70~90）m/s 锻钢　（100~120）m/s		铸铁　（45~55）m/s 铸钢　（40~60）m/s
飞轮矩 GD^2	$GD^2 = 8gJ_F$		只计轮缘：$GD^2 = 4gJ_F$
飞轮重力 G	$G = 8gJ_F/D^2$ (N)		轮缘重力 $G_0 = (0.7~0.9) \times$ $4gJ_F/D^2$ (N)
飞轮宽度 b 及轮缘厚度 H $\rho = 0.0078\mathrm{kg/cm}^3$	$b = \dfrac{32J_F}{\pi D^4 \rho}$ (cm) $\rho = 0.0078\mathrm{kg/cm}^3$		$b = (10.7~12.1)\sqrt{\dfrac{J_F}{kD^3}}$ (cm) $H = kb$ $k = 1~2$ 大型飞轮取小值
其他尺寸参照图 11.1-2	—	轮毂直径　$d_1 = (2~2.5)d$ 轮毂长度　$L = (1.5~2)d$ 飞轮外径　$D_w = D + H$，轮缘内径 $D_N = D - H$	
		$S = \left(\dfrac{1}{5} ~ \dfrac{1}{4}\right)b$ $d_m = \dfrac{1}{2}(D_N + d_1)$ $d_0 = \dfrac{1}{4}(D_N - d_1)$	h_1 由强度条件决定 $h_2 = 0.8h_1$ $a_1 = (0.4~0.6)h_1$ $a_2 = 0.8a_1$
辐条式飞轮的辐条设计	$h_1 = \sqrt[3]{\dfrac{F(R_m)}{4z}}$，$z$ 的取值为：辐条数 $D < 500, z = 4, 500 < D < 2000, z = 6, 2000 < D < 3000, z = 8$; $F = \dfrac{2M_{max}}{D}$ N，M_{max} 为作用在飞轮轴上的最大转矩(N·m)；铸铁 $[R_m] = 12~14\mathrm{MPa}$，铸钢 $[R_m] = 35\mathrm{MPa}$		

（3）飞轮在传动系统中安装位置

从减小飞轮重量的观点来看，飞轮应装在传动系统中转速较高的轴上。设等效构件的角速度为 ω_V，按此算得飞轮转动惯量为 J_F，若在角速度为 ω' 的轴上安装飞轮，仍使其达到相同的匀速作用，则所需转动惯量为：$J'_F = J_F \left(\dfrac{\omega_V}{\omega'} \right)^2$

可见，如 $\omega' > \omega_V$，$J'_F \ll J_F$，相应的飞轮重量大为减小。

但应注意到：如果传动系统中装有飞轮，则工作机与飞轮之间所有零件都承受工作机的工艺阻力矩作用，而飞轮与动力机之间所有零件只承受电动机力矩。二者相差飞轮的惯性力矩，对于冲压、剪切类工艺阻力作用时间甚短但数值很大的机械，飞轮的惯性力矩可能达到很大数值（见图 11.1-3）。所以，飞轮对于飞轮与动力机之间的传动零件起卸载作用。

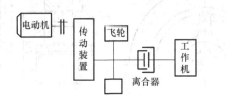

图 11.1-3　飞轮的卸载作用

如果动力机与飞轮之间装有制动器，则应注意制动过程飞轮惯性力矩的数值可能很大，有可能使传动件损坏。例如在蜗轮轴上安装飞轮，而蜗杆自锁时的情况。

8.3　刚性转子的平衡

（1）刚性转子的平衡要求和平衡方法

机械中绕固定轴连续转动的构件称转子。如果转子的转速 ω 远低于其一阶临界转速 $\omega_e \left(\dfrac{\omega}{\omega_e} < 0.7 \right)$ 称为刚性转子。如果刚性转子的结构形状及其质量分布不匀称，则在转动过程中不匀称质量产生的离心惯性力和惯性力偶将在支承中引起动反力，是机械产生振动及噪声的根源。消除支承中由于不匀称质量分布引起的动反力是刚性转子平衡的目的。

在研究刚性转子平衡问题中，常把产生离心惯性力的不平衡质量简化为质点的质量，设质点的质量为 m，与转动轴线偏距为 r，当转子转速为 ω 时，其离心惯性力为 $mr\omega^2$，故其不平衡效应可以质径积 $\overrightarrow{mr}$ 或重径积 $\overrightarrow{Qr}$ 来表示。刚性转子的平衡问题可分为静平衡和动平衡两类，见表 11.1-36。

表 11.1-36　刚性转子的平衡要求和平衡方法

	刚性转子的静平衡	刚性转子的动平衡
转子类型	$L/D < 0.2$ 的转子的质量可认为分布于垂直于转动轴线的同一平面内,称短转子	$L/D > 0.2$ 的转子其质量分布是一空间质量系,称长转子
平衡要求	转子上 n 个不平衡质量 $m_i (i = 1 \sim n)$ 与应加的平衡质量 m_b 所产生的离心惯性力之和为零,即 $\sum\limits_{i=1}^{n} \overrightarrow{m_i r_i} + \overrightarrow{m_b r_b} = 0$。即使转子的质心位于转动轴线上 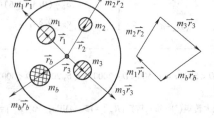	转子上不平衡质量与应加的平衡质量的惯性力之和为零,所形成惯性力偶之和亦为零。任一不平衡质量可以按惯性等效原则分解为选定平面内两个质量 $m_i^{\mathrm{I}} = \dfrac{m_i r_i l_i^{\mathrm{II}}}{r_i^{\mathrm{I}}(l_i^{\mathrm{I}} + l_i^{\mathrm{II}})}$,$m_i^{\mathrm{II}} = \dfrac{m_i r_i l_i^{\mathrm{I}}}{r_i^{\mathrm{II}}(l_i^{\mathrm{I}} + l_i^{\mathrm{II}})}$ 所以任一空间不平衡质量系可以惯性等效分解为在两个选定平面内的两个不平衡平面质量系,分别平衡这两个不平衡的平面质量系,即可使长转子平衡

（续）

刚性转子的静平衡	刚性转子的动平衡
平衡措施	1. 在转子的设计阶段，应尽可能设计成对称形状，如果结构不对称应用加（减）质量的办法使满足 $\sum_{i=1}^{n} m_i \vec{r}_i + m_b \vec{r}_b = 0$ 2. 对称形状的转子或加了平衡质量、理论上已平衡的转子，由于材料不均匀，或制造装配误差所形成的不平衡是设计阶段无法查明的，所以在加工装配完毕之后，必须用实验方法加以最终平衡	1. 对具有结构上明显不平衡质量的转子，应在设计阶段用加（减）平衡质量的办法予以平衡。在结构允许的情况下可分别就每个不平衡质量分别平衡（例如曲轴），否则，亦可把不平衡质量按惯性等效原则分解到两个选定平面内，再就两个平面分别平衡 转子在结构设计时，应预留选定的平衡平面 2. 同理，对于形状对称的转子或理论上已平衡的转子，加工装配完毕后必需用实验法最终平衡
平衡实验	将转子安放在两个平行的光滑水平导轨上，如果质心在轴线上，则呈随遇平衡状态，否则将滚动，停止时其质心应位于转轴的正下方。可在上方试加平衡质量或在下方试减平衡质量，令其偏离平衡位置检验能否随遇平衡。这样反复进行，直至达到随遇平衡。静平衡的转子可能是动不平衡的	动平衡须在选定的两个平衡平面内分别加（减）平衡质量。平衡质量质径积的大小和方位，须在专用的动平衡实验机上确定。把转子安放在动平衡机上，使其按规定转速旋转，动平衡机的检测系统可指示出在选定平面内的不平衡质径积的大小和方位，然后分别予以平衡

（2）动平衡机的选择

工业用动平衡机种类繁多，从工作原理上可分为测振式软支承动平衡机及测力式硬支承动平衡机两大类，选用时应考虑。选择平衡机可参考表 11.1-37 进行。

表 11.1-37 动平衡机的选择说明

序号	说　明
1	被平衡转子的质量、外径及支承间距，小型平衡机可平衡质量为 0.01~1kg 的转子，大型平衡机可平衡质量达 200t 的转子。应选用规格相宜的平衡机
2	平衡精度是指动平衡机的检测系统能反映出的转子最小不平衡量。通常以重心偏移量度量。一般平衡为 $\leq 0.5~1\mu m$，以这种平衡机平衡质量为 100kg 的转子，残留的不平衡质将小于 5~10g·cm
3	平衡效率，即经过一次平衡后转子的不平衡量的减少百分数。一般平衡机可 $\geq 85\%~90\%$

（3）转子的许用不平衡度

转子达到完全平衡是困难的，平衡精度要求高则需要高精度的平衡机和更高的平衡技术，将增加制造费用。实际上对不同工作条件下的转子的平衡程度应有一合理要求，这就是转子的许用不平衡度。ISO 1940 推荐的刚性转子许用不平衡度为：

$$G = \frac{[e]\omega}{1000} \quad \text{mm/s} \quad (11.1\text{-}4)$$

式中　ω——转子工作角速度；

[e]——经平衡后的转子容许残留的重心偏移量（μm）。

重心偏移量与在动平衡机上能检测和指示出来的转子容许残留的重径积 $[Q'r']$ 的关系为：

$$Q[e] = [Q'r'] \quad (11.1\text{-}5)$$

$$[e] = \frac{[Q'r']}{Q} \quad (11.1\text{-}6)$$

表 11.1-38 中给出了典型转子的许用不平衡度 G。静平衡的转子的许用不平衡量可由表中查得 G 值直接计算。对于动平衡的转子，应将由表 11.1-38 中查得的 G 值换算而得的容许残留不平衡重径积分解到选定的两个平衡基面上。如果两个平衡基面对称于质心，则各平衡基面上容许不平衡重径积为：

$$[Q'r']^{\text{I}} = [Q'r']^{\text{II}} = \frac{1}{2}[Q'r'] \quad (11.1\text{-}7)$$

如果平衡基面与质心距离分别为 l^{I}、l^{II}，则

$$[Q'r']^{\text{I}} = [Q'r'] \frac{l^{\text{II}}}{l^{\text{I}}+l^{\text{II}}} \quad (11.1\text{-}8)$$

$$[Q'r']^{\text{II}} = [Q'r'] \frac{l^{\text{I}}}{l^{\text{I}}+l^{\text{II}}} \quad (11.1\text{-}9)$$

表 11.1-38   许用不平衡量的推荐值

平衡精度等级	$G/\mathrm{mm\cdot s^{-1}}$	转子类型举例
G4000	4000	刚性安装的具有奇数气缸的低速[1]船用柴油机曲轴、传动装置[2]
G1600	1600	刚性安装的大型两冲程发动机曲轴、传动装置
G630	630	刚性安装的大型四冲程发动机曲轴传动装置;弹性安装的船用柴油机曲轴传动装置
G250	250	刚性安装的高速四缸柴油机曲轴传动装置
G100	100	六缸和六缸以上高速[1]柴油机曲轴传动装置;机车或汽车用发动机整体(汽油机或柴油机)
G40	40	汽车轮、轮缘、轮组、传动轴;弹性安装的六缸和六缸以上高速四冲程发动机(汽油机或柴油机)曲轴传动装置,汽车、机车用发动机曲轴传动装置
G16	16	特殊要求的传动轴(螺旋桨轴,万向联轴器轴),破碎机械的零件;农业机械的零件;汽车发动机(汽油机或柴油机)部件;特殊要求的六缸或六缸以上的发动机曲轴传动装置
G6.3	6.3	作业机械的零件;船用主汽轮机齿轮(商船用);离心机鼓轮;风扇;装配好的航空燃气机;泵转子;机床和一般的机械零件;普通电动机转子;特殊要求的发动机部件
G2.5	2.5	燃气轮机和汽轮机,包括船用主汽轮机(商船用);刚性汽轮发电机转子;透平压缩机;机床传动装置;特殊要求的中型和大型电动机转子;小型电动机转子;透平驱动泵
G1	1	磁带录音机传动装置;磨床传动装置;特殊要求的小型电动机转子
G0.4	0.4	精密磨床主轴;砂轮盘及电动机转子;陀螺仪

① 按国际标准,低速柴油机活塞速度小于 9m/s;大于 9m/s 者称高速柴油机。

② 曲轴传动装置包括曲轴、飞轮、离合器、带轮、减振器、连杆回转部分等的组件。

8.4 平面机构的平衡

平面连杆机构由于存在着连杆、滑块等做平面复杂运动和往复运动的构件,在高速运动中它们所产生的惯性力和惯性力偶在基础上会引起动反力,形成整机振动。运动构件惯性力的合力称振颤力,垂直于机构运动平面的惯性力偶矢量称振颤力偶。使振颤力和振颤力偶消失或减小的措施就是机构平衡。

（1）对称机构法

如果结构允许,可将机构设计成对称形式,使其惯性力相互抵消,运动构件的总质心保持不动,振颤力为零,例如图 11.1-4a 所示。但机构外廓尺寸增大,振颤力偶不能平衡。

应用准对称机构,亦可使振颤力部分平衡,如图 11.1-4b 所示。

（2）配重平衡法

应用加配重方法调整各运动构件的惯性参量,使机构总质心在机构运动过程中保持不动,即可使振颤力完全消失。但机构的结构必须满足如下条件:即机

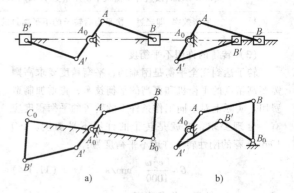

a)   b)

图 11.1-4 对称机构法

构中任一运动构件必须至少有一条只由转动副连接而达机架的通路,否则用配重方法不能完全平衡振颤力。此外,为了完全平衡振颤力,可能需要在做平面复杂运动的构件上加配重,这常常使结构不合理和运转困难,这种情况下只能使振颤力部分平衡。

曲柄摇杆机构和曲柄滑块机构应用加配重法平衡

振颤力的计算见表 11.1-39。

用配重平衡振颤力偶一般是困难的。此外配重增加机构的惯性量量，使惯性驱动力偶变大。一些研究表明：完全消除振颤力的配重平衡结果常会使振颤力

偶变大，起动时驱动力偶变大，运动副反力增加。因而不单以振颤力（振颤力偶）完全消失为目标，而是以整个机构动力学品质综合改善为目标的优化平衡策略是可取的。

表 11.1-39　曲柄摇杆机构和曲柄滑块机构的配重平衡法

机构的结构尺寸和惯性参量	配重的计算公式
振颤力完全平衡 	$k_1 = \dfrac{a_1}{a_2}m_2 r_2', k_2 = \theta_2', k_3 = \dfrac{a_3}{a_2}m_2 r_2, k_4 = \theta_2 \pm \pi$ $m_1^* r_1^* = [k_1^2 + (m_1 r_1)^2 - 2m_1 r_1 k_1 \cos(k_2 - \theta_1)]^{1/2}$ $m_3^* r_3^* = [k_3^2 + (m_3 r_3)^2 - 2m_3 r_3 k_3 \cos(k_4 - \theta_3)]^{1/2}$ $E_1 = k_1 \sin k_2 - m_1 r_1 \sin\theta_1, F_1 = k_1 \cos k_2 - m_1 r_1 \cos\theta_1$ $\theta_1^* = \arctan(E_1/F_1)$ $E_3 = k_3 \sin k_4 - m_3 r_3 \sin\theta_3, F_3 = k_3 \cos k_4 - m_3 r_3 \cos\theta_3$ $\theta_3^* = \arctan(E_3/F_3)$
振颤力部分平衡	$k_1 = \dfrac{a_1}{r}m_1 + \dfrac{l-a_2}{l}m_2, k_2 = \dfrac{a_2}{l}m_2 + m_1$ $k_3 = 0.5 + 0.41\dfrac{r}{l} - 0.17\left(\dfrac{r}{l}\right)^2$ 或取 $k_3 = \dfrac{1}{2} \sim \dfrac{1}{3}$ $m^* r^* = (k_1 + k_2 k_3)r$ $\theta^* = \pi$

第2章 连杆机构设计

1 平面四杆机构的应用和基本形式

1.1 平面连杆机构的特点和应用

平面连杆机构是若干个刚性构件由平面低副连接而成，各构件均在相互平行的平面内运动的机构。平面连杆机构又称平面低副机构。由于平面连杆机构能够实现多种运动轨迹曲线和运动规律，且低副不易磨损，而又易于加工以及能由本身几何形状保证接触等优点，广泛应用于各种机器和运动变换装置中。

1.2 平面四杆机构的基本形式及其曲柄存在条件

由4个构件通过4个转动副连接组成的铰链四杆机构是平面四杆机构的最基本形式。曲柄滑块机构、导杆机构等可以看作由铰链四杆机构演化而来。

铰链四杆机构的曲柄存在条件为：

1）最短杆与最长杆长度之和小于或等于其余两杆长度之和。

2）最短杆是机架或连架杆。

铰链四杆机构又分为三种形式：曲柄摇杆机构、双曲柄机构、双摇杆机构。

满足曲柄存在条件1）的铰链四杆机构，以最短杆作为机架时为双曲柄机构；以最短杆作为连架杆时为曲柄摇杆机构；以最短杆的对边作为机架时为双摇杆机构。

如果铰链四杆机构中的最短杆与最长杆长度之和大于其余两杆长度之和，则不论以哪个杆作为机架均只能得到双摇杆机构。

平面四杆机构的几种基本形式及其曲柄存在条件见表 11.2-1。

表 11.2-1 平面四杆机构的基本形式及其曲柄存在条件

类 别	基 本 形 式	曲柄存在条件
铰链四杆机构	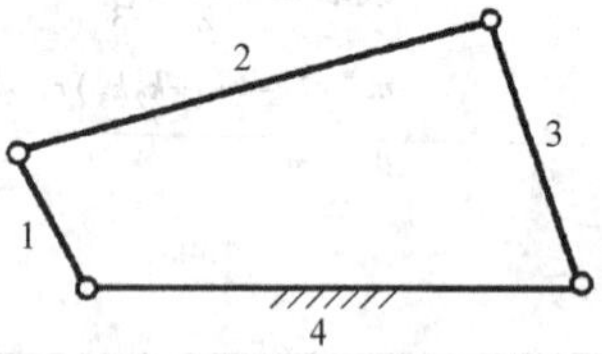	若 l_1 为最短杆，l_4 为最长杆，且满足 $l_1+l_4 \leqslant l_2+l_3$，则当杆 1 为机架时，杆 2 与杆 4 为曲柄；当杆 2 或杆 4 之一为机架时，杆 1 为曲柄
具有一个移动副的四杆机构	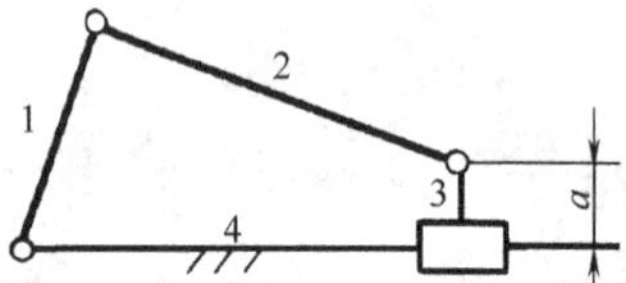 　曲柄滑块机构	若 l_1 为最短杆，且满足 $l_1+a \leqslant l_2$，则当杆 1 为机架时，杆 2 与杆 4 为曲柄；当杆 2 或杆 4 之一为机架时，杆 1 为曲柄
	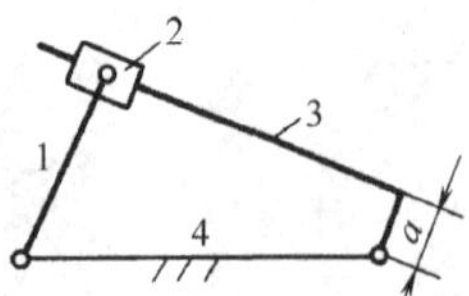 　导杆机构 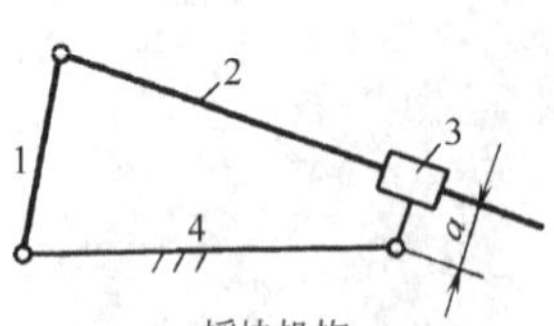　　　摇块机构	若 l_1 为最短杆，且满足 $l_1+a \leqslant l_4$，则当杆 1 为机架时，杆 2 与杆 4 为曲柄；当杆 2 或杆 4 之一为机架时，杆 1 为曲柄
具有两个移动副的四杆机构	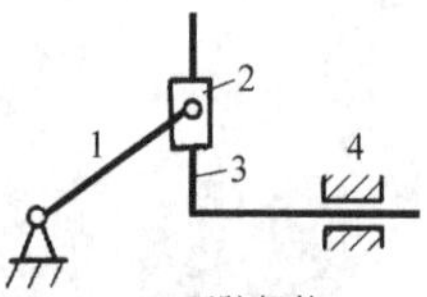 　正弦机构 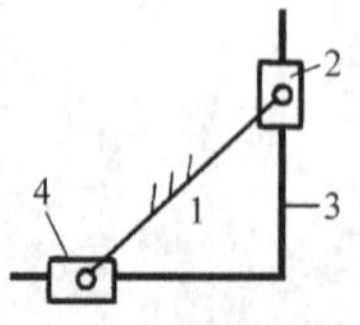　　　双转块机构	四杆中只有杆 1 为有限长，它是最短杆，当杆 1 为机架时，杆 4 为曲柄；杆 4 为机架时，杆 1 为曲柄

（续）

类　别	基本形式	曲柄存在条件
具有两个移动副的四杆机构	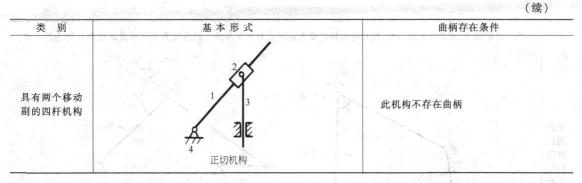 正切机构	此机构不存在曲柄

表 11.2-2 列出了平面四杆机构 3 种基本形式以及通过改变不同构件作机架的演化方法，从演化可以看出各个机构间的内在联系。

1.3　平面四杆机构的基本特性

平面四杆机构的基本特性见表 11.2-3。

表 11.2-2　平面四杆机构 3 种基本形式及其演化

名称	基本形式	演化形式		
铰链四杆机构	l_1 为最短杆, l_4 为最长杆, $l_1+l_4 \leqslant l_2+l_3$	双曲柄机构	曲柄摇杆机构	双摇杆机构
曲柄滑块机构	$l_1 < l_2$	转动导杆机构	曲柄摇块机构	移动导杆机构
正弦机构		双转块机构	正弦机构	双滑块机构

表 11.2-3　平面四杆机构的基本特性

| 平面四杆机构的急回特性 | 平面四杆机构中的曲柄摇杆机构、偏心曲柄滑块机构及导杆机构等都有急回特性。图 a 中所示的曲柄摇杆机构，当主动曲柄等速回转时，从动摇杆自点 C_1 摆至点 C_2 和自点 C_2 摆回点 C_1 的平均角速度不同，即摆出 $(C_1 \rightarrow C_2)$ 慢，摆回 $(C_2 \rightarrow C_1)$ 快，称为急回特性。将摇杆处于两极限位置时所对应曲柄的一个位置与另一位置反向延长线间的夹角 θ 称为极位夹角，则

$$K = \dfrac{180° + \theta}{180° - \theta}$$

$$\theta = \dfrac{K-1}{K+1} 180°$$

K 为行程速比系数，一般取 $K = 1.1 \sim 1.3$。 | 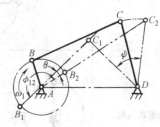
a) 曲柄摇杆机构的急回特性 |

（续）

平面四杆机构的压力角与传动角	在不计摩擦力、重力和惯性力时，机构输出构件受力点的受力方向与该点的速度方向间所夹的锐角 α 称为压力角，见图 b 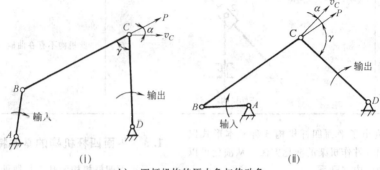 （i）　　　　　　　　　　　　　　　（ii） b）四杆机构的压力角与传动角 压力角的余角 γ 称为传动角。传动角越大，传力性能越好 在机构运动过程中，传动角是变化的，合理地选择各构件的尺寸，可使机构的最小传动角具有最大值。机构运转中最小传动角的容许值是按受力情况、运动副间隙大小、摩擦和速度等因素而定的。一般传动角不小于 40°，高速机构则不小于 50° 平面四杆机构最小传动角发生的位置见表 11.2-4	

平面四杆机构的运动连续性	在平面四杆机构的设计中，对所得机构都应按运动连续要求，通过几何作图检验该机构是否的确在运动时能实现给定的位置要求 图 c 所示的铰链四杆机构 ABCD，在实际运动时，如果 B、C、D 按顺时针装配，通过几何作图可以发现，B 点无论是顺时针还是逆时针从 B_1 点"连续"运动至 B_2 点时，杆 CD 只能在 ψ 域内运动；如果 B、C、D 按逆时针装配（即 BC'D），通过几何作图可以发现，B 点无论是顺时针还是逆时针从 B_1 点"连续"运动至 B_2 点时，杆 C'D 只能在 ψ' 域内运动。ψ 和 ψ' 称为可行域。在曲柄整周回转的过程中，摇杆只能在一个可行域内运动，而不能从一个可行域跃入到另一个可行域，这就是平面四杆机构运动的连续性	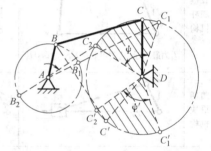 c）铰链四杆机构的运动连续性

表 11.2-4　平面四杆机构最小传动角发生的位置

机构类型	图　　例	简要说明
铰链四杆机构（曲柄摇杆机构、双曲柄机构）	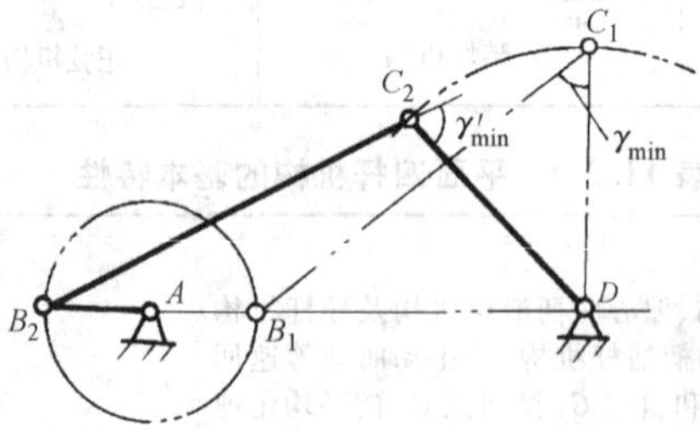	最小传动角 γ_{min} 或 γ'_{min} 发生在曲柄与机架重合位置
曲柄滑块机构	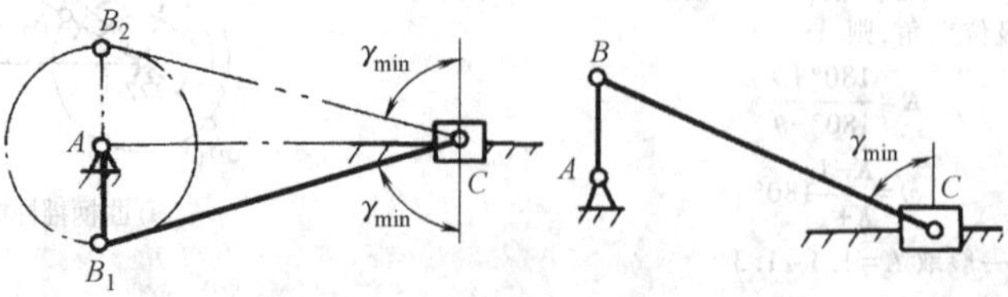	最小传动角 γ_{min} 发生在曲柄与滑块速度方向垂直位置

（续）

机 构 类 型	图　　例	简 要 说 明
导杆机构	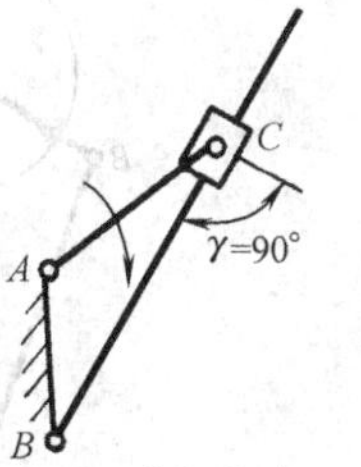 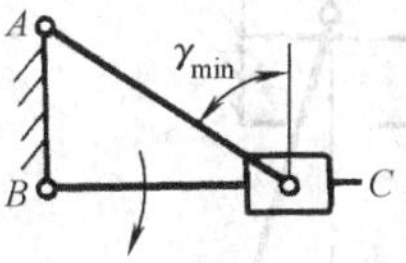 曲柄主动　　　　　导杆主动	对于转动导杆机构,导杆为主动时,最小传动角 γ_{min} 发生在导杆与机架垂直位置

1.4　平面四杆机构应用举例

平面四杆机构应用十分广泛,其应用举例见表 11.2-5。

表 11.2-5　平面四杆机构应用举例

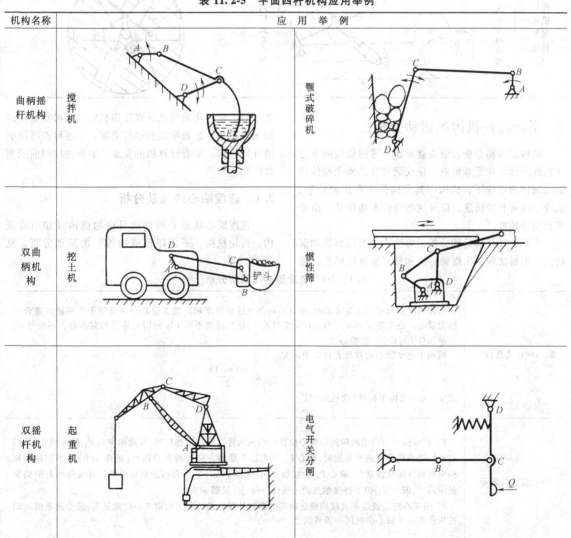

机构名称	应 用 举 例		
曲柄摇杆机构	搅拌机	颚式破碎机	
双曲柄机构	挖土机	惯性筛	
双摇杆机构	起重机	电气开关分闸	

(续)

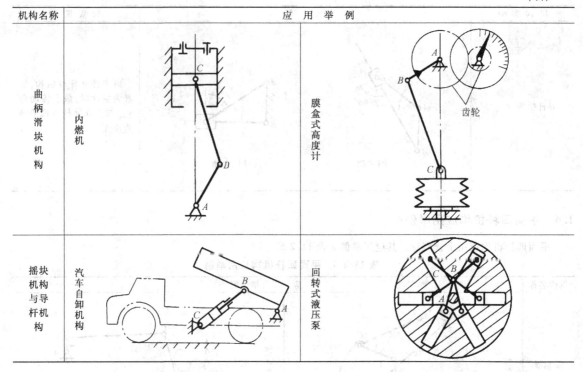

机构名称	应 用 举 例		
曲柄滑块机构	内燃机	膜盒式高度计	齿轮
摇块机构与导杆机构	汽车自卸机构	回转式液压泵	

2　平面连杆机构的运动分析

机构的运动分析，通常就是在不考虑机构的外力及构件的弹性变形等影响，仅仅研究在已知主动件的运动规律的条件下，机构中其余构件上各点的位移、轨迹、速度和加速度，以及这些构件的角位移、角速度和角加速度。

平面连杆机构运动分析的方法主要有图解法和解析法。图解法包括速度瞬心法和相对速度图解法，精

度不高。解析法的特点是直接用机构已知参数和应求的未知量建立的数学模型进行求解，从而可获得精确的计算结果。随着计算机的发展，解析法应用前景更加广阔。

2.1　速度瞬心法运动分析

速度瞬心法适合构件数目少的机构（如凸轮机构、齿轮机构、平面四杆机构等）的运动分析，见表 11.2-6。

表 11.2-6　速度瞬心法运动分析

瞬心的定义及数目	当两构件互做平面相对运动时，在这两构件上绝对速度相同或者说相对速度等于零的瞬时重合点称为瞬心。绝对速度为零的瞬心称为绝对瞬心，绝对速度不等于零的瞬心称为相对瞬心。用符号 P_{ij} 表示构件 i 与构件 j 的瞬心 机构中速度瞬心的数目 K 可以表示为 $$K = \frac{m(m-1)}{2}$$ 式中　m—机构中构件(含机架)数
瞬心位置的确定	1) 直接构成运动副两构件的瞬心位置　当两构件以转动副连接时，转动副中心 P_{12} 即为瞬心[见图 a(i)]；当两构件构成移动副时，瞬心 P_{12} 在垂直于导路方向上的无穷远处[见图 a(ii)]；平面高副机构中两构件做纯滚动时，瞬心 P_{12} 为接触点 M[见图 a(iii)]；平面高副机构中两构件既做相对滑动又做滚动时，瞬心 P_{12} 位于过接触点的公法线 n-n 上[见图 a(iv)] 2) 用三心定理确定不直接构成运动副的两构件瞬心的位置　所谓三心定理就是：三个做平面运动的构件的三个瞬心必在同一条直线上

（续）

瞬心位置的确定	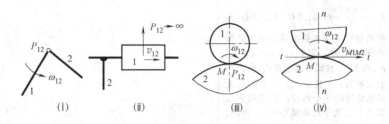 （i）　　　　　（ii）　　　　　（iii）　　　　　（iv） a）瞬心位置的确定
速度分析举例	例　在图 b 所示的曲柄摇杆机构中，若已知四杆件长度和主动件（曲柄）1 以角速度 ω_1 顺时针方向回转，求图示位置从动件（摇杆）3 的角速度 ω_3 和角速度比 ω_1/ω_3 解　应用瞬心公式求得瞬心数目 $K=6$，即瞬心为 P_{14}、P_{12}、P_{23}、P_{34}、P_{24} 和 P_{13} 构件 1、3 在瞬心 P_{13} 处的线速度大小相等、方向相同。则有 $$\omega_1\,\overline{P_{14}P_{13}}\mu_l=\omega_3\,\overline{P_{34}P_{13}}\mu_l$$ 式中，μ_l 为构件长度比例尺，并且 即 $$\mu_l=\frac{构件实际长度（m）}{图样上构件长度（mm）}$$ $$\omega_3=\omega_1\frac{\overline{P_{14}P_{13}}}{\overline{P_{34}P_{13}}}$$ $$\frac{\omega_1}{\omega_3}=\frac{\overline{P_{34}P_{13}}}{\overline{P_{14}P_{13}}}$$ 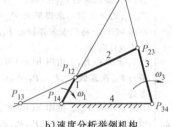 b）速度分析举例机构

对于含 5 个以上构件的机构，直接求瞬心的位置非常困难，表 11.2-7 介绍按三心定理如何借助瞬心多边形法确定瞬心的位置。

表 11.2-7　用瞬心多边形法确定速度瞬心的位置

步骤	1）按 $K=\dfrac{m(m-1)}{2}$ 计算出瞬心的数目 2）按构件数目画凸 m 边形的 m 个顶点，每个顶点代表一个构件，并按顺序标注顶点号 1、2、…、m，两个顶点间的连线代表一个以该两顶点号为下标的两构件的瞬心 3）三个顶点连线构成的三角形的三条边表示三瞬心共线 4）利用两个三角形的公共边可求未知瞬心，即未知瞬心位于能与该瞬心组成三角形的其他两已知瞬心的连线上
例题	图 a 所示的齿轮-连杆机构中，若已知各构件的尺寸和主动件齿轮 1 的角速度 ω_1 为顺时针回转，求图示位置时机构的全部瞬心和构件 3 的角速度 ω_3 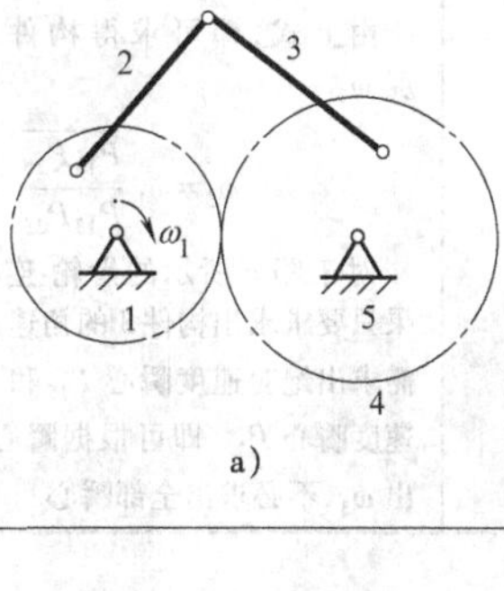

解题 过程	**解** 该机构有 5 个构件,根据式 $K=\dfrac{m(m-1)}{2}$ 可知,共有 10 个瞬心,其中由构件直接连接组成运动副的瞬心有 6 个,分别为 P_{12}、P_{23}、P_{34}、P_{45}、P_{15} 和 P_{14}。按瞬心多边形法,画出凸五边形的 5 个顶点 1、2、3、4 和 5,表示该机构的 5 个构件。用实线连接顶点 1、2,表示已知瞬心 P_{12}。同理,将其他 5 个已知瞬心的两顶点用实线连起来,则表示瞬心 P_{23}、P_{34}、P_{45}、P_{15} 和 P_{14},如图 b(i) 所示。本例可按如下步骤求其他四个未知瞬心 1)求瞬心 P_{13}。在图 b(ii) 中,用虚线连接顶点 1 和 3,表示未知瞬心 P_{13}。由图可知,P_{12}、P_{23} 和 P_{34}、P_{14} 分别能与 P_{13} 组成两个三角形 △132 和 △134。所以瞬心 P_{13} 在连线 $P_{12}P_{23}$、$P_{34}P_{14}$ 的交点处。求得瞬心 P_{13} 后,在图 b(ii) 中将代表未知瞬心 P_{13} 的虚线改成实线 2)求瞬心 P_{35}。由图 b(iii) 可知,瞬心 P_{35} 在连线 $P_{13}P_{15}$、$P_{34}P_{45}$ 的交点处 3)求瞬心 P_{25}。由图 b(iv) 可知,瞬心 P_{25} 在连线 $P_{12}P_{15}$、$P_{23}P_{35}$ 的交点处 4)求瞬心 P_{24}。由图 b(v) 可知,以未知瞬心 P_{24} 为公共边可组成 3 个三角形 △241、△245 和 △243。任取其中两个三角形即可求出未知瞬心 P_{24}。本例取 △245 和 △243。瞬心 P_{24} 在连线 $P_{25}P_{45}$、$P_{23}P_{34}$ 的交点处 至此,瞬心多边形中,任意两点间的连线都已是实线,如图 b(vi) 所示,则表示该齿轮-连杆机构的 10 个瞬心的位置全部确定(见图 c)。又因瞬心 P_{13} 是构件 1 和构件 3 的等速重合点,即构件 1 和构件 3 分别绕绝对速度瞬心 P_{15} 和 P_{35} 转动时,在重合点 P_{13} 处的线速度大小相等、方向相同。则有 $$\omega_1\,\overline{P_{13}P_{15}}\mu_l=\omega_3\,\overline{P_{13}P_{35}}\mu_l$$ 由上式,即可求得构件 3 的角速度 ω_3 $$\omega_3=\omega_1\,\frac{\overline{P_{13}P_{15}}}{\overline{P_{13}P_{35}}}$$ 对于图 a 所示的齿轮-连杆机构,如果只要求出构件 3 的角速度 ω_3,则只需求出绝对速度瞬心 P_{15} 和 P_{35} 与相对速度瞬心 P_{13},即可根据瞬心的概念求出 ω_3,不必求出全部瞬心	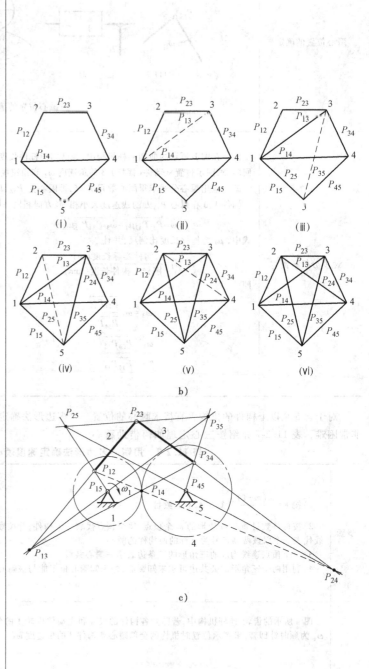

2.2　常用平面四杆机构的解析法运动分析公式

常用平面四杆机构的运动分析的步骤是先建立四

杆机构的位移方程式，求导得速度方程式，再求导可得加速度方程式。常用平面四杆机构的运动分析公式见表 11.2-8。

表 11.2-8　常用平面四杆机构的运动分析公式

名称	简　图	计　算　公　式
曲柄摇杆机构		角位移　$\psi = \pi - (\alpha_1 + \alpha_2)$，$\alpha_1 = \arctan \dfrac{a\sin\phi}{1 - a\cos\phi}$，$\alpha_2 = \arccos \dfrac{K^2 - 2a\cos\phi}{2fc}$ 角速度　$\dfrac{\mathrm{d}\psi}{\mathrm{d}t} = \left[\dfrac{a(a-\cos\phi)}{f^2} + \dfrac{a\sin\phi}{s^2}\left(2 - \dfrac{M^2}{f^2}\right)\right]\omega$ 角加速度　$\dfrac{\mathrm{d}^2\psi}{\mathrm{d}t^2} = \left[\dfrac{a(a-\cos\phi)}{f^2} + \dfrac{a\sin\phi}{s^2}\left(2 - \dfrac{M^2}{f^2}\right)\right]\dfrac{\mathrm{d}^2\phi}{\mathrm{d}t^2} + \left\{\dfrac{a\sin\phi}{f^2}\left[1 - \dfrac{2a(a-\cos\phi)}{f^2}\right] - \dfrac{2a^2\sin^2\phi}{s^2 f^2}\left(1 - \dfrac{M^2}{f^2}\right) + \left(2 - \dfrac{M^2}{f^2}\right) \times \left[\dfrac{a\cos\phi}{s^2} - \dfrac{2a^2\sin^2\phi(2c^2 - M^2)}{s^6}\right]\right\}\omega^2$ 式中　$f^2 = 1 + a^2 - 2a\cos\phi$，$\omega = \dfrac{\mathrm{d}\phi}{\mathrm{d}t}$，$K = 1 + a^2 + c^2 - b^2$，$M = K^2 - 2a\cos\phi$，$s^2 = \sqrt{4f^2 c^2 - M^2}$
对心曲柄滑块机构		**精确式** 位移　$s = r\left[1 - \cos\phi + \dfrac{1}{\lambda} - \dfrac{(1 - \lambda^2 \sin^2\phi)^{\frac{1}{2}}}{\lambda}\right]$ 速度　$v = r\omega\left[\sin\phi + \dfrac{\lambda\sin^2\phi}{2(1 - \lambda^2\sin^2\phi)^{\frac{1}{2}}}\right]$ 加速度　$a = r\omega^2\left[\cos\phi + \dfrac{\lambda(\cos 2\phi + \lambda^2\sin 4\phi)}{(1 - \lambda^2\sin^2\phi)^{\frac{3}{2}}}\right]$ 式中　$\omega = \dfrac{\mathrm{d}\phi}{\mathrm{d}t}$，一般 $\lambda = \dfrac{r}{L} = \dfrac{1}{6} \sim \dfrac{1}{4}$ **近似式** 略去 λ^3，近似式为 位移　$s = r\left[1 + \dfrac{\lambda}{4} - \cos\phi - \dfrac{\lambda}{4}\cos 2\phi\right]$ 速度　$v = r\omega\left(\sin\phi + \dfrac{\lambda\sin 2\phi}{2}\right)$ 加速度　$a = r\omega^2(\cos^2\phi + \lambda\cos 2\phi)$ 式中　$\lambda = \dfrac{r}{L}$，$\omega = \dfrac{\mathrm{d}\phi}{\mathrm{d}t}$
偏心曲柄滑块机构		略去 λ^3 及 ε^2，近似式为 位移　$s = r\left(1 + \dfrac{\lambda}{4} - \cos\phi - \varepsilon\sin\phi - \dfrac{\lambda}{4}\cos 2\phi\right)$ 速度　$v = r\omega\left(\sin\phi - \varepsilon\cos\phi + \dfrac{r\sin 2\phi}{2}\right)$ 加速度　$a = r\omega^2(\cos\phi + \varepsilon\sin\phi + \lambda\cos 2\phi)$ 尺寸范围　$e < r$，$\varepsilon = \dfrac{e}{L}$，$\lambda = \dfrac{r}{L}$ 滑块行程　$H = \left[(L+r)^2 - e^2\right]^{\frac{1}{2}} - \left[(L-r)^2 - e^2\right]^{\frac{1}{2}}$ 式中　$\lambda = \dfrac{r}{L}$，$\omega = \dfrac{\mathrm{d}\phi}{\mathrm{d}t}$
曲柄摇块机构		导杆的角位移　$\psi = \arctan\left(\dfrac{\lambda\sin\phi}{1 + \lambda\cos\phi}\right)$ 导杆的角速度　$\dfrac{\mathrm{d}\psi}{\mathrm{d}t} = \dfrac{\lambda(\lambda + \cos\phi)}{1 + \lambda^2 + 2\lambda\cos\phi}\omega$ 导杆的角加速度　$\dfrac{\mathrm{d}^2\psi}{\mathrm{d}t^2} = \dfrac{\lambda(\cos\phi + \lambda)}{1 + \lambda^2 + 2\lambda\cos\phi}\dfrac{\mathrm{d}^2\phi}{\mathrm{d}t^2} + \dfrac{\lambda\sin\phi(\lambda^2 - 1)}{(1 + \lambda^2 + 2\lambda\cos\phi)^2}\omega^2$ 式中　$\lambda = \dfrac{r}{L}$（当 $\cos\phi = -\lambda$ 时，$\sin\psi = \lambda$），$\omega = \dfrac{\mathrm{d}\phi}{\mathrm{d}t}$

(续)

名称	简 图	计 算 公 式
回转导杆机构	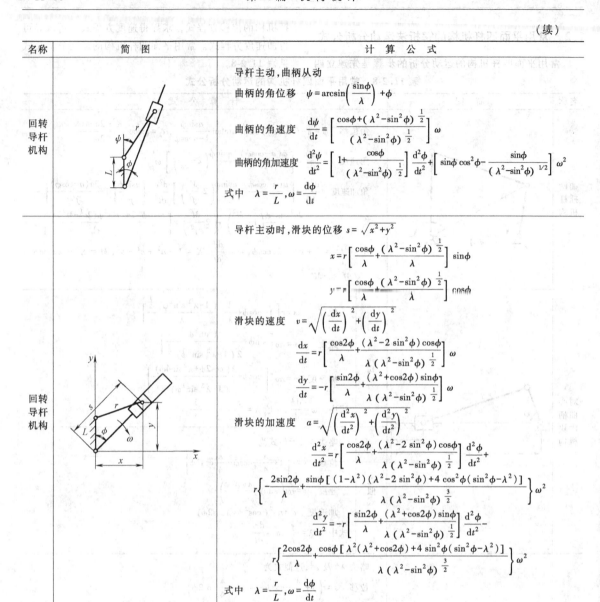	导杆主动,曲柄从动 曲柄的角位移　$\psi = \arcsin\left(\dfrac{\sin\phi}{\lambda}\right) + \phi$ 曲柄的角速度　$\dfrac{\mathrm{d}\psi}{\mathrm{d}t} = \left[\dfrac{\cos\phi + (\lambda^2 - \sin^2\phi)^{\frac{1}{2}}}{(\lambda^2 - \sin^2\phi)^{\frac{1}{2}}}\right]\omega$ 曲柄的角加速度　$\dfrac{\mathrm{d}^2\psi}{\mathrm{d}t^2} = \left[1 + \dfrac{\cos\phi}{(\lambda^2 - \sin^2\phi)^{\frac{1}{2}}}\right]\dfrac{\mathrm{d}^2\phi}{\mathrm{d}t^2} + \left[\sin\phi\cos^2\phi - \dfrac{\sin\phi}{(\lambda^2 - \sin^2\phi)^{1/2}}\right]\omega^2$ 式中　$\lambda = \dfrac{r}{L},\ \omega = \dfrac{\mathrm{d}\phi}{\mathrm{d}t}$
回转导杆机构		导杆主动时,滑块的位移　$s = \sqrt{x^2 + y^2}$ $x = r\left[\dfrac{\cos\phi}{\lambda} + \dfrac{(\lambda^2 - \sin^2\phi)^{\frac{1}{2}}}{\lambda}\right]\sin\phi$ $y = r\left[\dfrac{\cos\phi}{\lambda} + \dfrac{(\lambda^2 - \sin^2\phi)^{\frac{1}{2}}}{\lambda}\right]\cos\phi$ 滑块的速度　$v = \sqrt{\left(\dfrac{\mathrm{d}x}{\mathrm{d}t}\right)^2 + \left(\dfrac{\mathrm{d}y}{\mathrm{d}t}\right)^2}$ $\dfrac{\mathrm{d}x}{\mathrm{d}t} = r\left[\dfrac{\cos 2\phi}{\lambda} + \dfrac{(\lambda^2 - 2\sin^2\phi)\cos\phi}{\lambda(\lambda^2 - \sin^2\phi)^{\frac{1}{2}}}\right]\omega$ $\dfrac{\mathrm{d}y}{\mathrm{d}t} = -r\left[\dfrac{\sin 2\phi}{\lambda} + \dfrac{(\lambda^2 + \cos^2\phi)\sin\phi}{\lambda(\lambda^2 - \sin^2\phi)^{\frac{1}{2}}}\right]\omega$ 滑块的加速度　$a = \sqrt{\left(\dfrac{\mathrm{d}^2x}{\mathrm{d}t^2}\right)^2 + \left(\dfrac{\mathrm{d}^2y}{\mathrm{d}t^2}\right)^2}$ $\dfrac{\mathrm{d}^2x}{\mathrm{d}t^2} = r\left[\dfrac{\cos 2\phi}{\lambda} + \dfrac{(\lambda^2 - 2\sin^2\phi)\cos\phi}{\lambda(\lambda^2 - \sin^2\phi)^{\frac{1}{2}}}\right]\dfrac{\mathrm{d}^2\phi}{\mathrm{d}t^2} +$ $r\left\{-\dfrac{2\sin 2\phi}{\lambda} + \dfrac{\sin\phi[(1 - \lambda^2)(\lambda^2 - 2\sin^2\phi) + 4\cos^2\phi(\sin^2\phi - \lambda^2)]}{\lambda(\lambda^2 - \sin^2\phi)^{\frac{3}{2}}}\right\}\omega^2$ $\dfrac{\mathrm{d}^2y}{\mathrm{d}t^2} = -r\left[\dfrac{\sin 2\phi}{\lambda} + \dfrac{(\lambda^2 + \cos 2\phi)\sin\phi}{\lambda(\lambda^2 - \sin^2\phi)^{\frac{1}{2}}}\right]\dfrac{\mathrm{d}^2\phi}{\mathrm{d}t^2} -$ $r\left\{\dfrac{2\cos 2\phi}{\lambda} + \dfrac{\cos\phi[\lambda^2(\lambda^2 + \cos 2\phi) + 4\sin^2\phi(\sin^2\phi - \lambda^2)]}{\lambda(\lambda^2 - \sin^2\phi)^{\frac{3}{2}}}\right\}\omega^2$ 式中　$\lambda = \dfrac{r}{L},\ \omega = \dfrac{\mathrm{d}\phi}{\mathrm{d}t}$

2.3　杆组法运动分析

用杆组法进行运动分析的关键是先正确划分基本杆组,然后调用相应的程序求得待求点的位移、速度和加速度。用杆组法进行连杆机构运动分析的例题见表 11.2-9。

表 11.2-9　杆组法运动分析例题

| 例题 | 图 a 所示的机构中,已知 $l_{AB} = 60\mathrm{mm}$, $l_{BC} = 180\mathrm{mm}$, $l_{DE} = 200\mathrm{mm}$, $l_{CD} = 120\mathrm{mm}$, $l_{EF} = 300\mathrm{mm}$, $h = 80\mathrm{mm}$, $h_1 = 85\mathrm{mm}$, $h_2 = 225\mathrm{mm}$,构件 1 以等角速度 $\omega_1 = 100\mathrm{rad/s}$ 转动。求在一个运动循环中,滑块 5 的位移、速度和加速度曲线 | 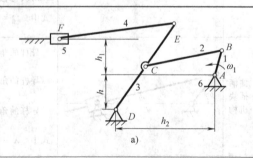
a) |

（续）

解

1）建立坐标系

建立以点 D 为原点的固定平面直角坐标系 xDy，如图 b 所示。各运动副编号分别为：$A=1$，$B=2$，$C=3$，$D=4$，$E=5$，$F=6$。另外，为了计算 F 点的位移，选其导路上一点 K 为参考点，令 $K=7$。各杆的长度标号为：$L_1=l_{AB}$，$L_2=l_{BC}$，$L_3=l_{CD}$，$L_4=l_{DE}$，$L_5=l_{EF}$，$L_6=0$

2）划分基本杆组

该机构由Ⅰ级机构 AB、RRR Ⅱ级基本杆组 BCD 和 RRP Ⅱ级基本杆组 EF 组成。Ⅰ级机构如图 c(ⅰ)所示，RRR Ⅱ级基本杆组如图 c(ⅱ)所示，RRP Ⅱ级基本杆组如图 c(ⅲ)所示

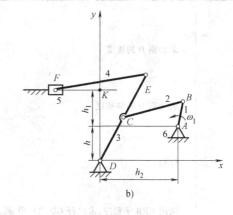

b)

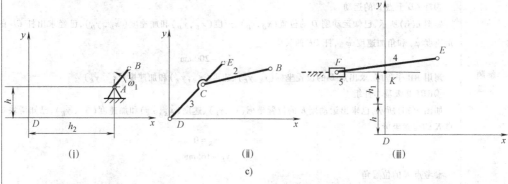

(ⅰ)　　(ⅱ)　　(ⅲ)

c)

解题步骤

3）确定已知参数和求解流程

① 主动件杆 1（Ⅰ级机构）

如图 c(ⅰ)所示，已知主动件杆 1 的转角

$$\varphi = 0 \sim 360°$$
$$\delta = 0$$

主动件杆 1 的角速度

$$\dot{\varphi} = \omega_1 = 100\text{rad/s}$$

主动件杆 1 的角加速度

$$\ddot{\varphi} = \varepsilon = 0$$

运动副 A 的位置坐标

$$x_A = 225\text{mm}$$
$$y_A = 80\text{mm}$$

运动副 A 的速度

$$\dot{x}_A = 0$$
$$\dot{y}_A = 0$$

运动副 A 的加速度

$$\ddot{x}_A = 0$$
$$\ddot{y}_A = 0$$

主动件杆 1 的长度

$$l_{AB} = 60\text{mm}$$

调用 RR 子程序，计算运动副 B 的位置坐标 (x_B, y_B)、速度 $(\dot{x}_B, \dot{y}_B)$ 和加速度 $(\ddot{x}_B, \ddot{y}_B)$

② RRR Ⅱ级基本杆组

如图 c(ⅱ)所示，已求出运动副 B 的位置 (x_B, y_B)、速度 $(\dot{x}_B, \dot{y}_B)$ 和加速度 $(\ddot{x}_B, \ddot{y}_B)$，已知运动副 D 的位置坐标

（续）

	$$x_D = 0$$ $$y_D = 0$$
运动副 D 的速度	$$\dot{x}_D = 0$$ $$\dot{y}_D = 0$$
运动副 D 的加速度	$$\ddot{x}_D = 0$$ $$\ddot{y}_D = 0$$
杆长	$$l_{BC} = 180\mathrm{mm}$$ $$l_{CD} = 120\mathrm{mm}$$

解题步骤

调用 RRR 子程序,求出杆 CD 的转角 φ_3、角速度 $\dot{\varphi}_3$ 和角加速度 $\ddot{\varphi}_3$

③杆 CD 上点 E 的运动

如图 c(ii)所示,已知运动副 D 的位置 (x_D, y_D)、速度 $(\dot{x}_D, \dot{y}_D)$ 和加速度 $(\ddot{x}_D, \ddot{y}_D)$,已经求出杆 CD 的转角 φ_3,角速度 $\dot{\varphi}_3$ 和角加速度 $\ddot{\varphi}_3$,杆 DE 的长度

$$l_{DE} = 200\mathrm{mm}$$

调用 RR 子程序,求出点 E 的位置坐标 (x_E, y_E)、速度 $(\dot{x}_E, \dot{y}_E)$ 和加速度 $(\ddot{x}_E, \ddot{y}_E)$

④RRP Ⅱ 级基本杆组

如图 c(iii)所示,已求出运动副 E 的位置坐标 (x_E, y_E)、速度 $(\dot{x}_E, \dot{y}_E)$ 和加速度 $(\ddot{x}_E, \ddot{y}_E)$,已知滑块 6 导路参考点 K 的位置坐标

$$x_K = 0$$ $$y_K = 165\mathrm{mm}$$

参考点 K 的位置角

$$\varphi_j = \pi$$

参考点 K 的速度

$$\dot{x}_K = 0$$ $$\dot{y}_K = 0$$

参考点 K 的加速度

$$\ddot{x}_K = 0$$ $$\ddot{y}_K = 0$$

杆长

$$l_{EF} = 300\mathrm{mm}$$ $$l_j = 0$$

调用 RRP 子程序,求出滑块 5 的位移 $s(x_F, y_F)$、速度 $v(\dot{x}_F, \dot{y}_F)$ 和加速度 $a(\ddot{x}_F, \ddot{y}_F)$ 曲线

Matlab
主程序

```
clc
clear
%各杆组的参数
%%%%%%%%%%%%%%%%%%%  RR1 构件
xA=[225,80];%运动副 A 的位置
vA=[0,0];%A 的速度
aA=[0,0];%A 的加速度
l_AB=60;%主动杆 1 的长度
omega_1=100;%主动杆 1 的角速度
alpha_1=0;%主动杆 1 的角加速度
delta_RR1=0;

%%%%%%%%%%%%%%%%%%%  RRR1 杆组
l_BC=180;%杆 BC 的长度
```

（续）

| Matlab<br>主程序 | ```matlab
l_CD = 120;%杆 CD 的长度
xD = [0,0];%运动副 D 的位置
vD = [0,0];%运动副 D 的速度
aD = [0,0];%运动副 D 的加速度
M = 0;
%%%%%%%%%%%%%%%%%% RR2 构件
l_DE = 200;%杆 DE 的长度
delta_RR2 = 0;

%%%%%%%%%%%%%%%%%%%  RRP 杆组
phi_j = pi;%导路的位置角
omega_j = 0;%导路的角速度
alpha_j = 0;%导路的角加速度
xK = [0,165];%参考点 K 的位置坐标
vK = [0,0];%参考点 K 的速度
aK = [0,0];%参考点 K 的加速度
h = 80;h1 = 85;
l_j = 0;
l_EF = 300;%杆 EF 的长度

i = 1;phi = [0:0.1:2 * pi];%主动件转角范围
for i = 1:length(phi)
    [xB(i,:),vB(i,:),aB(i,:)] = RR(xA,vA,aA,phi(i),omega_1,alpha_1,l_AB,delta_RR1);%RR1 杆组
    [P_DC(i,:),P_BC(i,:),P_C(i,:)] = RRR(xD,vD,aD,xB(i,:),vB(i,:),aB(i,:),l_CD,l_BC,M);%RRR 杆组
    [xE(i,:),vE(i,:),aE(i,:)] = RR(xD,vD,aD,P_DC(i,1),P_DC(i,2),P_DC(i,3),l_DE,delta_RR2);%RR2 杆组
    [xF(i,:),vF(i,:),aF(i,:)] = RRP(l_EF,l_j,xE(i,:),vE(i,:),aE(i,:),xK,vK,aK,phi_j,omega_j,alpha_j);%RRP 杆组
end;

%绘图
phi = phi * 180/pi;%将弧度转化为角度
figure(); plot(phi,xF(:,1));xlabel('构件 1 的转角 φ/°');ylabel('滑块 5 的位移/mm');grid on;
figure();plot(phi,vF(:,1));xlabel('构件 1 的转角 φ/°');ylabel('滑块 5 的速度/mm/s');grid on;
figure();plot(phi,aF(:,1));xlabel('构件 1 的转角 φ/°');ylabel('滑块 5 的加速度/mm/s²');grid on;
``` |
| 计算
结果 | 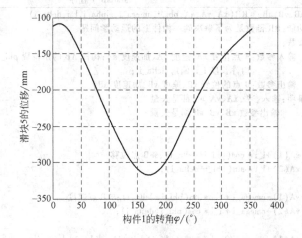
d) 滑块 5 的位移曲线 |
```

（续）

| 计算
结果 | 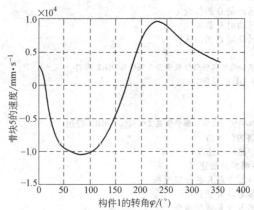
e)　滑块 5 的速度曲线

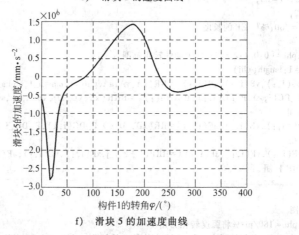
f)　滑块 5 的加速度曲线 |

注：本表中例题所用到的 II 级基本杆组 Matlab 子程序见表 11.2-10。

表 11.2-10　部分 II 级基本杆组的 Matlab 子程序

杆组名	Matlab 子程序

RR	```
	function [xB,vB,aB]=RR(xA,vA,aA,phi_i,omega_i,alpha_i,l_i,delta_i)
	  %函数功能:RR 函数是为了解决同一构件上的运动学问题
	  %函数参数:
	  % 输入参数:A 点位置 xA、速度 vA、加速度 aA;构件 AB 的角位置 phi_i,角速度 omega_i、角加速 alpha_i;
	               构件长度 l_i、偏角 delta_i ;
	  % 输出参数:B 点的位置 xB、速度 vB、加速度 aB;
	  %注意事项:输入参数 xA、vA、aA 都是矢量
	  % 输出参数 xB、vB、aB 都是矢量
	
	  xB(1)=xA(1)+l_i * cos(phi_i+delta_i);%B 点位移
	  xB(2)=xA(2)+l_i * sin(phi_i+delta_i);
	
	  vB(1)=vA(1)-omega_i * l_i * sin(phi_i+delta_i);%B 点速度
	  vB(2)=vA(2)+omega_i * l_i * cos(phi_i+delta_i);
	
	  aB(1)=aA(1)-omega_i^2 * l_i * cos(phi_i+delta_i)-alpha_i * l_i * sin(phi_i+delta_i);% B 点加速度
	  aB(2)=aA(2)-omega_i^2 * l_i * sin(phi_i+delta_i)+alpha_i * l_i * cos(phi_i+delta_i);
	end
	``

（续）

杆组名	Matlab 子程序

RRR	
	``matlab
	function [P_BC,P_CD,P_C] = RRR(xB,vB,aB,xD,vD,aD,l_i,l_j,DIR_flag)
	% 函数功能:RRR 函数是为了解决 RRR 杆组运动学问题
	% 函数参数:
	% 输入参数:B 点位置 xB、速度 vB、加速度 aB;
	% D 点位置 xD、速度 vD、加速度 aD;
	% 杆 BC 的长度 l_i;
	% 杆 CD 的长度 l_j;
	% 方向标志位-DIR_flag(0 为顺时针,其他为逆时针)
	% 输出参数:
	% 杆 BC 运动学参数 P_BC:(杆 BC 的角位置 phi_i、角速度 omega_i、角加速度 alpha_i)
	% 杆 CD 运动学参数 P_CD:(角位置 phi_j、角速度 omega_j、角加速度 alpha_j;)
	% C 点的位置 xC、速度 vC、加速度 aC
	% 中间参数:
	% 杆 BC 的角位置 phi_i、角速度 omega_i、角加速度 alpha_i;
	% 杆 CD 的角位置 phi_j、角速度 omega_j、角加速度 alpha_j;
	% 注意事项:
	% 输入参数:xB、vB、aB;xD、vD、aD 都是矢量
	% 输出参数:xC、vC、aC 都是矢量
	
	% 计算杆 BC 的位置角 phi_i
	l_BD = ((xD(1)-xB(1))^2 + (xD(2)-xB(2))^2)^0.5;
	switch DIR_flag
	    case 0 % 运动副为顺时针;按以下四种情况进行分析
	%%%
	        if xD(1)>=xB(1) && xD(2)>xB(2) %1:点 D 相对于点 B 在 I 象限
	            if xD(1) = =xB(1)
	                phi_DB = pi/2;
	            else
	                phi_DB = atan((xD(2)-xB(2)) / (xD(1)-xB(1)));
	            end
	            if l_BD = = abs(l_i-l_i)
	                if l_i>l_j
	                    phi_CBD = 0;
	                else
	                    phi_CBD = pi;
	                end
	            else
	                phi_CBD = acos((l_i^2+l_BD^2-l_j^2) / (2*l_i*l_BD));
	            end
	            phi_i = phi_DB+phi_CBD;
	%%%
	        elseif xD(1)<xB(1) && xD(2)>=xB(2) %2:点 D 相对于点 B 在 II 象限
	            if xD(2) = =xB(2)
	                phi_DB = pi;
	            else
	                phi_DB = pi + atan((xD(2)-xB(2))/(xD(1)-xB(1)));
	            end
	            phi_CBD = acos((l_i^2+l_BD^2-l_j^2)/(2*l_i*l_BD));
	            phi_i = phi_DB+phi_CBD;
	%%%
	        elseif xD(1)<xB(1) && xD(2)<xB(2) %3:点 D 相对于点 B 在 III 象限
	            if xD(1) = =xB(1)
	                phi_DB = 3 * pi/2;
	            else
	                phi_DB = pi + atan((xD(2)-xB(2))/(xD(1)-xB(1)));
	``

（续）

杆组名	Matlab 子程序

RRR	
	``matlab
	            end
	        phi_CBD = acos((l_i^2+l_BD^2-l_j^2)/(2 * l_i * l_BD));
	        phi_i = phi_DB+phi_CBD;
	%%%
	        elseif xD(1)>xB(1) && xD(2)<=xB(2) %4:点 D 相对于点 B 在 IV 象限
	            if xD(2) = =xB(2)
	                phi_DB = 0;
	            else
	                phi_DB = 2 * pi + atan((xD(2)-xB(2))/(xD(1)-xB(1)));
	            end
	        phi_CBD = acos((l_i^2+l_BD^2-l_j^2)/(2 * l_i * l_BD));
	        phi_i = phi_DB+phi_CBD;
	        end
	
	    otherwise %运动副为顺时针;按以下四种情况进行分析
	
	%%%
	        if xD(1)>=xB(1) && xD(2)>xB(2) %1:点 D 相对于点 B 在 I 象限
	            if xD(1) = =xB(1)
	                phi_DB = pi/2;
	            else
	                phi_DB = atan((xD(2)-xB(2))/(xD(1)-xB(1)));
	            end
	        phi_CBD = acos((l_i^2+l_BD^2-l_j^2)/(2 * l_i * l_BD));
	        phi_i = phi_DB-phi_CBD;
	%%%
	        elseif xD(1)<xB(1) && xD(2)>=xB(2) %2:点 D 相对于点 B 在 II 象限
	            phi_DB = pi + atan((xD(2)-xB(2))/(xD(1)-xB(1)));
	            phi_CBD = acos((l_i^2+l_BD^2-l_j^2)/(2 * l_i * l_BD));
	            phi_i = phi_DB-phi_CBD;
	%%%
	        elseif xD(1)<=xB(1) && xD(2)<xB(2) %3:点 D 相对于点 B 在 III 象限
	            if xD(2) = =xB(2)
	             phi_DB = 3 * pi/2;
	            else
	                phi_DB = pi + atan((xD(2)-xB(2))/(xD(1)-xB(1)));
	            end
	        phi_CBD = acos((l_i^2+l_BD^2-l_j^2)/(2 * l_i * l_BD));
	        phi_i = phi_DB-phi_CBD;
	%%%
	        elseif xD(1)>xB(1) && xD(2)<=xB(2) %4:点 D 相对于点 B 在 IV 象限
	            phi_DB = 2 * pi + atan((xD(2)-xB(2))/(xD(1)-xB(1)));
	            phi_CBD = acos((l_i^2+l_BD^2-l_j^2)/(2 * l_i * l_BD));
	            phi_i = phi_DB-phi_CBD;
	        end
	    end
	
	xC(1) = xB(1)+l_i * cos(phi_i);
	xC(2) = xB(2)+l_i * sin(phi_i);
	
	%%%
	if xC(1)>xD(1) && xC(2)>=xD(2) %1:点 C 相对于点 D 在 I 象限
	    if xC(1) = =xD(1)
	        phi_j = pi/2;
	    else
	``

（续）

杆组名	Matlab 子程序

RRR	<pre> phi_j = atan((xC(2)-xD(2))/(xC(1)-xD(1)));
	  end
	%%
	elseif xC(1)<xD(1) && xC(2)>=xD(2) %2:点 C 相对于点 D 在 II 象限
	    phi_j = pi + atan((xC(2)-xD(2))/(xC(1)-xD(1)));
	%%
	elseif xC(1)<xD(1) && xC(2)<xD(2) %3:点 C 相对于点 D 在 IV 象限
	  if xC(1) = = xD(1)
	      phi_j = 3 * pi/2;
	    else
	      phi_j = pi + atan((xC(2)-xD(2))/(xC(1)-xD(1)));
	  end
	%%
	elseif xC(1)>xD(1) && xC(2)<=xD(2) %4:点 C 相对于点 D 在 IV 象限
	  phi_j = 2 * pi + atan((xC(2)-xD(2))/(xC(1)-xD(1)));
	end
	
	%%速度分析
	Ci = l_i * cos(phi_i);
	Si = l_i * sin(phi_i);
	Cj = l_j * cos(phi_j);
	Sj = l_j * sin(phi_j);
	G1 = Ci * Sj-Cj * Si;
	omega_i = (Cj * (vD(1)-vB(1)) + Sj * (vD(2)-vB(2)))/G1;
	omega_j = (Ci * (vD(1)-vB(1)) + Si * (vD(2)-vB(2)))/G1;
	vC(1) = vD(1)-omega_j * l_j * sin(phi_j);
	vC(2) = vD(2)+omega_j * l_j * cos(phi_j);
	
	%%%加速度分析
	G2 = aD(1)-xB(1)+omega_i^2 * Ci-omega_j^2 * Cj;
	G3 = aD(2)-xB(2)+omega_i^2 * Si-omega_j^2 * Sj;
	alpha_i = (G2 * Cj+G3 * Sj)/G1;
	alpha_j = (G2 * Ci+G3 * Si)/G1;
	aC(1) = aB(1) - alpha_i * l_i * sin(phi_i) - omega_i^2 * l_i * cos(phi_i);
	aC(2) = aB(2) + alpha_i * l_i * cos(phi_i) - omega_i^2 * l_i * sin(phi_i);
	
	P_BC = [phi_i omega_i alpha_i];%整合并返回
	P_CD = [phi_j omega_j alpha_j];
	P_C = [xC,vC,aC];
	end</pre>

RRP	<pre>function[xD,vD,aD] = RRP(l_i,l_j,xB,vB,aB,xK,vK,aK,phi_j,omega_j,alpha_j)
	% 函数参数:
	% 输入参数:
	% 杆长 BC 长度 l_i
	% 杆长 CD 长度 l_j
	% B 点位置 xB、速度 vB、加速度 aB;
	% K 点位置 xK、速度 vK、加速度 aK;
	% 滑块导路方向 phi_j、导路转动角速度 omega_j、导路转动角加速度导路转动角速度
	%
	% 输入参数:
	% 移动副的位移 xD、速度 vD、加速度 aD
	
	mp = -(xK(2)-xB(2)) * cos(phi_j);
	mn = -(xK(1)-xB(1)) * sin(phi_j);</pre>

（续）

杆组名	Matlab 子程序

RRP	`np = -mp+mn;`
	`CE = l_j-np;`
	`alpha = asin(CE/l_i);`
	`phi_i = phi_j-alpha;`
	
	`%确定 C 的位置`
	`xC(1) = xB(1) + l_i * cos(phi_i);`
	`xC(2) = xB(2) + l_i * sin(phi_i);`
	`s = ( xC(1)-xK(1) ) * cos(phi_j) + ( xC(2)-xK(2) ) * sin(phi_j);`
	`xD(1) = xK(1) + s * cos(phi_i);`
	`xD(2) = xK(2) + s * sin(phi_j);`
	
	`%速度分析`
	`Q1 = vK(1)-vB(1)-omega_j * ( s * sin(phi_j)+l_j * cos(phi_j) );`
	`Q2 = vK(2)-vB(2)+omega_j * ( s * cos(phi_j)-l_j * sin(phi_j) );`
	`Q3 = l_i * sin(phi_i) * sin(phi_j) + l_i * cos(phi_i) * cos(phi_j);`
	`omega_i = (-Q1 * sin(phi_j) + Q2 * cos(phi_j))/Q3;`
	`SS = -(Q1 * l_i * cos(phi_i) + Q2 * l_i * sin(phi_i))/Q3;`
	`% vC(1) = vB(1) - omega_i * l_i * sin(phi_i);`
	`% vC(2) = vB(2) + omega_i * l_i * cos(phi_i);`
	`vD(1) = vK(1) + SS * cos(phi_j) - SS * omega_j * sin(phi_j);`
	`vD(2) = vK(2) + SS * sin(phi_j) + SS * omega_j * cos(phi_j);`
	
	`%加速度分析`
	`Q4 = aK(1)-aB(1)+omega_i^2 * l_i * cos(phi_i)-alpha_j * ( s * sin(phi_j)+l_j * cos(phi_j))-omega_j^2 * ( s * cos(phi_j)-l_j * sin(phi_j)-2 * SS * omega_j * sin(phi_j));`
	`Q5 = aK(2)-aB(2)+omega_i^2 * l_i * sin(phi_i)+alpha_j * ( s * cos(phi_j)-l_j * sin(phi_j))-omega_j^2 * ( s * sin(phi_j)+l_j * cos(phi_j)+2 * SS * omega_j * cos(phi_j));`
	`alpha_i = (-Q4 * sin(phi_j)+Q5 * cos(phi_j))/Q3;`
	`SSS = (-Q4 * l_i * cos(phi_i)-Q5 * l_i * sin(phi_i))/Q3;`
	`aC(1) = aB(1)-alpha_i * l_i * sin(phi_i)-omega_i^2 * cos(phi_i);`
	`aC(2) = aB(2)+alpha_i * l_i * cos(phi_i)-omega_i^2 * sin(phi_i);`
	`aD(1) = xK(1)+SSS * cos(phi_j)-s * alpha_j * sin(phi_j) -s * omega_j^2 * cos(phi_j)-2 * s * omega_j * sin(phi_j);`
	`aD(2) = xK(2)+SSS * sin(phi_j)+s * alpha_j * cos(phi_j)-s * omega_j^2 * sin(phi_j)+2 * s * omega_j * cos(phi_j);`
	`end`

3　平面连杆机构设计

3.1　平面连杆机构设计的基本问题

平面连杆机构设计的基本问题是根据生产工艺所提出的运动条件（动作和运动规律等要求）并考虑动力条件（传力特性等）确定机构运动简图及其参数。通常，平面连杆机构的设计可以归纳为表 11.2-11中三方面的基本问题。

表 11.2-11　平面连杆机构设计的基本问题

序号	基本问题	主要设计内容
1	刚体导引 （构件通过给定的若干位置）	1）按照连杆几个位置设计铰链四杆机构、曲柄滑块机构 2）按照连杆上定点的位置设计铰链四杆机构、曲柄滑块机构
2	再现函数 （从动件实现给定运动规律）	1）按输入杆与输出杆满足几组对应位置关系设计铰链四杆机构、曲柄滑块机构 2）按两连架杆实现角位置的函数关系设计平面四杆机构 3）按从动杆的急回特性设计铰链四杆机构、曲柄滑块机构等 4）按从动杆近似停歇要求设计平面连杆机构
3	再现轨迹 （连杆上一点实现给定运动轨迹）	1）按照连杆上某点的轨迹与给定的曲线准确或近似地重合来设计平面四杆机构 2）利用连杆曲线的近似圆段或直线段设计从动杆近似停歇的平面连杆机构 3）利用连杆曲线的直线段设计做近似直线运动的平面连杆机构

按运动条件设计得到的机构，都应进行最小传动角的校核（见表 11.2-4）。

3.2　刚体导引机构设计

刚体导引机构设计的相关概念及方法见表 11.2-12。

表 11.2-12　刚体导引机构设计

基本概念	转动极点	在铰链四杆机构 $ABCD$ 的两个"有限接近"位置 AB_1C_1D 和 AB_2C_2D 上，画 B_1B_2 和 C_1C_2 的垂直平分线 n_b 和 n_c，其交点 P_{12} 称为转动极点，见图 a。连杆平面 s 的两个相关位置 s_1 和 s_2 可以认为是绕点 P_{12} 做纯转动而实现的 $$\angle B_1P_{12}B_2 = \angle C_1P_{12}C_2 = \theta_{12}$$ θ_{12} 是构件 s 绕 P_{12} 由 s_1 转到 s_2 的转角 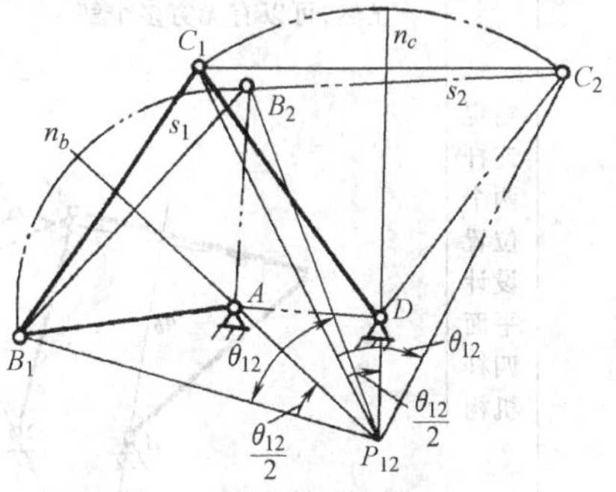	a) 转动极点
	等视角关系	从转动极点 P_{12} 看互为对面杆的两个连架杆 AB_1 和 C_1D（或 AB_2 和 C_2D）时，视角相等或互为补角，见图 b 在图 b(i) 中，$\angle B_1P_{12}A = \angle C_1P_{12}D = \theta_{12}/2$，视角相等。在图 b(ii) 中，$\angle B_1P_{12}A = \theta_{12}/2$，$\angle C_1P_{12}D = 180° - \theta_{12}/2$，视角互补 从转动极点 P_{12} 看连杆 BC 及机架 AD 时，也有相等或互补的视角。在图 b(i) 中，$\angle B_1P_{12}C_1 = \angle AP_{12}D = \angle B_2P_{12}C_2$。在图 b(ii) 中，$\angle B_1P_{12}C_1 = \theta_{12}/2 + \angle AP_{12}C_1 = \angle AP_{12}n_c$，$\angle B_2P_{12}C_2 = \theta_{12}/2 + \angle B_2P_{12}n_c = \angle AP_{12}B_2 + \angle B_2P_{12}n_c = \angle AP_{12}n_c$，$\angle B_1P_{12}C_1 + \angle DP_{12}A = \angle B_2P_{12}C_2 + \angle DP_{12}A = 180°$ 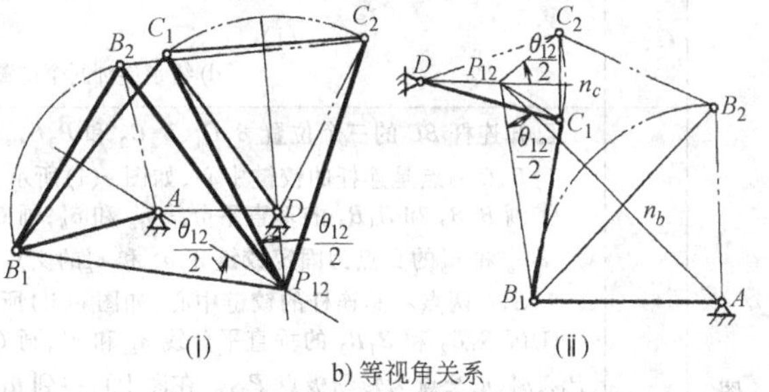	(i) 　　　(ii) b) 等视角关系
	相对转动极点	图 c(i) 表示机构的两个位置，AB 和 CD 杆相应转角为 ϕ_{12}、ψ_{12}。图 c(ii) 表示图形 AB_2C_2D 绕 A 反转 ϕ_{12} 角（由 AB_2 位置转回到 AB_1 位置）得到倒置机构 $AB_1C_2'D'$，相当于机构的输入杆 AB 变成机架，输出杆 CD 成为连杆。C_1C_2' 与 DD' 的垂直平分线的交点 R_{12} 称为相对转动极点 输出杆 CD 相对于输入杆 AB 由位置 1 绕 R_{12} 转到位置 2 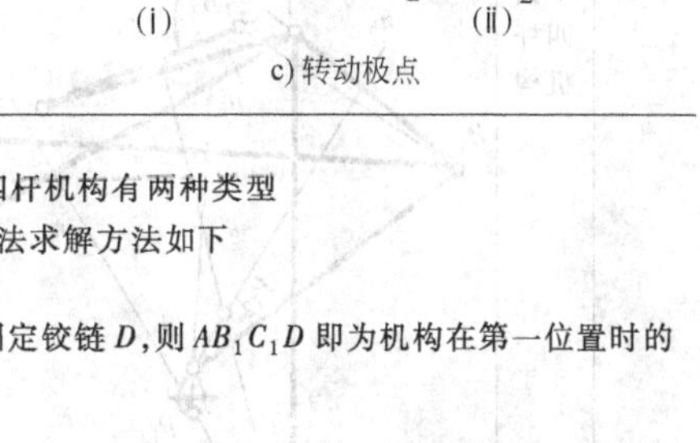	(i) 　　　(ii) c) 转动极点
图解法	给定连杆两个位置设计平面四杆机构	已知连杆 BC 的两个位置 B_1C_1 和 B_2C_2（见图 d），设计铰链四杆机构有两种类型 1）B、C 两点是连杆的铰链中心，如图 d(i) 所示，用几何作图法求解方法如下 ① 画连线 B_1B_2 和 C_1C_2 的垂直平分线 n_b 和 n_c ② 在 n_b 线上任选一点为固定铰链 A，在 n_c 线上任选一点为固定铰链 D，则 AB_1C_1D 即为机构在第一位置时的运动简图 显然，此时解有无穷多个 2）B、C 两点不是连杆的铰链中心，如图 d(ii) 所示，用几何作图法求解方法如下 ① 画连线 B_1B_2 和 C_1C_2 的垂直平分线 n_b 和 n_c，交点 P_{12} 为转动极点。θ_{12} 为连杆从第一位置到第二位置时的角位移 ② 根据等视角关系，过 P_{12} 画 m_1 线和 n_1 线使 $\angle m_1P_{12}n_1 = \theta_{12}/2$（$m_1$ 线和 n_1 线可以有任意多对）。在 m_1 线上可任选一点为连杆上动铰链中心 E_1 的位置，在 n_1 线上可任选一点为固定铰链中心 A 的位置	

（续）

图解法	给定连杆两个位置设计平面四杆机构	③同理，过 P_{12} 画 m_2 线和 n_2 线使 $\angle m_2 P_{12} n_2 = \theta_{12}/2$（可以有任意多对）。在 m_2 线上可任选一点为连杆上动铰链中心 F_1 的位置，在 n_2 线上可任选一点为固定铰链中心 D 的位置 ④AE_1F_1D 即为机构在第一位置时的运动简图 显然，可以有无穷多个解 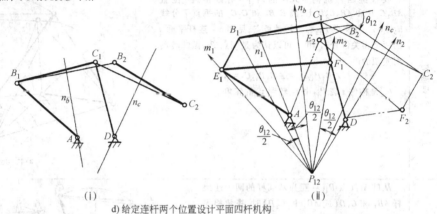 d) 给定连杆两个位置设计平面四杆机构
	给定连杆三个位置设计平面四杆机构	已知连杆 BC 的三个位置 B_1C_1、B_2C_2 和 B_3C_3，如图 e 所示，设计铰链四杆机构有两种类型 1) B、C 两点是连杆的铰链中心，如图 e(i)所示，用几何作图法求解方法如下 ①画 B_1B_2 和 B_1B_3 的垂直平分线 n_b 和 n_b'，画 C_1C_2 和 C_1C_3 的垂直平分线 n_c 和 n_c' ②n_b 和 n_b' 的交点为固定铰链 A，n_c 和 n_c' 的交点为固定铰链 D。AB_1C_1D 即为机构在第一位置时的运动简图 2) B、C 两点不是连杆的铰链中心，如图 e(ii)所示，用几何作图法求解方法如下 ①画 B_1B_2 和 B_1B_3 的垂直平分线 n_b 和 n_b'，画 C_1C_2 和 C_1C_3 的垂直平分线 n_c 和 n_c'。n_b、n_c 交点为转动极点 P_{12}，n_b'、n_c' 交点为转动极点 P_{13}。在图上可得到 θ_{12}、θ_{13} ②过 P_{12} 点画 z_1、n_1 线使 $\angle z_1 P_{12} n_1 = \dfrac{\theta_{12}}{2}$，过 P_{13} 点画 z_1'、n_1' 线使 $\angle z_1' P_{13} n_1' = \dfrac{\theta_{13}}{2}$。$z_1$、$z_1'$ 的交点为连杆的动铰链中心 E_1 位置，n_1、n_1' 的交点为固定铰链中心 A 的位置 ③过 P_{12} 点画 z_2、n_2 线使 $\angle z_2 P_{12} n_2 = \dfrac{\theta_{12}}{2}$，过 P_{13} 点画 z_2'、n_2' 线使 $\angle z_2' P_{13} n_2' = \dfrac{\theta_{13}}{2}$。$z_2$、$z_2'$ 的交点即为连杆的动铰链中心 F_1 位置，n_2、n_2' 的交点即为另一固定铰链中心 D 的位置 ④AE_1F_1D 即为机构在第一位置时的运动简图 由于 z_1、z_1'、z_2、z_2' 线是可以任意画出的，因此，所得到的解有无穷多个 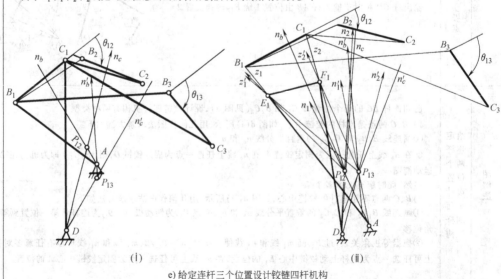 e) 给定连杆三个位置设计铰链四杆机构

（续）

解析法	给定连杆三个位置设计平面四杆机构	设计原理	定长法是一种解析设计方法。如已知连杆 BC 的三个位置 B_1C_1、B_2C_2 和 B_3C_3，即 s_1、s_2 和 s_3 三个位置，如图 f 所示，设计一铰链四杆机构。由于应用铰链四杆机构实现连杆预定的若干个位置，关键在于设计相应的连架杆。若连架杆为"双铰杆"，则要求在连杆 s 某点 B 的相应位置为 B_1、B_2、B_3、$\cdots$。若它们位于一圆弧上，该点就称为圆点。圆点 B 可作为连架杆与连杆的铰接点中心。而该圆弧的圆心 B_0 点即可作为连架杆与机架的铰接点中心。由此可知，要设计一相应的连架杆，就要求连杆 s 上某点 B 在给定的 j 个位置上与固定点 B_0 应保持定长，即满足定长条件 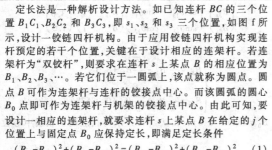 f) 定长法设计原理 $$(B_{jx}-B_{0x})^2+(B_{jy}-B_{0y})^2=(B_{1x}-B_{0x})^2+(B_{1y}-B_{0y})^2 \quad (1)$$ 或简写为 $$(B_j-B_0)^{\mathrm{T}}(B_j-B_0)=(B_1-B_0)^{\mathrm{T}}(B_1-B_0) \quad (j=2,3,4,\cdots) \quad (2)$$ 上式中 $$B_j=D_{1j}B_1 \quad (3)$$ 连杆自位置 1 至位置 j（$j=3$）的位置矩阵 $$D_{1j}=\begin{pmatrix} \cos\theta_{1j} & -\sin\theta_{1j} & B_{jx}-B_{1x}\cos\theta_{1j}+B_{1y}\sin\theta_{1j} \\ \sin\theta_{1j} & \cos\theta_{1j} & B_{jy}-B_{1y}\cos\theta_{1j}-B_{1x}\sin\theta_{1j} \\ 0 & 0 & 1 \end{pmatrix}=\begin{pmatrix} d_{11j} & d_{12j} & d_{13j} \\ d_{21j} & d_{22j} & d_{23j} \\ 0 & 0 & 1 \end{pmatrix} \quad (4)$$ 对于连杆三个位置，有两个定长约束方程 $$(B_2-B_0)^{\mathrm{T}}(B_2-B_0)=(B_1-B_0)^{\mathrm{T}}(B_1-B_0) \quad (5)$$ $$(B_3-B_0)^{\mathrm{T}}(B_3-B_0)=(B_1-B_0)^{\mathrm{T}}(B_1-B_0) \quad (6)$$ 由式（3）可写出下列关系 $$B_2=D_{12}B_1 \quad (7)$$ $$B_3=D_{13}B_1 \quad (8)$$ 其中 D_{12}、D_{13} 均是 3×3 位移矩阵，可由连杆上定点的三个位置及连杆相对转角 θ_{12} 和 θ_{13} 求出 将式（7）、（8）代入式（5）、（6）便可得到具有四个未知量 B_{1x}、B_{1y}、B_{0x}、B_{0y} 的两个设计方程式 $$(D_{12}B_1-B_0)^{\mathrm{T}}(D_{12}B_1-B_0)=(B_1-B_0)^{\mathrm{T}}(B_1-B_0) \quad (9)$$ $$(D_{13}B_1-B_0)^{\mathrm{T}}(D_{13}B_1-B_0)=(B_1-B_0)^{\mathrm{T}}(B_1-B_0) \quad (10)$$ 由于 $d_{11j}=d_{22j}$，$d_{21j}=-d_{12j}$，式（9）、（10）可简写成 $$B_{1x}E_j+B_{1y}F_j=G_j \quad (j=2,3) \quad (11)$$ 式中 $E_j=d_{11j}d_{13j}+d_{21j}d_{23j}+(1-d_{11j})B_{0x}-d_{21j}B_{0y}$ $F_j=d_{12j}d_{13j}+d_{22j}d_{23j}+(1-d_{22j})B_{0y}-d_{12j}B_{0x}$ $G_j=d_{13j}B_{0x}+d_{23j}B_{0y}-0.5(d_{13j}^2+d_{23j}^2)$
		设计步骤	1) 给定固定铰链 B_0 位置，即 B_{0x} 和 B_{0y}，用式（11）计算 B_{1x}、B_{1y} 2) 再给定另一固定铰链 C_0 位置，即 C_{0x} 和 C_{0y}，则以 C_0 和 C_1 分别替换上述各式中的 B_0 和 B_1，从而可确定 $C_1(C_{1x}, C_{1y})$ 3) 由 B_0、B_1、C_1 和 C_0 构成的平面四杆机构即为所求的机构
		设计实例	已知连杆上某一定点，在其三个位置上的位置坐标分别为 $P_1(1.0, 1.0)$、$P_2(2.0, 0.5)$、$P_3(3.0, 1.5)$；连杆的相对转角 $\theta_{12}=0.0°$、$\theta_{13}=45.0°$。试用定长法设计实现此杆三个位置的铰链四杆机构（见图 g） **解** 由于 $$\binom{B_{2x}}{B_{2y}}=\begin{pmatrix} \cos\theta_{12} & -\sin\theta_{12} \\ \sin\theta_{12} & \cos\theta_{12} \end{pmatrix}\binom{B_{1x}-1}{B_{1y}-1}+\binom{2.0}{0.5}$$ 得 $$\begin{cases} B_{2x}=B_{1x}+1 \\ B_{2y}=B_{1y}-0.5 \end{cases}$$ 又因为 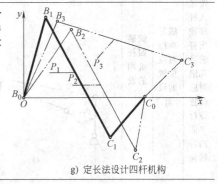 g) 定长法设计四杆机构

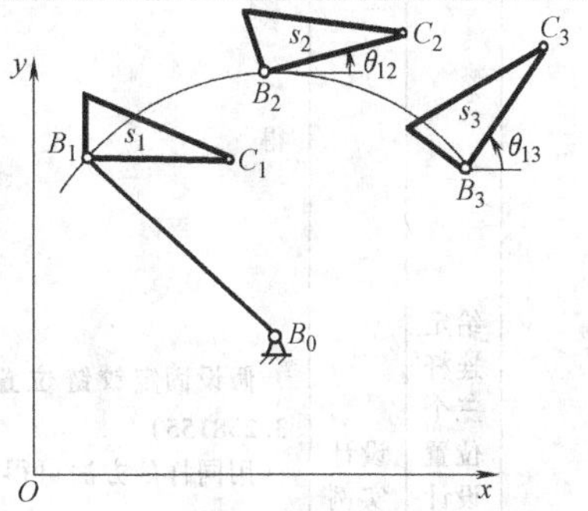

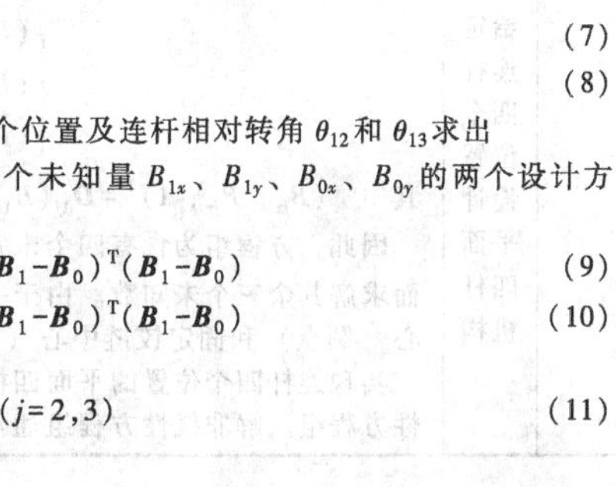

（续）

| 解析法 | 给定连杆三个位置设计平面四杆机构 | 设计实例 | $$\begin{pmatrix} B_{3x} \\ B_{3y} \end{pmatrix} = \begin{pmatrix} \cos\theta_{13} & -\sin\theta_{13} \\ \sin\theta_{13} & \cos\theta_{13} \end{pmatrix} \begin{pmatrix} B_{1x} & -1 \\ B_{1y} & -1 \end{pmatrix} + \begin{pmatrix} 3.0 \\ 1.5 \end{pmatrix}$$ 得 $$\begin{cases} B_{3x} = \dfrac{\sqrt{2}}{2}B_{1x} - \dfrac{\sqrt{2}}{2}B_{1y} + 3.0 \\ B_{3y} = \dfrac{\sqrt{2}}{2}B_{1x} + \dfrac{\sqrt{2}}{2}B_{1y} + 0.085786 \end{cases}$$ 假设固定铰链位置 $B_0 = (0.0,\ 0.0)$，由式（11）求得相应的动铰链中心位置 $B_1 = (0.994078,\ 3.238155)$
 用同样的方法可得 $$\begin{cases} C_{2x} = C_{1x} + 1 \\ C_{2y} = C_{1y} - 0.5 \end{cases}$$ 及 $$\begin{cases} C_{3x} = \dfrac{\sqrt{2}}{2}C_{1x} - \dfrac{\sqrt{2}}{2}C_{1y} + 3.0 \\ C_{3y} = \dfrac{\sqrt{2}}{2}C_{1x} + \dfrac{\sqrt{2}}{2}C_{1y} + 0.085786 \end{cases}$$ 再假设第二个固定铰链位置 $C_0 = (5.0,\ 0.0)$，由式（11）求得相应的动铰链中心位置 $C_1 = (3.547722,\ -1.654555)$。最后得到所求的平面四杆机构 $B_0B_1C_1C_0$ |
| | 给定连杆四个位置设计平面四杆机构 | | 当已知连杆 BC 的四个位置，即 s_1、s_2、s_3 和 s_4 四个位置，设计一铰链四杆机构，可应用前面这些公式。此时 $j=4$，由式（1）、（3）得设计方程组为 $$\begin{cases} (B_{2x}-B_{0x})^2 + (B_{2y}-B_{0y})^2 - (B_{1x}-B_{0x})^2 - (B_{1y}-B_{0y})^2 = 0 \\ (B_{3x}-B_{0x})^2 + (B_{3y}-B_{0y})^2 - (B_{1x}-B_{0x})^2 - (B_{1y}-B_{0y})^2 = 0 \\ (B_{4x}-B_{0x})^2 + (B_{4y}-B_{0y})^2 - (B_{1x}-B_{0x})^2 - (B_{1y}-B_{0y})^2 = 0 \end{cases}$$ 其中　$(B_{jx},\ B_{jy},\ 1)^{\mathrm{T}} = \boldsymbol{D}_{1j}(B_{1x},\ B_{1y},\ 1)^{\mathrm{T}}$　　$(j=2,\ 3,\ 4)$
 因此，方程组为含有四个未知数 B_{0x}、B_{0y}、B_{1x}、B_{1y} 的三个非线性方程。可以任意选定其中一个未知数，而求解其余三个未知数。由于一个参数可以任意选取，通过解非线性方程组，就可得到一系列的动铰链点中心（圆点）和固定铰链中心（圆心点），从而得到相应的一对圆点曲线和圆心点曲线
 实现连杆四个位置的平面四杆机构的设计与三个位置的平面四杆机构的设计不同之处主要是需要求解非线性方程组。解非线性方程组通常采用各种数值迭代法，如牛顿-莱夫森法等 |

3.3　函数机构设计

函数机构设计的方法见表 11.2-13。

表 11.2-13　函数机构设计

| 用图解法按输入杆和输出杆满足几组对应位置设计平面四杆机构 | 满足两组对应位置的设计 | 铰链四杆机构的设计 | 已知机架长度 d、输入角 ϕ_{12} 和输出角 ψ_{12}（均为顺时针方向转动），如图 a(i) 所示。用图解法设计铰链四杆机构 [见图 a(ii)] 的步骤如下
 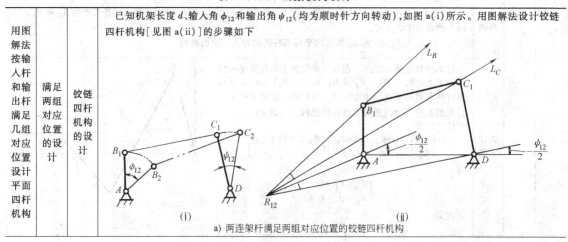
 a）两连架杆满足两组对应位置的铰链四杆机构 |

（续）

用图解法按输入杆和输出杆满足几组对应位置设计平面四杆机构	满足两组对应位置的设计	铰链四杆机构的设计	1）画机架 AD，长度为 d 2）过输入端固定铰链中心 A 画 $R_{12}A$ 线与 AD 的夹角为 $-\dfrac{\phi_{12}}{2}$（从 AD 量起，与输入杆转角 ϕ_{12} 方向相反）。过输出端固定铰链中心 D 画 $R_{12}D$ 线与 AD 的夹角为 $-\dfrac{\psi_{12}}{2}$（从 AD 量起，与输出杆转角 ψ_{12} 方向相反）。$R_{12}A$ 与 $R_{12}D$ 的交点即为相对转动极 R_{12} 3）过 R_{12} 任意画一线 $R_{12}L_B$，同时画线 $R_{12}L_C$，使 $\angle L_B R_{12} L_C = \angle A R_{12} D$ 4）在 $R_{12}L_B$ 上任选一点作为动铰链中心 B_1 的位置，在 $R_{12}L_C$ 上任选一点作为动铰链中心 C_1 的位置 5）AB_1C_1D 即为机构在第一位置时的运动简图，它可以有无穷多个解
		曲柄滑块机构的设计	已知曲柄滑块机构滑块偏距 e 在固定铰链 A 的上方［见图 b(i)］。曲柄顺时针方向转 ϕ_{12} 角时，滑块在点 A 右侧向水平方向移动 s_{12} 距离。用图解法设计曲柄滑块机构［见图 b(ii)］的步骤如下 1）画 l_1、l_2 两平行线相距为偏距 e，在 l_2 上选一点 A 作为固定铰链中心，并截取 $AE = -\dfrac{1}{2}s_{12}$（E 点在与位移 s_{12} 的反方向来取） 2）画 AY 垂直于 s_{12} 的方位线，画直线 $R_{12}A$ 使 $\angle YAL_1 = -\dfrac{\phi_{12}}{2}$（从 AY 量起，与输入杆转角 ϕ_{12} 方向相反） 3）过 E 点画 EL_4 线与 AY 线平行，EL_4 线与 $R_{12}A$ 线的交点 R_{12} 是相对转动极点 4）过 R_{12} 点画任一 $R_{12}L_B$ 线，同时画 $R_{12}L_C$ 线使 $\angle B_1 R_{12} C_1 = \dfrac{\phi_{12}}{2}$（转向与 ϕ_{12} 转向相同）。在 $R_{12}L_B$ 线上任选一点作为输入杆动铰链中心 B_1，$R_{12}L_C$ 线与 l_1 线的交点即为输出杆上动铰链中心 C_1 5）$A_1B_1C_1$ 即为机构在第一位置时的运动简图，它可以有无穷多个解 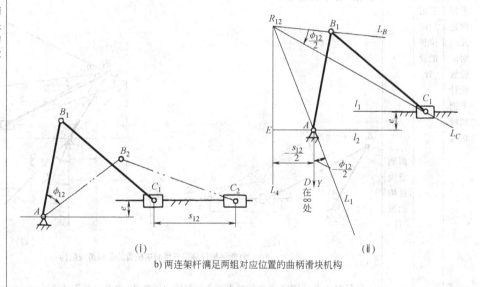 (i)　　　　　　　　　　　　(ii) b) 两连架杆满足两组对应位置的曲柄滑块机构
	满足三组对应位置的设计	铰链四杆机构的设计	已知机架长度 d，输入角 ϕ_{12}、ϕ_{13}（顺时针方向），和输出角 ψ_{12}、ψ_{13}（顺时针方向），如图 c(i) 所示。用图解法设计铰链四杆机构的步骤如下 1）按图 a 中的作图法求出相对转动极点 R_{12}、R_{13}［见图 c(ii)］ 2）过 R_{12} 在任意位置画 $R_{12}L_B$ 与 $R_{12}L_C$ 线，使 $\angle L_B R_{12} L_C = \angle A R_{12} D$ 3）过 R_{13} 在任意位置画 $R_{13}L_B'$ 与 $R_{13}L_C'$ 线，使 $\angle L_B' R_{13} L_C' = \angle A R_{13} D$ 4）$R_{12}L_B$ 与 $R_{13}L_B'$ 交于 B_1 点，$R_{12}L_C$ 与 $R_{13}L_C'$ 交于 C_1 点 5）得 AB_1C_1D 即为机构在第一位置时的运动简图，它可以有无穷多个解

（续）

用图解法按输入杆和输出杆满足几组对应位置设计平面四杆机构	满足三组对应位置的设计	铰链四杆机构的设计

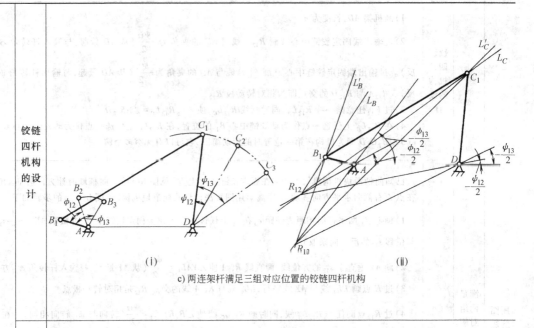

c) 两连架杆满足三组对应位置的铰链四杆机构

曲柄滑块机构的设计

已知曲柄转角 $\phi_{12}=45°$、$\phi_{13}=90°$（顺时针方向）、滑块相应的位移 s_{12}、s_{13}［见图 d(i)］。用图解法设计曲柄滑块机构的步骤如下

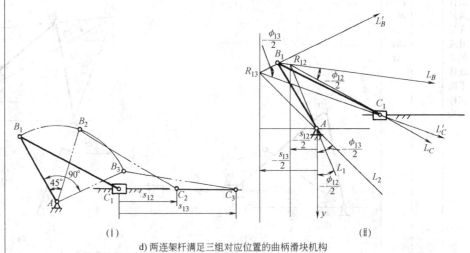

d) 两连架杆满足三组对应位置的曲柄滑块机构

1）任取 A 点，用图 b 的方法画出两个相对转动极点 R_{12} 和 R_{13}［见图 d(ii)］

2）过 R_{12} 在任意位置上画 $R_{12}L_B$ 与 $R_{12}L_C$ 使 $\angle L_B R_{12}L_C=\dfrac{\phi_{12}}{2}$；过 R_{13} 在任意位置上画 $R_{13}L'_B$ 与 $R_{13}L'_C$ 使 $\angle L'_B R_{13}L'_C=\dfrac{\phi_{13}}{2}$

3）$L_B R_{12}$ 与 $L'_B R_{13}$ 的交点为曲柄上动铰链中心 B_1 的位置，$L_C R_{12}$ 与 $L'_C R_{13}$ 的交点为连杆上铰链中心 C_1 的位置

4）$AB_1 C_1$ 为机构在第一位置上的运动简图，它可以有无穷多个解

（续）

在图 e 所示的铰链四杆机构中，两连架杆对应角位置为 ϕ_0、ψ_0、ϕ、ψ；各杆的长度分别为 a、b、c、d。由图 e 可得两连架杆对应的角位置关系式

$$\cos(\phi+\phi_0)=P_0\cos(\psi+\psi_0)+P_1\cos\left[(\psi+\psi_0)-(\phi+\phi_0)\right]+P_2 \tag{1}$$

其中

$$P_0=n,\ P_1=-\frac{n}{l},\ P_2=\frac{l^2+n^2+1-m^2}{2l},\ m=\frac{b}{a},\ n=\frac{c}{a},\ l=\frac{d}{a}$$

式（1）中包含有 P_0、P_1、P_2、ϕ_0 及 ψ_0 五个待定参数，说明此铰链四杆机构所能满足的两连架杆对应角位置数最多为 5 组。若取 $\phi_0=\psi_0=0°$，则式（1）又可写成

$$\cos\phi=P_0\cos\psi+P_1\cos(\psi-\phi)+P_2 \tag{2}$$

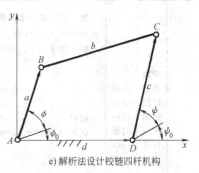

e）解析法设计铰链四杆机构

利用式（2）可以设计两连架杆三组对应角位置的铰链四杆机构，其设计步骤如下
1）将三组对应的角位置 ϕ_1、ψ_1，ϕ_2、ψ_2，ϕ_3、ψ_3 分别代入式（2），得方程组

$$\begin{cases}\cos\phi_1=P_0\cos\psi_1+P_1\cos(\psi_1-\phi_1)+P_2\\\cos\phi_2=P_0\cos\psi_2+P_1\cos(\psi_2-\phi_2)+P_2\\\cos\phi_3=P_0\cos\psi_3+P_1\cos(\psi_3-\phi_3)+P_2\end{cases} \tag{3}$$

2）解方程组（3），可得 P_0、P_1、P_2 值

3）由 $P_0=n$，$P_1=-\frac{n}{l}$，$P_2=\frac{l^2+n^2+1-m^2}{2l}$ 求得 m、n 及 l 的值

4）根据实际情况定出曲柄的长度 a，从而确定其他三构件的长度 b、c、d

如果按式（2）设计时，只给定两连架杆的两组对应位置，则有无穷多个解。相反，如果给定两连架杆对应位置组数过多，或者是一个连续函数 $\psi=\psi(\phi)$，则问题将成为不可解

例　已知铰链四杆机构中，要求两连架杆的对应位置为 $\phi_1=45°$、$\psi_1=52°10'$、$\phi_2=90°$、$\psi_2=82°10'$；$\phi_3=135°$、$\psi_3=112°10'$。$\phi_0=\psi_0=0°$、机架长度 $d=50\text{mm}$，试求其余各杆的长度

解　将 ϕ 和 ψ 的三组对应值代入式（3），得

$$\begin{cases}\cos45°=P_0\cos52°10'+P_1\cos(52°10'-45°)+P_2\\\cos90°=P_0\cos82°10'+P_1\cos(82°10'-90°)+P_2\\\cos135°=P_0\cos112°10'+P_1\cos(112°10'-135°)+P_2\end{cases}$$

可解得　$P_0=1.481$、$P_1=-0.8012$、$P_2=0.5918$

$n=1.481$、$m=2.103$、$l=1.8484$

从而求得

$$a=\frac{d}{l}=27.05\text{mm}$$

$$b=am=56.88\text{mm}$$

$$c=an=40.06\text{mm}$$

在图 f 所示曲柄滑块机构中，应用几何关系可推导出曲柄与滑块对应位置间的关系式

$$Q_1s\cos\phi+Q_2\sin\phi-Q_3=s^2 \tag{4}$$

其中　$Q_1=2a$，$Q_2=2ae$，$Q_3=a^2-b^2+e^2$，将三组对应位置 ϕ_1、s_1，ϕ_2、s_2，ϕ_3、s_3 代入式（4）得

$$\begin{cases}Q_1s_1\cos\phi_1+Q_2\sin\phi_1-Q_3=s_1^2\\Q_1s_2\cos\phi_2+Q_2\sin\phi_2-Q_3=s_2^2\\Q_1s_3\cos\phi_3+Q_2\sin\phi_3-Q_3=s_3^2\end{cases} \tag{5}$$

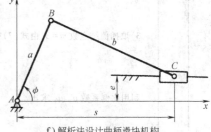

f）解析法设计曲柄滑块机构

由此可得 $a=\dfrac{Q_1}{2}$，$b=\sqrt{a^2+e^2-Q_3}$，$e=\dfrac{Q_2}{2a}$

（左栏竖排）用解析法实现两连架杆角位置函数关系设计平面四杆机构

（次栏竖排）按两连架杆预定的对应位置设计

（第三栏竖排）铰链四杆机构的设计

（第三栏竖排）曲柄滑块机构的设计

（续）

按两连架杆预定的对应位置设计	曲柄滑块机构的设计	**例**　已知曲柄滑块机构中，曲柄与滑块的三组对应位置为 $\phi_1=60°$、$s_1=36\text{mm}$，$\phi_2=85°$、$s_2=28\text{mm}$，$\phi_3=120°$、$s_3=19\text{mm}$。试求各杆的长度 **解**　将 ϕ 和 s 的三组对应值代入式(5)，得 $$\begin{cases} Q_1\times36\cos60°+Q_2\sin60°-Q_3=36^2 \\ Q_1\times28\cos85°+Q_2\sin85°-Q_3=28^2 \\ Q_1\times19\cos120°+Q_2\sin120°-Q_3=19^2 \end{cases}$$ 解得 $Q_1=33.9999\approx34\text{mm}$，$Q_2=130.8122\text{mm}$，$Q_3=-570.7133\text{mm}$，最后可得曲柄滑块机构的尺寸 $$a=\frac{Q_1}{2}=17\text{mm}$$ $$b=\sqrt{a^2+e^2-Q_3}=29.572\text{mm}$$ $$e=\frac{Q_2}{2a}=3.847\text{mm}$$
用解析法实现两连架杆角位置函数关系设计平面四杆机构	按两连架杆角位置呈连续函数关系设计铰链四杆机构	利用铰链四杆机构的两连架杆的转角 $\psi=\psi(\phi)$ 来模拟给定的函数关系 $y=f(x)$。x 的变化区间 (x_0,x_m) 和 y 的变化区间 (y_0,y_m) 如图 g 所示 根据具体条件可以选定比例系数 $$\begin{cases} \mu_\phi=\dfrac{x_m-x_0}{\phi_m} \\ \mu_\psi=\dfrac{y_m-y_0}{\psi_m} \end{cases} \qquad (6)$$ g) 两连架杆角位置的连续函数关系 式中　ϕ_m—x 变化区间内对应的转角 　　　ψ_m—y 变化区间内对应的转角 　　由于平面四杆机构待定的尺寸参数是有限的，所以一般只能近似地实现预期函数。常用的近似设计采用插值逼近法，其插值结点的横坐标根据式(7)确定 $$x_i=\frac{x_0+x_m}{2}+\frac{x_0-x_m}{2}\cos\frac{2i-1}{2m}180° \qquad (7)$$ 式中　$i=1,2,\cdots$ 　　　m—插值结点数 如果取 $m=3$，则得三个插值结点，那么这三组对应角位置可以利用式(3)求出机构的尺寸参数 如果取 $m=5$，则得五个插值结点，这五组对应角位置可以得用式(1)求出机构的尺寸参数 **例**　试设计一铰链四杆机构，近似实现函数 $y=\lg x$，x 的变化区间为 $1\leqslant x\leqslant2$ **解** 1) 由已知条件 $x_0=1$、$x_m=2$ 得 $y_0=0$、$y_m=0.301$ 2) 根据经验试取 $\phi_m=60°$、$\psi_m=90°$，由式(6)得 $$\mu_x=\frac{1}{60°}$$ $$\mu_y=\frac{0.301}{90°}$$ 3) 取插值结点数 $m=3$，由式(7)得 　　$x_1=1.067$　　　$y_1=0.02816$ 　　$x_2=1.5$　　　　$y_2=0.1761$ 　　$x_3=1.933$　　　$y_3=0.2862$ 利用比例系数 μ_x、μ_y 求出 　　$\phi_1=4°$　　　$\psi_1=8.5°$ 　　$\phi_2=30°$　　　$\psi_2=52.5°$ 　　$\phi_3=56°$　　　$\psi_3=85.6°$ 4) 试取初始角 $\phi_0=86°$，$\psi_0=23.5°$

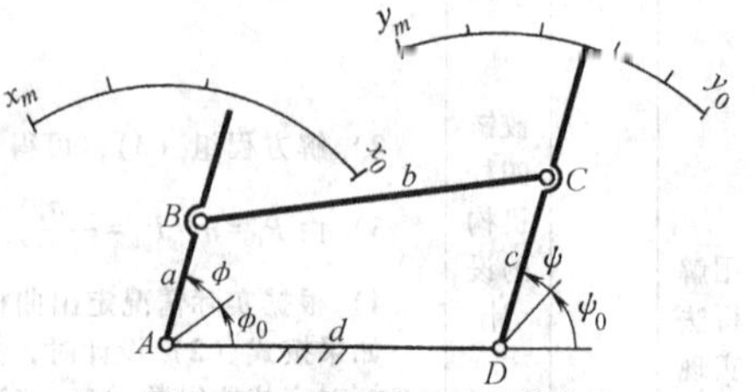

（续）

用解析法实现两连架杆角位置函数关系设计平面四杆机构	按两连架杆角位置呈连续函数关系设计铰链四杆机构	5）将各结点的坐标值，即三组对应的角位移(ϕ_1,ψ_1)、(ϕ_2,ψ_2)、(ϕ_3,ψ_3)以及初始角ϕ_0、ψ_0代入式（1），得方程组 $$\begin{cases}\cos90°=P_0\cos32°+P_1\cos58°+P_2\\\cos116°=P_0\cos76°+P_1\cos40°+P_2\\\cos142°=P_0\cos109°+P_1\cos33°+P_2\end{cases}$$ 可解得 $$P_0=0.56357,\ P_1=-0.40985,\ P_2=-0.26075$$ $$n=0.56357,\quad l=1.37506,\quad m=1.98129$$ 6）取$d=50\text{mm}$，则得其余各杆长度为 $$a=\frac{d}{l}=36.3620\text{mm}$$ $$b=am=72.0438\text{mm}$$ $$c=an=20.4925\text{mm}$$
按从动件的急回特性设计平面四杆机构	曲柄摇杆机构的设计	已知摇杆长度c、摆角ψ及行程速比系数K，设计一曲柄摇杆机构的方法如下 由图 h 可见 $$\overline{C_1C_2}=2c\sin\frac{\psi}{2}$$ $$\overline{AC_1}=b+a$$ $$\overline{AC_2}=b-a$$ 又由四个三角形$\triangle AC_1C_2$、$\triangle AC_2D$、$\triangle AC_1D$、$\triangle B'C'D$，应用余弦定理得 $$\left(2c\sin\frac{\psi}{2}\right)^2=(b+a)^2+(b-a)^2-2(b+a)(b-a)\cos\theta$$ $$(b-a)^2=c^2+d^2-2cd\cos\psi_0$$ $$(b+a)^2=c^2+d^2-2cd\cos(\psi_0+\psi)$$ $$(d-a)^2=b^2+c^2-2bc\cos\gamma_{\min}$$ 若c、ψ、θ（或K）、$\gamma_{\min}$已知时，可由上述方程组解出a、b、d及ψ_0 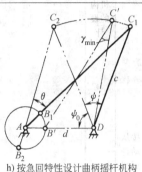 h）按急回特性设计曲柄摇杆机构
	曲柄滑块机构的设计	已知滑块冲程H、偏距e及行程速比系数K，设计一曲柄滑块机构的方法如下 由图 i 中的两个三角形$\triangle DBC$、$\triangle AC_1C_2$，应用余弦定理得 $$\cos\gamma_{\min}=\frac{a+e}{b}$$ $$\cos\theta=\frac{(b+a)^2+(b-a)^2-H^2}{2(b+a)(b-a)}$$ 若H、θ（或K）、λ（即$\dfrac{a}{b}$）及$\gamma_{\min}$已知时，由上述方程组可解出a、b、e 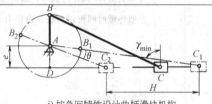 i）按急回特性设计曲柄滑块机构
	导杆机构的设计	已知机架的长度d、行程速比系数K，设计一导杆机构的方法如下： 在图 j 中，由$\triangle ADC_1$得 $$a=d\cos\frac{\psi}{2}=d\cos\frac{\theta}{2}$$ 若d、θ（或K）已知时，可求出a 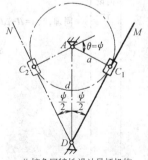 j）按急回特性设计导杆机构

（续）

按从动杆近似停歇要求设计平面四杆机构	曲柄摇杆机构的设计	在图 k(i)所示的曲柄滑块机构中,摇杆 CD 的两个极限位置为 C_1D、C_2D。C_1D 为前极限位置,C_2D 为后极限位置。从图 k(ii)可以看出,摇杆在后极限位置附近运动要比在前极限位置附近更加缓慢。当曲柄与连杆的长度比 $\frac{a}{b}=\lambda$ 较大时,近似停歇时间可以更长 利用两极限位置的两三角形 $\triangle AC_1D$、$\triangle AC_2D$ 以及在后极限位置附近的四边形 $AB'DC'$、$AB''C'D$得 $$c^2=(b+a)^2+d^2-2(b+a)d\cos\phi_0 \qquad (8)$$ $$(b-a)^2=c^2+d^2-2cd\cos\psi_s \qquad (9)$$ $$b^2=[d-c\cos(\psi_s+\Delta\psi)-a\cos(\phi_0+\phi)]^2+[c\sin(\psi_s+\Delta\psi)-a\sin(\phi_0+\phi)]^2 \qquad (10)$$ 若 a,b,c,d 已知,由式(8)得 ϕ_0,由式(9)得 ψ_s,选择一个合适的 $\Delta\psi$,即可由式(10)求得近似停歇的曲柄转角 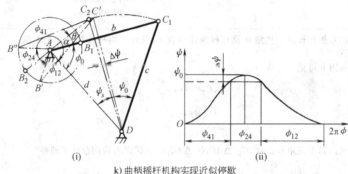 (i) (ii) k) 曲柄摇杆机构实现近似停歇
	曲柄滑块机构的设计	在图 l(i)所示的偏置曲柄滑块机构中,滑块的两个极限位置为 C_1、C_2。C_1 为前极限位置,C_2 为后极限位置。可以看出,滑块在后极限位置附近运动要比在前极限位置附近更加缓慢,当曲柄与连杆长度比 $\frac{a}{b}=\lambda$ 较大时,近似停歇时间可以更长。由图 l(i)可得 $$\frac{e}{b+a}=\sin\alpha$$ $$s=(b+a)\cos\alpha-a\left[\left(\frac{1}{\lambda}-\frac{1}{2}\lambda k^2\right)+\cos\phi-\frac{\lambda}{2}\sin^2\phi-\lambda k\sin\phi\right]$$ 式中 $k=\frac{e}{a}$ 如果冲程为 H,则取 $s=H-\Delta H$,可以求出在后极限位置附近近似停歇的曲柄转角 对于对心曲柄滑块机构,如图 l(ii),可得 $$s=(b+a)-a\left[\frac{1}{\lambda}+\cos\phi-\frac{1}{2}\lambda\sin^2\phi\right]$$ 同理,取 $s=H-\Delta H$,可以求出在后极限位置附近近似停歇的曲柄转角 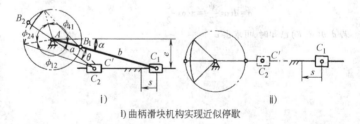 i) ii) l) 曲柄滑块机构实现近似停歇

3.4　轨迹机构设计

轨迹机构设计的方法见表 11.2-14。

表 11.2-14　轨迹机构设计

按照连杆上某点的轨迹与给定的曲线准确或近似地重合来设计平面四杆机构	铰链四杆机构设计	按给定轨迹设计平面四杆机构，就是使连杆上一点 M 的轨迹（称连杆曲线），在某一区段上或是在其整个曲线长度上，逼近于给定的曲线 m-m，求出此四杆机构的各有关参数 图 a 所示的平面四杆机构，其位于直角坐标系 xOy 中的连杆曲线形态受九个机构参数的影响，其中包括各构件的长度 a、b、c、d，机架相对于坐标的位置参数（A_x，A_y，η）以及 M 点在连杆上的位置参数（k，β） 由图 b 可得铰链四杆机构的连杆曲线方程 $\dfrac{b\cos\beta}{k}(N^2-a^2-k^2)+\dfrac{b\sin\beta}{k}U-\dfrac{d}{k}V\{[b\sin(\beta+\eta)-k\sin\eta](M_x-A_x)-$ $[b\cos(\beta+\eta)-k\cos\eta](M_y-A_y)\}-\dfrac{d}{k}W\{[b\cos(\beta+\eta)-k\cos\eta](M_x-A_x)+$ $[b\sin(\beta+\eta)-k\sin\eta](M_y-A_y)\}-2d[(M_x-A_x)\cos\eta+(M_y-A_y)\sin\eta]+$ $a^2+b^2+d^2-c^2=0$ (1) 式中　$N^2=(M_x-A_x)^2-(M_y-A_y)^2$ $\qquad U=\pm\sqrt{4k^2N^2-(N^2+k^2-a^2)^2}$（两个符号对应于连杆曲线的两个支） $\qquad V=\dfrac{U}{N^2}$ $\qquad W=\dfrac{N^2+k^2-a^2}{N^2}$ 式（1）中有 9 个待定参数：a、b、c、d、β、k、A_x、A_y、η。所以，如在给定轨迹中选取 9 组坐标值（m_{xi}，m_{yi}）分别代入上式，得到 9 个方程，解此方程组可求得机构的 9 个待定尺度参数 采用插值逼近法确定 9 个结点坐标值，可以使连杆曲线与给定轨迹曲线更为接近 若取 $A_x=A_y=0$，$\eta=0°$，则待定尺度参数减为 6 个	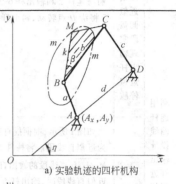 a) 实验轨迹的四杆机构 b) 解析法实现轨迹的铰链四杆机构
	曲柄滑块机构设计	由图 c 可得曲柄滑块机构的连杆曲线方程式 $(M_x-A_x)^2+(M_y-A_y)^2+k^2+b^2-2kb\cos\beta-a^2+\dfrac{2}{k}\{(k-b\cos\beta)$ $[(M_x-A_x)\sin\eta-(M_y-A_y)\cos\eta]+b\sin\beta[(M_x-A_x)\cos\eta+(M_y-$ $A_y)\sin\eta]\}[e-(M_x-A_x)\sin\eta+(M_y-A_y)\cos\eta]\pm\dfrac{2}{k}\{(k-b\cos\beta)$ $[(M_x-A_x)\cos\eta+(M_y-A_y)\sin\eta]-b\sin\beta[(M_x-A_x)\sin\eta-(M_y-A_y)$ $\cos\eta]\}\sqrt{k^2-[e-(M_x-A_x)\sin\eta+(M_y-A_y)\cos\eta]^2}=0$ (2) 式中正、负号对应于连杆曲线的两个分支 式（2）有 8 个待定尺度参数：a、b、e、k、β、A_x、A_y、η。所以，如在给定轨迹中选取 8 组坐标值（m_{xi}，m_{yi}）分别代入上式，得到 8 个方程式，解此方程组可求得机构的 8 个待定尺度参数 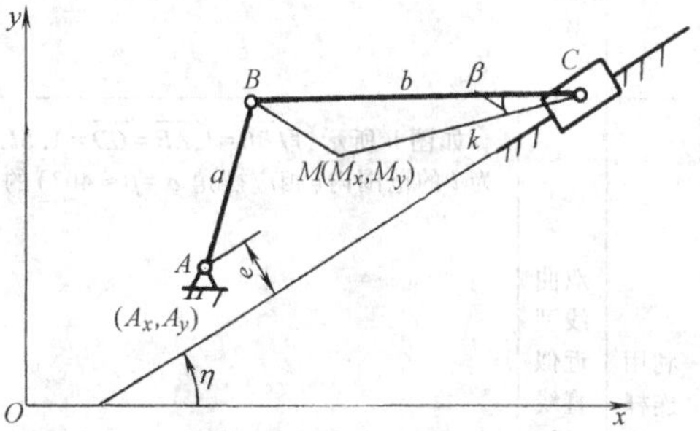 采用插值逼近法确定 8 个结点坐标值，可以使连杆曲线与给定轨迹曲线更为接近 若取 $A_x=A_y=0$，$\eta=0°$，则待定尺度参数减为 5 个	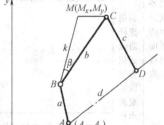 c) 解析法实现轨迹的曲柄滑块机构
利用连杆曲线设计输出杆近似停歇运动的平面四杆机构	利用连杆曲线近似圆弧段实现输出杆近似停歇	如图 d 所示，曲柄摇杆机构连杆上 M 点的轨迹为 δ，其中 $\overset{\frown}{M_1M_2M_3}$ 为近似圆弧，其圆心为 E，半径为 M_1E。在 M_1 与 E 点处将构件 5 分别与连杆 2 和输出杆 6 铰接。显然，M 点经过 $\overset{\frown}{M_1M_2M_3}$ 圆弧时，构件 5 将绕 E 点转动，输出杆 6 相应地处于近似停歇位置	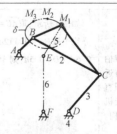 d) 曲柄摇杆机构实现转动 输出构件停歇运动

（续）

利用连杆曲线设计输出杆近似停歇运动的平面四杆机构	利用连杆曲线近似圆弧段实现输出杆近似停歇	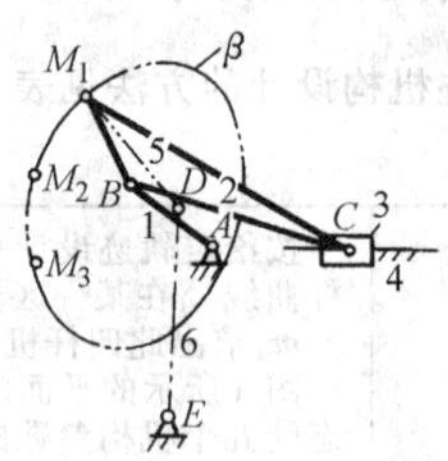 如图 e 所示，曲柄滑块机构连杆上 M 点的轨迹为 β，其中 $\overset{\frown}{M_1M_2M_3}$ 为近似圆弧，其圆心为 D，半径为 M_1D。在 M_1 与 D 点处将构件 5 分别与连杆 2 和输出杆 6 铰接。显然，M 点经过 $\overset{\frown}{M_1M_2M_3}$ 圆弧时，构件 5 将绕 D 点转动，输出杆 6 相应地处于近似停歇位置 e) 曲柄滑块机构实现转动输出构件停歇运动
	利用连杆曲线近似直线段实现输出杆近似停歇	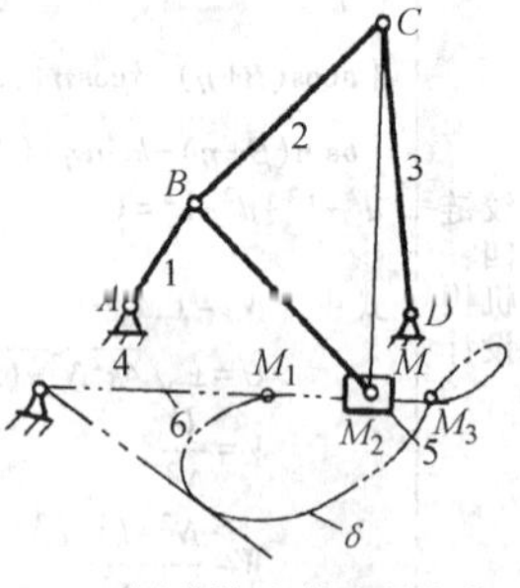 如图 f 所示，曲柄摇杆机构连杆上 M 点的轨迹为 δ，其中 $\overline{M_1M_2M_3}$ 为近似直线段。将构件 5 与连杆 2 上 M 点铰接，并使构件 5 与过 $\overline{M_1M_2M_3}$ 直线段的输出杆 6 组成移动副。显然，M 点经过 $\overline{M_1M_2M_3}$ 近似直线段时，输出杆 6 将处于近似停歇位置 f) 曲柄摇杆机构实现移动输出构件停歇运动
		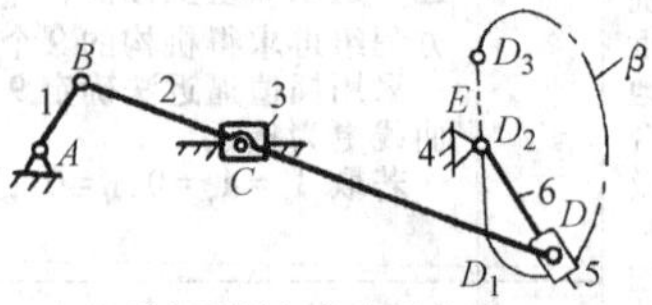 如图 g 所示，曲柄滑块机构连杆上 D 点的轨迹为 β，其中 $\overline{D_1D_2D_3}$ 为近似直线段。将构件 5 与连杆 2 上 D 点铰接，并使构件 5 与过 $\overline{D_1D_2D_3}$ 直线段的输出杆 6 组成移动副。显然，D 点经过 $\overline{D_1D_2D_3}$ 近似直线段时，输出杆 6 将处于近似停歇位置 g) 曲柄滑块机构实现移动输出构件停歇运动
利用连杆曲线的直线段做近似直线运动的平面四杆机构	双曲线型近似直线机构	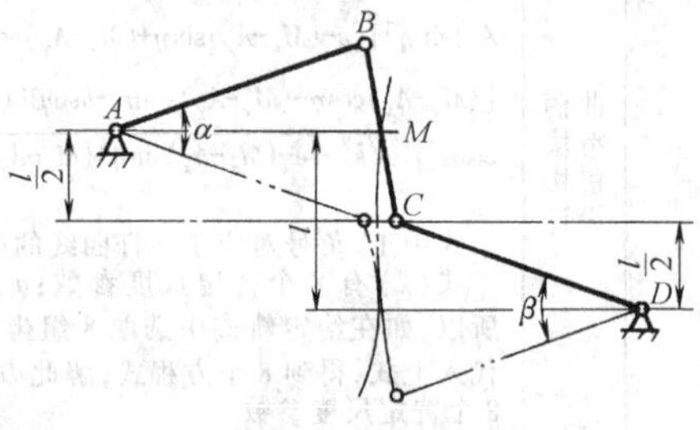 如图 h 所示，取 $\overline{BC}=l$，$\overline{AB}=\overline{CD}=1.5l$，则 $\overline{BC}$ 中点 M 在行程为 l 的范围内（相应摆角 $\alpha=\beta\approx40°$）的轨迹为近似直线 h) 双曲线型近似直线机构
	罗伯特近似直线机构	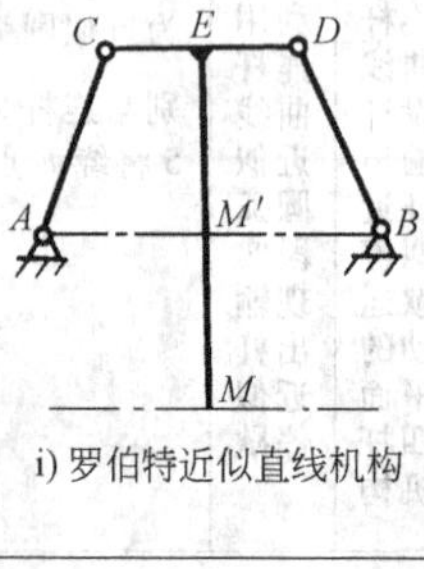 如图 i 所示，取 $\overline{AC}=\overline{BD}=0.584d$，$\overline{AB}=d$，$\overline{CD}=0.593d$，在 $\overline{CD}$ 的垂直平分线上取 $\overline{EM}=1.112d$，则连杆上 M 点的轨迹为近似直线，若 $\overline{AC}=\overline{BD}=0.6d$，$\overline{CD}=0.5d$，则 M' 点近似沿 AB 直线运动 i) 罗伯特近似直线机构

（续）

利用连杆曲线的直线段做近似直线运动的平面四杆机构	仪器用的一种近似直线机构	如图 j 所示，取 $\overline{BC}=\overline{CD}=\overline{CM}=1$，$\overline{AD}=\dfrac{2+\overline{AB}}{3}$，$\sin^2\dfrac{\alpha_1}{2}=\dfrac{4\,\overline{AB}-1}{\overline{AB}(2+\overline{AB})}$，则在曲柄转 α_1 角时，M 点相应在 M_1、M_1' 间做近似直线运动	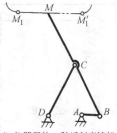 j) 仪器用的一种近似直线机构
	切比雪夫近似直线机构	如图 k 所示，取 $\overline{AB}=r$，$\overline{AD}=2r$，$\overline{BC}=\overline{CD}=\overline{CM}=2.5r$，则连杆上 M 点的轨迹为近似直线	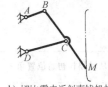 k) 切比雪夫近似直线机构

实现同一轨迹的相当机构

在机构设计中，所得实现给定轨迹的连杆机构的某些方面（如传动角的大小、机构的尺寸和安装位置等）不能满足要求时，可按罗伯茨定理应用重演同样连杆曲线的另外两个相当机构来解决

相当机构的做法和其与基础机构的关系见图 l。铰链四杆机构 $O_1A_1B_1O_2$ 为基础机构。P 为其连杆 A_1B_1 上的一点。以 O_1O_2 为底边画 $\triangle O_1O_2O_3$ 与 $\triangle A_1B_1P$ 相似。画平行四边形 $O_2B_1PA_2$，画 $\triangle PA_2B_2$ 与 $\triangle A_1B_1P$ 相似，则 $O_2A_2B_2O_3$ 为原机构 $O_1A_1B_1O_2$ 的一个相当机构。P 点也为连杆 A_2B_2 上的一点。再画平行四边形 $O_1A_1PA_3$ 和 $\triangle PA_3B_3$ 与 $\triangle B_1A_1P$ 相似。则 $O_1A_3B_3O_3$ 为原机构 $O_1A_1B_1O_2$ 的另一个相当机构，P 点也为连杆 A_3B_3 上的一点。这三个铰链四杆机构在公共点 P 具有同一的连杆曲线

相当机构与其基础机构在类型上的关系如下

各构件的长度关系	基础机构	相当机构
最短杆与最长杆长度之和不大于其余两杆长度之和	曲柄摇杆机构	曲柄摇杆机构和双摇杆机构
	双摇杆机构	曲柄摇杆机构
	双曲柄机构	双曲柄机构
最短杆与最长杆长度之和大于其余两杆长度之和	双摇杆机构	双摇杆机构

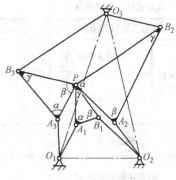
l) 实现同一轨迹的相当机构

4　气液动连杆机构

4.1　气液动连杆机构的特点和基本形式

　　气液动连杆机构在矿山、冶金、建筑、交通运输、轻工等部门中应用十分广泛。这种机构具有制造容易、价格低廉、坚实耐用、便于维修保养等优点。

　　气液动连杆机构的结构特点是含有移动副，它由动作缸和活塞杆组合而成。气液动连杆机构中总是以活塞杆作主动件。

　　图 11.2-1 所示对中式气液动连杆机构，3 为动作缸，2 为活塞杆，1 为从动件。

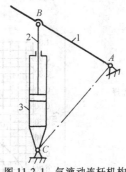
图 11-2.1　气液动连杆机构

4.2　气液动连杆机构位置参数的计算

　　气液动连杆机构位置参数的计算见表 11.2-15。

表 11.2-15 气液动连杆机构位置参数的计算公式

类　型	对　中　式	偏　置　式	说　明
机　构　简　图	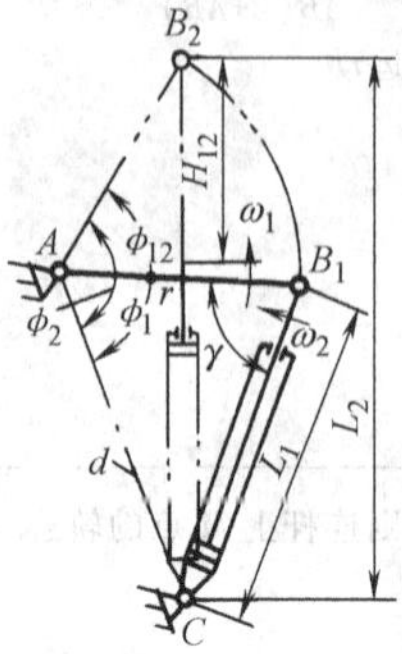 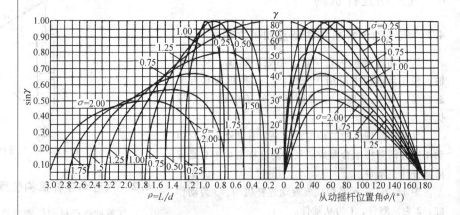	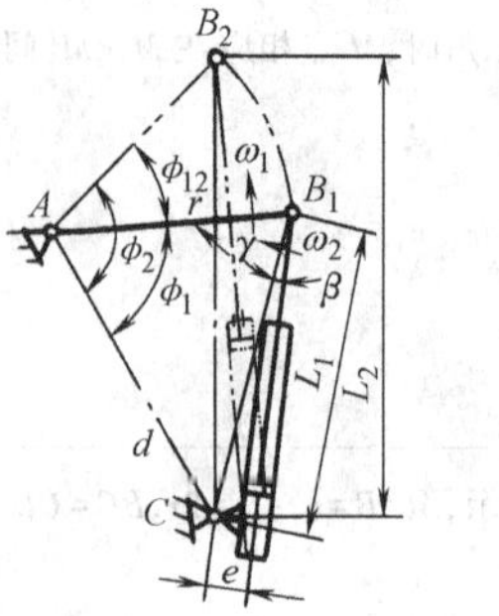	r—摇杆长度 d—机架长度 e—液压缸偏置距离 L_1—初始位置时铰链点 B_1 到液压缸铰链点 C 的距离 L_2—终止位置时铰链点 B_2 到液压缸铰链点 C 的距离 L—任意位置时铰链点 B 到液压缸铰链点 C 的距离 ϕ—从动摇杆任意位置角
从动摇杆初始位置角 ϕ_1	$\cos\phi_1 = \dfrac{1+\sigma^2-\rho_1^2}{2\sigma}$		
从动摇杆终止位置角 ϕ_2	$\cos\phi_2 = \dfrac{1+\sigma^2-\lambda^2\rho_1^2}{2\sigma}$		
从动摇杆工作摆角 ϕ_{12}	$\phi_{12} = \phi_2 - \phi_1$		
液压缸行程 H_{12}	$H_{12} = L_2 - L_1$	$H_{12} = \sqrt{L_2^2-e^2} - \sqrt{L_1^2-e^2}$	
传动角 γ　给定 ρ 和 σ	$\cos\gamma = \dfrac{\rho^2+\sigma^2-1}{2\rho\sigma}, \sin\gamma = \dfrac{\sqrt{4\rho^2\sigma^2-(\rho^2+\sigma^2-1)^2}}{2\rho\sigma}$		
传动角 γ　给定 ϕ 和 σ	$\cos\gamma = \dfrac{\sigma-\cos\phi}{\sqrt{1+\sigma^2-2\sigma\cos\phi}}, \sin\gamma = \dfrac{1}{\sqrt{\left(\dfrac{\sigma-\cos\phi}{\sin\phi}\right)^2+1}}$		
偏置角 β	0	$\sin\beta = \dfrac{e}{L}$	
活塞杆伸出系数 λ'	$\lambda' = \lambda$	$\lambda' = \sqrt{\dfrac{\lambda^2-(e/L_1)^2}{1-(e/L_2)^2}} = \lambda$	
计算参数	$\lambda = \dfrac{L_2}{L_1}, \sigma = \dfrac{r}{d}, \rho_1 = \dfrac{L_1}{d}, \rho_2 = \dfrac{L_2}{d} = \lambda\rho_1, \rho = \dfrac{L}{d}$		

参数选择

活塞杆伸出系数 λ' 应根据活塞杆伸出时稳定性的要求来确定,一般可取 $\lambda' \approx 1.5 \sim 1.7$

基本参数 σ 和 ϕ_1、ϕ_2 或 σ 和 ρ_1、ρ_2 可根据气液动连杆机构工作位置和传力的要求,用下图来确定

4.3　气液动连杆机构运动参数和动力参数的计算

气液动连杆机构运动参数和动力参数的计算见表 11.2-16。

4.4　气液动连杆机构的设计

气液动连杆机构的设计见表 11.2-17。

表 11.2-16　气液动连杆机构运动参数和动力参数的计算公式

类型	对中式	偏置式
机构简图		
摇杆角速度 ω_1	$\omega_1 = \dfrac{v_2}{r\sin\gamma}$	$\omega_1 = \dfrac{v_2\cos\beta}{r\sin\gamma}$
液压缸角速度 ω_2	$\omega_2 = \dfrac{v_2}{L\tan\gamma}$	$\omega_2 = \dfrac{v_2(\cot\gamma\cos\beta - \sin\beta)}{L}$
所需液压缸推力 F_2	$F_2 = \dfrac{M_1}{r\sin\gamma}$	$F_2 = \dfrac{M_1}{r\sin\gamma}\cos\beta$
液压缸对活塞杆的横向力 F_{32}	0	$F_{32} = \dfrac{M_1}{r\sin\gamma}\sin\beta$
所传递的阻力矩 M_1	$M_1 = F_2 r\sin\gamma$	$M_1 = F_2 r\dfrac{\sin\gamma}{\cos\beta}$
所传递的阻力矩 M_1 相对值	$\dfrac{M_1}{F_2 r} = \sin\gamma$	$\dfrac{M_1}{F_2 r} = \dfrac{\sin\gamma}{\cos\beta}$

注：v_2—活塞的平均相对运动速度的大小；F_{32}—液压缸 3 给活塞杆 2 的作用力合力，作用在 B 点上；F'_{32} 和 F''_{32}—F_{32} 的两个分力；$r = \overline{AB}$；$L = \overline{BC}$。

表 11.2-17　气液动连杆机构的设计

按摇杆摆角 ϕ_{12} 及初始角 ϕ_1 设计对中式气液动连杆机构	由表 11.2-15 可得 σ 和 ρ_1 的计算公式 $$\sigma = \dfrac{-B \pm \sqrt{B^2 - 4AC}}{2A} \qquad (1)$$ 式中 $$\begin{cases} A = \lambda^2 - 1 \\ B = -2(\lambda^2\cos\phi_1 - \cos\phi_2) \\ C = \lambda^2 - 1 \end{cases} \qquad (2)$$ 而 $$\rho_1 = \sqrt{1 + \sigma^2 - 2\sigma\cos\phi_1} \qquad (3)$$ **例**　某汽车吊要求举升液压缸将起重臂从 $\phi_1 = 0°$ 举升到 $\phi_2 = 60°$，试确定 σ 和 ρ_1 值 **解**　取活塞杆伸出系数 $\lambda = 1.6$，代入式（2）得 $A = C = 1.56$，$B = -4.12$，再代入式（1）、式（3）可得到 $\sigma = 2.17$、$\rho_1 = 1.17$ 及 $\sigma = 0.47$、$\rho_1 = 0.53$ 两组数值，根据汽车底盘结构取机架长度 $d = 1200$mm，则得 $r = 2604$mm、$L_1 = 1404$mm 及 $r = 564$mm、$L_1 = 636$mm 两组数值

（续）

按摇杆摆角 ϕ_{12}、液压缸初始长度 L_1、活塞行程 $H_{12}=L_2-L_1$ 设计对中式气液动连杆机构	令 $d=1$，由表 11.2-15 可得 $$\begin{cases}(L_1+H_{12})^2=1+r^2-2r\cos(\phi_1+\phi_{12})\\[2mm]\cos\phi_1=\dfrac{1+r^2-L_1^2}{2r}\end{cases} \tag{4}$$ 将式（4）消去 ϕ_1，可得 $$ar^4-br^2+c=0 \tag{5}$$ 式中　$a=2(1-\cos\phi_{12})$ 　　　$b=2[(2L_1^2+2L_1H_{12}+H_{12}^2)(\cos\phi_{12}-1)+2\cos\phi_{12}(\cos\phi_{12}-1)]$ 　　　$c=(L_1+H_{12})^4-2(L_1+H_{12})^2+[(L_1+H_{12})^2-1](2-2L_1^2)\cos\phi_{12}+L_1^4-2L_1^2+2$ 由式（4）与式（5）可分别解出 r 和 ϕ_1

例　某摆动导板送料辊的摆动液压马达机构，要求导板的摆角 $\phi_{12}=60°$，$H_{12}=0.5\text{m}$，$L_1=d=1\text{m}$，试确定 r 和 ϕ_1 值

解　将已知数据代入式（4）及式（5）可求得 $r=0.638\text{m}$、$\phi_1=71°36'$ 及 $r=1.932\text{m}$、$\phi_1=10°20'$ 两组解。相应的传动角为 $71°12'$ 及 $10°20'$。后一组数据的传动角太小，不宜采用

5　空间连杆机构

5.1　空间连杆机构的特点和应用

在连杆机构中，如果构件不都对同一平面做平面平行运动，则称为空间连杆机构。

常用空间连杆机构中的运动副有球面副、圆柱副、转动副、移动副及螺旋副等。

与平面连杆机构相比，空间连杆机构具有以下特点：

1）空间连杆机构所能实现的运动远比平面连杆机构复杂。这是由于运动副排列的多样化使空间连杆机构可实现复杂多样的刚体导引、再现函数及再现轨迹等。

2）空间连杆机构的结构紧凑，一般又灵活可靠，可以避免由于制造安装误差和构件受力变形所引起的运动不灵活，甚至卡住不动的现象。

3）空间连杆机构由于分析和设计方法比较复杂，目前应用还不十分普遍。但随着这种机构的分析和设计方法的发展和计算机在机构分析与设计中的普遍应用，空间连杆机构的应用具有广阔的前景，其应用情况见表 11.2-18。

表 11.2-18　空间连杆机构的应用

机械类别	应用举例
轻工、纺织机械	缝纫机的弯针机构、缝纫机"之"字线迹针杆机构、熟制毛皮机的送料机构、成绞机的横动机构、剑杆织机的引纬机构、揉面机等
农业机械	清粮机筛子机构、变行程果实抖落机构、马铃薯挖取机构、联合收割机的切割机构等
飞机和汽车	飞机升降舵传动机构、副翼操纵机构、飞机起落架收放机构、汽车前轮转向的操纵机构等
仪器和仪表	实现双变量函数关系的五杆机构、打字机中驱动打字杆机构、仪表中的拨杆机构等
工业机械手	三自由度机械手、六自由度机械手、八自由度机械手等

5.2　空间四杆机构的设计

主、从动轴垂直交错的 RSSR 机构是应用最广泛的一种空间连杆机构。这种机构的设计计算方法见表 11.2-19。

表 11.2-19　RSSR 机构的设计

设计方法		说　明
按主、从动杆三组对应位置设计 RSSR 机构	基本原理	已知主动轴 O_1 和从动轴 O_3 垂直交错，见图 a(i)，两轴中心距 d，从动杆 O_3B 长度 L_3 及主动杆 O_1A 和从动杆 O_3B 的三个对应位置间的角位移 ϕ_{12}、ψ_{12} 和 ϕ_{13}、ψ_{13}。求空间机构 RSSR 机构的主动杆 O_1A 长度 L_1、连杆长度 L_2、O_1 和 O_3 至 ZZ 轴的距离 h、f
		通过图 a(i)所示转面副的球心 A、B 各画平面 V 和 W 分别垂直于主动轴 O_1 和从动轴 O_3，这两个平面交线为 ZZ。A 点在 W 平面上的投影为 A''，B 点在 V 平面上的投影为 B'，它们都在直线 ZZ 上
		该空间 RSSR 机构在平面 V 上的投影可视作一个假想的平面四杆机构，故其可简化为按主动杆 O_1A 及滑块 B' 三个对应位置设计该机构，见图 a(ii)。将折线 O_1AB' 分别在水平方向和垂直方向投影得

（续）

设计方法	说　明

<table>
<tr><td rowspan="2">基本原理</td><td>

$$\begin{cases} l_{2V}\sin\beta = h - L_1\sin\phi \\ l_{2V}\cos\beta = z + L_1\cos\phi \end{cases}$$

将上述两式各自平方后相加得

$$P_1 z\cos\phi + P_2\sin\phi + P_3 = z^2 \tag{1}$$

其中

$$\begin{cases} P_1 = -2L_1 \\ P_2 = 2L_1 h \\ P_3 = l_{2V}^2 - L_1^2 - h^2 \end{cases} \tag{2}$$

或

$$\begin{cases} L_1 = -\dfrac{P_1}{2} \\ h = \dfrac{P_2}{2L_1} \\ l_{2V} = \sqrt{L_1^2 + h^2 + P_3} \end{cases} \tag{3}$$

</td></tr>
</table>

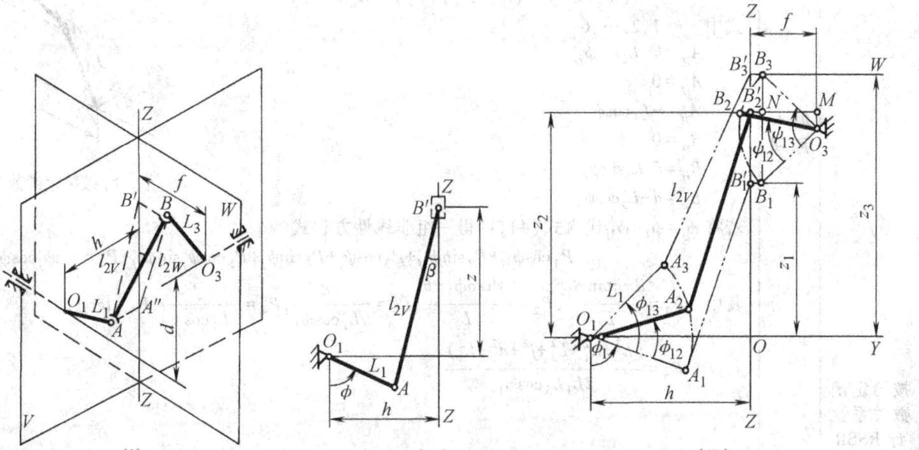

<table>
<tr><td>按主、从动杆三组对应位置设计 RSSR 机构</td><td>

a) 按三组对应位置设计 RSSR 机构

</td></tr>
<tr><td>设计步骤</td><td>

　　1) 选择平面 V 和 W 的交线 ZZ 如图 a(ⅲ) 所示。可以过 B_2 画 $B_1 B_3$ 的垂线得垂足 N，将 $B_2 N$ 的中垂线定为 ZZ，则点 B_1、B_2、B_3 至 ZZ 的垂距必分别相等，即

$$B_1 B_1' = B_2 B_2' = B_3 B_3' = B_V$$

此时连杆 AB 的三个位置 $A_1 B_1$、$A_2 B_2$、$A_3 B_3$ 在平面 V 上的投影长度也必分别相等，即

$$A_1 B_1' = A_2 B_2' = A_3 B_3' = l_{2V}$$

　　2) 计算 B_V、f、z_1、z_2、z_3

$$B_V = \frac{1}{2}\overline{B_2 N} = \frac{1}{2}(\overline{B_2 M} - \overline{NM}) = L_3\sin\left[(\psi_{13}-\psi_{12})/2\right]\sin\frac{\psi_{12}}{2}$$

$$f = L_3\cos\left[(\psi_{13}-\psi_{12})/2\right]\cos\frac{\psi_{12}}{2}$$

$$z_1 = d - L_3\sin\frac{\psi_{13}}{2}$$

$$z_2 = d + L_3\sin\left(\psi_{12} - \frac{\psi_{13}}{2}\right)$$

$$z_3 = d + L_3\sin\frac{\psi_{13}}{2}$$

</td></tr>
</table>

设计方法		说　　　明
按主、从动杆三组对应位置设计 RSSR 机构	设计步骤	3）假定 ϕ_1，求 ϕ_2、ϕ_3 $$\phi_2 = \phi_1 + \phi_{12}$$ $$\phi_3 = \phi_1 + \phi_{13}$$ 用不同的 ϕ_1，可得到若干个方案，择优取一个 4）确定 L_1、L_2 和 h 依次将 ϕ_1、z_1，ϕ_2、z_2，ϕ_3、z_3 代入式（2）得 $$P_1 z_1 \cos\phi_1 + P_2 \sin\phi_1 + P_3 = z_1^2$$ $$P_1 z_2 \cos\phi_2 + P_2 \sin\phi_2 + P_3 = z_2^2$$ $$P_1 z_3 \cos\phi_3 + P_2 \sin\phi_3 + P_3 = z_3^2$$ 由解得的 P_1、P_2、P_3 就可确定 L_1、h、l_{2V}。而 $$L_2 = \sqrt{l_{2V}^2 + B_V^2}$$
按给定函数关系设计 RSSR 机构	基本原理	已知主动轴 O_1 与从动轴 O_3 垂直交错，两轴中心距 d，给定函数关系 $\psi = f(\phi)$，见图 b），求 L_1、L_2、L_3、f、h、ϕ_1 六个参数 由于该机构中待定参数为 6 个，故可用插值法确定 ψ 和 ϕ 关系的 6 个插值结点。由于当机构尺寸按同一比例放大或缩小时实现函数 $\psi = \psi(\phi)$ 不受影响，因此可任意设定 d。又如果主、从动杆的初始角分别为 ϕ_1、ψ_1，由连杆 AB 的定长约束方程式得 $$(A_{jx} - B_{jx})^2 + (A_{jy} - B_{jy})^2 + (A_{jz} - B_{jz})^2 = L_2^2 \qquad (4)$$ 式中 $j = 1, 2, \cdots, 6$ $A_{jx} = h - L_1 \sin\phi_j$ $A_{jy} = 0$ $A_{jz} = -L_1 \cos\phi_j$ $B_{jx} = 0$ $B_{jy} = f - L_3 \sin\psi_j$ $B_{jz} = d - L_3 \cos\psi_j$ 若将 $\phi_j = \phi_1 + \phi_{1j}$ 代入式（4），可得一组非线性方程式 $$P_1 \cos\phi_{1j} + P_2 \sin\phi_{1j} + P_3 \cos\psi_j + P_4 \sin\psi_j + P_5 \cos\psi_j \sin\phi_{1j} + P_6 = \cos\psi_j \cos\phi_{1j} \qquad (5)$$ 其中　$P_1 = \dfrac{d - h\tan\phi_1}{L_3}$，$P_2 = -\dfrac{d\tan\phi_1 + h}{L_3}$，$P_3 = -\dfrac{d}{L_1 \cos\phi_1}$，$P_4 = -\dfrac{f}{L_1 \cos\phi_1}$，$P_5 = \tan\phi_1$， $$P_6 = \frac{(h^2 + L_1^2 + L_3^2 + f^2 + d^2 - L_2^2)}{2 L_1 L_3 \cos\phi_1}$$ b）按给定函数关系设计RSSR机构
	设计步骤	1）由插值逼近法确定 6 个插值结点 2）假定 ψ_1，求 ψ_j $$\psi_j = \psi_1 + \psi_{1j}, \quad j = 1, 2, \cdots, 6$$ 3）确定 P_1、P_2、$\cdots$、P_6 以 $\phi_{11}(=0)$、ψ_1、ϕ_{12}、ψ_2、$\cdots$、ϕ_{16}、ψ_6 代入式（5），并用矩阵表示为 $$\begin{pmatrix} 1 & 0 & \cos\psi_1 & \sin\psi_1 & 0 & 1 \\ \cos\phi_{12} & \sin\phi_{12} & \cos\psi_2 & \sin\psi_2 & \cos\psi_2\sin\phi_{12} & 1 \\ \vdots & \vdots & \vdots & \vdots & \vdots & \vdots \\ \cos\phi_{16} & \sin\phi_{16} & \cos\psi_6 & \sin\psi_6 & \cos\psi_6\sin\phi_{16} & 1 \end{pmatrix} \begin{pmatrix} P_1 \\ P_2 \\ \vdots \\ P_6 \end{pmatrix} = \begin{pmatrix} \cos\psi_1 \\ \cos\psi_2\cos\phi_{12} \\ \vdots \\ \cos\psi_6\cos\phi_{16} \end{pmatrix}$$ 可解出 P_1、P_2、$\cdots$、P_6 4）计算 ϕ_1、L_1、f、h、L_3 和 L_2 $$\phi_1 = \arctan(P_5)$$ $$L_1 = -\frac{d}{P_3 \cos\phi_1}$$ $$f = -P_4 L_1 \cos\phi_1$$ $$h = \frac{d(P_1 \tan\phi_1 + P_2)}{P_2 \tan\phi_1 - P_1}$$ $$L_3 = \frac{d - h\tan\phi_1}{P_1}$$ $$L_2 = \sqrt{h^2 + L_1^2 + L_3^2 + f^2 + d^2 - 2 L_1 L_3 P_6 \cos\phi_1}$$

（续）

设计方法		说　明
按从动杆摆角和急回特性设计 RSSR 机构	基本原理	已知主动轴 O_1 与从动轴 O_3 垂直交错（见图 c），两轴中心距 d、摆杆摆角 ψ_0 及行程速比系数 $K=1$。求此空间曲柄摇杆机构的曲柄长度 L_1、连杆长度 L_2、摇杆长度 L_3、O_1 至 ZZ 的距离 h 及 O_3 至 ZZ 的距离 f 按行程速比系数 $K=1$ 的要求，可使摇杆上 B 点的两极限位置 B_1、B_2 连线的延长线 ZZ 通过曲柄轴心 O_1。这个方案有利于机构运转平稳，受力状态良好，也简化设计过程。因为此时 $h=0$，连杆 AB 的两极限位置 A_1B_1、A_2B_2 位于平面 V 和 W 的交线 ZZ 上。且 $L_2 = \overline{A_1B_1} = \overline{A_2B_2} = \overline{A_1O_1} + \overline{O_1B'} - \overline{B_1B'} = \overline{O_1B'} = d$ c) 按急回特性设计RSSR机构
	设计步骤	1）选择曲柄长度 L_1 $L_1 = \dfrac{L_2}{3}$，L_1 小对传动平稳有利 2）计算 L_3 和 f $$L_3 = \frac{\overline{B_1B_2}}{2\sin\dfrac{\psi_0}{2}} = \frac{L_1}{\sin\dfrac{\psi_0}{2}}$$ $$f = L_1 \cot\frac{\psi_0}{2}$$ 3）$L_2 = d$，$h = 0$
按主、从动杆三组对应位置设计 RSSP 机构	基本原理	已知从动滑块的移动导路与主动轴垂直交错（见图 d），又给定主、从动杆三组对应位置 θ_1、θ_2、θ_3 和 s_{D1}、s_{D2}、s_{D3}。求此空间曲柄滑块机构的设计参数 h_1、h_4 和 s_A（选定 l 时）或 l（选定 s_A 时） 此空间曲柄滑块机构的设计方程式为 $$s_{Di}^2 + 2(s_A\cos\alpha_4 + h_1\sin\theta_i\sin\alpha_4)s_{Di} + h_1^2 - l^2 + h_4^2 + s_A^2 + 2h_1h_4\cos\theta_i = 0$$ 由已知条件 $\alpha_4 = 90°$，上式可简化为 $$R_1\cos\theta_i - R_2 s_{Di}\sin\theta_i + R_3 = 0.5 s_{Di}^2$$ 式中 $R_1 = -h_1h_4$，$R_2 = h_1$，$R_3 = 0.5(l^2 - h_1^2 - h_4^2 - s_A^2)$ d) 按三组对应位置设计RSSP机构
	设计步骤	1）将主、从动杆的三组对应位置 θ_1、θ_2、θ_3 和 s_{D1}、s_{D2}、s_{D3} 代入设计计算公式得三个线性方程式 $$R_1\cos\theta_1 - R_2 s_{D1}\sin\theta_1 + R_3 = 0.5 s_{D1}^2$$ $$R_1\cos\theta_2 - R_2 s_{D2}\sin\theta_2 + R_3 = 0.5 s_{D2}^2$$ $$R_1\cos\theta_3 - R_2 s_{D3}\sin\theta_3 + R_3 = 0.5 s_{D3}^2$$ 2）由上述三个线性方程式可解出 R_1、R_2 和 R_3 3）再由 R_1、R_2 和 R_3 等式，在选定 l 后解得机构设计参数 h_1、h_4 和 s_A。或者在选定 s_A 后，解得机构设计参数 h_1、h_4 和 l

第3章 共轭曲线机构设计

1 基本概念

关于瞬心线、共轭曲线、包络线及共轭曲线机构的基本概念见表11.3-1。

表 11.3-1 瞬心线、共轭曲线、包络线及共轭曲线机构的基本概念

瞬心线的相关定义	瞬心	当两构件互做平面相对运动时,在这两构件上绝对速度相同或者说相对速度等于零的瞬时等速重合点称为瞬心
	相对瞬心线	把每一个构件上曾经作为瞬心的各点连接起来,所得到的两条轨迹曲线称为相对瞬心线
	定瞬心线	如果两构件中有一构件为机架,则在机架上的瞬心轨迹曲线称为定瞬心线
	动瞬心线	在运动构件上的瞬心轨迹称为动瞬心线
共轭曲线与包络的概念		所谓共轭曲线(如齿轮齿廓曲线)是指两构件上用以实现给定运动规律的连续相切的一对曲线,两共轭曲线的运动是滚动加滑动。两条曲线中的任意一条曲线都是另一条曲线的包络线。包络线的定义是:若有一条曲线 Γ,它上面的每一点都属于曲线族(这里所称的曲线族是一条在曲线运动过程所占据一系列位置的曲线) $\{K^t\}$ 中唯一的一条曲线 K^t 上的点,而且 Γ 和 K^t 在该点相切,曲线 Γ 称为曲线族 $\{K^t\}$ 的包络线
瞬心线与共轭曲线的形成		如图所示,构件 1 上有曲线 C_1 和 K_1;构件 2 上有曲线 C_2 和 K_2。当 C_1 和 C_2 做纯滚动时,K_1 和 K_2 始终相切,并且做连续带滑的运动。则 C_1 和 C_2 为一对瞬心线,而 K_1 和 K_2 为一对共轭曲线
共轭曲线的特性		共轭曲线有互为包络线的特性。如让构件 2 固定不动,此时 K_2 和 C_2 都固定不动。让 C_1 相对 C_2 做纯滚动,则 K_1 在 K_2 上依次占据 K_1、K_1^1、K_1^2 等位置而形成一个曲线族。由图可见,曲线 K_2 包络了曲线 K_1 的各个位置。称 K_2 为包络线而 K_1 为被包络线。反过来,如果构件 1 固定不动,当 C_2 相对 C_1 做纯滚动时,曲线 K_1 将成为包络线而 K_2 变为被包络线。因此一对共轭曲线也是互为包络线的曲线;从图中也可看到,过一对共轭曲线 K_1、K_2 的接触点 M、M^1、M^2 等画其公法线必定通过 C_1、C_2 两瞬心线的接触切点 P、P^1、P^2 等瞬心
共轭曲线与瞬心线的区别		作为平面运动的一对共轭曲线与一对瞬心线的相同之处是两者都是点接触的高副运动;不同之处是两瞬心线间在接触点处的运动是纯滚动,而共轭曲线间在接触点处的运动是滚动兼滑动
共轭曲线机构的定义		通过共轭曲线来传递运动的机构称为共轭曲线机构
共轭曲线机构的分类		1)定速比传动共轭曲线机构 2)变速比传动共轭曲线机构

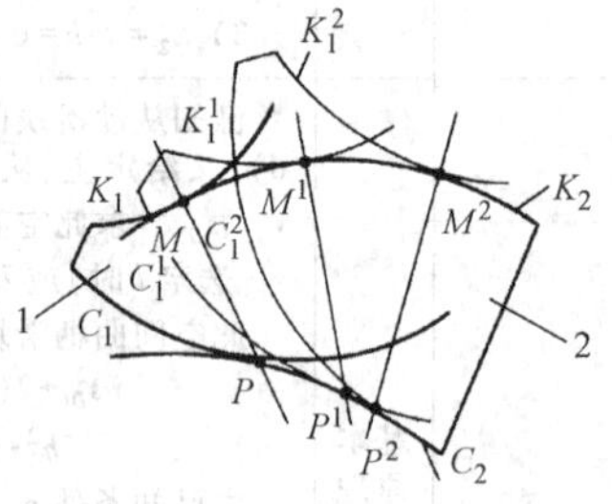

2 定速比传动的共轭曲线机构设计

2.1 坐标转换

坐标变换的意义及公式见表11.3-2。

2.2 共轭曲线的求法

2.2.1 应用包络法求共轭曲线

用包络法求共轭曲线 K_2 见表11.3-3。

表 11.3-2 坐标变换的意义及公式

坐标变换的意义	在机械工程中如空间复杂曲面建模、空间机构的运动关系等都需要坐标变换。在共轭曲线机构设计中,更离不开坐标变换

（续）

| 坐标变换的意义 | 空间同一点在不同坐标系下的运动轨迹是不同的,如车刀车削螺杆[见图 a(i)],刀头与旋转工件接触点 P[图 a(ii)],在机架的固定坐标系下,刀头上的 P 点的运动是沿工件轴向做直线运动,工件上的 P 点是绕工件回转轴线转动。而当观察者站在与刀头固连的动坐标系下,看与旋转工件相固连的动坐标系时,工件上的 P 点既转动又沿直线移动,即做螺旋运动,所以才能加工出螺纹。在确定的坐标系下,空间每一点的坐标是确定的,但在不同的坐标系下,同一点一般有不同的坐标 |

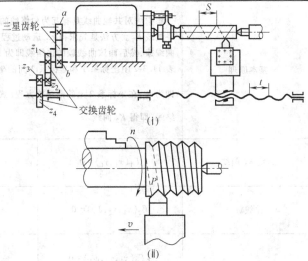

a) 车削螺杆过程的坐标关系

| 已知条件 | 如图 b 所示,齿轮 1、2 分别绕 O_1、O_2 旋转,其中心距为 a,节圆半径为 r_1 和 r_2,节点为 P。齿条 r 的节线在两节圆的公切线位置。xPy 是以节点 P 为原点的固定坐标系,$x_1O_1y_1$、$x_2O_2y_2$、$x_rO_ry_r$ 是分别与齿轮 1、齿轮 2 及齿条 r 固连的坐标系。当齿轮 1 从初始位置起转动 ϕ_1 角时、齿轮 2 从初始位置起转动了 ϕ_2 角,齿条移动了 $r_1\phi_1 = r_2\phi_2$ 距离 |

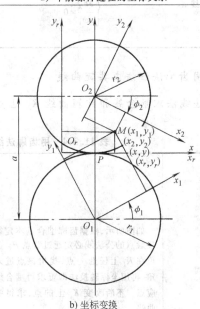

b) 坐标变换

已知坐标		$x_1、y_1$	$x_2、y_2$	$x_r、y_r$	$x、y$
待求坐标	x_1	—	$x_2\cos(\phi_1+\phi_2)+y_2\sin(\phi_1+\phi_2)+a\sin\phi_1$	$(x_r-r_1\phi_1)\cos\phi_1+(y_r+r_1)\sin\phi_1$	$x\cos\phi_1+(y+r_1)\sin\phi_1$
	y_1	—	$-x_2\sin(\phi_1+\phi_2)+y_2\cos(\phi_1+\phi_2)+a\cos\phi_1$	$(-x_r+r_1\phi_1)\sin\phi_1+(y_r+r_1)\cos\phi_1$	$-x\sin\phi_1+(y+r_1)\cos\phi_1$
	x_2	$x_1\cos(\phi_1+\phi_2)-y_1\sin(\phi_1+\phi_2)+a\cos\phi_2$	—	$(x_r-r_2\phi_2)\cos\phi_2-(y_r-r_2)\sin\phi_2$	$x\cos\phi_2-(y-r_2)\sin\phi_2$
	y_2	$x_1\sin(\phi_1+\phi_2)+y_1\cos(\phi_1+\phi_2)-a\cos\phi_2$	—	$(x_r-r_2\phi_2)\sin\phi_2+(y_r-r_2)\cos\phi_2$	$x\sin\phi_2+(y-r_2)\cos\phi_2$
	x_r	$x_1\cos\phi_1-y_1\sin\phi_1+r_1\phi_1$	$x_2\cos\phi_2+y_2\sin\phi_2+r_2\phi_2$	—	$x+r_1\phi_1$
	y_r	$x_1\sin\phi_1+y_1\cos\phi_1-r_1$	$-x_2\sin\phi_2+y_2\cos\phi_2+r_2$	—	y
	x	$x_1\cos\phi_1-y_1\sin\phi_1$	$x_2\cos\phi_2+y_2\sin\phi_2$	$x_r-r_1\phi_1$	—
	y	$x_1\sin\phi_1+y_1\cos\phi_1-r_1$	$-x_2\sin\phi_2+y_2\cos\phi_2+r_2$	y_r	—

注: 表中齿轮 2 也可以是内齿轮, 只要将表中的 r_2、ϕ_2 及 a 都以负值代入即可。

表 11.3-3　用包络法求共轭曲线 K_2

基本原理	根据一对共轭曲线具有互为包络线的性质,当给定其中一条曲线 K_1 时,可用包络法求得另一曲线 K_2。方法是先求得 K_1 运动过程中在与 K_2 固连的坐标系 2 上的一系列位置,得到一个曲线族,然后画该曲线族的包络线即为 K_2。求曲线族方程可以用坐标转换法来完成,即根据表 11.3-2 中坐标系 1 和坐标系 2 间的坐标转换式,将曲线 K_1 式中的 x_1、y_1 代以 x_2、y_2 和 ϕ_1,即为 K_1 在坐标系 2 上的曲线族方程(式中的 $\phi_2 = \phi_1 \dfrac{r_1}{r_2} = \phi_1 i_{21}$)。然后应用微分几何求其包络线,即得 K_2 曲线		
给定 K_1 曲线	$F_1(x_1, y_1) = 0$	$y_1 = y_1(x_1)$	$\begin{cases} x_1 = x_1(u) \\ y_1 = y_1(u) \end{cases}$
曲线族	$F_2(x_2, y_2, \phi_1) = 0$	$y_2 = y_2(x_2, \phi_1)$	$\begin{cases} x_2 = x_2(u, \phi_1) \\ y_2 = y_2(u, \phi_1) \end{cases}$
包络线 K_2	$\begin{cases} F_2(x_2, y_2, \phi_1) = 0 \\ \dfrac{\partial F_2}{\partial \phi_1} = 0 \end{cases}$	$\begin{cases} y_2 = y_2(x_2, \phi_1) \\ \dfrac{\partial y_2}{\partial \phi_1} = 0 \end{cases}$	$\begin{cases} x_2 = x_2(u, \phi_1) \\ y_2 = y_2(u, \phi_1) \\ \dfrac{\partial y_2}{\partial u} \dfrac{\partial x_2}{\partial \phi_1} - \dfrac{\partial y_2}{\partial \phi_1} \dfrac{\partial x_2}{\partial u} = 0 \end{cases}$

2.2.2　应用齿廓法线法求共轭曲线

用齿廓法线法求啮合线和共轭曲线 K_2 见表 11.3-4。

2.2.3　应用卡姆士定理求一对共轭曲线

用卡姆士定理求一对共轭曲线 K_1 和 K_2 见表 11.3-5。

表 11.3-4　用齿廓法线法求啮合线和共轭曲线 K_2

基本原理	如图所示,根据齿廓啮合基本定律,一对共轭齿廓在接触点的公法线必定通过节点 P。当给定 K_1 求 K_2 时,可在 K_1 上任选一点,找出该点进入啮合位置时的 ϕ_1 角,再用坐标转换法即可求得啮合线和 K_2 曲线上的对应点。不断改变 K_1 上的点,求得的即是啮合线和 K_2 曲线		
给定 K_1 曲线	$F_1(x_1, y_1) = 0$	$y_1 = y_1(x_1)$	$\begin{cases} x_1 = x_1(u) \\ y_1 = y_1(u) \end{cases}$
γ	$\tan\gamma = \dfrac{\partial F_1}{\partial x_1} \Big/ \dfrac{\partial F_1}{\partial y_1}$	$\tan\gamma = \dfrac{\mathrm{d}y_1}{\mathrm{d}x_1}$	$\tan\gamma = \dfrac{\mathrm{d}y_1}{\mathrm{d}u} \Big/ \dfrac{\mathrm{d}x_1}{\mathrm{d}u}$
ϕ_1		$\phi_1 = \arcsin\left(\dfrac{x_1\cos\gamma + y_1\sin\gamma}{r_1}\right) - \gamma$	

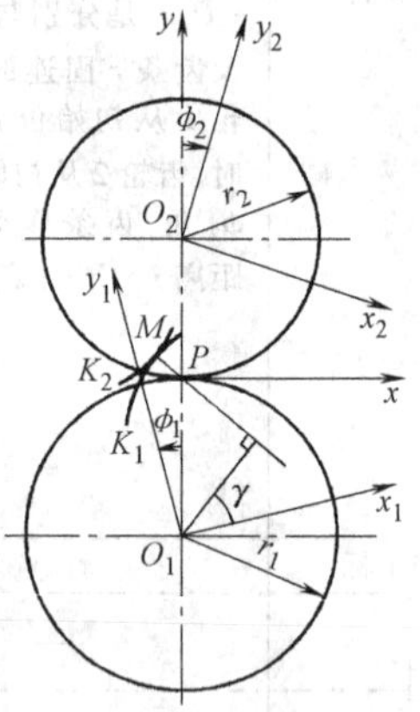

（续）

啮合线	$\begin{cases} x = x_1\cos\phi_1 - y_1\sin\phi_1 \\ y = x_1\sin\phi_1 + y_1\cos\phi_1 - r_1 \end{cases}$
K_1 曲线	$\begin{cases} x_r = x_1\cos\phi_1 - y_1\sin\phi_1 + r_1\phi_1 \\ y_r = x_1\sin\phi_1 + y_1\cos\phi_1 - r_1 \end{cases}$
K_2 曲线[①]	$\begin{cases} x_2 = x_1\cos(\phi_1+\phi_2) - y_1\sin(\phi_1+\phi_2) + a\sin\phi_2 \\ y_2 = x_1\sin(\phi_1+\phi_2) + y_1\cos(\phi_1+\phi_2) - a\sin\phi_2 \end{cases}$

① 理论上齿轮 2 也可以是内齿轮，只要将表中的 a、ϕ_2 都用负值来代入即可。

表 11.3-5　用卡姆士定理求一对共轭曲线 K_1 和 K_2

基本原理	如图所示，应用卡姆士定理，当 C_1、C_2 和 C_r 三条节线互相滚动时，如给出齿条齿廓曲线 K_r，则由 K_r 求得的两条共轭曲线 K_1 和 K_2 一定也互相共轭。这是用齿条形刀具加工一对共轭齿廓的通用方法。但是应该注意的是当展成 K_1 和 K_2 时，K_r 必须采用不同侧的实体刀具 $K_r^{(1)}$ 或 $K_r^{(2)}$ 来加工	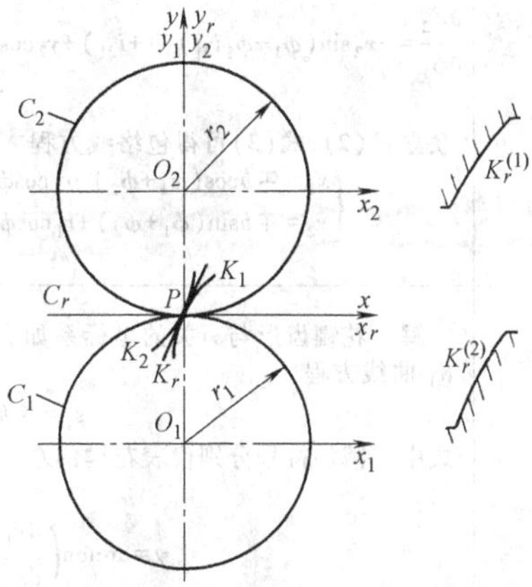

给定 K_r 曲线	$F_r(x_r, y_r) = 0$	$y_r = y_r(x_r)$	$\begin{cases} x_r = x_r(u) \\ y_r = y_r(u) \end{cases}$
γ	$\tan\gamma = -\dfrac{\partial F_r}{\partial x_r}\Big/\dfrac{\partial F_r}{\partial y_r}$	$\tan\gamma = \dfrac{\mathrm{d}y_r}{\mathrm{d}x_r}$	$\tan\gamma = \dfrac{\mathrm{d}y_r}{\mathrm{d}u}\Big/\dfrac{\mathrm{d}x_r}{\mathrm{d}u}$
ϕ_1		$\phi_1 = \dfrac{x_r + y_r\tan\gamma}{r_1}$	
啮合线		$\begin{cases} x = -y_r\tan\gamma \\ y = y_r \end{cases}$	
K_1 曲线		$\begin{cases} x_1 = (x_r - r_1\phi_1)\cos\phi_1 + (y_r + r_1)\sin\phi_1 \\ y_1 = (-x_r + r_1\phi_1)\sin\phi_1 + (y_r + r_1)\cos\phi_1 \end{cases}$	
K_2 曲线[①]		$\begin{cases} x_2 = (x_r - r_2\phi_2)\cos\phi_2 - (y_r - r_2)\sin\phi_2 \\ y_2 = (x_r - r_2\phi_2)\sin\phi_2 + (y_r - r_2)\cos\phi_2 \end{cases}$	

① 理论上齿轮 2 也可以是内齿轮，只要将表中的 r_2、ϕ_2 都用负值来代入即可。当然从加工的角度看，内齿轮是不能用齿条形刀具切制的。

2.2.4　设计实例

设计实例见表 11.3-6。

2.3　过渡曲线

过渡曲线见表 11.3-7。

表 11.3-6　设计实例

题目	求与矩形花键共轭的插齿刀齿廓方程

应用包络线法求解	**解**　花键齿形及有关的坐标系如图所示,各坐标系都处于起始位置,花键齿廓方程为 $$F_1 = x_1 \pm b = 0 \qquad (1)$$ 式中　加减符号分别代表花键的左、右齿廓 　　将表 11.3-2 中的 $x_1 = x_2\cos(\phi_1+\phi_2)+y_2\sin(\phi_1+\phi_2)+a\sin\phi_1$ 代入式(1)得 $$F_2(x_2,y_2,\phi_1)=x_2\cos(\phi_1+\phi_2)+y_2\sin(\phi_1+\phi_2)+a\sin\phi_1 \pm b=0$$ 因为 $\phi_2=\phi_1\dfrac{r_1}{r_2}=\phi_1 i_{21}$, 所以 $$F_2(x_2,y_2,\phi_1)=x_2\cos(\phi_1+\phi_1 i_{21})+y_2\sin(\phi_1+\phi_1 i_{21})+a\sin\phi_1 \pm b=0 \qquad (2)$$ 于是 $$\frac{\partial F_2}{\partial \phi_1}=-x_2\sin(\phi_1+\phi_1 i_{21})(1+i_{21})+y_2\cos(\phi_1+\phi_1 i_{21})(1+i_{21})+a\cos\phi_1=0 \qquad (3)$$ 联立式(2)、式(3)可得包络线方程 $$\begin{cases} x_2 = \mp b\cos(\phi_1+\phi_2)-r_1\cos\phi_1\sin(\phi_1+\phi_2)+a\sin\phi_2 \\ y_2 = \mp b\sin(\phi_1+\phi_2)+r_1\cos\phi_1\cos(\phi_1+\phi_2)-a\cos\phi_2 \end{cases}$$	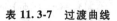
应用齿廓法线法求解	**解**　花键齿形与有关的坐标系如右图所示, 应用表 11.3-4 可得 K_1 曲线方程 $$x_1 = \mp b$$ 式中　减加符号分别代表花键的左、右齿廓 及 $$\gamma=\arctan\left(\frac{dy_1}{dx_1}\right)=\frac{\pi}{2}$$ 故 $$\phi_1=\arcsin\left(\frac{x_1\cos\gamma+y_1\sin\gamma}{r_1}\right)-\gamma=\arcsin\left(\frac{y_1}{r_1}\right)-\frac{\pi}{2}$$ 或 $$y_1=r_1\cos\phi_1$$ 啮合线方程 $$\begin{cases} x=\mp b\cos\phi_1-r_1\sin\phi_1\cos\phi_1 \\ y=\mp b\sin\phi_1-r_1\sin^2\phi_1 \end{cases}$$ K_2 曲线方程 $$\begin{cases} x_2=\mp b\cos(\phi_1+\phi_2)-r_1\cos\phi_1\sin(\phi_1+\phi_2)+a\sin\phi_2 \\ y_2=\mp b\sin(\phi_1+\phi_2)+r_1\cos\phi_1\cos(\phi_1+\phi_2)-a\cos\phi_2 \end{cases}$$ 显然, 用齿廓法线法求得的 K_2 曲线方程与用包络线法求得的结果相同	

表 11.3-7　过渡曲线

过渡曲线的概念	用展成法加工齿轮时,刀具齿顶在被加工齿轮 1 的轮齿根部形成一条曲线,将齿廓共轭曲线段和齿根圆弧段连接起来,这段曲线称为过渡曲线,如图 a 中的 FG 段	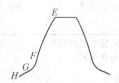 EF—共轭曲线段　GH—齿根圆弧段　FG—过渡曲线段 a)

（续）

刀具形状	刀齿顶部形成的过渡曲线	过渡曲线方程
轮形	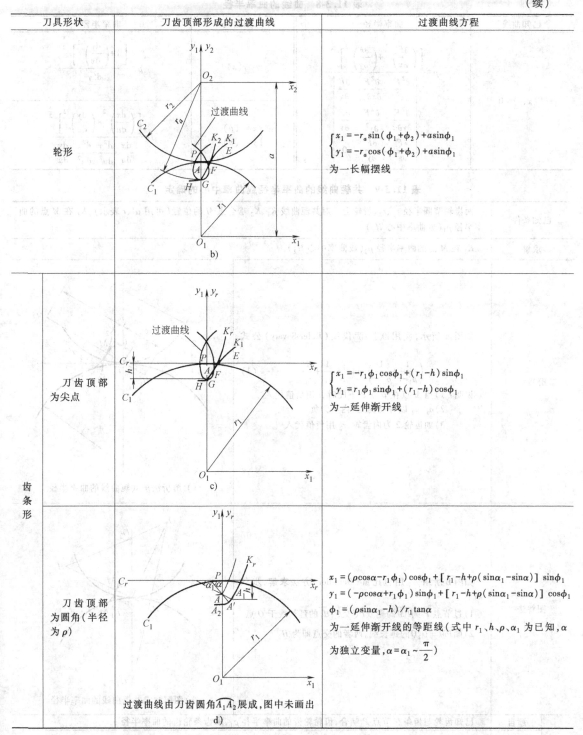	$\begin{cases} x_1 = -r_a\sin(\phi_1+\phi_2)+a\sin\phi_1 \\ y_1 = -r_a\cos(\phi_1+\phi_2)+a\sin\phi_1 \end{cases}$ 为一长幅摆线
齿条形 · 刀齿顶部为尖点		$\begin{cases} x_1 = -r_1\phi_1\cos\phi_1+(r_1-h)\sin\phi_1 \\ y_1 = r_1\phi_1\sin\phi_1+(r_1-h)\cos\phi_1 \end{cases}$ 为一延伸渐开线
刀齿顶部为圆角（半径为 ρ）		$x_1 = (\rho\cos\alpha-r_1\phi_1)\cos\phi_1+[r_1-h+\rho(\sin\alpha_1-\sin\alpha)]\sin\phi_1$ $y_1 = (-\rho\cos\alpha+r_1\phi_1)\sin\phi_1+[r_1-h+\rho(\sin\alpha_1-\sin\alpha)]\cos\phi_1$ $\phi_1 = (\rho\sin\alpha_1-h)/r_1\tan\alpha$ 为一延伸渐开线的等距线（式中 r_1、h、ρ、α_1 为已知，α 为独立变量，$\alpha=\alpha_1\sim\dfrac{\pi}{2}$） 过渡曲线由刀齿圆角 $\overset{\frown}{A_1A_2}$ 展成，图中未画出 d)

2.4 共轭曲线的曲率半径及其关系

已知不同形式的齿廓曲线方程，由表 11.3-8 可求得曲线上各点的曲率半径。一般情况下，齿廓曲线 K_1 方程比较简单，故 ρ_1 容易求，有时甚至于可不用公式计算，直接从齿形上获得。而齿廓曲线 K_2 的方程往往比较复杂，用表 11.3-8 求 ρ_2 就更复杂。表 11.3-9 给出了不通过 K_2 方程，直接由 ρ_1 求 ρ_2 的方法。

表 11.3-8 曲线的曲率半径

已知曲线	曲率半径	已知曲线	曲率半径
$F(x,y)=0$	$$\rho=\dfrac{\left[\left(\dfrac{\partial F}{\partial x}\right)^2+\left(\dfrac{\partial F}{\partial y}\right)^2\right]^{\frac{3}{2}}}{\begin{vmatrix}\dfrac{\partial^2 F}{\partial x^2}&\dfrac{\partial^2 F}{\partial x\partial y}&\dfrac{\partial F}{\partial x}\\[6pt]\dfrac{\partial^2 F}{\partial y\partial x}&\dfrac{\partial^2 F}{\partial y^2}&\dfrac{\partial F}{\partial y}\\[6pt]\dfrac{\partial F}{\partial x}&\dfrac{\partial F}{\partial y}&0\end{vmatrix}}$$	$y=y(x)$	$$\rho=\dfrac{\left[1+\left(\dfrac{dy}{dx}\right)^2\right]^{\frac{3}{2}}}{\dfrac{d^2y}{dx^2}}$$
		$\begin{cases}x=x(u)\\y=y(u)\end{cases}$	$$\rho=\dfrac{\left[\left(\dfrac{dx}{du}\right)^2+\left(\dfrac{dy}{du}\right)^2\right]^{\frac{3}{2}}}{\dfrac{dx}{du}\times\dfrac{d^2y}{du^2}-\dfrac{d^2x}{du^2}\times\dfrac{dy}{du}}$$

表 11.3-9 共轭曲线的曲率半径或曲率中心的确定

已知条件	两齿轮节圆半径 r_1、r_2,齿轮上一对共轭曲线 K_1、K_2 啮合点 M 的位置(可用 α'、r 表示),K_1 在 M 点的曲率半径 ρ_1(或曲率中心 H_1)
求解	K_2 在 M 点的曲率半径 ρ_2(或曲率中心 H_2)

解析法	如图 a 所示,应用欧拉-萨伐里(Euler-Savary)公式求解 $$\left(\frac{1}{\rho_1-r}+\frac{1}{\rho_2+r}\right)\sin\alpha'=\frac{1}{r_1}+\frac{1}{r_1}\qquad(1)$$ 说明:1)当 M 点在节点 P 下面时,r 用负值代入 2)ρ_1、ρ_2 以外凸为正,内凹为负 3)如齿轮 2 为内齿轮,r_2 用负值代入	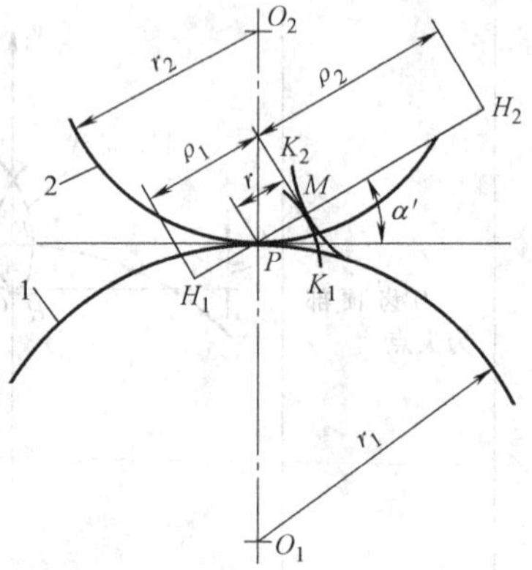 a)解析法求共轭曲线的曲率半径
图解法	如图 b 所示,应用包比雷(Bobillier)方法求解,步骤如下 1)过节点 P 画 $\overline{PM}$ 的垂线 PQ 交 $\overline{O_1H_1}$ 的延长线于 Q 点 2)画 $\overline{PM}$ 与 $\overline{O_2Q}$ 的延长线,两者的交点即为 H_2	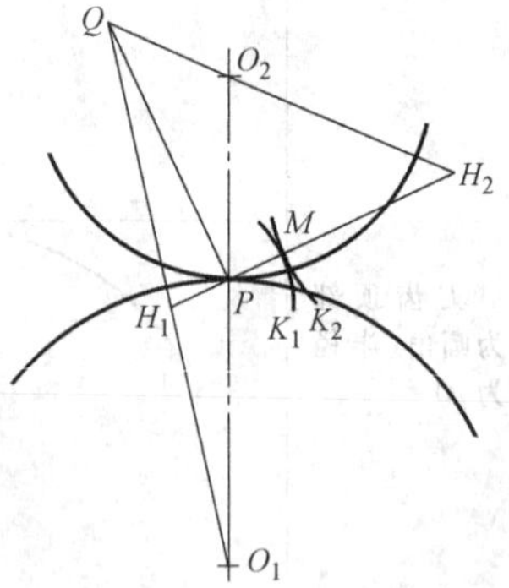 b)图解法求共轭曲线的曲率半径

例题	题目	已知齿轮与齿条在节点 P 啮合,齿轮轮齿的曲率半径 ρ_1,求齿条轮齿的曲率半径 ρ_r
	解析法	**解** 将图 a 中的齿轮 2 改成齿条 r,则从啮合点到节点的距离 $r=0$,$r_r\to\infty$,故式(1)可改写成 $$\left(\frac{1}{\rho_1}+\frac{1}{\rho_r}\right)\sin\alpha'=\frac{1}{r_1}$$

（续）

解析法		或 $$\rho_r = \frac{\rho_1 r_1 \sin\alpha'}{\rho_1 - r_1 \sin\alpha'}$$ 比较 ρ_1 和 $r_1\sin\alpha'$ 的大小，有以下三种情况： 1) 当 $\rho_1 > r_1\sin\alpha'$ 时，$\rho_r>0$，K_r 外凸 2) 当 $\rho_1 = r_1\sin\alpha'$ 时，$\rho_r\to\infty$，K_r 可以是直线 3) 当 $\rho_1 < r_1\sin\alpha'$ 时，$\rho_r<0$，K_r 内凹
例题	图解法	**解** 图 c 中，齿轮轮齿的曲率中心为 H_1，用图解法求得了齿条轮齿的曲率中心 H_r 的位置，与解析法得到的结果是一致的 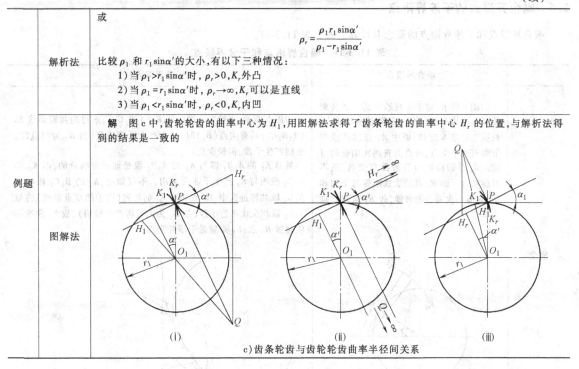 c) 齿条轮齿与齿轮轮齿曲率半径间关系

2.5 啮合角、压力角、滑动系数和重合度

一对共轭齿廓在传递运动过程中，具有啮合角、压力角、滑动系数及重合度等一些质量指标。这些质量指标的定义、作用和计算公式见表 11.3-10。

表 11.3-10 啮合角、压力角、滑动系数和重合度

名称	啮合角 α'	压力角 α	滑动系数 U	重合度 ε	
定义	共轭齿廓过啮合点 M 的公法线与两节圆公切线所夹的锐角	轮齿受力点的法线与该点速度 v_{M2} 方向间所夹的锐角	在 dt 时间内，K_1、K_2 上啮合点移动的弧长为 ds_1 和 ds_2，则 $$U_1 = \frac{ds_1 - ds_2}{ds_1}$$ $$U_2 = \frac{ds_2 - ds_1}{ds_2}$$	一对共轭齿廓从开始啮合到终止啮合，在一个轮上所转角度与该轮一个齿距对应的圆心角之比	
作用	啮合角越大，轮轴受力也越大，啮合角波动对轮轴受力平稳性有影响	压力角越大，轮齿传递运动的有效分离越小	滑动系数是衡量轮齿磨损难易的一个质量指标	ε 越大，同时啮合的轮齿对数越多，为了连续传动，应使 $\varepsilon>1$	
计算公式	$\alpha' = \left\| \arctan\dfrac{y}{x} \right\|$	$\alpha = \left\| \dfrac{\arccos \dfrac{x_2 x_2' + y_2 y_2'}{\sqrt{x_2^2+y_2^2}\sqrt{x_2'^2+y_2'^2}}}{} \right\|$	$$U_1 = \frac{(1+i_{21})l}{l+r_1}$$ $$U_2 = \frac{(1+i_{12})l}{l-r_2}$$ $$l = y+s\frac{x'}{y'}$$	对于任意齿廓曲线，应通过电算求解	

注：1. 表中 $x=x(u)$、$y=y(u)$ 为啮合点 M 的坐标，$x'=\dfrac{dx}{du}$，$y'=\dfrac{dy}{du}$。同样，$x_2=x_2(u)$、$y_2=y_2(u)$ 为 K_2 上 M 点坐标，$x_2'=\dfrac{dx_2}{du}$、$y_2'=\dfrac{dy_2}{du}$，$i_{12}=\dfrac{r_2}{r_1}$、$i_{21}=\dfrac{r_1}{r_2}$。

2. 这里压力角 α 的计算是对从动轮 2 来说的，主动轮的压力角从略。

2.6　啮合界限点的干涉界限点

啮合界限点和干涉界限点的概念及计算公式见表 11.3-11。

表 11.3-11　啮合界限点和干涉界限点

啮合界限点	干涉界限点
如图 a 所示,对于任意给定的一条齿廓曲线 K_1,其上各点不一定都能参与啮合。根据啮合基本定律,图中 A_1 点的法线与节圆有两个交点,理论上有两次啮合的可能。C_1 点的法线与节圆没有交点,就不可能啮合。而 B_1 点的法线刚好与节圆相切,只有一次啮合的可能,故 B_1 点就是啮合界限点	如图 b 所示,当给定齿廓曲线 $K_1(A_1B_1C_1)$,求得的共轭曲线 $K_2$$(A_2B_2C_2)$ 具有尖点(B_2)时,就会产生干涉现象(当 B_2 为拐点时,也能产生干涉,但较少见) 虽然 K_1 的 A_1B_1 段与 K_2 的 A_2B_2 段是能正常啮合的,但 K_2 的 B_2C_2 段因与 K_1 产生干涉而无用。不仅如此,K_1 的 B_1C_1 段在与 B_2C_2 段共轭过程中,C_1 点相对 K_2 的轨迹(图中的双点画线)将与 A_2B_2 段相交也产生干涉(如 K_1 为刀具将产生根切),故 K_1 曲线不应超过 B_1 点,B_1 点就是干涉界限点

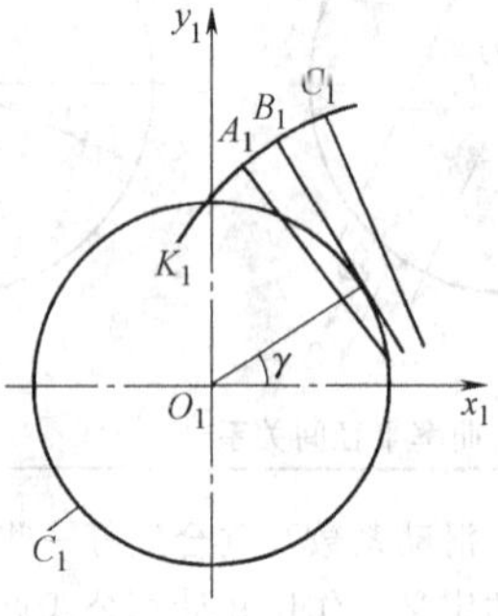

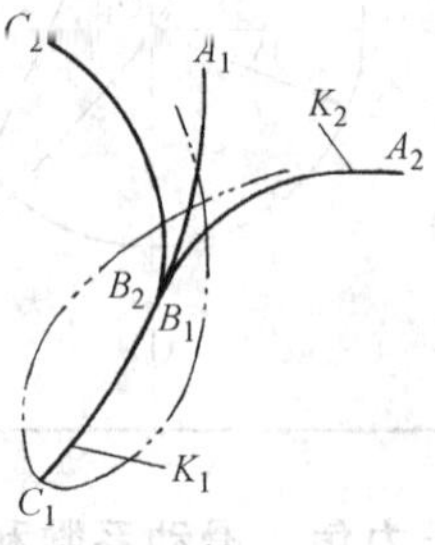

a)　　　　　　　　　　b)

啮合情况	齿轮与齿轮	齿轮与齿条		齿轮与齿轮	齿轮与齿条	
已知	K_1	K_1	K_r	K_1	K_1	K_r
计算公式	$x_1\cos\gamma+y_1\sin\gamma=r_1$ 式中的 γ 可利用表 11.3-4 根据 K_1 的表达式求解。将上式与 K_1 方程联解,即得啮合界限点	由于齿条的节圆是直线,齿廓的法线与其交点只有一点,且在理论上都能相交,故没有啮合界限点		根据干涉界限点的概念,其曲率 $k_2=\infty$,可得 $[y_1-i_{21}(a\cos\phi_1-y_1)]$ $\dfrac{\mathrm{d}\phi_1}{\mathrm{d}u}-\dfrac{\mathrm{d}x_1}{\mathrm{d}u}=0$ 或 $[x_1-i_{21}(a\sin\phi_1-x_1)]$ $\dfrac{\mathrm{d}\phi_1}{\mathrm{d}u}+\dfrac{\mathrm{d}y_1}{\mathrm{d}u}=0$ 与 K_1 方程联解,即得干涉界限点	根据曲率 $k_r=\infty$ 可得 $(y_1-r_1\cos\phi_1)\dfrac{\mathrm{d}\phi_1}{\mathrm{d}u}-$ $\dfrac{\mathrm{d}x_1}{\mathrm{d}u}=0$ 或 $(x_1-r_1\sin\phi_1)\dfrac{\mathrm{d}\phi_1}{\mathrm{d}u}+$ $\dfrac{\mathrm{d}y_1}{\mathrm{d}u}=0$ 与 K_1 方程联解,即得干涉界限点	根据曲率 $k_1=\infty$ 可得 $y_r\dfrac{\mathrm{d}\phi_1}{\mathrm{d}u}+\dfrac{\mathrm{d}x_r}{\mathrm{d}u}=0$ 或 $(r_1\phi_1-x_r)\dfrac{\mathrm{d}\phi_1}{\mathrm{d}u}+\dfrac{\mathrm{d}y_r}{\mathrm{d}u}=0$ 与 K_r 方程联解,即得干涉界限点
说明	1. K_1 已知时,根据 $x_1=x_1(u)$、$y_1=y_1(u)$,利用表 11.3-4 可求得 $\phi_1=\phi_1(u)$ 2. K_r 已知时,根据 $x_r=x_r(u)$、$y_r=y_r(u)$,利用表 11.3-5 可求得 $\phi_1=\phi_1(u)$ 3. 干涉界限点也是待求齿廓的尖点,其曲率 $k=\infty$,滑动系数 $U=\infty$ 4. 对于已知齿廓,如果其上没有奇点(尖点),则一般没有干涉界限点(与待求齿廓奇点啮合的对应点除外),否则该奇点就是已知齿廓的干涉界限点 5. 对于已知齿廓不一定都有啮合界限点,如渐开线齿廓就没有啮合界限点					

（续）

例题	题目	求矩形花键与其共轭齿廓的啮合界限点和干涉界限点
	求解过程	**解**　在本章 2.2.4 节的例题中根据给定的 K_1 曲线（$x_1 = \mp b, y_1 = u$），已求得 $\gamma = \dfrac{\pi}{2}$、$\phi_1 = \arccos \dfrac{u}{r_1}$，从本表中啮合界限点的计算式 $x_1 \cos\gamma + y_1 \sin\gamma = r_1$ 得 $y_1 = r_1$，故得啮合界限点 $x_1 = \mp b, y_1 = r_1$ 及对应的 $\phi_1 = 0$，如图 c 中的 H 点。显然，在初始位置过 H 点画齿廓的法线刚好和节圆 C_1 相切于节点 P。根据干涉界限点的条件式 $$\left[x_1 - i_{21}(a\sin\phi_1 - x_1) \right] \dfrac{\mathrm{d}\phi_1}{\mathrm{d}u} + \dfrac{\mathrm{d}y_1}{\mathrm{d}u} = 0$$ 其中，$\dfrac{\mathrm{d}x_1}{\mathrm{d}u} = 0$，$\dfrac{\mathrm{d}y_1}{\mathrm{d}u} = 1$，$\dfrac{\mathrm{d}\phi_1}{\mathrm{d}u} = -\dfrac{1}{r_1 \sin\phi_1}$ 得干涉界限点 $x_1 = \mp b$，$y_1 = u = r_1 \sqrt{1 - \left[\dfrac{a(i + i_{21})}{r_1(2 + i_{21})} \right]^2}$。这里 $y_1 < r_1$，即干涉界限点 I 位于啮合界限点 H 的下边，如图 c(ii) 所示。设 $b = 10\mathrm{mm}$、$r_1 = 50\mathrm{mm}$，传动比 $i = 1$，可得 $u = 49.554\mathrm{mm}$，还可算得 $\phi_1 = \mp 7.66°$。这就是说干涉界限点 I 要从图 c(i) 的初始位置旋转 $7.66°$ 后才进入啮合位置（左、右两侧齿廓转向不同）。另外 I 与 H 点是很接近的，花键齿廓的实际可用范围应在 I 点以下 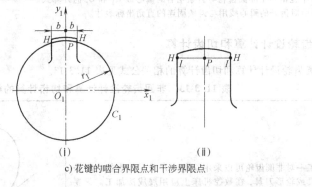 c）花键的啮合界限点和干涉界限点

3　变速比传动的非圆齿轮设计

非圆齿轮具有非圆形的瞬心线（节曲线），一对非圆齿轮传动时，两瞬心线做纯滚动，故可实现变速比传动。它比连杆机构结构紧凑、传动平稳，且能实现连续的单向周期运动。非圆齿轮也能和槽轮机构、连杆机构等其他机构组合，起到减小振动、改善运动特性等作用。

3.1　非圆齿轮瞬心线计算的一般方法

非圆齿轮瞬心线计算公式见表 11.3-12。

表 11.3-12　非圆齿轮的瞬心线

基本概念	瞬心线是两条做纯滚动的曲线。对于一对非圆齿轮来说，两瞬心线 C_1、C_2 的接触点即瞬心 P 必然始终在 O_1、O_2 连线上。一般以极坐标表示两瞬心线，θ 和 r 分别为极角和向径。根据不同的已知条件可求得 C_1、C_2			

已知条件	中心距 a			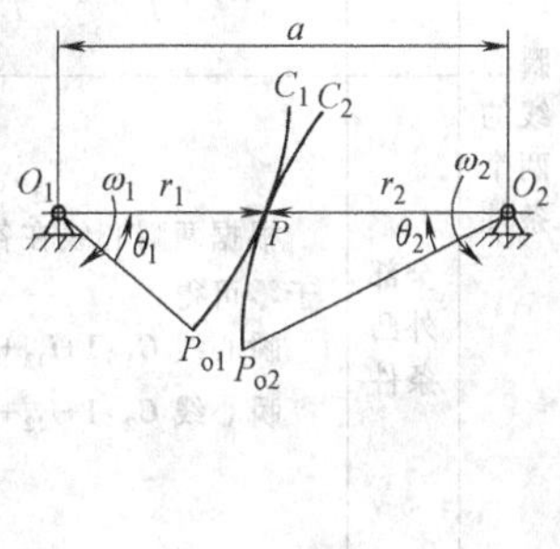
	$i_{12} = i_{12}(\theta_1)$	$\theta_2 = \theta_2(\theta_1)$	$r_1 = r_1(\theta_1)$	
一对非圆齿轮传动 瞬心线 C_1	$r_1 = \dfrac{a}{i_{12} + 1} = r_1(\theta_1)$	$r_1 = \dfrac{a\dfrac{\mathrm{d}\theta_2}{\mathrm{d}\theta_1}}{\dfrac{\mathrm{d}\theta_2}{\mathrm{d}\theta_1} + 1} = r_1(\theta_1)$	$r_1 = r_1(\theta_1)$	
瞬心线 C_2	$\begin{cases} r_2 = a - r_1 = r_2(\theta_1) \\ \theta_2 = \displaystyle\int_0^{\theta_1} \dfrac{\mathrm{d}\theta_1}{i_{12}} = \theta_2(\theta_1) \end{cases}$	$\begin{cases} r_2 = a - r_1 = r_2(\theta_1) \\ \theta_2 = \theta_2(\theta_1) \end{cases}$	$\begin{cases} r_2 = a - r_1 = r_2(\theta_1) \\ \theta_2 = \displaystyle\int_0^{\theta_1} \dfrac{r_1}{a - r_1} \mathrm{d}\theta_1 = \theta_2(\theta_1) \end{cases}$	

（续）

已知条件	a			
	$v_r = v_r(\theta_1)$	$s_r = s_r(\theta_1)$	$r_1 = r_1(\theta_1)$	

非圆齿轮与齿条传动

瞬心线 C_1	$r_1 = \dfrac{v_r}{\omega_1} = r_1(\theta_1)$	$r_1 = \dfrac{ds_r}{d\theta_1} = r_1(\theta_1)$	$r_1 = r_1(\theta_1)$

瞬心线 C_r

$$\begin{cases} x_r = \displaystyle\int_0^{\theta_1} r_1 d\theta_1 = x_r(\theta_1) \\ y_r = r_1 - a = y_r(\theta_1) \end{cases}$$

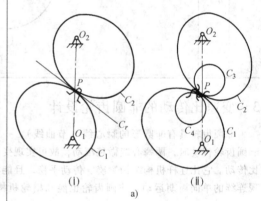

说明

1. 角速度 $\omega_1 = -\dfrac{d\theta_1}{dt}$、$\omega_2 = -\dfrac{d\theta_2}{dt}$，角速比 $i_{12} = \dfrac{\omega_1}{\omega_2} = \dfrac{d\theta_1}{d\theta_2}$

2. s_r 和 v_r 分别为齿条的位移和速度

注：1. 表中也给出了非圆齿轮与齿条啮合时瞬心线 C_1 和 C_r 的计算式。
    2. 表中对齿条的瞬心线用与齿条固连的直角坐标表述。

3.2 非圆齿轮设计计算和切齿计算

有关非圆齿轮设计计算和切齿计算的相关公式见表 11.3-13。

表 11.3-13   非圆齿轮设计计算和切齿计算的相关公式

| 用展成法加工一对非圆齿轮的原理 | 加工一对非圆齿轮可以采用切制渐开线圆柱齿轮的齿条形刀具或轮形刀具，在数控机床上应用展成法加工。只要使刀具的瞬心线与非圆齿轮的瞬心线保持滚动即可。用同一把齿条形刀具可以加工出一对非圆齿轮[见图 a(i)]。但用轮形插齿刀加工时，一般得用两把轮形插齿刀 3 和 4 分别加工齿轮 1 和 2[见图 a(ii)]。当然这两把插刀也可相同，或者就是同一把刀。这样加工得到的一对非圆齿轮也能共轭，可用卡姆士定理推广加以证明 | 图 a |

		内容	说明
瞬心线的两个条件	封闭条件	1. 角速比函数 $i_{12} = i_{12}(\theta_1)$ 必须是周期函数 2. 两瞬心线的周期数 n_1、n_2 必须都是整数 $n_1 = \dfrac{T_1}{T}$、$n_2 = \dfrac{T_2}{T}$	T—$i_{12}(\theta_1)$ 的周期 T_1、T_2—两轮的回转周期
	全部外凸条件	根据两瞬心线在各点的曲率半径 ρ_1 和 ρ_2 都大于零可得 瞬心线 C_1：$1 + i_{12} + i''_{12} \geqslant 0$ 瞬心线 C_2：$1 + i_{12} + (i'_{12})^2 - i_{12} i''_{12} \geqslant 0$	$\rho_1 = a \dfrac{[(1+i_{12})^2 + (i'_{12})^2]^{\frac{3}{2}}}{(1+i_{12})^3(1+i_{12}+i''_{12})}$ $\rho_2 = a \dfrac{i_{12}[(1+i_{12})^2 + (i'_{12})^2]^{\frac{3}{2}}}{(1+i_{12})^3[1+i_{12}+(i'_{12})^2-i_{12}i''_{12}]}$ i'_{12}、i''_{12} 分别为 i_{12} 对 θ_1 的一阶和二阶导数（$i'_{12} > 0$）

（续）

项目		定义及设计内容	计算公式及附图	说明
非圆齿轮的齿形角、压力角、模数和齿数	齿形角 α	齿廓啮合点的公法线 N_{12} 与瞬心线的公切线 tt 间所夹锐角，也即齿条形刀具的齿形角，一般为 20°	 b)	非圆齿轮的齿形角实质是圆齿轮在分度圆上的压力角 非圆齿轮的压力角与圆齿轮的压力角定义也不同（后者见表 11.3-10） 左边式中的 $i'_{12}=\dfrac{\mathrm{d}(i_{12})}{\mathrm{d}\theta_1}$ α_{12} 有正、负，当 N_{12} 偏到 v_P 的另一侧时 α_{12} 为负 注意：1）计算 α_{12max} 时，应以绝对值计算 2）当 $\tan\mu_1$ 小于零时，μ_1 取第二象限
	压力角 α_{12}	在节点啮合时，公法线 N_{12} 与节点 P 的速度 v_P 间的夹角 为了使轮齿间有良好的受力状态，应使 $\alpha_{12max}\leqslant 65°$	$\alpha_{12}=\mu_1+\alpha-\dfrac{\pi}{2}$ $\tan\mu_1=r_1\Big/\dfrac{\mathrm{d}r_1}{\mathrm{d}\theta_1}=-\dfrac{1+i_{12}}{i'_{12}}$	
	模数 m	为了避免根切，应控制最大模数 m_{max}	$m_{max}=2\rho_{min}/z_{min}$ 当 $\alpha=20°$、$h_a^*=1$ 时 $m_{max}=0.117\rho_{min}$	用轮形插齿刀加工时，为了避免轮齿顶切，最好使插齿刀齿数 $z_c>17$ （ρ_{min} 为瞬心线的最小曲率半径）
	齿数 z	因为瞬心线的周长 s 和 m、z 都有关，所以 s 的计算必须保证 m 为标准值，z 为整数	$s=n_i\displaystyle\int_0^{\frac{360}{n_i}}\sqrt{r^2+\left(\dfrac{\mathrm{d}r}{\mathrm{d}\theta}\right)^2}\,\mathrm{d}\theta$ $=\pi mz$	设计时由瞬心线 $r=r(\theta)$ 初算 s 值，从而确定 m 与 z。反过来再修正瞬心线的原始参数（如椭圆齿轮的偏心距和中心距等） 对于一对全等的椭圆齿轮，为了便于叠在一起加工，齿数应为奇数 $n_i(i=1、2)$ 为轮 1 或轮 2 的周期数（详见 3.3.2 卵形齿轮传动）

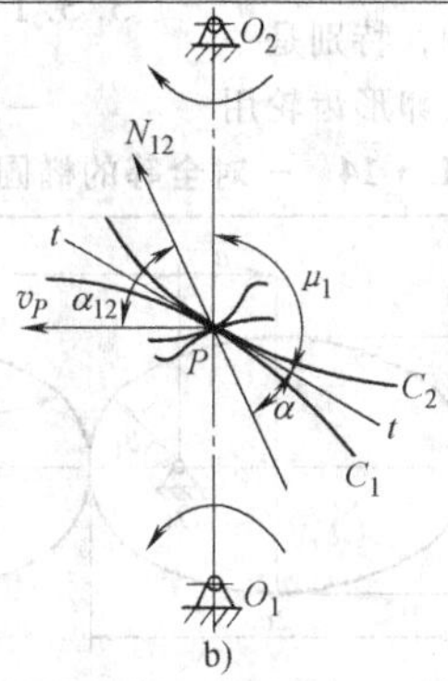

步骤		内容	计算公式	附图与说明
应用数控机床加工非圆齿轮时的数值计算法	1	先将非圆齿轮瞬心线的总周长 s 分成 n 个等份，每小段弧长为 Δs，然后确定一个 s_i 值	$\Delta s=s/n$ $s_i=i\Delta s$ $(i=1、2、3、\cdots、n)$	工件与插齿刀的两条瞬心线由初始位置到任意位置滚过的弧长为 $\overset{\frown}{C_0C}$ 和 $\overset{\frown}{C_0'C}$，显然 $\overset{\frown}{C_0C}$ 和 $\overset{\frown}{C_0'C}=s_i$ 图 c 中工件的转动轴心为 O_1，插齿刀轴心相对工件的初始位置为 O_0。任意位置为 O，对应的中心距为 a_0 和 a 图中 C_0 和 C 为两瞬心线的切点，对应的工件向径为 r_0 和 r，极角为 θ，r_g 为插齿刀的节圆（瞬心线）半径
	2	根据给定工件的瞬心线 $r=r(\theta)$，用迭代法由 s_i 求得对应的 θ 角	$s_i=\displaystyle\int_0^\theta\sqrt{r^2+\left(\dfrac{\mathrm{d}r}{\mathrm{d}\theta}\right)^2}\,\mathrm{d}\theta$	
	3	求与 θ 角对应的 ϕ 角（工件转角）	$\phi=\theta-(\gamma-\gamma_0)$ $\gamma=\arctan\dfrac{r_g\cos\mu}{r+r_g\sin\mu}$ $\mu=\arctan\left(r\Big/\dfrac{\mathrm{d}r}{\mathrm{d}\theta}\right)$ $\gamma_0=\arctan\dfrac{r_g\cos\mu_0}{r+r_g\sin\mu_0}$ $\mu_0=\arctan\left(r\Big/\dfrac{\mathrm{d}r}{\mathrm{d}\theta}\right)_{\theta=0}$	
	4	求插齿刀的转角 ψ（相对于插齿刀和非圆齿轮的回转轴心连线）	$\psi=\varepsilon-(\beta-\beta_0)$ $\varepsilon=s_i/r_g$ $\beta=\arctan\dfrac{r\cos\mu}{r_g+r\sin\mu}$ $\beta_0=\arctan\dfrac{r_0\cos\mu_0}{r_g+r_0\sin\mu_0}$	
	5	求中心距 a	$a=r\cos\gamma+r_g\cos\beta$	
	6	改变 i 值，重复上面计算，可求得 n 组的 ϕ、ψ 和 a 值。将这些数值换算成相应的脉冲数输入到数控机床中去即可		c)

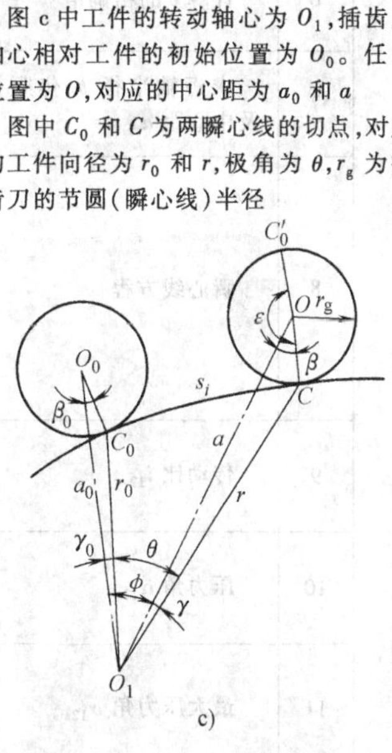

3.3　椭圆齿轮

椭圆齿轮是非圆齿轮中最常用的一种，特别是一对全等的椭圆齿轮，作为椭圆齿轮变形的卵形齿轮用得也较多。

3.3.1　一对全等的椭圆齿轮传动

一对全等的椭圆齿轮传动见表 11.3-14。

表 11.3-14　一对全等的椭圆齿轮传动

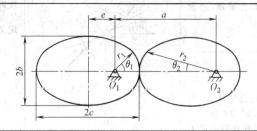

步骤	内容	计算公式	说明
1	根据从动件变速范围 K 确定偏心率 $\lambda = \dfrac{e}{c}$	$K = \dfrac{\omega_{2max}}{\omega_{2min}}\left(\dfrac{1+\lambda}{1-\lambda}\right)^2 \quad \lambda = \dfrac{\sqrt{K}-1}{\sqrt{K}+1}$	K 按工作条件选定，为了使运转平稳，一般 $K \leqslant 5$
2	为了确定模数 m 与齿数 z，先求椭圆的最小曲率半径 ρ_{min}	$\rho_{min} = c(1-\lambda^2)$	c 可按结构尺寸初步选定
3	求不产生根切的最大模数 m_{max}	$m_{max} = \dfrac{2\rho_{min}}{17}$	对于齿形角 $\alpha = 20°$ 的正常齿圆柱齿轮来说，不产生根切的最少齿数为 17
4	初算椭圆瞬心线的周长 s	$s = 4cE \quad E = \displaystyle\int_0^{\frac{\pi}{2}} \sqrt{1-k^2\sin^2\psi}\,\mathrm{d}\psi$	式中 $k = \lambda$，E 可根据 $\arcsin k$ 查表 11.3-16
5	确定 m 与 z，反过来计算 s 的精确值	$s = \pi m z$	应使 $m < m_{max}$，且为标准值，z 必须是整数。为了加工方便，最好还是奇数
6	计算 c 的精确值	$c = \dfrac{s}{4E}$	必要的话，重新验算 ρ_{min} 与 m_{max}
7	求短轴半径 b、焦距 e 及中心距 a	$b = c\sqrt{1-\lambda^2}$、$e = \lambda c$、$a = 2c$	
8	瞬心线方程	$r_1 = \dfrac{c(1-\lambda^2)}{1+\lambda\cos\theta_1} = r_1(\theta_1)$ $\begin{cases} r_2 = a - r_1 = \dfrac{c(1+2\lambda\cos\theta_1+\lambda^2)}{1+\lambda\cos\theta_1} = r_2(\theta_1) \\ \theta_2 = 2\arctan\left(\dfrac{1-\lambda}{1+\lambda}\tan\dfrac{\theta_1}{2}\right) = \theta_2(\theta_1) \end{cases}$	
9	传动比 i_{12}	$i_{12} = \dfrac{\omega_1}{\omega_2} = \dfrac{r_2}{r_1} = \dfrac{1+2\lambda\cos\theta_1+\lambda^2}{1-\lambda^2}$	
10	压力角 α_{12}	$\alpha_{12} = \arctan\left(\dfrac{1+\lambda\cos\theta_1}{\lambda\sin\theta_1}\right) + \alpha - 90°$	一般 $\alpha = 20°$。求压力角 α_{12} 时，负值的反正切取第二象限
11	最大压力角 α_{12max}	$\alpha_{12max} = \arctan\left(-\dfrac{\sqrt{1-\lambda^2}}{\lambda}\right) + \alpha - 90°$	$\alpha_{12max} \leqslant 65°$（这里 α_{12max} 以绝对值计算）

（表左侧纵向文字：一对全等椭圆齿轮的设计计算）

（续）

题目	设计一对全等椭圆齿轮传动,要求变速范围 $K=4$,中心距 a 为 100mm 左右

| 例题 | 解题过程 | **解**　按以下步骤进行

1) 根据从动件变速范围 K 确定偏心率

$$\lambda=\frac{\sqrt{K}-1}{\sqrt{K}+1}=\frac{\sqrt{4}-1}{\sqrt{4}+1}=\frac{1}{3}$$

2) 初选长半径 $c=50\text{mm}$,则椭圆的最小曲率半径

$$\rho_{\min}=c(1-\lambda^2)=50\times\left[1-\left(\frac{1}{3}\right)^2\right]\text{mm}=44.44\text{mm}$$

3) 不产生根切的最大模数

$$m_{\max}=2\rho_{\min}/17=(2\times44.44/17)\text{mm}=5.229\text{mm}$$

4) 初算椭圆瞬心线的周长 s
根据 $\arcsin k(k=\lambda)$ 查表 11.3-16 得 $E=1.5262$,于是

$$s=4cE=4\times50\times1.5262\text{mm}=305.24\text{mm}$$

5) 根据 $s=\pi mz$ 确定

$$m=3.5\text{mm}\,(m<m_{\max})$$
$$z=28$$

反过来可算出 s 的精确值

$$s=\pi mz=3.1416\times3.5\times28\text{mm}=307.88\text{mm}$$

6) 计算 c 的精确值

$$c=s/4E=[307.88/(4\times1.5262)]\text{mm}=50.43\text{mm}$$

7) 短轴半径

$$b=c\sqrt{1-\lambda^2}=50.43\times\sqrt{1-\frac{1}{9}}\text{mm}=47.55\text{mm}$$
$$\text{焦距}\ e=\lambda c=\frac{1}{3}\times50.43\text{mm}=16.81\text{mm}$$
$$\text{中心距}\ a=2c=2\times50.43\text{mm}=100.86\text{mm}$$

8) 最大压力角

$$\alpha_{12\max}=\arctan\left(-\frac{\sqrt{1-\lambda^2}}{\lambda}\right)+\alpha-90°=\arctan\left(-\frac{\sqrt{1-\frac{1}{9}}}{\frac{1}{3}}\right)+20°-90°=39.47°<65°\,(\text{这里取齿形角}\ \alpha=20°)$$

9) 瞬心线方程 $r_1(\theta_1)$、$r_2(\theta_1)$、$\theta_2(\theta_1)$ 及相应的传动比 $i_{12}(\theta_1)$ 和压力角 $\alpha_{12}(\theta_1)$ 的计算式如下

$$r_1=\frac{c(1-\lambda^2)}{1+\lambda\cos\theta_1}=\frac{50.43\times\left(1-\frac{1}{9}\right)}{1+\frac{1}{3}\cos\theta_1}=\frac{134.48}{3+\cos\theta_1}$$

$$\theta_2=2\arctan\left(\frac{1-\lambda}{1+\lambda}\tan\frac{\theta_1}{2}\right)=2\arctan\left(\frac{1-\frac{1}{3}}{1+\frac{1}{3}}\tan\frac{\theta_1}{2}\right)=2\arctan\left(\frac{\tan\frac{\theta_1}{2}}{2}\right)$$

$$r_2=a-r_1=100.86-r_1$$

$$i_{12}=\frac{r_2}{r_1}$$

$$\alpha_{12}=\arctan\left(\frac{1+\lambda\cos\theta_1}{\lambda\sin\theta_1}\right)+\alpha-90°=\arctan\left(\frac{1+\frac{1}{3}\cos\theta_1}{\frac{1}{3}\sin\theta_1}\right)+20°-90°=\arctan\left(\frac{3+\cos\theta_1}{\sin\theta_1}\right)-70°\,(\text{这里取}\ \alpha=20°)$$ |

（续）

		对于不同的 θ_1 值，相应的各个参数如下										
		$\theta_1/(°)$	r_1/mm	$\theta_2/(°)$	r_2/mm	i_{12}	$\alpha_{12}/(°)$	$\theta_1/(°)$	r_1/mm	$\theta_2/(°)$	r_2/mm	i_{12}	$\alpha_{12}/(°)$
例题	解题过程	0.0	33.62	0.00	67.24	2.00	20.00	190.0	66.74	199.85	34.13	0.51	24.93
		10.0	33.75	5.01	67.11	1.99	17.50	200.0	65.27	218.85	35.59	0.55	29.43
		20.0	34.14	10.08	66.73	1.95	15.04	210.0	63.02	236.37	37.84	0.60	33.18
		30.0	34.79	15.26	66.08	1.90	12.63	220.0	60.20	252.10	40.66	0.68	36.05
		40.0	35.71	20.63	65.15	1.82	10.31	230.0	57.05	266.01	43.81	0.77	38.00
		50.0	36.92	26.25	63.95	1.73	8.12	240.0	53.79	278.21	47.07	0.88	39.11
		60.0	38.42	32.20	62.44	1.63	6.10	250.0	50.60	288.94	50.27	0.98	39.47
		70.0	40.24	38.59	60.62	1.51	4.30	260.0	47.58	298.42	53.28	1.12	39.21
		80.0	42.38	45.52	58.49	1.38	2.76	270.0	44.83	306.87	56.04	1.25	38.43
		90.0	44.80	53.13	56.01	1.26	1.57	280.0	42.38	314.48	58.49	1.38	37.24
		100.0	47.58	61.58	53.28	1.12	0.79	290.0	40.24	321.41	60.62	1.51	35.70
		110.0	50.60	71.06	50.27	0.99	0.53	300.0	38.42	327.80	62.44	1.63	33.90
		120.0	53.79	81.79	47.07	0.87	0.89	310.0	36.92	333.75	63.95	1.73	31.88
		130.0	57.05	93.99	43.81	0.77	2.00	320.0	35.71	339.37	65.15	1.82	29.69
		140.0	60.20	107.90	40.66	0.68	3.95	330.0	34.79	344.74	66.08	1.90	27.37
		150.0	63.02	123.63	37.84	0.60	6.81	340.0	34.14	349.92	66.73	1.95	24.96
		160.0	65.27	141.15	35.59	0.55	10.57	350.0	33.75	354.99	67.11	1.99	22.50
		170.0	66.74	160.15	34.13	0.51	15.08	360.0	33.62	360.00	67.24	2.00	20.00
		180.0	67.24	180.00	33.62	0.50	20.00	—	—	—	—	—	—

3.3.2　卵形齿轮传动

卵形齿轮传动见表 11.3-15。

表 11.3-15　卵形齿轮传动

卵形齿轮是椭圆齿轮的变形，是通过保留椭圆齿轮径向长度不变，把极角缩小 n_i 倍得到的。n_i 也称为周期数。如 $n_i=1$ 为原始椭圆。$n_i=2$、3、4 分别为二叶、三叶和四叶卵形齿轮。其转动中心位于形心。图 a 给出了二叶和三叶两种卵形齿轮。椭圆齿轮可以和卵形齿轮啮合；卵形齿轮与卵形齿轮也可啮合，因此可以有多种组合。其传动特点是从动件变速范围大而运转平稳

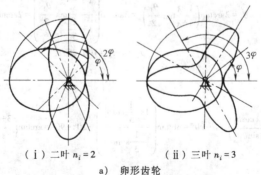

（ⅰ）二叶 $n_i=2$　　　　　（ⅱ）三叶 $n_i=3$

a)　卵形齿轮

（续）

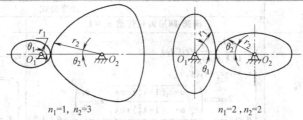

$n_1=1,\ n_2=3$　　　　　　　$n_1=2,\ n_2=2$

b) 椭圆-卵形齿轮传动　　　　　　c) 卵形齿轮传动

步骤	内容		计算公式	
			椭圆-卵形齿轮传动 $n_1=1$	卵形齿轮传动 $n_1=n_2=n$
1	根据传动比 i 选定极角缩小倍数（即周期数）n_1、n_2		$i=\dfrac{z_2}{z_1}=\dfrac{n_2}{n_1}=n_2$	$i=\dfrac{z_2}{z_1}=\dfrac{n_2}{n_1}=1$
2	瞬心线不出现内凹时,主动轮的极限偏心率 λ_{1max}	主动轮不出现内凹时	主动轮为椭圆,不会出现内凹	$\lambda_{1max}=\dfrac{1}{n_2^2-1}$
		从动轮不出现内凹时	$\lambda_{1max}=\dfrac{1}{\sqrt{n_2^2-1}}$ 如 $n_2=1$,则 λ_1 为任何值时都不会出现内凹	$\lambda_{1max}=\dfrac{1}{\sqrt{n^4-2n^2+1}}$
3	瞬心线不出现内凹时的最大变速范围 K_{max} $K=\dfrac{\omega_{2max}}{\omega_{2min}}$		$K_{max}=\dfrac{(1+\lambda_{1max})(\sqrt{n_2^2-1}+\lambda_{1max})}{(1-\lambda_{1max})(\sqrt{n_2^2-1}-\lambda_{1max})}$ $n_2=2,\ K_{max}=7.46$ $n_2=3,\ K_{max}=2.69$	—
4	在变速范围 $K<K_{max}$ 的条件下,选定偏心率 λ_1、λ_2		$K=\dfrac{\omega_{2max}}{\omega_{2min}}=\dfrac{(1+\lambda_1)(1+\lambda_2)}{(1-\lambda_1)(1-\lambda_2)}$ $\lambda_2=\dfrac{\lambda_1}{\sqrt{1+(n_2^2-1)(1-\lambda_1^2)}}$	$K=\dfrac{\omega_{2max}}{\omega_{2min}}=\left(\dfrac{1+\lambda_1}{1-\lambda_1}\right)^2$ $\lambda_2=\lambda_1$
5	为了确定模数 m 与齿数 z,先求椭圆的曲率半径 ρ_{min}。长半径 c_1 可根据结构尺寸初步选定		当 $\lambda_1<\lambda_{1max}$ 时 $\rho_{1min}=c_1(1-\lambda_1^2)$ $\rho_{2min}=\dfrac{c_1(1-\lambda_1^2)\lambda_2 n_2^2}{\lambda_1[1+\lambda_2(n_2^2-1)]}$	当 $\lambda_1<\lambda_{1max}$ 时 $\rho_{1min}=\dfrac{c_1(1-\lambda_1^2)}{1+\lambda_1(n^2-1)}$ $\rho_{2min}=\rho_{1min}$
6	求不产生根切的最大模数 m_{max}		$m_{max}=\dfrac{2\rho_{min}}{17}$	
7	初算瞬心线的周长		$s_1=4Ec_1$ E 可根据 $\arcsin k$ 查表 11.3-16,$k=\lambda_1$	$s_1=4Ec_1\sqrt{1+(n^2-1)\lambda_1^2}$ E 可根据 $\arcsin k$ 查表 11.3-16, $k=\dfrac{n\lambda_1}{\sqrt{1+(n^2-1)\lambda_1^2}}$
8	确定 m、z,应使 $m<m_{max}$,且为标准值,z 必须是整数,反过来计算 s 的精确值		$z_2=iz_1$ [①] $s_1=\pi m z_1$ $s_2=is_1$	
9	计算 c_1、c_2 的精确值		$c_1=\dfrac{s_1}{4E}$ $c_2=c_1\lambda_1/\lambda_2$	$c_1=\dfrac{s_1}{4E\sqrt{1+(n^2-1)\lambda_1^2}}$ $c_2=c_1$
10	中心距 a		$a=c_1(\lambda_1+\lambda_2)/\lambda_2$	$a=2c_1$

卵形齿轮的设计计算

（续）

步骤	内容	计算公式	
		椭圆-卵形齿轮传动 $n_1 = 1$	卵形齿轮传动 $n_1 = n_2 = n$
11	瞬心线方程	$\begin{cases} r_1 = \dfrac{c_1(1-\lambda_1^2)}{1+\lambda_1\cos\theta_1} = r_1(\theta_1) \\ r_2 = a - r_1 = r_2(\theta_1) \\ \theta_2 = \dfrac{2\arctan\left(\sqrt{\dfrac{a-c_1(1-\lambda_1^2)-a\lambda_1}{a-c_1(1-\lambda_1^2)+a\lambda_1}}\tan\dfrac{\theta_1}{2}\right)}{n_2} = \theta_2(\theta_1) \end{cases}$	$\begin{cases} r_1 = \dfrac{c_1(1-\lambda_1^2)}{1+\lambda_1\cos n\theta_1} = r_1(\theta_1) \\ r_2 = a - r_1 = r_2(\theta_1) \\ \theta_2 = \dfrac{2\arctan\left(\dfrac{1-\lambda_1}{1+\lambda_1}\tan\dfrac{n\theta_1}{2}\right)}{n} = \theta_2(\theta_1) \end{cases}$
12	瞬时传动比 i_{12}	$i_{12} = \dfrac{\omega_1}{\omega_2} = \dfrac{r_2}{r_1}$	
13	压力角 α_{12}[②]	$\alpha_{12} = \arctan\left(\dfrac{1+\lambda_1\cos\theta_1}{\lambda_1\sin\theta_1}\right) + \alpha - 90°$	$\alpha_{12} = \arctan\left(\dfrac{1+\lambda_1\cos n\theta_1}{n\lambda_1\sin n\theta_1}\right) + \alpha - 90°$
		一般 $\alpha = 20°$	
14	最大压力角 α_{12max}	$\alpha_{12max} = \arctan\left(\dfrac{\sqrt{1-\lambda_1^2}}{\lambda_1}\right) + \alpha - 90°$	$\alpha_{12} = \arctan\left(\dfrac{\sqrt{1-\lambda_1^2}}{n\lambda_1}\right) + \alpha - 90°$
		$\alpha_{12max} \leqslant 65°$[③]	
		一般 $\alpha = 20°$	

例题	题目	设计一对卵形齿轮传动，要求传动比 $i=1$，周期数 $n=2$，变速范围 $K=2.8$ 左右，中心距 $a=100$mm 左右
	解题过程	**解** 按以下步骤进行设计 1）主动轮不出现内凹时主动轮的极限偏心率 $$\lambda_{1max} = \frac{1}{n^2-1} = \frac{1}{2^2-1} = \frac{1}{3}$$ 从动轮不出现内凹时主动轮的极限偏心率 $$\lambda_{1max} = \frac{1}{\sqrt{n^4-2n^2+1}} = \frac{1}{\sqrt{2^4-2\times2^2+1}} = \frac{1}{3}$$ 2）根据 $K = \left(\dfrac{1+\lambda_1}{1-\lambda_1}\right)^2$、$\lambda_1 = \dfrac{\sqrt{K}-1}{\sqrt{K}+1} = \dfrac{\sqrt{2.8}-1}{\sqrt{2.8}+1} = 0.252$ 取 $\lambda_1 = 0.25 < \lambda_{1max}$ 实际的 $K = \left(\dfrac{1+\lambda_1}{1-\lambda_1}\right)^2 = \left(\dfrac{1+0.25}{1-0.25}\right)^2 = 2.78$ 3）初选长半径 $c_1 = 50$mm，则椭圆的最小曲率半径 $$\rho_{1min} = \rho_{2min} = \frac{c_1(1-\lambda_1^2)}{1+\lambda_1(n^2-1)} = \frac{50\times(1-0.25^2)}{1+0.25\times(2^2-1)}\text{mm} = 26.79\text{mm}$$ 4）不产生根切的最大模数 $$m_{max} = \frac{2\rho_{min}}{17} = \frac{2\times26.79}{17}\text{mm} = 3.15\text{mm}$$ 5）初算瞬心线周长 s_1 $$k = \frac{n\lambda_1}{\sqrt{1+(n^2-1)\lambda_1^2}} = \frac{2\times0.25}{\sqrt{1+(2^2-1)\times0.25^2}} = 0.45883$$ $$\arcsin k = \arcsin 0.45883 = 27.312°$$ 查表 11.3-16 可得 $E = 1.4845$，初算瞬心线周长 $$s_1 = 4Ec_1\sqrt{1+(n^2-1)\lambda_1^2} = 4\times1.4845\times50\times\sqrt{1+(2^2-1)\times0.25^2}\text{mm} = 323.544\text{mm}$$ 6）根据 s_1 选定模数和齿数，再精算 s_1，选 $$m = 2.5\text{mm} < m_{max}$$ $$z_1 = z_2 = 42$$ 则 $s_1 = s_2 = \pi m z_1 = \pi\times2.5\times42\text{mm} = 329.87\text{mm}$ 7）精算长半径 $$c_1 = c_2 = \frac{s_1}{4E\sqrt{1+(n^2-1)\lambda_1^2}} = \frac{329.87}{4\times1.4845\times\sqrt{1+(2^2-1)\times0.25^2}}\text{mm} = 50.98\text{mm}$$

（续）

8）中心距　　　　　　　　　$a = 2c_1 = 2 \times 50.98\text{mm} = 101.96\text{mm}$

9）最大压力角

$$\alpha_{12\max} = \arctan\left(-\frac{\sqrt{1-\lambda_1^2}}{n\lambda_1}\right) + \alpha - 90° = \arctan\left(-\frac{\sqrt{1-0.25^2}}{2 \times 0.25}\right) + 20° - 90°$$

$$= 47.31° < 65°（这里取齿形角 \alpha = 20°）$$

10）瞬心线方程 $r_1(\theta_1)$、$r_2(\theta_1)$、$\theta_2(\theta_1)$ 及相应的传动比 $i_{12}(\theta_1)$ 和压力角 $\alpha_{12}(\theta_1)$ 的计算式如下

$$r_1 = \frac{c_1(1-\lambda_1^2)}{1+\lambda_1\cos n\theta_1} = \frac{50.98 \times (1-0.25^2)}{1+0.25\cos 2\theta_1}\text{mm} = \frac{191.18}{4+\cos 2\theta_1}\text{mm}$$

$$\theta_2 = \frac{2\arctan\left(\frac{1-\lambda_1}{1+\lambda_1}\tan\frac{n\theta_1}{2}\right)}{n} = \frac{2\arctan\left(\frac{1-0.25}{1+0.25}\tan\frac{2\theta_1}{2}\right)}{2} = \arctan(0.6\tan\theta_1)$$

$$r_2 = a - r_1 = 101.96\text{mm} - r_1$$

$$i_{12} = \frac{r_2}{r_1}$$

$$\alpha_{12} = \arctan\left(\frac{1+\lambda_1\cos n\theta_1}{n\lambda_1\sin n\theta_1}\right) + \alpha - 90° = \arctan\left(\frac{1+0.25\cos 2\theta_1}{2 \times 0.25\sin 2\theta_1}\right) + 20° - 90°$$

$$= \arctan\left(\frac{4+\cos 2\theta_1}{2\sin 2\theta_1}\right) - 70°　（这里取 \alpha = 20°）$$

对于不同的 θ_1 值，相应的各个参数如下

$\theta_1/(°)$	r_1/mm	$\theta_2/(°)$	r_2/mm	i_{12}	$\alpha_{12}/(°)$	$\theta_1/(°)$	r_1/mm	$\theta_2/(°)$	r_2/mm	i_{12}	$\alpha_{12}/(°)$
0.00	38.23	0.00	63.72	1.67	20.00	190.00	38.70	186.04	63.26	1.63	12.12
10.00	38.70	6.04	63.26	1.63	12.12	200.00	40.11	192.32	61.85	1.54	4.90
20.00	40.11	12.32	61.85	1.54	4.90	210.00	42.48	199.11	59.47	1.40	-1.05
30.00	42.48	19.11	59.47	1.40	-1.05	220.00	45.80	206.72	56.15	1.23	-5.26
40.00	45.80	26.72	56.15	1.23	-5.26	230.00	49.96	215.57	52.00	1.04	-7.24
50.00	49.96	35.57	52.00	1.04	-7.24	240.00	54.62	226.10	47.34	0.87	-6.33
60.00	54.62	46.10	47.34	0.87	-6.33	250.00	59.11	238.76	42.84	0.72	-1.68
70.00	59.11	58.76	42.84	0.72	-1.68	260.00	62.47	253.62	39.49	0.63	7.40
80.00	62.47	73.62	39.49	0.63	7.40	270.00	63.72	270.00	38.23	0.60	20.00
90.00	63.72	90.00	38.23	0.60	20.00	280.00	62.47	286.38	39.49	0.63	32.60
100.00	62.47	106.38	39.49	0.63	32.60	290.00	59.11	301.24	42.84	0.72	41.68
110.00	59.11	121.24	42.84	0.72	41.68	300.00	54.62	313.90	47.34	0.87	46.33
120.00	54.62	133.90	47.34	0.87	46.33	310.00	49.96	324.43	52.00	1.04	47.24
130.00	49.96	144.43	52.00	1.04	47.24	320.00	45.80	333.28	56.15	1.23	45.26
140.00	45.80	153.28	56.15	1.23	45.26	330.00	42.48	340.89	59.47	1.40	41.05
150.00	42.48	160.89	59.47	1.40	41.05	340.00	40.11	347.68	61.85	1.54	35.10
160.00	40.11	167.68	61.85	1.54	35.10	350.00	38.70	353.96	63.26	1.63	27.88
170.00	38.70	173.96	63.26	1.63	27.88	360.00	38.23	360.00	63.72	1.67	20.00
180.00	38.23	180.00	63.72	1.67	20.00	—	—	—	—	—	—

① 这里的传动比 i 是轮 1 与轮 2 转速之比。
② 求压力角 α_{12} 时，负值的反正切取第二象限。
③ 这里 $\alpha_{12\max}$ 为其绝对值。

表 11.3-16　椭圆积分数值表 $E = \int_0^{\frac{\pi}{2}} \sqrt{1-k^2\sin^2\psi}\,\mathrm{d}\psi$

$\arcsin k$ $/(°)$	E	$\arcsin k$ $/(°)$	E	$\arcsin k$ $/(°)$	E	$\arcsin k$ $/(°)$	E	$\arcsin k$ $/(°)$	E	$\arcsin k$ $/(°)$	E
0	1.5708	15	1.5442	30	1.4675	45	1.3506	60	1.2111	75	1.0764
1	1.5707	16	1.5405	31	1.4608	46	1.3418	61	1.2015	76	1.0686
2	1.5703	17	1.5367	32	1.4539	47	1.3329	62	1.1920	77	1.0611
3	1.5697	18	1.5326	33	1.4469	48	1.3238	63	1.1826	78	1.0538
4	1.5689	19	1.5283	34	1.4397	49	1.3147	64	1.1732	79	1.0468
5	1.5678	20	1.5238	35	1.4323	50	1.3055	65	1.1638	80	1.0401
6	1.5665	21	1.5191	36	1.4248	51	1.2963	66	1.1545	81	1.0338
7	1.5649	22	1.5141	37	1.4171	52	1.2870	67	1.1453	82	1.0278
8	1.5632	23	1.5090	38	1.4092	53	1.2776	68	1.1362	83	1.0223
9	1.5611	24	1.5037	39	1.4013	54	1.2681	69	1.1272	84	1.0172
10	1.5589	25	1.4981	40	1.3931	55	1.2587	70	1.1184	85	1.0127
11	1.5564	26	1.4924	41	1.3849	56	1.2492	71	1.1096	86	1.0086
12	1.5537	27	1.4864	42	1.3765	57	1.2397	72	1.1011	87	1.0053
13	1.5507	28	1.4803	43	1.3680	58	1.2301	73	1.0927	88	1.0026
14	1.5476	29	1.4740	44	1.3594	59	1.2206	74	1.0844	89	1.0008

例题　解题过程

3.4 偏心圆齿轮

3.4.1 一对全等的偏心圆齿轮传动

一对全等的偏心圆齿轮传动见表 11.3-17。

3.4.2 偏心圆齿轮与非圆齿轮传动

偏心圆齿轮与非圆齿轮传动见表 11.3-18。

表 11.3-17 一对全等的偏心圆齿轮传动

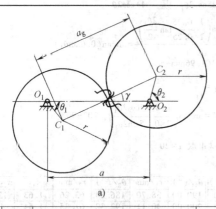

a) b)

	步骤	内容	计算公式	说明
一对全等偏心圆齿轮的设计计算	1	选定模数 m 和齿数 z，计算分度圆半径 r	$z_1=z_2=z$ $r=mz/2$	齿轮各部尺寸可按标准圆柱齿轮计算
	2	根据角速度变化范围 K 确定偏心率 λ	$K=\frac{\omega_{2\max}}{\omega_{2\min}}\approx\left(\frac{1+\lambda}{1-\lambda}\right)^2$ $\lambda\approx\frac{\sqrt{K}-1}{\sqrt{K}+1}\leqslant\lambda_{\max}$	$\lambda_{\max}$ 受重合度 ε 的限制，可根据图 b 查取
	3	偏心距 e	$e=\lambda r$	$e=O_1C_1=O_2C_2$
	4	标准中心距 a_0	$a_0=mz$	
	5	安装中心距 a	$a=\sqrt{a_0^2+4e^2}=a_0\sqrt{1+\lambda^2}$	
	6	几何中心距 a_g	$a_g=a\cos\gamma$ $\gamma=\arctan\left(\frac{2e\sin\theta_1}{a+2e\cos\theta_1}\right)$	齿轮传动过程中，几何中心距是随主动轮转角 θ_1 而变动的，a 为其最大值，a_0 为最小值
	7	当 $a_g=a_0$ 时的 γ 和 θ_1	$\gamma'=\gamma_{\max}=\arcsin\left(\frac{2e}{a}\right)$ $\theta_1'=\gamma_{\max}+\frac{\pi}{2}$	此时为无侧隙啮合
	8	当 $a_g=a$ 时的 γ 和 θ_1	$\gamma''=0°$ $\theta_1''=0°$或$180°$	此时具有最大的侧隙
	9	瞬时传动比 i_{12}	$i_{12}=\frac{\omega_1}{\omega_2}=\frac{a^2+4ae\cos\theta_1+4e^2}{a^2-4e^2}=i_{12}(\theta_1)$	当 $\theta_1=0°$时，$i_{12}=i_{12\max}=\frac{a+2e}{a-2e}$ $\theta_1=180°$时，$i_{12}=i_{12\min}=\frac{a-2e}{a+2e}$ $\theta_1=\gamma_{\max}+\frac{\pi}{2}$时，$i_{12}=1$
	10	角速度变化范围 K 的精确值	$K=\left(\frac{a+2e}{a-2e}\right)^2$	

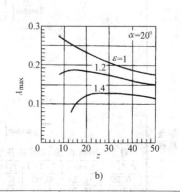

（续）

题目	设计一全等偏心圆齿轮，要求变速范围 $K=1.5$，中心距 a 为 100mm 左右

<table>
<tr><td rowspan="2">例题</td><td rowspan="2">解题过程</td><td>

解

1）根据要求的中心距选定 $m=2\text{mm}$，$z=50$，则

$$r=mz/2=(2\times50/2)\,\text{mm}=50\text{mm}$$

2）偏心率和偏心距

$$\text{偏心率 } \lambda\approx\frac{\sqrt{K}-1}{\sqrt{K}+1}=\frac{\sqrt{1.5}-1}{\sqrt{1.5}+1}=0.101$$

$$\text{偏心距 } e=\lambda r=0.101\times50\text{mm}=5.05\text{mm}$$

查本表中图 b 可见重合度 $\varepsilon>1.4$

3）标准中心距和安装中心距

$$\text{标准中心距 } a_0=mz=2\times50\text{mm}=100\text{mm}$$

$$\text{安装中心距 } a=a_0\sqrt{1+\lambda^2}=100\times\sqrt{1+0.101^2}\,\text{mm}=100.51\text{mm}$$

4）当几何中心距 $a_g=a_0$ 时的转角 θ_1' 和当 $a_g=a$ 时的转角 θ_1''

$$\theta_1'=\arcsin\left(\frac{2e}{a}\right)+\frac{\pi}{2}=\arcsin\left(\frac{2\times5.05}{100.51}\right)+\frac{\pi}{2}=95.667°\text{或}264.333°$$

$$\theta_1''=0°\text{或}180°$$

5）瞬时传动比 i_{12} 的最大值和最小值

$$i_{12\max}=\frac{a+2e}{a-2e}=\frac{100.51+2\times5.05}{100.51-2\times5.05}=1.223$$

$$i_{12\min}=\frac{a-2e}{a+2e}=\frac{100.51-2\times5.05}{100.51+2\times5.05}=0.817$$

6）变速范围的精确值

$$K=\left(\frac{a+2e}{a-2e}\right)^2=\left(\frac{100.51+2\times5.05}{100.51-2\times5.05}\right)^2=1.496$$

7）几何中心距 $a_g(\theta_1)$ 和瞬时传动比 $i_{12}(\theta_1)$ 的计算式

$$a_g=a\cos\gamma=100.51\cos\gamma$$

$$\gamma=\arctan\left(\frac{2e\sin\theta_1}{a+2e\cos\theta_1}\right)=\arctan\left(\frac{2\times5.05\sin\theta_1}{100.51+2\times5.05\cos\theta_1}\right)=\arctan\left(\frac{\sin\theta_1}{9.95+\cos\theta_1}\right)$$

$$i_{12}=\frac{a^2+4ae\cos\theta_1+4e^2}{a^2-4e^2}=\frac{100.51^2+4\times100.51\times5.05\cos\theta_1+4\times5.05^2}{100.51^2-4\times5.05^2}=1.02+0.203\cos\theta_1$$

对于不同的 θ_1 值相应的 a_g 与 i_{12} 如下

$\theta_1/(°)$	a_g/mm	i_{12}	$\theta_1/(°)$	a_g/mm	i_{12}	$\theta_1/(°)$	a_g/mm	i_{12}	$\theta_1/(°)$	a_g/mm	i_{12}
0	100.509	1.223	100	100.003	0.985	200	100.437	0.830	300	100.166	1.122
10	100.496	1.220	110	100.032	0.951	210	100.357	0.845	310	100.247	1.151
20	100.459	1.211	120	100.089	0.919	220	100.264	0.865	320	100.329	1.176
30	100.402	1.196	130	100.170	0.890	230	100.170	0.890	330	100.402	1.196
40	100.329	1.176	140	100.264	0.865	240	100.089	0.919	340	100.459	1.211
50	100.247	1.151	150	100.357	0.845	250	100.032	0.951	350	100.496	1.220
60	100.166	1.122	160	100.437	0.830	260	100.003	0.985	360	100.509	1.223
70	100.093	1.090	170	100.490	0.820	270	100.005	1.020	—	—	—
80	100.037	1.056	180	100.509	0.817	280	100.037	1.056	—	—	—
90	100.005	1.020	190	100.490	0.820	290	100.093	1.090	—	—	—

</td></tr>
</table>

表 11.3-18 偏心圆齿轮与非圆齿轮传动

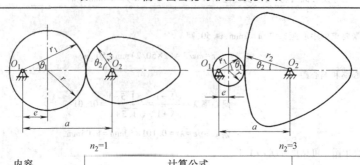

$n_2=1$ $n_2=3$

步骤	内容	计算公式	说明
		1	确定模数 m 与齿数 z	$z_1 \geqslant 17$ $z_2 = iz_1 = n_2 z_1$	周期数 n_2 与传动比 i 相同,根据工作需要选定,m 按标准选
	2	偏心圆齿轮的节圆半径 r	$r = \dfrac{1}{2} m z_1$	
	3	从动轮瞬心线不出现内凹时的极限偏心率 $\lambda_{\max} = \dfrac{e_{\max}}{r}$	$n_2 = 1\sim3$ 时,$\lambda_{\max} = 1$ $n_2 = 4$ 时,$\lambda_{\max} = 0.40$ $n_2 = 5$ 时,$\lambda_{\max} = 0.27$	当瞬心线出现内凹时,计算与加工较烦琐,应尽量避免
	4	根据变速范围 K 及瞬心线封闭条件确定偏心率 $\lambda = e/r$ 和中心距系数 $s = a/r$	$K = \dfrac{\omega_{2\max}}{\omega_{2\min}} = \dfrac{(1+\lambda)(s+\lambda-1)}{(1-\lambda)(s-\lambda-1)}$ $s \approx (n_2+1) \times$ $\left[1 - \dfrac{(n_2-2)}{4n_2}\lambda^2 + \dfrac{(-3n_2^3+2n_2^2+12n_2+24)}{64n_2^3}\lambda^4\right]$	根据工作需要选定 K 后,即可解得 λ 和 s,应使 $\lambda \leqslant \lambda_{\max}$
	5	瞬心线外凸时的最小曲率半径 $\rho_{2\min}$	$\rho_{2\min} = \dfrac{(1-\lambda)(s+\lambda-1)}{(1-\lambda)^2+s\lambda} r$	
	6	避免根切的最大模数 $m_{\max}$	$m_{\max} = \dfrac{2\rho_{2\min}}{17}$	渐开线标准圆齿轮不产生根切的最少齿数为 17,应使 $m \leqslant m_{\max}$,否则就得修正,重新计算
	7	确定偏心距 e 及中心距 a	$e = \lambda r, a = sr$	
	8	瞬心线方程	$\begin{cases} r_1 = e\cos\theta_1 + \sqrt{r^2-e^2\sin^2\theta_1} = r_1(\theta_1) \\ r_2 = a - \sqrt{r^2-e^2\sin^2\theta_1} - e\cos\theta_1 = r_2(\theta_1) \\ \theta_2 \approx b\arctan\left(u\tan\dfrac{\theta_1}{2}\right) + p\theta_1 + q\sin\theta_1 = \theta_2(\theta_1) \end{cases}$	式中 b、u、p、q 都是 λ、s 的函数,可用以下公式计算 $b = \sqrt{\dfrac{(s+1)^2-\lambda^2}{(s-1)^2-\lambda^2}} - \dfrac{B_2}{s\lambda^2} \times$ $\dfrac{(s^2+\lambda^2-1)^2}{\sqrt{[(s+1)^2-\lambda^2][(s-1)^2-\lambda^2]}}$ $u = \sqrt{\dfrac{(s-1)^2-\lambda^2}{(s+1)^2-\lambda^2}}$, $p = \dfrac{B_2}{2s\lambda^2}(s^2+\lambda^2-1) - \dfrac{1}{2}$ $q = \dfrac{B_2}{\lambda}, B_2 = \dfrac{1}{4}\lambda^2 + \dfrac{1}{16}\lambda^4$
	9	瞬时传动比 i_{12}	$i_{12} = \dfrac{a}{\sqrt{r^2-e^2\sin^2\theta_1}+e\cos\theta_1} - 1$	
	10	压力角 α_{12}	$\alpha_{12} = \arctan\left(\dfrac{\sqrt{r^2-e^2\sin^2\theta_1}}{e\sin\theta_1}\right) + \alpha - 90°$	一般取 $\alpha = 20°$,求压力角 α_{12} 时,负值的反正切取第二象限
	11	最大压力角 $\alpha_{12\max}$	$\alpha_{12\max} = \arctan\left(-\dfrac{\sqrt{r^2-e^2}}{e}\right) + \alpha - 90°$	应使 $\alpha_{12\max} \leqslant 65°$,这里的 $\alpha_{12\max}$ 为其绝对值

偏心圆齿轮与非圆齿轮传动的设计计算

（续）

	题目	设计一偏心圆齿轮和非圆齿轮传动,要求传动比 $i=4$;变速范围 $K=2$ 左右;中心距 $a=150\text{mm}$ 左右
例题	解题过程	**解** 1）根据要求的传动比和中心距确定模数和齿数

$$m = 2\text{mm}$$

$$z_1 = 30,\ z_2 = 120$$

2）偏心圆齿轮的节圆半径

$$r = \frac{1}{2}mz_1 = \frac{1}{2} \times 2 \times 30\text{mm} = 30\text{mm}$$

3）根据变速范围 K 和瞬心线的封闭条件确定中心距系数 s 和偏心率 λ,可先忽略 λ^4 这一项（见步骤4）,初算 s 和 λ,然后取定 $\lambda(=0.26)$,重新计算 s 和 K 的精确值

$$s \approx (n_2+1)\left[1 - \frac{(n_2-2)\lambda^2}{4n_2} + \frac{(-3n_2^3+2n_2^2+12n_2+24)}{64n_2^3}\lambda^4\right]$$

$$= (4+1)\left[1 - \frac{(4-2) \times 0.26^2}{4 \times 4} + \frac{(-3 \times 4^3+2 \times 4^2+12 \times 4+24) \times 0.26^4}{64 \times 4^3}\right]$$

$$= 4.9573$$

$$K = \frac{(1+\lambda)(s+\lambda-1)}{(1-\lambda)(s-\lambda-1)} = \frac{(1+0.26)(4.9573+0.26-1)}{(1-0.26)(4.9573-0.26-1)} = 1.94（这里周期数 n_2=i=4）$$

4）瞬心线外凸时的最小曲率半径

$$\rho_{2\min} = \frac{(1-\lambda)(s+\lambda-1)}{(1-\lambda)^2+s\lambda}r = \frac{(1-0.26)(4.9573+0.26-1)}{(1-0.26)^2+4.9573 \times 0.26} \times 30\text{mm} = 50.98\text{mm}$$

5）避免根切的最大模数

$$m_{\max} = \frac{2\rho_{2\min}}{17} = \frac{2 \times 50.98}{17}\text{mm} = 5.998\text{mm}$$

$$m \leqslant m_{\max}$$

6）偏心距和中心距

$$偏心距\ e = \lambda r = 0.26 \times 30\text{mm} = 7.8\text{mm}$$

$$中心距\ a = sr = 4.9573 \times 30\text{mm} = 148.72\text{mm}$$

7）最大压力角

$$\alpha_{12\max} = \arctan\left(-\frac{\sqrt{r^2-e^2}}{e}\right) + \alpha - 90° = \arctan\left(-\frac{\sqrt{30^2-7.8^2}}{7.8}\right) + 20° - 90° = 35.07° < 65°（这里取齿形角 \alpha=20°）$$

8）瞬心线方程 $r_1(\theta_1)$、$r_2(\theta_1)$、$\theta_2(\theta_1)$ 及相应的传动比 $i_{12}(\theta_1)$ 和压力角 $\alpha_{12}(\theta_1)$ 的计算式如下

$$r_1 = e\cos\theta_1 + \sqrt{r^2-e^2\sin^2\theta_1} = 7.8\cos\theta_1 + \sqrt{30^2-7.8^2\sin^2\theta_1}$$

$$B_2 = \frac{1}{4}\lambda^2 + \frac{1}{16}\lambda^4 = \frac{1}{4} \times 0.26^2 + \frac{1}{16} \times 0.26^4 = 0.0172$$

$$b = \sqrt{\frac{(s+1)^2-\lambda^2}{(s-1)^2-\lambda^2} - \frac{B_2}{s\lambda^2}\frac{(s^2+\lambda^2-1)^2}{\sqrt{[(s+1)^2-\lambda^2][(s-1)^2-\lambda^2]}}}$$

$$= \sqrt{\frac{(4.9573+1)^2-0.26^2}{(4.9573-1)^2-0.26^2} - \frac{0.0172}{4.9573 \times 0.26^2}\frac{(4.9573^2+0.26^2-1)^2}{\sqrt{[(4.9573+1)^2-0.26^2][(4.9573-1)^2-0.26^2]}}}$$

$$= 0.2875$$

$$u = \sqrt{\frac{(s-1)^2-\lambda^2}{(s+1)^2-\lambda^2}} = \sqrt{\frac{(4.9573-1)^2-0.26^2}{(4.9573+1)^2-0.26^2}} = 0.6635$$

$$p = \frac{B_2}{2s\lambda^2}(s^2+\lambda^2-1) - \frac{1}{2} = \frac{0.0172}{2 \times 4.9573 \times 0.26^2}(4.9573^2+0.26^2-1) - \frac{1}{2} = 0.1062$$

$$q = \frac{B_2}{\lambda} = \frac{0.0172}{0.26} = 0.0661$$

$$\theta_2 \approx b\arctan\left(u\tan\frac{\theta_1}{2}\right) + p\theta_1 + q\sin\theta_1 = 0.2875\arctan\left(0.6635\tan\frac{\theta_1}{2}\right) + 0.1062\theta_1 + 0.0661\sin\theta_1$$

$$r_2 = a - r_1 = 148.72 - r_1$$

（续）

例题	解题过程											

$$i_{12} = \frac{a}{\sqrt{r^2 - e^2 \sin^2\theta_1} + e\cos\theta_1} - 1 = \frac{148.72}{\sqrt{30^2 - 7.8^2 \sin^2\theta_1} + 7.8\cos\theta_1} - 1$$

$$\alpha_{12} = \arctan\left(\frac{\sqrt{r^2 - e^2 \sin^2\theta_1}}{e\sin\theta_1}\right) + \alpha - 90° = \arctan\left(\frac{\sqrt{30^2 - 7.8^2 \sin^2\theta_1}}{7.8\sin\theta_1}\right) + 20° - 90° = \arctan\left(\frac{\sqrt{14.79 - \sin^2\theta_1}}{\sin\theta_1}\right) - 70°$$

（这里取齿形角 $\alpha = 20°$）

对于不同的 θ_1 值相应的各个参数如下

$\theta_1/(°)$	$r_1/$mm	$\theta_2/(°)$	$r_2/$mm	i_{12}	$\alpha_{12}/(°)$	$\theta_1/(°)$	$r_1/$mm	$\theta_2/(°)$	$r_2/$mm	i_{12}	$\alpha_{12}/(°)$
0	37.80	0.00	110.92	2.93	20.00	210	22.99	52.61	125.73	5.47	27.47
30	36.50	7.98	112.22	3.07	12.53	240	25.33	59.89	123.39	4.87	33.01
60	33.13	15.68	115.59	3.49	6.99	270	28.97	66.99	119.75	4.13	35.07
90	28.97	23.00	119.75	4.13	4.93	300	33.13	74.31	115.59	3.49	33.01
120	25.33	30.11	123.39	4.87	6.99	330	36.50	82.01	112.22	3.07	27.47
150	22.99	37.38	125.73	5.47	12.53	360	37.80	89.99	110.92	2.93	20.00
180	22.20	45.00	126.52	5.70	20.00	—	—	—	—	—	—

第4章 凸轮机构设计

1 概述

凸轮机构一般是由机架、凸轮和从动件组成的高副机构，图 11.4-1 是它最基本的结构型式，常用于将凸轮的匀速转动（或往复移动）转换成从动件的往复移动（直动）或摆动，也可做间歇转动。凸轮一般为主动件，从动件为传递动力或实现预期运动规律的构件，而机架主要用来支撑或固定机体并兼具定位和导向的作用。从动件的运动规律可以任意拟定，从而可以控制执行机构的自动工作循环。

凸轮机构结构简单，几乎所有简单的、复杂的重复性机械动作都可由凸轮机构或包含凸轮机构的组合机构来实现。近年来随着数控机床和计算机辅助设计与制造的广泛应用，使凸轮轮廓的精确加工也比较容易。

凸轮机构的常用术语和符号见表 11.4-1。

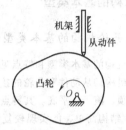

图 11.4-1 凸轮机构的基本结构示意图

表 11.4-1 凸轮机构的常用术语和符号

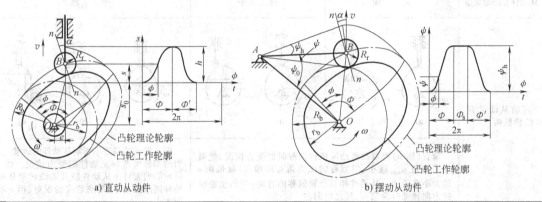

a) 直动从动件   b) 摆动从动件

术语	符号	定义
凸轮理论轮廓		从动件对凸轮做相对运动时,从动件上的参考点(尖顶从动件的尖顶和滚子从动件的滚子中心等)在凸轮平面上所画的曲线
凸轮工作轮廓		与从动件直接接触的凸轮轮廓曲线,也称凸轮实际轮廓
基圆及其半径	R_b	以凸轮转动中心 O 为圆心,凸轮理论轮廓的最小向径为半径所画的圆称为基圆,其半径称为基圆半径,以 R_b 表示
滚子及其半径	R_r	为了减少从动件和凸轮廓间的摩擦,常在从动件底部装一个滚子,其半径以 R_r 表示
凸轮最小半径	r_b	凸轮工作轮廓的最小半径,有的称之为工作轮廓的基圆半径,$r_b = R_b - R_r$
起始位置		从动件在距凸轮转动中心最近所处的位置,亦即推程刚开始时机构的位置
凸轮转角	ϕ	从起始位置起,经过时间 t 后凸轮转过的角度。通常凸轮以等角速度 ω 旋转
从动件的位移	s ψ	从起始位置起,经过时间 t 或凸轮旋转 ϕ 角后,从动件移动的距离(s)或摆动的角度(ψ)
从动件的行程	h ψ_h	从动件从起始位置运动到最远位置称为推程(升程),反之称为回程。在推程或回程中,直动从动件移动的距离(h)或摆动从动件摆动的角度(ψ_h)都称为行程
推程运动角	Φ	在推程阶段凸轮的转角
远休止角	Φ_s	从动件在距离凸轮最远处停歇时凸轮的转角
回程运动角	Φ'	在回程阶段凸轮的转角

（续）

术语	符号	定　　义
偏距	e	凸轮转动中心与直动从动件导路间垂直距离。e 有正、负
摆杆长度	l	摆动从动件摆动中心 A 到滚子中心 B 的距离
中心距	L	摆动从动件摆动中心 A 到凸轮转动中心 O 的距离
压力角	α	凸轮给从动件的正压力方向（即接触点的公法线 nn 方向）与从动件受力点速度 v 方向间所夹的锐角

1.1　凸轮机构的基本类型

1.1.1　平面凸轮机构的基本类型和特点

平面凸轮机构的基本类型和特点见表 11.4-2。

平面凸轮机构的从动件和凸轮的接触部位可分为三种类型：尖顶、滚子、平底。其特点如下：

1）尖顶：结构简单，能实现较复杂的运动，但易磨损从而使运动失真，故多用于低速及受力不大的场合；

2）滚子：耐磨损，可传递较大的动力，但结构复杂，尺寸和重量大，不易润滑及销轴强度低，广泛用于中、低速场合；

3）平底：受力情况好，构造及维护简单，易润滑。但平底不能太长，多用于高速小型凸轮机构。

1.1.2　空间凸轮机构的基本类型和特点

空间凸轮机构的基本类型和特点见表 11.4-3。

表 11.4-2　平面凸轮机构的基本类型和特点

从动件和凸轮类型	尖　顶	滚　子	平　底
直动从动件盘形凸轮机构	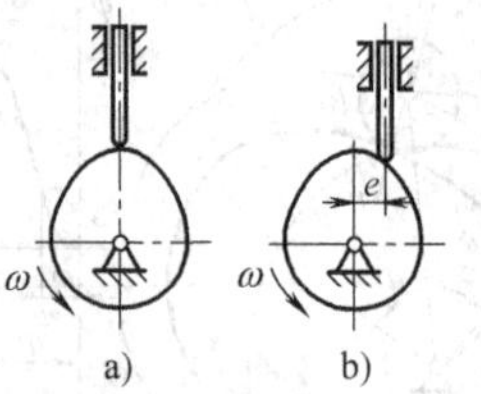 a)　b)	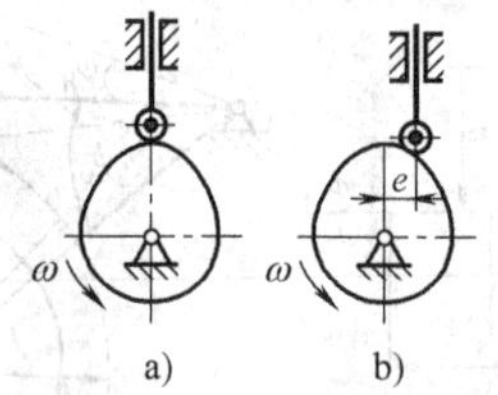 a)　b)	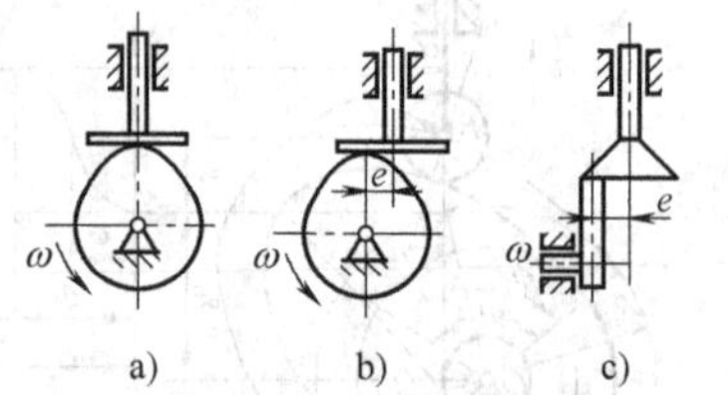 a)　b)　c)
	偏置（图 b）可以改善凸轮机构推程时的受力情况，使最大压力角 α_{max} 减小，但回程的压力角有所增大，故偏距 e 的大小要适当。从动件相对凸轮偏移的方向，当凸轮逆时针方向转动时应向右，反之应向左		图 b 所示的偏置不影响从动件的运动，适当的偏置可改善从动件的受力情况。图 c 所示的偏置可使从动件绕其轴线转动从而使导路摩擦减小、平底磨损情况好，但 e 不能太大
摆动从动件盘形凸轮机构	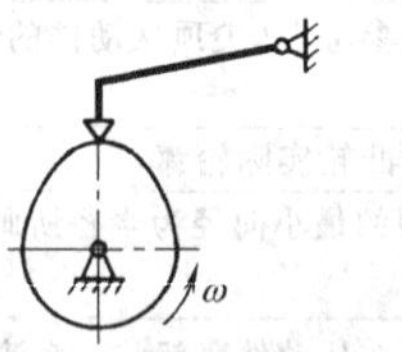	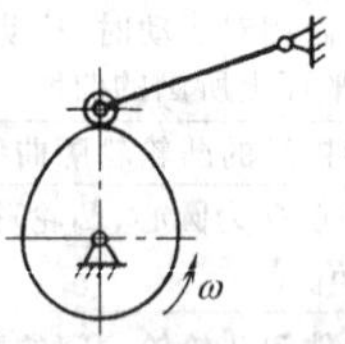	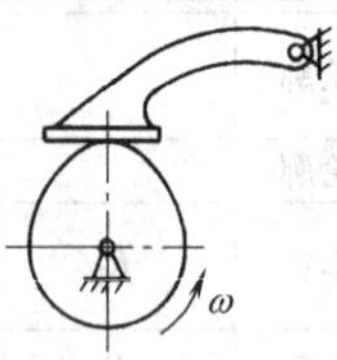
	摆动从动件比直动从动件结构简单、制造容易、摩擦阻力小，故应用较广		
直动从动件移动凸轮机构	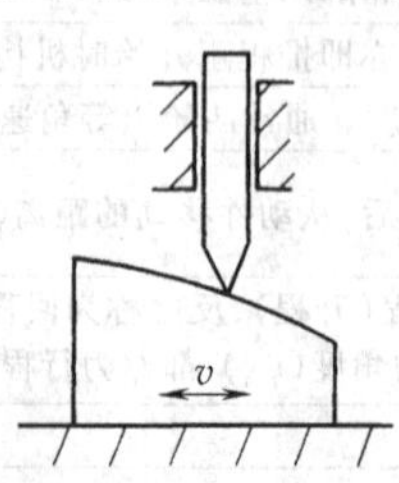	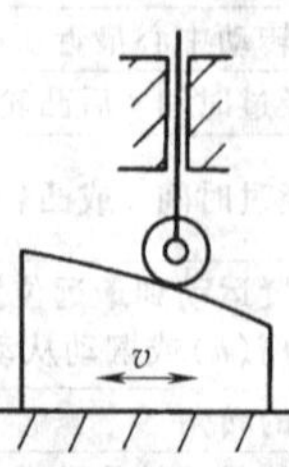	
	移动凸轮设计制造简单、精度较高，但因凸轮做往复运动，故不宜用于高速，这里平底从动件不适用		

（续）

从动件和凸轮类型	尖　顶	滚　子	平　底
摆动从动件移动凸轮机构		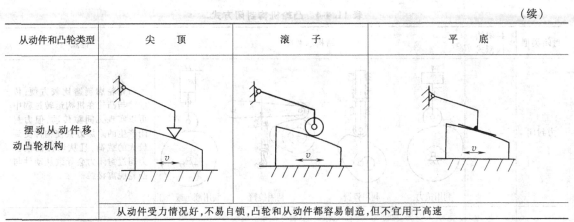	
从动件受力情况好,不易自锁,凸轮和从动件都容易制造,但不宜用于高速			

注：从动件和凸轮的接触部位，还可采用大直径的球面来代替平面，可避免由于安装偏斜而产生的载荷集中现象。

表 11.4-3　空间凸轮机构的基本类型和特点

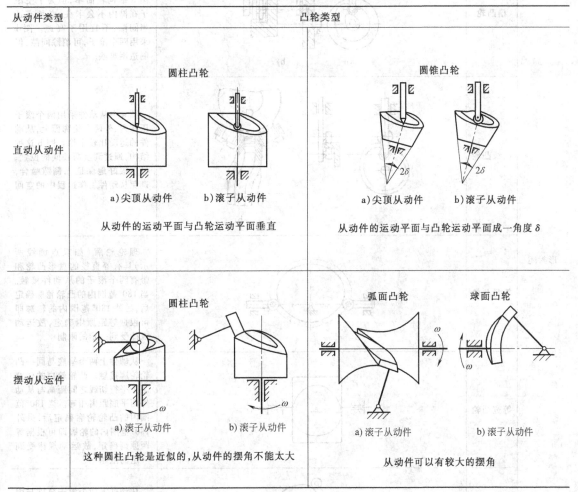

从动件类型	凸轮类型

圆柱凸轮

a) 尖顶从动件　　b) 滚子从动件

从动件的运动平面与凸轮运动平面垂直

圆锥凸轮

a) 尖顶从动件　　b) 滚子从动件

从动件的运动平面与凸轮运动平面成一角度 δ

直动从动件

摆动从运件

圆柱凸轮

a) 滚子从动件　　b) 滚子从动件

这种圆柱凸轮是近似的,从动件的摆角不能太大

弧面凸轮　　　　球面凸轮

a) 滚子从动件　　b) 滚子从动件

从动件可以有较大的摆角

1.2　凸轮机构的封闭方式

为了使从动件和凸轮始终保持接触，可以采用力封闭或形封闭。力封闭是利用重力、弹簧力或流体压力等外力使从动件和凸轮保持接触，形封闭可用槽凸轮、凸缘凸轮、等径凸轮、等宽凸轮或共轭凸轮等来达到这个目的，详见表 11.4-4。

表 11.4-4　凸轮机构封闭方式

封闭类型	封闭结构型式	结构示意图	特点
力封闭	/	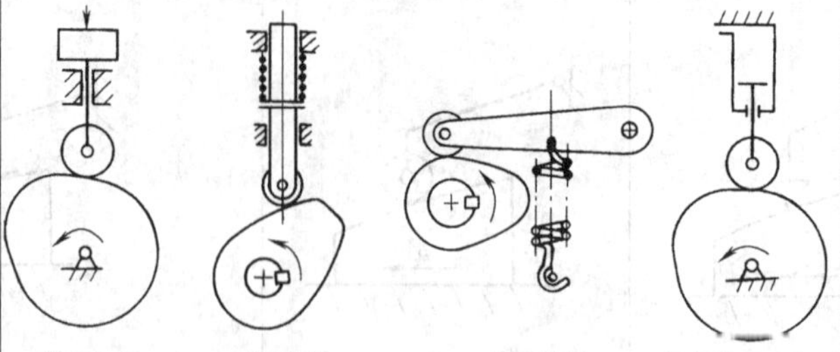 利用重力　　利用弹簧　　利用拉簧　　利用液压或气压	凸轮轮廓制造比较方便,传动件与凸轮在机构运转过程中可以实现无间隙传动,但力封闭产生的附加力会使构件受到较大的载荷,且从动件的惯性力超过封闭力会导致从动件与凸轮脱离接触
形封闭	槽凸轮	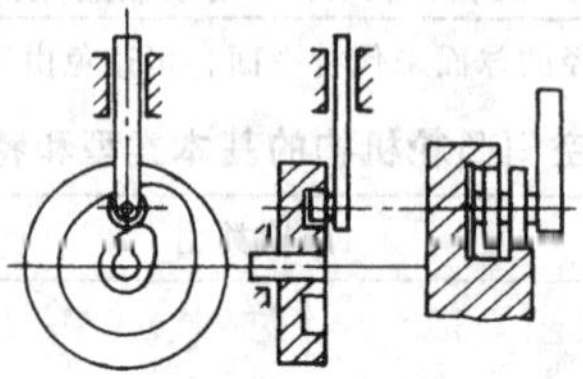 a)　　b)	这种封闭方式要求凸轮的尺寸较大,通常采用滚子从动件。图a结构较简单,但为了使滚子在槽内不会卡住,必须有适当间隙,不宜用于高速。图b采用两个滚子,可消除间隙,但制造困难些
	凸缘凸轮	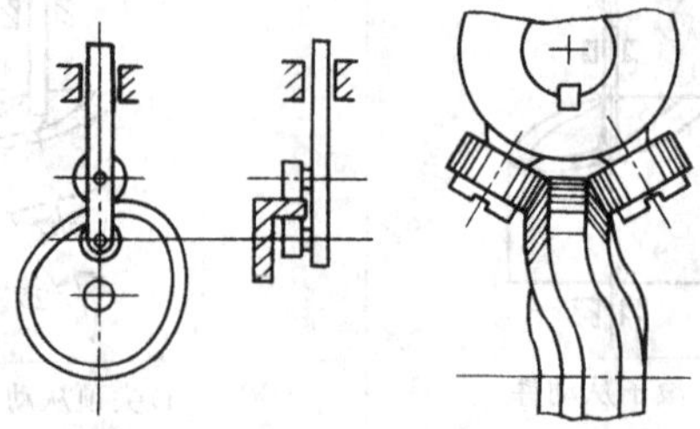 a)　　b)	图a中从动件采用两个滚子压在内、外两个轮廓面上,从动件的运动比较平稳。图b这种结构,通过调整两轴间的位置,可以很好地保证无侧隙啮合,避免从动件工作过程中的空回现象
	等径凸轮	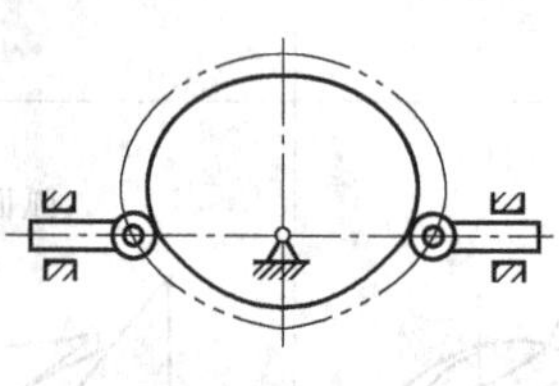	理论轮廓(如双点画线所示)具有等直径的盘形凸轮和带有两个滚子的从动件接触。当180°范围内的凸轮轮廓确定后,另外180°范围内的轮廓即可根据等距原则确定,故运动规律受到一定的限制
	等宽凸轮	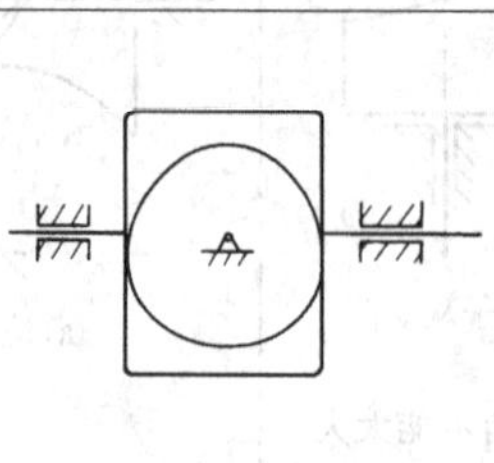	从动件上两个平底与同一凸轮轮廓接触。凸轮轮廓的任意两个平行切线之间距离与从动件两平底距离相等。当180°范围内的凸轮轮廓确定后,另外180°范围内的轮廓即可根据等距原则确定,故运动规律受到一定的限制
	共轭凸轮	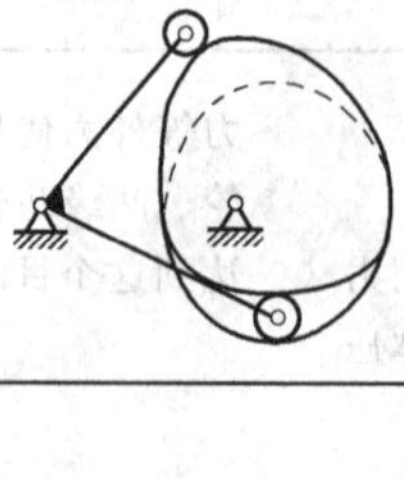	从动件上两个滚子分别与固定在同一轴上两个凸轮相接触,适用于高速中载。运动规律可以任选,但结构较复杂,且对凸轮的加工精度要求较高

1.3　凸轮机构的一般设计步骤

图 11.4-2 给出了凸轮机构设计过程中的一般流程。在图中初选凸轮偏距、摆杆长度和中心距等参数时,凸轮尺寸过大会造成机构总体尺寸偏大,带来原材料及加工工时的浪费;凸轮尺寸过小,会造成运动失真、机构自锁及强度不足等不良后果。因此,在设计凸轮过程中要综合考虑各结构参数的选择,使得凸轮结构紧凑和受力良好。

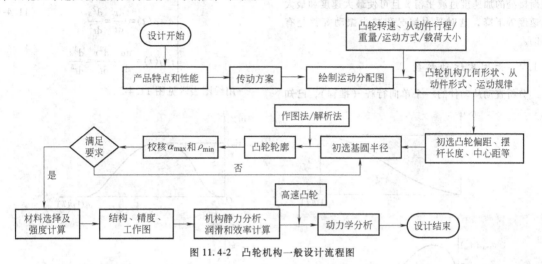

图 11.4-2　凸轮机构一般设计流程图

2　从动件的运动规律

2.1　一般概念

2.1.1　从动件的运动类型

在实际的凸轮机构设计中,凸轮轮廓的形状主要取决于从动件的运动规律,凸轮曲线并不是凸轮的轮廓形状曲线,而是凸轮驱动从动件的运动规律曲线。在凸轮曲线图中,一般用横坐标表示时间 (t),纵坐标表示从动件位移 (s)。

实际工作中的凸轮机构运动规律复杂与繁多,但凸轮运动规律曲线都可以归纳成三种基本类型,其位移 s、加速度 a 和时间 t 的关系见表 11.4-5。

表 11.4-5　从动件运动类型

从动件运动类型	从动件基本运动规律曲线		运动特性
Ⅰ 双停歇运动			从动件在行程的两端都有停歇
Ⅱ 无停歇运动			从动件在行程的两端都不停歇而做连续的往复运动
Ⅲ 单停歇运动			从动件只在行程的起始端(或终止端)有停歇

在选择从动件的运动规律时，对于这 3 种运动类型应该有不同的考虑。对双停歇运动，从动件在行程两端的速度和加速度都应为零。对其他两种运动，从动件在停歇端的速度和加速度应为零，在无停歇端的速度也为零，而加速度最好不为零，这样在推程和回程衔接处的加速度过渡平滑，且可使最大速度和最大加速度等下降，这对受力情况和减少振动等都是有利的。

2.1.2　无因次运动参数

分析直动从动件的一个单向行程（推程），已知

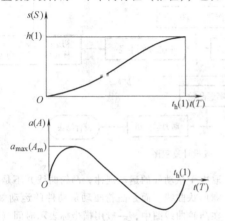

其位移 s、速度 v、加速度 a 和跃度 j 都是时间 t 的函数，相应为

$$\begin{cases} s = s(t) \\ v = v(t) = \dfrac{\mathrm{d}s}{\mathrm{d}t} \\ a = a(t) = \dfrac{\mathrm{d}v}{\mathrm{d}t} = \dfrac{\mathrm{d}^2 s}{\mathrm{d}t^2} \\ j = j(t) = \dfrac{\mathrm{d}a}{\mathrm{d}t} = \dfrac{\mathrm{d}^2 v}{\mathrm{d}t^2} = \dfrac{\mathrm{d}^3 s}{\mathrm{d}t^3} \end{cases} \quad (11.4\text{-}1)$$

用线图表示见图 11.4-3。

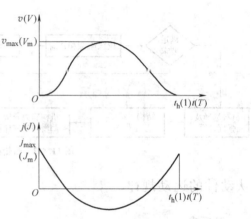

图 11.4-3　运动线图

令

$$\begin{cases} T = t/t_{\mathrm{h}} \\ S = s/h \end{cases} \quad (11.4\text{-}2)$$

则当 $t = t_{\mathrm{h}}$、$s = h$ 时，$T = 1$，$S = 1$。T 和 S 相应称为无因次时间和无因次位移。再令 V、A、J 分别为无因次的速度、加速度和跃度，则式（11.4-1）可改写为

$$\begin{cases} S = S(T) \\ V = V(T) = \dfrac{\mathrm{d}S}{\mathrm{d}T} \\ A = A(T) = \dfrac{\mathrm{d}^2 S}{\mathrm{d}T^2} \\ J = J(T) = \dfrac{\mathrm{d}^3 S}{\mathrm{d}T^3} \end{cases} \quad (11.4\text{-}3)$$

上面这些运动参数都是对推程来说的。回程时只要将推程中的有关公式适当地加以修正即可，如 s、S 可分别代以 $h-s$、$1-S$，而 v、a、j、V、A、J 则分别加上一个负号即可。分析各种不同运动规律的运动特性时，采用无因次运动参数将更能说明问题。表 11.4-6 给出了以正弦加速度为例的直动从动件有因次和无因次运动参数关系。

对于摆动从动件，也有类似的关系。设从动件的摆角为 ψ，角速度为 $\dfrac{\mathrm{d}\psi}{\mathrm{d}t}$，角加速度为 $\dfrac{\mathrm{d}^2\psi}{\mathrm{d}t^2}$，角跃度为 $\dfrac{\mathrm{d}^3\psi}{\mathrm{d}t^3}$，相当于一个行程的总摆角为 ψ_{h}，时间为 t_{h}，则实际运动参数和无因次运动参数间的关系为

表 11.4-6　直动从动件有因次和无因次运动规律（以正弦加速度运动为例）

有因次和无因次参数变换表达式	推程		回程	
	有因次运动规律	无因次运动规律	有因次运动规律	无因次运动规律
$s = hS$ $v = \dfrac{h}{t_{\mathrm{h}}}V$ $a = \dfrac{h}{t_{\mathrm{h}}^2}A$ $j = \dfrac{h}{t_{\mathrm{h}}^3}J$	$s = h\left(\dfrac{t}{t_{\mathrm{h}}} - \dfrac{1}{2\pi}\sin\dfrac{2\pi t}{t_{\mathrm{h}}}\right)$ $v = \dfrac{h}{t_{\mathrm{h}}}\left(1 - \cos\dfrac{2\pi t}{t_{\mathrm{h}}}\right)$ $a = \dfrac{2\pi h}{t_{\mathrm{h}}^2}\sin\dfrac{2\pi t}{t_{\mathrm{h}}}$ $j = \dfrac{4\pi^2 h}{t_{\mathrm{h}}^3}\cos\dfrac{2\pi t}{t_{\mathrm{h}}}$	$S = T - \dfrac{1}{2\pi}\sin 2\pi T$ $V = 1 - \cos 2\pi T$ $A = 2\pi\sin 2\pi T$ $J = 4\pi^2\cos 2\pi T$	$s = h\left(1 - \dfrac{t}{t_{\mathrm{h}}} + \dfrac{1}{2\pi}\sin\dfrac{2\pi t}{t_{\mathrm{h}}}\right)$ $v = -\dfrac{h}{t_{\mathrm{h}}}\left(1 - \cos\dfrac{2\pi t}{t_{\mathrm{h}}}\right)$ $a = -\dfrac{2\pi h}{t_{\mathrm{h}}^2}\sin\dfrac{2\pi t}{t_{\mathrm{h}}}$ $j = -\dfrac{4\pi^2 h}{t_{\mathrm{h}}^3}\cos\dfrac{2\pi t}{t_{\mathrm{h}}}$	$S = 1 - T + \dfrac{1}{2\pi}\sin 2\pi T$ $V = \cos 2\pi T - 1$ $A = -2\pi\sin 2\pi T$ $J = -4\pi^2\cos 2\pi T$

$$\begin{cases} \psi = \psi_h S \\[4pt] \dfrac{d\psi}{dt} = \dfrac{\psi_h}{t_h} V \\[6pt] \dfrac{d^2\psi}{dt^2} = \dfrac{\psi_h}{t_h^2} A \\[6pt] \dfrac{d^3\psi}{dt^3} = \dfrac{\psi_h}{t_h^3} J \end{cases} \quad (11.4\text{-}4)$$

同样,上面这些运动参数都是对推程来说的,回程时只要将 ψ 代以 $\psi_h-\psi$,而 $\dfrac{d\psi}{dt}$、$\dfrac{d^2\psi}{dt^2}$、$\dfrac{d^3\psi}{dt^3}$、V、A、J

分别加上一个负号即可。

2.1.3　运动规律特性值

运动规律的特性值是指无因次运动参数中的最大速度 V_m、最大加速度 A_m 和最大跃度 J_m 等,见表 11.4-7。

2.1.4　高速凸轮机构判断方法

高速、中速和低速凸轮机构的划分没有严格的规定,一般可按表 11.4-8 中的四种方法来区分。

表 11.4-7　从动件运动规律特性值

名称	符号	特点及设计过程注意事项
最大速度	V_m	运动着的从动件具有一定的动量。从安全角度考虑,应使动量小一些。为此,对于重载的凸轮机构,因从动件的重量大,应采用 V_m 小的运动规律为宜。V_m 还影响到凸轮的受力及尺寸大小,采用 V_m 小的运动规律,同样尺寸的凸轮,其最大压力角 α_{max} 也小(等速运动除外);反之,如果 α_{max} 相同,则 V_m 小的凸轮尺寸也小
最大加速度	A_m	主要影响凸轮的使用寿命和工作精度。因为惯性力等于实际加速度乘以质量,故当无因次最大加速度 A_m 越大时,从动件的最大惯性力越大,凸轮与从动件间的动压力也越大。对于高速凸轮,更应选择 A_m 值小的运动规律
最大跃度	J_m	表示惯性力的变化率,主要影响高速凸轮的运动精度。跃度和从动件的振动关系较大,为了减小振动,应使 J_m 值减小
最大动载转矩	$(AV)_m$	从动件的惯性力还可引起凸轮轴上的附加动载转矩。可以证明,它与加速度和速度乘积的最大值 $(AV)_m$ 成正比。为减小凸轮动载转矩并降低电动机功率,应选用 $(AV)_m$ 较小的运动规律

表 11.4-8　高速凸轮机构判断方法

序号	判断标准		区分方法
1	按凸轮转速 n	高速	$n \geqslant 500\text{r/min}$
2	按从动件最大加速度 a_{max} 或最大速度 v_{max}	低速	$a_{max} \leqslant g$ 或 $v_{max} \leqslant 1\text{m/s}$
		中速	$1g < a_{max} \leqslant 3g$ 或 $1\text{m/s} < v_{max} \leqslant 2\text{m/s}$
		高速	$3g < a_{max} \leqslant 8g$ 或 $v_{max} > 2\text{m/s}$
3	按凸轮的角速度 ω 与机构的固有圆频率 ω_n 之比的平方 δ_m	低速	$\delta_m = (\omega/\omega_n)^2 \approx 10^{-6}$
		中速	$\delta_m = (\omega/\omega_n)^2 \approx 10^{-4}$
		高速	$\delta_m = (\omega/\omega_n)^2 \approx 10^{-2}$
4	按从动件的激振周期 T 与机构的自由振动周期 τ 之比	低速	$15 < T/\tau < \infty$
		中速	$6 < T/\tau \leqslant 15$
		高速	$0 < T/\tau \leqslant 6$

表中前两种是经验办法,可在设计新机构时用作粗略估计;后两种与机构的运动规律、结构和质量分配有关,具有较高的参考价值。

2.2　多项式运动规律

2.2.1　多项式的一般形式及其求解方法

位移 S 和时间 T 的函数关系可用一般形式的多项式来表达:

$$S = C_0 + C_1 T + C_2 T^2 + C_3 T_3 + \cdots + C_n T_n \quad (11.4\text{-}5)$$

C_0、C_1、C_2、$\cdots$、C_n 为常数,可根据对 S、V、A

和 J 等不同的边界条件求得,从而可获得多种形式。如要求图 11.4-3 所示的 $T=0$ 时 $S=0$、$V=0$、$A=0$ 及 $T=1$ 时 $S=1$、$V=0$、$A=0$ 这样 6 个边界条件下的曲线表达式,可先写出

$$\begin{cases} S = C_0 + C_1 T + C_2 T^2 + C_3 T^3 + C_4 T^4 + C_5 T^5 \\[4pt] V = \dfrac{dS}{dt} = C_1 + 2C_2 T + 3C_3 T^2 + 4C_4 T^3 + 5C_5 T^4 \\[6pt] A = \dfrac{dV}{dt} = 2C_2 + 6C_3 T + 12C_4 T^2 + 20C_5 T^3 \end{cases}$$

再将 6 个边界条件代入,从而求解得到 6 个常数:

$$\bar{C}_0 = \bar{C}_1 = \bar{C}_2 = 0, \bar{C}_3 = 10, \bar{C}_4 = -15, \bar{C}_5 = 6$$

最后得运动方程:

$$\begin{cases} S = 10T^3 - 15T^4 + 6T^5 \\ V = 30T^2 - 60T^3 + 30T^4 \\ A = 60T - 180T^2 + 120T^3 \\ J = 60 - 360T + 360T^2 \end{cases} \quad (11.4\text{-}6)$$

由于位移 S 的方程式中包含有 T^3、T^4 和 T^5 三项,故这种运动规律也称为 3-4-5 多项式运动规律。

2.2.2 典型边界条件下多项式的通用公式

若给定的边界条件为 $T = 0$ 时,全部运动参数都为零,而 $T = 1$ 时,除 $S = 1$ 外,其余都为零,则可用下面的方法直接计算式 (11.4-5) 中的各个常数。首先,在边界条件中,要求 $T = 0$ 时 $\dfrac{\mathrm{d}^k S}{\mathrm{d} T^k} = 0$,可得 $C_k = 0$ ($k = 0, 1, 2, \cdots, m$),如上例中 $m = 2$,$k = 0$、1、2,则要求 $T = 0$ 时,$S = \dfrac{\mathrm{d}^0 S}{\mathrm{d} T^0} = 0$、$V = \dfrac{\mathrm{d}S}{\mathrm{d}T} = 0$、$A = \dfrac{\mathrm{d}^2 S}{\mathrm{d}T^2} = 0$,可得 $C_0 = C_1 = C_2 = 0$。选定 m 后,式 (11.4-5) 可写成

$$S = C_p T^p + C_q T^q + C_r T^r + \cdots + C_n T^n \quad (11.4\text{-}7)$$

$p = m+1$、$q = m+2$、$r = m+3$、$\cdots$、$n = 2m+1$,C_p、C_q、C_r、$\cdots$、C_n 可用下式求得:

$$\begin{cases} C_p = \dfrac{qr\cdots n}{(q-p)(r-p)\cdots(n-p)} \\ C_q = \dfrac{pr\cdots n}{(p-q)(r-q)\cdots(n-q)} \\ C_r = \dfrac{pq\cdots n}{(p-r)(q-r)\cdots(n-r)} \\ \cdots \\ C_n = \dfrac{pqr\cdots(n-1)}{(p-n)(q-n)\cdots(-1)} \end{cases} \quad (11.4\text{-}8)$$

例如取 $m = 2$,则 $p = 3$、$q = 4$、$r = n = 5$,$C_p = 10$、$C_q = -15$、$C_r = C_n = 6$。可得

$$S = 10T^3 - 15T^4 + 6T^5$$

与式 (11.4-6) 中的结果完全相同。如边界条件有所改变,则应按 2.2.1 节中的方法求解。表 11.4-9 给出了在不同边界条件下得到的几种多项式运动规律的计算式及运动线图。

用式 (11.4-7) 求得的双停歇多项式运动方程,其加速度曲线呈对称性。有时为了某些特殊需要,设计非对称多项式运动规律,可取幂次数的间隔大于 1,间隔越大非对称性越强,高阶导数越光滑,表 11.4-10 给出了多种加速度不对称的双停歇多项式运动规律。

上面讨论的运动参数都是无因次的。若需求出实际的运动参数,只要进行一些参数变换即可。根据式 (11.4-2) 和表 11.4-6,将 $T = \dfrac{t}{t_h}$、$S = \dfrac{s}{h}$、$V = v\dfrac{t_h}{h}$、$A = a\dfrac{t_h^2}{h}$、$J = j\dfrac{t_h^3}{h}$ 代入上面有关公式,即得实际运动参数 $s = s(t)$、$v = v(t)$、$a = a(t)$ 及 $j = j(t)$ 等关系式。作为多项式一般形式的式 (11.4-5) 可改写成

$$s = h\left[C_0 + C_1\left(\frac{t}{t_h}\right) + C_2\left(\frac{t}{t_h}\right)^2 + \cdots + C_n\left(\frac{t}{t_h}\right)^n \right]$$

用凸轮的转角 ϕ 代替时间 t,则上式也可写成

$$s = h\left[C_0 + C_1\left(\frac{\phi}{\phi_h}\right) + C_2\left(\frac{\phi}{\phi_h}\right)^2 + \cdots + C_n\left(\frac{\phi}{\phi_h}\right)^n \right]$$

式中 $\phi = \omega t$;

$\phi_h = \omega t_h$;

ω——凸轮的角速度。

根据这个方法,对于 3-4-5 多项式运动规律 (见表 11.4-9) 可得

$$\begin{cases} s = h\left[10\left(\dfrac{t}{t_h}\right)^3 - 15\left(\dfrac{t}{t_h}\right)^4 + 6\left(\dfrac{t}{t_h}\right)^5 \right] \\ v = \dfrac{h}{t_h}\left[30\left(\dfrac{t}{t_h}\right)^2 - 60\left(\dfrac{t}{t_h}\right)^3 + 30\left(\dfrac{t}{t_h}\right)^4 \right] \\ a = \dfrac{h}{t_h^2}\left[60\left(\dfrac{t}{t_h}\right) - 180\left(\dfrac{t}{t_h}\right)^2 + 120\left(\dfrac{t}{t_h}\right)^3 \right] \\ j = \dfrac{h}{t_h^3}\left[60 - 360\left(\dfrac{t}{t_h}\right) + 360\left(\dfrac{t}{t_h}\right)^2 \right] \end{cases}$$

$$(11.4\text{-}9)$$

$\dfrac{t}{t_h}$ 可用 $\dfrac{\phi}{\phi_h}$ 来代替。与此同时,将 t_h 代以 $\dfrac{\phi_h}{\omega}$,上式就变成以凸轮转角 ϕ 为变量的表达式。

2.3 组合运动规律

组合运动规律是将几种不同运动规律组合成一种运动和动力特性更好的运动规律,使从动件既可避免刚性冲击和柔性冲击从而具有较好的运动特性值,又可将其运动参数写成通用计算式。适当改变某些参变量,可以得到多种运动规律以适应多方面的需要。表 11.4-11 所示为双停歇改进梯形加速度组合运动规律,其运动线图由 5 段曲线组成,衔接点的位移 S、速度 V 和加速度 A 都相同,而跃度 J 都是零。表中给出了全部 S、V、A 和 J 的计算式。

表 11.4-11 中 $0 \leqslant T_1 \leqslant T_2 < 1/2$,根据工作需要适当选择 T_1、T_2 值,即可求得相应运动规律的全部运动。常用的改进梯形加速度运动规律的 $T_1 = 1/8$,$T_2 = 3/8$,可算得 $A_m = 4.89$,$V_m = 2.00$。表 11.4-12 给出了用不同的 T_1 和 T_2 值得到的各种运动规律。显

表 11.4-9　几种常用的多项式运动规律

序号	边界条件	m,n	C_k 和 $P,q,r,s\cdots$	运动方程	运动线图	说　明
1	$T=0$ 时，$S=V=0$；$T=1$ 时，$S=1,V=0$	$m=1$ $n=3$	$C_0=C_1=0$，$p=2$ $q=3$	$S=3T^2-2T^3$ $V=6T-6T^2$ $A=6-12T$ $J=-12$	（S,V,A 线图）	称为 2-3 多项式，在行程的两端存在加速度突变，有柔性冲击
2	$T=0$ 时，$S=V=A=0$；$T=1$ 时，$S=1,V=A=0$	$m=2$ $n=5$	$C_0=C_1=C_2=0$，$p=3$ $q=4$ $r=5$	$S=10T^3-15T^4+6T^5$ $V=30T^2-60T^3+30T^4$ $A=60T-180T^2+120T^3$ $J=60-360T+360T^2$	（S,V,A,J 线图）	称为 3-4-5 多项式，加速度没有突变现象
3	$T=0$ 时，$S=V=A=J=0$；$T=1$ 时，$S=1,V=A=J=0$ $(A\neq0)$	$m=3$ $n=7$	$C_0=C_1=C_2$ $=C_3=0$，$p=4$ $q=5$ $r=6$ $s=7$	$S=35T^4-84T^5+70T^6-20T^7$ $V=140T^3-420T^4+420T^5-140T^6$ $A=420T^2-1680T^3+2100T^4-840T^5$ $J=840T-5040T^2+8400T^3-4200T^4$	（S,V,A,J 线图）	称为 4-5-6-7 多项式，跃度没有突变现象
4	$T=0$ 时，$S=V=A=0$；$T=1$ 时，$S=1,V=0$，$0(A\neq0)$	$m=2$ $n=5$	$C_0=C_1=C_2=0$	$S=\dfrac{20}{3}T^3-\dfrac{25}{3}T^4+\dfrac{8}{3}T^5$ $V=20T^2-\dfrac{100}{3}T^3+\dfrac{40}{3}T^4$ $A=40T-100T^2+\dfrac{160}{3}T^3$ $J=40-200T+160T^2$	（V,A 线图从略） (S,A 线图)	这里 $T=1$ 时，$A\neq0$。适用于单停歇运动且用于单停歇运动的时间相同，故用推程和回程的时间相同，两者的运动规律是对称的
5	推程 $T=0$ 时，$S=V=A=0$；$T=1$ 时，$S=1,V=0$，$A=-A_1$ 回程 $T=0$ 时，$S=1,V=0$，$A=-A_1$；$T=r$ 时，$S=V=A=0$，$A=-A_1$，一般取 $r\leqslant1$	$m=2$ $n=5$	推程 $C_0=C_1=C_2=0$ 回程 $C_2=0$	推程 $S=\left(10-\dfrac{A_1}{2}\right)T^3-(15-A_1)T^4+\left(6-\dfrac{A_1}{2}\right)T^5$ 回程 $S=1-\dfrac{A_1}{2}T^2-\dfrac{1}{r^3}\left(10-\dfrac{3}{2}A_1r^2\right)T^3$ $+\dfrac{1}{r^4}\left(15-\dfrac{3}{2}A_1r^2\right)T^4-\dfrac{1}{r^5}\left(6-\dfrac{A_1}{2}r^2\right)T^5$ $A_1=\dfrac{20}{3r^2}\dfrac{(1+r^3)}{(1+r)}$ （V,A,J 的计算式从略）	（S,V,J,A 线图）	适用于单行程运动且可使推程和回程的时间不同，但在衔接点处要求有相同的运动规律，即根据工作需要选择一个 r 值，从而可算得 $S=S(T)$

表 11.4-10　加速度不对称的双停歇多项式运动规律

位移	$S = C_p T^p + C_q T^q + C_r T^r + C_s T^s + \cdots$						
系数	$C_p = \dfrac{qrs\cdots}{(q-p)(r-p)(s-p)\cdots}$　$C_q = \dfrac{prs\cdots}{(p-q)(r-q)(s-q)\cdots}$ $C_r = \dfrac{pqs\cdots}{(p-r)(q-r)(s-r)\cdots}$　$C_s = \dfrac{pqr\cdots}{(p-s)(q-s)(r-s)\cdots}$						

图（右上）：加速度曲线，标注 3-6-9、3-5-7、3-4-5；4-8-12-16、4-7-10-13、4-5-6-7、4-6-8-10（坐标 A-O-T）

	p	q	r	s	C_p	C_q	C_r	C_s
常用多项式	3	4	5	—	10	-15	6	—
	3	5	7	—	$\dfrac{35}{8}$	$-\dfrac{21}{4}$	$\dfrac{15}{8}$	—
	3	6	9	—	3	-3	1	—
	4	5	6	7	35	-84	70	-20
	4	6	8	10	10	-20	15	-4
	4	7	10	13	$455/81$	$-260/27$	$182/27$	$-140/81$
	4	8	12	16	4	-6	4	-1

然，对于正弦（摆线）和余弦加速度及等加速、等减速这 3 种基本运动规律也可以看成为组合运动规律的特例，其运动同样可用表 11.4-11 给出的公式计算。余弦适用于无停歇运动，用同样公式还可得到另外 3 种无停歇类型的运动规律。可见这些公式是计算多种运动规律运动的通用公式，可将其编成使用方便的通用计算程序。

等速运动规律也是一种基本运动规律。如自动车床控制车刀行走的凸轮，要求车刀做等速移动，有的地方希望从动件的最大速度 V_m 小一些，都可采用等速运动规律。但等速运动规律有一个很大的缺点，即在行程的两端有速度突变而产生刚性冲击，当速度较高时，这个问题更为严重。为此可以采用改进等速运动规律，既可保留等速的优点（工作段仍为等速），又避免了刚性冲击，甚至可消除柔性冲击。表 11.4-13 给出了这种运动规律位移 S 的计算式。至于速度 V、加速度 A 和跃度 J，只要将 S 对时间 T 求导数即得。表中 T_1、T_2 可根据需要来选择，$T_1 \neq 0$ 用于双停歇运动，$T_1 = 0$ 用于无停歇运动。为了保证足够的等速段，应使 $T_2 \leqslant 1/4$。

上面讨论的这些运动规律为双停歇或无停歇两种，在行程两端的加速度都等于零或都不等于零。加速度曲线在加速和减速段是对称的。图 11.4-4 给出了正弦、改进梯形和改进正弦加速度三种组合运动规律。每种运动规律都有 Ⅰ、Ⅱ、Ⅲ 这三种类型，分别用于双停歇、无停歇和单停歇运动，后者在加速和减速段是不对称的。不同运动类型的各种运动规律的特

性值 V_m、A_m、J_m、$(AV)_m$ 及说明详见表 11.4-17。

以上各种运动规律，加速段和减速段的时间是相等的，即 $T_a = T_d$ 或 $P = T_d/T_a = 1$。若要求两者不相等（$P \neq 1$），除采用表 11.4-10 的多项式运动规律外，也可采用组合运动规律。对于改进梯形和改进正弦加速度运动规律可分别用表 11.4-14、表 11.4-15 求得在一个行程中相对于不同时间 T 的位移 S 值。

上面求得的 S 为无因次位移，直动从动件的实际位移为 $s = hS$，摆动从动件的实际角位移为摆角 $\psi = \psi_h S$。

2.4　数值微分法求速度和加速度

已知从动件的位移 s 与凸轮转角 ϕ（或时间 t）的函数关系 $s = s(\phi)$ [或 $s = s(t)$]，用微分的方法不难求得速度 $v = v(\phi)$ [或 $v = v(t)$] 及加速度 $a = a(\phi)$ [或 $a = a(t)$]。如已知 s 和 ϕ 的关系是以列表的形式给出时，要求各个不同位置的 v 和 a，采用数值微分是可行的办法。目前数值微分有多种计算公式，这里给出一种精度较高的计算式，不仅可求得 v 和 a，还可进一步求得各个位置的压力角和曲率半径（详见 3 节）。

设已知凸轮转角以相隔 $\Delta\phi$ 角变化时，从动件相应位移为 $\cdots$、s_{i-3}、s_{i-2}、s_{i-1}、s_i、s_{i+1}、s_{i+2}、s_{i+3}、$\cdots$。这里 s_i 为凸轮转角 $\phi = \phi_i$ 时从动件的位移。$\phi_{i-1} = \phi_i - \Delta\phi$、$\phi_{i+1} = \phi_i + \Delta\phi$，其余类推。若要求 $\phi = \phi_i$ 时从动件的速度 v 和加速度 a，可先求得类速度 s' 和类加速度 s''，即

表 11.4-11　改进梯形加速度运动规律

运动曲线：
$T_3 = 1 - T_2$
$T_4 = 1 - T_1$
$A_{ma} = A_{md} = A_m$

区间	S	V	A	J
I $0 \leqslant T \leqslant T_1$	$V_1\left(T - C_1\sin\dfrac{T}{C_1}\right)$	$V_1\left(1 - C_1\cos\dfrac{T}{C_1}\right)$	$A_m\sin\dfrac{T}{C_1}$	$\dfrac{A_m}{C_1}\cos\dfrac{T}{C_1}$ 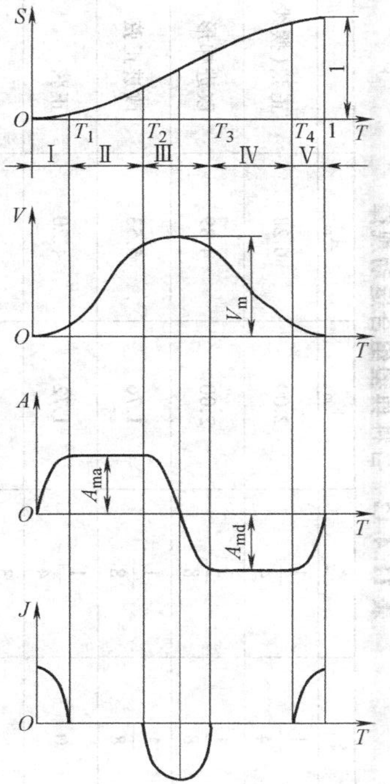
II $T_1 \leqslant T \leqslant T_2$	$S_1 + V_1(T-T_1) + \dfrac{A_m}{2}(T-T_1)^2$	$V_1 + A_m(T-T_1)$	A_m	0
III $T_2 \leqslant T \leqslant T_3$	$S_2 + V_2(T-T_2) + C_3^2 A_m\left(1-\cos\dfrac{T-T_2}{C_3}\right)$	$V_2 + C_3 A_m\sin\dfrac{T-T_2}{C_3}$	$A_m\cos\dfrac{T-T_2}{C_3}$	$-\dfrac{A_m}{C_3}\sin\dfrac{T-T_2}{C_3}$
IV $T_3 \leqslant T \leqslant T_4$	$1 - S_1 - V_1(1-T_1-T) - \dfrac{A_m}{2}(1-T_1-T)^2$	$V_1 + A_m(1-T_1-T)$	$-V_m$	0
V $T_4 \leqslant T \leqslant 1$	$1 - V_1 \times \left(1-T-C_1\sin\dfrac{1-T}{C_1}\right)$	$V_1\left(1-\cos\dfrac{1-T}{C_1}\right)$	$-V_m\sin\dfrac{1-T}{C_1}$	$\dfrac{A_m}{C_1}\cos\dfrac{1-T}{C_1}$

常数项：

$$A_m = \frac{\pi^2}{(\pi^2-8)(T_1^2-T_1^2+T_2) - \pi(\pi-2)T_1 + 2}$$

$$C_1 = \frac{2}{\pi}T_1,\ C_2 = T_2 - T_1,\ C_3 = \frac{1-2T_2}{\pi}$$

$$S_1 = (T_1 - C_1)C_1 A_m,\ S_2 = S_1 + C_2 V_1 + \frac{C_2^2}{2}A_m$$

$$V_1 = C_1 A_m,\ V_2 = V_1 + C_2 A_m,\ V_1 + C_2 A_m = V_m$$

（任选 T_1、T_2）

表 11.4-12　各种典型组合运动规律

运动类型	T_1	T_2	V_m	A_m	加速度规律
双停歇	$\frac{1}{4}$	$\frac{1}{4}$	2.00	6.28	正弦(摆线)
	$\frac{1}{8}$	$\frac{3}{8}$	2.00	4.89	改进梯形
	$\frac{1}{8}$	$\frac{1}{8}$	1.76	5.53	改进正弦
无停歇	0	$\frac{1}{4}$	1.72	4.20	正弦
	0	$\frac{3}{8}$	1.84	4.05	改进梯形
	0	$\frac{1}{8}$	1.63	4.48	改进正弦
	0	0	1.57	4.93	余弦(简谐)
	0	$\frac{1}{2}$	2.00	4.00	等加速、等减速

注：等加速、等减速运动规律即使用在无停歇运动中仍有柔性冲击，目前很少用。

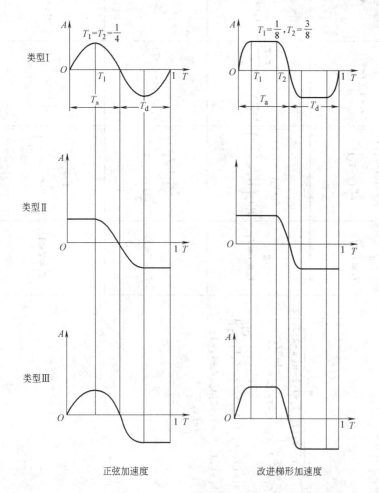
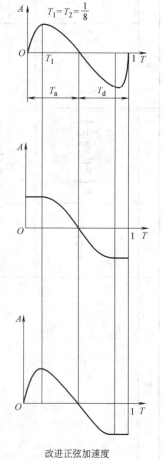

| 正弦加速度 | 改进梯形加速度 | 改进正弦加速度 |

图 11.4-4　组合运动规律的三种类型

表 11.4-13　改进等速运动规律

常数项	区　间	运动曲线
$A_m = \dfrac{2}{\pi}\left[\left(2-\dfrac{8}{\pi}\right)T_1 T_2+\left(\dfrac{4}{\pi}-2\right)T_1^2+T_2\right]$ $\cdot 1$ $S_1=\dfrac{2T_1^2 A_m}{\pi}\,T_2-\dfrac{4T_1^2 A_m}{\pi^2}\,,\ V_1=\dfrac{2T_1 A_m}{\pi}$ $S_2=S_1+V_1(T_2-T_1)+\dfrac{4(T_2-T_1)^2 A_m}{\pi^2}$ $V_2=V_m=\dfrac{2T_2 A_m}{\pi}$ （任选 $T_1,\,T_2$）	$\begin{array}{l} \text{I}\\ 0\leqslant T\leqslant T_1 \end{array}$	$S=\dfrac{2T_1 A_m}{\pi}\,T-\dfrac{4T_1^2 A_m}{\pi^2}\sin\dfrac{\pi T}{2T_1}$
	$\begin{array}{l} \text{II}\\ T_1\leqslant T\leqslant T_2 \end{array}$	$S=S_1+V_1(T-T_1)+\dfrac{4(T_2-T_1)^2 A_m}{\pi^2}\left[1-\cos\dfrac{\pi(T-T_1)}{2(T_2-T_1)}\right]$
	$\begin{array}{l} \text{III}\\ T_2\leqslant T\leqslant T_3 \end{array}$	$S=S_2+V_m(T-T_2)$
	$\begin{array}{l} \text{IV}\\ T_3\leqslant T\leqslant T_4 \end{array}$	$S=1-S_1-V_1(1-T_1-T)-\dfrac{4(T_2-T_1)^2 A_m}{\pi^2}\left[1-\cos\dfrac{\pi(1-T_1-T)}{2(T_2-T_1)}\right]$
	$\begin{array}{l} \text{V}\\ T_4\leqslant T\leqslant 1 \end{array}$	$S=1-\dfrac{2T_1 A_m(1-T)}{\pi}+\dfrac{4T_1^2 A_m}{\pi^2}\sin\dfrac{\pi(1-T)}{2T_1}$

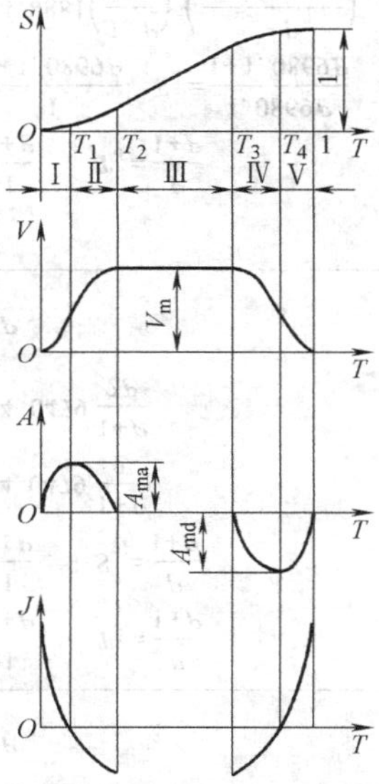

$T_3=1-T_2$

$T_4=1-T_1$

$A_{ma}=A_{md}=A_m$

表 11.4-14 改进梯形加速度运动的位移表 $\left(P=\dfrac{T_d}{T_a}\neq 1\right)$

等分号	运动 类型 I-a	运动 类型 I-d	运动 类型 II-a	运动 类型 II-d	等分号	运动 类型 I-a	运动 类型 I-d	运动 类型 II-a	运动 类型 II-d
0	0.00000	0.00000	0.00000	0.00000	31	0.22597	0.80737	0.27014	0.76359
1	0.00001	0.03332	0.00028	0.03066	32	0.24365	0.82302	0.28785	0.77961
2	0.00009	0.06657	0.00112	0.06126	33	0.26202	0.83798	0.30612	0.79507
3	0.00032	0.09968	0.00253	0.09174	34	0.28106	0.85228	0.32496	0.80997
4	0.00075	0.13258	0.00450	0.12205	35	0.30078	0.86589	0.34435	0.82431
5	0.00146	0.16521	0.00703	0.15213	36	0.32118	0.87882	0.36431	0.83808
6	0.00251	0.19749	0.01012	0.18193	37	0.34226	0.89107	0.38483	0.85130
7	0.00396	0.22938	0.01377	0.21140	38	0.36402	0.90265	0.40592	0.86394
8	0.00586	0.26081	0.01799	0.24050	39	0.38646	0.91354	0.42756	0.87603
9	0.00826	0.29174	0.02277	0.26917	40	0.40957	0.92376	0.44977	0.88756
10	0.01122	0.32212	0.02811	0.29739	41	0.43337	0.93330	0.47254	0.89852
11	0.01476	0.35191	0.03401	0.32513	42	0.45784	0.94216	0.49587	0.90892
12	0.01892	0.38108	0.04048	0.35235	43	0.48299	0.95034	0.51976	0.91876
13	0.02372	0.40961	0.04751	0.37904	44	0.50883	0.95784	0.54422	0.92804
14	0.02919	0.43747	0.05510	0.40518	45	0.53534	0.96466	0.56924	0.93675
15	0.03534	0.46466	0.06325	0.43076	46	0.56253	0.97081	0.59482	0.94490
16	0.04216	0.49117	0.07196	0.45578	47	0.59039	0.97628	0.62096	0.95249
17	0.04966	0.51701	0.08124	0.48024	48	0.61892	0.98108	0.64765	0.95952
18	0.05784	0.54216	0.09108	0.50413	49	0.64809	0.98524	0.67487	0.96599
19	0.06670	0.56663	0.10148	0.52746	50	0.67788	0.98878	0.70261	0.97189
20	0.07624	0.59043	0.11244	0.55023	51	0.70826	0.99174	0.73083	0.97723
21	0.08646	0.61354	0.12397	0.57244	52	0.73919	0.99414	0.75950	0.98201
22	0.09735	0.63598	0.13606	0.59408	53	0.77062	0.99604	0.78860	0.98623
23	0.10893	0.65774	0.14871	0.61517	54	0.80251	0.99749	0.81807	0.98988
24	0.12118	0.67882	0.16192	0.63569	55	0.83479	0.99854	0.84787	0.99297
25	0.13411	0.69922	0.17569	0.65565	56	0.86742	0.99925	0.87795	0.99550
26	0.14772	0.71894	0.19003	0.67504	57	0.90032	0.99968	0.90826	0.99747
27	0.16202	0.73798	0.20493	0.69388	58	0.93343	0.99991	0.93874	0.99888
28	0.17698	0.75635	0.22039	0.71215	59	0.96668	0.99999	0.96934	0.99972
29	0.19263	0.77403	0.23641	0.72986	60	1.00000	1.00000	1.00000	1.00000
30	0.20896	0.79104	0.25300	0.74700					

类型 I

$T_a = \dfrac{1}{1+P}$ $\quad T_d = \dfrac{P}{1+P}$

$S_a = \dfrac{1}{1+P}$ $\quad S_d = \dfrac{P}{1+P}$

$A_{ma} = 4.8881\dfrac{1+P}{2}$

$A_{md} = 4.8881\dfrac{1+P}{2P}$

$\dfrac{A_{ma}}{A_{md}} = P$

类型 II

$T_a = \dfrac{1}{1+P}$ $\quad T_d = \dfrac{P}{1+P}$

$S_a = \dfrac{1}{1+P}$ $\quad S_d = \dfrac{P}{1+P}$

$A_{ma} = 4.0479\dfrac{1+P}{2}$

$A_{md} = 4.0479\dfrac{1+P}{2P}$

$\dfrac{A_{ma}}{A_{md}} = P$

类型 III

$T_a = \dfrac{1}{1+P}$ $\quad T_d = \dfrac{P}{1+P}$

$S_a = \dfrac{1}{1+1.0869P}$ $\quad S_d = \dfrac{1.0869P}{1+1.0869P}$

$A_{ma} = 4.8881\left(\dfrac{1+P}{2}\right)\left(\dfrac{1+P}{1+1.0869P}\right)$

$A_{mⅢ} = 4.3907\left(\dfrac{1+P}{2P}\right)\left(\dfrac{1+P}{1+1.0869P}\right)$

$\dfrac{A_{ma}}{A_{mⅢ}} = 1.111P$

计算步骤

1. 选择 P，计算 S_a、S_d 和 A_{ma}、A_{md}
2. 计算加速部分的位移 S，对于类型 I 和 III，可将表中的 I-a 乘以 S_a，对于类型 II，可将表中的 II-a 乘以 S_a
3. 计算减速部分的位移 S，对于类型 I，可将表中的 I-d 乘以 S_d，再加上 S_a，对于类型 II 和 III，可将表中的 II-d 乘以 S_d，再加上 S_a

表 11.4-15　改进正弦加速度运动的位移表 $\left(P=\dfrac{T_d}{T_a}\neq 1\right)$

类型 I

$S_a = T_a = \dfrac{1}{1+P}$

$S_d = T_d = \dfrac{P}{1+P}$

$A_{ma} = 5.528\dfrac{1+P}{2}$

$A_{md} = 5.528\dfrac{1+P}{2P}$

$\dfrac{A_{ma}}{A_{md}} = P$

类型 II

$S_a = T_a = \dfrac{1}{1+P}$

$S_d = T_d = \dfrac{P}{1+P}$

$A_{ma} = 4.477\dfrac{1+P}{2}$

$A_{md} = 4.477\dfrac{1+P}{2P}$

$\dfrac{A_{ma}}{A_{md}} = P$

类型 III

$T_a = \dfrac{1}{1+P}$ 　 $T_d = \dfrac{P}{1+P}$

$S_a = \dfrac{1}{1+1.085P}$ 　 $S_d = \dfrac{1.085P}{1+1.085P}$

$A_{ma} = 5.528\dfrac{1+P}{2}$

$A_{md} = 4.438\dfrac{1+P}{2P}$

$\dfrac{A_{ma}}{A_{md}} = 1.143$

等分号	运动类型 I-a	运动类型 I-d	运动类型 II-a	运动类型 II-d
0	0.00000	0.00000	0.00000	0.00000
1	0.00001	0.02932	0.00031	0.02714
2	0.00011	0.05862	0.00124	0.05425
3	0.00036	0.08786	0.00280	0.08133
4	0.00085	0.11702	0.00497	0.10833
5	0.00165	0.14608	0.00777	0.13525
6	0.00284	0.17500	0.01119	0.16207
7	0.00447	0.20376	0.01523	0.18875
8	0.00662	0.23234	0.01990	0.21528
9	0.00934	0.26070	0.02518	0.24164
10	0.01268	0.28883	0.03109	0.26781
11	0.01669	0.31669	0.03762	0.29377
12	0.02139	0.34427	0.04477	0.31949
13	0.02683	0.37154	0.05254	0.34496
14	0.03301	0.39846	0.06094	0.37016
15	0.03996	0.42503	0.06995	0.39507
16	0.04768	0.45122	0.07959	0.41967
17	0.05616	0.47699	0.08985	0.44393
18	0.06541	0.50234	0.10073	0.46785
19	0.07542	0.52724	0.11223	0.49140
20	0.08619	0.55166	0.12434	0.51457
21	0.09772	0.57559	0.13707	0.53734
22	0.11000	0.59901	0.15040	0.55970
23	0.12303	0.62189	0.16434	0.58162
24	0.13679	0.64422	0.17888	0.60310
25	0.15128	0.66599	0.19400	0.62411
26	0.16649	0.68716	0.20971	0.64465
27	0.18242	0.70773	0.22600	0.66469
28	0.19905	0.72767	0.24285	0.68424
29	0.21636	0.74698	0.26027	0.70327
30	0.23436	0.76564	0.27823	0.72177
31	0.25302	0.78364	0.29673	0.73973
32	0.27233	0.80095	0.31576	0.75715
33	0.29227	0.81758	0.33531	0.77400
34	0.31284	0.83351	0.35535	0.79029
35	0.33401	0.84872	0.37589	0.80600
36	0.35578	0.86321	0.39690	0.82112
37	0.37811	0.87697	0.41838	0.83566
38	0.40099	0.89000	0.44030	0.84960
39	0.42441	0.90228	0.46266	0.86293
40	0.44834	0.91381	0.48543	0.87566
41	0.47276	0.92458	0.50860	0.88777
42	0.49766	0.93459	0.53215	0.89927
43	0.52301	0.94384	0.55607	0.91015
44	0.54878	0.95232	0.58033	0.92041
45	0.57497	0.96004	0.60493	0.93005
46	0.60154	0.96699	0.62984	0.93906
47	0.62846	0.97317	0.65504	0.94746
48	0.65573	0.97861	0.68051	0.95523
49	0.68331	0.98331	0.70623	0.96238
50	0.71117	0.98732	0.73219	0.96891
51	0.73930	0.99066	0.75836	0.97482
52	0.76766	0.99338	0.78472	0.98010
53	0.79624	0.99553	0.81125	0.98477
54	0.82500	0.99716	0.83793	0.98881
55	0.85392	0.99835	0.86475	0.99223
56	0.88298	0.99915	0.89167	0.99503
57	0.91214	0.99964	0.91867	0.99720
58	0.94138	0.99989	0.94575	0.99876
59	0.97068	0.99999	0.97286	0.99969
60	1.00000	1.00000	1.00000	1.00000

计算步骤

1. 选择 P，计算部分的位移 S_a、S_d 和 A_{ma}、A_{md}
2. 计算加速度部分的位移 S，对于类型 I 和 III，可将表中的 I-a 乘以 S_a，对于类型 II，可以将表中的 II-a 乘以 S_a
3. 计算减速度部分的位移 S，对于类型 I，可将表中的 I-d 乘以 S_d，再加上 S_a；对于类型 II 和 III，可将表中的 II-d 乘以 S_d，再加上 S_a

$$s' = \left(\frac{ds}{d\phi}\right)_{\phi i} = \frac{1}{60\Delta\phi}(s_{i+3} - 9s_{i+2} + 45s_{i+1} - 45s_{i-1} + 9s_{i-2} - s_{i-3})$$

$$(11.4\text{-}10)$$

$$s'' = \left(\frac{d^2 s}{d\phi^2}\right)_{\phi i} = \frac{1}{180(\Delta\phi)^2}$$

$$(2s_{i+3} - 27s_{i+2} + 270s_{i+1} - 490s_i + 270s_{i-1} - 27s_{i-2} + 2s_{i-3})$$

$$(11.4\text{-}11)$$

于是　　　　　$v = s'\omega$　　$a = s''\omega^2$

如果是摆动从动件,可将 s 改成摆角 ψ,s' 与 s'' 相应改成 $\psi' = \left(\dfrac{d\psi}{d\phi}\right)_{\phi i}$ 及 $\psi'' = \left(\dfrac{d^2\psi}{d\phi^2}\right)_{\phi i}$,$v$ 和 u 就改成摆杆的角速度 $\dfrac{d\psi}{dt}$ 和角加速度 $\dfrac{d^2\psi}{dt^2}$ 了。

例 11.4-1　有一直动从动件盘形凸轮,凸轮以角速度 $\omega = 10\text{rad/s}$ 等速旋转,凸轮的推程运动角 $\phi = 120°$,从动件的推程 $h = 10\text{mm}$。已知从动件以正弦加速度规律运动,且已求得 13 个位置的位移 s(见表 11.4-16),求从动件在不同位置时的速度 v 和加速度 a。

解　对于正弦加速度运动规律,其位移 s、类速度 s' 和类加速度 s'' 都有相应的计算公式,即

$$s(\phi) = h\left(\frac{\phi}{\Phi} - \frac{1}{2\pi}\sin\frac{2\pi\phi}{\Phi}\right) \quad (11.4\text{-}12)$$

$$s'(\phi) = \frac{ds}{d\phi} = \frac{h}{\Phi}\left(1 - \cos\frac{2\pi\phi}{\Phi}\right) \quad (11.4\text{-}13)$$

$$s''(\phi) = \frac{d^2 s}{d\phi^2} = \frac{2\pi h}{\Phi^2}\sin\frac{2\pi\phi}{\Phi} \quad (11.4\text{-}14)$$

由此可以求得精确的 s' 及 s'' 值,从而可求得精确的 v 和 a。如用数值微分法求解,可令 $\Delta\phi = 10° = \dfrac{\pi}{18}\text{rad}$,用式(11.4-12)先求得 ϕ 从 0° 到 120° 共 13 个位置的 s 值,见表 11.4-16。再应用式(11.4-10)及式(11.4-11)求出近似的 s' 和 s''。表 11.4-16 列出了 s' 和 s'' 的数值微分值、由式(11.4-13)和式(11.4-14)计算的精确值,可见这种数值微分法精度是相当高的。

表 11.4-16　从动件的位移、类速度和类加速度　　　　　　　　(mm)

等分号	s	s' (精确)	s' (近似)	s'' (精确)	s'' (近似)
0	0.000	0.000	0.000	0.000	0.761
1	0.038	0.640	0.645	7.162	7.082
2	0.288	2.387	2.384	12.405	12.418
3	0.908	4.775	4.775	14.324	14.323
4	1.955	7.162	7.162	12.405	12.404
5	3.371	8.910	8.909	7.162	7.162
6	5.000	9.549	9.549	0.000	0.000
7	6.629	8.910	8.909	−7.162	−7.162
8	8.045	7.162	7.162	−12.405	−12.404
9	9.092	4.775	4.775	−14.324	−14.323
10	9.712	2.387	2.384	−12.405	−12.418
11	9.962	0.640	0.645	−7.162	−7.082
12	10.000	0.000	0.000	0.000	−0.761

注:1. 在有关的运算中,角度都应化成弧度,$v = \omega s' = 10s'$,$a = \omega^2 s'' = 100s''$,计算从略。

2. 在应用式(11.4-10)和式(11.4-11)时,s_{i+3}、s_{i-3} 等如越出数据以外时,应相应延伸;对双停歇运动,当计算 $i = 0$ 时的 s_0' 和 s_0'',用到 s_{-1}、s_{-2}、s_{-3} 等,这些都等于 $s_0 = 0.000$。当计算 $i = 12$ 时的 s_{12}'、s_{12}'',用到 s_{15}、s_{14}、s_{13} 等,这些都等于 $s_{12} = 10.000$。

2.5　运动规律选择原则

表 11.4-17 列出了各种不同运动规律的 V_m、A_m、J_m 及 $(AV)_m$ 值,可供选择运动规律时参考。

一般来说,应该避免由于速度突变引起的刚性冲击,还应尽量避免由于加速度突变引起的柔性冲击。

目前常用的有多项式运动规律和组合运动规律两大类。从表中可见:使 V_m、A_m、J_m 和 $(AV)_m$ 都最小的运动规律是没有的,它们之间是相互制约的,因此应该根据不同的工作情况进行合理选择,表 11.4-18 中的选用原则可供参考。

表 11.4-17　凸轮机构各种运动规律比较表

运动 类型	名称	备注	加速度线图形状	V_m	$\dfrac{A_{ma}}{A_{md}}$	$\dfrac{J_{ma}}{J_{md}}$	$\dfrac{(AV)_{ma}}{(AV)_{md}}$	说明
加速度 不连续 运动	等速		∞ $-\infty$	1.00	∞	∞	∞	V_m 最小,但有刚性冲击,制造容易,可用于低速

（续）

运动类型	名称	备注	加速度线图形状	V_m	A_{ma} A_{md}	J_{ma} J_{md}	$(AV)_{ma}$ $(AV)_{md}$	说明
加速度不连续运动	等加速、等减速		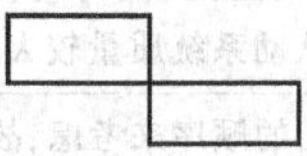	2.00	4.00	∞	8.00	A_m最小，但有柔性冲击，目前很少用
	余弦加速度（简谐运动）		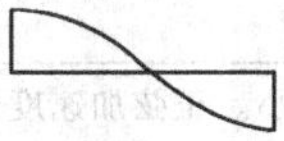	1.57	4.93	∞	3.88	V_m及转矩小，但有柔性冲击，可用于低速
Ⅰ、双停歇运动	等跃度		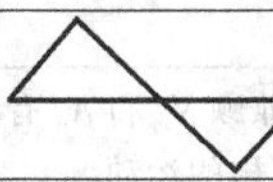	2.00	8.00	32.0	8.71	J_m很小，但由于A_m大，很少用
	3-4-5多项式		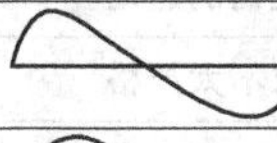	1.88	5.77	60.0 30.0	6.69	特性值较好，常用
	正弦加速度（摆线）		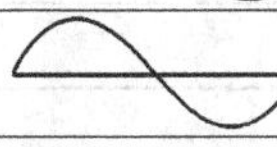	2.00	6.28	39.5	8.16	适用于高速轻载，缺点是V_m、A_m较大
	改进梯形加速度	$T_1=\frac{1}{8}$	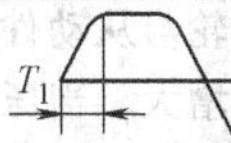	2.00	4.89	61.4	8.09	A_m小，适用于高速轻载，近来在分度凸轮中应用较多
	非对称改进梯形加速度	$P=\frac{T_d}{T_a}=1.5$	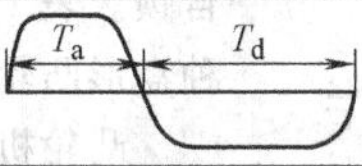	2.00	6.11 4.07	95.9 42.6	10.11 6.74	$A_{md}<A_{ma}$，对弹簧设计有利
	改进正弦加速度	$T_1=\frac{1}{8}$	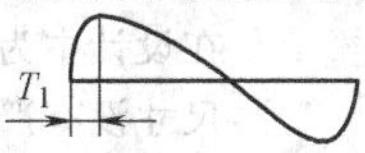	1.76	5.53	69.5 23.2	5.46	V_m及转矩小，适用于中速中载，性能较好
	改进等速	$T_1=1/16$ $T_2=1/4$	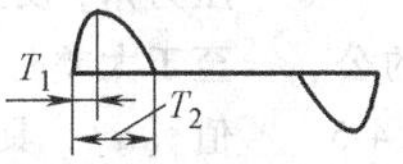	1.28	8.01	201.4 67.1	5.73	V_m很小，转矩小，适用于低速重载，也可用以替代等速运动，避免冲击
Ⅱ、无停歇运动	余弦加速度		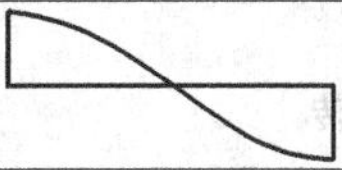	1.57	4.93	15.5	3.88	用于无停歇运动中，这是一种很好的运动规律
	正弦加速度		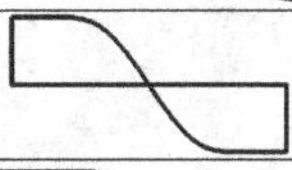	1.72	4.20	—	—	与相应的双停歇或单停歇运动相比，各特性值都有所改善
	改进梯形加速度		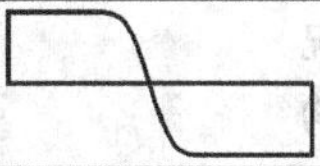	1.84	4.05	—	—	
	改进正弦加速度		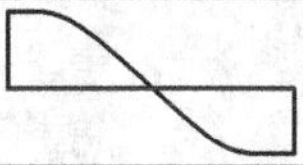	1.63	4.48	—	—	
	改进等速		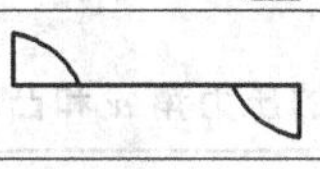	1.22	7.68	48.2	4.69	
Ⅲ、单停歇运动	3-4-5多项式		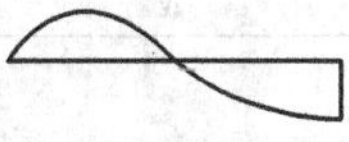	1.73	4.58 6.67	40.0 22.5	4.96 5.61	特性值较好，但A_{md}值较大，方程见表11.4-9中第4项
	正弦加速度		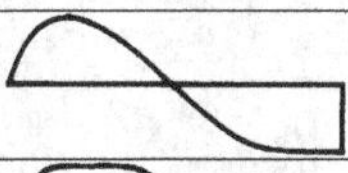	1.85	5.81 4.52	—	—	与对应的双停歇运动相比，各特性值都有所改善。因此将双停歇运动规律用于单停歇运动是不恰当的（这里几种规律的加速段和减速段时间相同）
	改进梯形加速度		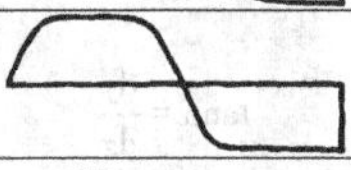	1.92	4.68 4.21	—	—	
	改进正弦加速度		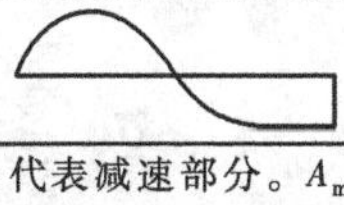	1.69	5.31 4.65	—	—	

注：1. 特性值中的角标a代表加速部分，d代表减速部分。A_{md}、J_{md}、$(AV)_{md}$为减速部分相应的最大值，实际都是负值，表中取其绝对值。
　　2. 表中除注明的以外，各种运动规律减速段与加速段时间比 $P=T_d/T_a=1$。

表 11.4-18　从动件运动规律选用原则

载荷类型	选 用 原 则
高速轻载	各特性值大体可按 A_m、V_m、J_m、$(AV)_m$ 的主次顺序来考虑。改进梯形类型的 A_m 值比较小，是较理想的一种运动规律，但因其 V_m 较大，不宜用于从动系统质量较大的凸轮机构
低速重载	各特性值大体可按 V_m、A_m、$(AV)_m$、J_m 的顺序来考虑，故改进等速运动规律是比较理想的，但因其 V_m 较大，不宜用于高速或中速运转的凸轮机构
中速中载	要求 A_m、V_m、J_m、$(AV)_m$ 等特性值都较小。正弦加速度规律较好，但其 V_m 较大，因此用改进正弦加速度或 3-4-5 多项式运动规律也较为理想
高速中载	凸轮机构由于其本身高副接触的特点，兼顾 V_m 和 A_m 有困难，通常不宜用于高速重载的工作场合，一般的做法是尽可能用低副机构来实现凸轮机构的运动
低速轻载	低速轻载的凸轮机构对运动规律的要求不太严格
高速重载	要求 V_m 比较小并希望 A_m 越小越好

　　为减小弹簧尺寸，采用减速时间和加速时间比值 $P = T_d / T_a > 1$ 的非对称运动规律效果较好（如非对称改进梯形）。

3　凸轮机构的压力角、凸轮的基圆半径和最小曲率半径

3.1　压力角

　　凸轮机构的压力角 α 是从动件与凸轮接触的公法线方向与从动件运动方向所夹的锐角，如图 11.4-5 所示。表 11.4-19 给出了四种凸轮机构压力角的计算式，盘形凸轮的位移 s 和 $\dfrac{ds}{d\phi}\left(\text{或 } \psi \text{ 和 } \dfrac{d\psi}{d\phi}\right)$ 都是凸轮转角 ϕ 的函数，这对于已知运动规律的凸轮机构，可根据 ϕ 角求得，从而很容易求得相应的压力角 α。凸轮机构压力角的大小，不仅和机构传动时的受力情况好坏有关，还和凸轮尺寸的大小有关。当载荷和机构的运动规律确定以后，为了使凸轮具有较小的尺寸，可选取较小的基圆半径，但此时压力角就要增大，从而使机构受力情况变坏。因为压力角增大，不但使凸

轮与从动件的作用力增大，而且使导路中的摩擦力也增大，当压力角大到某一临界值 α_n 时，机构将发生自锁。表 11.4-20 给出了直动从动件和摆动从动件两种盘形凸轮 α_c 的计算公式。

　　凸轮机构的最大压力角 α_m 不仅不能超过 α_c，且在设计中为了使机构具有良好的受力情况，在对机构尺寸没有严格限制时可将基圆半径选得大一些以减小压力角；反之如要求凸轮尺寸尽量小而受力情况也不至于太差时，所用基圆半径也应保证 α_m 不超过许用值 $[\alpha]$，具体见表 11.4-21。

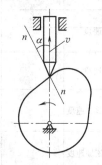

图 11.4-5　压力角 α 示意图

表 11.4-19　滚子从动件凸轮机构的压力角 α 和凸轮理论轮廓的曲率半径 ρ_t

类别	机 构 简 图	α	ρ_t
移动凸轮直动从动件		$\tan\alpha = \dfrac{dy}{dx}$	$\rho_t = \dfrac{\left[1+\left(\dfrac{dy}{dx}\right)^2\right]^{3/2}}{\dfrac{d^2y}{dx^2}}$

（续）

类别	机 构 简 图	α	ρ_t
盘形凸轮对心直动从动件		$\tan\alpha=\dfrac{\dfrac{ds}{d\phi}}{R_b+s}$ 式中　ϕ—凸轮转角（rad） R_b—凸轮基圆半径（mm） s—从动件位移（mm）	$\rho_t=\dfrac{\left[(R_b+s)^2+\left(\dfrac{ds}{d\phi}\right)^2\right]^{3/2}}{(R_b+s)^2+2\left(\dfrac{ds}{d\phi}\right)^2-(R_b+s)\dfrac{d^2s}{d\phi^2}}$
盘形凸轮偏置直动从动件		$\tan\alpha=\dfrac{\dfrac{ds}{d\phi}-e}{s+\sqrt{R_b^2-e^2}}$ 式中　e—偏距（mm），有正、负 　当凸轮顺时针旋转而从动件位于 O 点左侧时 e 为正，这对减小 α 是有利的。反之，e 为负，对 e 不利。当凸轮转向相反时，正、负号相反 $s_0=\sqrt{R_b^2-e^2}$	$\rho_t=\dfrac{1}{T\left[1+T\left(\dfrac{ds}{d\phi}\sin\alpha-\dfrac{d^2s}{d\phi^2}\cos\alpha\right)\right]}$ $T=\dfrac{\cos\alpha}{s+s_0}$
盘形凸轮摆动从动件		$\tan\alpha=\cot(\psi+\psi_0)-\dfrac{l\left(1-\dfrac{d\psi}{d\phi}\right)}{L\sin(\psi+\psi_0)}$ 式中　ψ_0—从动件初始角（rad） $\psi_0=\arccos\dfrac{l^2+L^2-R_b^2}{2lL}$ ψ—从动件摆角（rad），$\psi=\psi(\phi)$ ϕ—凸轮转角（rad） l—从动件长度（mm），$l=l_{AB}$ L—凸轮转动中心与从动件摆动中心距离（mm），$L=l_{OA}$	$\rho_t=$ $\dfrac{1}{\lambda\left\{1+\lambda\left[\left(1-\dfrac{d\psi}{d\phi}\right)\dfrac{d\psi}{d\phi}\sin\alpha-\dfrac{d^2\psi}{d\phi^2}\cos\alpha\right]\right\}}$ $\lambda=\dfrac{\cos\alpha}{L\sin\alpha}$

注：1. 表中的 $\dfrac{ds}{d\phi}$ 及 $\dfrac{d^2s}{d\phi^2}$ 向上为正，$\dfrac{d\psi}{d\phi}$ 及 $\dfrac{d^2\psi}{d\phi^2}$ 与凸轮转向相同时为正，当凸轮轮廓向外凸时 ρ_t 为正。α 也可能有负值，此时公法线 n-n 偏向速度 v 的另一侧。

2. 如果用表 11.4-9、表 11.4-11 和表 11.4-13 等求得了无因次速度 V 和无因次加速度 A，即可求得 $\dfrac{ds}{d\phi}=\dfrac{h}{\omega t_h}V$、$\dfrac{d\psi}{d\phi}=\dfrac{\psi_h}{\omega t_h}V$、$\dfrac{d^2s}{d\phi^2}=\dfrac{h}{\omega^2 t_h^2}A$、$\dfrac{d^2\psi}{d\phi^2}=\dfrac{\psi_h}{\omega^2 t_h^2}A$，这里 h 为行程，t_h 为推程时间，ψ_h 为摆角。

3. 凸轮工作轮廓的曲率半径 ρ 和理论轮廓半径 ρ_t 的关系见图 11.4-6。

表 11.4-20　凸轮机构的临界压力角 α_c

类别	机构受力图	α_c
直动从动件	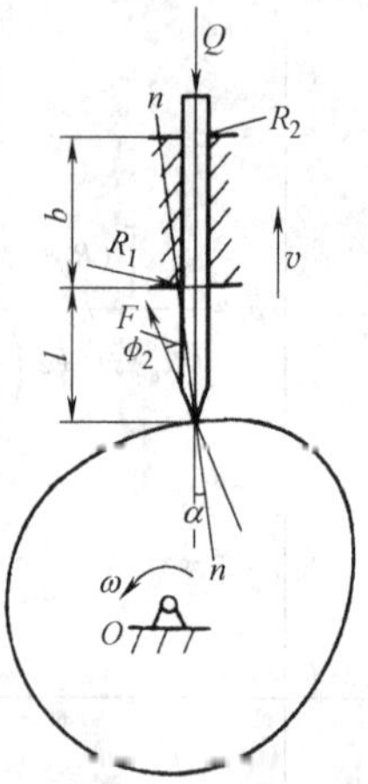	$\alpha_c = \arctan \dfrac{1}{f_1\left(1+\dfrac{2l}{b}\right)} - \phi_2$ 式中　f_1—从动件与导路间的摩擦因数 　　　ϕ_2—从动件与凸轮间的摩擦角 　图中 $Q \setminus R_1 \setminus R_2$ 为载荷和支反力。当机构开始自锁,即 $\alpha = \alpha_c$ 时,凸轮给从动件的作用力 F 与 $R_1 \setminus R_2$ 平衡,$Q=0$
摆动从动件	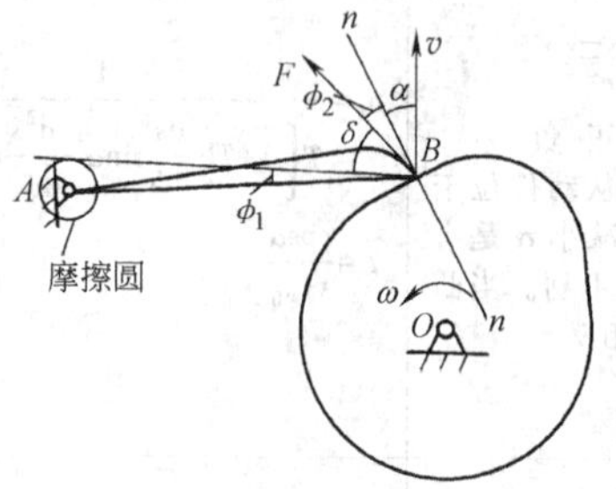	$\alpha_c = \dfrac{\pi}{2} - \phi_1 - \phi_2$ 式中　ϕ_1—从动件与轴承 A 间的当量摩擦角(rad) $$\phi_1 \approx \arctan \frac{f_1 r_1}{l_{AB}}$$ 　f_1—摩擦因数 　r_1—轴 A 的半径,$f_1 r_1$ 为摩擦圆半径 　当凸轮给从动件的作用力 F 与摩擦圆相切时,机构自锁,此时 $\delta=0$,$\alpha=\alpha_c$

尖顶直动从动件 α_c 的参考值					
设摩擦因数 $f=f_1=f_2=\tan\phi_2$			l/b		
			0.5	1	2
有润滑剂时	钢对钢、钢对铸铁、钢对青铜、铸铁对铸铁、铸铁对青铜	0.1	73°	68°	58°
无润滑剂时	钢对钢、钢对青铜	0.15	65°	57°	45°
	钢对软钢、软钢对铸铁	0.2	57°	48°	34°
	钢对铸铁	0.3	42°	31°	17°

注：1. 提高 α_c 的措施,除了减小 l/b、增加润滑外,还可采用滚动代替滑动、提高构件刚度、减少运动副间隙等措施。

2. 对于摆动从动件,ϕ_2 同样可根据表中的 f_2 算得。$\phi_2 = \arctan f_2 = \arctan f$。

3. 表中的 ϕ_2 适用于尖顶从动件,对于滚动从动件,可令 $\phi_2 = \arctan \dfrac{f_2 r_2}{R_r}$,表中公式仍然适用。这里 $f_2=f$,R_r 为滚子半径,r_2 为滚子轴半径。

表 11.4-21　凸轮机构的许用压力角 $[\alpha]$ 的值

类别	推程	回程	
		力封闭	形封闭
直动从动件	≤30°	≤70°~80°	≤30°
摆动从动件	≤30°~45°	≤70°~80°	≤35°~45°

注：1. 直动从动件当要求凸轮尽可能小时,$[\alpha]$ 可用到45°或更大些。

2. 滚子从动件比尖顶从动件的 $[\alpha]$ 可稍大些。

3.2 凸轮轮廓的基圆半径

盘形凸轮的基圆半径 R_b 就是指凸轮理论轮廓的最小半径。根据基圆半径和压力角的关系，基圆半径的确定一般有两种方法：

1) 首先确定凸轮的许用压力角 $[\alpha]$，然后根据最大压力角 $\alpha_m \leqslant [\alpha]$，得出凸轮许用的最小基圆半径 $[R_b]$。考虑结构特点和条件，根据空间位置和经验初选基圆，以此进行凸轮轮廓的设计计算，使凸轮的基圆半径 $R_b \geqslant [R_b]$。

2) 初步确定凸轮的基圆半径并进行凸轮轮廓设计，调整凸轮的基圆半径直至 $\alpha_m \leqslant [\alpha]$。一般情况下，由于凸轮的结构条件（如凸轮机构所占的空间、凸轮轴的尺寸等）已知，所以第二种方法采用得较多。此外，在仪器仪表机构的设计中，由于负载一般

较小，而尺寸要求比较严格，所以也宜采用第二种方法。

在工程实践中，也可采用如下的经验公式进行初步计算来确定基圆半径：

$$R_b \geqslant 1.75r + (7 \sim 10)\ \text{mm} \qquad (11.4-15)$$

式中 r——安装凸轮处轴径的半径。

盘形凸轮的基圆半径 R_b 是凸轮理论轮廓的最小半径，而工作轮廓的最小半径 r_b 比 R_b 要差一个滚子半径 R_r，即 $r_b = R_b - R_r$，对于尖顶从动件，则 $r_b = R_b$。R_b 的选定除考虑最大压力角 α_m 不超过许用值 $[\alpha]$ 外，还要考虑凸轮和轴的连接方式，可用表 11.4-22 校核。此外还应考虑凸轮工作轮廓的最小曲率半径 ρ_{min} 不能过小，如果 ρ_{min} 满足不了要求，仍应增大 R_b（详见 3.3 节）。表 11.4-22 中给出了圆柱凸轮最小半径 R_{min} 的最小值。

表 11.4-22 根据凸轮与轴的连接方式校核 R_b 或 R_{min}   （单位：mm）

类别	盘 形 凸 轮		圆 柱 凸 轮	
	凸轮与轴一体	凸轮装在轴上	凸轮与轴一体	凸轮装在轴上
简图				
公式	$R_b \geqslant R_s + R_r + (2 \sim 5)$	$R_b \geqslant R_h + R_r + (2 \sim 5)$	$R_{min} \geqslant R_s + (2 \sim 5)$	$R_{min} \geqslant R_h + (2 \sim 5)$
说明	R_s—凸轮轴半径；R_h—凸轮轮毂半径；R_{min}—圆柱凸轮最小半径			

3.3 凸轮轮廓的曲率半径

3.3.1 滚子从动件凸轮轮廓的曲率半径

滚子从动件凸轮轮廓的曲率半径计算公式见表 11.4-19。已知从动件的运动规律 $s = s(\phi)$ [或 $\psi = \psi(\phi)$] 就不难求得类速度 $\dfrac{ds}{d\phi}$（或 $\dfrac{d\psi}{d\phi}$）以及类加速度 $\dfrac{d^2 s}{d\phi^2}$（或 $\dfrac{d^2 \psi}{d\phi^2}$）。

当从动件的位移 s（或 ψ）与凸轮转角 ϕ 的关系不能用函数式表达，而是以离散点列表形式给出时，与求压力角相仿，可用 2.4 节中的数值微分法先求得

相应的类速度和类加速度，再求曲率半径。

例 11.4-2 有一带滚子的直动从动件盘形凸轮，凸轮做等速旋转，凸轮的推程运动角 $\Phi = 120°$，从动件的行程 $h = 10\text{mm}$、偏距 $e = 10\text{mm}$，基圆半径 $R_b = 50\text{mm}$，从动件以正弦加速度规律运动。求从动件在不同位置的压力角 α 和凸轮理论轮廓的曲率半径 ρ_t。

解 将 Φ 角分成 12 等分。根据 2.4 节中所得结果，包括用函数式求得的类速度和类加速度以及用数值微分法求得的近似值，应用表 11.4-19 中有关公式，即可求得压力角 α 和曲率半径 ρ_t 的精确值和近似值，见表 11.4-23。从表中可见用数值微分法求得的结果精度是相当高的（表中 $\alpha < 0$ 表示表 11.4-19 中的公法线 n—n 偏到另一边）。

表 11.4-23 α 和 ρ_t 的值

等分号	α（精确）/(°)	α（近似）/(°)	ρ_t（精确）/mm	ρ_t（近似）/mm
0	−11.537	−11.537	50.000	50.757
1	−10.809	−10.803	58.265	58.159
2	−8.782	−8.786	66.766	66.789
3	−5.978	−5.978	71.050	71.049
4	−3.189	−3.189	68.082	68.081

（续）

等分号	α(精确)/(°)	α(近似)/(°)	ρ_t(精确)/mm	ρ_t(近似)/mm
5	−1.193	−1.194	60.916	60.916
6	−0.478	−0.479	54.072	54.072
7	−1.123	−1.124	49.423	49.423
8	−2.849	−2.849	47.166	47.166
9	−5.141	−5.141	47.132	47.132
10	−7.389	−7.392	49.210	49.210
11	−9.022	−9.017	53.447	53.510
12	−9.621	−9.621	59.831	59.090

对于带滚子的从动件，用表 11.4-19 求得其理论轮廓的曲率半径 ρ_t 后，其工作轮廓的曲率半径为

$$\rho = \rho_t - R_r \qquad (11.4\text{-}16)$$

ρ 与 ρ_t 都有正、负，凸轮外凸为正、内凹为负。R_r 为滚子半径，如图 11.4-6 所示。当凸轮外凸时，应使 $\rho_t > R_r$（见图 11.4-6a），否则工作轮廓就会出现尖点（当 $\rho_t = R_r$ 时，见图 11.4-6b），或形成交叉而产生干涉（当 $\rho_t < R_r$ 时，见图 11.4-6c），此时不仅出现轮廓变尖现象，还会产生运动失真。当凸轮内凹时，工作轮廓与理论轮廓均内凹，ρ 的绝对值大于 ρ_t 的绝对值，因此不会引起变尖或干涉（见图 11.4-6d）。滚子半径 R_r 的选择，除了考虑应使凸轮不产生干涉或变尖外，还应考虑结构等问题，表 11.4-24 给出了选择 R_r 的经验选用范围。

3.3.2　平底从动件凸轮轮廓的曲率半径

平底从动件凸轮轮廓的曲率半径计算公式见表 11.4-25，为了避免凸轮轮廓发生交叉而产生干涉并引起运动失真现象，应使 $\rho_{min} > 0$，否则应增大 R_b 重新计算。

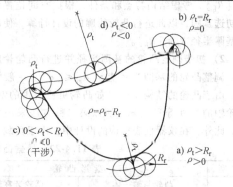

图 11.4-6　凸轮曲率半径和滚子的关系

表 11.4-24　滚子半径 R_r 的选择

考虑因素	滚子半径选用范围
保证从动件运动不失真，并具有一定安全系数	$R_r \le 0.8\rho_{tmin}$
凸轮有足够的接触强度	$R_r \le 1/3\rho_{tmin}$
凸轮的结构性	$R_r \le 0.4\rho_{tmin}$

注：如果上面条件满足不了或 R_r 过小而无法制造时，可改用尖顶从动件。即使是尖顶从动件，实际上也常有 1mm 左右的圆弧。

表 11.4-25　平底从动件凸轮轮廓的曲率半径 ρ [1]

类别	盘形凸轮直动从动件	盘形凸轮摆动从动件
机构简图		
ρ	$\rho = s + R_b + \dfrac{d^2 s}{d\phi^2}$	$\rho = \dfrac{L}{\left(1 - \dfrac{d\psi}{d\phi}\right)^2}\left[\dfrac{d^2\psi}{d\phi^2}\dfrac{\cos(\psi+\psi_0)}{1-\dfrac{d\psi}{d\phi}} + \left(1 - 2\dfrac{d\psi}{d\phi}\right)\sin(\psi+\psi_0)\right] - b$ [2] $L = l_{OA}$ $\psi_0 = \arcsin\dfrac{R_b + b}{L}$

[1] 为了避免运动失真，应使 $\rho_{min} > 0$。

[2] 这里 $\dfrac{d\psi}{d\phi}$、$\dfrac{d^2\psi}{d\phi^2}$ 为正、负的规定及其他一些说明同表 11.4-19。

4 盘形凸轮轮廓的设计

4.1 作图法

当确定了从动件的运动形式和运动规律、从动件与凸轮接触部位的形状以及凸轮与从动件的相对位置和凸轮转动方向等以后,就可用作图法求凸轮轮廓,如图 11.4-7 所示。作图的原理是应用反转法,将整个凸轮机构绕凸轮转动中心 O 加上一个与凸轮角速度 ω 大小相同方向取反的公共角速度 $-\omega$。这样一来,从动件对凸轮的相对运动并未改变,但凸轮将固定不动,而从动件将随机架一起以等角速度 $-\omega$ 绕 O 点转动,并按已知的运动规律对机架做相对运动。由于从动件始终与凸轮轮廓相接触,因此从动件的反转运动可包络出凸轮的实际轮廓。如果从动件底部是尖顶,则尖顶的运动轨迹即为凸轮的轮廓曲线,见图 11.4-7a 和图 11.4-7b。如果从动件底部带有滚子,则滚子中心的轨迹为理论轮廓,滚子的包络线为工作轮廓,见图

11.4-7c。图中的理论轮廓与图 11.4-7b 的凸轮轮廓相同,如果从动件的底部是平底,则平底的包络线即为凸轮轮廓,如图 11.4-7d 所示。以上几种凸轮机构都是直动从动件,图 11.4-7e 是摆动尖顶从动件凸轮轮廓的画法,图 11.4-7f 是摆动平底从动件凸轮轮廓的画法。图 11.4-7e 和图 11.4-7f 中两个凸轮轮廓的区别在于前者是从动件尖顶 B 点的轨迹,而后者则是一系列平底的包络线。从图中可以清楚地看到,由于从动件底部形状的不同,同一运动规律其凸轮轮廓的形状是不一样的。由于作图法精度差,只能用于要求不高的场合。

由几段圆弧连接而成的四圆弧凸轮,由于比较容易制造,在生产中常有应用,它可近似地代替等加速、等减速规律运动。这种凸轮的设计应用作图法比较方便,当给定行程 h、推程运动角 Φ、远休止角 Φ_s、回程运动角 Φ'、减速和加速比例系数 $P = \Phi_2/\Phi_1$,以及基圆半径 R_b 和最小曲率半径 ρ_{min} 后,凸轮各部尺寸的确定见表 11.4-26。这种凸轮存在柔性冲击,因此不能用于转速较高的场合。

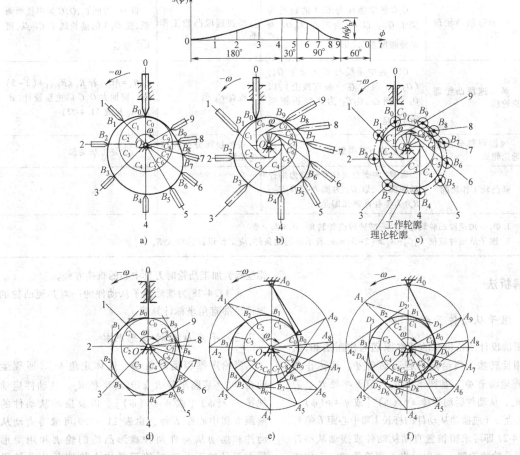

图 11.4-7 作图法求凸轮轮廓

表 11.4-26 对心直动滚子从动件和直角平底从动件四圆弧凸轮轮廓的设计（作图法）

对心直动滚子从动件	直动直角平底从动件
$\Phi_1 = \dfrac{\Phi}{1+P}$　$\Phi_2 = \dfrac{\Phi P}{1+P}$　$P = \dfrac{\Phi_2}{\Phi_1}$	$\Phi_1 = \dfrac{\Phi}{1+P}$　$\Phi_2 = \dfrac{\Phi P}{1+P}$　$R_1 = \dfrac{h\cos\dfrac{\Phi_2}{2}}{2\sin\dfrac{\Phi}{2}\sin\dfrac{\Phi_1}{2}}$　$R_2 = \dfrac{h\cos\dfrac{\Phi_2}{2}}{2\sin\dfrac{\Phi}{2}\sin\dfrac{\Phi_2}{2}}$

画图步骤		对心直动滚子从动件		直动直角平底从动件
	画基圆及 Φ_1、Φ_2 等	任选凸轮轴心 A，画 $\angle C_1AC = \Phi_1$ 及 $\angle CAC_2 = \Phi_2$，取 $AC_1 = R_b$、$AC_2 = R_b + h$	画三角形 $\triangle AO_1O_2$	任选凸轮轴心 A，画 $\triangle AO_1O_2$，使 $\angle O_1AO_2 = 180° - \Phi$，$AO_1 = R_1$，$AO_2 = R_2$
	确定加速段及减速段	连 C_1C_2，画 $\angle C_2C_1O = 90° - \dfrac{\Phi}{2}$，$C_1O$ 与 C_1C_2 的中垂线相交于 O。以 O 为圆心，C_1O 为半径画圆弧，交 AC 于 C 点。C_1C 之间为加速段，CC_2 之间为减速段	画减速段凸轮工作轮廓	延长 O_1O_2 至 L，使 $O_2L \geqslant \rho_{min}$，以 O_2 为圆心，O_2C 为半径画圆弧 $\overset{\frown}{CC_2}$ 即是
	画加速段凸轮理论轮廓	C_1C 的中垂线与 C_1A 的延长线交于 O_1。以 O_1 为圆心，C_1O_1 为半径画圆弧 $\overset{\frown}{C_1C}$ 即是	画加速段凸轮工作轮廓	以 O_1 为圆心，O_1C 为半径画圆弧，交 O_1A 的延长线于 C_1 点，得 $\overset{\frown}{CC_1}$ 即是
	画减速段凸轮理论轮廓	CC_2 的中垂线与 C_2A 交于 O_2，$(O_2、O_1$ 与 C 在一条直线上$)$，以 O_2 为圆心，O_2C_2 为半径画圆弧 $\overset{\frown}{CC_2}$ 即是	检查 R_b 值	$R_b = AC_1$，若 $R_b < R_{S(h)} + (2\sim5)$ mm，则加大 O_2C 后重新设计 $(R_s$ 或 R_b 见表 11.4-22$)$
	画回程部分凸轮理论轮廓	与上述方法类似	画回程部分凸轮理论轮廓	与上述方法类似
	画凸轮工作轮廓	以 O_1 为圆心，$(O_1C - R_r)$ 为半径画圆弧，又以 O_2 为圆心，$(O_2C_2 - R_r)$ 为半径画圆弧即是		
说明		1. Φ_1—加速段凸轮转角，Φ_2—减速段凸轮转角，$\Phi_1 + \Phi_2 = \Phi$ 2. 滚子从动件应使 $O_2C_2 - R_r \geqslant (2\sim5)$ mm，若不满足此条件，应重新设计并加大 R_b		

4.2 解析法

4.2.1 滚子从动件盘形凸轮

　　解析法设计凸轮轮廓的基本原理与作图法相同，也是应用反转法。当给定推程运动角 Φ、远休止角 Φ_s、回程运动角 Φ'、基圆半径 R_b、滚子半径 R_r、刀具半径 R_c、从动件运动规律 $s = s(\phi)$〔或 $\psi = \psi(\phi)$〕，以及偏心距 e（或摆动从动件的杆长 l 和中心距 L 等），由表 11.4-27 即可求得偏置直动从动件或摆动从动件两种盘形凸轮的轮廓。表中给出了理论轮廓、工作轮廓及用圆形截面刀具（如铣刀、砂轮或线切割机中的

钼丝等）加工凸轮时刀具中心的轨迹方程。

　　表 11.4-28 为摆动滚子从动件的一对共轭凸轮的理论轮廓直角坐标计算式。

4.2.2 平底从动件盘形凸轮

　　当给定推程运动角 Φ、远休止角 Φ_s、回程运动角 Φ'、基圆半径 R_b、刀具半径 R_c、从动件运动规律 $s = s(\phi)$〔或 $\psi = \psi(\phi)$〕，以及摆动从动件的偏距 b 和中心距 L 等，由表 11.4-29 可求得直动从动件和摆动从动件两种盘形凸轮的轮廓和用圆形截面刀具加工凸轮时的刀具中心轨迹及从动件平底长度等。

表 11.4-27　直动和摆动滚子从动件盘形凸轮轮廓的设计（解析法）

直动滚子从动件	摆动滚子从动件
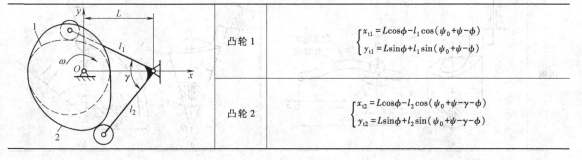	

理论轮廓（直动滚子从动件）：

$$s_0 = \sqrt{R_b^2 - e^2}$$

$$\begin{cases} x_t = (s_0 + s)\cos\phi - e\sin\phi \\ y_t = (s_0 + s)\sin\phi + e\cos\phi \end{cases}（直角坐标）$$

$$\begin{cases} r_t = \sqrt{x_t^2 + y_t^2} \\ \theta_t = \arctan\left(\dfrac{y_t}{x_t}\right) \end{cases}（极坐标）$$

理论轮廓（摆动滚子从动件）：

$$\psi_0 = \arccos\frac{L^2 + l^2 - R_b^2}{2Ll}$$

$$\begin{cases} x_t = L\cos\phi - l\cos(\psi + \psi_0 - \phi) \\ y_t = L\sin\phi + l\sin(\psi + \psi_0 - \phi) \end{cases}（直角坐标）$$

$$\begin{cases} r_t = \sqrt{x_t^2 + y_t^2} \\ \theta_t = \arctan\left(\dfrac{y_t}{x_t}\right) \end{cases}（极坐标）$$

导数式（直动滚子从动件）：

$$\begin{cases} \dfrac{dx_t}{d\phi} = \left(\dfrac{ds}{d\phi} - e\right)\cos\phi - (s_0 + s)\sin\phi \\ \dfrac{dy_t}{d\phi} = \left(\dfrac{ds}{d\phi} - e\right)\sin\phi + (s_0 + s)\cos\phi \end{cases}$$

导数式（摆动滚子从动件）：

$$\begin{cases} \dfrac{dx_t}{d\phi} = l\sin(\psi + \psi_0 - \phi)\left(\dfrac{d\psi}{d\phi} - 1\right) - L\sin\phi \\ \dfrac{dy_t}{d\phi} = l\cos(\psi + \psi_0 - \phi)\left(\dfrac{d\psi}{d\phi} - 1\right) + L\cos\phi \end{cases}$$

工作轮廓（直动滚子从动件）：

$$\begin{cases} x = x_t \pm R_r \dfrac{\dfrac{dy_t}{d\phi}}{\sqrt{\left(\dfrac{dx_t}{d\phi}\right)^2 + \left(\dfrac{dy_t}{d\phi}\right)^2}} \\[4mm] y = y_t \mp R_r \dfrac{\dfrac{dx_t}{d\phi}}{\sqrt{\left(\dfrac{dx_t}{d\phi}\right)^2 + \left(\dfrac{dy_t}{d\phi}\right)^2}} \end{cases}（直角坐标）$$

$$\begin{cases} r = \sqrt{x^2 + y^2} \\ \theta = \arctan\left(\dfrac{y}{x}\right) \end{cases}（极坐标）$$

工作轮廓（摆动滚子从动件）：

式中上面一组加减号用于滚子的外包络线（如图中双点画线所示）；下面一组加减号用于滚子的内包络线

注：1. 参变量中 ϕ 的增量根据精度要求而定，通常取 $1°\sim 2°$ 左右。

2. 表图中的 $e>0$，为有利偏距。当从动件向另外一侧偏置时，用 $e<0$ 带入。对于对心从动件，可令式中的 $e=0$。

3. 如果令滚子半径 $R_r = 0$，即为尖顶从动件，其工作轮廓与理论轮廓重合。

4. 如果凸轮转向相反，x_t、y_t 算式中的可用 " $-\phi$ " 来代，重新推导 $\dfrac{dx_t}{d\phi}$ 及 $\dfrac{dy_t}{d\phi}$ 的计算式（过程从略）。

5. 在计算理论轮廓的同时应校核压力角 α 和曲率半径 ρ_t（见表 11.4-19），应使 $\alpha_m < [\alpha]$、$\rho_{min} > R_r$，否则应增大基圆半径 R_b 重算。

表 11.4-28　共轭凸轮理论轮廓方程式

	凸轮 1	$\begin{cases} x_{t1} = L\cos\phi - l_1\cos(\psi_0 + \psi - \phi) \\ y_{t1} = L\sin\phi + l_1\sin(\psi_0 + \psi - \phi) \end{cases}$
	凸轮 2	$\begin{cases} x_{t2} = L\cos\phi - l_2\cos(\psi_0 + \psi - \gamma - \phi) \\ y_{t2} = L\sin\phi + l_2\sin(\psi_0 + \psi - \gamma - \phi) \end{cases}$

表 11.4-29　直动和摆动平底从动件盘形凸轮轮廓的设计

	直动平底从动件	摆动平底从动件
机构简图	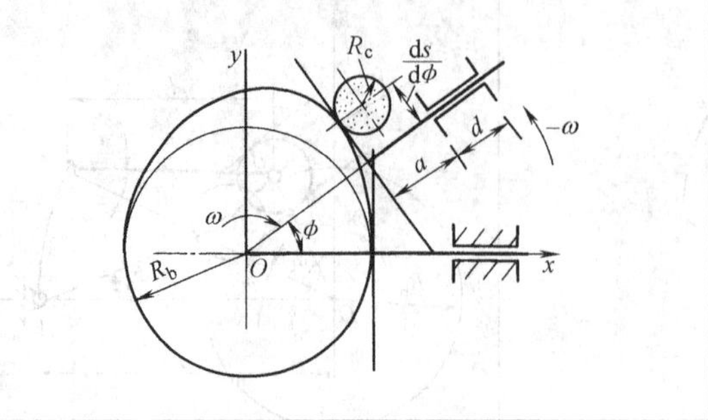	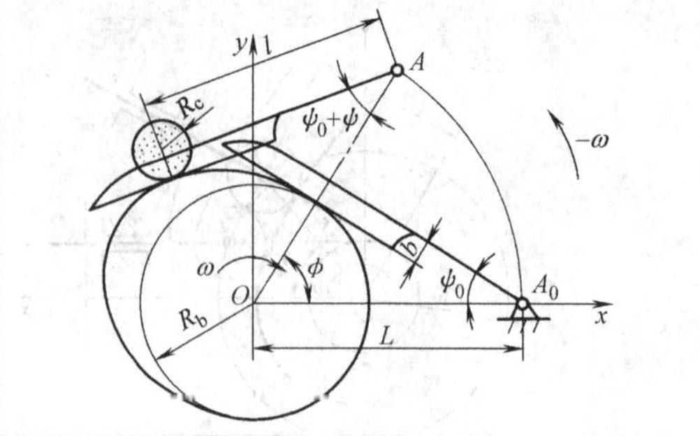
凸轮轮廓	$\begin{cases} x=(R_b+s)\cos\phi-\dfrac{ds}{d\phi}\sin\phi \\ y=(R_b+s)\sin\phi+\dfrac{ds}{d\phi}\cos\phi \end{cases}$ （直角坐标） $\begin{cases} r=\sqrt{x^2+y^2} \\ \theta=\arctan\left(\dfrac{y}{x}\right) \end{cases}$ （极坐标）	$\begin{cases} x=L\cos\phi-l\cos\beta-b\sin\beta \\ y=L\sin\phi+l\sin\beta-b\cos\beta \end{cases}$ $l=\dfrac{L\cos(\psi+\psi_0)}{1-\dfrac{d\psi}{d\phi}}$，$\beta=\psi+\psi_0-\phi$ （极坐标同左）
刀具中心轨迹	$\begin{cases} x_c=x+R_c\cos\phi \\ y_c=y+R_c\sin\phi \end{cases}$ （直角坐标） $\begin{cases} r_c=\sqrt{x_c^2+y_c^2} \\ \theta_c=\arctan\left(\dfrac{y_c}{x_c}\right) \end{cases}$ （极坐标）	$\begin{cases} x_c=x+R_c\sin\beta \\ y_c=y+R_c\cos\beta \end{cases}$ （直角坐标） （极坐标同左）

注：1. 参变量中 ϕ 的增量根据精度要求而定，通常取 1°~2°左右。

2. 为了改善受力情况，a 不能太大，应使 $a_{max}\leqslant\dfrac{d}{4f^2}$（$f$ 为摩擦因数）。

3. 直动从动件平底的长度为 $\left|\dfrac{ds}{d\phi}\right|_{max}+(5\sim10)$ mm，摆动从动件平底的长度为 $l_{max}+(3\sim5)$ mm。

4. 摆动从动件的偏距 b 有正、负，表图中的 b 为正。

5. $\dfrac{d\psi}{d\phi}$ 以从动件和凸轮的转向相同为正，相反为负。

6. 当凸轮转向与表中图示相反时，式中 ϕ 用"$-\phi$"来代。

7. 在计算凸轮轮廓的同时，还应校核最小曲率半径 ρ_{min}（见表 11.4-25）。应使 $\rho_{min}>0$，否则应增大基圆半径 R_b 重算。

5　空间凸轮设计

空间凸轮有圆柱凸轮和圆锥凸轮，这两种凸轮机构通过凸轮的等速转动推动从动件按要求做往复直动或摆动。直动从动件的运动方向与凸轮轴线平行或成一定的角度。摆动从动件由于其接触形式及设计的近似性，且不易加工，要慎用。表 11.4-30 给出了直动从动件的圆柱凸轮和圆锥凸轮的设计计算式。设计的基本方法是将圆柱面和圆锥面展成平面，转化成移动凸轮和盘形凸轮，从而可用相应的计算方法进行计算。

表 11.4-30　圆柱凸轮和圆锥凸轮设计

	圆柱凸轮	圆锥凸轮
图例	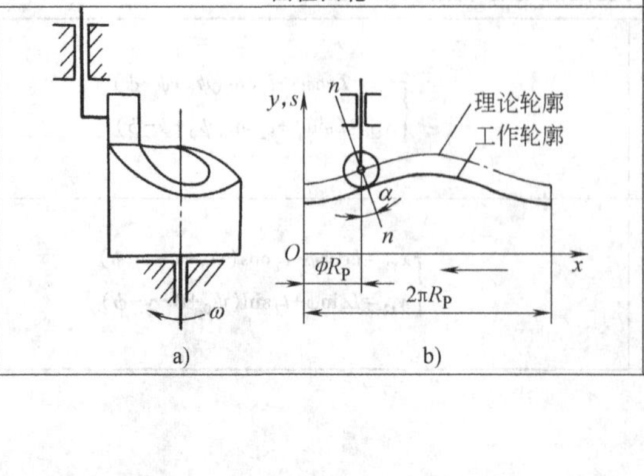 a)　　　b)	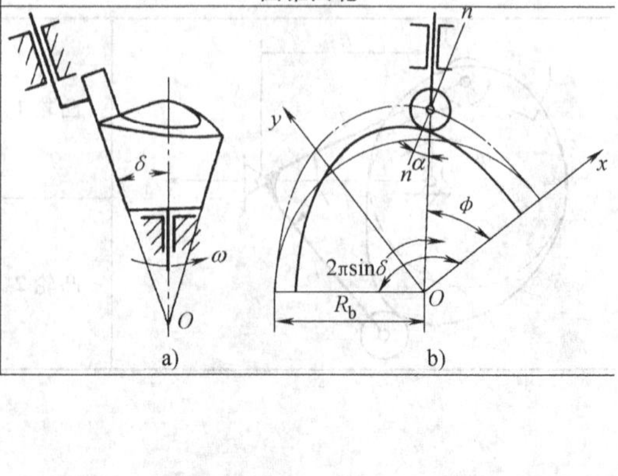 a)　　　b)

（续）

方法	圆柱凸轮	圆锥凸轮
	将圆柱面展成平面,圆柱凸轮转化成一移动凸轮	将圆锥面展成平面,圆锥凸轮转化成一盘形凸轮
已知条件	$s=s(\phi)$ 及 $s=y_t,\phi=\dfrac{x_t}{R_P}$ 式中　s—从动件位移 　　　ϕ—凸轮转角 　　　R_P—凸轮外圆半径(可任选)	$s=s(\phi_c)$ 及 $\phi_c=\dfrac{\phi}{\sin\delta}$ 可得 $s=s(\phi)$ 式中　s—从动件位移 　　　ϕ_c—圆锥凸轮转角 　　　ϕ—盘形凸轮转角
理论轮廓	$y_t=y_t(x_t)$	$\begin{cases}x_t=(R_b+s)\cos\phi\\ y_t=(R_b+s)\sin\phi\end{cases}$
工作轮廓	$\begin{cases}x=x_t+R_r\sin\alpha\\ y=y-R_r\cos\alpha\end{cases}$	$\begin{cases}x=x_t-R_r\cos(\phi-\alpha)\\ y=y_t-R_r\sin(\phi-\alpha)\end{cases}$
压力角	$\tan\alpha=\dfrac{\mathrm{d}y_t}{\mathrm{d}x_t}$	$\tan\alpha=\dfrac{\frac{\mathrm{d}s}{\mathrm{d}\phi}}{R_b+s}$ 式中　R_b—盘形凸轮基圆半径
	图示的 $\alpha>0$,如 $\alpha<0$ 表示公法线 n-n 向图示的另一侧倾斜	
曲率半径	$\rho_t=\dfrac{\left[1+\left(\dfrac{\mathrm{d}y_t}{\mathrm{d}x_t}\right)^2\right]^{\frac{3}{2}}}{\dfrac{\mathrm{d}^2y_t}{\mathrm{d}x_t^2}}$ $\rho=\rho_t-R_r$ 式中　R_r—滚子半径 　　　ρ_t—理论轮廓曲率半径 　　　ρ—工作轮廓曲率半径 　　　ρ_t 和 ρ 以外凸为正、内凹为负	$\rho_t=\dfrac{\left[(R_b+s)^2+\left(\dfrac{\mathrm{d}s}{\mathrm{d}\phi}\right)^2\right]^{\frac{3}{2}}}{\left[(R_b+s)^2+2\left(\dfrac{\mathrm{d}s}{\mathrm{d}\phi}\right)^2-(R_b+s)\dfrac{\mathrm{d}^2s}{\mathrm{d}\phi^2}\right]}$ $\rho=\rho_t-R_r$
最小半径	$R_{P\min}=V_m\dfrac{h}{\varPhi\tan\alpha_m}$ 式中　V_m—无因次最大速度(查表 11.4-17) 　　　h—行程 　　　$\varPhi$—推程运动角(rad) 　　　α_m—最大压力角(可用许用压力角$[\alpha]$代替)	$R_{b\min}=V_m\dfrac{h}{\varPhi\tan\alpha_m}-\dfrac{h}{2}$ 式中　$\varPhi$—盘形凸轮推程运动角(rad),$\varPhi=\varPhi_c\sin\delta$ 　　　$\varPhi_c$—圆锥凸轮推程运动角(rad) 　　　h,α_m,V_m 同左

注：在计算理论轮廓的同时应校核 α 和 ρ_t,应使 $\alpha_m<[\alpha]$、$\rho_{\min}>R_r$,否则应增大凸轮外圆半径或基圆半径 R_b 重算。

6　凸轮和滚子的结构、材料、强度、精度和工作图

6.1　凸轮和滚子的结构

6.1.1　凸轮结构举例

凸轮与轴的连接见图 11.4-8。

6.1.2　滚子结构举例

滚子的结构与部分尺寸见图 11.4-9、表 11.4-31。

6.2　凸轮副常见的失效形式

凸轮副常见的失效形式、原因及预防方法见表 11.4-32。

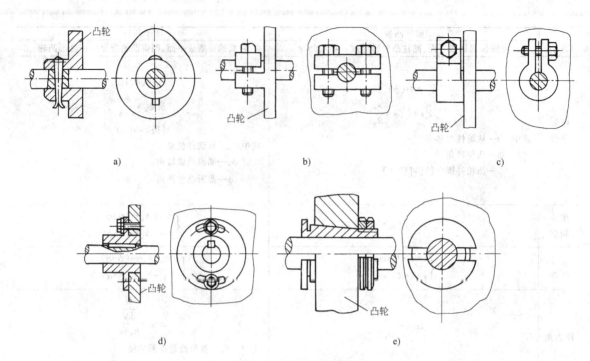

图 11.4-8　凸轮与轴的连接

a）用销钉连接　b）用压板连接　c）用弹性开口环连接　d）用法兰盘连接　e）用开口锥套连接

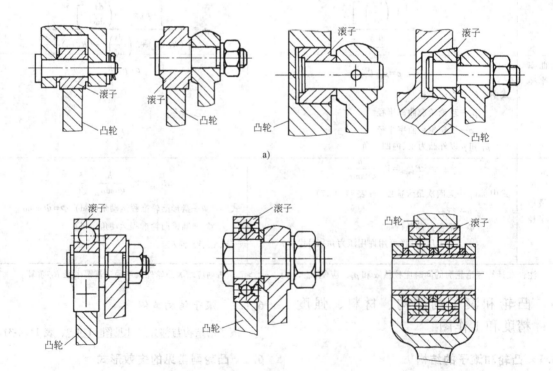

图 11.4-9　滚子的结构

a）用滑动轴承制作的滚子　b）用滚动轴承制作的滚子

表 11.4-31 滚子各部分尺寸参考值

D	d	d_1	d_2	d_3	b	b_1	L	l	l_1	额定动载荷	额定静载荷
										承载能力/N	
16	M6×0.75	3			11	12	28	9		2650	2060
19	M8×0.75	4			12	13	32	11		3330	2840
22	M10×1.0	4			12	13	36	13		3820	3430
30	M12×1.5	6	3	3	14	15	40	14	6	5590	5000
35	M16×1.5	6	3	3	18	19.5	52	18	8	8530	8630
40	M18×1.5	6	3	3	20	21.5	58	20	10	12360	14020
52	M20×1.5	8	4	4	24	25.5	66	22	12	17060	19510
62	M24×1.5	8	4	4	29	30.5	80	25	12	20980	25690
80	M30×1.5	8	4	4	35	37	100	32	15	32950	38150

(注: 主要尺寸/mm)

表 11.4-32 凸轮副常见的失效形式、原因及预防方法

失效形式	磨损形成原因	预防方法
接触疲劳磨损	在交变接触应力和剪切应力作用下,凸轮副表面金属材料由塑性变形开始产生微小裂纹,裂纹进一步扩展使表面金属脱落,在工作表面上遗留一个个小凹坑	在可能条件下,采取如渗碳和渗氮等表面强化工艺,以提高凸轮副表面硬度,并选用合适的润滑方式。选用接触疲劳强度大的材料是延缓凸轮副发生接触疲劳磨损的主要措施
粘着磨损	相互接触的凸轮副表面存在微小凸起部分时,在接触挤压的过程中,相对运动中接触表面材料从一表面转移到另一表面,形成粘着磨损,此时凸轮副相互接触的两金属容易形成合金或固溶体	凸轮副材料选择过程中,使凸轮副的组成材料不容易形成合金或固溶体,铸铁和粉末冶金材料具有自润滑特性,是良好的耐磨材料
磨粒磨损	相互接触的两金属表面之间渗入或带入硬质颗粒物,从而使得凸轮副表面金属材料脱落	工件硬度越大,其耐磨性就越好,提高凸轮副的硬度
冲击磨损	凸轮副受到某种较大的冲击力引起的磨损	凸轮副表面金属材料不仅要具有合适的硬度,整个凸轮副还要具有较高的韧性
腐蚀磨损	在高温、潮湿、强酸和强盐环境中,凸轮副工作表面与周围介质发生化学反应或电化学反应,腐蚀产生的氧化物剥离和脱落造成了凸轮的腐蚀磨损	可从凸轮副表面处理工艺、润滑材料及添加剂的选择等方面采取措施
微振动摩擦磨损	动力传递零件的配合处的金属表面在压力作用下的微振动容易产生微振动摩擦磨损	凸轮副表面进行高频感应淬火是最有效的预防方法

6.3 凸轮和从动件的常用材料

试验证明:相同金属材料之间比不同金属材料之间的粘着倾向大;单相材料、塑性材料比多相材料、脆性材的粘着倾向大。为了减轻粘着磨损,须合理选配凸轮副材料。通常将制造简便的从动件滚子或平底的镶块作为易损件定期更换,可对其取较低的硬度。但若凸轮零件由于工作需要频繁更换,则凸轮的工作表面硬度应取低值。凸轮副相接触材料硬度差一般不小于 3~5HRC。

推荐凸轮副采用下列材料匹配:铸铁-青铜、淬硬或非淬硬钢;非淬硬钢-软黄铜、巴氏合金;淬硬钢-软青铜、黄铜非淬硬钢、尼龙及积层热压树脂。禁忌的材料匹配是:非淬硬钢-青铜、非淬硬钢-尼龙及积层热压树脂;淬硬钢-硬青铜;淬硬镍钢-淬硬镍钢。表 11.4-33 列出了凸轮机构常用材料。

表 11.4-33 凸轮和从动件接触处常用材料、热处理及极限应力 σ_{HO} (MPa)

工作条件	凸轮		从动件接触处	
	材料	热处理、极限应力 σ_{HO}	材料	热处理
低速轻载	40、45、50	调质 220~260HBW,$\sigma_{HO}=2HBW+70$	45	表面淬火 40~45HRC
	HT200、HT250、HT300 合金铸铁	退火 180~250HBW,$\sigma_{HO}=2HBW$	青铜	时效 80~120HBW
	QT500-7 QT600-3	正火 200~300HBW,$\sigma_{HO}=2.4HBW$	软、硬黄铜	退火 55~90HBW,140~160HBW

（续）

工作条件	凸轮		从动件接触处	
	材料	热处理、极限应力 σ_{HO}	材料	热处理
中速中载	45	表面淬火 40~45HRC $\sigma_{HO}=17HRC+200$	尼龙	积层热压树脂吸振及 降噪效果好
中速中载	45、40Cr	高频淬火 52~58HRC，$\sigma_{HO}=17HRC+200$	20Cr	渗碳淬火，渗碳层深 0.8~1mm，55~60HRC
中速中载	15、20、20Cr、 20CrMnTi	渗碳淬火，渗碳层深 0.8~1.5mm，56~ 62HRC，$\sigma_{HO}=23HRC$	20Cr	渗碳淬火，渗碳层深 0.8~1mm，55~60HRC
高速重载或 靠模凸轮	40Cr	高频淬火，表面 56~60HRC，心部 45~ 50HRC，$\sigma_{HO}=17HRC+200$	GCr15 T8 T10 T12	淬火 58~62HRC
高速重载或 靠模凸轮	38CrMoAl 35CrAl	渗氮，表面硬度 700~900HV（约 60~ 67HRC），$v_{HO}=1050$	GCr15 T8 T10 T12	淬火 58~62HRC

注：合金钢尚可采用硫氮共渗；耐磨钢可渗钒，硬度为 64~66HRC；不锈钢可渗铬或多元共渗。

6.4　延长凸轮副使用寿命的方法

表 11.4-34 给出了一些延长凸轮使用寿命的方法，在凸轮设计过程中可以借鉴用来延长凸轮的工作时间。

6.5　凸轮机构的强度计算

凸轮机构最常见的失效形式是磨损。当受力较大、带有冲击或凸轮转速较高时，可能发生疲劳点蚀，需要进行接触强度校核。接触应力的大小随着从动件形状和接触位置的不同而变化，接触强度的校核公式见表 11.4-35。

6.6　凸轮精度及表面粗糙度

根据凸轮精度可选定凸轮的公差和表面粗糙度（见表 11.4-36）。

表 11.4-34　凸轮副延寿方法列表

延寿类型	作用方式		作用效果	备注
喷丸	喷丸强化，可使工件表面产生冷作硬化层			
工件表面 化学处理	喷镀	用一定的动力装置将喷涂材料覆盖到凸轮副表面	喷镀氧化铬可提高工件表面硬度；喷镀镍铬硼硅自熔合金可提高抗腐蚀性和耐磨性；喷镀碳化钨钴等金属陶瓷材料可显著改善工件表面耐磨、耐高温和抗冲击等综合性能	
工件表面 化学处理	工件表面合金化	对用碳素钢制作的凸轮表面进行渗铝、渗硅等	提高抗腐蚀性能	
工件表面 化学处理	磷化处理	对凸轮副工件表面采用磷化处理工艺，对其工作表面进行厚膜型磷酸锰膜处理	可减轻磨损程度并且还可起到防锈的作用	
提高工作面 加工质量	采取研磨、刮削和磨光等措施，降低硬化工件表面的不平度		有效减轻凸轮副表面粘着磨损的破坏程度	
磨合	一对新凸轮副在投入使用前需进行一段时间的低载荷、低转速的磨合运转		凸轮副相互接触工件的接触面积逐渐增大并进入稳定工作阶段，可减小磨损、噪声，提高接触精度和作用效率	磨合过程中的载荷和速度必须缓慢地增加
润滑	凸轮副接触表面之间采取添加润滑剂等方式进行润滑处理		起到减少摩擦和磨损、冷却、延长凸轮副寿命及防止生锈的作用	

表 11.4-35　凸轮与滚子接触强度校核公式

滚子从动件盘形凸轮	平底从动件盘形凸轮
$\sigma_H = Z_E \sqrt{\dfrac{F}{b\rho}} \leqslant \sigma_{HP}$	$\sigma_H = Z_E \sqrt{\dfrac{F}{2b\rho_1}} \leqslant \sigma_{HP}$

$\rho = \dfrac{\rho_1 \rho_2}{\rho_2 \pm \rho_1}$ 两个外凸面接触时用"+"，外凸与内凹接触时用"-"；$Z_E = 0.418\sqrt{\dfrac{2E_1 E_2}{E_1 + E_2}}$；$\sigma_{HP} = \sigma_{HO} Z_R \sqrt[6]{N_0/N}/S_H$；$N = 60nT$

（续）

	滚子从动件盘形凸轮		平底从动件盘形凸轮
F	凸轮与从动件在接触处的法向力（N）	σ_{HP}	接触许用应力
b	凸轮与从动件的接触宽度（mm）	σ_{HO}	见表 11.4-33
ρ	综合曲率半径（mm）	Z_R	0.95~1，表面粗糙度值低时取大值
ρ_1	凸轮轮廓在接触处的曲率半径（mm）	n	凸轮转速（r/min）
ρ_2	从动件在接触处的曲率半径（mm）	T	凸轮预期寿命（h）
Z_E	综合弹性系数（$\sqrt{N/mm^2}$）	N_0	对 HT 渗氮处理的表面，$N_0 = 2 \times 10^6$；其他材料，$N_0 = 10^5$
E_1、E_2	分别为凸轮和从动件接触处材料的弹性模量（N/mm²），钢对钢的 $Z_E = 189.8$、钢对铸铁的 $Z_E = 165.4$、钢对球墨铸铁的 $Z_E = 181.3$	S_H	安全系数，$S_H = 1.1 \sim 1.2$

表 11.4-36　凸轮的公差和表面粗糙度

凸轮精度	极限偏差			表面粗糙度 $Ra/\mu m$	
	向径/mm	基准孔	凸轮槽宽	凸轮工作廓面	凸轮槽壁
低	±0.2~0.5	H8,H9	H8,H9	3.2	3.2
一般	±0.1~0.3	H8,H7	H8	1.6~3.2	1.6~3.2
较高	±0.05~0.1	H7	H8(H7)	0.8	1.6
高	±0.01~0.05	H7,H6	H7	0.2~0.4	0.4~0.8

6.7　凸轮工作图

凸轮工作图的主要要求如下：

1）标注凸轮理论轮廓或工作轮廓尺寸。盘形凸轮以极坐标形式标出或列表给出，圆柱凸轮在其外圆柱的展开图上以直角坐标形式标出，也可列表给出。

2）对于滚子从动件凸轮，其理论轮廓比较准确，一般都在理论轮廓上标出其向径和极角（图11.4-10），平底从动件凸轮的向径和极角标注在凸轮工作轮廓上（见图11.4-11）。

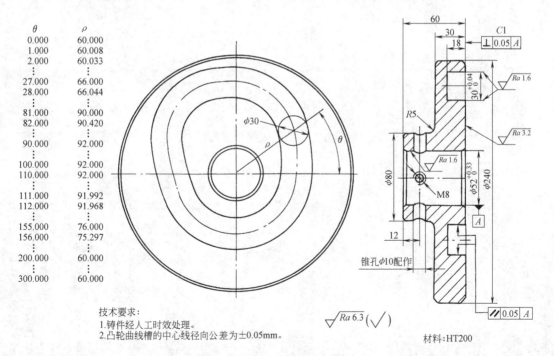

θ	ρ
0.000	60.000
1.000	60.008
2.000	60.033
⋮	⋮
27.000	66.000
28.000	66.044
⋮	⋮
81.000	90.000
82.000	90.420
⋮	⋮
90.000	92.000
⋮	⋮
100.000	92.000
110.000	92.000
⋮	⋮
111.000	91.992
112.000	91.968
⋮	⋮
155.000	76.000
156.000	75.297
⋮	⋮
200.000	60.000
⋮	⋮
300.000	60.000

技术要求：
1.铸件经人工时效处理。
2.凸轮曲线槽的中心线径向公差为±0.05mm。

材料：HT200

图 11.4-10　沟槽式盘形凸轮工作图

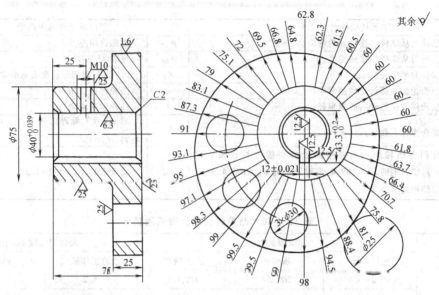

图 11.4-11　盘形凸轮工作图

3）当同一轴上有若干个凸轮时，应根据工作循环图确定各凸轮的键槽位置。

4）标注凸轮的公差和表面粗糙度。当凸轮的向径在 500mm 以下时，可参考表 11.4-36 选取。为了保证从动件与凸轮轮廓接触良好，对凸轮工作表面与轴线间的平行度、端面和轴线的垂直度都应提出具体要求。

第5章 棘轮机构、槽轮机构和不完全齿轮机构设计

1 棘轮机构设计

棘轮机构能将往复摆动转换成单向间歇转动。常用于工件的进给或分度。可用作防逆转装置，也可用作超越离合器。棘轮机构常见形式见表11.5-1。外接齿啮式棘轮机构运动设计和尺寸计算分别见表11.5-2和表11.5-3。

表 11.5-1 棘轮机构常见形式

形式		齿啮式	摩擦式	
			用楔块	用滚子
简图	外接			
	内接			
		图中 1 为主动件,2 为棘爪或相当于棘爪的楔块或滚子,3 为棘轮或相当于棘轮的圆形从动件,4 为止回棘爪		
特点		运动可靠,但棘轮转角只能有级调节,有噪声,易磨损	运动不准确,但转角可无级调节。噪声小	
工作条件				
		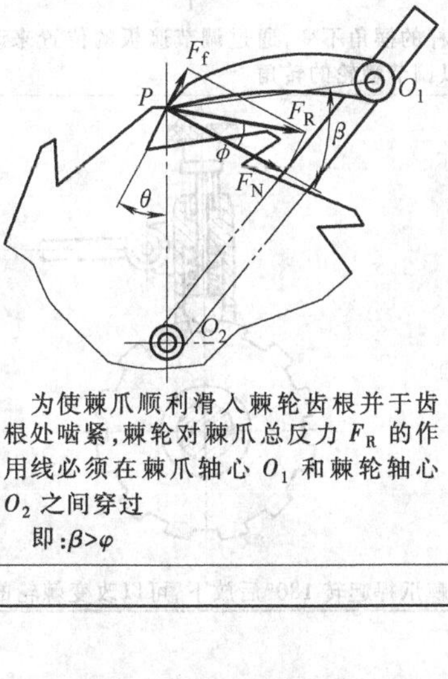 为使棘爪顺利滑入棘轮齿根并于齿根处啮紧,棘轮对棘爪总反力 F_R 的作用线必须在棘爪轴心 O_1 和棘轮轴心 O_2 之间穿过 即:$\beta > \varphi$	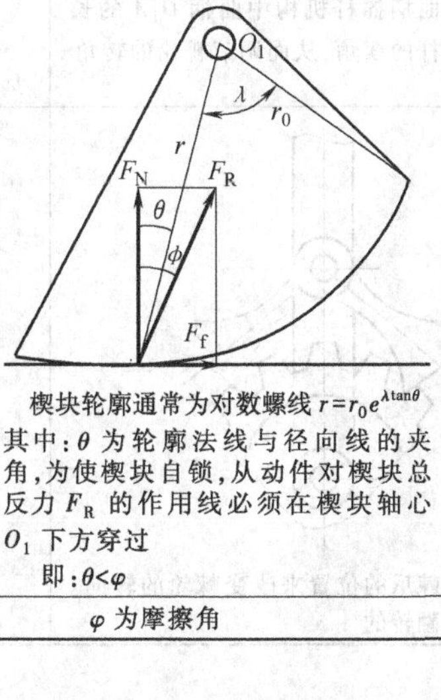 楔块轮廓通常为对数螺线 $r = r_0 e^{A\tan\theta}$ 其中:θ 为轮廓法线与径向线的夹角,为使楔块自锁,从动件对楔块总反力 F_R 的作用线必须在楔块轴心 O_1 下方穿过 即:$\theta < \varphi$	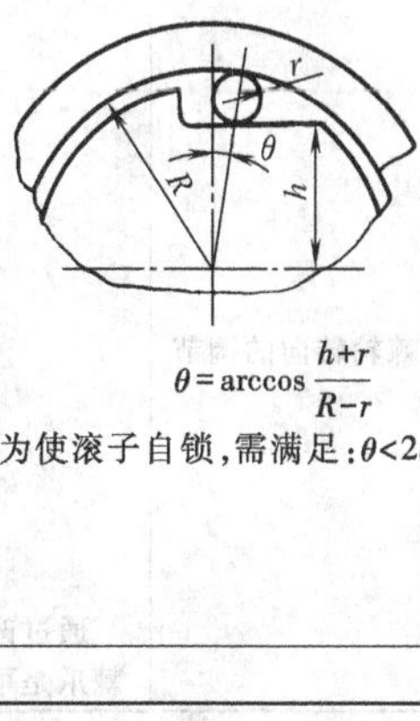 $\theta = \arccos \dfrac{h+r}{R-r}$ 为使滚子自锁,需满足:$\theta < 2\varphi$
			φ 为摩擦角	

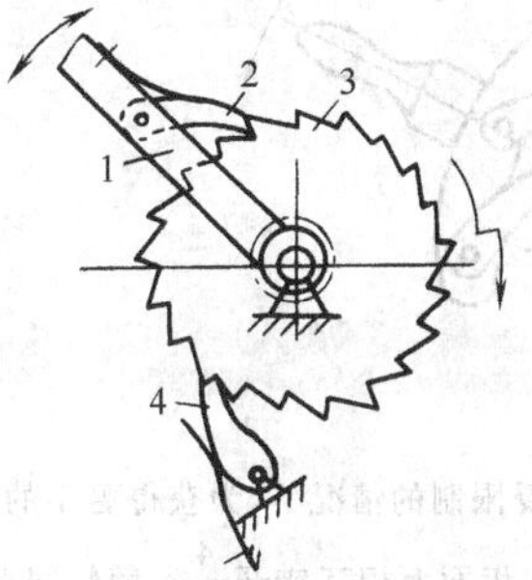

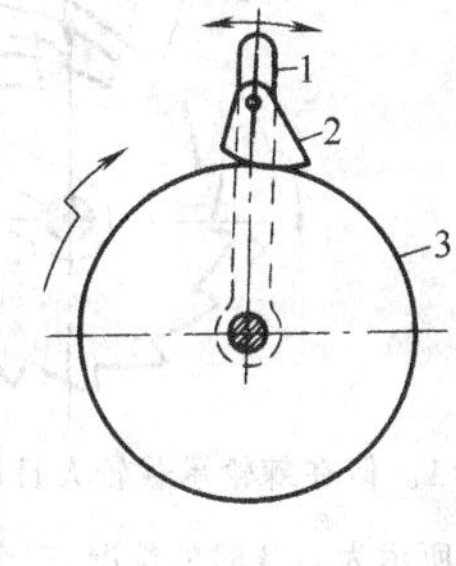

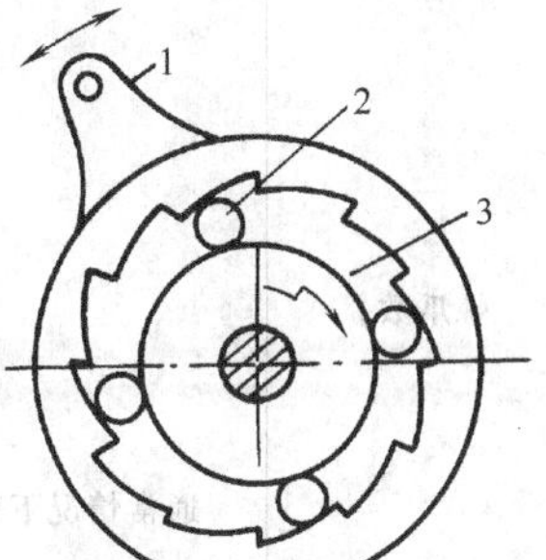

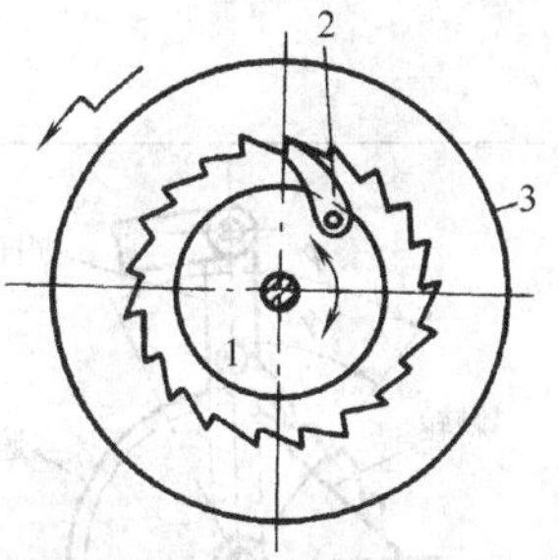

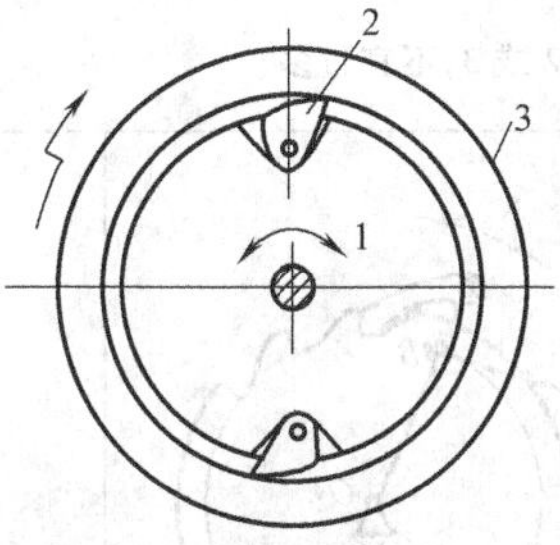

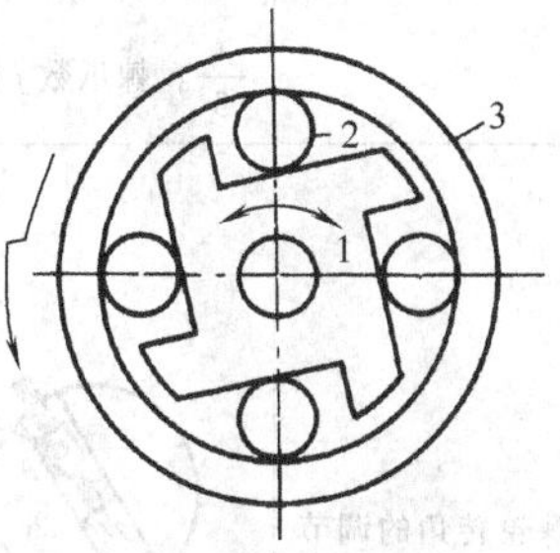

表 11.5-2　外接齿啮式棘轮机构运动设计

棘轮齿形	单向驱动的棘轮机构一般采用不对称梯形齿(图 a);负荷较小时可选用直线形三角齿(图 b)或圆弧形三角齿(图 c);双向驱动的棘轮常选用对称梯形齿(图 d)
齿距 p 模数 m	与齿轮类似,棘轮的齿距 p 也以模数 m 表示:$p=\pi m$ 模数的标准值参见表 11.5-3。棘轮设计时,应按轮齿的弯曲强度对模数进行校核
棘轮齿数 z	一般情况下可取 $z=8\sim30$。齿数 z 过少会使棘轮的齿距角 t 过大,无法实现小角度的间歇运动;齿数 z 过多则在相同直径情况下会使棘轮的轮齿偏小,导致棘齿强度不足并且棘爪易脱离
棘爪数 j	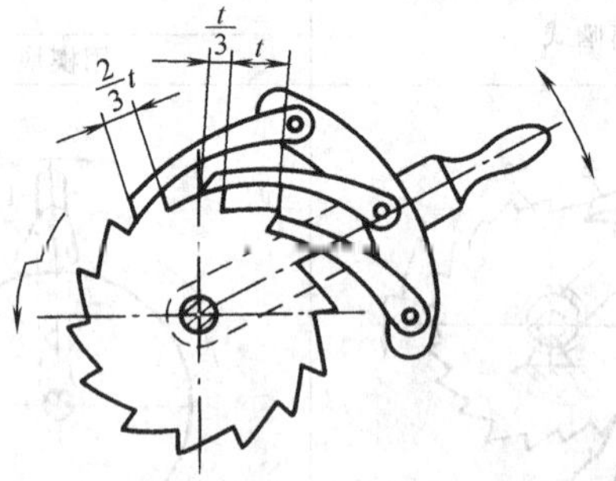 通常情况下棘爪数 $j=1$。但在棘轮承载较大且尺寸又受限制的情况下,为获得更小的间歇运动转角,可采用多棘爪结构。如图所示为 $j=3$ 时的情况,三个棘爪在齿面上相互错开 $\frac{4}{3}t$,棘轮间歇运动最小转角为 $\frac{t}{3}$。棘爪数 j 可取 2 或 3,不宜过多

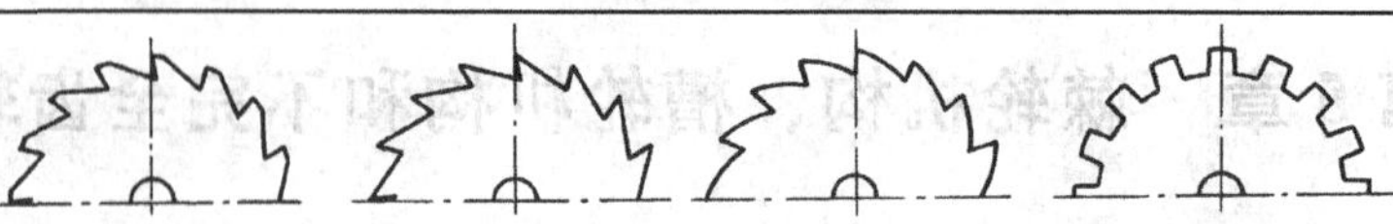

棘轮转角的调节	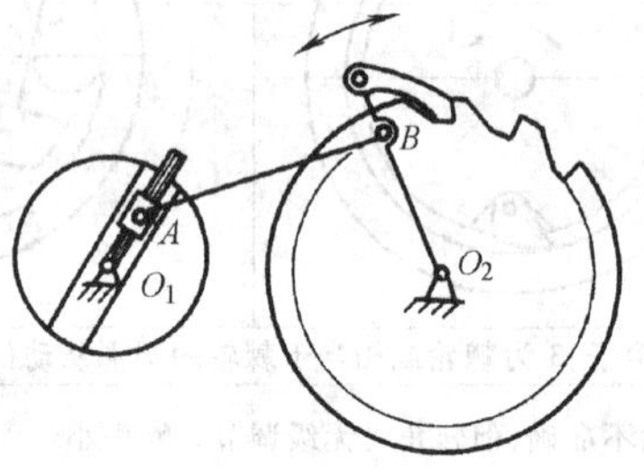 通过调节曲柄摇杆机构中曲柄 O_1A 的长度来改变摇杆的摆角,从而调节棘轮的转角	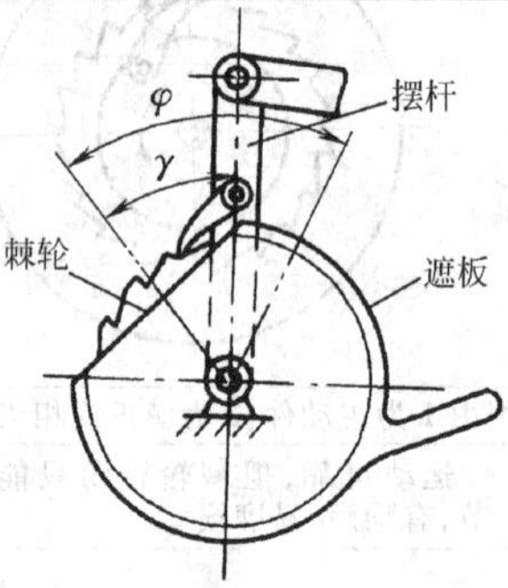 摆杆的摆角不变,通过调节遮板的位置来改变遮齿的多少,以调节棘轮的转角
棘轮转向的调节	通过改变棘爪的位置来改变棘轮的转向。棘爪是可以翻转的	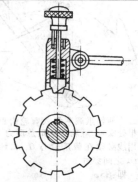把棘爪提起转 180°后放下,可以改变棘轮的转向

表 11.5-3　外接齿啮式棘轮机构尺寸计算　（mm）

	模数 m	0.6	0.8	1	1.25	1.5	2	2.5	3	4	5	6	8	10	12	14	16	18	20	22	24	26	30
棘轮	齿距 $p=\pi m$	1.88	2.51	3.14	3.92	4.71	6.28	7.85	9.43	12.57	15.71	18.85	25.13	31.42	37.70	43.98	50.27	56.55	62.83	69.12	75.40	81.69	94.25
棘轮	齿高 h	0.8	1.0	1.2	1.5	1.8	2.0	2.5	3	3.5	4	4.5	6	7.5	9	10.5	12	13.5	15	16.5	18	19.5	22.5
棘轮	齿顶弦厚 a								3	4	5	6	8	10	12	14	16	18	20	22	24	26	30
棘轮	齿根角半径 r	0.3	0.3	0.3	0.5	0.5	0.5	0.5	1	1	1	1.5	1.5	1.5	1.5	1.5	1.5	1.5	1.5	1.5	1.5	1.5	1.5
棘轮	齿面偏斜角 α	10°~15°																					
棘轮	轮宽 b	$(1\sim4)m$																					
棘轮	齿槽夹角 ψ	55°			60°																		
棘爪	工作面边长 h_1	3			4		5		5	5	6	6	8	10	12	14	14	16	18	20	20	22	25
棘爪	非工作面边长 a_1								2	3	3	4	4	6	6	8	8	12	12	14	14	14	16
棘爪	爪尖圆角半径 r_1	0.4			0.8				1.5			2											
棘爪	齿形角 ψ_1	50°			55°				60°														
棘爪	棘爪长度 L								18.85	25.14	31.42	37.70	50.62	62.84	75.40	87.96	100.54	113.10	125.66	138.24	150.40	163.36	188.50

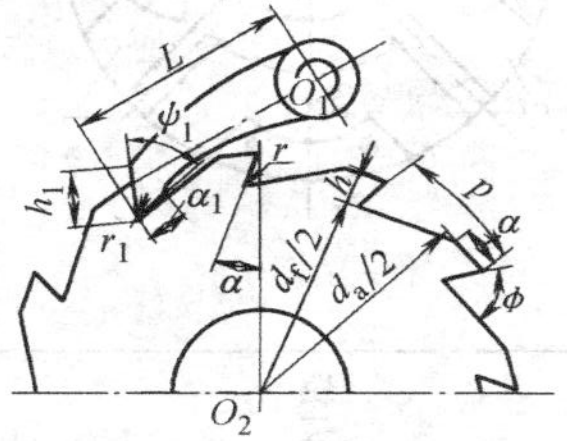

注：1. 表中模数 m 根据齿部强度取标准，棘轮外径 $d_a=mz$。

2. 当 $m=3\sim30$mm 时，$h=0.75m$，$a=m$，$L=2p$。

2 槽轮机构设计

槽轮机构（马耳他机构、日内瓦机构）能够将主动轴的匀速连续转动转换成从动轴的间歇转动，常用于各种转位机构中。表 11.5-4 给出了槽轮机构的常见形式。表 11.5-5~11.5-7 为平面槽轮机构的主要参数计算式和参数值。

图 11.5-1 中，将不同槽数的槽轮机构运动曲线进行了比较，同时也对相同槽数的内、外槽轮机构进行了比较。为了便于比较，将槽轮开始转动位置设置为起始位置。表 11.5-8 给出了球面槽轮机构的主要参数。

表 11.5-4 槽轮机构常见形式

形 式		简 图	特 点
单销	外接	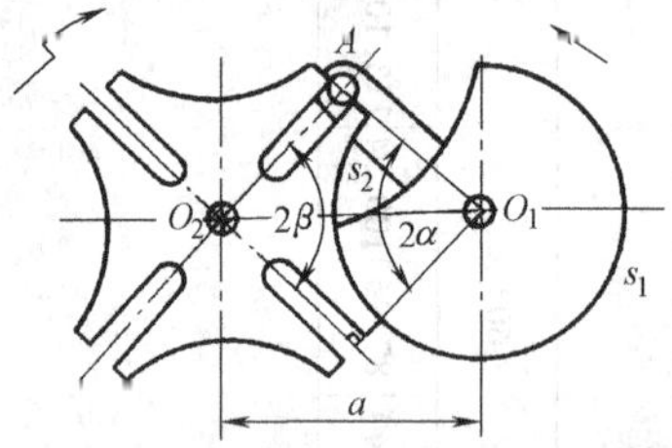	带圆销的主动轴 O_1 做匀速连续转动，从图示位置开始，轴 O_1 转动角 2α 时，槽轮反向转动角 2β。当轴 O_1 继续旋转，与轴 1 固连的凸锁止弧 s_1 与槽轮的凹锁止弧 s_2 配合，可防止槽轮运动。因此当轴 1 每转一圈，从动槽轮做周期的间歇转动
	内接	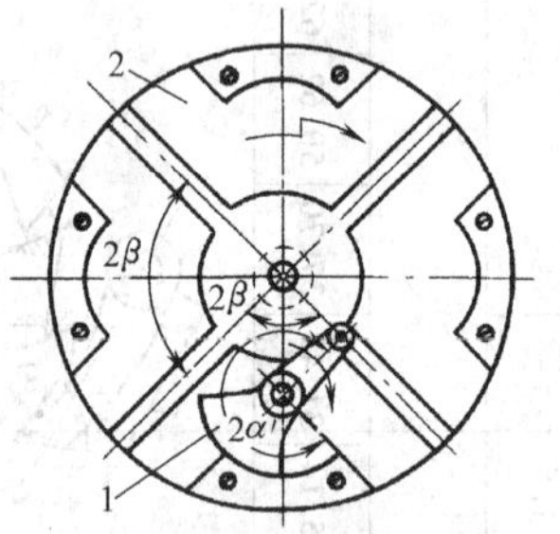	与外接不同的是，主动轴 1 转动角 $2\alpha'$ 时，从动槽轮 2 同向转动角 2β。显然内接槽轮机构转动的时间比停歇时间长
	球面	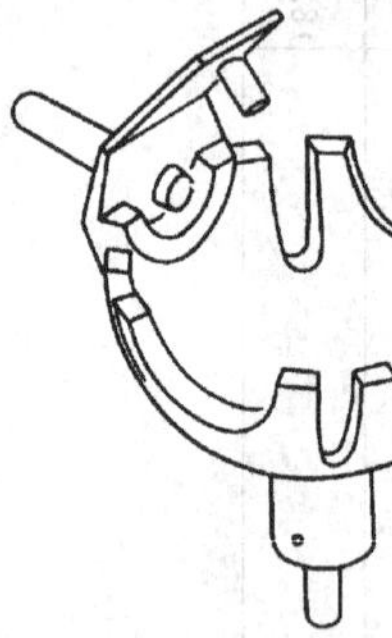	用于把两相交轴中主动轴的连续转动变为从动轴的间歇运动，一般两轴为直交 槽轮转动时间和停歇时间相同
双销	对称	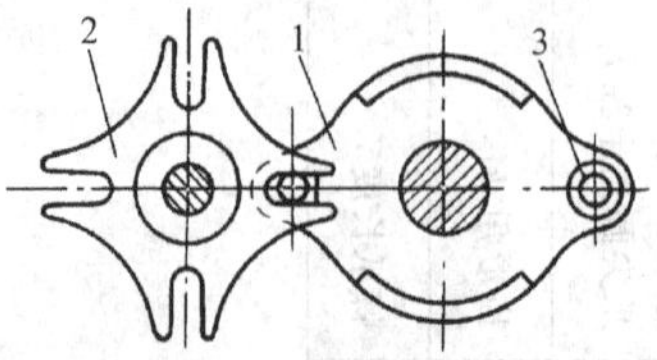	主动件 1 带有两个对称布置的圆销 3，因此主动件转一圈时，从动槽轮 2 可做相同的两次转动和停歇

（续）

形　式		简　图	特　点
双销	不对称	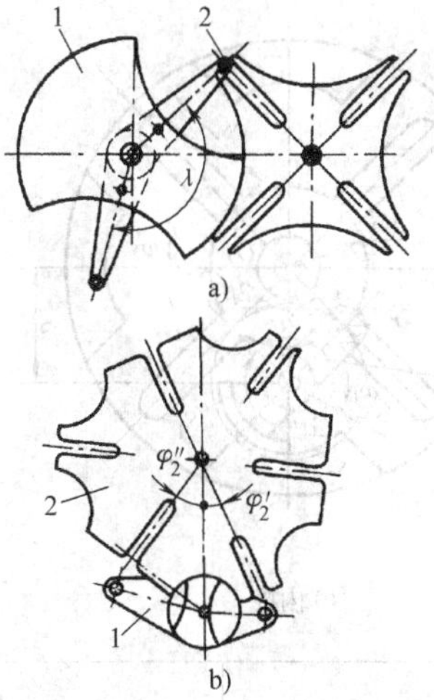	图 a 中主动件 1 的两个圆销为不对称布置，其夹角为λ，但两销与轴心的距离相等。这样一来，当主动件转一圈时，从动槽轮两次转动时间相同，但停歇时间不同 　图 b 中主动件 1 的两个圆销不对称布置。两销与轴心的距离也不等。因此槽轮两次转动与停歇的时间都不相同
组合机构	椭圆齿轮组合	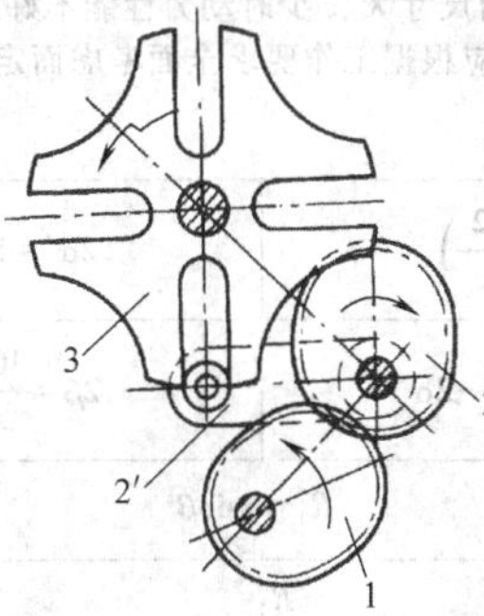	槽轮机构与一对椭圆齿轮串联。主动轮 1 等速旋转，从动轮 2 做变速转动。带圆销的杆 2′与 2 固连，带动槽轮 3 做间歇转动。由于槽轮是在 2′转动最快时旋转，故可缩短槽轮的转动时间
	行星齿轮组合	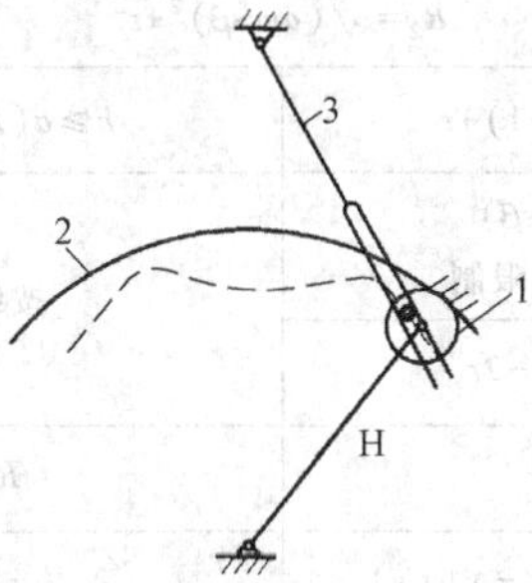	具有系杆 H、固定太阳轮 2、行星轮 1 的行星轮系与槽轮机构组合，当主动系杆 H 等速转动时，行星轮 1 上的圆销即可带动从动槽轮 3（图中只画出一个槽）做间歇转动。合理选择各部参数，可缩短槽轮的转动时间，并可改善其动力特性
	凸轮组合	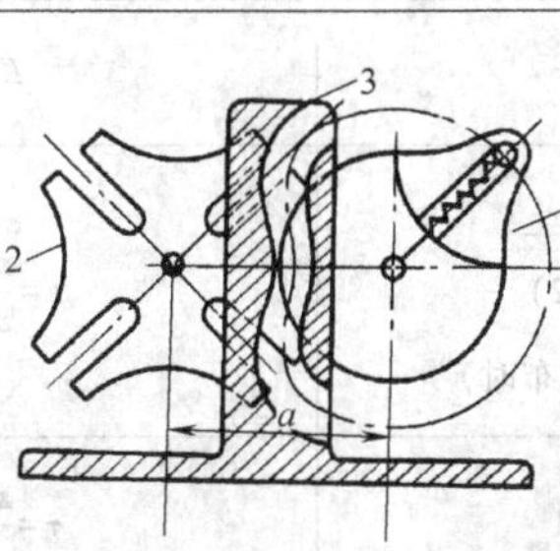	槽轮机构与凸轮机构组合，主动件 1 的圆销装在一个弹性支撑上，当其进入固定凸轮 3 的导槽后，圆销即沿导槽运动。合理设计导槽曲线，可改善槽轮 2 运动时的动力特性

表 11.5-5　平面槽轮机构主要参数计算式

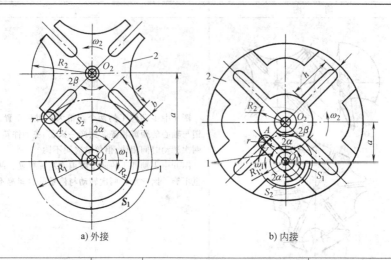

a) 外接　　　　　　　　　　　　　　　b) 内接

序号	项目	符号	外接	内接
1	槽数 中心距 圆销半径	z a r	$3 \leqslant z \leqslant 18$，$z$ 多时机构尺寸大，z 少时动力性能不好。运动系数等机构特性也与 z 直接有关，故应根据工作要求全面考虑而定 a 和 r 根据结构选定	
2	槽轮每次转位时，主动件 1 的转角	2α $(2\alpha')$	$2\alpha = 180°\left(1 - \dfrac{2}{z}\right)$	$2\alpha' = 180°\left(1 + \dfrac{2}{z}\right)$
3	槽间角	2β	$2\beta = \dfrac{360°}{z} - 180° - 2\alpha$	$2\beta = \dfrac{360}{z} = 2\alpha' - 180°$
4	主动件圆销中心轨迹半径	R_1	$R_1 = a\sin\beta$	
5	圆销中心轨迹半径 R_1 与中心距 a 的比	λ	$\lambda = \dfrac{R_1}{a} = \sin\beta$	
6	槽轮外圆半径	R_2	$R_2 = \sqrt{(a\cos\beta)^2 + r^2}$	
7	槽轮深度	h	$h \geqslant a(\lambda + \cos\beta - 1) + r$	$h \geqslant a(\lambda - \cos\beta + 1) + r$
8	主动件轮毂直径	d_0	$d_0 < 2a(1 - \cos\beta)$ 悬臂时不受此限制	按结构选定
9	槽轮轮毂直径	d_k	$d_k < 2a(1 - \lambda) - 2r$	
10	锁止弧半径	R_x	$R_x < R_1 - r$	$R_x < R_1 + r$
11	锁止凸弧张角	γ	$\gamma = 360° - 2\alpha$（当 $K = 1$ 时）	$\gamma = 360° - 2\alpha'$
12	圆销数目	K	$K < \dfrac{2z}{z-2}$	$K = 1$
13	动停比（槽轮每次转位时间 t_d 与停歇时间 t_j 之比）	k	$k = \dfrac{z-2}{\dfrac{2z}{K} - (z-2)}$ （当 K 个圆销均布时）	$k = \dfrac{z+2}{z-2} > 1$
14	运动系数（槽轮每次转位时间与周期 T 之比）	τ	$\tau = \dfrac{z-2}{2z}K < 1$	$\tau = \dfrac{z+2}{2z} < 1$

（续）

序号	项目	符号	外接	内接
15	机构运动简图		 $-\alpha \leqslant \phi_1 \leqslant \alpha$ $\phi_1 = \pm\alpha$ 时，$\phi_2 = \pm\beta$ 当 $\phi_1 = 0$ 时，A 点在 O_1 与 O_2 之间	 $-\alpha' \leqslant \phi_1 \leqslant \alpha'$ $\phi_1 = \pm\alpha'$ 时，$\phi_2 = \pm\beta$ 当 $\phi_1 = 0$ 时，A 点在 O_1 与 O_2 一侧
16	槽轮的角位移	ϕ_2	$\phi_2 = \arctan \dfrac{R_1 \sin\phi_1}{a - R_1 \cos\phi_1}$ $= \arctan \dfrac{\lambda \sin\phi_1}{1 - \lambda \cos\phi_1}$	$\phi_2 = \arctan \dfrac{R_1 \sin\phi_1}{a + R_1 \cos\phi_1}$ $= \arctan \dfrac{\lambda \sin\phi_1}{1 + \lambda \cos\phi_1}$
17	槽轮的角速度	ω_2	$\omega_2 = \dfrac{\mathrm{d}\phi_2}{\mathrm{d}t} = \dfrac{\lambda(\cos\phi_1 - \lambda)}{1 - 2\lambda\cos\phi_1 + \lambda^2}\omega_1$	$\omega_2 = \dfrac{\mathrm{d}\phi_2}{\mathrm{d}t} = \dfrac{\lambda(\cos\phi_1 + \lambda)}{1 + 2\lambda\cos\phi_1 + \lambda^2}\omega_1$
18	槽轮的角加速度	ε_2	$\varepsilon_2 = \dfrac{\mathrm{d}\omega_2}{\mathrm{d}t} = \dfrac{\lambda(1-\lambda^2)\sin\phi_1}{(1 - 2\lambda\cos\phi_1 + \lambda^2)^2}\omega_1^2$	$\varepsilon_2 = \dfrac{\mathrm{d}\omega_2}{\mathrm{d}t} = \dfrac{\lambda(1-\lambda^2)\sin\phi_1}{(1 + 2\lambda\cos\phi_1 + \lambda^2)^2}\omega_1^2$
19	机构运动线图		 ϕ_2、ω_2、ε_2 均以逆时针为负	 ϕ_2、ω_2、ε_2 均以顺时针为正
20	ω_{2max} 及对应的 ϕ_1 角	ϕ_1'	$\phi_1 = \phi_1' = 0$ $\omega_{2max} = \dfrac{\lambda}{1 - \lambda}\omega_1$	$\phi_1 = \phi_1' = 0$ $\omega_{2max} = \dfrac{\lambda}{1 + \lambda}\omega_1$
21	对应于 ε_{2max} 的 ϕ_1 角	ϕ_1''	$\phi_1 = \phi_1''$ $= \arccos\left[-\dfrac{1+\lambda^2}{4\lambda} + \sqrt{\left(\dfrac{1+\lambda^2}{4\lambda}\right)^2 + 2}\,\right]$	$\phi_1 = \phi_1'' = \pm\alpha'$

注：ϕ_1、ω_1 均以顺时针方向为正。

表 11.5-6　平面槽轮机构的主要参数值

z	2β	λ	外接 2α	$\dfrac{h-r}{a}\geqslant$	$\dfrac{d_k+2r}{a}<$	$\dfrac{d_0}{a}<$	$\dfrac{\omega_{2max}}{\omega_1}$	$\dfrac{\varepsilon_{2max}}{\omega_1^2}$	ϕ_1''	$\left(\dfrac{\varepsilon_2}{\omega_1^2}\right)_{\phi_1=\pm\alpha}$	K_{max}	内接 $2\alpha'$	$\dfrac{h-r}{a}>$	$\dfrac{\omega_{2max}}{\omega_1}$	$\dfrac{\varepsilon_{2max}}{\omega_1^2}$	ϕ_1''
3	120°	0.8660	60°	0.366	0.268	1.000	6.464	±31.393	±4°45'	±1.732	5	300°	1.366	0.464	±1.732	±150°
4	90°	0.7071	90°	0.414	0.586	0.586	2.414	±5.407	±11°28'	±1.000	3	270°	1.000	0.414	±1.000	±135°
5	72°	0.5878	108°	0.397	0.824	0.382	1.426	±2.299	±17°34'	±0.727	3	252°	0.779	0.370	±0.727	±126°
6	60°	0.5000	120°	0.366	1.000	0.268	1.000	±1.350	±22°54'	±0.577	2	240°	0.634	0.333	±0.577	±120°
7	51°26'	0.4339	128°34'	0.335	1.132	0.198	0.766	±0.928	±27°33'	±0.482	2	231°26'	0.533	0.303	±0.482	±115°43'
8	45°	0.3827	135°	0.307	1.235	0.152	0.620	±0.700	±31°39'	±0.414	2	225°	0.459	0.277	±0.414	±112°30'
9	40°	0.3420	140°	0.282	1.316	0.121	0.520	±0.560	±35°16'	±0.364	2	220°	0.402	0.255	±0.364	±110°
10	36°	0.3090	144°	0.260	1.382	0.098	0.447	±0.465	±38°29'	±0.325	2	216°	0.358	0.236	±0.325	±108°
12	30°	0.2588	150°	0.225	1.482	0.068	0.349	±0.348	±40°00'	±0.268	2	210°	0.293	0.206	±0.268	±105°
15	24°	0.2079	156°	0.186	1.584	0.044	0.262	±0.253	±50°30'	±0.213	2	200°	0.230	0.172	±0.213	±102°
18	20°	0.1737	160°	0.158	1.653	0.030	0.210	±0.200	±55°31'	±0.176	2	200°	0.189	0.148	±0.176	±100°

注：1. 外接时 $2\alpha=180°-2\beta=360°-\gamma$，其中 γ 都是对 $K=1$ 来说的。

2. 内接时，在进出口处的类角加速度 $\left(\dfrac{\varepsilon_2}{\omega_1^2}\right)_{\phi_1=\pm\alpha}$ 等于最大加速度 $\dfrac{\varepsilon_{2max}}{\omega_1^2}$。

3. 内接时最多圆销数 $K_{max}=1$。

表 11.5-7　平面槽轮机构的动停比 k 和运动系数 τ 值

槽数 z	圆销数 K	外接 k	外接 τ	内接 k	内接 τ
3	1	1/5	1/6	5	5/6
3	2	1/2	1/3		
3	3	1	1/2		
3	4	2	2/3		
3	5	5	5/6		
3	6	8	1		
4	1	1/3	1/4	3	3/4
4	2	1	1/2		
4	3	3	3/4		
4	4	8	1		
5	1	3/7	3/10	7/3	7/10
5	2	3/2	3/5		
5	3	9	9/10		
6	1	1/2	1/3	2	2/3
6	2	2	2/3		
7	1	5/9	5/14	9/5	9/14
7	2	5/2	5/7		
8	1	3/5	3/8	5/3	5/8
8	2	3	3/4		
9	1	7/11	7/18	11/7	11/18
9	2	7/2	7/9		
10	1	2/3	2/5	3/2	3/5
10	2	4	4/5		
12	1	5/7	5/12	7/5	7/12
12	2	5	5/6		
15	1	13/17	13/30	17/13	17/30
15	2	13/2	13/15		
18	1	4/5	4/9	5/4	5/9
18	2	8	8/9		

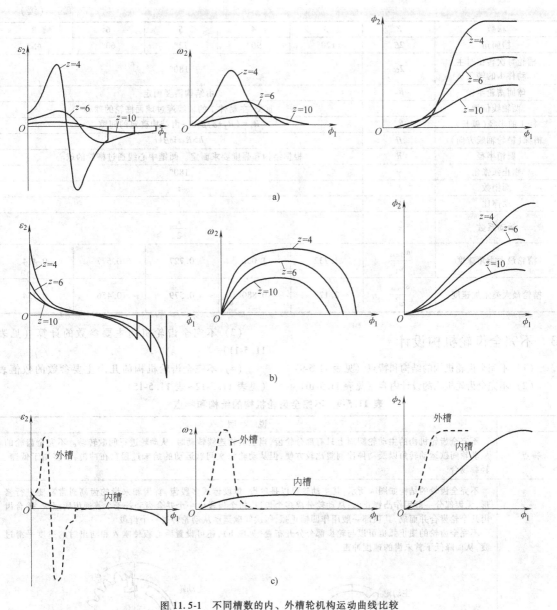

a)

b)

c)

图 11.5-1　不同槽数的内、外槽轮机构运动曲线比较

a) 外槽轮机构运动曲线　b) 内槽轮机构运动曲线　c) 四槽内、外槽轮机构运动曲线的比较

表 11.5-8　球面槽轮机构的主要参数

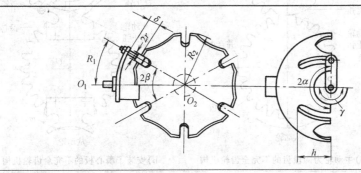

（续）

槽数	Z	3	4	5	6	8
槽间角	2β	120°	90°	72°	60°	45°
槽轮每次转位时主动件 1 的转角	2α	180°				
球面槽轮半径	R_2	由结构需要而定				
两轴线位置		直交,主动件 1 的轴线通过球面槽轮的球心				
杆 1 的半径(弧长)	R_1	$R_1 = (R_2 + \delta)\beta$,$\delta$——由结构确定的间隙				
槽深(槽轮轴线方向)	H	$h > R_2 \sin\beta + r$				
圆销半径	R	根据结构和强度要求而定。圆销中心线通过槽轮的球心				
锁止弧张角	γ	180°				
圆销数	K	1				
动停比	K	1				
运动系数	τ	$\dfrac{1}{2}$				
槽轮最大类角速度	$\dfrac{\omega_{2max}}{\omega_1}$	1.732	1.000	0.727	0.577	0.414
槽轮最大类角加速度	$\dfrac{\varepsilon_{2max}}{\omega_1^2}$	2.172	0.880	0.579	0.456	0.354

3　不完全齿轮机构设计

（1）不完全齿轮机构的结构和特点（见表 11.5-9）

（2）不完全齿轮机构的设计内容（见表 11.5-10）

（3）不完全齿轮机构主要参数的计算（见表 11.5-11）

（4）不完全齿轮机构的几个主要参数的数值表（见表 11.5-12～表 11.5-15）

表 11.5-9　不完全齿轮机构的结构和特点

	说　明
特点	不完全齿轮机构的主动轮圆周上只有部分轮齿,当主动轮连续转动时,从动轮进行间歇转动。不完全齿轮的从动轮间歇运动转角以及动停比调整比较方便,但从动轮每次间歇运动的始末过程存在冲击,故多用于低速、轻载场合
结构	不完全齿轮的结构如图 a 所示,其主动轮可以是单齿、单段齿或多段齿,首齿和末齿的齿高通常需要进行修形,无齿部分一般用作凸锁止弧;从动轮分成多个齿段,每个齿段由一个并合齿和若干个普通齿所组成,并合齿由几个轮齿合并而成,其顶部一般用作凹锁止弧,每次间歇运动从动轮转过一个齿段 不完全齿轮的锁止弧也可以与轮齿部分分开布置(见图 b),还可设置瞬心板使啮入和啮出时的速度平滑过渡,从而降低了首末齿的速度冲击 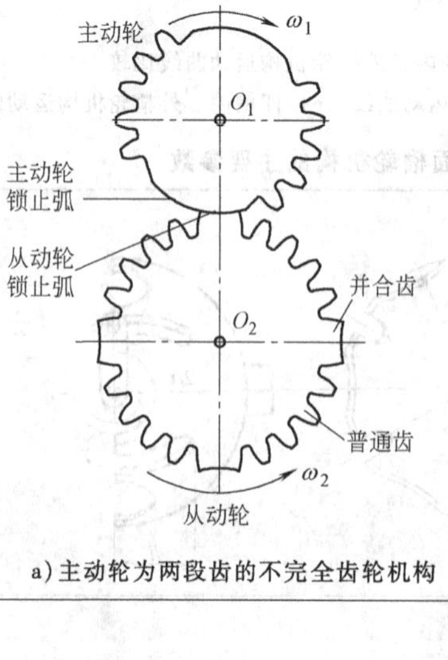 a) 主动轮为两段齿的不完全齿轮机构 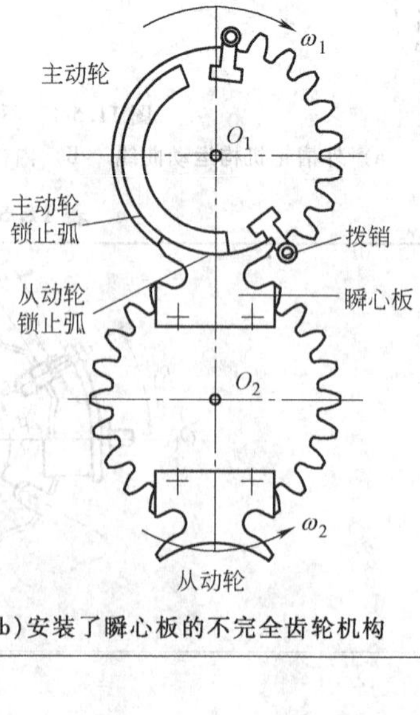　　　b) 安装了瞬心板的不完全齿轮机构

（续）

	说　明
不完全齿轮啮合过程	从动轮停歇时,其并合齿处于相对于两轮连心线的对称位置 间歇运动开始时,首先是主动轮首齿与从动轮并合齿啮合;随后主动轮后续各齿与从动轮各普通齿依次啮合;当主动轮末齿与从动轮段最后一个普通齿脱离接触时,间歇运动周期结束 整个啮合过程中,主动轮与从动轮轮齿的接触线分三段:首齿啮入线,实际啮合线,末齿啮出线。各段接触线处的传动特性见下表

	首齿啮入线	实际啮合线	末齿啮出线
图示	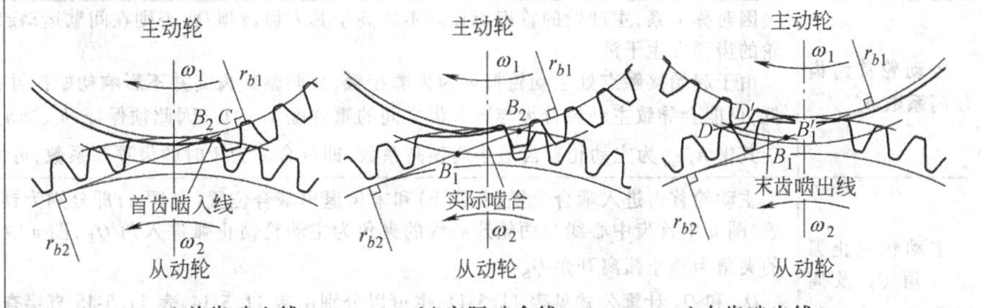 a) 首齿啮入线	 b) 实际啮合线	 c) 末齿啮出线
接触轨迹	从动轮齿顶圆弧 CB_2 段	实际啮合线 B_1B_2 段	主动轮末齿顶圆弧段 $B_1'D'$ 段
接触部位	主动轮:首齿齿廓部位 从动轮:并合齿顶尖部位	主动轮:各齿齿廓部位 从动轮:各齿齿廓部位	主动轮:末齿齿顶尖部位 从动轮:末齿齿廓部位
从动轮转速	$\omega_2 > \omega_1/i$	$\omega_2 = \omega_1/i$	$\omega_2 < \omega_1/i$

注:当主动轮的假想齿数 z_1' 或从动轮的假想齿数 z_2' 较少时,在停歇位置处的从动轮并合齿齿廓将处于实际啮合线 B_1B_2 之内,此时不存在首齿啮入线,主动轮首齿与从动轮齿廓直接在实际啮合线 B_1B_2 上开始啮合

表 11.5-10　不完全齿轮机构的设计内容

	说　明
主要设计参数	不完全齿轮机构设计时需要确定的主要参数包括:主动轮末齿齿顶高系数 h_{am}^*,主动轮首齿齿顶高系数 h_{as}^*,主动轮锁止弧进入角 Q_E,主动轮锁止弧离开角 Q_S 等 需要满足的技术指标通常包括:每次间歇运动时从动轮的转角,以及间歇运动的运动系数或动停比等
间歇运动开始和结束位置图	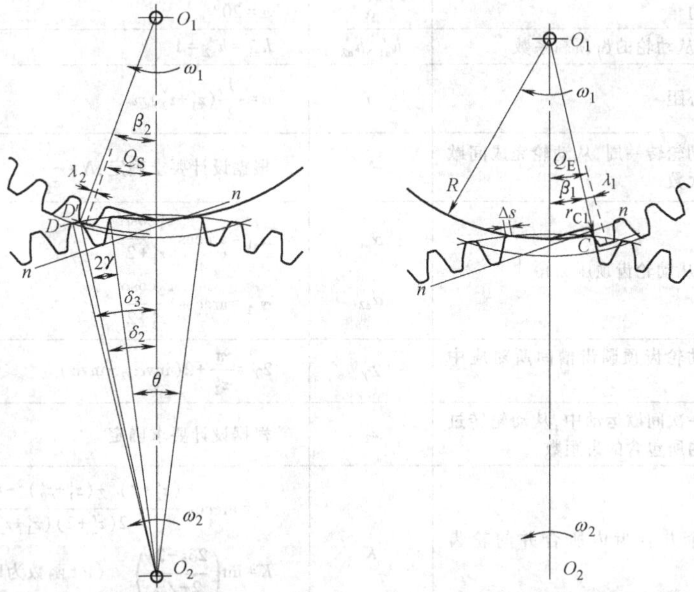 a) 末齿退出啮合位置　　　　　b) 首齿进入啮合位置

（续）

	说　明
主动轮末齿齿顶高系数 h_{am}^*	主动轮末齿齿顶圆与从动轮齿顶圆交点 D' 是每次间歇运动过程的最后接触点,决定了从动轮的停歇位置。不完全齿轮机构设计时通常要求在停歇位置处从动轮的并合齿相对于两轮中心线对称,这可以通过对主动轮末齿的齿顶高系数 h_{am}^* 进行精确调整的方法实现。 调整后主动轮末齿齿顶圆正好通过从动轮并合齿两侧相邻轮齿的齿顶尖,所割从动轮齿顶圆弧段弧长 $(2\delta_2)$ 正好包含 K 个齿和 1 个齿槽 h_{am}^* 的计算公式见表 11.5-11,也可由表 11.5-12 直接查出
主动轮首齿齿顶高系数 h_{as}^*	因对称关系,主动轮的首齿齿顶高不能高于其末齿齿顶高,否则在间歇运动起始处主动轮首齿将与从动轮的齿顶发生干涉 由于起始接触点处主动轮首齿为齿廓接触,故调整其齿高并不影响初始接触;但若首齿的齿高调整得过低,可能会导致主动轮首齿与第 2 齿之间的重合度小于 1。因此须保证: $h_{am}^* \geqslant h_{as}^* > h_{asmin}^*$ 其中 h_{asmin}^* 为主动轮首齿最小齿顶高系数,即重合度为 1 时的齿顶高系数,可由表 11.5-13 直接查出
主动轮锁止弧进入角 Q_E 及离开角 Q_S	主动轮首齿进入啮合位置(见图 b)和末齿退出啮合位置(见图 a)即分别为锁止弧打开的位置和关闭位置,图 b 中首齿中心线与两轮连心线的夹角为主动轮锁止弧进入角 Q_E,图 a 中末齿中心线与两轮连心线的夹角为锁止弧离开角 Q_S Q_E 和 Q_S 计算公式见表 11.5-11,也可以分别由表 11.5-14、表 11.5-15 直接查出 从动轮并合齿顶部锁止弧边缘到两侧齿顶距离应保证: $\Delta s \geqslant 0.5m$,以避免锁止弧的磨损影响到齿廓,改变啮入点的位置
从动轮间歇运动转过齿数 z_2 及转角 δ'	当主动轮为单齿时,每次间歇运动从动轮转过 1 个并合齿: $z_2 = K$ 当主动轮为齿数为 z_1 的单段齿时,每次间歇运动从动轮转过 1 个并合齿+(z_1-1) 个普通齿,即: $z_2 = K + z_1 - 1$ 从动轮对应的转角为: $\delta' = 2\pi z_2 / z_2'$
间歇运动的运动系数 τ	从动轮间歇运动过程中,若主动轮为单齿时的转角为: $\beta = Q_E + Q_S$ 主动轮为齿数为 z_1 的单段齿时的转角为: $\beta = Q_E + Q_S + \psi$,其中 ψ 为 (z_1-1) 个齿的转角 故运动系数为: $\tau = \beta / 2\pi$ 设计之初因 Q_S、Q_E 未知,对运动系数也可用下式预估: $\tau' = z_2 / z_1'$

表 11.5-11　不完全齿轮机构主要参数的计算

序号	参　　数	符号	计　算　式
1	主、从动轮布满齿时的假想齿数	z_1'、z_2'	按工作条件确定
2	模数	m	按工作条件确定
3	压力角	α	$\alpha = 20°$
4	主、从动轮的齿顶高系数	h_{a1}^*、h_{a2}^*	$h_{a1}^* = h_{a2}^* = 1$
5	中心距	a	$a = \dfrac{1}{2}(z_1' + z_2')m$
6	主动轮转一周,从动轮完成间歇运动次数	N	根据设计要求确定: $N = \dfrac{z_2'}{z_2}$
7	主、从动轮齿顶压力角	α_{a1}	$\alpha_{a1} = \arccos \dfrac{z_1' \cos\alpha}{z_1' + 2}$
		α_{a2}	$\alpha_{a2} = \arccos \dfrac{z_2' \cos\alpha}{z_2' + 2}$
8	从动轮齿顶圆齿槽间所对应中心角	2γ	$2\gamma = \dfrac{\pi}{z_2'} + 2(\mathrm{inv}\alpha_{a2} - \mathrm{inv}\alpha)$
9	在一次间歇运动中,从动轮转过角度内所包含的齿距数	z_2	根据设计要求确定
10	一个并合齿内所合并的轮齿个数	K	$\delta_3 = \arccos \dfrac{(z_2'+2)^2 + (z_1'+z_2')^2 - (z_1'+2)^2}{2(z_2'+2)(z_1'+z_2')}$ $K = \mathrm{int}\left(\dfrac{2\delta_3 - 2\gamma}{2\pi/z_2'}\right)$　(int 函数为取不大于的最接近整数) 也可从表 11.5-12~表 11.5-16 中的任一表内查取

（续）

序号	参　数	符号	计　算　式
11	主动轮单段齿的齿数	z_1	$z_1 = z_2 + 1 - K$
12	在一次间歇运动中，从动轮的转角	δ δ'	$\delta = \dfrac{2\pi}{z_2'} K$　当 $z_1 = 1$ 时 $\delta' = \dfrac{2\pi}{z_2'} z_2$　当 $z_1 > 1$ 时
13	主动轮末齿顶高系数	h_{am}^*	$h_{am}^* = \dfrac{-z_1' + \sqrt{z_1'^2 + 4L}}{2}$ $L = \dfrac{z_2'(z_1' + z_2') + 2(z_2' + 1) - (z_1' + z_2')(z_2' + 2)\cos\delta_2}{2}$ $\delta_2 = \dfrac{\pi}{z_2'} K + \gamma$
14	主动轮首齿顶高系数	h_{as}^*	$h_{as}^* < h_{am}^*$（当 $z_1 = 1$ 时，$h_{as}^* = h_{am}^*$）
15	主动轮首齿和末齿的齿顶压力角	α_{as} α_{am}	$\alpha_{as} = \arccos\dfrac{z_1'\cos\alpha}{z_1' + 2h_{as}^*}$ $\alpha_{am} = \arccos\dfrac{z_1'\cos\alpha}{z_1' + 2h_{am}^*}$
16	首齿重合度	ε	$\varepsilon = \dfrac{z_1'}{2\pi}(\tan\alpha_{as} - \tan\alpha) + \dfrac{z_2'}{2\pi}(\tan\alpha_{a2} - \tan\alpha) > 1$
17	从动轮并合齿齿圆弧对应角度	θ	$\theta = \delta - 2\gamma$
18	锁止弧半径	R	需满足 $\Delta s \geqslant 0.5m$
19	主动轮齿顶圆半径	r_{a1}	$r_{a1} = m(z_1' + 2h_{a1}^*)/2$
20	主动轮首齿顶圆半径	r_{as}	$r_{as} = m(z_1' + 2h_{as}^*)/2$
21	主动轮末齿顶圆半径	r_{am}	$r_{am} = m(z_1' + 2h_{am}^*)/2$
22	从动轮齿顶圆半径	r_{a2}	$r_{a2} = m(z_2' + 2h_{a2}^*)/2$
23	主动轮首、末两齿中心线间夹角	ψ	$\psi = 2\pi(z_1 - 1)/z_1'$
24	主动轮锁止弧进入角	Q_E	分两种情况： a）初始啮合点首齿啮入线上（即从动轮齿顶圆 CB_2），此时： $\dfrac{\theta}{2} > \alpha_{a2} - \alpha$ $Q_E = \beta_1 + \lambda_1$ $\beta_1 = \arcsin\left(\dfrac{r_{a2}}{r_{c1}}\sin\dfrac{\theta}{2}\right)$ $r_{c1} = \dfrac{m}{2}\sqrt{(z_2' + 2)^2 + (z_1' + z_2')^2 - 2(z_2' + 2)(z_1' + z_2')\cos\dfrac{\theta}{2}}$ $\alpha_{c1} = \arccos\dfrac{mz_1'\cos\alpha}{2r_{c1}}$ $\lambda_1 = \dfrac{\pi}{2z_1'} - \text{inv}\alpha_{c1} + \text{inv}\alpha$ b）初始啮合点在实际啮合线 $B_1 B_2$ 上，此时：$\dfrac{\theta}{2} \leqslant \alpha_{a2} - \alpha$ $Q_E = \dfrac{K\pi}{z_1'}$
25	主动轮锁止弧离开角	Q_S	$Q_S = \beta_2 - \lambda_2$ $\lambda_2 = \dfrac{\pi}{2z_1'} - \text{inv}\alpha_{am} + \text{inv}\alpha$ $\beta_2 = \arcsin\left(\dfrac{z_2' + 2}{z_2' + 2h_{am}^*}\sin\delta_2\right)$
26	主动轮的运动角	β β'	$\beta = Q_E + Q_S$（当 $z_1 = 1$ 时） $\beta' = Q_E + Q_S + \psi$（当 $z_1 > 1$ 时）
27	动停比和运动系数	k τ	$k = \dfrac{\beta' N}{2\pi - \beta' N}$ 运动系数预估式：$\tau' = z_2/z_1'$ 运动系数准确计算公式：$\tau = \dfrac{\beta' N}{2\pi}$（当 $z_1 = 1$ 时，$\beta' = \beta$）

表 11.5-12 并合齿包含齿数 K 和主动轮末齿齿顶高系数 h_{am}^{*}

z_2'	K=1	K=2																													
20	—	0.997	0.924	0.861	0.806	0.758	0.715	0.677	0.644	0.613	0.586	0.561	0.538	0.517	0.498	0.480	0.464	0.448	0.434	0.421	0.409	0.397	0.386	0.376	0.367	0.357	0.349	0.341	0.333	0.326	0.319	
22	0.981	0.894	0.820	0.756	0.701	0.653	0.610	0.572	0.538	0.508	0.480	0.455	0.432	0.411	0.392	0.374	0.358	0.343	0.329	0.316	0.303	0.292	0.281	0.271	0.261	0.252	0.244	0.235	0.228	0.221	—	K=2
24	0.896	0.808	0.734	0.670	0.614	0.566	0.523	0.485	0.451	0.420	0.393	0.368	0.345	0.324	0.305	0.287	0.271	0.256	0.241	0.228	0.216	—	—	—	—	—	—	—	—	—	—	
26	0.824	0.735	0.661	0.596	0.541	0.492	0.449	0.411	0.377	0.347	0.319	0.294	0.271	0.250	0.231	0.214	0.197	—	—	—	—	—	—	—	0.990	0.975	0.961	0.947	0.934	0.921	0.910	
28	0.762	0.673	0.598	0.534	0.478	0.429	0.386	0.348	0.314	0.284	0.256	0.231	0.209	—	—	—	—	—	0.996	0.974	0.954	0.934	0.916	0.898	0.882	0.867	0.852	0.839	0.825	0.813	0.801	
30	0.708	0.619	0.544	0.480	0.424	0.375	0.332	0.294	0.260	0.230	0.202	—	—	—	—	0.980	0.953	0.927	0.903	0.881	0.860	0.841	0.822	0.805	0.789	0.773	0.759	0.745	0.732	0.719	0.707	
32	0.661	0.572	0.497	0.432	0.376	0.328	0.285	0.247	0.213	0.182	—	—	0.996	0.961	0.929	0.899	0.871	0.846	0.822	0.799	0.779	0.759	0.741	0.723	0.707	0.691	0.677	0.663	0.650	0.637	0.625	
34	0.620	0.531	0.455	0.391	0.335	0.286	0.243	0.205	0.171	—	—	0.963	0.925	0.890	0.857	0.827	0.800	0.774	0.750	0.728	0.707	0.687	0.669	0.651	0.635	0.619	0.605	0.591	0.578	0.565	0.553	K=3
36	0.583	0.494	0.418	0.354	0.298	0.249	0.206	0.168	—	0.988	0.942	0.900	0.862	0.826	0.794	0.764	0.736	0.710	0.686	0.664	0.643	0.623	0.605	0.587	0.571	0.555	0.541	0.527	0.514	0.501	0.489	
38	0.550	0.461	0.385	0.321	0.265	0.216	0.173	—	0.983	0.932	0.886	0.843	0.805	0.770	0.737	0.707	0.679	0.653	0.629	0.607	0.586	0.566	0.548	0.530	0.514	0.498	0.484	0.470	0.457	0.444	0.432	
40	0.521	0.431	0.356	0.291	0.235	0.187	—	0.989	0.932	0.881	0.835	0.792	0.754	0.718	0.686	0.656	0.628	0.602	0.578	0.556	0.535	0.515	0.496	0.479	0.463	0.447	0.432	0.419	0.405	0.393	0.381	
42	0.494	0.405	0.329	0.265	0.209	0.160	—	0.943	0.887	0.835	0.789	0.746	0.708	0.672	0.640	0.610	0.582	0.556	0.532	0.509	0.488	0.469	0.450	0.433	0.416	0.401	0.386	0.372	0.359	0.347	0.335	
44	0.470	0.380	0.305	0.240	0.184	—	0.965	0.902	0.845	0.794	0.747	0.705	0.666	0.630	0.598	0.568	0.540	0.514	0.490	0.467	0.446	0.427	0.408	0.391	0.374	0.359	0.344	0.330	0.317	0.305	0.293	
46	0.448	0.358	0.283	0.218	0.162	0.999	0.928	0.864	0.807	0.756	0.709	0.667	0.628	0.592	0.560	0.529	0.501	0.476	0.451	0.429	0.408	0.388	0.370	0.352	0.336	0.320	0.306	0.292	0.279	0.266	0.984	
48	0.428	0.338	0.263	0.198	0.142	0.965	0.893	0.829	0.772	0.721	0.674	0.632	0.593	0.557	0.525	0.494	0.466	0.441	0.416	0.394	0.373	0.353	0.335	0.317	0.301	0.285	0.271	0.988	0.967	0.948	0.930	
50	0.409	0.320	0.244	0.179	—	0.933	0.861	0.797	0.740	0.689	0.642	0.599	0.561	0.525	0.492	0.462	0.434	0.408	0.384	0.362	0.341	0.321	0.302	0.285	0.269	0.981	0.959	0.938	0.918	0.899	0.880	
52	0.392	0.302	0.227	0.162	0.985	0.904	0.832	0.768	0.711	0.659	0.612	0.570	0.531	0.495	0.463	0.432	0.405	0.379	0.354	0.332	0.311	0.291	0.273	0.984	0.959	0.936	0.913	0.892	0.872	0.853	0.835	
54	0.376	0.287	0.211	0.146	0.958	0.877	0.805	0.741	0.683	0.632	0.585	0.542	0.504	0.468	0.435	0.405	0.377	0.351	0.327	0.305	0.283	0.997	0.968	0.942	0.917	0.893	0.871	0.849	0.829	0.810	0.792	
56	0.361	0.272	0.196	0.132	0.933	0.851	0.780	0.716	0.658	0.606	0.560	0.517	0.478	0.443	0.410	0.380	0.352	0.326	0.302	0.279	0.987	0.957	0.929	0.902	0.877	0.854	0.831	0.810	0.790	0.771	0.753	
58	0.348	0.258	0.183	0.118	0.909	0.828	0.756	0.692	0.635	0.583	0.536	0.493	0.454	0.419	0.386	0.356	0.328	0.302	0.278	0.983	0.951	0.921	0.892	0.866	0.841	0.817	0.795	0.773	0.753	0.734	0.716	
60	0.335	0.245	0.170	0.980	0.888	0.806	0.734	0.670	0.613	0.561	0.514	0.471	0.432	0.397	0.364	0.334	0.306	0.280	0.983	0.949	0.917	0.887	0.858	0.832	0.807	0.783	0.760	0.739	0.719	0.700	0.682	
62	0.323	0.233	0.158	0.960	0.867	0.786	0.714	0.649	0.592	0.540	0.493	0.451	0.412	0.376	0.343	0.313	0.285	0.988	0.951	0.917	0.885	0.855	0.826	0.800	0.775	0.751	0.728	0.707	0.687	0.668	0.649	K=4
64	0.312	0.222	0.147	0.941	0.848	0.767	0.695	0.630	0.573	0.521	0.474	0.431	0.392	0.357	0.324	0.294	0.998	0.958	0.921	0.887	0.855	0.825	0.797	0.770	0.745	0.721	0.698	0.677	0.657	0.638	0.619	
66	0.301	0.212	0.136	0.923	0.830	0.749	0.676	0.612	0.555	0.503	0.456	0.413	0.374	0.339	0.306	0.276	0.970	0.930	0.893	0.859	0.827	0.797	0.768	0.742	0.717	0.693	0.670	0.649	0.629	0.610	0.591	
68	0.292	0.202	0.126	0.906	0.813	0.732	0.660	0.595	0.538	0.486	0.439	0.396	0.357	0.322	0.289	0.986	0.943	0.904	0.867	0.833	0.801	0.770	0.742	0.715	0.690	0.666	0.644	0.622	0.602	0.583	0.565	
70	0.282	0.193	0.997	0.891	0.798	0.716	0.644	0.579	0.522	0.470	0.423	0.380	0.341	0.305	0.273	0.961	0.919	0.879	0.842	0.808	0.776	0.745	0.717	0.690	0.665	0.641	0.619	0.598	0.577	0.558	0.540	
72	0.274	0.184	0.982	0.876	0.783	0.701	0.628	0.564	0.506	0.454	0.408	0.365	0.326	0.290	0.984	0.938	0.895	0.856	0.819	0.784	0.752	0.722	0.694	0.667	0.642	0.618	0.595	0.574	0.554	0.534	0.516	
74	0.265	0.176	0.968	0.862	0.768	0.687	0.614	0.550	0.492	0.440	0.393	0.351	0.312	0.276	0.962	0.916	0.873	0.834	0.797	0.762	0.730	0.700	0.671	0.645	0.619	0.596	0.573	0.552	0.531	0.512	0.494	
76	0.257	0.168	0.955	0.848	0.755	0.673	0.601	0.536	0.478	0.427	0.380	0.337	0.298	0.990	0.941	0.895	0.852	0.813	0.776	0.741	0.709	0.679	0.650	0.623	0.598	0.574	0.552	0.531	0.510	0.491	0.473	
78	0.250	0.160	0.942	0.835	0.742	0.660	0.588	0.523	0.466	0.414	0.367	0.324	0.285	0.971	0.921	0.875	0.832	0.793	0.756	0.721	0.689	0.659	0.630	0.604	0.578	0.554	0.532	0.511	0.490	0.471	0.453	
80	0.243	0.153	0.931	0.823	0.730	0.648	0.576	0.511	0.453	0.401	0.354	0.312	0.273	0.952	0.902	0.856	0.813	0.774	0.737	0.702	0.670	0.640	0.611	0.585	0.559	0.535	0.513	0.492	0.471	0.452	0.434	
z_2' / z_1'	20	22	24	26	28	30	32	34	36	38	40	42	44	46	48	50	52	54	56	58	60	62	64	66	68	70	72	74	76	78	80	z_1'

表 11.5-13　主动轮首齿最小齿顶高系数 h^*_{asmin}（重合度 $\varepsilon=1$ 时）

$z'_2 \backslash z'_1$	20	22	24	26	28	30	32	34	36	38	40	42	44	46	48	50	52	54	56	58	60	62	64	66	68	70	72	74	76	78	80
20	—	0.229	0.216	0.205	0.196	0.187	0.179	0.171	0.165	0.159	0.153	0.148	0.143	0.138	0.134	0.130	0.126	0.123	0.120	0.117	0.114	0.111	0.108	0.106	0.103	0.101	0.099	0.097	0.095	0.093	0.091
22	0.229	0.229	0.226	0.225	0.215	0.204	0.195	0.186	0.178	0.171	0.164	0.158	0.152	0.147	0.142	0.137	0.133	0.129	0.125	0.122	0.119	0.116	0.113	0.110	0.108	0.105	0.103	0.101	0.099	0.097	0.095
24	0.216	0.227	0.226	0.224	0.223	0.214	0.203	0.194	0.185	0.177	0.170	0.163	0.157	0.152	0.146	0.142	0.137	0.133	0.129	0.125	0.122	0.119	0.116	0.113	0.110	0.108	0.106	0.104	0.105	0.105	0.105
26	0.205	0.225	0.224	0.223	0.222	0.221	0.213	0.202	0.193	0.184	0.176	0.169	0.163	0.157	0.151	0.146	0.141	0.137	0.133	0.129	0.125	0.122	0.119	0.116	0.113	0.110	0.107	0.104	0.103	0.103	0.103
28	0.196	0.214	0.223	0.222	0.221	0.220	0.219	0.212	0.201	0.192	0.184	0.176	0.169	0.163	0.156	0.151	0.145	0.141	0.136	0.132	0.128	0.124	0.121	0.118	0.115	0.112	0.109	0.107	0.103	0.101	0.101
30	0.187	0.204	0.213	0.221	0.220	0.219	0.218	0.218	0.211	0.200	0.191	0.183	0.175	0.168	0.162	0.156	0.150	0.145	0.140	0.136	0.132	0.128	0.124	0.121	0.118	0.115	0.112	0.109	0.106	0.101	0.099
32	0.179	0.195	0.203	0.212	0.219	0.218	0.218	0.217	0.217	0.210	0.199	0.190	0.183	0.175	0.168	0.162	0.156	0.150	0.145	0.140	0.136	0.131	0.127	0.124	0.120	0.117	0.114	0.111	0.109	0.107	0.097
34	0.171	0.186	0.194	0.202	0.212	0.218	0.217	0.217	0.216	0.217	0.209	0.199	0.190	0.182	0.174	0.167	0.161	0.155	0.150	0.145	0.140	0.135	0.131	0.127	0.123	0.120	0.117	0.114	0.111	0.108	0.095
36	0.165	0.178	0.185	0.193	0.201	0.211	0.217	0.216	0.216	0.216	0.217	0.208	0.198	0.189	0.181	0.174	0.167	0.160	0.155	0.149	0.144	0.140	0.135	0.131	0.127	0.123	0.120	0.116	0.113	0.111	0.108
38	0.159	0.170	0.177	0.184	0.192	0.200	0.210	0.216	0.215	0.215	0.216	0.216	0.208	0.198	0.189	0.180	0.173	0.166	0.159	0.154	0.148	0.143	0.139	0.135	0.130	0.126	0.123	0.119	0.116	0.113	0.110
40	0.153	0.164	0.170	0.176	0.184	0.191	0.199	0.209	0.215	0.215	0.215	0.215	0.216	0.207	0.197	0.188	0.180	0.172	0.165	0.159	0.153	0.148	0.143	0.138	0.134	0.130	0.126	0.123	0.119	0.116	0.113
42	0.148	0.158	0.163	0.169	0.176	0.183	0.190	0.199	0.208	0.214	0.214	0.214	0.215	0.215	0.207	0.197	0.188	0.179	0.172	0.165	0.158	0.152	0.147	0.142	0.138	0.134	0.130	0.126	0.122	0.119	0.116
44	0.143	0.152	0.157	0.163	0.169	0.175	0.182	0.190	0.198	0.207	0.214	0.214	0.214	0.214	0.215	0.207	0.197	0.187	0.179	0.172	0.165	0.158	0.152	0.147	0.142	0.138	0.134	0.130	0.126	0.123	0.119
46	0.138	0.147	0.152	0.157	0.163	0.168	0.175	0.182	0.189	0.198	0.207	0.213	0.213	0.213	0.214	0.214	0.206	0.196	0.188	0.179	0.171	0.165	0.158	0.152	0.147	0.142	0.138	0.134	0.130	0.126	0.123
48	0.134	0.142	0.146	0.151	0.156	0.162	0.168	0.174	0.181	0.189	0.197	0.206	0.213	0.213	0.213	0.214	0.214	0.206	0.196	0.188	0.179	0.171	0.165	0.158	0.152	0.147	0.142	0.138	0.134	0.130	0.126
50	0.130	0.137	0.142	0.146	0.151	0.156	0.162	0.167	0.174	0.180	0.188	0.197	0.207	0.213	0.213	0.213	0.213	0.214	0.206	0.196	0.188	0.179	0.171	0.165	0.158	0.152	0.147	0.142	0.138	0.134	0.130
52	0.126	0.133	0.137	0.141	0.145	0.150	0.155	0.161	0.167	0.173	0.180	0.188	0.197	0.207	0.213	0.213	0.213	0.213	0.214	0.206	0.196	0.188	0.179	0.171	0.165	0.158	0.152	0.147	0.142	0.138	0.130
54	0.123	0.129	0.133	0.137	0.141	0.145	0.150	0.155	0.160	0.166	0.173	0.180	0.188	0.197	0.206	0.212	0.212	0.212	0.213	0.214	0.206	0.196	0.188	0.179	0.171	0.165	0.158	0.152	0.147	0.142	0.130
56	0.120	0.126	0.129	0.133	0.136	0.140	0.145	0.149	0.155	0.160	0.166	0.173	0.180	0.188	0.197	0.206	0.212	0.212	0.212	0.213	0.214	0.206	0.196	0.188	0.179	0.171	0.165	0.158	0.152	0.147	0.128
58	0.117	0.122	0.125	0.129	0.132	0.136	0.140	0.144	0.149	0.154	0.160	0.166	0.173	0.180	0.188	0.197	0.206	0.212	0.212	0.212	0.213	0.214	0.206	0.196	0.188	0.179	0.171	0.165	0.158	0.152	0.126
60	0.114	0.119	0.122	0.125	0.128	0.132	0.135	0.140	0.144	0.148	0.153	0.159	0.166	0.173	0.180	0.188	0.197	0.206	0.212	0.212	0.212	0.213	0.214	0.206	0.196	0.188	0.179	0.171	0.165	0.158	0.123
62	0.111	0.116	0.119	0.122	0.125	0.128	0.131	0.135	0.139	0.143	0.148	0.153	0.159	0.165	0.172	0.179	0.187	0.197	0.206	0.211	0.211	0.211	0.212	0.213	0.206	0.196	0.188	0.179	0.171	0.165	0.120
64	0.108	0.113	0.116	0.119	0.122	0.124	0.127	0.131	0.135	0.139	0.143	0.148	0.153	0.159	0.165	0.172	0.179	0.187	0.197	0.206	0.211	0.211	0.211	0.212	0.213	0.206	0.196	0.188	0.179	0.171	0.117
66	0.106	0.110	0.113	0.116	0.119	0.121	0.124	0.127	0.131	0.135	0.139	0.143	0.148	0.153	0.159	0.165	0.172	0.179	0.187	0.197	0.206	0.211	0.211	0.211	0.212	0.213	0.206	0.196	0.188	0.179	0.114
68	0.103	0.108	0.110	0.113	0.115	0.118	0.121	0.124	0.127	0.131	0.135	0.138	0.143	0.148	0.153	0.158	0.165	0.171	0.179	0.187	0.197	0.206	0.211	0.211	0.211	0.212	0.213	0.206	0.196	0.188	0.111
70	0.101	0.105	0.108	0.110	0.113	0.115	0.118	0.120	0.124	0.127	0.130	0.134	0.138	0.143	0.148	0.153	0.158	0.164	0.171	0.179	0.187	0.196	0.206	0.211	0.211	0.211	0.212	0.213	0.206	0.196	0.108
72	0.099	0.103	0.106	0.108	0.110	0.112	0.115	0.117	0.120	0.123	0.127	0.130	0.134	0.138	0.142	0.147	0.153	0.158	0.164	0.171	0.179	0.187	0.196	0.206	0.210	0.210	0.210	0.211	0.213	0.206	0.106
74	0.097	0.101	0.104	0.106	0.108	0.110	0.112	0.115	0.117	0.120	0.123	0.126	0.130	0.134	0.138	0.142	0.147	0.153	0.158	0.164	0.171	0.179	0.187	0.196	0.206	0.210	0.210	0.210	0.211	0.213	0.103
76	0.095	0.099	0.103	0.105	0.107	0.109	0.111	0.113	0.115	0.118	0.120	0.123	0.127	0.130	0.134	0.138	0.142	0.147	0.152	0.158	0.164	0.171	0.179	0.187	0.196	0.206	0.210	0.210	0.210	0.211	0.101
78	0.093	0.097	0.101	0.103	0.105	0.107	0.109	0.111	0.113	0.115	0.118	0.120	0.123	0.126	0.130	0.134	0.138	0.142	0.147	0.152	0.158	0.164	0.171	0.179	0.187	0.196	0.206	0.210	0.210	0.210	0.099
80	0.091	0.095	0.099	0.101	0.103	0.105	0.107	0.108	0.110	0.112	0.114	0.117	0.119	0.122	0.126	0.129	0.133	0.137	0.141	0.146	0.151	0.156	0.163	0.169	0.177	0.185	0.195	0.205	0.216	0.229	0.229

区域划分：$K=1$、$K=2$、$K=3$、$K=4$

表 11.5-14　主动轮锁止弧离开角 Q_s　(°)

注：表中上部数据按顶部 z_1'（80→20）读取，对应 K=2、K=3、K=4 区域；下部数据按底部 z_1'（20→80）读取，对应 K=1、K=2 区域。

z_2' \ z_1'	20	22	24	26	28	30	32	34	36	38	40	42	44	46	48	50	52	54	56	58	60	62	64	66	68	70	72	74	76	78	80
20	—	21.28	19.47	17.95	16.64	15.51	14.52	13.65	12.88	12.19	11.57	11.01	10.50	10.03	9.61	9.22	8.85	8.52	8.21	7.92	7.65	7.40	7.17	6.95	6.74	6.54	6.36	6.19	6.02	5.86	5.71
22	23.25	21.10	19.30	17.79	16.49	15.37	14.38	13.52	12.75	12.07	11.45	10.89	10.39	9.93	9.50	9.12	8.76	8.43	8.12	7.83	7.57	7.32	7.09	6.87	6.66	6.47	6.28	6.11	5.95	5.79	5.86
24	23.08	20.94	19.15	17.65	16.36	15.24	14.26	13.40	12.64	11.96	11.35	10.79	10.29	9.83	9.41	9.03	8.67	8.34	8.04	7.76	7.49	—	—	—	—	—	—	—	—	—	8.08
26	22.94	20.80	19.03	17.52	16.24	15.13	14.16	13.30	12.54	11.87	11.26	10.71	10.21	9.75	9.34	8.95	8.60	—	—	11.52	11.12	10.75	13.40	13.35	12.86	9.52	9.47	8.74	8.51	8.29	8.03
28	22.81	20.68	18.91	17.42	16.14	15.03	14.07	13.21	12.46	11.78	11.18	10.63	10.13	—	13.94	13.35	12.80	12.36	11.52	11.46	11.06	13.34	13.30	11.90	11.46	9.47	9.19	8.69	8.46	8.24	7.98
30	22.70	20.58	18.81	17.32	16.05	14.95	13.98	13.14	12.38	11.71	11.11	—	14.58	13.94	13.88	13.29	12.75	12.30	11.90	11.41	11.01	13.29	11.84	11.84	11.41	9.41	9.14	8.64	8.41	8.19	7.94
32	22.60	20.48	18.72	17.24	15.97	14.87	13.91	13.07	12.32	11.65	—	15.23	14.52	13.88	13.83	13.24	12.70	12.25	11.84	11.36	10.96	10.24	11.79	11.79	11.36	9.37	9.09	8.60	8.37	8.15	7.90
34	22.51	20.40	18.64	17.16	15.90	14.80	13.84	13.00	12.26	—	16.80	15.94	15.17	14.47	13.83	13.78	13.19	12.65	12.20	11.31	10.92	10.20	11.74	11.74	11.31	9.32	9.05	8.56	8.33	8.11	7.87
36	22.42	20.32	18.57	17.10	15.83	14.74	13.79	12.95	—	16.74	16.69	15.89	15.12	14.42	13.78	13.73	13.15	12.61	12.16	11.27	10.88	10.18	11.70	11.70	11.27	9.28	9.01	8.52	8.29	8.07	7.84
38	22.35	20.25	18.51	17.03	15.77	14.68	13.73	—	17.69	16.64	16.65	15.84	15.07	14.37	13.73	13.69	13.11	12.57	12.12	11.23	10.84	10.16	11.66	11.66	11.23	9.25	8.98	8.48	8.26	8.04	7.81
40	22.28	20.19	18.45	16.98	15.72	14.63	—	18.70	17.64	16.69	16.61	15.80	15.03	14.33	13.69	13.66	13.07	12.54	12.08	11.20	10.80	10.09	11.62	11.62	11.20	9.21	8.95	8.45	8.23	8.01	7.78
42	22.22	20.13	18.39	16.93	15.67	14.59	—	18.65	17.60	16.65	16.57	15.76	14.99	14.29	13.66	13.62	13.04	12.51	12.05	11.17	10.77	10.06	11.59	11.59	11.17	9.18	8.92	8.42	8.20	7.98	7.76
44	22.17	20.08	18.35	16.88	15.63	—	19.80	18.61	17.55	16.61	16.53	15.72	14.95	14.26	13.62	13.59	13.01	12.48	12.01	11.14	10.74	10.03	11.56	11.56	11.14	9.16	8.89	8.40	8.17	7.96	7.76
46	22.12	20.03	18.30	16.84	15.59	—	19.76	18.57	17.51	16.57	16.50	15.68	14.92	14.22	13.59	13.56	12.98	12.45	11.99	11.11	10.72	10.03	11.53	11.53	11.13	9.13	8.86	8.37	8.15	7.93	10.22
48	22.07	19.99	18.26	16.80	15.55	—	19.71	18.53	17.47	16.53	16.47	15.65	14.89	14.19	13.56	13.53	12.95	12.42	11.96	11.08	10.69	10.03	11.50	11.50	11.04	9.10	8.84	—	11.04	10.46	10.20
50	22.03	19.95	18.22	16.76	—	21.10	19.68	18.49	17.44	16.50	16.45	15.62	14.86	14.16	13.53	13.50	12.93	12.40	11.94	11.06	10.67	9.98	11.48	11.33	11.02	9.08	11.63	11.61	11.02	10.44	10.18
52	21.99	19.91	18.18	—	22.52	21.06	19.64	18.46	17.41	16.47	16.41	15.59	14.83	14.14	13.51	13.48	12.95	12.42	11.94	11.04	10.64	9.56	12.72	12.70	11.98	11.96	11.63	11.59	11.00	10.42	10.16
54	21.95	19.88	18.15	—	22.49	20.99	19.61	18.43	17.38	16.44	16.38	15.57	14.80	14.11	13.48	12.93	12.40	12.60	11.92	10.28	13.56	13.14	12.68	12.62	11.94	11.61	11.57	11.55	10.99	10.40	10.14
56	21.91	19.84	18.12	—	22.45	20.95	19.58	18.40	17.35	16.41	16.36	15.54	14.78	14.09	13.46	12.91	12.37	11.89	11.43	11.01	13.56	13.13	12.68	12.60	11.92	11.59	11.55	11.26	10.95	10.38	10.12
58	21.88	19.81	18.09	—	22.42	20.92	19.55	18.37	17.32	16.38	16.34	15.52	14.76	14.07	13.44	12.88	12.35	11.87	11.41	10.99	14.01	13.99	13.01	12.59	11.90	11.57	11.24	11.24	10.93	10.36	10.10
60	21.85	19.78	18.06	24.16	24.14	20.89	19.52	18.34	17.29	16.36	16.32	15.50	14.74	14.05	13.42	12.86	12.33	11.85	11.39	14.50	14.01	13.99	13.69	12.68	11.90	11.55	11.22	11.22	10.92	10.35	10.08
62	21.82	19.76	18.04	24.14	24.11	20.86	19.50	18.32	17.27	16.34	16.31	15.48	14.72	14.03	13.40	12.84	12.31	11.83	15.03	14.48	13.99	13.97	13.67	12.66	12.27	12.18	11.88	11.21	10.90	10.33	10.07
64	21.80	19.73	18.02	24.11	24.08	20.84	19.47	18.29	17.25	16.31	16.29	15.47	14.70	14.01	13.38	12.82	12.30	11.81	15.01	14.46	13.97	13.95	13.65	12.64	12.25	12.17	11.86	11.19	10.88	10.31	10.05
66	21.77	19.71	17.99	24.08	24.06	20.81	19.45	18.27	17.23	16.29	16.28	15.46	14.68	14.01	13.36	12.81	12.28	11.80	14.99	14.45	13.95	13.94	13.63	12.62	12.23	12.16	11.85	11.18	10.87	10.30	10.04
68	21.75	19.69	17.97	24.06	24.03	20.79	19.43	18.25	17.21	16.28	16.26	15.44	14.68	13.99	13.36	12.79	12.28	11.78	14.97	14.43	13.94	13.92	13.60	12.60	12.21	12.14	11.83	11.16	10.85	10.29	10.02
70	21.72	19.66	26.10	24.03	24.01	20.76	19.41	18.23	17.19	16.26	16.24	15.42	14.66	13.97	13.35	12.77	12.18	13.97	14.96	14.41	13.92	13.90	13.58	12.59	12.20	12.18	11.82	11.15	10.84	10.27	10.01
72	21.70	19.64	26.07	24.01	23.99	20.74	19.39	18.21	17.17	16.24	16.22	15.40	14.65	13.96	13.33	16.86	16.18	15.55	14.94	14.40	13.90	13.89	13.56	12.57	12.17	12.17	11.80	11.46	10.83	10.26	10.00
74	21.68	19.62	26.05	23.99	23.97	20.72	19.37	18.20	17.15	16.22	16.21	15.39	14.63	13.94	13.32	16.84	16.17	15.53	14.93	14.38	13.87	13.87	13.54	12.55	12.16	12.16	11.79	11.45	10.81	10.26	10.00
76	21.66	19.61	26.03	23.97	23.95	20.69	19.35	18.18	17.14	16.21	16.19	15.37	14.62	13.93	13.93	16.82	16.15	15.51	14.91	14.37	13.86	13.86	13.53	12.53	12.14	12.14	11.78	11.43	10.80	10.24	9.97
78	21.64	19.59	26.01	23.95	23.94	20.67	19.34	18.16	17.12	16.19	16.18	15.36	14.60	13.92	13.92	16.81	16.13	15.50	14.90	14.35	13.85	13.85	13.52	12.52	12.13	12.13	11.77	11.42	10.79	10.23	9.96
80	21.63	19.57	25.99	23.94	22.18	20.65	19.32	18.15	17.11	16.18	16.18	15.34	14.59	13.90	13.90	16.79	16.11	15.47	14.89	14.34	13.83	13.83	13.36	12.51	12.12	12.12	11.76	11.41	10.78	10.22	9.95

区域标注：K=1、K=2（表下部）；K=2、K=3、K=4（表上部）

表 11.5-15　主动轮锁止弧进入角 Q_E

（°）

z_2' \ z_1'	20	22	24	26	28	30	32	34	36	38	40	42	44	46	48	50	52	54	56	58	60	62	64	66	68	70	72	74	76	78	80	
	K = 1	K = 2																														
20	—	16.36	15.00	13.85	12.86	12.00	11.25	10.59	10.00	9.47	9.00	8.57	8.18	7.83	7.50	7.20	6.92	6.67	6.43	6.21	6.00	5.81	5.63	5.45	5.29	5.14	5.00	4.86	4.74	4.62	4.50	K = 2
22	18.00	16.36	15.00	13.85	12.86	12.00	11.25	10.59	10.00	9.47	9.00	8.57	8.18	7.83	7.50	7.20	6.92	6.67	6.43	6.21	6.00	5.81	5.63	5.45	5.29	5.14	5.00	4.86	4.74	4.62	—	
24	18.00	16.36	15.00	13.85	12.86	12.00	11.25	10.59	10.00	9.47	9.00	8.57	8.18	7.83	7.50	7.20	6.92	6.67	6.43	6.21	6.00	—	—	—	—	—	—	—	—	—	—	
26	18.00	16.36	15.00	13.85	12.86	12.00	11.25	10.59	10.00	9.47	9.00	8.57	8.18	7.83	7.50	7.20	6.92	—	—	—	—	—	—	—	7.80	7.58	7.37	7.18	6.99	6.81	6.64	K = 3
28	18.00	16.36	15.00	13.85	12.86	12.00	11.25	10.59	10.00	9.47	9.00	8.57	8.18	—	—	—	—	—	9.47	9.15	8.85	8.57	8.30	8.05	7.82	7.60	7.39	7.19	7.00	6.82	6.66	
30	18.00	16.36	15.00	13.85	12.86	12.00	11.25	10.59	10.00	9.47	9.00	—	—	—	—	10.61	10.21	9.84	9.49	9.17	8.87	8.58	8.32	8.07	7.83	7.61	7.40	7.20	7.01	6.83	6.67	
32	18.00	16.36	15.00	13.85	12.86	12.00	11.25	10.59	10.00	9.47	—	—	12.06	11.54	11.07	10.63	10.23	9.85	9.50	9.18	8.88	8.59	8.33	8.08	7.84	7.62	7.41	7.21	7.02	6.84	6.67	
34	18.00	16.36	15.00	13.85	12.86	12.00	11.25	10.59	10.00	—	—	12.64	12.07	11.56	11.08	10.64	10.24	9.86	9.52	9.19	8.89	8.60	8.34	8.09	7.85	7.63	7.42	7.22	7.03	6.85	6.68	
36	18.00	16.36	15.00	13.85	12.86	12.00	11.25	10.59	—	13.96	13.28	12.65	12.09	11.57	11.09	10.66	10.25	9.87	9.53	9.20	8.90	8.61	8.34	8.09	7.86	7.63	7.42	7.22	7.04	6.86	6.69	
38	18.00	16.36	15.00	13.85	12.86	12.00	11.25	—	14.74	13.98	13.29	12.67	12.10	11.58	11.10	10.67	10.26	9.88	9.53	9.21	8.90	8.62	8.35	8.10	7.86	7.64	7.43	7.23	7.04	6.86	6.69	
40	18.00	16.36	15.00	13.85	12.86	12.00	—	15.60	14.75	13.99	13.30	12.68	12.11	11.59	11.11	10.67	10.27	9.89	9.54	9.21	8.91	8.62	8.36	8.11	7.87	7.65	7.43	7.23	7.05	6.87	6.69	
42	18.00	16.36	15.00	13.85	12.86	12.00	—	15.62	14.77	14.00	13.31	12.69	12.12	11.60	11.12	10.68	10.28	9.90	9.55	9.22	8.92	8.63	8.36	8.11	7.87	7.65	7.44	7.24	7.05	6.87	6.70	
44	18.00	16.36	15.00	13.85	12.86	—	16.58	15.63	14.78	14.01	13.32	12.70	12.13	11.61	11.13	10.69	10.28	9.90	9.55	9.23	8.92	8.64	8.37	8.12	7.88	7.65	7.44	7.24	7.05	6.87	6.70	
46	18.00	16.36	15.00	13.85	12.86	17.67	16.60	15.64	14.79	14.02	13.33	12.71	12.14	11.61	11.14	10.69	10.29	9.91	9.56	9.23	8.93	8.64	8.37	8.12	7.88	7.66	7.45	7.25	7.06	6.88	8.73	K = 4
48	18.00	16.36	15.00	13.85	12.86	17.69	16.61	15.65	14.80	14.03	13.34	12.71	12.14	11.62	11.14	10.70	10.29	9.91	9.56	9.23	8.93	8.64	8.37	8.12	7.88	7.66	7.45	9.43	9.19	8.96	8.74	
50	18.00	16.36	15.00	13.85	—	17.70	16.62	15.66	14.81	14.04	13.35	12.72	12.15	11.63	11.15	10.70	10.30	9.92	9.57	9.24	8.93	8.65	8.38	8.13	7.89	9.97	9.70	9.45	9.20	8.97	8.75	
52	18.00	16.36	15.00	13.85	18.94	17.71	16.63	15.67	14.81	14.05	13.35	12.73	12.15	11.63	11.15	10.71	10.30	9.92	9.57	9.24	8.94	8.65	8.38	10.57	10.27	9.98	9.71	9.46	9.21	8.98	8.76	
54	18.00	16.36	15.00	13.85	18.95	17.72	16.64	15.68	14.82	14.05	13.36	12.73	12.16	11.64	11.16	10.71	10.30	9.92	9.57	9.24	8.94	11.25	10.91	10.59	10.28	10.00	9.72	9.47	9.22	8.99	8.77	
56	18.00	16.36	15.00	13.85	18.96	17.73	16.65	15.69	14.83	14.06	13.37	12.74	12.16	11.64	11.16	10.72	10.31	9.93	9.58	9.25	11.63	11.26	10.92	10.60	10.29	10.01	9.73	9.48	9.23	9.00	8.78	
58	18.00	16.36	15.00	13.85	18.97	17.74	16.65	15.69	14.83	14.06	13.37	12.74	12.17	11.64	11.16	10.72	10.31	9.93	9.58	12.03	11.64	11.27	10.93	10.61	10.30	10.02	9.74	9.49	9.24	9.01	8.79	
60	18.00	16.36	15.00	20.40	18.98	17.75	16.66	15.70	14.84	14.07	13.37	12.74	12.17	11.65	11.17	10.72	10.31	9.93	12.45	12.04	11.65	11.28	10.94	10.62	10.31	10.02	9.75	9.49	9.25	9.02	8.79	
62	18.00	16.36	15.00	20.41	18.99	17.75	16.67	15.70	14.84	14.07	13.38	12.75	12.17	11.65	11.17	10.73	10.32	12.91	12.47	12.05	11.66	11.29	10.95	10.63	10.32	10.03	9.76	9.50	9.26	9.02	8.80	
64	18.00	16.36	15.00	20.42	19.00	17.76	16.67	15.71	14.85	14.08	13.38	12.75	12.18	11.65	11.17	10.73	13.40	12.92	12.48	12.06	11.67	11.30	10.96	10.63	10.33	10.04	9.77	9.51	9.26	9.03	8.81	
66	18.00	16.36	15.00	20.43	19.01	17.77	16.68	15.71	14.85	14.08	13.39	12.75	12.18	11.66	11.17	10.73	13.41	12.93	12.49	12.07	11.68	11.31	10.97	10.64	10.33	10.05	9.77	9.51	9.27	9.03	8.81	
68	18.00	16.36	15.00	20.43	19.01	17.77	16.68	15.72	14.86	14.09	13.39	12.76	12.18	11.66	11.18	13.94	13.42	12.94	12.49	12.08	11.68	11.32	10.97	10.65	10.34	10.05	9.78	9.52	9.27	9.04	8.82	
70	18.00	16.36	22.09	20.44	19.02	17.78	16.69	15.72	14.86	14.09	13.39	12.76	12.19	11.66	11.18	13.95	13.43	12.95	12.50	12.08	11.69	11.32	10.98	10.65	10.35	10.06	9.78	9.52	9.28	9.04	8.82	
72	18.00	16.36	22.10	20.45	19.03	17.78	16.69	15.73	14.86	14.09	13.39	12.76	12.19	11.66	14.52	13.96	13.44	12.96	12.51	12.09	11.70	11.33	10.99	10.66	10.35	10.06	9.79	9.53	9.28	9.05	8.83	
74	18.00	16.36	22.10	20.46	19.03	17.79	16.70	15.73	14.87	14.09	13.40	12.77	12.19	11.66	14.53	13.97	13.45	12.97	12.52	12.10	11.71	11.34	10.99	10.67	10.36	10.07	9.79	9.53	9.29	9.05	8.83	
76	18.00	16.36	22.11	20.46	19.04	17.79	16.70	15.73	14.87	14.10	13.40	12.77	12.19	15.14	14.54	13.98	13.46	12.97	12.52	12.10	11.71	11.34	11.00	10.67	10.36	10.07	9.80	9.54	9.29	9.06	8.83	
78	18.00	16.36	22.12	20.47	19.04	17.80	16.70	15.74	14.87	14.10	13.40	12.77	12.19	15.15	14.55	13.98	13.46	12.98	12.53	12.11	11.72	11.35	11.00	10.68	10.37	10.08	9.80	9.54	9.30	9.06	8.84	
80	18.00	16.36	22.12	20.47	19.05	17.80	16.71	15.74	14.88	14.10	13.40	12.77	12.20	15.16	14.55	13.99	13.47	12.99	12.54	12.12	11.72	11.35	11.01	10.68	10.37	10.08	9.81	9.55	9.30	9.06	8.84	
z_2' \ z_1'	20	22	24	26	28	30	32	34	36	38	40	42	44	46	48	50	52	54	56	58	60	62	64	66	68	70	72	74	76	78	80	z_1'

（3）不完全齿轮机构设计实例（见表 11.5-16）

表 11.5-16　不完全齿轮机构设计实例

	说　明
设计要求	设计一对外啮合不完全齿轮机构,主动轮连续转动,从动轮每转 1/5 周停歇一次,运动时间占总时间的 1/3,中心距为 100mm 左右
设计步骤 1: 确定从动轮的假想齿数 z_2' 和实际齿数 z_2	因从动轮每转 1/5 周停歇一次,故 $:\dfrac{z_2}{z_2'}=\dfrac{1}{5}$,取 $z_2'=60, z_2=12$
设计步骤 2: 确定主动轮的假想齿数 z_1' 和实际齿数 z_1	因运动时间占总时间的 1/3 左右,根据运动系数预估公式 $\dfrac{z_2}{z_1'}=\dfrac{1}{3}$,取 $z_1'=36$ 查表 11.5-11 得, $K=3$ 故 $:z_1=z_2+1-K=10$
设计步骤 3: 确定齿轮的模数 m	取模数 $m=2$mm,则中心距为 $a=\dfrac{m(z_1'+z_2')}{2}=96$mm
设计步骤 4: 确定主动轮的首齿顶高系数 h_{as}^* 和末齿顶高系数 h_{am}	查表 11.5-12 得:主动轮末齿顶高系数 $h_{am}^*=0.613$ 查表 11.5-13 得:主动轮首齿最小顶高系数 $h_{asmin}^*=0.112$ 因 $h_{am}^* \geqslant h_{as}^* > h_{asmin}^*$,取 $h_{as}^*=0.5$
设计步骤 5: 确定主动轮的锁止弧进入角 Q_E 和离开角 Q_S	查表 11.5-15 得主动轮锁止弧进入角 $Q_E=14.84°$ 查表 11.5-14 得主动轮锁止弧离开角 $Q_S=17.29°$
设计步骤 6: 验证运动系数 τ	主动轮的运动角 $\beta'=Q_S+Q_E+\psi=14.84°+17.29°+90°=122.13°$ 运动系数 $\tau=\dfrac{\beta'}{360}=\dfrac{122.13°}{360°}=0.339$
所设计的不完全齿轮机构尺寸图	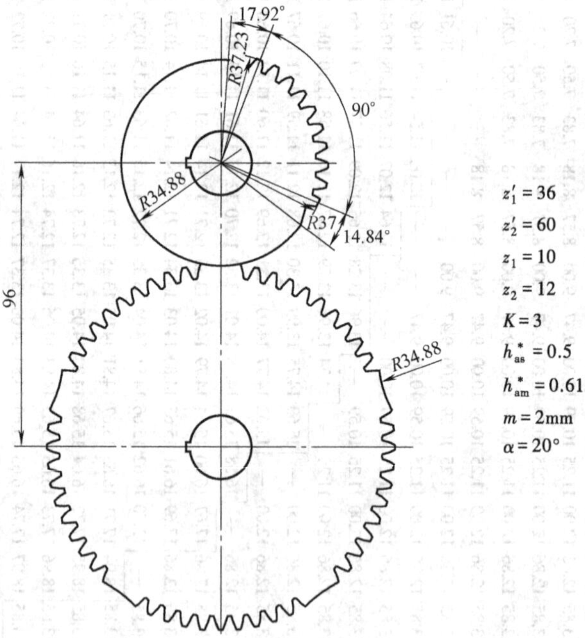

$z_1'=36$
$z_2'=60$
$z_1=10$
$z_2=12$
$K=3$
$h_{as}^*=0.5$
$h_{am}^*=0.613$
$m=2$mm
$\alpha=20°$

第6章　组合机构

生产和生活中对机构的运动要求是多种多样的,而凸轮机构、齿轮机构或连杆机构等基本机构由于自身结构的限制,很难满足运动的多方面要求。如单一的凸轮机构,不能使从动件获得复杂的运动轨迹;连杆机构也很难精确实现符合要求形状的运动轨迹或长时间停歇;齿轮机构往往只能使从动件实现整周转动或移动,而不能使从动件停歇甚至逆转运动。为了扩大基本机构的应用范围,可以将几种基本机构组合起来使用,能够综合各种基本机构的优点,从而得到基本机构实现不了的新的运动,以满足生产和生活中的多种需要以及提高自动化程度。

组合机构通常是由若干个同类型或不同类型的基本机构组合在一起,通过机构之间的运动约束或耦合;或者通过机构之间的运动协调和配合而形成的一种新机构。组合机构的分类有按其组成的结构型式分类和按其包含的基本机构的类型分类两种方法。

1　组合机构的主要结构型式及其特性

1.1　组合机构的主要结构型式

尽管组合机构的结构型式呈现多样性和复杂性,但归纳起来,其结构的组合方式可以根据各基本机构之间输入、输出运动之间的联系特征,分为串联组合、并联组合、反馈组合和装载组合等类型,这些组合方式可以用组合传动框图来表征,见表11.6-1。其中,反馈组合与并联组合的结构型式较为复杂和多样,且具有一些相同的结构特征,都是以自由度大于1的基本机构为基础机构,附加其他基本机构的输出运动作为其输入运动;

但从组合传动框图可以看出,反馈组合与并联组合中的附加机构的输入运动方式具有一定的差别。

除了以上四种主要组合方式外,有的组合机构也可能由这些形式混合组合而成,见表11.6-2。表中的组合机构包含有多个基本机构,其结构组合均包含了两种不同的组合方式。

1.2　组合机构的运动特性

从结构特性可以看出,组合机构往往通过一个机构或构件将基本机构的两个独立运动约束起来。为了使二者运动协调,一般要考虑以下3个方面:

1) 两个独立运动的速度关系,如频率比或两轴的转速比。

2) 两独立运动构件的相位关系,亦即两者的相对安装位置。

3) 两部分的位移关系,即两者尺寸参数的确定。

以图11.6-1中的齿轮-连杆组合机构为例。其中,图 a 为一铰链五杆机构,杆5为固定机架。该机构具有两个自由度,即两连架杆1和4都可以独立运动。现将一对相啮合的一定转速比的齿轮 a 和 b 安装在机架上,并分别与杆1和杆4固连,就构成图 b 所示单自由度的齿轮-连杆机构。图11.6-1中的机构运动时,连杆2和3的铰接点 C 将描绘出复杂的轨迹曲线 mm。显然,机构的输出运动曲线 mm 的形状和机构中齿轮的转速比、安装位置及各杆的尺寸都有关系。如图 c 中铰链 D 相对铰链 B 有3个不同的位置 D_I、D_{II}、D_{III},与此对应铰链 C 的3个位置为 C_I、C_{II}、C_{III},分别相应的轨迹为 $m_I m_I$、$m_{II} m_{II}$、$m_{III} m_{III}$。

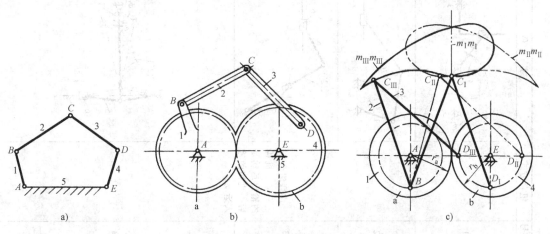

图 11.6-1　实现轨迹的齿轮-连杆组合机构

表 11.6-1 组合机构的组合方式及其特性

序号	组合方式	实例	结构特性	组合传动框图	运动特性	设计要点
1	串联组合（前一机构的输出运动是后一机构的输入运动）	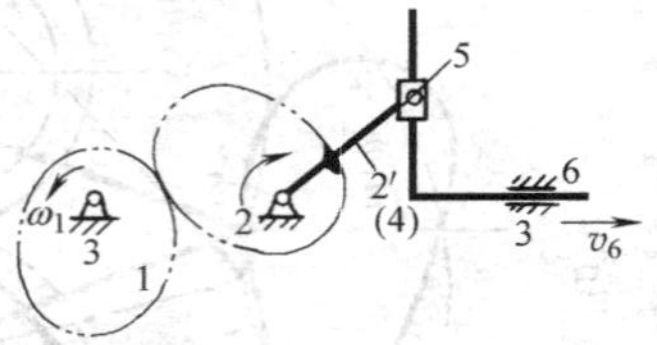	串联（前一机构 I 的输出构件与后一机构 II 的输入构件固连或是同一构件）	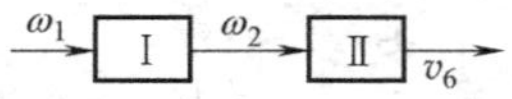	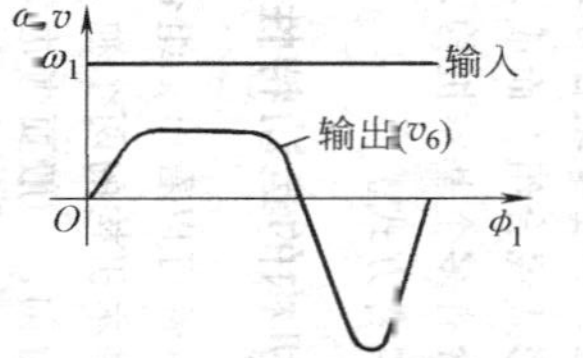 速变构件 2 和 2′串接的相位角，可获得急回特性、近似等速度段和特殊的加速度变化等运动特性	机构 I 选择具有改变等速转动为变速转动功能的机构；机构 II 选择具有往复运动功能的机构 进行尺度设计时，先根据使用要求决定一个机构的全部参数，再设计另外一个机构的参数
2		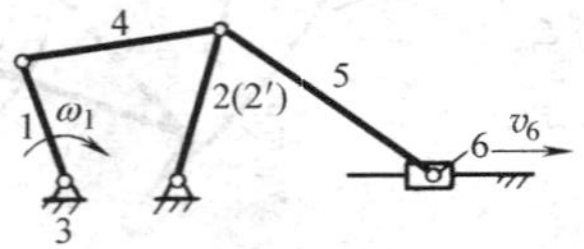				
3		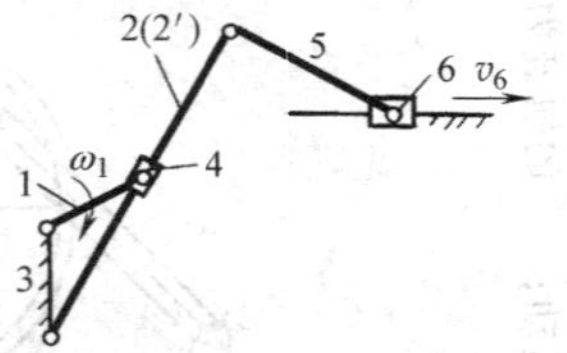				
4		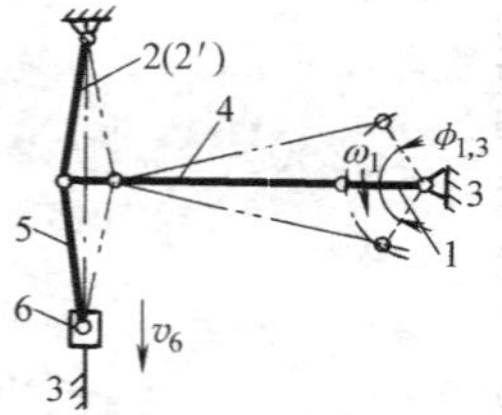			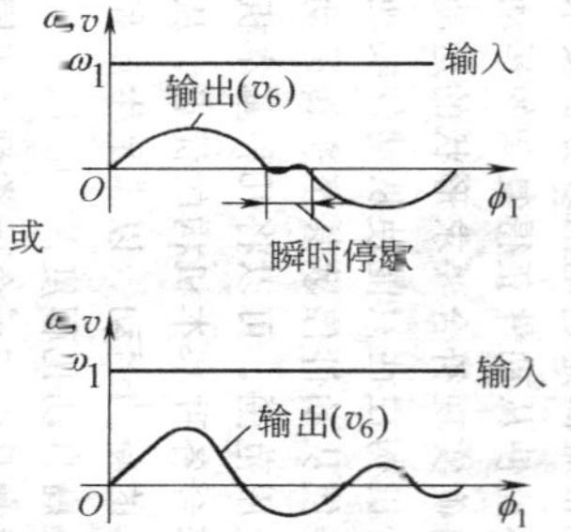 改变机构尺寸和两机构的相对位置，可使机构有瞬时停歇和增力功能；或可使从动件实现二次往复摆动或移动	选择合适的机构尺寸和两机构的相对位置，在 ϕ_1 范围内可实现瞬时停歇和增力功能

（续）

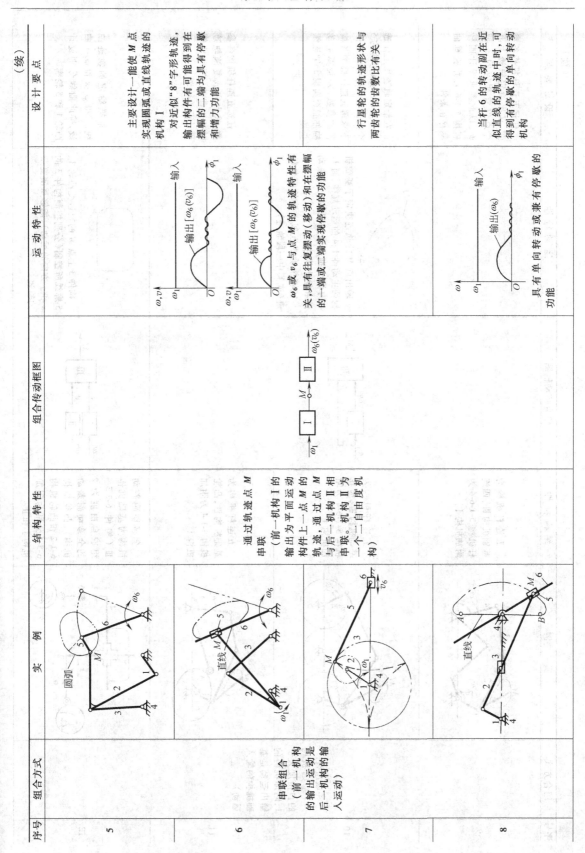

序号	组合方式	实例	结构特性	组合传动框图	运动特性	设计要点
5	串联组合（前一机构的输出运动是后一机构的输入运动）		通过轨迹点 M 串联（前一机构的输出为平面运动构件上一点 M 的轨迹，通过点 M 与后一机构 II 串联一个二自由度机构）	$\omega_1 \to$ I $\to M \to$ II $\to \omega_6(v_6)$	输入 ϕ_1，输出 $[\omega_6(v_6)]$；ω_6 或 v_6 与点 M 的轨迹特性（移动）和在摆幅实现停歇的功能的一端或二端实现停歇的功能	主要设计一能使 M 点实现圆弧或直线轨迹的机构 I。对近似"8"字形轨迹，输出构件有可能得到在摆幅的二端均具有停歇和增力功能
6						
7						行星轮的齿轮轨迹形状与两齿轮的齿数比有关
8					具有单向转动或兼有停歇的功能	当杆 6 的转动副在近似直线的轨迹中时，可得到有停歇的齿向单向转动机构

（续）

序号	组合方式	实 例	结 构 特 性	组合传动框图	运 动 特 性	设 计 要 点
9	并联组合机构（基础机构的自由度大于1，附加机构的输出运动是基础机构运动的输入运动）	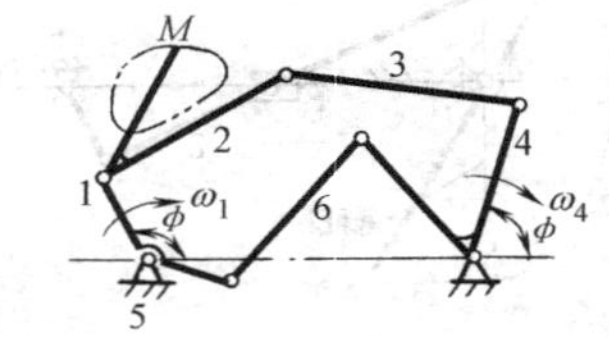	五连杆机构为基础机构Ⅲ，四连杆机构 5-1-6-4 为附加机构Ⅰ			任选五连杆机构各参数，求出给定轨迹上五个点位置相应的 ϕ_i，以此要求设计四杆机构 5-1-6-4，并验算相应 ψ_i 曲柄存在条件
10		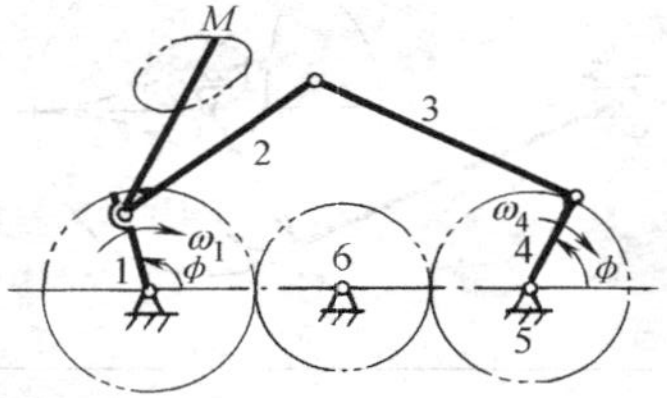	五连杆机构为基础机构Ⅲ，齿轮机构 5-1-6-4 为附加机构Ⅰ	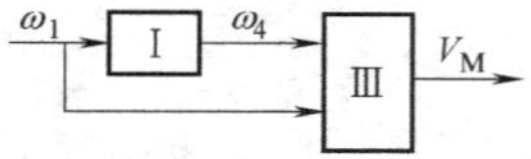	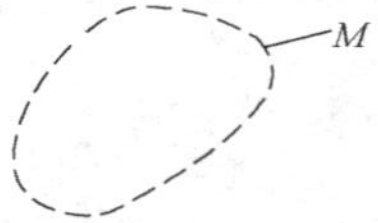 输出点 M 的轨迹决定于基础机构两主动件 1、4 的运动规律，而 1、4 两主动件分别是附加机构Ⅰ的主动件，若输出构件能够精确或近似重演给定的轨迹（或其中一段轨迹）	在给定轨迹段上任选五个点，在与其对应的 5 个角位置 $\Delta\psi_i=\Delta\psi_i$ 条件下求解五连杆机构各构件参数，并验算主动件能否实现 360° 连续运动
11		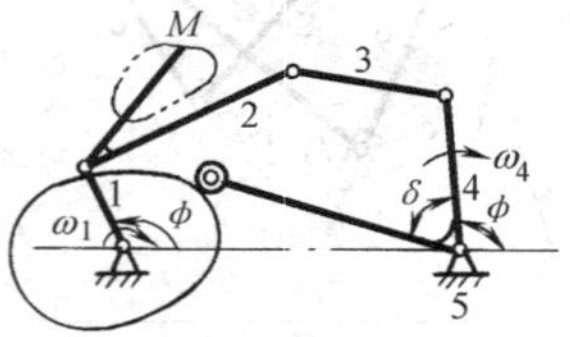	五连杆机构为基础机构Ⅲ，凸轮机构 5-1-4 为附加机构Ⅰ			任选五连杆机构各参数，求出完成给定轨迹时 $\phi-x$ 曲线，按此曲线设计凸轮轮廓
12		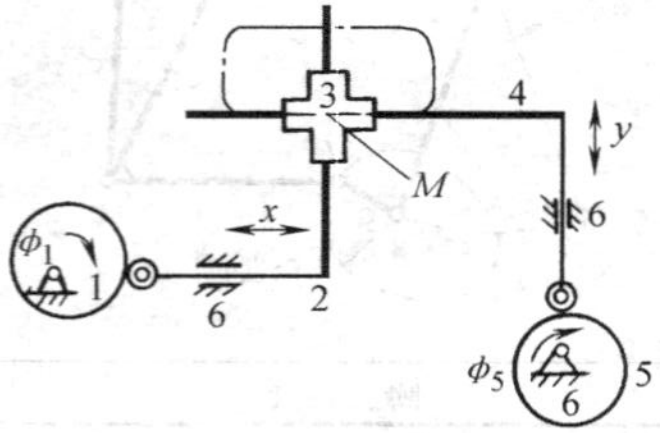	全移动副差动机构Ⅲ（构件 6-2-3-4 组成自由度为 2 的全移动副差动机构），凸轮机构 6-1-2 和 6-5-4 为附加机构Ⅰ和Ⅱ	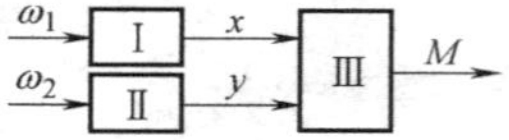	 构件 3 上点 M 的轨迹受凸轮 1、5 两线所整制（分别整制构件 3 的 x 和 y 方向的运动），能够重复演复杂的轨迹	根据给定的轨迹曲线，求得 ϕ_5-x 和 ϕ_5-y 曲线，按此曲线分别设计凸轮 1 和 5 轮廓

（续）

序号	组合方式	实例	结构特性	组合传动框图	运动特性	设计要点
13		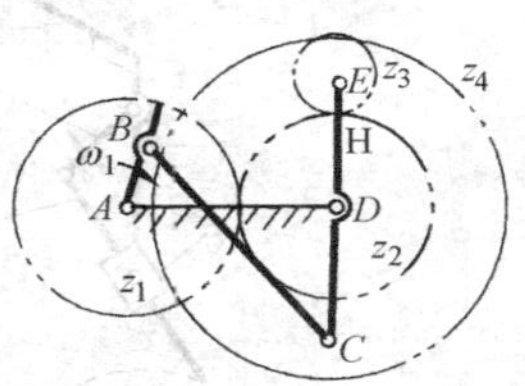	差动机构Ⅲ为基础轮系（齿轮 2，3，4 及系杆 H 组成自由度为 2 的差动轮系），齿轮 1，2 组成附加机构Ⅰ，四杆机构 $ABCD$ 为附加机构Ⅱ	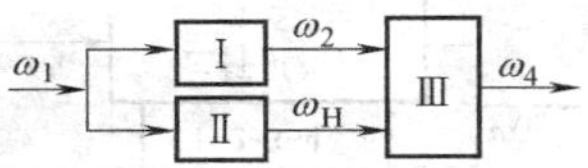	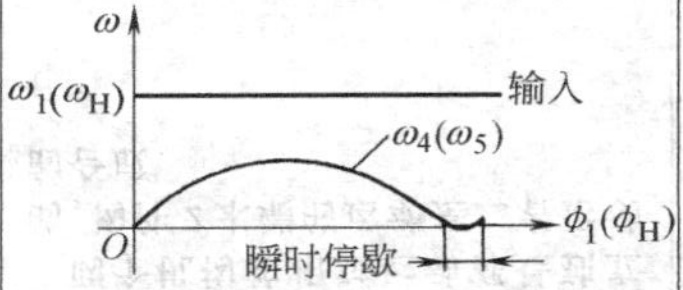 具有单向转动和瞬时停歇，输出转一周时两输入运动的功能的叠加。对于例图 13 有 $$\omega_4=\left(1+\frac{z_2}{z_4}\right)\omega_H+z_1\frac{\omega_1}{z_4}$$ 或 $$\Delta\phi_4=\left(1+\frac{z_2}{z_4}\right)\Delta\phi_H+z_1\frac{\Delta\phi_1}{z_4}$$	选择合适的差动轮系齿数 $z_1 \sim z_4$；在输出机构停歇段，四杆机构应满足 $\Delta\phi_H=z_1\Delta\phi_1/(z_2+z_4)$；当要求过 ϕ_4 时，满足 4 转过一周期中齿轮 $\phi_4=2\pi 1/z_4$
14	并联组合（基础机构大于 1，附加机构的输出运动是基础机构的输入运动）	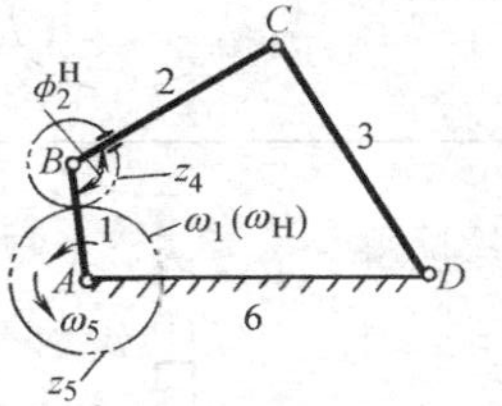	以差动机构Ⅲ为基础机构（齿轮 4，5 及系杆 H（1）自由度为 2 的差动轮系），齿轮 4，摆杆 H 组成附加机构Ⅰ	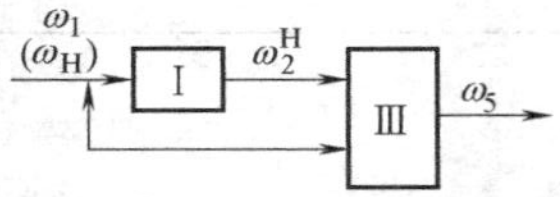	$$\omega_5=\omega_H+i_{52}^H\omega_2^H$$ 对于例图 14 有 $$\omega_5=\omega_H+i_{52}^H\omega_2^H$$ 或 $$\Delta\phi_5=\Delta\phi_H+i_{52}^H\Delta\phi_2^H$$	选择合适的齿轮齿数 z_5，在输出机构停歇段，四杆机构应满足 $i_{52}^H=-z_4/z_5$，$i_{52}^H=-z_4/z_5$
15		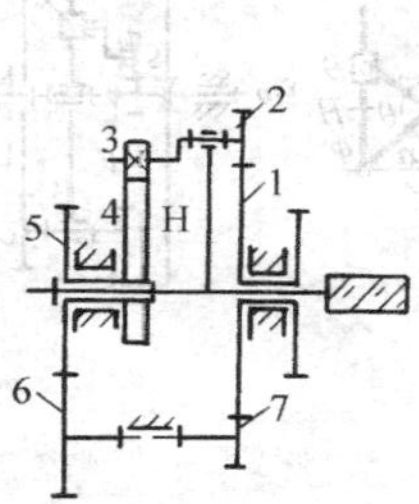	二差动轮系Ⅲ为基础轮系及凸轮机构Ⅰ，2，凸轮 4，摆杆 H 组成自由度为 2 的基础机构，定轴轮系 1，7，6，5 作为附加机构Ⅰ	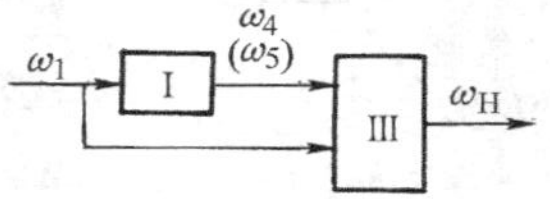	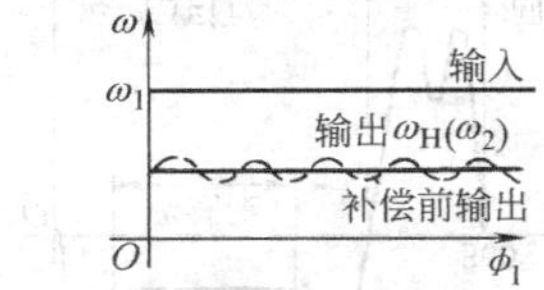 本机构为滚齿机的误差补偿机构，输出凸轮 4 的运动控制凸轮在齿轮 1 多转或少转一周时比齿轮 1 多转或少转 1 整周，从而通过摆杆 3 使行星轮 2 获得附加转动而改变传动系 $$\Delta\phi_H=\Delta\phi_5\quad\Delta\phi_2^H$$	设计定轴轮系中齿轮数，使凸轮 4（与齿轮 5 固连）在每个运动周期中比齿轮 1 多转动或少转 1 整周，$i_{52}^H=-z_4z_5$ 根据要补偿被补偿的误差的传动比值，并考虑凸轮廓线而设计凸轮廓线
16	反馈组合（基础机构大于 1，机构的输出运动反馈作为附加机构的输入运动，并通过附加机构反作用于基础机构）	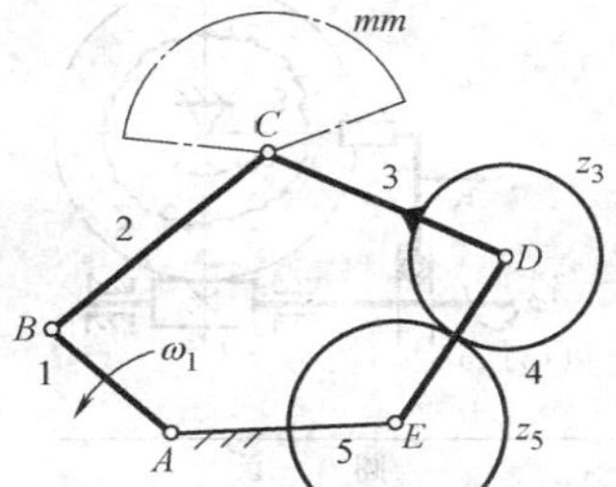	二自由度五杆机构 1-2-3-4-5 为基础机构Ⅲ。行星轮系 z_3-4-z_5 为附加机构Ⅰ，其中行星轮 z_3 与连杆 3 固连，杆 4 分别与 z_3 和固定中心轮 z_5 铰接	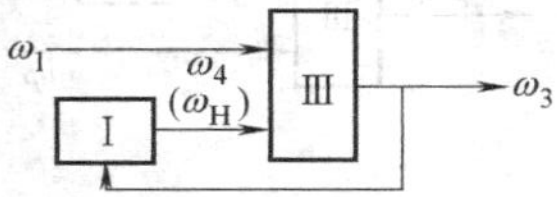	该组合机构的输入运动仅有 ω_1，其中杆 3 与杆 4 的运动受到行星轮系 z_5 的约束，使杆 2 和杆 3 得到确定的运动，从而接点 C 求得确定的运动轨迹	合理选择 z_3 和 z_5 的齿数比，以及各杆件的长度，能够在 C 点处得到所需要的运动轨迹

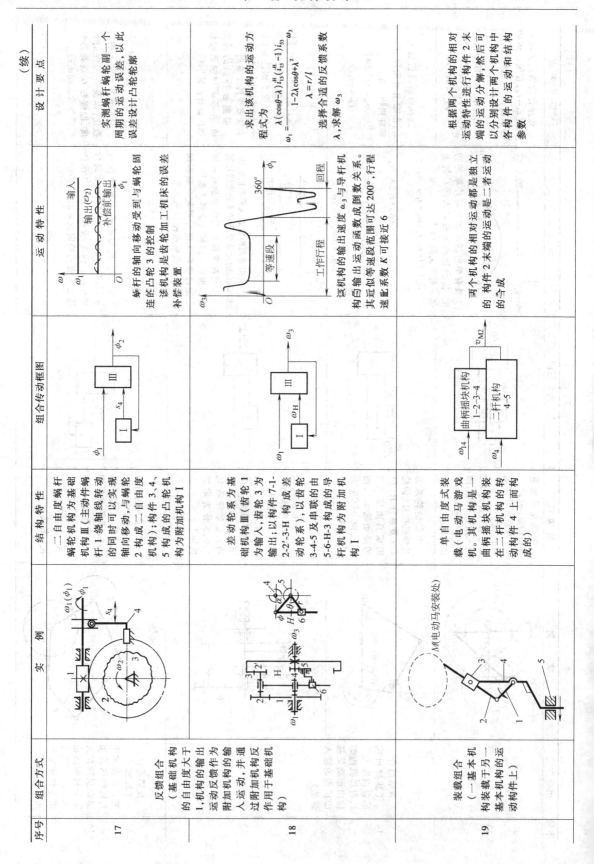

序号	组合方式	实 例	结 构 特 性	组 合 传 动 框 图	运 动 特 性	设 计 要 点 （续）
17	反馈组合（基础机构的自由度大于1,机构的输出运动作为附加机构的输入运动,并通过附加机构反作用于基础机构）	$\omega_1(\phi_1)$ s_4 ω_2	二自由度蜗杆蜗轮机构Ⅲ为基础件蜗轮（主动件）蜗杆1绕轴线转动的同时可以实现轴向移动,与蜗轮2构成二自由度机构;构件3、4、5构成的凸轮机构为附加机构Ⅰ	ϕ_1 Ⅰ s_4 Ⅲ ϕ_2	输入（ω_2）输出 ω_1 补偿前输出 ϕ_1 蜗杆的轴向移动受到与蜗轮固连的凸轮3的控制。该机构是齿轮加工机床的误差补偿装置	实测蜗杆蜗轮副一个周期的运动误差,以此误差设计凸轮轮廓
18		ϕ_4 H θ ω_3 $\omega_1\phi_1$ H	差动轮系为基础机构Ⅲ（齿轮1为输入,齿轮3为输出;构件7-1-2-2'-3-H构成差动轮系）,以齿轮3-4-5及串联的5-6-H-3导杆机构组成的导杆机构为附加机构Ⅰ	ω_1 Ⅰ ω_H Ⅲ ω_3	ϕ_1 360° 回程 工作行程 等速段 ω_3 该机构的输出运动是与导杆机构的输出速度与导杆机构的输出运动成倒数关系。其近似等速段范围可达200°,行程速度系数 K 可接近6	求出该机构的运动方程式为 $$\omega_1=\frac{(\cos\theta-\lambda)[\frac{H}{i_{13}}(i_{13}-1)]i_{53}}{1-2\lambda\cos\theta+\lambda^2}\omega_3$$ $\lambda=r/l$ 选择合适的反馈系数 λ,求解 ω_3
19	装载组合（一基本机构装载于另一基本机构的运动构件上）	M(电动马安装处)	单自由度马达式游戏机（电动马达）机。其机构是一曲柄摇块机构装在二基本机构的转动构件4上面构成的	ω_{14} 曲柄摇块机构 1-2-3-4 二杆机构 4-5 ω_4 v_{M2}	两个机构的相对运动都是独立的,构件2末端可分解两个机构中的合成	根据两个机构的相对运动特性进行构件2末端的运动分解,然后可以分别设计两个机构中各构件的运动和结构参数

（续）

序号	组合方式	实例	结 构 特 性	组合传动框图	运 动 特 性	设 计 要 点
20	装载式组合（二基本机构装载于另一基本机构的运动构件上）	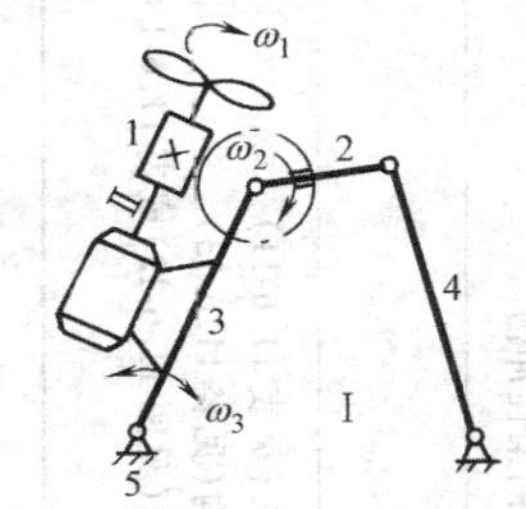	单自由度装载（驱动蜗杆转动的电动机装在摆动构件 3 上，而构件 3 通过构件 3 的摆动是通过四杆机构 5-3-2-4 实现的。由蜗杆带动蜗轮 2 两端是整轮转副）	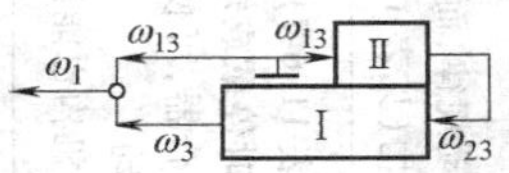	实现两个驱动运动的合成（驱动运动源得到风扇的旋转运动和风扇座的摇摆运动）	合适选择蜗杆蜗轮传动比，以得到适当的摆动速度；选择合理的四杆长度，以得到所需要的摆角
21	基本机构装载于另一运动构件上	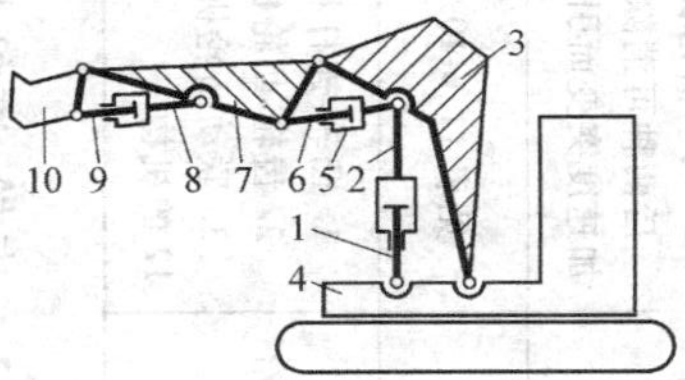	多自由度装载（各构件间的运动是独立的，而其绝对运动则受所在机块上运动的影响）	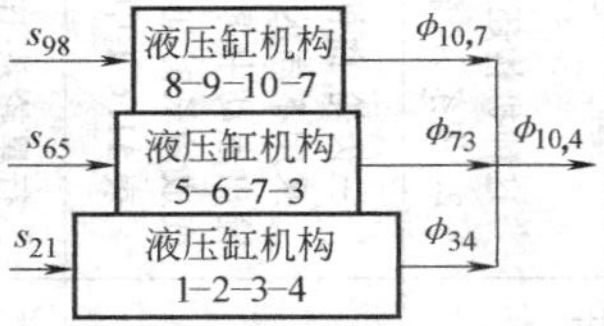	实现挖掘机末端的空间的某一位置、姿态和运动；末端运动为机构各关节独立运动参数的叠加	对于给定的末端位姿，同平面内存在任一关节存在一定的运动组合，需要根据运动方程选定各关节运动范围，然后分别设计各构件的运动和结构参数

表 11.6-2　组合机构的混合组合方式

序号	实 例	结 构 特 性	组合传动框图	运 动 特 性	说 明
1	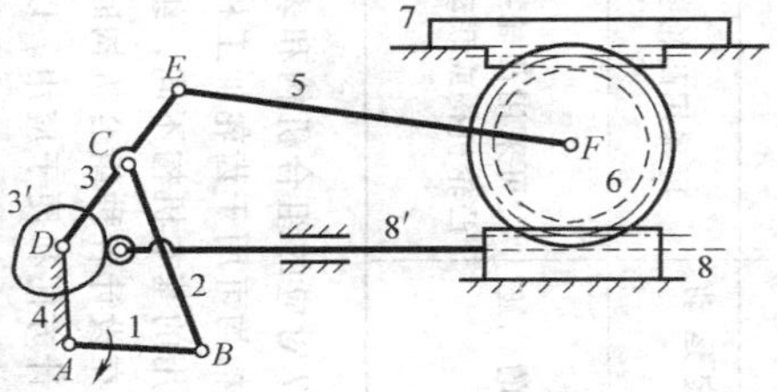	四杆机构 1-2-3-4 中的凸轮 3 与 3′ 固连，凸轮机构 3′ 的直动推杆 8′ 与移动齿条 8 固连；齿轮 6 同时与移动齿条 8′、7 啮合，其与齿条 5 的铰接中心 F 只做移动，与杆件 3、5 和机架 4 构成移动滑块机构	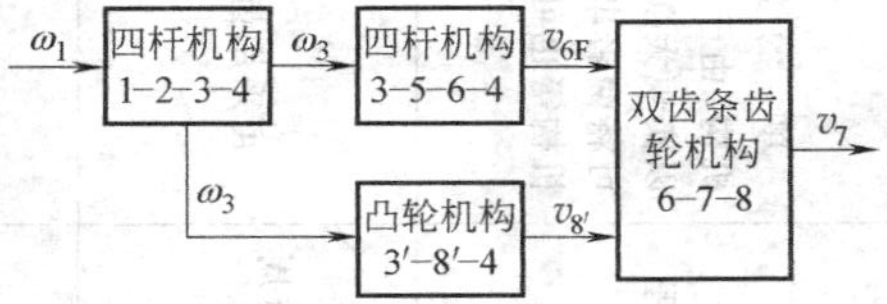	通过凸轮 8 的运动控制齿条 7 的运动，可使齿条 7 获得较大的位移，还可以控制齿条 7 的移动速度	该组合机构是串联组合和并联组合方式的混合
2	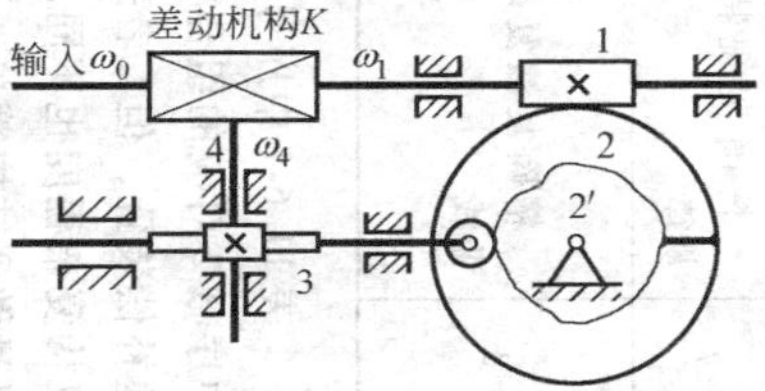	差动机构 K 为基础机构，其一输入端与齿轮 4 连接，输出端与蜗杆 1 连接，构成的凸轮与输出的凸轮 2 固定，与齿条 3 移动，从而控制齿轮 4 的转动	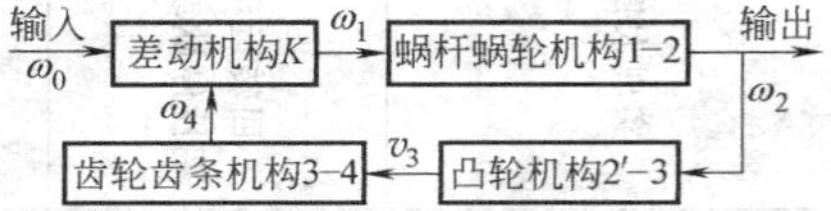	因制造、安装误差使蜗轮运动难以达到误差运动精度要求，根据其误差设计一凸轮机构，经齿轮齿条，使蜗杆得到一附加运动，加到正误差	该组合机构是串联组合和并联组合方式的混合；这也是一种误差补偿装置，实测蜗杆蜗轮副一周期的运动误差，以此误差设计凸轮廓

从表 11.6-1 和表 11.6-2 中可以看出，各组合机构的输出运动特性与组合方式、机构类型、机构传动特性、构件尺寸和安装位置等都密切相关。因此，需要根据机构具体的运动要求来设计组合机构。表 11.6-3 列出了根据不同的运动特性要求推荐的几种组合机构及其设计方法。

表 11.6-3　根据运动要求设计组合机构

序号	要　求	方　法	例　子
1	输出一个比较复杂的函数	用两个表达简单函数的连杆机构串联而形成复合函数	要求实现 $z=\sin x^2$，可将其拆成 $z=\sin y$ 及 $y=x^2$。则用一平方机构串联一个正弦机构即可
2	近似等速往复运动	将一个机构在其输出构件的速度为最大时的位置，与另一机构在其输出构件的速度为最小时的位置串联起来，则所串联的机构可得近似等速	导杆机构与正弦机构串联（见表 11.6-4） 表 11.6-1 中序号 1、2、3 和 18 等机构也可达到近似等速运动的要求
3	实现大摆角或大冲程	单一的铰链四杆机构和凸轮机构，由于压力角的限制，都难以实现大摆角或大冲程。为此，可将两者串联，或采用齿轮连杆机构等也可	1. 凸轮-连杆机构 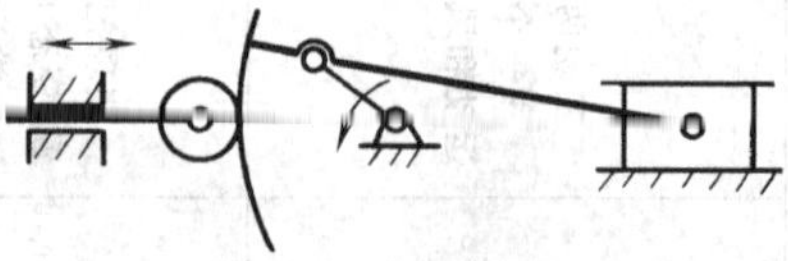 这种机构还能实现复杂运动规律，而压力角较小 2. 齿条、齿轮-曲柄摇块机构（见表 11.6-5）
4	回转运动构件，具有周期性停歇或短时逆转	可采用齿轮-连杆机构	三齿轮-曲柄摇杆机构（见表 11.6-7） 采用不同的参数可获得瞬时停歇或短时逆转。如在输出运动中再接一个超越离合器，可使带逆转的运动变成较长时间停歇的间歇运动 表 11.6-1 中序号 13、14 的机构也能满足这种要求
5	往复运动构件，具有周期性停歇	可采用齿轮-连杆机构	行星轮系-连杆机构（见表 11.6-6） 这种机构可使往复移动（或摆动）构件在行程的一端做近似停歇 表 11.6-1 中序号 5～8 的机构也有这种特性
6	改善槽轮机构的运动和动力性能	将槽轮机构与其他机构组合	1. 槽轮机构与椭圆齿轮串联（见表 11.5-9） 2. 槽轮机构与凸轮机构组合（见表 11.5-4） 3. 两个槽轮机构串联 后两种可消除从动件在运动起始和终了两个位置的加速度突变而引起的柔性冲击
7	精确实现特定运动规律	可采用凸轮-连杆机构	见表 11.6-10
8	精确复演复杂的轨迹曲线	可采用凸轮-连杆机构、齿轮-凸轮机构或联动凸轮机构等	1. 凸轮-连杆机构（见表 11.6-11） 2. 齿轮-凸轮机构（见表 11.6-13） 3. 联动凸轮机构（见图 11.6-12）或表 11.6-1 中序号 12 的机构

表 11.6-1 中序号 17 对应的组合机构和表 11.6-2 中序号 2 对应的组合机构均可用于齿轮加工机床的误差补偿装置，但二者采用的基本机构不同，组合成的机构复杂程度也不同。在设计各种组合机构时，也应尽量做到结构简单、设计方便和便于应用。以下将讨论按基本机构类型分类的组合机构的运动特性分析及其机构设计方法。

2　齿轮-连杆机构

齿轮-连杆机构是种类最多、应用较广的一种组合机构，它由齿轮机构与连杆机构组合而成，可以实现较复杂的运动规律和轨迹。图 11.6-1 就是一种实现轨迹的齿轮-连杆机构。下面给出几种实现特定运动规律的齿轮-连杆机构。

2.1　获得近似等速往复运动规律的齿轮-连杆机构

虽然连杆机构和正弦机构都是变速比的，但是经过与齿轮机构的串联组合，并合理设计齿轮转速比、相对安装位置以及尺寸参数后，可以使从动件实现近似等速往复运动。这种机构的设计步骤和方法见表 11.6-4。

表 11.6-4　实现近似等速往复运动的齿轮-连杆正弦机构

类别	内　容	说　明
机构简图与运动特性要求	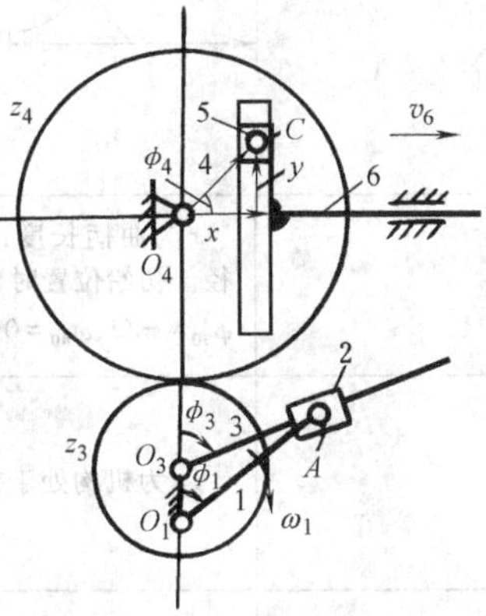	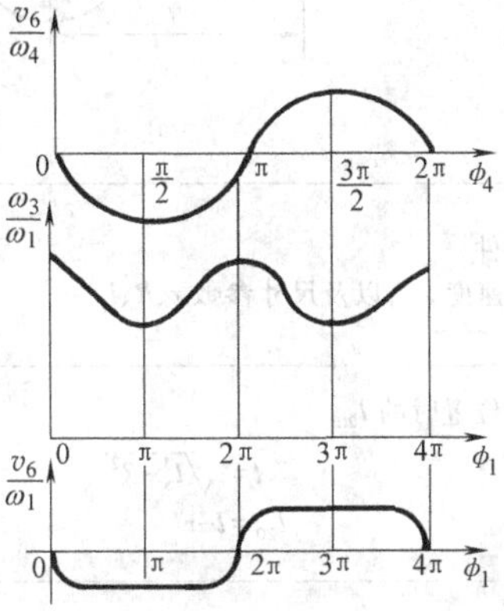
设计步骤和方法	1) 确定两套机构的转速比 根据运动特性要求，选取 $\dfrac{\omega_3}{\omega_4}=2$ 或 $z_4=2z_3$	这里正弦机构一个周期中从动件的最大速度和最小速度(指绝对值)各有 2 个，而导杆机构一个周期中只有 1 个最大速度和 1 个最小速度
	2) 确定两套机构的相对安装位置 根据运动特性要求确定	为了在 $\left\|\dfrac{v_6}{\omega_4}\right\|_{\max}$ 处能够对应 $\left(\dfrac{\omega_3}{\omega_1}\right)_{\min}$ 位置，应使 $\overline{O_4C}$ 在向上或向下位置时，$\overline{O_1A}$ 都是在向下位置
	3) 确定机构的相关尺寸参数 取正弦机构曲柄长度 $\overline{O_4C}=H/2$，根据 $$\frac{v_6}{\omega_4}=-\frac{H}{2}\sin\phi_4$$ $$\frac{\omega_3}{\omega_1}=\frac{\tau_1(\tau_1-\cos\phi_1)}{\tau_1^2-2\tau_1\cos\phi_1+1}$$ $\phi_4=\phi_3/2$ $\omega_4=\omega_3/2$ 及 得 $$\frac{v_6}{\omega_1}=\frac{-H\tau_1(\tau_1-\cos\phi_1)}{4(\tau_1^2-2\tau_1\cos\phi_1+1)}\sin\frac{\phi_3}{2}$$ $$\phi_3=\arctan\left(\frac{\tau_1\sin\phi_1}{\tau_1\cos\phi_1-1}\right)$$	这里 H 为正弦机构行程，$\tau_1=\overline{O_1A}/\overline{O_1O_3}$。设计时优选 τ_1 值，使 v_6 在工作区间的误差最小。如 $\tau_1=2.5$，则当 $\phi_1=60°\sim300°$ 时，v_6 的最大误差只有 1.95% τ_1 选定后，任取 $\overline{O_1O_3}$，则 $\overline{O_1A}=\tau_1\cdot\overline{O_1O_3}$

2.2　获得大摆角的齿轮-连杆机构

将一曲柄摇块机构加上齿条、齿轮形成一种齿轮-连杆组合机构。表 11.6-5 为这种机构的运动分析，该机构的 1-2-3-5 为曲柄导杆机构，构件 3 的滑块约束构件 2 带有的齿条与从动齿轮 4 保持啮合，形成串联组合。齿轮 4 能够相对构件 3 和机架 5 转动，当主动杆 1 转动时，可使从动轮 4 获得很大的摆角，其结构比较紧凑。

表 11.6-5 实现大摆角运动的齿轮-曲柄摆块机构运动分析

类别	内 容	说 明
机构简图	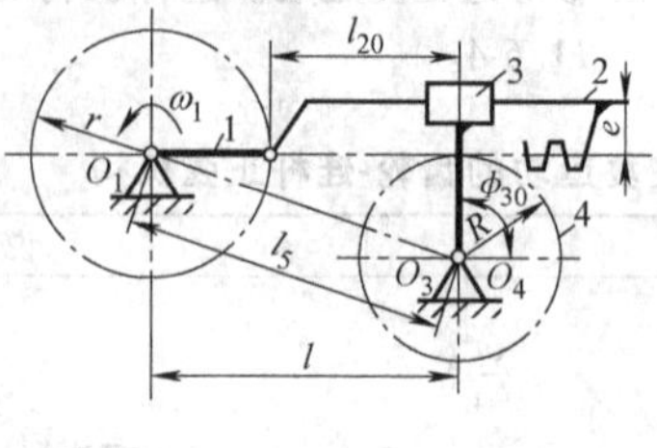 a) b)	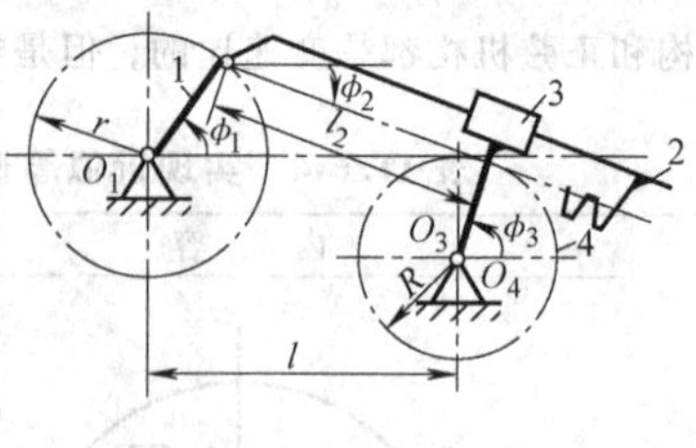
运动分析步骤和方法	1)已知条件 杆 1 的角速度 ω_1，以及尺寸参数 r、R、l_5	r 为曲柄长度，R 为从动齿轮 4 的分度圆半径。初始位置时(见图 a)的 $\phi_{10}=\phi_{20}=\phi_{40}=0$，$\phi_{30}=\pi/2$，$\omega_{40}=0\text{rad/s}$
	2)求初始位置时的 l_{20} $$l=\sqrt{l_5^2-R^2}$$ $$l_{20}=l-r$$	l_{20} 为机构处于初始位置时(见图 a)的 l_2 值
	3)求杆 2 的位移参数 $l_2(\phi_1)$ 与 $\phi_2(\phi_1)$ 建立方程 $$\begin{cases}r\cos\phi_1+l_2\cos\phi_2=l-R\sin\phi_2\\r\sin\phi_1+l_2\sin\phi_2=R(\cos\phi_2-1)\end{cases}$$	联立方程求得的 l_2 与 ϕ_2 都是 ϕ_1 的函数。图 b 是机构的任意位置，图中 $\phi_2<0°$
	4)求轮 4 的摆角 $\phi_4(\phi_1)$ 及 $\phi_{4\max}$ $$\phi_4=\phi_2+\frac{l_2-l_{20}}{R}$$ $$\phi_{4\max}=\frac{2r}{R}$$	这里，$\phi_{4\max}$ 是 ϕ_4 的最大值。显然，欲增大 $\phi_{4\max}$，可增大 r 或减小 R
	5)求杆 2 的速度参数 $dl_2(\phi_1)/dt$ 与 $\omega_2(\phi_1)$ $$\frac{dl_2}{dt}=\frac{R\cos(\phi_1-\phi_2)+l_2\sin(\phi_1-\phi_2)}{l_2}r\omega_1$$ $$\omega_2=-\frac{r\cos(\phi_1-\phi_2)}{l_2}\omega_1$$	这里，$dl_2(\phi_1)/dt$ 是杆 2 相对滑块 3 的相对速度；ω_2 是杆 2 的角速度，$\omega_2=\omega_3$
	6)求轮 4 的角速度 $\omega_4(\phi_1)$ $$\omega_4=\frac{r\sin(\phi_1-\phi_2)}{R}\omega_1$$	

2.3 获得近似停歇运动的齿轮-连杆机构

2.3.1 行星轮系-连杆机构

对于一对由内啮合齿轮组成的行星轮系，当大轮固定时，作为行星轮的小齿轮上的点可以画出各种各样的内摆线。选择恰当的齿数比，可以使内摆线由几段近似圆弧组成，或由几段近似直线组成。利用该特性，在行星轮系的基础上串联由连杆、滑块或导路等构成的连杆机构，即可获得带有近似停歇运动的组合机构。表 11.6-6 为该类机构的运动分析，表中图 a (即表 11.6-1 中序号 7 的机构)和图 b 的从动件 4 在行星轮运动至内齿轮一侧时做近似停歇；而图 c 在内齿轮左、右两侧都做近似停歇。

表 11.6-6 行星轮系-连杆机构近似停歇机构运动分析

项目	内　容		
机构简图	 a)	 b)	 c)
已知参数	大小齿轮的模数 m 和齿数 z_1、z_2(或节圆半径 R、r);相关尺寸参数 $l_1=l_{OA}=R-r$、$l_2=l_{AB}=\lambda r$、$l_3=l_{BC}=7r$ 其中,设 $K=R/r$;$\lambda=l_{AB}/r$		
B 点坐标通式	$\begin{cases}x=l_1\cos\phi-l_2\cos[(K-1)\phi]\\y=l_1\sin\phi+l_2\sin[(K-1)\phi]\end{cases}$ 式中　ϕ——主动件 1 的转动角位移		
B 点坐标	$K=3,\lambda=1$ $\begin{cases}x=l_1\cos\phi-l_2\cos2\phi\\y=l_1\sin\phi+l_2\sin2\phi\end{cases}$	$K=3,\lambda=1/2$ $\begin{cases}x=l_1\cos\phi-l_2\cos2\phi\\y=l_1\sin\phi+l_2\sin2\phi\end{cases}$	$K=4,\lambda=1/3$ $\begin{cases}x=l_1\cos\phi-l_2\cos3\phi\\y=l_1\sin\phi+l_2\sin3\phi\end{cases}$
B 点边界特征	$x_0=l_1-l_2=r$ $x_{min}=-(l_1+l_2)=-3r$ 当 $\phi=0°$ 时, $x=x_0$ $\phi=180°$ 时,$x=x_{min}$	$x_0=l_1-l_2=3r/2$ $x_{min}=-(l_1+l_2)=-5r/2$ 当 $\phi=0°$ 时, $x=x_0$ $\phi=180°$ 时,$x=x_{min}$	$x_0=l_1-l_2=8r/3$ $x_{min}=-(l_1+l_2)=-8r/3$ 当 $\phi=0°$ 时, $x=x_0$ $\phi=180°$ 时,$x=x_{min}$
构件 4 的行程	$H\approx x_0-x_{min}=4r$	$H\approx x_0-x_{min}=4r$	$H\approx x_0-x_{min}=\dfrac{16}{3}r$
构件 4 的位移	$s=R+x+l_3(\cos\gamma-1)$ $\gamma=\arcsin\dfrac{y}{l_3}$	$s=R+x-r+l_2$	$s=R+x-r-l_2$
构件 4 的速度	$v_4=\omega_1\dfrac{ds}{d\phi}=\omega_1\left(\dfrac{dx}{d\phi}-\dfrac{y\dfrac{dy}{d\phi}}{l_3\cos\gamma}\right)$	$v_4=\omega_1\dfrac{ds}{d\phi}=\omega_1\dfrac{dx}{d\phi}$	$v_4=\omega_1\dfrac{ds}{d\phi}=\omega_1\dfrac{dx}{d\phi}$
B 点坐标对 ϕ 的导数	$\dfrac{dx}{d\phi}=-l_1\sin\phi+2l_2\sin2\phi$ $\dfrac{dy}{d\phi}=l_1\cos\phi+2l_2\cos2\phi$	$\dfrac{dx}{d\phi}=-l_1\sin\phi+2l_2\sin2\phi$ $\dfrac{dy}{d\phi}=l_1\cos\phi+2l_2\cos2\phi$	$\dfrac{dx}{d\phi}=-l_1\sin\phi+3l_2\sin3\phi$ $\dfrac{dy}{d\phi}=l_1\cos\phi+3l_2\cos3\phi$

2.3.2　齿轮-曲柄摇杆机构

齿轮-曲柄摇杆机构以曲柄摇杆机构为基础,再加上一些齿轮组成。表 11.6-7 中图 a 所示的三齿轮-曲柄摇杆机构是有代表性的一种。其中 O_1ABO_3 为一曲柄摇杆机构。当给定主动件曲柄 O_1A 的运动时,连杆 AB 和摇杆 O_3B 的运动随之确定。齿轮 1 和曲柄 O_1A 固连,齿轮 4、5 分别活套在 B 和 O_3 轴上;齿轮 1、4 和连杆 AB 组成一周转轮系;齿轮 4、5 和摇杆 O_3B 组成另一周转轮系。当曲柄 O_1A 等速回转时,

根据机构的不同尺寸,可使从动轮 5 做变速转动($\omega_5>0$)或带有瞬时停歇的变速转动(某瞬时 $\omega_5=0$),也可使齿轮 5 在一段时期内做逆向转动(该段时期内 $\omega_5<0$)。从动轮 5 这 3 种运动形式的存在情况与固定杆长 l_0 的大小有很大关系,其特征曲线如表中图 b 所示。表 11.6-7 对这种机构进行了设计与运动分析,并介绍了判定这 3 种运动形式 l_0 的临界值 l_{0e} 的计算方法,从而可以根据需要修正 l_0。从表 11.6-7 中 ω_5 的计算式中还可看到,ω_5 的正、负与 λ(即 $\lambda=l_1/r_1$)也有关系。

表 11.6-7 三齿轮-曲柄摇杆机构设计与运动分析

类别	内 容	说 明
机构简图与运动曲线	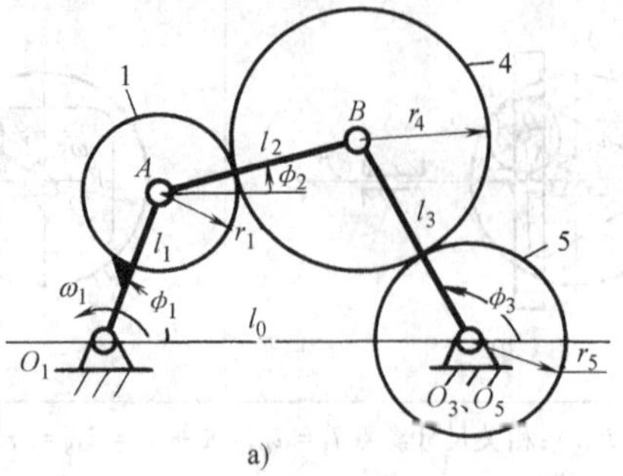 a)	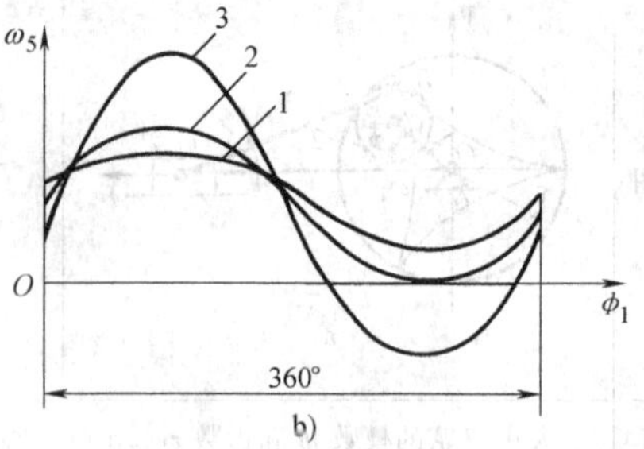 b)
运动分析的步骤和方法	1)已知条件 各杆长度 l_1、l_2、l_3、l_0，主动件1的角速度 ω_1 及 $\lambda = l_1/r_1$	可确定相关联结构参数为：$r_1 = l_1/\lambda$；$r_4 = l_2 - r_1$；$r_5 = l_3 - r_4$
	2)求连架杆3的转角位移 $\phi_3(\phi_1)$ $\phi_3 = 2\arctan \dfrac{F + \sqrt{E^2 + F^2 - G^2}}{E - G}$ $E = l_0 - l_1\cos\phi_1$ $F = -l_1\sin\phi_1$ $G = (E^2 + F^2 + l_3^2 - l_2^2)/(2l_3)$	ϕ_1 是主动件1的转动角位移(由 ω_1 确定)
	3)求连杆2的转角位移 $\phi_2(\phi_1)$ $\phi_2 = \arctan \dfrac{E + l_3\sin\phi_3}{E + l_3\cos\phi_3}$	式中 ϕ_3 由2)步骤中求出
	4)求轮5的转角位移 $\phi_5(\phi_1)$ $\phi_5 = \dfrac{r_1}{r_5}\phi_1 - \dfrac{r_1 + r_4}{r_5}(\phi_2 - \phi_{20}) - \dfrac{r_4 + r_5}{r_5}(\phi_3 - \phi_{30})$ $\phi_{30} = 2\arctan\sqrt{(E_0 + G_0)/(E_0 - G_0)}$ $E_0 = l_0 - l_1$ $G_0 = (E_0^2 + l_3^2 - l_2^2)/(2l_3)$ $\phi_{20} = \arctan[(E_0 + l_3\sin\phi_{30})/(E_0 + l_3\cos\phi_{30})]$	ϕ_{20}、ϕ_{30} 分别为起始位置($\phi_1 = 0$)时相应构件的角位移，可由2)、3)步骤中求出
	5)求轮5的角速度 $\omega_5(\phi_1)$ $\omega_5 = \omega_1 \dfrac{r_1}{r_5}\left[1 + \lambda\dfrac{\sin(\phi_3 - \phi_1)}{\sin(\phi_3 - \phi_2)} + \lambda\dfrac{\sin(\phi_2 - \phi_1)}{\sin(\phi_2 - \phi_3)}\right]$	ω_5 的运动规律与 λ 的大小有关，与 l_0 值也有很大关系，图b中的3种不同曲线即是其体现
设计计算的步骤和方法	1)已知条件 选取杆长 l_1、l_2、l_3、l_0 及 $\lambda = l_1/r_1$	为了保证 O_1ABO_3 为曲柄摇杆机构，四杆中的最短杆与最长杆杆长之和应该小于其他二杆杆长之和
	2)求当轮5瞬时停歇时，杆2的转角位移 $\phi_2(\phi_1)$ $K\cos^4\phi_{2e} - L\cos^2\phi_{2e} - M = 0$ $K = (r_5^2 - r_1^2)^2 - 2(r_5^2 + r_1^2)(r_1 + 2r_4 + r_5)^2 + (r_1 + 2r_4 + r_5)^4$ $L = K(1 - \lambda^2)$ $M = r_1^2(r_1 + 2r_4 + r_5)^2(1 - \lambda^2)^2$	该步骤用于设计时判定机构的运动形式。对应图b中曲线2的情况，ϕ_{2e} 为轮5处于瞬时停歇时的 ϕ_2 值 在理论上轮5做瞬时停歇，但由于运动副中的间歇和材料的弹性等原因，实际上在杆1转动的一定范围内轮5都是停歇的
	3)求轮5有瞬时停歇时固定杆长度 l_{0e} $l_{0e} = \left\{\left[(r_1 + 2r_4 + r_5)\cos\phi_{2e} - r_1\sqrt{\cos^2\phi_{2e} - 1 + \lambda^2}\right]^2 + r_5^2\sin^2\phi_{2e}\right\}^{\frac{1}{2}}$	l_{0e} 为轮5有瞬时停歇运动特性(图b中曲线2)时固定杆的长度。当 $l_0 < l_{0e}$ 时，轮5只是变速，无停歇，如图b中的曲线1；当 $l_0 > l_{0e}$ 时，轮5有逆转，如图b中的曲线3

齿轮-曲柄摇杆机构中，除了常见的三齿轮-曲柄摇杆机构外，还有二齿轮、四齿轮等组成的齿轮-曲柄摇杆机构，且各有多种形式，这些机构的运动分析见表11.6-8。

表 11.6-8 其他几种齿轮-曲柄摇杆机构的运动分析[①]

机构简图	计算公式	说 明
	$$\phi_5 = -\frac{r_2}{r_5}(\phi_2-\phi_{20}) + \left(1+\frac{r_2}{r_5}\right)\phi_1$$ $$\omega_5 = \left[\frac{r_2 l_1 \sin(\phi_1-\phi_3)}{r_5 l_2 \sin(\phi_2-\phi_3)}+1+\frac{r_2}{r_5}\right]\omega_1$$	轮 2 与杆 2 固连，轮 5 套在 O_1 轴上。这里轮 5 与主动杆 1 的回转轴线重合 此机构即表 11.6-1 中序号 14 对应的机构
	$$\phi_5 = -\frac{r_2}{r_5}(\phi_2-\phi_{20}) + \left(1+\frac{r_2}{r_5}\right)(\phi_3-\phi_{30})$$ $$\omega_5 = \left[\frac{r_2 l_1 \sin(\phi_1-\phi_3)}{r_5 l_2 \sin(\phi_2-\phi_3)}+\frac{l_1 \sin(\phi_1-\phi_2)}{r_5 \sin(\phi_3-\phi_2)}\right]\omega_1$$	轮 2 与杆 2 固连，轮 5 套在 O_3 轴上
	$$\phi_5 = i_{41}i_{54'}\phi_1 - i_{54'}(1+i_{41})(\phi_2-\phi_{20})+(1+i_{54'})(\phi_3-\phi_{30})$$ $$\omega_5 = i_{41}i_{54'}\left[1+\frac{\sin(\phi_1-\phi_3)}{\sin(\phi_2-\phi_3)}\lambda+\frac{r_4\sin(\phi_1-\phi_2)}{r_{4'}\sin(\phi_3-\phi_2)}\lambda\right]\omega_1$$	轮 1 与杆 1 固连，轮 4 与 4' 为双联齿轮，套在 B 轴上，轮 5 套在 O_3 轴上 如令 $r_{4'}=r_4$，则该机构就转化成表 11.6-6 中所示的三齿轮-曲柄摇杆机构
	$$\phi_5 = -i_{41}i_{54'}\phi_1 + i_{54'}(1+i_{41})(\phi_2-\phi_{20})+(1-i_{54'})(\phi_3-\phi_{30})$$ $$\omega_5 = -i_{41}i_{54'}\left[1+\frac{\sin(\phi_1-\phi_3)}{\sin(\phi_2-\phi_3)}\lambda+\frac{r_4\sin(\phi_1-\phi_2)}{r_{4'}\sin(\phi_3-\phi_2)}\lambda\right]\omega_1$$	输出构件轮 5 为内齿轮，可获得较长时间的停歇

[①] 式中 $\lambda=l_1/r_1$；$i_{41}=r_1/r_4$；$i_{54'}=r_{4'}/r_5$；ϕ_{20}、ϕ_{30} 及 ϕ_2 (ϕ_1)、ϕ_3 (ϕ_1) 可从表 11.6-7 中的有关公式算出，从而可得 $\phi_5=\phi_5(\phi_1)$ 及 $\omega_5=\omega_5(\phi_1)$。改变有关参数，同样可以得到轮 5 为瞬时停歇或逆转等运动特性。

2.4 近似实现给定轨迹的齿轮-连杆机构

在图 11.6-1 所示的齿轮机构与五杆机构的组合中，连杆 2 和 3 的铰接点 C 将描绘出复杂的轨迹曲线 mm，曲线 mm 的形状和机构中齿轮的转速比、安装位置及各杆的尺寸都有关系。合理设计齿轮的转速比、安装位置及各杆的尺寸，可以使点 C 近似实现给定的轨迹。例如，在振摆式轧钢机中就应用了这种组合机构，其机构简图如图 11.6-2 所示。

表 11.6-9 对三种实现给定轨迹的齿轮-五杆机构进行了设计与运动分析，给出了相关步骤和方法。

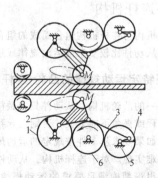

图 11.6-2 振摆式轧钢机中的齿轮-连杆机构简图

表 11.6-9　实现给定轨迹的齿轮-五杆机构设计与分析

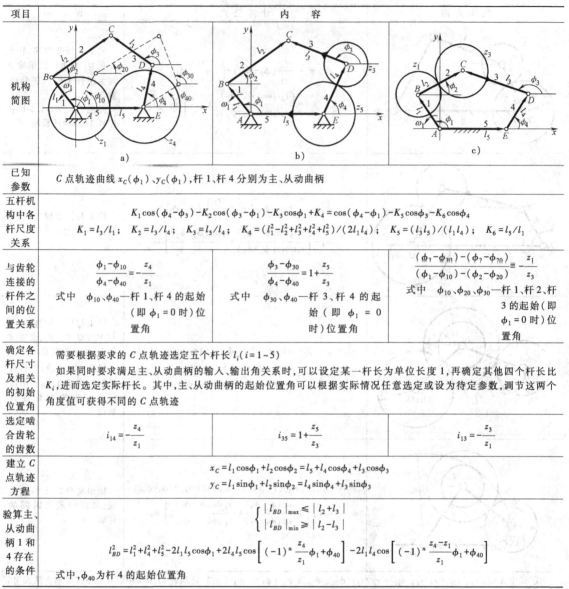

项目	内　　容
机构简图	a)　　　　　　　　　　　　b)　　　　　　　　　　　　c)
已知参数	C 点轨迹曲线 $x_C(\phi_1)$、$y_C(\phi_1)$，杆1、杆4分别为主、从动曲柄
五杆机构中各杆尺度关系	$K_1\cos(\phi_4-\phi_3)-K_2\cos(\phi_3-\phi_1)-K_3\cos\phi_1+K_4=\cos(\phi_4-\phi_1)-K_5\cos\phi_3-K_6\cos\phi_4$ $K_1=l_3/l_1$；　$K_2=l_3/l_4$；　$K_3=l_5/l_4$；　$K_4=(l_1^2-l_2^2+l_3^2+l_4^2+l_5^2)/(2l_1l_4)$；　$K_5=(l_3l_5)/(l_1l_4)$；　$K_6=l_5/l_1$

	与齿轮连接的杆件之间的位置关系		
	$\dfrac{\phi_1-\phi_{10}}{\phi_4-\phi_{40}}=-\dfrac{z_4}{z_1}$	$\dfrac{\phi_3-\phi_{30}}{\phi_4-\phi_{40}}=1+\dfrac{z_5}{z_3}$	$\dfrac{(\phi_3-\phi_{30})-(\phi_2-\phi_{20})}{(\phi_1-\phi_{10})-(\phi_2-\phi_{20})}=-\dfrac{z_1}{z_3}$
	式中　ϕ_{10}、ϕ_{40}—杆1、杆4的起始（即 $\phi_1=0$ 时）位置角	式中　ϕ_{30}、ϕ_{40}—杆3、杆4的起始（即 $\phi_1=0$ 时）位置角	式中　ϕ_{10}、ϕ_{20}、ϕ_{30}—杆1、杆2、杆3的起始（即 $\phi_1=0$ 时）位置角

确定各杆尺寸及相关的初始位置角	需要根据要求的 C 点轨迹选定五个杆长 $l_i(i=1\sim5)$ 如果同时要求满足主、从动曲柄的输入、输出角关系时，可以设定某一杆长为单位长度1，再确定其他四个杆长比 K_i，进而选定实际杆长。其中，主、从动曲柄的起始位置角可以根据实际情况任意选定或设为待定参数，调节这两个角度值可获得不同的 C 点轨迹

	选定啮合齿轮的齿数		
	$i_{14}=-\dfrac{z_4}{z_1}$	$i_{35}=1+\dfrac{z_5}{z_3}$	$i_{13}=-\dfrac{z_3}{z_1}$

建立 C 点轨迹方程	$x_C=l_1\cos\phi_1+l_2\cos\phi_2=l_5+l_4\cos\phi_4+l_3\cos\phi_3$ $y_C=l_1\sin\phi_1+l_2\sin\phi_2=l_4\sin\phi_4+l_3\sin\phi_3$

验算主、从动曲柄1和4存在的条件	$\begin{cases}\|l_{BD}\|_{\max}\leqslant\|l_2+l_3\|\\ \|l_{BD}\|_{\min}\geqslant\|l_2-l_3\|\end{cases}$ $l_{BD}^2=l_1^2+l_4^2+l_5^2-2l_1l_5\cos\phi_1+2l_4l_5\cos\left[(-1)^n\dfrac{z_4}{z_1}\phi_1+\phi_{40}\right]-2l_1l_4\cos\left[(-1)^n\dfrac{z_4-z_1}{z_1}\phi_1+\phi_{40}\right]$ 式中，ϕ_{40}为杆4的起始位置角

3　凸轮-连杆机构

由凸轮机构与连杆机构组合而成的组合机构，容易精确实现从动件比较复杂的运动规律或运动轨迹。

3.1　实现特定运动规律的凸轮-连杆机构

对于单一的凸轮机构，从动件只能做往复移动或摆动，且行程或摆角不能太大，否则会导致压力角超过许用值。如果要求从动件按规定的运动规律做整周转动，则很难实现。对于连杆机构，从动件可做整周转动，但又很难精确满足要求的运动规律。而凸轮-连杆机构就可以取长补短，使从动件既可做整周转

动，又能精确满足要求的运动规律。表 11.6-10 中图 a 所示的凸轮-连杆机构由五杆机构和凸轮机构（凸轮5与机架固连）组成。主动杆1和从动杆4的转动轴线重合于 A 点。当杆1等速转动时，铰链 C 处的滚子6沿固定凸轮5的凹槽运动，使 C 点相对 A 点的向径变化，迫使杆1和连杆2的夹角发生变化，从而杆4按要求做变速转动，也可以实现局部停歇。当杆1旋转一周时，杆4也旋转一周。这种凸轮-连杆机构的运动设计，可以应用相对运动原理，根据要求的运动规律将机构分解成连杆机构（见表 11.6-10 中图 b）和凸轮机构（见表 11.6-10 中图 c）两部分进行。

表 11. 6-10　实现特定运动规律的凸轮-连杆机构运动设计

类别	内　　容	说　　明
机构简图及其分析图	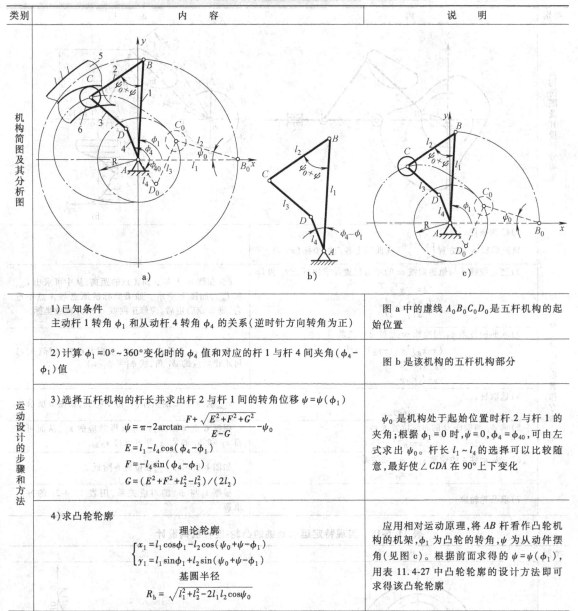 a)　　　　　b)　　　　　c)	图 a 中的虚线 $A_0B_0C_0D_0$ 是五杆机构的起始位置
运动设计的步骤和方法	1) 已知条件 主动杆 1 转角 ϕ_1 和从动杆 4 转角 ϕ_4 的关系(逆时针方向转角为正)	
	2) 计算 $\phi_1=0°\sim360°$ 变化时的 ϕ_4 值和对应的杆 1 与杆 4 间夹角($\phi_4-\phi_1$)值	图 b 是该机构的五杆机构部分
	3) 选择五杆机构的杆长并求出杆 2 与杆 1 间的转角位移 $\psi=\psi(\phi_1)$ $$\psi=\pi-2\arctan\dfrac{F+\sqrt{E^2+F^2+G^2}}{E-G}-\psi_0$$ $$E=l_1-l_4\cos(\phi_4-\phi_1)$$ $$F=-l_4\sin(\phi_4-\phi_1)$$ $$G=(E^2+F^2+l_2^2-l_3^2)/(2l_2)$$	ψ_0 是机构处于起始位置时杆 2 与杆 1 的夹角;根据 $\phi_1=0$ 时,$\psi=0$,$\phi_4=\phi_{40}$,可由左式求出 ψ_0。杆长 $l_1\sim l_4$ 的选择可以比较随意,最好使 $\angle CDA$ 在 90° 上下变化
	4) 求凸轮轮廓 理论轮廓 $$\begin{cases}x_1=l_1\cos\phi_1-l_2\cos(\psi_0+\psi-\phi_1)\\ y_1=l_1\sin\phi_1+l_2\sin(\psi_0+\psi-\phi_1)\end{cases}$$ 基圆半径 $$R_b=\sqrt{l_1^2+l_2^2-2l_1l_2\cos\psi_0}$$	应用相对运动原理,将 AB 杆看作凸轮机构的机架,ϕ_1 为凸轮的转角,ψ 为从动件摆角(见图 c)。根据前面求得的 $\psi=\psi(\phi_1)$,用表 11.4-27 中凸轮轮廓的设计方法即可求得该凸轮轮廓

3. 2　实现特定运动轨迹的凸轮-连杆机构

　　凸轮-连杆机构也能够精确实现特定的运动轨迹,且也有不同的类型。表 11.6-11 中图 a 所示的凸轮-连杆机构,是在具有两个自由度的连杆机构中接入与曲柄 1 固连的凸轮 6,使凸轮 6 与从动件 4 的滚子组成高副,形成具有一个自由度的凸轮-连杆机构。只要凸轮轮廓设计得当,在凸轮和曲柄一起绕 A 转动时,就能使铰链 C 沿给定的轨迹 cc 运动。表 11.6-11 给出了这种组合机构运动设计的解析法。

3. 3　联动凸轮-连杆机构

　　联动凸轮-连杆机构一般是利用协调配合的两个凸轮与二自由度的连杆机构组合以实现特定的运动轨迹。表 11.6-12 中图 a 所示的组合机构由联动的直动凸轮机构与双滑块连杆机构组成。凸轮 1、2 装在同一根轴上,可使双滑块机构的 M 点沿任意形状的曲线 mm 运动。表 11.6-12 给出了这种组合机构运动设计的解析法。

表 11.6-11 实现特定运动轨迹的凸轮-连杆机构设计

类别	内 容	说 明
机构简图及其设计分析图	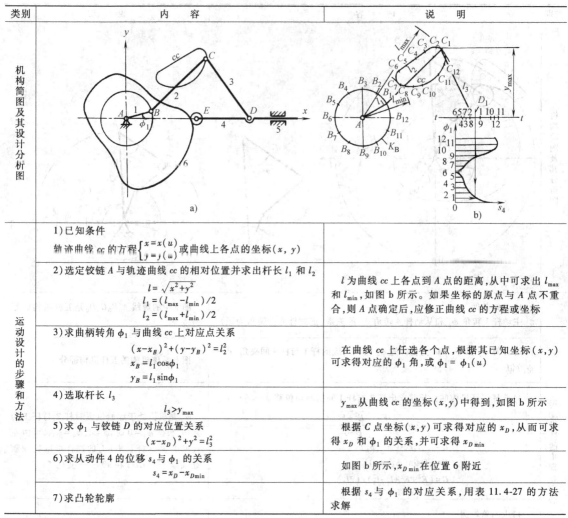 a)	

类别	内 容	说 明
运动设计的步骤和方法	1)已知条件 轨迹曲线 cc 的方程 $\begin{cases} x=x(u) \\ y=y(u) \end{cases}$ 或曲线上各点的坐标(x,y)	
	2)选定铰链 A 与轨迹曲线 cc 的相对位置并求出杆长 l_1 和 l_2 $$l=\sqrt{x^2+y^2}$$ $$l_1=(l_{max}-l_{min})/2$$ $$l_2=(l_{max}+l_{min})/2$$	l 为曲线 cc 上各点到 A 点的距离,从中可求出 l_{max} 和 l_{min},如图 b 所示。如果坐标的原点与 A 点不重合,则 A 点确定后,应修正曲线 cc 的方程或坐标
	3)求曲柄转角 ϕ_1 与曲线 cc 上对应点关系 $$(x-x_B)^2+(y-y_B)^2=l_2^2$$ $$x_B=l_1\cos\phi_1$$ $$y_B=l_1\sin\phi_1$$	在曲线 cc 上任选各个点,根据其已知坐标(x,y)可求得对应的 ϕ_1 角,或 $\phi_1=\phi_1(u)$
	4)选取杆长 l_3 $$l_3>y_{max}$$	y_{max} 从曲线 cc 的坐标(x,y)中得到,如图 b 所示
	5)求 ϕ_1 与铰链 D 的对应位置关系 $$(x-x_D)^2+y^2=l_3^2$$	根据 C 点坐标(x,y)可求得对应的 x_D,从而可求得 x_D 和 ϕ_1 的关系,并可求得 x_{Dmin}
	6)求从动件 4 的位移 s_4 与 ϕ_1 的关系 $$s_4=x_D-x_{Dmin}$$	如图 b 所示,x_{Dmin} 在位置 6 附近
	7)求凸轮轮廓	根据 s_4 与 ϕ_1 的对应关系,用表 11.4-27 的方法求解

表 11.6-12 实现特定运动轨迹的凸轮-连杆机构设计

类别	内 容	说 明
机构简图及其设计分析图	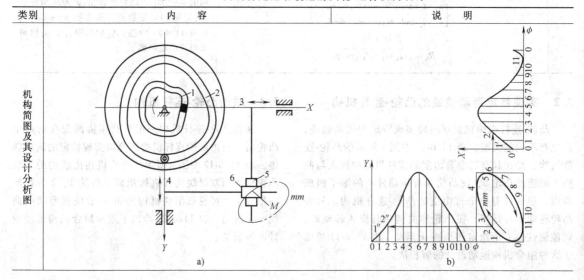 a)	b)

（续）

类别	内　容	说　明
运动设计的步骤和方法	1）已知条件 轨迹曲线 mm 的方程 $\begin{cases} X = X(u) \\ Y = Y(u) \end{cases}$ 或曲线上各点的坐标(X, Y)	
	2）选定联动凸轮的轴心	如果曲线 mm 的坐标原点与凸轮轴心不重合，则应修正曲线 mm 的方程或坐标
	3）确定轨迹曲线 mm 上点的坐标与凸轮转角 ϕ 的关系	得到 X-ϕ 和 Y-ϕ 两个运动曲线，分别作为凸轮1、2从动件的运动规律，如图 b 所示
	4）求联动凸轮的轮廓	根据 X-ϕ 和 Y-ϕ 曲线的对应关系，用表 11.4-27 的方法分别求解两个凸轮轮廓曲线。在设计时还要注意两个凸轮安装的初始方位

4　齿轮-凸轮机构

齿轮（包括蜗杆、齿条等）与凸轮机构组合，结构紧凑，可以实现复杂的运动规律或运动轨迹。

4.1　实现特定运动规律的齿轮-凸轮机构

齿轮-凸轮机构可以使从动件获得变速运动、间

歇运动以及作为机械传动校正装置中的补偿机构等。

表 11.6-13 蜗杆-凸轮机构中，蜗轮的运动是由蜗杆的转动和移动两部分合成运动来驱动的，而蜗杆的移动是通过圆柱凸轮机构来实现的。合理地设计凸轮轮廓可使蜗轮获得复杂的运动规律。

表 11.6-13　实现特定运动规律的蜗杆-凸轮机构的运动分析与设计

类别	内　容	说　明
机构简图	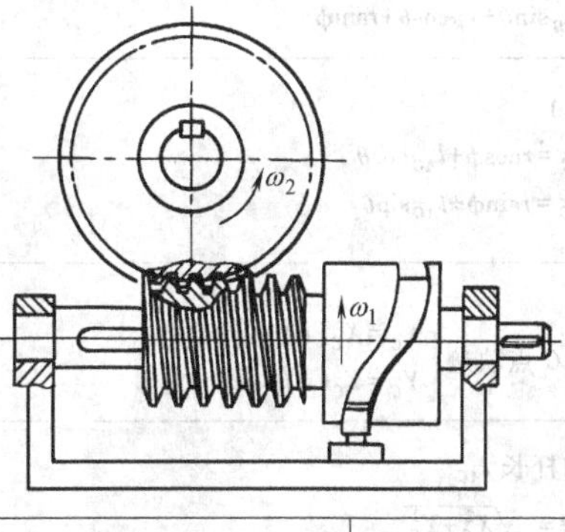	
运动分析的步骤和方法	1）已知条件 机构参数、蜗杆角速度 ω_1 与轴向位移 $s_1 = s_1(\phi_1)$	蜗杆为主动件，ϕ_1 为蜗杆转动角位移
	2）求蜗轮的角位移 $\phi_2(\phi_1)$ 和角速度 $\omega_2(\phi_1)$ $$\phi_2 = \frac{z_1}{z_2}\phi_1 + \frac{s_1}{r_2'} = \phi_2(\phi_1)$$ $$\omega_2 = \frac{z_1}{z_2}\omega_1 + \frac{v_1}{r_2'} = \omega_2(\phi_1)$$	z_1、z_2 分别为蜗杆头数与蜗轮齿数；$v_1 = v_1(\phi_1)$ 为蜗杆轴向移动速度，是 ϕ_1 的函数；r_2' 为蜗轮节圆半径
运动设计的步骤和方法	1）已知条件 蜗轮的角位移 $\phi_2 = \phi_2(\phi_1)$	
	2）选择蜗杆头数 z_1、蜗轮齿数 z_2 $$r_2' = mz_2$$	根据蜗杆与蜗轮的平均转速比确定蜗杆头数 z_1 和蜗轮齿数 z_2；根据结构与强度确定模数 m
	3）求蜗杆轴向位移 $s_1 = s_1(\phi_1)$ $$s_1 = r_2'\left(\phi_2 - \frac{z_1}{z_2}\phi_1\right)$$	获得凸轮从动件运动规律
	4）凸轮轮廓设计	根据 $s_1 = s_1(\phi_1)$ 选择凸轮外圆半径 R_P，用表 11.4-30 中的方法即可求得该圆柱凸轮的轮廓曲线

4.2　实现特定运动轨迹的齿轮-凸轮机构

表 11.6-14 所示的齿轮-凸轮机构由一对齿数相同的定轴齿轮 1、2 和具有曲线槽的构件 3 组成。构件 3 实质上就是一个做复杂运动的凸轮，齿轮 2 的销轴 B 嵌入凸轮槽中，凸轮 3 与齿轮 1 通过铰链 A 连接。当齿轮 1 转动时，凸轮 3 上的 C 点走出一定的轨迹。

表 11.6-14　实现特定运动轨迹的齿轮-凸轮机构的运动分析与设计

类别	内　　　容	说　　　明
机构简图		XO_1Y—固定坐标系 xAy—与凸轮 3 固联的动坐标系
运动分析的步骤和方法	1）已知条件 齿轮参数、中心距 a、铰接点位置尺寸 r（即 O_1A 长度），杆长 l_{AC}，以及凸轮理论轮廓线 $\begin{cases} x_B = x_B(u) \\ y_B = y_B(u) \end{cases}$	这里凸轮理论轮廓线是相对动坐标系给出的
	2）求杆 O_1A 的转角位移 $\phi(u)$ 和杆 AC 转角位移 $\theta(u)$ $\begin{cases} X_B = -(a+r\cos\phi) = x_B\cos\theta - y_B\sin\theta + r\cos\phi \\ Y_B = r\cos\phi = x_B\sin\theta + y_B\cos\theta + r\sin\phi \end{cases}$	将凸轮轮廓线上的点 $B(x_B, y_B)$ 转化到固定坐标中，得到对应的 ϕ 和 θ 的两个关系式，从而可求得 ϕ 和 θ
	3）求 C 点轨迹 $X_C(u)$、$Y_C(u)$ $\begin{cases} X_C = r\cos\phi + l_{AC}\cos\theta \\ Y_C = r\sin\phi + l_{AC}\sin\theta \end{cases}$	
运动设计的步骤和方法	1）已知条件 　　构件 3 上 C 点轨迹 $\begin{cases} X_C = X_C(u) \\ Y_C = Y_C(u) \end{cases}$	
	2）确定铰接点位置尺寸 r 和杆长 l_{AC} $l = \sqrt{X_C^2 + Y_C^2}$ $r = (l_{max} - l_{min})/2$ $l_{AC} = (l_{max} + l_{min})/2$	由于齿轮做整周运动，而杆 3 只是摆动，因此必有 $\overline{O_1A}$ 和 $\overline{AC}$ 两个重合位置，分别对应 l_{max} 和 l_{min}
	3）求杆 O_1A 的转角位移 $\phi(u)$ 和杆 AC 转角位移 $\theta(u)$ $\begin{cases} r\cos\phi + l_{AC}\cos\theta = X_C \\ r\sin\phi + l_{AC}\sin\theta = Y_C \end{cases}$	
	4）选择 a，求 B 点轨迹（即凸轮的理论轮廓）$x_B(u)$、$y_B(u)$ $\begin{cases} x_B = -(a+2r\cos\phi)\cos\theta \\ y_B = (a+2r\cos\phi)\sin\theta \end{cases}$	一般来说，当任意给定 C 点的轨迹为一条封闭曲线时，求得的凸轮理论轮廓也将是一条封闭曲线。如果必须保证 $\overline{C_1C_2}$ 段为直线，而对曲线部分 $\overset{\frown}{C_2C_3C_1}$ 段的形状不做严格要求，则为了简化凸轮轮廓线，设计时可按 $\overset{\frown}{C_1C_2}$ 求出凸轮轮廓；而回程 $\overset{\frown}{C_2C_3C_1}$ 段可仍由这段轮廓即 $\overline{C_2C_1}$ 近似完成，解析求出回程轨迹，大体上符合要求即可

5　其他形式的组合机构

这里泛指含有与以上所述组合机构不同基本机构的组合机构。这样的机构也有很多形式，下面仅仅举出有限的几个例子。

5.1　具有挠性件的组合机构

具有链条、同步带等挠性件传动的组合机构可以在实现主、从动轴较长距离传动的同时，使从动件实现要求的运动规律或运动轨迹。

5.1.1　同步带-连杆机构

表 11.6-15 所示为一由同步带传动和连杆机构串联组成的组合机构。当主动轮 1 以等角速度 ω_1 连续转动时，根据连杆机构的不同尺度关系，输出构件 5 可能获得三种不同的运动规律：①做单纯的匀速-非匀速转动；②做匀速-具有瞬时停歇的非匀速转动；③做匀速-具有逆转或一定区间内近似停歇的非匀速转动。

表 11.6-15　由同步带传动和连杆机构串联组成的组合机构的运动分析

类别	内　　容	说　　明
机构简图		
运动分析的步骤和方法	1) 已知条件 杆件尺寸参数 l_4、l_5，两带轮的半径 r_1、r_2，带轮中心 O_1 与 O_2 间的距离为 a	带轮 1 为主动件；l_4 为杆件 AB 的长度；l_5 为杆件 O_1A 的长度
	2) 求输出构件 5 的转角位移 ϕ $\cos(\phi-\theta_s)=\dfrac{l_5^2+r_1^2+s^2-l_4^2}{2l_5l_4}\quad\left[0\leqslant s\leqslant\sqrt{a^2-(r_1-r_2)^2}\right]$ $\theta_s=\dfrac{\pi}{2}-\arctan\dfrac{r_1-r_2}{\sqrt{a^2-(r_1-r_2)^2}}-\arctan\dfrac{s}{r_1}$	ϕ 为构件 5 相对两带轮连心线的转角；s 为铰链 B 离开带与轮 1 切点的距离；θ_s 为 O_1B 相对两带轮连心线的角度，随 s 变化而改变 当 l_4 增大时，构件 5 发生近似停歇的区间缓慢增加；而 l_5 增大时，构件 5 出现近似停歇的区间可能迅速减少

5.1.2　杆-绳-凸轮机构

表 11.6-16 所示为由连架杆、一对凸轮和绳传动组成的组合机构。连架杆 1 为主动件，其两端分别与凸轮 2、凸轮 4 铰接，凸轮 4 与机架固定；绳 3 两端分别与凸轮 2、凸轮 4 曲面固连，并可沿两凸轮轮廓做纯滚动。当杆 1 转动时，根据凸轮 2、凸轮 4 的不同轮廓，与凸轮 2 固连的输出构件 5 能获得与连架杆 1 不同的转角关系，从而使构件 5 获得需要的空间方位。表 11.6-16 中给出了假设凸轮 2、凸轮 4 均为圆柱面时，构件 5 的转角位移规律。

这种机构可作为一种载荷转移机构。我国的"玉兔号"月球车自着陆器高处转移至月面所应用的机构就借鉴了这一原理，以保证月球车在转移至不平坦的月面时，姿态始终保持在不会倾覆的安全范围内。

表 11.6-16　杆-绳-凸轮机构的运动分析

类别	内　　容	说　　明
机构简图		

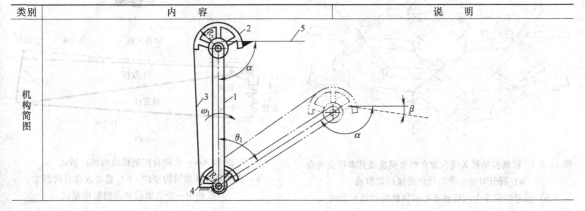

（续）

类别	内　　容	说　　明
运动分析	1) 已知条件 凸轮 2、凸轮 4 的轮廓曲线 $R_2(\theta_2)$、$R_4(\theta_4)$，连杆长 l_1	当轮 2、4 均为圆柱面时，R_2、R_4 为定值
	2) 求输出构件 5 的转角位移 β $$i_{24}^1=\frac{\omega_2-\omega_1}{\omega_4-\omega_1}=\frac{R_4}{R_2}=1-\frac{\theta_1}{\beta}$$ $$\beta=\left(1-\frac{R_4}{R_2}\right)\theta_1$$	借助轮系传动比计算方法建立构件 5 转角位移 β 与杆 1 转角 θ_1 的解析关系 合理设计两个凸轮的轮廓曲线，可以获得期望的构件 5 转角位移

5.2　大型折展机构中的连杆-连杆组合机构

空间天线的大型可折展桁架机构通常是由一些可以折展的连杆机构单元组合而成的，其折叠形式和结构组成也是多种多样的。如图 11.6-3a 底部所示为一种处于展开状态的空间抛物面天线的六棱台折展模块，若干个这样的六棱台折展模块按照一定的规则进行结构连接（称为组网，见图 11.6-3b），并辅以张紧索和索网面就可以展开成符合要求的空间抛物面天线形状。图 11.6-4a 所示为处于展开状态的六棱台折

展桁架模块结构，可以像雨伞一样折叠收拢，如图 11.6-4b 所示；这种六棱台折展桁架模块是由 6 个如图 11.6-4c 所示的折展肋单元机构组合构成的，通过

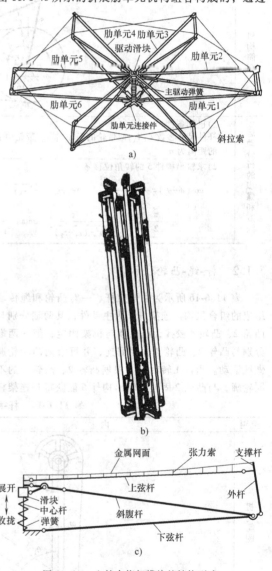

a)

b)

图 11.6-4　六棱台桁架模块的结构型式
a) 模块展开时的结构型式　b) 模块收拢时的形态
c) 模块中一个折展肋单元的结构型式

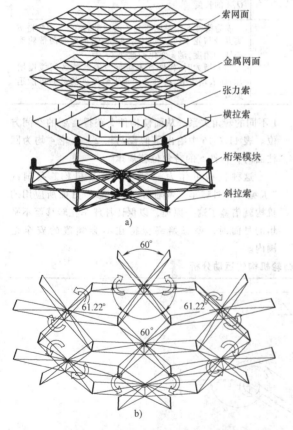

a)

b)

图 11.6-3　折展抛物面天线六棱台桁架模块及其多模块组合
a) 展开时的一个六棱台桁架模块组成
b) 展开时的多个六棱台桁架模块机构的组合形式

6 个机构中滑块的联动，可以驱动这 6 个折展肋单元机构同时展开或折叠。

图 11.6-5 是 1 个折展肋单元机构的机构运动简图，该机构为单自由度连杆机构，滑块 A 是主动构件。图 11.6-5a 所示为折展肋单元机构的展开状态，此状态下杆 NQ、杆 JQ 处于死点位置，能够使肋单元机构处于自锁的稳定状态；图 11.6-5b 是该折展肋单元机构的折叠状态，大大减小了机构横向的尺寸。

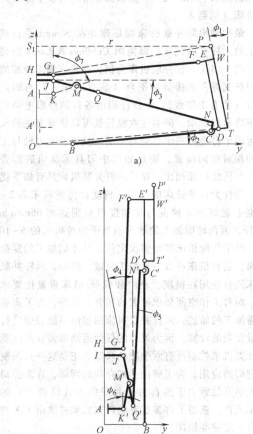

图 11.6-5　折展肋单元的机构运动简图
a）展开状态　b）折叠状态

从图 11.6-6 可以看出，折展肋单元机构本身也是由 3 个四杆机构作为基本机构串联组合而成的，图 11.6-6 展示了折展肋单元的基本机构及其组合关系。

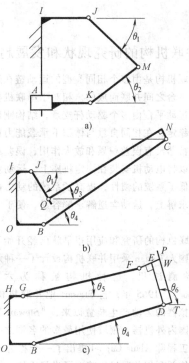

图 11.6-6　折展肋单元的基本机构组合关系

根据图 11.6-6 可以建立折展肋单元机构各基本机构间的运动学关系（位移方程）如下：

$$\begin{cases} l_{IJ}+l_{JM}\cos\theta_1 = l_{AK}+l_{KM}\cos\theta_2 \\ l_{AI}+l_{JM}\sin\theta_1 = l_{KM}\sin\theta_2 \end{cases}$$

$$\begin{cases} l_{OB}+l_{BC}\cos\theta_4 = l_{IJ}+l_{JQ}\cos\theta_1+l_{QN}\cos\theta_3+l_{NC}\cos\left(\dfrac{\pi}{2}-\theta_3\right) \\ l_{BC}\sin\theta_4 = l_{OI}+l_{JQ}\sin\theta_1+l_{QN}\sin\theta_3-l_{NC}\sin\left(\dfrac{\pi}{2}-\theta_3\right) \end{cases}$$

$$\begin{cases} l_{OB}+l_{BD}\cos\theta_4 = l_{HG}+l_{GF}\cos\theta_5+l_{FE}\cos\left(\theta_6-\dfrac{\pi}{2}\right)-l_{ED}\cos\theta_6 \\ l_{BD}\sin\theta_4 = l_{OH}+l_{GF}\sin\theta_5+l_{FE}\sin\left(\theta_6-\dfrac{\pi}{2}\right)-l_{ED}\sin\theta_6 \end{cases}$$

第7章 并联机构的设计与应用

1 并联机构的研究现状和发展趋势

并联机构是由多个相同类型的运动链在运动平台和固定平台之间并联而成的。相对于串联机构，并联机构的运动平台由多个驱动杆支承，结构刚度大，结构更加稳定；在相同自重与体积下承载能力更高；对末端执行器没有误差积累和放大作用，误差小，精度高；可以将电动机安装在固定机座上，运动负荷比较小，降低了系统的惯性，提高了系统的动力性能；在运动学求解上，运动学逆解求解容易，便于实现实时控制。

并联机构的研究和应用很早就已经开始了。1947年，英国人 Gough 采用并联机构设计了一种六自由度的轮胎测试机，这种机构被称为六足结构（Hexapod）。1965年，自 Stewart 把并联机构应用到飞行模拟器的运动产生装置以来，"Stewart Platform"已成为国内外机器人领域使用最多的名词之一。1964年美国工程师 Klaus Cappel 提出了一个称为八面体的六腿机构并利用并联机构建造了世界上第一个飞行模拟器。至今，由并联机构构造的多种运动模拟器得到了广泛应用。1978年，澳大利亚机构学家 Hunt 提出将并联机构应用于机器人操作，并联机构在机器人研究领域得到关注，在并联机器人运动学求解算法、动力学性能分析、误差建模与分析、并联机器人机构设计及并联机器人应用等方面进行了深入的研究，产生了很多理论和应用研究成果。这些成果同时也成为并联机床研究与开发的理论和技术基础。

并联机床属于新结构机床，其主要特征在于机床中采用了不同于传统机床的并联机构。并联机床通过改变驱动杆的长度或位置来改变安装有执行器的活动平台的位姿，在活动平台上安装不同执行器就可进行多坐标铣、钻、磨、抛光以及异型刀具刃磨等多种加工任务，装备机械手腕、高能光源或 CCD 摄像机等末端执行器，还可完成精密装配、特种加工与测量等作业。1994年的芝加哥机床展览会上，Giddings&Lewis 公司和 Ingersoll 公司分别推出了基于并联机构的六足机床。当时被媒体誉为"机床结构的重大革命"和"21世纪的数控加工装备"。并联机床逐步成为制造业的研究热点，从而引起了各国机床行业的极大兴趣和广泛关注。除了上述提到的两家公司外，俄罗斯 Lapik 公司、美国 Hexel 公司、英国 Ge-odetic 公司、意大利 Comau 公司、德国 Mikromat 公司和瑞典 Neos 机器人公司以及国内的清华大学、天津大学、哈尔滨工业大学和北京航空航天大学、沈阳自动化研究所、东北大学、燕山大学等均开发了多种并联机床（机器人）。

最初推出的并联机床均是建立在 Stewart 平台基础上的六杆并联机床。以美国 Giddings & Lewis 公司推出的 Variax 六杆并联机床为例，该机床用可伸缩的六根杆支撑并连接运动平台（装有主轴头）与固定平台（装有工作台）。每根杆均由各自的侍服电动机与滚珠丝杠驱动。伸缩这六根杆就可以使装有主轴头的运动平台进行三维空间的运动，从而改变主轴与工件的相对空间位置，满足加工中刀具运动轨迹的要求。与传统机床相比，这种六杆并联机床具有如下优点：刚性为传统机床的5倍；精度比传统机床高2~10倍；轮廓加工速度与加速度可分别达到 66m/min 和 1g，因而轮廓加工的效率相当于传统机床的5~10倍。对于传统机床需要多次定位工件才能加工的复杂曲面，这种机床可以一次加工完成。然而，六杆并联机床适合应用在精度、刚度和载荷/机床重量比要求高，而对工作空间要求不大的场合。另外，为了实现所需加工的轨迹，六杆并联机床的控制系统必须进行大量复杂的计算，因为刀具的任何运动都需要高性能的计算机来控制所有六个轴的联动，正是这一点限制了它们的应用。为了解决上述存在的问题，许多公司和大学开始致力于少自由度并联机床（机器人）的研制工作，获得了许多重要的研究成果并推出了多种少自由度并联机床。

然而，基于 Stewart 平台的六杆并联机构有工作空间小、本身的奇异性和耦合性使其构型和总体布局受限、任何运动均需六轴联动、运动正解复杂而难于实现快速的实时控制等局限，使其难以实现产业化。此外，并联机床（机器人）的每一个支链均通过铰链与动、静平台相连，正是由于铰链的精度、间隙和接触刚性等问题，使得并联机床（机器人）的实际整体精度和刚性降低。而且，并联的分支链越多，连接这些分支链的铰链越容易产生叠加的随机性误差，从而影响并联机器人（机床）的整体工作精度。从这个意义上说，也可以解释为何少自由度并联机床（机器人）比六杆并联机床（机器人）更易实现实用化。所以，早期开发出的六杆并联机床（机器人）

基本都停留在原理样机阶段，如 Giddings & Lewis 公司的 Variax 六杆并联数控加工中心现放置在英国诺丁汉大学（Nottingham University）的先进制造技术中心用于并联机床（机器人）的实验研究。为了克服六杆并联机构存在的上述问题，少自由度并联机构特别是三自由度并联机构由于具有工作空间相对较大，奇异性和耦合性相对较小，运动学、动力学分析相对简单，灵活性较高，控制容易，并且设计制造方便等优势，成为近年来国内外研究发展的主流，特别是为了扩大工作空间，串并联结构的混联机床（机器人）亦成为机器人领域的重要发展方向。目前已经实现实用化和产业化的并联机床（机器人）基本都是基于少自由度并联机构而研制开发的，如瑞典 Neos Robotics 公司生产的 Tricept 系列三并联机床，瑞士 ABB 公司的 Delta 系列三并联机器人等。

并联机构将在机器人、机械加工、航空航天、水下作业、医疗、包装、装配、短距离运输等许多行业发挥越来越重要的作用。而并联机床作为机器人技术和机床技术相结合的新兴产物，具有许多传统机床无法替代的优点，可以预见在不远的将来并联机床将会在机械工程领域对传统机床构成强有力的挑战和补充。

2　并联机构的自由度分析

2.1　自由度的一般计算公式

空间机构的自由度是由构件数、运动副数和约束条件决定的。

设在三维空间中，有 n 个完全不受约束的物体（构件），且任意选定其中一个作为固定参照物。由于每个物体都有 6 个自由度，则 n 个物体相对参照物共有 $6(n-1)$ 个运动自由度。

若将上述 n 物体，用 g 个约束数为 $1\sim5$ 之间的任意数的运动副连接起来，组成空间机构，并设第 i 个运动副的约束数为 u_i，则该机构的自由度 F 应该等于 n 个物体的运动自由度减去所有运动副约束数的总和，即

$$F = 6(n-1) - \sum u_i \qquad (11.7\text{-}1)$$

在一般情况下，式（11.7-1）中的 u_i 可以用 $(6-f_i)$ 替代，就成为一般形式的空间机构自由度计算公式

$$F = 6(n-g-1) + \sum_{i=1}^{g} f_i \qquad (11.7\text{-}2)$$

2.2　自由度的计算举例

由 3 个运动链组成的空间多环机构如图 11.7-1

所示，现将它作为计算并联机构自由度的第一个例子。

由图可见，该机构的构件数（以圆圈中的数字表示）$n=8$，运动副数（以方框中的数字表示）$g=9$。其中方框 $1\sim3$ 为转动副，其自由度为 1，方框 $4\sim6$ 为移动副，其自由度也等于 1，方框 $7\sim9$ 是球面副，自由度为 3。

所以，$\sum\limits_{i=1}^{9} f_i = 3+3+9 = 15$，代入自由度计算式（11.7-2），则有

$$F = 6(n-g-1) + \sum_{i=1}^{g} f_i = 6(8-9-1) + 15 = 3$$

对于多环空间并联机构，式（11.7-2）可写成更加方便的计算形式

$$F = \sum_{i=1}^{g} f_i - 6l \qquad (11.7\text{-}3)$$

式中　l——独立的环路数目。

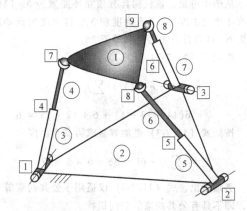

图 11.7-1　三自由度的空间并联机构

显而易见，式（11.7-2）和式（11.7-3）是等同的。因为在一个单闭环（$g=n$）运动链的基础上，加上一条两端都有运动副的开链，则可形成另一闭环。此时，增加的运动副数比增加的构件数多 1。换句话说，每增加一个独立的环路，增加的运动副为 g，而增加的构件数为 $g-1$。这样，若所增加的独立闭环环路数为 2、3、…、$(l-1)$，则增加的运动副数 g 比构件数 n 多 2、3、…、$(l-1)$ 个，而机构的总环路数为 l，所以以下列等式存在

$$(g-n) = (l-1)$$

或

$$l = g-n+1$$

将上式代入式（11.7-3），即可获得式（11.7-2），可见两式是等效的。利用式（11.7-3）计算多环空间并联机构特别方便，现举例加以说明。

一个运动副数（以方框中的数字表示）为 18（12 个球铰链和 6 根伸缩杆），构件数（以圆圈中的数字表示）为 14（2 个上下平台和 6 根由两个构件组成的伸缩杆）的空间并联机构，如图 11.7-2 所示。

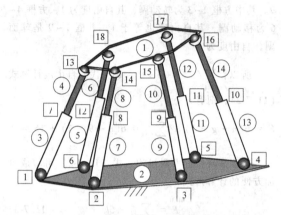

图 11.7-2　自由度的空间并联机构

从图中可见，该机构具有独立环路数为 5。同时具有 1 个自由度、2 个自由度和 3 个自由度的运动副各为 6，即构件自由度之和等于 36。

按照式（11.7-2）计算其自由度

$$F = 6(n - g - 1) + \sum_{i=1}^{g} f_i$$

$$= 6(14 - 18 - 1) + 6 + 12 + 18 = 6$$

按照式（11.7-3）更加容易求得其自由度

$$F = \sum_{i=1}^{g} f_i - 6l = 36 - 6 \times 5 = 6$$

必须指出，式（11.7-3）仅适用于公共约束等于零，即不具有公共约束的空间机构。

3　并联机构的性能评价指标

3.1　雅可比矩阵

相比串联机器人而言，并联机器人的速度雅可比求解要复杂得多，这主要是并联机器人所具有的多环结构特点决定的。求解的方法有多种，其中有两种主流的方法：封闭向量求导法和旋量法。这里重点介绍封闭向量求导法。

如图 11.7-3 所示，这个并联机构有 3 个转动自由度。参考 11.7-4 图，我们可以获得一个封闭的矢量方程

$$\overrightarrow{OP} + \overrightarrow{PC_i} = \overrightarrow{OA_i} + \overrightarrow{A_iB_i} + \overrightarrow{B_iC_i}, i = 1, 2, 3 \quad (11.7\text{-}4)$$

将上式对时间求导，得

$$v_p = \omega_{1i} \times a_i + \omega_{2i} \times b_i \quad (11.7\text{-}5)$$

式中　v_p——运动平台的线速度；

$$a_i = \overrightarrow{A_iB_i}, \quad b_i = \overrightarrow{B_iC_i};$$

ω_{ji}——第 i（$i = 1, 2, 3$）个杆组的第 j（$j = 1, 2$）个杆的角速度。这里将 $\overrightarrow{A_iB_i}$ 作为第 1 个杆，$\overrightarrow{B_iC_i}$ 作为第 2 个杆。

假设这个并联机构的输入矢量是

$$\dot{q} = \begin{pmatrix} \dot{\theta}_{11}, & \dot{\theta}_{12}, & \dot{\theta}_{13} \end{pmatrix}^T,$$

输出矢量是

$$v_p = \begin{pmatrix} v_{p,x}, & v_{p,y}, & v_{p,z} \end{pmatrix}^T.$$ 所有其他关节的速度都是被动变量。为了消除被动变量，我们用 b_i 乘以式（11.7-5）的两边，得

$$b_i v_p = \omega_{1i}(a_i \times b_i) \quad (11.7\text{-}6)$$

式（11.7-6）中的矢量在（x_i, y_i, z_i）坐标系中可表示为

$${}^i a_i = a \begin{pmatrix} \cos\theta_{1i} \\ 0 \\ \sin\theta_{1i} \end{pmatrix},$$

$${}^i b_i = b \begin{pmatrix} \sin\theta_{3i}\cos(\theta_{1i}+\theta_{2i}) \\ \cos\theta_{3i} \\ \sin\theta_{3i}\sin(\theta_{1i}+\theta_{2i}) \end{pmatrix},$$

$${}^i \omega_{1i} = \begin{pmatrix} 0 \\ -\dot{\theta}_{11} \\ 0 \end{pmatrix},$$

$${}^i v_p = \begin{pmatrix} v_{p,x}\cos\phi_i + v_{p,y}\sin\phi_i \\ -v_{p,x}\sin\phi_i + v_{p,y}\cos\phi_i \\ v_{p,z} \end{pmatrix}$$

将上列等式带入式（11.7-6），简化后得

$$j_{ix}v_{p,x} + j_{iy}v_{p,y} + j_{iz}v_{p,z} = a\sin\theta_{2i}\theta_{3i}\dot{\theta}_{1i} \quad (11.7\text{-}7)$$

式中

$$j_{ix} = \cos(\theta_{1i}+\theta_{2i})\sin\theta_{3i}\cos\phi_i - \cos\theta_{3i}\sin\phi_i$$

$$j_{iy} = \cos(\theta_{1i}+\theta_{2i})\sin\theta_{3i}\sin\phi_i - \cos\theta_{3i}\cos\phi_i$$

$$j_{iz} = \sin(\theta_{1i}+\theta_{2i})\sin\theta_{3i}$$

注意这里 $j_i = (j_{ix}, j_{iy}, j_{iz})^T$ 表示在固定坐标系（x, y, z）中从 B_i 点指向 C_i 点的一个单位矢量。

将 $i = 1, 2, 3$ 带入式（11.7-7），产生 3 个标量方程，它们可用矩阵形式表示如下

$$J_x v_p = J_q \dot{q} \quad (11.7\text{-}8)$$

式中

$$J_x = \begin{pmatrix} j_{1x} & j_{1y} & j_{1z} \\ j_{2x} & j_{2y} & j_{2z} \\ j_{3x} & j_{3y} & j_{3z} \end{pmatrix}$$

$$J_q = a \begin{pmatrix} \sin\theta_{21}\sin\theta_{31} & 0 & 0 \\ 0 & \sin\theta_{22}\sin\theta_{32} & 0 \\ 0 & 0 & \sin\theta_{23}\sin\theta_{33} \end{pmatrix}$$

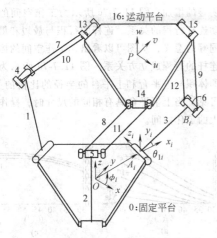

图 11.7-3　只具有转动自由度的并联机构

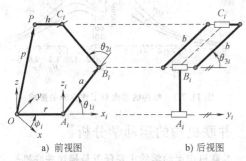

a) 前视图　　　　　　　b) 后视图

图 11.7-4　每条支链转动副转动角的定义

3.2　奇异位形

并联机构的奇异位形分为边界奇异、局部奇异和结构奇异三种形式。奇异位形是机构固有的性质，它对机器人机构的工作性能有着严重的影响。当机构处于某些特定的位形时，其雅可比（Jacobian）矩阵成为奇异阵，其行列式为零或无穷大或不确定。此时机构的位形就称为奇异位形。当机构处于奇异位形时，其操作平台具有多余的自由度，这时机构就失去了控制，因此在设计和应用并联机构时应该避开奇异位形。下面分别介绍并联机构的三种奇异位形。

（1）边界奇异位形

当雅可比矩阵的行列式等于零时，即

$$\det J = 0 \qquad (11.7\text{-}9)$$

机构处于边界奇异位形。边界奇异位形有外边界和内边界奇异位形两种类型。

（2）局部奇异位形

当雅可比矩阵的行列式趋于无穷大时，即

$$\det J \to \infty \qquad (11.7\text{-}10)$$

机构处于局部奇异位形。局部奇异位形表示机构末端在该位形有一个不可控的局部自由度。局部奇异

位形是并联机构特有的，它不存在于串联机构中。局部奇异位形是并联机构领域重点研究的问题。

（3）结构奇异位形

当雅可比矩阵的行列式趋于零比零时，即

$$\det J \to \frac{0}{0} \qquad (11.7\text{-}11)$$

机构处于结构奇异位形。结构奇异位形也是并联机构特有的，只有在特殊机构尺寸时方能产生，故称之为结构奇异位形。

3.3　工作空间

机器人的工作空间是机器人操作器的工作区域，它是衡量机器人性能的重要指标。并联机器人由于其结构的复杂性，其工作空间的确定是一个具有挑战性的课题。并联机器人工作空间的解析求解是一个非常复杂的问题，它在很大程度上依赖于机构位置解的结果，至今仍没有完善的方法。

根据操作器工作时的位姿特点，机器人的工作空间可划分为可达工作空间、灵巧工作空间和全工作空间。

1）可达工作空间（Reachable workspace），即机器人末端可达位置点的集合。

2）灵巧工作空间（Dextrous workspace），即在满足给定位姿范围时机器人末端可达点的集合。

3）全工作空间（Global workspace），即给定所有位姿时机器人末端可达点的集合。

图 11.7-5 所示的 6-SPS 机构的尺寸和约束相对于 R_P 正则化后的无量纲尺寸如下：

$R_P = 1$	$R_B = 3$	$\alpha_P = 15°$	$\alpha_B = 30°$
$\theta_{P\max} = \theta_{B\max} = 45°$	$L_{\min} = 4.5$	$L_{\max} = 7.5$	$D = 0.1$

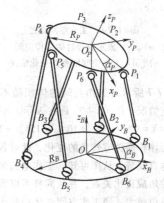

图 11.7-5　Stewart 平台机构

图 11.7-6 所示为工作空间的截面，其中图 11.7-6a、b 分别对应于上下平台始终平行的条件下（即 Roll＝Pitch＝Yaw＝0）工作空间的不同的 xz 和 xy 截面，其中

的虚线部分表示由于受关节转角的限制而产生的边界，实线部分则表示由于受杆长的限制而产生的边界。图 11.7-6 c、d 表示工作空间的截面受运动平台姿势变化的影响，图中分别为运动平台的回转、俯仰和偏转角（Roll、Pitch、Yaw，下面简称为 R、P、Y）均为 0°、+5°、+10°和+15°时的工作空间的 xz 和 xy 截面。从图中可以得出如下结论：

1）工作空间的边界由三部分组成，第一部分是由于受最大杆长限制而产生的工作空间的上部边界，第二部分是由于受最短杆长限制而产生的工作空间的下部边界，第三部分是由于受关节转角限制产生的两侧边界；

2）当上下平台始终平行时，工作空间是关于 z 轴对称的；

3）对运动平台的姿势角要求越大，则工作空间越小。

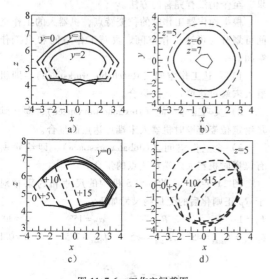

图 11.7-6　工作空间截面图
a）、b）　固定姿势时的工作空间
c）、d）　工作空间随姿势变化情况

图 11.7-7 所示为工作空间的体积随不同的机构参数的影响情况，图 11.7-7a 是在表示上平台姿势的转角 R＝P＝Y＝0°、+5°、+10°、+15°、+20°和+25°时工作空间体积随关节转角的变化，此时各关节相对于平台成垂直安装，从图可知，工作空间的体积大约与关节的转角成正比关系，并且同样可以看出，运动平台的姿势角越大，则工作空间的体积越小。若改变关节相对于平台的安装姿势，使得表示关节方位的向量沿 l_m 方向，则可以扩大工作空间的体积，此时工作空间的体积与关节转角的关系如图 11.7-7b 所示，在这种情况下，当关节转角比较小时，工作空间的体

积有明显的增加。图 11.7-7c 所示为工作空间的体积与驱动连杆行程的关系，连杆的行程与最短和最长杆具有同等的意义，从图可以看出，工作空间的体积大约与连杆的行程成立方关系。图 11.7-7d 所示为工作空间的体积与下平台和上平台的半径的比值的关系，如此可见，当上下平台具有相同的尺寸时，操作器具有最大的工作空间。

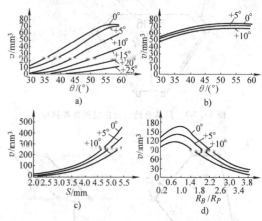

图 11.7-7　机构的参数对工作空间的影响

4　并联机构的运动学分析

并联机构运动学的主要任务是描述并联机构关节与组成并联机构的各刚体之间的运动关系。大多数并联机构都是由一组通过运动副（关节）连接而成的刚性连杆构成。不管并联机构关节采用何种运动副，都可以将它们分解为单自由度的转动副和移动副。

本部分以一个并联机构的实例来介绍并联机构的位置分析、运动学逆解和正解计算。

4.1　并联机构的位置分析

本文介绍了一种新型四自由度二并联杆机构。因为该机构是由两个串并联杆系组成，所以其可兼顾并联杆机构刚性好和串联机构工作空间大的特点。由于采用了四个平行四边形机构，故运动平台将始终保持三维空间的平动。

这台二并联杆机构由固定平台（BP）、运动平台（MP），以及两个串并联杆系组成，如图 11.7-8 所示。每个杆系由转动块构件 1、平行四边形构件 2、构件 3、构件 4 及平行四边形构件 5 组成。转动块构件 1 可绕固定在固定平台上的垂直轴转动。转动块构件 1 通过平行四边形构件 2 与构件 3 相连。构件 3 与构件 4 通过转动副相连。构件 4 通过平行四边形构件 5 与运动平台联系起来。由于两个串并联杆系拥有 4 个平行四边形构件，所以运动平台将始终保持在水平面中平动。

此外，该机构具有 θ_{11}、θ_{21}、θ_{12} 和 θ_{22} 共 4 个主动关节角，因此，这台二并联磨床具有 4 个自由度。

固定平台的坐标系 (x, y, z) 如图 11.7-8 所示。该坐标系的原点是 O，x 轴的方向从左指向右，z 轴垂直于固定平台且方向从上到下，y 轴的方向按照右手规则确定。

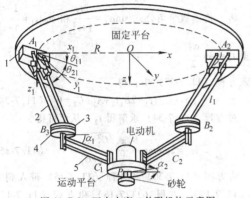

图 11.7-8　四自由度二并联机构示意图

对这个并联机构来说，θ_{11}、θ_{21}、θ_{12} 和 θ_{22} 是 4 个驱动关节的 4 个驱动变量。那么，可获得每个并联支链的封闭运动矢量方程如下

$$\overrightarrow{OP}+\overrightarrow{PC_i}=\overrightarrow{OA_i}+\overrightarrow{A_iB_i}+\overrightarrow{B_iC_i}, i=1,2 \quad (11.7\text{-}12)$$

坐标系 (x_i, y_i, z_i) 中，方程（11.7-12）可写为如下形式

$$x_{ci}=l_1\cos\theta_{2i}\cos\theta_{1i}+l_2\cos\alpha_i\cos\phi$$
$$y_{ci}=l_1\cos\theta_{2i}\sin\theta_{1i}+l_2\cos\alpha_i\sin\phi$$
$$z_{ci}=l_1\sin\theta_{2i}+l_2\sin\alpha_i$$

$$(11.7\text{-}13)$$

这里 l_1 和 l_2 分别是每个并联杆组中上、下并联杆的杆长。

在 (x, y, z) 坐标系中，可得

$$\begin{pmatrix} x_{ci} \\ y_{ci} \\ z_{ci} \end{pmatrix} = \begin{pmatrix} \cos\psi_i & \sin\psi_i & 0 \\ -\sin\psi_i & \cos\psi_i & 0 \\ 0 & 0 & 1 \end{pmatrix} \begin{pmatrix} x_P \\ y_P \\ z_P \end{pmatrix} + \begin{pmatrix} R-r\cos\phi \\ -r\sin\phi \\ 0 \end{pmatrix}$$

$$(11.7\text{-}14)$$

式中　ψ_i——坐标系 (x_i, y_i, z_i) 相对固定坐标系 (x, y, z) 的角度，$\psi_1=0°$，$\psi_2=180°$；

ϕ——运动平台的转角。

当 $\psi_1=0°$ 时，将方程（11.7-13）代入方程（11.7-14）中，得

$$x_P=l_1\cos\theta_{21}\cos\theta_{11}+(l_2\cos\alpha_1+r)\cos\phi-R$$

$$(11.7\text{-}15)$$

$$y_P=l_1\cos\theta_{21}\sin\theta_{11}+(l_2\cos\alpha_1+r)\sin\phi$$

$$(11.7\text{-}16)$$

$$z_P=l_1\sin\theta_{21}+l_2\sin\alpha_1 \quad (11.7\text{-}17)$$

当 $\psi_1=180°$ 时，将方程（11.7-13）代入方程（11.7-14）中，得

$$x_P=-l_1\cos\theta_{22}\cos\theta_{12}-(l_2\cos\alpha_2+r)\cos\phi+R$$

$$(11.7\text{-}18)$$

$$y_P=-l_1\cos\theta_{22}\sin\theta_{12}-(l_2\cos\alpha_2+r)\sin\phi$$

$$(11.7\text{-}19)$$

$$z_P=l_1\sin\theta_{22}+l_2\sin\alpha_2 \quad (11.7\text{-}20)$$

4.2　运动学逆解

如果并联机构运动平台的位姿已经给定，即运动平台的点 $P(x_P, y_P, z_P)$ 和转角 ϕ 是已知的，则求驱动关节变量 θ_{11}、θ_{21}、θ_{12} 和 θ_{22} 的值称为运动学逆解。与串联机器人相比，并联机构运动学逆解计算要容易得多。因为 α_i 是被动关节角，所以对其求解后就可以获得 θ_{1i} 和 θ_{2i} 的解。为此，由方程（11.7-15）和方程（11.7-16）可得

$$x_P-(l_2\cos\alpha_1+r)\cos\phi+R=l_1\cos\theta_{21}\cos\theta_{11}$$

$$(11.7\text{-}21)$$

$$y_P-(l_2\cos\alpha_1+r)\sin\phi=l_1\cos\theta_{21}\sin\theta_{11}$$

$$(11.7\text{-}22)$$

将方程（11.7-21）和方程（11.7-22）的等式两边平方相加，得

$$-2[(x_P-r\cos\phi+R)\cos\phi+(y_P-r\sin\phi)\sin\phi]l_2\cos\alpha_1+$$
$$(x_P-r\cos\phi+R)^2+(y_P-r\sin\phi)^2+l_2^2\cos^2\alpha_1=l_1^2\cos^2\theta_{21}$$

$$(11.7\text{-}23)$$

由方程（11.7-17）可得

$$z_P-l_2\sin\alpha_1=l_1\sin\theta_{21} \quad (11.7\text{-}24)$$

将方程（11.7-23）和方程（11.7-24）的等式两边平方相加，得

$$A+B\sin\alpha_1+C\cos\alpha_1=0 \quad (11.7\text{-}25)$$

式中

$$A=(x_P-r\cos\phi+R)^2+(y_P-r\sin\phi)^2+z_P^2+l_2^2-l_1^2$$
$$B=-2z_Pl_2$$
$$C=-2[(x_P-r\cos\phi+R)\cos\phi+(y_P-r\sin\phi)\sin\phi]l_2$$

将三角函数半角公式　$\sin\alpha_1=\dfrac{2t_1}{1+t_1^2}$ 和 $\cos\alpha_1=\dfrac{1-t_1^2}{1+t_1^2}$，这里 $t_1=\tan\dfrac{\alpha_1}{2}$

带入方程（11.7-25）中，得

$$(A-C)t_1^2+2Bt_1+A+C=0 \quad (11.7\text{-}26)$$

对方程（11.7-26）求解得 t_1，从而可得

$$\alpha_1=2\arctan\frac{B\pm\sqrt{C^2-A^2+B^2}}{-A+C} \quad (11.7\text{-}27)$$

将方程（11.7-27）带入到方程（11.7-17）中，我们可以获得 θ_{21} 的精确解，然后，将 θ_{21} 值带入到方程（11.7-15）或方程（11.7-16）中可解得 θ_{11}。同理，我们也可以获得另一并联杆 θ_{12}、θ_{22} 的解。

4.3　运动学正解

对于并联机构运动学正解来说，已知驱动关节变量 θ_{11}、θ_{21}、θ_{12} 和 θ_{22} 的值，求运动平台的位姿，即求运动平台的点 $P(x_P, y_P, z_P)$ 和转角 ϕ。与串联机器人相比，并联机构运动学正解计算要困难得多。为了完成此并联机构运动学的正解计算，通过消除方程（11.7-15）到方程（11.7-20）中的 α_1 和 α_2 即可完成求解。

用方程（11.7-18）的两边减去方程（11.7-15）的两边，可得

$$\cos\phi = \frac{2R - l_1(\cos\theta_{21}\cos\theta_{11} + \cos\theta_{22}\cos\theta_{12})}{l_2(\cos\alpha_1 + \cos\alpha_2) + 2r}$$

$$（11.7-28）$$

用方程（11.7-19）的两边减去方程（11.7-16）的两边，可得

$$\sin\phi = -\frac{l_1(\cos\theta_{21}\sin\theta_{11} + \cos\theta_{22}\sin\theta_{12})}{l_2(\cos\alpha_1 + \cos\alpha_2) + 2r}$$

$$（11.7-29）$$

因为 α_1 和 α_2 是两个被动关节角，所以它们应该从方程（11.7-28）和方程（11.7-29）中消除。为此用方程（11.7-29）的两边除以方程（11.7-28）的两边，可得

$$\phi = \arctan\frac{l_1(\cos\theta_{21}\sin\theta_{11} + \cos\theta_{22}\sin\theta_{12})}{l_1(\cos\theta_{21}\cos\theta_{11} + \cos\theta_{22}\cos\theta_{12}) - 2R}$$

$$（11.7-30）$$

用方程（11.7-20）的两边减去方程（11.7-17）的两边，可得

$$\sin\alpha_2 = -\frac{l_1}{l_2}(\sin\theta_{21} - \sin\theta_{22}) + \sin\alpha_1 \quad （11.7-31）$$

用方程（11.7-19）的两边减去方程（11.7-16）的两边，可得

$$\cos\alpha_2 = -\frac{l_1}{l_2\sin\phi}(\cos\theta_{21}\sin\theta_{11} + \cos\theta_{22}\sin\theta_{12}) - \cos\alpha_1 - \frac{2r}{l_2}$$

$$（11.7-32）$$

将方程（11.7-31）和方程（11.7-32）的等式两边平方相加，得

$$A_1 + B_1\sin\alpha_1 + C_1\cos\alpha_1 = 0 \quad （11.7-33）$$

式中　$A_1 = \dfrac{l_1^2}{l_2^2}(\sin\theta_{21} - \sin\theta_{22})^2 +$

$$\frac{1}{l_2^2}\left[\frac{l_1}{\sin\phi}(\cos\theta_{21}\sin\theta_{11} + \cos\theta_{22}\sin\theta_{12}) + 2r\right]^2$$

$$B_1 = \frac{2l_1}{l_2}(\sin\theta_{21} - \sin\theta_{22})$$

$$C_1 = \frac{1}{l_2}\left[\frac{l_1}{\sin\phi}(\cos\theta_{21}\sin\theta_{11} + \cos\theta_{22}\sin\theta_{12}) + 2r\right]$$

将三角函数半角公式 $\sin\alpha_1 = \dfrac{2t_2}{1 + t_2^2}$ 和 $\cos\alpha_1 = \dfrac{1 - t_2^2}{1 + t_2^2}$，

这里 $t_2 = \tan\dfrac{\alpha_1}{2}$

代入方程（11.7-33）中，得

$$(A_1 - C_1)t_2^2 + 2B_1 t_2 + A_1 + C_2 = 0 \quad （11.7-34）$$

对方程（11.7-34）求解得 t_2，从而可得

$$\alpha_1 = 2\arctan\frac{B_1 \pm \sqrt{C_1^2 - A_1^2 + B_1^2}}{-A_1 + C_1} \quad （11.7-35）$$

将方程（11.7-30）和方程（11.7-35）带入到方程（11.7-15）、方程（11.7-16）和方程（11.7-17）中，可以解得 x_P、y_P 和 z_P。

5　并联机构的动力学分析

5.1　拉格朗日动力学方程

对于一些相对简单的并联机构的逆动力学问题可以应用拉格朗日动力学方程来求解。

拉格朗日动力学方程可表示为

$$\frac{d}{dt}\left(\frac{\partial L}{\partial \dot{q}_j}\right) - \frac{\partial L}{\partial q_j} = Q_j + \sum_{i=1}^{k}\lambda_i\frac{\partial \Gamma_i}{\partial q_j}, \quad j = 1, 2, \cdots, n$$

$$（11.7-36）$$

式中　Γ_i——第 i 个限制函数；

k——限制函数的数量；

λ_i——拉格朗日乘数。

大于自由度数的坐标未知数用 k 表示。将拉格朗日动力学方程分为两组更有利于方程的求解。第一组方程里拉格朗日乘数是唯一的未知量，由驱动关节产生的力作为附加的未知量被包含在另一组方程里。让前 k 个方程对应多余的坐标未知数，其余的 $n-k$ 个方程对应驱动关节的变量。那么，第一组方程可写成下列形式

$$\sum_{i=1}^{k}\lambda_i\frac{\partial \Gamma_i}{\partial q_j} = \frac{d}{dt}\left(\frac{\partial L}{\partial \dot{q}_j}\right) - \frac{\partial L}{\partial q_j} - \dot{Q}_j \quad （11.7-37）$$

式中　Q_j——在外载荷力作用下产生的力。

对于逆动力学分析来说 Q_j 是已知量。因此方程式（11.7-37）中等式的右侧均为已知量。对应每个多余的坐标未知数可以获得 k 个线性方程组，从而可获得 k 个拉格朗日乘数。

一旦获得拉格朗日乘数，驱动力矩或力可以直接

从余下的方程中求得。第二组方程可写成下列形式

$$Q_j = \frac{\mathrm{d}}{\mathrm{d}t}\left(\frac{\partial L}{\partial \dot{q}_j}\right) - \frac{\partial L}{\partial q_j} - \sum_{i=1}^{k} \lambda_i \frac{\partial \Gamma_i}{\partial q_j}, \quad j = k+1, \cdots, n$$

$$(11.7\text{-}38)$$

式中　Q_j——驱动力或转矩。

5.2　并联机器人动力学分析实例

下面以图 11.7-9 所示的三并联机器人为例进行动力学分析。建立的坐标系、杆长和机器人的关节角可参见图 11.7-4。在这个并联机器人中，θ_{11}、θ_{12} 和 θ_{13} 是驱动关节。

理论上，由于这是一个 3 自由度机器人，所以用 3 个坐标变量即可完成动力学分析。可是因为这个机器人运动学的复杂性将使拉格朗日函数也表现得很复杂。由此，这里将引入 3 个附加的坐标变量 p_x、p_y 和 p_z 来进行拉格朗日动力学方程计算。现在有 θ_{11}、θ_{12}、θ_{13}、p_x、p_y 和 p_z 共 6 个坐标变量。方程（11.7-36）就可表示为包含 6 个变量的 6 个方程。6 个变量是 $\lambda_i(i=1, 2, 3)$ 和 3 个驱动转矩 $Q_j(j=4, 5, 6)$。注意力 $Q_i(i=1, 2, 3)$ 表示外力作用在运动平台中点 P 上在 x、y 和 z 方向的 3 个分量。

这个公式需要 4 个限制方程 $\Gamma_i(i=1, 2, 3)$。由于关节 B 和 C 的距离总是等于上连杆 b 的长度，所以

$$\Gamma_i = \overrightarrow{B_iC_i}^2 - b^2 = (p_x + h\cos\phi_i - r\cos\phi_i - a\cos\phi_i\cos\theta_{1i})^2 +$$
$$(p_y + h\sin\phi_i - r\sin\phi_i - a\sin\phi_i\cos\theta_{1i})^2 +$$
$$(p_z - a\sin\theta_{1i})^2 - b^2$$
$$= 0 \quad (i=1,2,3) \qquad (11.7\text{-}39)$$

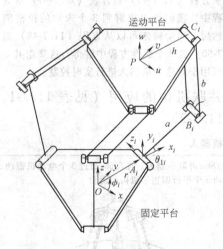

图 11.7-9　三并联机器人

为了简化分析，假设每个上连杆 b 的质量 m_b 平均集中在杆的两个端点 B_i 和 C_i。

机器人的总动能是

$$K = K_P + \sum_{i=1}^{3} (K_{ai} + K_{bi}) \qquad (11.7\text{-}40)$$

式中　K_P——运动平台的动能；
　　　K_{ai}——输入杆和臂 i 上转子的动能；
　　　K_{bi}——臂 i 的两个连杆的动能。

简化后得

$$K_P = \frac{1}{2} m_P (\dot{p}_x^2 + \dot{p}_y^2 + \dot{p}_z^2)$$

$$K_{ai} = \frac{1}{2}\left(I_m + \frac{1}{3} m_a a^2\right)\dot{\theta}_{1i}^2$$

$$K_{bi} = \frac{1}{2} m_b (\dot{p}_x^2 + \dot{p}_y^2 + \dot{p}_z^2) + \frac{1}{2} m_b a^2 \dot{\theta}_{1i}^2$$

$$(11.7\text{-}41)$$

式中　m_P——运动平台的质量；
　　　m_a——输入杆的质量；
　　　m_b——两个连杆中一个连杆的质量；
　　　I_m——安装在第 i 杆上转子的惯性矩。

假设重力加速度的方向是 z 轴的反方向，机器人相对 x-y 固定平面的总势能为

$$U = U_P + \sum_{i=1}^{3} (U_{ai} + U_{bi}) \qquad (11.7\text{-}42)$$

式中　U_P——运动平台的势能；
　　　U_{ai}——在杆 i 上输入杆的势能；
　　　U_{bi}——第 i 杆上两个连杆的势能。

简化后得

$$U_P = m_P g_c p_z$$

$$U_{ai} = \frac{1}{2} m_a g_c a \sin\theta_{1i} \qquad (11.7\text{-}43)$$

$$U_{bi} = m_b g_c (p_z + a\sin\theta_{1i})$$

因此，拉格朗日函数是

$$L = \frac{1}{2}(m_P + 3m_b) m_P(\dot{p}_x^2 + \dot{p}_y^2 + \dot{p}_z^2) +$$
$$\frac{1}{2}\left(I_m + \frac{1}{3} m_a a^2 + m_b a^2\right)(\dot{\theta}_{11}^2 + \dot{\theta}_{12}^2 + \dot{\theta}_{13}^2) - (m_P + 3m_b) g_c p_z -$$
$$\left(\frac{1}{3} m_a + m_b\right) g_c a(\sin\theta_{11} + \sin\theta_{12} + \sin\theta_{13})$$

$$(11.7\text{-}44)$$

相对 6 个坐标变量对拉格朗日函数求导，得

$$\frac{\mathrm{d}}{\mathrm{d}t}\left(\frac{\partial L}{\partial \dot{p}_x}\right) = (m_P + 3m_b)\ddot{p}_x, \quad \frac{\partial L}{\partial p_x} = 0$$

$$\frac{\mathrm{d}}{\mathrm{d}t}\left(\frac{\partial L}{\partial \dot{p}_y}\right) = (m_P + 3m_b)\ddot{p}_y, \quad \frac{\partial L}{\partial p_y} = 0$$

$$\frac{\mathrm{d}}{\mathrm{d}t}\left(\frac{\partial L}{\partial \dot{p}_z}\right) = (m_P + 3m_b)\ddot{p}_z, \quad \frac{\partial L}{\partial p_x} = -(m_P + 3m_b) g_c$$

$$\frac{\mathrm{d}}{\mathrm{d}t}\left(\frac{\partial L}{\partial \dot{\theta}_{11}}\right) = \left(I_m + \frac{1}{3} m_a a^2 + m_b a^2\right)\ddot{\theta}_{11},$$

$$\frac{\partial L}{\partial \theta_{11}} = -\left(\frac{1}{2}m_a + m_b\right)g_c a\cos\theta_{11}$$

$$\frac{\mathrm{d}}{\mathrm{d}t}\left(\frac{\partial L}{\partial \dot{\theta}_{12}}\right) = \left(I_m + \frac{1}{3}m_a a^2 + m_b a^2\right)\ddot{\theta}_{12},$$

$$\frac{\partial L}{\partial \theta_{12}} = -\left(\frac{1}{2}m_a + m_b\right)g_c a\cos\theta_{12}$$

$$\frac{\mathrm{d}}{\mathrm{d}t}\left(\frac{\partial L}{\partial \dot{\theta}_{13}}\right) = \left(I_m + \frac{1}{3}m_a a^2 + m_b a^2\right)\ddot{\theta}_{13},$$

$$\frac{\partial L}{\partial \theta_{13}} = -\left(\frac{1}{2}m_a + m_b\right)g_c a\cos\theta_{13}$$

相对 6 个坐标变量对限制函数 Γ_i 求偏导，得

$$\frac{\partial \Gamma_i}{\partial p_x} = 2(p_x + h\cos\phi_i - r\cos\phi_i - a\cos\phi_i\cos\theta_{1i}), i = 1,2,3$$

$$\frac{\partial \Gamma_i}{\partial p_y} = 2(p_y + h\sin\phi_i - r\sin\phi_i - a\sin\phi_i\cos\theta_{1i}), i = 1,2,3$$

$$\frac{\partial \Gamma_i}{\partial p_z} = 2(p_z - a\sin\theta_{1i}), \quad i = 1,2,3$$

$$\frac{\partial \Gamma_1}{\partial \theta_{11}} = 2a[(p_x\cos\phi_1 + p_y\sin\phi_i + h - r)\sin\theta_{11} - p_z\cos\theta_{11}]$$

$$\frac{\partial \Gamma_i}{\partial \theta_{11}} = 0, \quad i = 2,3$$

$$\frac{\partial \Gamma_i}{\partial \theta_{12}} = 0, \quad i = 1,3$$

$$\frac{\partial \Gamma_2}{\partial \theta_{12}} = 2a[(p_x\cos\phi_2 + p_y\sin\phi_2 + h - r)\sin\theta_{12} - p_z\cos\theta_{12}]$$

$$\frac{\partial \Gamma_i}{\partial \theta_{13}} = 0, \quad i = 1,2$$

$$\frac{\partial \Gamma_3}{\partial \theta_{13}} = 2a[(p_x\cos\phi_3 + p_y\sin\phi_3 + h - r)\sin\theta_{13} - p_z\cos\theta_{13}]$$

将上面的导数方程带入到式 (11.7-37) 和式 (11.7-38) 中，可以得到 $j=1$, 2, 3 时的动力学方程

$$2\sum_{i=1}^{3}\lambda_i(p_x + h\cos\phi_i - r\cos\phi_i - a\cos\phi_i\cos\theta_{1i})$$

$$= (m_P + 3m_b)\ddot{p}_x - f_{px} \qquad (11.7\text{-}45)$$

$$2\sum_{i=1}^{3}\lambda_i(p_y + h\sin\phi_i - r\sin\phi_i - a\sin\phi_i\cos\theta_{1i})$$

$$= (m_P + 3m_b)\ddot{p}_y - f_{py} \qquad (11.7\text{-}46)$$

$$2\sum_{i=1}^{3}\lambda_i(p_z - a\sin\theta_{1i})$$

$$= (m_P + 3m_b)\ddot{p}_z + (m_P + 3m_b)g_c - f_{pz} \qquad (11.7\text{-}47)$$

这里 f_{Px}、f_{Py} 和 f_{Pz} 是施加在运动平台上的外力在 x、y 和 z 方向的分量。$j=4$, 5, 6 时，可得

$$\tau_1 = \left(I_m + \frac{1}{3}m_a a^2 + m_b a^2\right)\ddot{\theta}_{11} + \left(\frac{1}{2}m_a + m_b\right)g_c a\cos\theta_{11} - 2a\lambda_1[(p_x\cos\phi_1 + p_y\sin\phi_1 + h - r)\sin\theta_{11} - p_z\cos\theta_{11}]$$

$$(11.7\text{-}48)$$

$$\tau_2 = \left(I_m + \frac{1}{3}m_a a^2 + m_b a^2\right)\ddot{\theta}_{12} + \left(\frac{1}{2}m_a + m_b\right)g_c a\cos\theta_{12} - 2a\lambda_2[(p_x\cos\phi_2 + p_y\sin\phi_2 + h - r)\sin\theta_{12} - p_z\cos\theta_{12}]$$

$$(11.7\text{-}49)$$

$$\tau_3 = \left(I_m + \frac{1}{3}m_a a^2 + m_b a^2\right)\ddot{\theta}_{13} + \left(\frac{1}{2}m_a + m_b\right)g_c a\cos\theta_{13} - 2a\lambda_3[(p_x\cos\phi_3 + p_y\sin\phi_3 + h - r)\sin\theta_{13} - p_z\cos\theta_{13}]$$

$$(11.7\text{-}50)$$

从方程 (11.7-45) 到方程 (11.7-47) 这 3 个线性方程中，我们可以求解到 3 个未知的拉格朗日乘数。然后，驱动转矩可以从方程 (11.7-48) 到方程 (11.7-50) 这 3 个线性方程中解得。这 2 组共 6 个方程式可用于对这个机器人进行实时控制。

6 并联机构的应用（见表 11.7-1、表 11.7-2）

表 11.7-1 典型并联机器人

（1）Delta 并联机器人，通过顶部的 3 个转动来驱动运动平台	（2）Star 并联机器人。在底部，通过 3 个电动机带动 3 个丝杠驱动 3 个平行四边形机构的运动
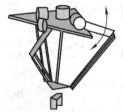	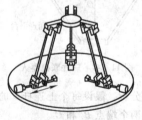

（续）

（3）由于驱动轴的两端均采用万向联轴器,该并联机器人的运动平台只能实现转动

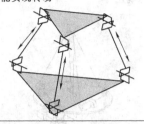

（5）H 型机器人,3 个平行的轴驱动 3 个平行四边形机构,使运动平台获得确切的运动

（7）六自由度的 Tetrabot 型并联机器人,3 个转动自由度由 Neumann 机构来完成,而姿态的 3 个自由度由普通腕关节实现

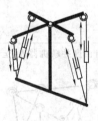

（9）Hayward 型冗余并联机器人,冗余性可以减少驱动力并回避奇异点

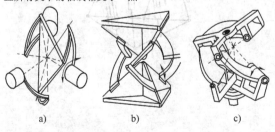

（11）三并联腕关节机构,这些机构是靠转动实现驱动,且所有关节的轴线相交于一点

a)　　　　b)　　　　c)

（4）三个垂直运动的轴驱动运动平台的运动

（6）Prism 机器人,3 个杆的伸缩驱动运动平台上的万向联轴器机构,使运动平台获得确切的运动

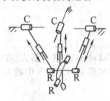

（8）Neumann 型并联机器人,3 个与万向联轴器相连的伸缩轴驱动运动平台获得确切的运动

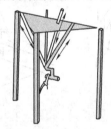

（10）UPS 型并联机器人,R、V 的转换移动使运动平台获得两个姿态自由度,同时 OG 的转动可使最上面的 S 平台实现旋转运动

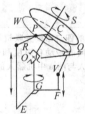

（12）图 a 中,三个与固定平台相连的转动关节呈 120°角,三个球关节与运动平台相连;图 b 和图 c 中,两个并联机器人的结构与图 a 中的机器人类似

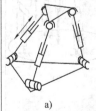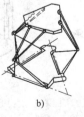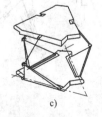

a)　　　　b)　　　　c)

(续)

（13）Mips 型并联机器人,与固定平台相连的驱动轴沿垂直方向移动,运动平台与固定杆长的杆相连

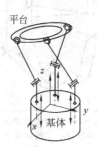

（14）三自由度线型并联机器人,末端执行器的位姿靠 3 根并联绳的卷放来确定

（15）图 a 中的 CaPaMan 并联机器人,在每个支链中由一个平行四边形机构实现驱动。图 b 中的并联机器人结构与图 a 中的类似

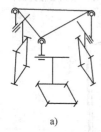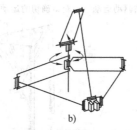

a)　　　　　　　b)

（16）带有限制结构的三自由度并联机器人。图 a 中,运动平台的摆动靠两个直线驱动完成,而绕运动平台法线方向的转动由中心轴实现。图 b 中,运动平台的倾斜靠三个直线驱动完成,而运动平台与固定平台的距离靠与运动平台中心相连的杆的滑移来实现。图 c 中,中间的 OT 杆在 O 点通过万向联轴器与运动平台相连,OT 杆可伸缩,但不能扭转,从而限制了运动平台的扭转

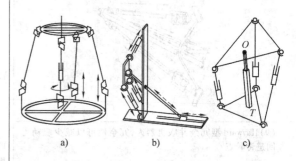

a)　　　　　　b)　　　　　　c)

（17）带有限制结构的四自由度并联机器人。图 a 中,运动平台可以实现 3 个方向的转动自由度和垂直方向的移动自由度。图 b 中的机器人与图 a 中机器人的传动结构类似

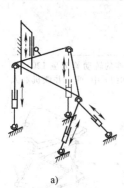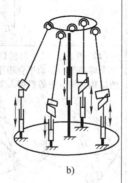

a)　　　　　　　　　b)

（18）Griffis 型六自由度并联机器人,运动平台的位姿由 6 根杆的伸缩来确定

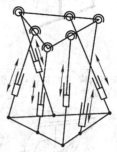

（续）

（19）Falcon 六自由度线型并联机器人，运动平台的位姿由 6 根绳的拉伸来确定

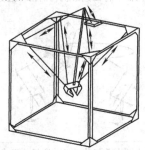

（20）Nabla 型六自由度并联机器人，里面的 3 根杆控制 B 点的位置，外面的 3 根杆控制运动平台的姿态

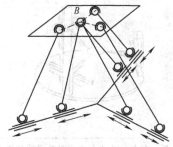

（21）Hexaglide 型六自由度并联机器人，6 根定长的杆在固定平台上被 6 个并联的驱动器在水平方向上驱动

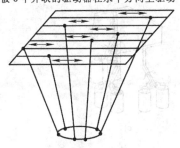

（22）驱动方式为旋转运动的并联机器人

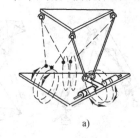

a)　　　　　　b)

（23）图 a 中，固定平台上的每个驱动器驱动一个平行四边形机构，改变其上铰接点的位置，从而实现对运动平台位姿的控制；图 b 中，固定平台上的每两个驱动器驱动一个五边形机构，改变其上铰接点的位置，从而实现对运动平台位姿的控制；图 c 中，固定平台为一圆环，3 个支架可在其上滑动。工作时驱动 3 个支架及杆的伸缩即可实现对运动平台位姿的控制

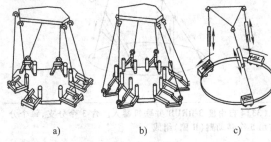

a)　　　　b)　　　　c)

（24）双驱动并联机器人。图 a 中，两个驱动由转动和直线移动来实现；图 b 中，两个驱动均由直线移动来实现

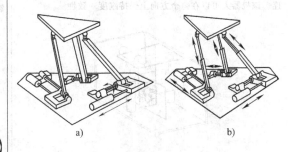

a)　　　　　　b)

（25）与固定平面相连的每个支架有两个自由度，支架通过球铰与定长的杆相连

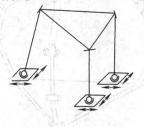

（26）与固定平面相连的每个支架可以沿圆环滑动，而支架上与定长杆相连的转动副还可在垂直方向上实现滑动

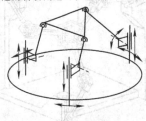

（续）

（27）在每个支链中有两个垂直方向的驱动，它们确定了运动平台的位姿

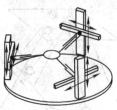

（28）在每个支链中，与固定平台相连的转动副和一个平行四边形机构相连，而平行四边形机构的两个边分别被两个驱动器控制

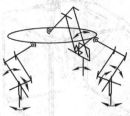

（29）图 a 所示的是一个六自由度双并联线型机器人；图 b 所示的并联机器人由两个叠加的 6 杆并联机构组成，在每个 6 杆并联机构中，3 根杆是固定杆长，3 根杆可伸缩；图 c 所示的为 Smartee 并联机器人，在每个支链中差分机构控制杆的两个运动

  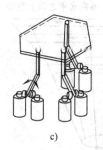

　　　　　a)　　　　　　　　　　b)　　　　　　　　　　c)

（30）Limbro 型并联机器人，6 根直线驱动器的一端与固定平面相连，与球铰相连的另一端通过滑动副与运动平面相连。该机器人可以在每个方向上保持刚度一致性

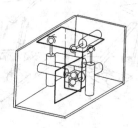

（31）冗余度三杆双并联机器人。两组支链中的 6 根直线驱动器使 P_1 点和 P_2 点在空间具有确切的位置，另一个机构控制机器人终端执行器的转动

（32）三平动自由度 3-PRUR 并联机器人。从基座算起，第一个转动副的轴线和 U 副的一条转动轴线是平行的

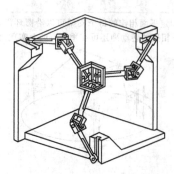

（33）4 自由度 3-RRUR 并联机器人。含 3 个分支，每个分支由 5 个转动副（R 副）组成

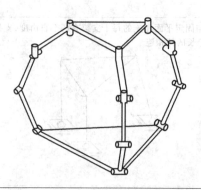

（续）

（34）3-CRR 机器人。每个分支都包括 1 个圆柱副和 2 个转动副	（35）Orthoglide 机器人，它包含 3 个分支并且每个分支都有 1 个平行四边形机构
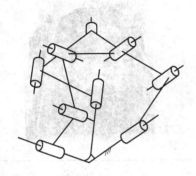	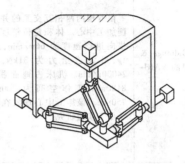
（36）Carricato 机器人。用 3 个相同的 PRPR 分支和一个 6 自由度的 UPUR 支链连接机架和动平台	（37）2-UPR-SPR 并联机器人。分支 1 和分支 3 均为 UPR 支链
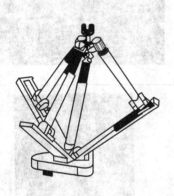	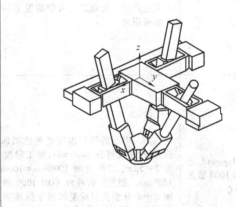
（38）两转一移解耦并联机器人	（39）具有三分支，且分支中不具有闭环的两转一移解耦并联机器人
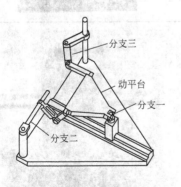	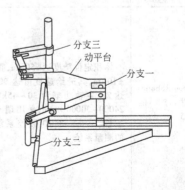

表 11.7-2　典型并联机床

名　称	说　明	图　示
美国 Giddings & Lewis 公司的 VARI-AX	由 6 根两两相互交叉的并联杆组成的铣削加工中心。体积定位精度为 $11\mu m$，最大横向进给速度为 66m/min，最大加速度为 $1g$，最大进给力为 31kN，主轴转速为 24000r/min。机床占地面积为 7800mm × 8180mm，工作空间为 700mm × 700mm × 750mm。该加工中心现放在英国诺丁汉大学用于实验研究	
俄罗斯 Lapik 公司的 KIM-750	在固定的上平台和运动的下平台之间安装有 6 根激光干涉测量尺，对伸缩杆的位移进行测量，并实时反馈，工作精度可达 $\pm 0.001 \sim 0.002mm$。工作空间为 750mm × 550mm × 450mm。该机床已应用于苏 27 战斗机生产线。北京工业大学购置了一台用于实验研究	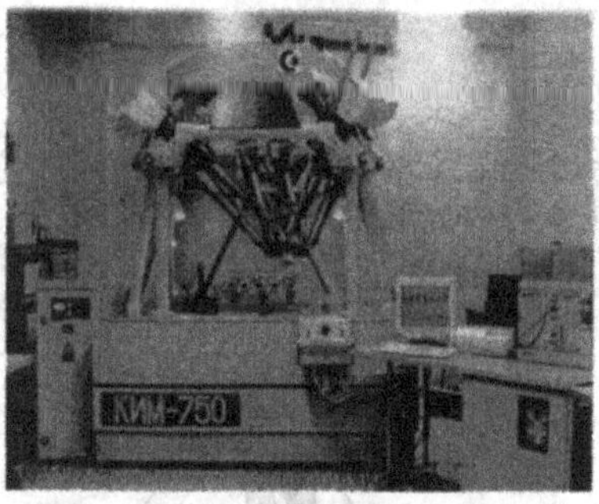
美国 Ingersoll 公司的 VOH 1000 型立式加工中心	该加工中心的闭环刚度是传统机床的 5 倍，进给速度可达 30m/min，加工精度一般为 $2 \sim 5\mu m$，工作空间 1000mm × 1000mm × 1200mm。制造出的两台 VOH 1000 型立式加工中心分别交付给美国国家标准和技术研究所和美国国家航空航天局进行研究	
瑞典 Neos Robotics 公司生产的 Tricept 845	体积定位精度达 $\pm 50\mu m$，重复定位精度达 $\pm 10\mu m$，其进给速度可达 90m/min，加速度达 $2g$，主轴功率为 30 ~ 45kW，主轴转速为 24000 ~ 30000r/min，采用瑞士 IBAG 公司电主轴、Siemens840D 数控系统和 Heidenhain 的测量系统	

（续）

名　称	说　明	图　示
瑞典 Neos Robotics 公司生产的 Tricept 600	体积定位精度达 ±200μm，重复定位精度达 ±20μm，其进给速度可达 40m/min，加速度可达 0.5g	
德国 Mikromat 公司的 6X Hexa 立式加工中心	采用变型 Stewart 平台，分别将上下平台都分为两层，两层上平台固定在 3 根立柱的侧面，两层下平台共同支持主轴部件。这种变型结构改善了工作空间与机床所占体积之比，使主轴姿态变化时受力更加均匀。该机床主要用于模具加工，可以实现 5 坐标高速铣削，加工精度可达 0.01~0.02mm	
法国 Renault Automation 公司推出 Urane SX 卧式加工中心	机构特点是在机床的床身上分布 3 根水平导轨，直线电动机的滑板沿导轨移动。3 块滑板通过 3 组平行杆机构以及万向铰和球铰支承动平台和主轴部件，使主轴实现 3 个坐标方向的移动。该加工中心具有很高的动态特性，快速移动可达 100m/min，最大加速度甚至可达 5g	
德国 Herkert 机床公司 SKM400 型卧式加工中心	机床的左前方配置有数控系统和容量为 16 把刀具的盘状刀库，3 根伸缩杆分布在机床的顶部横梁和左右两侧倾斜立柱上，由中空转子伺服电动机的滚珠丝杠驱动。3 根伸缩杆的末端共同支承主轴部件，实现 x、y、z 坐标运动	

（续）

名　称	说　明	图　示
德 国 DS Technologie 机床公司的 Ecospeed 型大型 5 坐标卧式加工中心	该机床的主要特点在于采用 3 杆并联机构。伺服电动机驱动导轨上的滑板前后移动。滑板通过板状连杆和万向铰链与主轴部件的壳体相连。如果 3 块滑板同步运动，则主轴部件进行 z 方向的前后移动	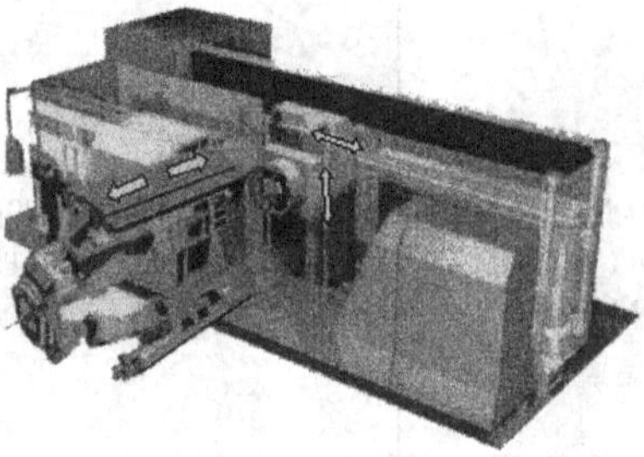
德 国 Reichenbacher 公司的 Pegasus 型木材加工中心	结构特点是，采用 3 组固定杆长的、两端有万向铰链的杆系，借助铰链将杆系分别与 3 块移动滑板和动平台连接。3 块滑板皆有各自的直线电动机初级线圈，但它们共用一个固定在机床横梁上的次级线圈。改变 3 个移动滑板相对主轴刀头点垂直截面（zy 坐标平面）的距离，就可以实现刀头点在 x、y、z 坐标方向的运动	
METRO M 公司的 P800 并联机床	机床占地面积为 2.2m×1.9m×2.3m，工作空间为 800mm×800mm×500mm	
日本 Toyoda 公司的 Hexa M	6-PUS 并联机构机床，可实现 5 轴数控加工。进给速度可达 100m/min，加速度可达 14.7m/s² ，主轴转速为 24000r/min，工作精度为 4μm，工作空间为 400mm×400mm×350mm	

（续）

名　称	说　明	图　示
瑞士联邦技术学院的 HexaGlide	并联机床的并联杆由定长的简单杆件组成，没有内置热源，减少了热变形对工作精度的影响	
美国 Hexel 公司的 P2000 型 5 坐标铣床	P2000 铣床工作台是一个采用并联机构的 6 自由度动平台，它可以作为单独部件提供给用户，也可以配置成完整的 5 坐标立式铣床	
瑞典 NEOS Robotics 公司的 Tricept 805	定位精度达 ±30μm，重复定位精度达 ±10μm，其进给速度可达 90m/min，加速度可达 2g	
韩国 Daeyoung 公司的 Eclipse-RP	具有冗余度的混联机床。工作空间为 φ150mm×170mm，其进给速度可达 10m/min，主轴转速为 5000~40000r/min	
西班牙 Fatronik 公司的 3 自由度 Ulyses	并联机床最大进给速度为 120m/min，最大加速度为 20m/s²，主轴转速为 24000r/min	

（续）

名　称	说　明	图　示
德国 Index 机床公司的 V100 立式车削中心	结构特点是 3 根立柱固定在机床底座上，顶端由多边形框架连接。每根立柱上有导轨，滑板在滚珠丝杆驱动下沿导轨移动，通过 6 根固定杆长的杆件将主轴部件吊住，使主轴实现 3 个直角坐标的移动	
Tekniker 公司的 SEYANKA	工作空间为 500mm×500mm×500mm，并联机床最大进给速度为 60m/min，最大加速度为 $10m/s^2$，主轴转速为 34000r/min	
Krause & Mauser 公司的 Quickstep 并联机床	用于高速切削的 3 自由度并联机床。工作空间为 630mm×630mm×500mm，并联机床最大进给速度为 100m/min，最大加速度为 $2g$，主轴转速为 15000r/min	
日本 Okuma 公司的 PM-600 并联加工中心	定位精度为 5μm，横向进给速度为 100m/min，加速度可达 1.5g，主轴转速为 30000r/min。有一个可携带 12 把刀具的刀库	
清华大学与天津大学联合研制的 VAMT1Y 镗铣类并联机床原型样机	我国第一台 VAMT1Y 镗铣类 6 杆并联机床原型样机	

（续）

名　称	说　明	图　示
天津大学与天津第一机床厂研制的 3-HSS 型并联机床 Linapod	3-HSS 型并联机床由动平台、静平台和三对立柱-滑鞍-支链组成；每条支链中含三根平行杆件，各杆件一端与滑鞍连接，另一端与动平台用球铰连接，滑鞍在伺服电动机和滚珠丝杠螺母副驱动下，沿安装在立柱上的滚动导轨进行上下运动。考虑到各支链中三根杆件两两构成平行四边形结构，故可有效地约束动平台转动自由度，使其仅提供沿笛卡儿坐标的平动	
北京航空航天大学研制的 6-SPS 结构并联刀具磨床	采用了国产 CH2010 数控系统，达到 $5\mu m$ 重复定位精度	
哈尔滨工业大学研制的 6-SPS 并联机床	最大进给速度为 25m/min，最大加速度为 $1g$，主轴转速为 12000r/min。机床占地面积为 1500mm × 2800mm，工作空间为 $\phi400mm×350mm$	
东北大学的 DSX5-70 型三并联铣削机床	DSX5-70 型三并联铣削机床是由三自由度的并联机构和两自由度的串联机构混联组成的五自由度虚拟轴机床。其中，两自由度串联机构置于运动平台上，整个机构通过三杆的伸缩和两驱动轴可实现五轴联动，用以完成多种作业任务	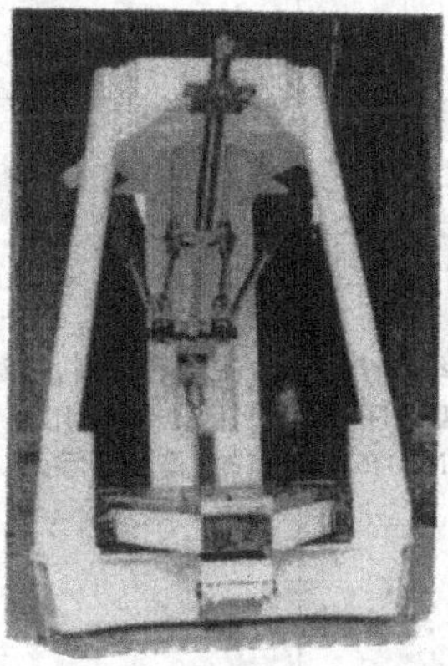

(续)

名 称	说 明	图 示
清华大学与大连机床厂联合研制的 DCB-510 五轴联动串并联机床	能够通过并联机构实现 x、y 和 z 方向的移动,采用传统的串联方式实现主轴头转动	
哈量集团研制的并联加工中心 LINKS-EXE700	引进了瑞典 EXECHON 并联运动机床新技术,机床带有数控刀库	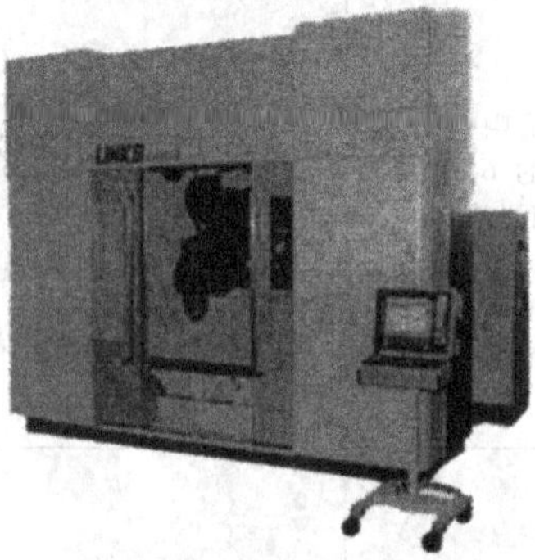
西班牙 Fatronik 公司的 VERNE	由一个并联模块和倾斜台组成,并联模块主要用于转化,而倾斜台用于旋转工件两个正交的轴	
清华大学研制的一种新型四轴联动并联机床 XNZD755	主轴转速高,可达 2400r/min,运动加速度可达 $10\text{m}/\text{s}^2$,用以加工汽车和摩托车发动机箱、模具等零件	

第8章　柔顺机构设计

1 柔顺机构简介

1.1 柔顺机构的概念

传统的刚性机构由刚性构件通过运动副连接而成，这在高速、精密、微型等极端性能要求下会出现一些不可避免的问题，如由惯性引起的振动，由运动副带来的间隙、摩擦、磨损及润滑，由机械结构决定的加工和安装误差等，柔顺机构的出现为解决这些问题提供了有效的途径和方法。

如果物体能够按照预定的方式弯曲，则可认为它是柔顺的。如果该物体所具有的弯曲柔性可以完成某项任务，即可称其为柔顺机构。自然界中绝大多数的生物体是柔性而非刚性的，它们的运动产生于柔性单元的弯曲。比如人类的心脏便可看作是一个柔顺机构，在一个人出生之前就开始工作，在有生之年一刻也不停歇。再如蜻蜓的翅膀、大象的鼻子、盛开的鲜花等。人们从自然界得到启示，一些早期的工具和机器也采用了柔顺机构。比如有着几千年历史的弓，古代的弓是由骨头、木头和动物肌腱等多种材料制成，利用弓臂的柔性存储能量，并利用能量的瞬间释放将箭推射出去。再如实现人类持续飞行的飞行器，最初也采用了柔顺机构。

随着对柔顺机构的理解和认识越来越深入，柔顺机构的应用得到了迅速增长，这些应用涉及从高端、高精度装置到普通成本的生活用品，从微机电系统到大尺寸的机器，从武器到医疗产品等。

1.2 柔顺机构的特点

柔顺机构的优越性主要表现在可提高性能和降低成本两方面。通常柔顺机构可以用很少的零件实现复杂的任务，但其设计难度也可能相应增大。柔顺机构的特点见表11.8-1。

1.3 柔顺机构的分类

按照柔顺机构中是否含有传统运动副，柔顺机构可分为混合型柔顺机构和全柔顺机构，见表11.8-2。

表11.8-1　柔顺机构的特点

柔顺机构的优点	柔顺机构的缺点
1) 将功能集成到少数零件上，可减少零件总数 2) 由于机构中运动副少，运动相对可靠 3) 可有效提升机构性能，包括由于减少磨损和减少甚至消除间隙而带来的高精度 4) 重量轻，便于运输，适合重量敏感的应用场合 5) 无须润滑，对许多应用场合和环境非常有利 6) 更加易于小型化	1) 柔顺机构的分析和设计比较困难，需要有机构分析和柔性构件变形方面的知识，应具有几何非线性分析的能力 2) 在某些应用场合，柔顺构件中有能量存储将会降低其工作效率 3) 受变形元件强度的限制，柔顺构件难以像铰链那样完成连续运动 4) 长时间经受应力和高温的柔顺构件可能会出现应力松弛或蠕变现象

表11.8-2　柔顺机构的分类

分　类	特　征	示　例
混合型柔顺机构	机构中含有传统运动副	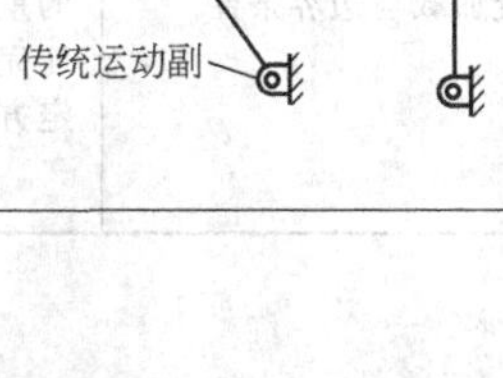 柔顺构件 传统运动副

（续）

分　类	特　征	示　例
全柔顺机构 具有集中柔度的全柔顺机构	用柔性运动副代替了全部的传统运动副。柔性铰链的功能相当于刚性转动铰链运动副。柔性铰链有很多种：单轴柔性铰链、弹性球副型柔性铰链、平行弹簧片移动副型柔性铰链等	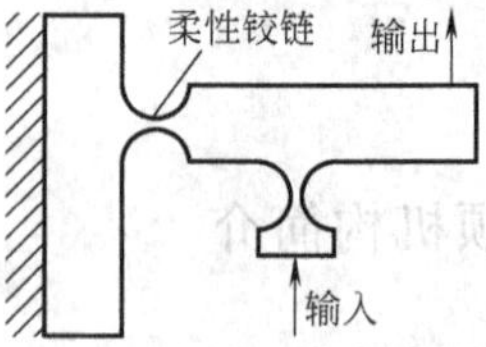
具有分布柔度的全柔顺机构	整个机构中并无任何柔性铰链的存在。根据弹性杆的初始构形，可以将其分为直弹性杆和弯曲弹性杆。根据截面是否变化，又分为均匀弹性杆和复合弹性杆	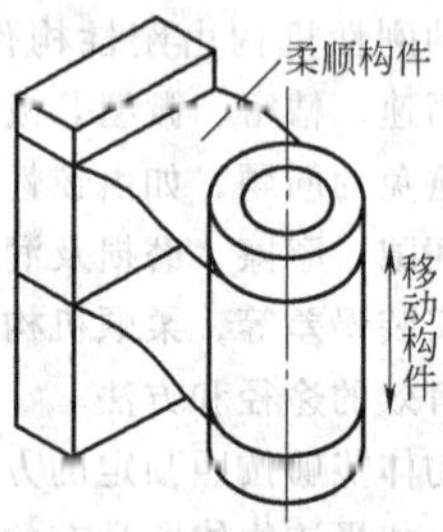

1.4　产生柔性的基本方法

产生柔性的基本方法包括改变材料属性、改变几何参数、改变加载与边界条件等，见表 11.8-3。

表 11.8-3　产生柔性的基本方法

方　法	说　明	示　例
改变材料属性	几何尺寸相同而材料不同的构件具有不同的刚度，可用弹性模量来度量。如右图所示，两根梁具有相同的尺寸和形状，下面受到的拉力也相同，但它们用的是不同的材料，分别为铝和聚丙烯，它们的弹性模量分别为 72GPa 和 1.4GPa。因此，相同几何尺寸的梁在同样的拉力作用下，铝梁的变形量只有聚丙烯梁变形量的 2% 左右	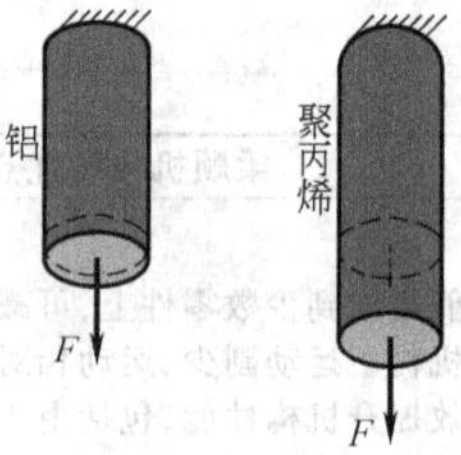
改变几何参数	形状和尺寸对柔性的影响很大。如右图所示，两根梁所用的材料相同，下面挂的重物也相同。两根梁都是圆柱形，但具有不同的直径。因为直径小的梁刚度更小，所以其产生的变形更大	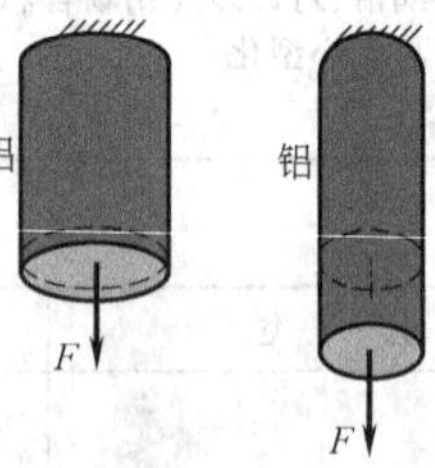
改变加载与边界条件	考虑如右图所示的两根梁，两根梁由相同的材料制成，具有相同的几何形状，下面挂的重物也相同。但是，两根梁的变形量却可能完全不同。载荷施加的方式以及梁的固定方式会使梁呈现不同的柔性	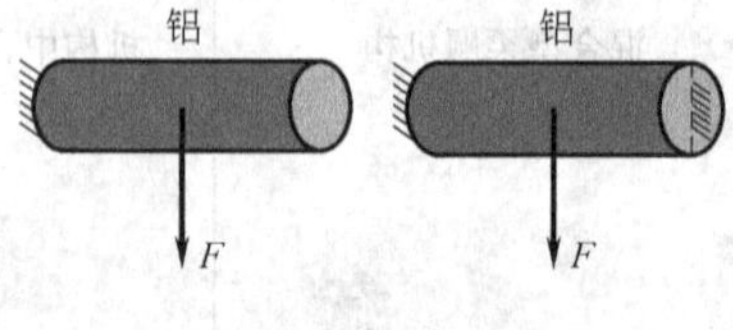

1.5　柔顺机构术语与简图

术语和简图是沟通机构设计信息的重要媒介，用于柔顺机构的术语和刚性机构是一致的，但对柔顺机构需要进一步描述和辨识。

1.5.1　术语

刚性机构由刚性构件组成，彼此之间通过运动副连接，这些部件容易辨认和描述。由于柔顺机构中至少有一部分运动是来源于其柔性构件的变形，因此其中的杆件和铰链部件就不容易区分。正确辨识这些部件对于设计和分析是很有必要的。

（1）杆件

杆件可以定义为连接一个或多个运动副相应表面的连续体。运动副包括转动副和移动副。杆件可以通过在运动副处拆开机构计算所得杆数的办法来确认。如图 11.8-1a 所示具有一个铰链的柔顺装置，其拆分后如图 11.8-1b 所示，仅由一根杆构成。

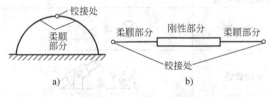

图 11.8-1　单杆柔顺机构

a）具有一个铰链的柔顺装置　b）拆分后的柔顺装置

对于一个刚性杆件来说，运动副之间的距离是固定的，杆件形状和受力情况对其运动影响不大。然而，柔顺杆件的运动依赖于其杆件的几何特性和所受作用力。因为这样的差别，柔顺杆件是用其结构类型和功能类型来描述的。

结构类型在没有外力时就确定了，这与刚性杆件的辨识相似。含有两个铰链的刚性杆称为二级杆，具有三个或四个铰链的刚性杆件分别称为三级杆和四级杆，如图 11.8-2a 所示。含有两个铰链的柔顺杆件具有与二级杆同样的结构，因而称为二级结构杆，其他类型的杆件也是如此。

一个杆件的功能类型包括其结构类型和虚铰链的数目。当有力作用在一个柔顺段上时会出现虚铰链，如图 11.8-2b 所示。如果外力施加在柔顺杆的某处而不是铰链上，其作用将会有很大变化。只含有作用在铰链上的力或力矩的二级结构杆称为二级功能杆。具有三个铰链的柔顺杆件是三级结构杆，如果载荷仅作用在铰链处，它也称为三级功能杆，这同样适用于四级杆。如果一根杆含有两个铰链和一个作用在柔顺部

分的力，由于该力造成了附加伪铰链，因而它既是二级结构杆又是三级功能杆，如图 11.8-2b 中的二级杆和三级杆所示。

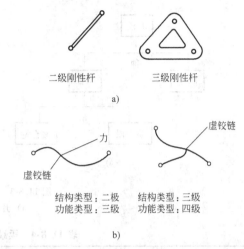

图 11.8-2　杆件类型举例

a）二级杆和三级杆　b）杆件的结构类型和功能类型

（2）片段

作用在一根柔顺杆上的力或力矩会影响该杆件的变形，因而产生机构的运动。影响变形的杆件特性包括其截面特性、材料特性、负载的大小和作用点以及位移。因此，将柔顺杆分解成片段来描述其特性，片段可以定义为杆件在结构上根据运动特性或材料和横截面特性的不同，或在函数关系上根据力或位移的边界条件不同而划分的变形单元。

一根杆可以由一个或多个片段组成，各段之间的区别需要根据机构的结构、功能和载荷来判断。材料或几何特性上的不连续经常出现在片段的端点。图 11.8-1 所示的杆由三段组成，其中一个刚性段和两个柔顺段，由于刚性段上两端点之间的距离保持常量，因此，不管其形状和大小如何，它都被认为是单独一个片段。

片段可以是刚性的，也可以是柔性的。柔性单元还可以进一步分为简单段和复合段，简单段是初始为直型、单一材料特性和等横截面的段，其他的形式都为复合段。杆件既可以是刚性的，也可以是柔性的。柔性杆由一个简单柔性段组成，其他都是复合杆。复合杆既可以是同质的也可以是非同质的。图 11.8-3a和图 11.8-3b 分别描述了片段和杆件的种类。

1.5.2　简图

简图常用于帮助描述刚性机构的结构。柔顺机构需要用类似的简图来区分刚性与柔顺的杆件和片段，

用于表达各种运动副或片段的符号见表 11.8-4。柔顺片段用单线表示，而刚性片段则用两条平行线表示。

轴向柔顺段是能够承受拉或压的片段，如拉伸弹簧。

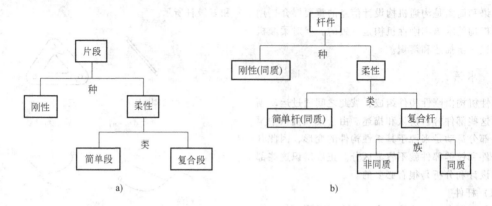

a)

b)

图 11.8-3 片段和杆件的种类

a) 片段 b) 构件

表 11.8-4 柔顺机构简图的符号规定

柔顺机构中的片段或运动副	符号表示	柔顺机构中的片段或运动副	符号表示
刚性片段	————	柔性铰链	⊗ 或
柔顺片段	—	滑动铰链	或
轴向柔顺片段	〰〰	固定连接	□ 或
转动铰链	○		

2 柔顺机构相关的基本概念

2.1 线性与非线性变形

在大多数变形分析中，都假设相对于结构的几何尺寸来说其变形很小并且应变与应力成正比关系，利用这些假设可将变形方程线性化，从而使分析简化。在许多应用中，结构变形较小，应力在弹性范围内，可以根据线性方程得到精确结果。但是当结构发生非线性变形时，这些假设不再适用，此时必须进行非线性分析。

结构非线性分为两类：材料非线性和几何非线性。材料非线性出现在不能应用胡克定律所阐述的应力与应变成正比关系的情况下。材料非线性的例子包括塑性、非线性弹性、超弹性变形及蠕变等。当变形改变了问题的本质时就会出现几何非线性。几何非线性的例子有大变形、应力硬化和大应变等。如果应变大到能造成几何结构上的显著变化，这种大应变造成的非线性必须加以考虑。当结构的刚度是变形的函数

时，就会产生应力硬化。

在非线性分析中，区分载荷是保守力还是非保守力是非常重要的。保守力问题是指最终变形与加载的次序和载荷增加的次数无关的情况。保守系统的势能仅仅取决于最终的变形，而与获得该变形的路径无关。利用这一特性，可以用有利于提高求解方法收敛性的方式来加载，从而简化保守系统的分析过程。几何非线性和非线性弹性都是保守问题的例子。如果系统的能量与路径有关，例如塑性变形或者蠕变，就属于非保守力问题，其分析过程必须与实际加载路径一致。

2.2 刚度与强度

刚度是指材料或结构在承受载荷时抵抗弹性变形的能力，是材料或结构弹性变形难易程度的表征。在宏观弹性范围内，刚度是零件荷载与位移成正比的比例系数，即引起单位位移所需的力。

强度是指材料或结构在承受载荷后抵抗发生断裂或超过容许限度的残余变形的能力，是衡量零件本身

承载能力（即抵抗失效能力）的重要指标。强度是机械零部件应满足的基本要求。

如果一个小载荷造成相对大的变形，那么该构件的刚度很低，但不能说明它的强度。由载荷产生的变形量与构件的刚度或刚性有关。强度是材料在失效以前所能承受应力的特性，结构的刚度决定了在载荷作用下能产生多大的变形，而强度则决定了失效前能承受多大的应力。

机构的刚度既是材料特性的函数也是几何参数的函数。在弯曲过程中，抗弯刚度为 EI，其中 E 为弹性模量，I 为横截面惯性矩。对于轴向载荷，它的轴向刚度为 EA，其中 A 为横截面面积。

如图 11.8-4 所示的悬臂梁，材料各向同性，即各个方向上的弹性模量和强度都相同。梁在几何上对某根轴的惯性矩要比对其他轴的惯性矩大得多。

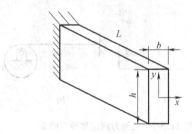

图 11.8-4　在 x 和 y 方向上等强度但不等刚度的悬臂梁

如果在 x 方向上作用一个可使最大应力等于屈服强度 S 的力 F_x 时，x 轴方向的变形为

$$\delta_x = \frac{2S L^2}{3Eb} \tag{11.8-1}$$

在 y 方向上作用一个可使最大应力等于屈服强度的力 F_y，y 方向产生的变形为

$$\delta_y = \frac{2S L^2}{3Eh} \tag{11.8-2}$$

该构件在失效以前，x 方向的变形比 y 方向的变形大，通过比值 h/b 表示为

$$\delta_x = \frac{h}{b}\delta_y \tag{11.8-3}$$

此例表明，虽然梁在 x 方向和 y 方向上的强度相同，但两个方向的刚度却有很大差别。刚度与强度没有必然的联系，在很多情况下可以通过降低某一构件的刚度来避免疲劳失效，这在柔顺机构中是很常见的。

2.3　柔度

在大多数结构和机械系统中，不希望梁有柔性和变形。然而由于柔顺机构的运动是依靠变形来实现的，其构件的柔度是必需的，很多情况下希望通过尽

可能小的载荷和应力得到所需的变形。

柔度与刚度互为倒数，即单位力引起的位移，是反映构件在载荷作用下的变形能力。梁的柔度可以通过改变材料特性或者几何尺寸来改变。如图 11.8-5 所示，假设变形是在线性范围内，变形 δ 为

$$\delta = \frac{FL^3}{3EI} \tag{11.8-4}$$

式中　惯性矩 $I = bh^3/12$。

因此

$$\delta = 4F \frac{1}{E} \frac{L^3}{b\,h^3} \tag{11.8-5}$$

梁的变形大小受作用力（F）、材料特性（$1/E$）和几何参数（L^3/bh^3）的影响。对于给定载荷，梁的柔性可以通过修改其材料和几何尺寸来改变。

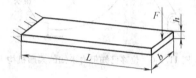

图 11.8-5　力作用下梁的变形

柔性与脆性并没有必然联系，脆性材料在达到失效应力时会被严重地破坏，但对于延展性材料，当应力超过屈服强度时会伸长，这种伸长表明此构件已处于过应力状态，它不会破断，但会产生永久变形，一些延展性材料可以承受超过其屈服强度几千倍的应力而不破断。总之，脆性材料可以做成柔性的，但是在过载荷的情况下会造成严重的破坏。

2.4　位移与力载荷

柔顺机构要在保持应力低于最大允许应力的情况下，使机构有足够大的变形以实现其功能。一旦柔顺机构的变形位置已知，就可以直接进行应力分析。大多数柔顺机构是在二维空间内工作的，弯曲应力和轴向应力是柔顺机构中最主要的载荷形式，由轴向力 F 造成的轴向应力为

$$\sigma = \frac{F}{A} \tag{11.8-6}$$

式中　F——轴向力；

　　　A——横截面面积。

弯曲应力为

$$\sigma = \frac{My}{I} \tag{11.8-7}$$

式中　M——力矩载荷；

　　　y——考察点到中性轴的距离；

　　　I——横截面的惯性矩。

最大应力发生在离中性轴最远距离 c 处，最大应力为

$$\sigma_{\max} = \frac{Mc}{I} \qquad (11.8\text{-}8)$$

大多数结构都受力载荷的作用，例如受到交通工具压力和风力作用的桥梁，受到动载荷的高速连杆机构，以及受到空气动力载荷的机翼等。然而柔顺机构的载荷形式却大不相同，其位移是已知的，无须计算由已知载荷引起的变形和应力，而是计算出相应的应力和运动副反力。如图 11.8-6 所示，柔性梁的变形是由系统的其他部分决定的，而且载荷是未知的，具有位移载荷结构的设计方法与具有力载荷结构的设计方法是完全不同的。

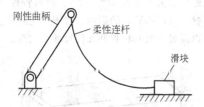

图 11.8-6　位移已知但力未知的柔顺机构

考虑如图 11.8-7 所示的两根梁。第一根梁受一个已知力的作用，固定端的力矩为 $M = FL$，由式 (11.8-8) 得到其最大应力为

$$\sigma_{\max} = \frac{FLc}{I} \qquad (11.8\text{-}9)$$

第二根梁的位移由凸轮轮廓线决定，运动副反力是未知的，最大力矩 $M_{\max}$ 作用在固定端，变形方程为

$$\delta = \frac{FL^3}{3EI} = \frac{M_{\max}L^2}{3EI} \qquad (11.8\text{-}10)$$

解方程得

$$M_{\max} = \frac{3\delta EI}{L^2} \qquad (11.8\text{-}11)$$

代入式 (11.8-7) 得

$$\sigma = \frac{3\delta Ey}{L^2} \qquad (11.8\text{-}12)$$

对于受力载荷的梁，如图 11.8-7a 所示，增加惯性矩可以减小应力，这表明，可以通过附加材料来提高结构强度。但是，如果这种方法应用到位移载荷的情况，如图 11.8-7b 所示，将造成严重的损失。对于这种梁，要通过降低刚度来减小应力，承受给定位移的构件应该更有柔性，这可以通过使用弹性模量较低的材料或者通过减小惯性矩的方法来实现。

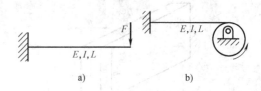

图 11.8-7　已知力或位移载荷的梁
a) 已知力载荷的梁　b) 已知位移的梁

3　典型的柔顺单元与机构（见表 11.8-5）

表 11.8-5　典型的柔顺单元与机构

柔顺机构类型	说　明	图　例
平面柔性铰链	图中所示为几种常用的平面柔性铰链。其中图 a 为长方形柔性铰链，其分析计算相对较简单；图 b 为圆弧形柔性铰链，在长方体上两侧各加工圆柱形表面；图 c 为椭圆形柔性铰链，在长方体上两侧各加工出椭圆柱形表面；图 d 为圆柱体圆弧形柔性铰链，在圆柱体对称两侧各加工出圆柱形表面，其分析计算相对较复杂	a) 长方形柔性铰链　b) 圆弧形柔性铰链　c) 椭圆形柔性铰链　d) 圆柱体圆弧形柔性铰链
空间柔性铰链	图中所示为常见的空间柔性铰链。其中，图 a 所示为圆柱体中间加工出一个细的圆柱棒，能产生空间变形；图 b 所示为在正方体上加工出相互垂直的两圆弧形柔性铰链，能产生空间变形	a) 圆柱体上的空间柔性铰链　b) 正方体上的空间柔性铰链

（续）

柔顺机构类型	说　明	图　例
柔顺平行运动机构	柔顺平行导向机构用途十分广泛,其结构型式也可多种多样。图 a 所示为椭圆形柔性铰链的平行导向机构,图 b 所示为交错轴柔性铰链的平行导向机构。平行导向机构具有可消除铰链摩擦、回差和不用润滑油等优点	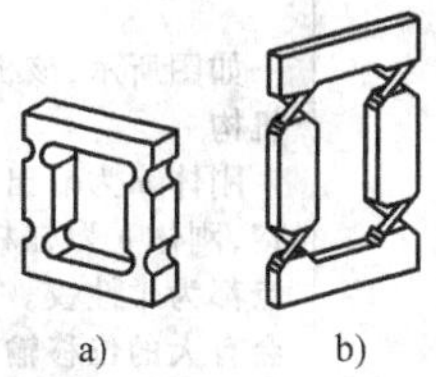 a)椭圆柔性铰链平行导向机构 b)交错轴柔性铰链平行导向机构
柔顺能量存储机构	图中所示的叠簧采用叠堆的方法减小体积和重量,同时保持了它们本来的功能 　　图 a 是一种典型的叠簧构型,其簧片 a 的长度是变化的。b 是板簧的安装部位 　　图 b 是另一种叠簧构型,其簧片 a 的长度相同。b 是簧片的安装部位	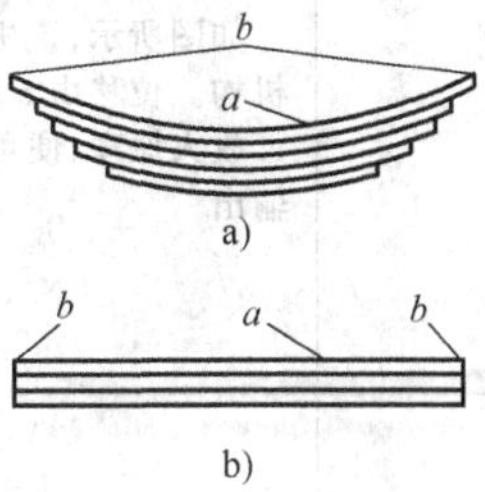
单稳态机构	如图所示,该机构中有一个悬臂梁,在没有输入力的情况下,该悬臂梁迫使机构保持在唯一稳态位置 　　a)刚体 a 固定,刚体 b 是二副杆,在没有输入的情况下,柔性杆 c 借助能量传递将机构保持在当前位置 　　b)在输入 d 作用下机构的变形状态(不稳定)	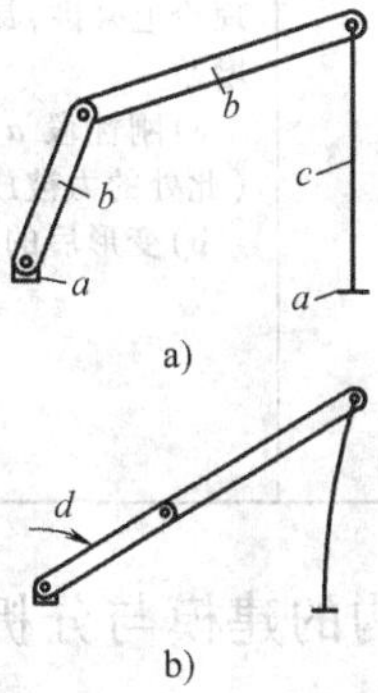
双稳态机构	如图所示,该机构是一种全柔顺的电灯开关 　　a)刚体 a 固定,段 b 是活铰,段 c 可以停留在对应电灯开和关的两个稳态位置 　　b)机构的变形状态	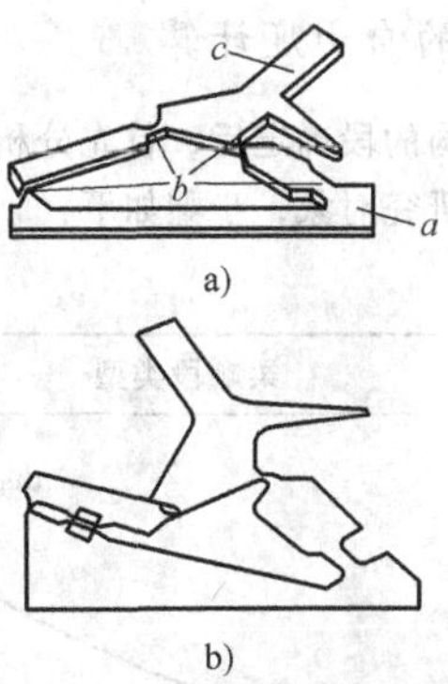

（续）

柔顺机构类型	说　　明	图　　例
位移放大机构	如图所示,该机构是一种杠杆式位移放大机构 　刚体 a 为输出平台,通过柔性段与边框连接,刚体 b 为杠杆机构,其输入输出点和支点都为柔性铰。在输入 c 的作用下,平台 a 会有大的位移输出	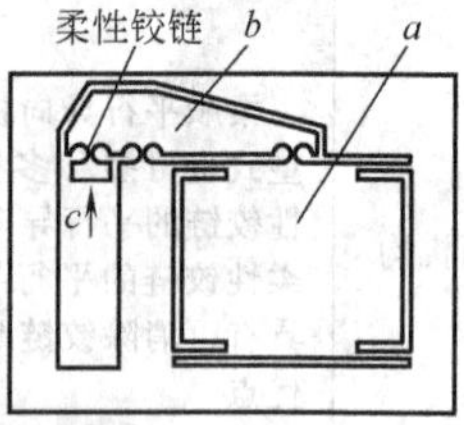
	如图所示,该机构是一种三角式位移放大机构。位移由 a 端输入,经过该机构的三角形放大原理,便可在 b 端获得放大后的位移输出	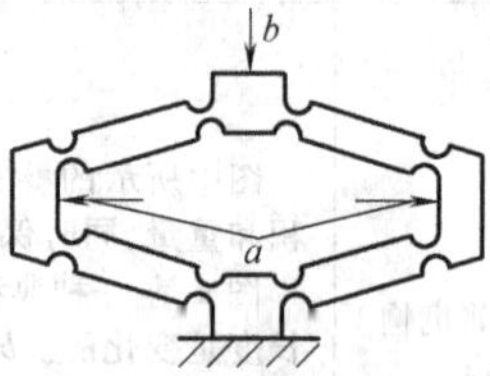
力放大机构	如图所示,该机构是一种全柔顺夹钳,从理论上来讲,其局部运动具有无穷大的机械增益 　a)刚性段 a 是输入杆,刚体 b 是输出杆(此处的力被放大),c 为被动铰链 　b)变形后的形态	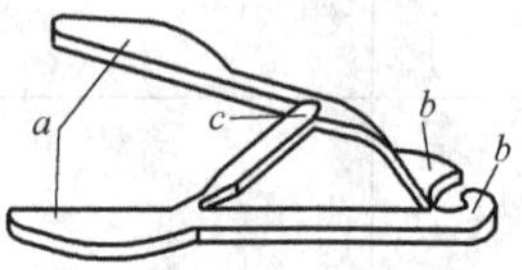 a) 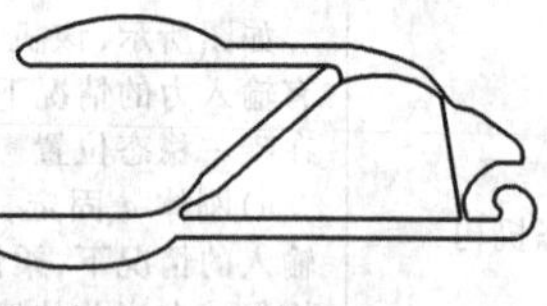 b)

4　柔顺机构的建模与分析方法

4.1　柔顺机构的自由度计算

4.1.1　段的自由度计算

　　柔顺机构的段确定后,首先分析它的自由度。以平面机构为研究对象,步骤如下:

　　1)柔顺段不发生弹性变形,则有 3 个自由度,这与刚体段相同。

　　2)柔顺段发生弹性变形,则要确定柔顺段弹性变形的参数个数,参数的个数为其自由度数。

　　常见的柔顺段自由度分析见表 11.8-6。

4.1.2　柔顺段连接类型

　　柔顺段连接类型见表 11.8-7。

表 11.8-6　常见的柔顺段自由度分析

柔顺段类型	自由度分析
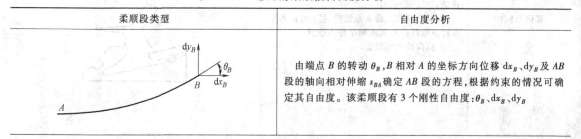	由端点 B 的转动 θ_B,B 相对 A 的坐标方向位移 $\mathrm{d}x_B$、$\mathrm{d}y_B$ 及 AB 段的轴向相对伸缩 s_{BA} 确定 AB 段的方程,根据约束的情况可确定其自由度。该柔顺段有 3 个刚性自由度:θ_B、$\mathrm{d}x_B$、$\mathrm{d}y_B$

（续）

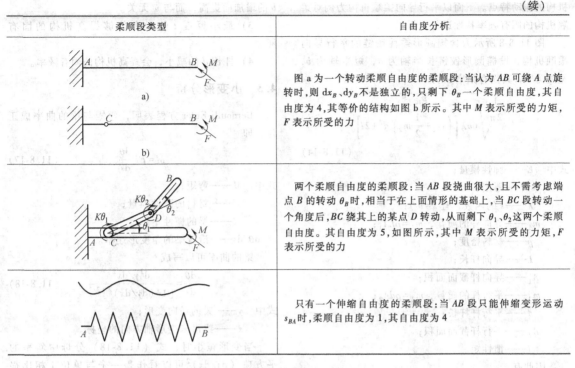

柔顺段类型	自由度分析
a) b)	图 a 为一个转动柔顺自由度的柔顺段：当认为 AB 可绕 A 点旋转时，则 dx_B、dy_B 不是独立的，只剩下 θ_B 一个柔顺自由度，其自由度为 4，其等价的结构如图 b 所示。其中 M 表示所受的力矩，F 表示所受的力
	两个柔顺自由度的柔顺段：当 AB 段挠曲很大，且不需考虑端点 B 的转动 θ_B 时，相当于在上面情形的基础上，当 BC 段转动一个角度后，BC 绕其上的某点 D 转动，从而剩下 θ_1、θ_2 这两个柔顺自由度。其自由度为 5，如图所示，其中 M 表示所受的力矩，F 表示所受的力
	只有一个伸缩自由度的柔顺段：当 AB 段只能伸缩变形运动 s_{BA} 时，柔顺自由度为 1，其自由度为 4

表 11.8-7　柔顺段连接类型

连接类型	图　例	说　明
固接型	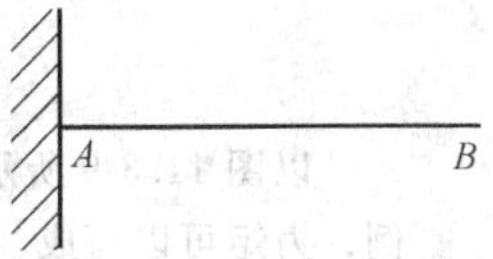	柔顺段的固定连接方式：约束了 3 个自由度
铰接型	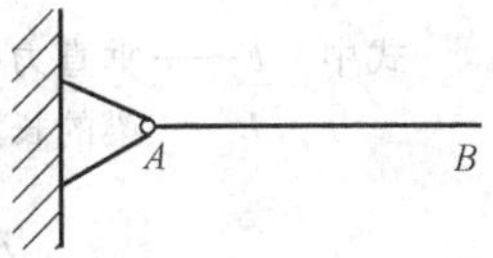	柔顺段与其他段铰接：约束了两个自由度
柔顺铰接型	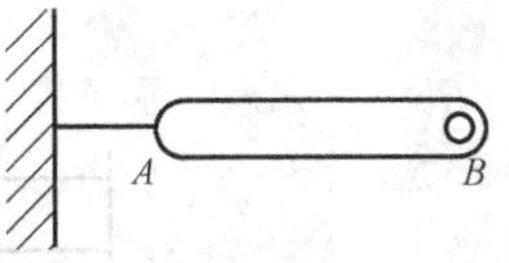	刚性段间的柔顺铰接：这是刚性段与刚性段的一种连接方式，约束了 2 个自由度

4.1.3　柔顺机构总自由度计算

机构自由度等于机构全部构件在没有约束时的自由度数减去被约束的自由度数，所以柔顺机构的总自由度 F 公式为

$$F = \sum_{j=4}^{6} j\,n_1 + 3\,n_2 - \sum_{j=1}^{2}(3-j)\,n_3 -$$

$$3\,n_4 - \sum_{j=1}^{2}(3-j)\,n_5 \qquad (11.8\text{-}13)$$

式中　n_1——自由度等于 j 的柔顺段的数目；

n_2——除去机架外刚性段的数目；

n_3——自由度等于 j 的刚性运动副的数目；

n_4——两端是固定连接的数目；

n_5——柔顺自由度等于 j 的柔顺运动副的数目。

4.2　柔顺机构的频率特性分析

固有频率是重要的动力学特性参数，体现了柔顺机构的振动特点。下面以平行导向柔顺机构为例对柔顺机构的固有频率特性进行分析。

图 11.8-8 所示为含椭圆形柔性铰链的平行导向柔顺机构，设椭圆形铰链长半轴为 a，短半轴为 b，宽度为 w，其固有频率 ω 为

$$\omega = \frac{1}{2\pi}\sqrt{\frac{Ewt^3}{6a\lambda\left[\left(m_1+\frac{1}{2}m_2\right)d^2+2I\right]}}$$

（11.8-14）

式中　E——弹性模量；

t——厚度；

λ——s 的函数，且 $s=b/t$；

m_1——导向杆的质量，$m_1=\rho LA_1$；

ρ——材料密度；

L——导向杆长；

A_1——导向杆截面面积；

m_2——平行杆的质量，$m_2=\rho dA_2$；

d——平行杆杆长；

A_2——平行杆截面面积；

I——惯性矩。

因此有

$$\omega = \frac{1}{2\pi}\sqrt{\frac{Ewt^3}{6a\lambda\rho\left[\left(LA_1+\frac{1}{2}dA_2\right)d^2+2I\right]}}$$

（11.8-15）

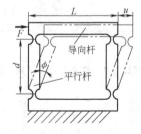

图 11.8-8　平行导向柔顺机构

若铰链为直圆形柔性铰链，即 $a=b$，则其固有频率 ω 为

$$\omega = \frac{1}{2\pi}\sqrt{\frac{Ewt^2}{6\lambda'\rho\left[\left(LA_1+\frac{1}{2}dA_2\right)d^2+2I\right]}}$$

（11.8-16）

式中　$\lambda'=s\cdot\lambda$。

由式（11.8-16）可知：

1）若机构的几何参数和结构参数选定，则机构的固有频率 ω 与材料参数 $\sqrt{E/\rho}$ 成正比。

2）机构的固有频率随着 a 的增加而降低，随着 b 的增加而提高，而与 w 无关。

3）最小厚度 t 的增大能够提高机构的固有频率。

4）杆长 d 的减小，会提高机构的固有频率。

4.3　小变形分析

Bernoulli-Euler 方程表明，弯矩与梁的曲率成正比，即

$$M = EI\frac{d\theta}{ds}$$

（11.8-17）

式中　M——弯矩；

E——材料的弹性模量；

I——梁的惯性矩；

$d\theta/ds$——沿着梁的角变形速率。

梁的曲率可以写成

$$\frac{d\theta}{ds} = \frac{d^2y/dx^2}{[1+(dy/dx)^2]^{3/2}}$$

（11.8-18）

式中　y——梁的横向变形；

x——梁沿未变形轴方向的坐标。

当变形很小时，式（11.8-18）分母中斜率的平方项 $(dy/dx)^2$ 可以看作是一个与单位 1 相比很小的量。由此假设可以导出经典的梁弯矩-曲率方程为

$$M = EI\frac{d^2y}{dx^2}$$

（11.8-19）

以图 11.8-9 所示末端受垂直力作用的悬臂梁为例，力矩可以写成

$$M = F(L-x)$$

（11.8-20）

式中　F——垂直力的值；

L——梁的长度。根据边界条件可求得

$$y = \frac{Fx^2}{6EI}(3L-x)$$

（11.8-21）

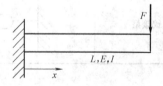

图 11.8-9　末端受力的小变形悬臂梁

在许多结构应用场合，以力和力矩等表示的载荷是已知的，变形和应力可以通过类似于式（11.8-21）的方程求出，然而在柔顺机构分析中，所要求的变形却是已知的，产生的力和相应的应力则需由计算求出。

根据不同边界条件得到的不同类型的梁的变形方程见表 11.8-8。

表 11.8-8　不同边界条件下不同类型梁的变形方程

(1) 自由端受力的悬臂梁

$$y = \frac{F x^2}{6EI}(3L - x),\ \text{在}\ x = L\ \text{处}\ y_{max} = \frac{F L^3}{3EI}$$

$$\theta = \frac{Fx}{2EI}(2L - x),\ \theta_{max} = \frac{F L^2}{2EI}$$

在 $x = 0$ 处 $M_{max} = FL$

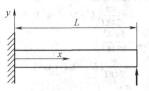

(2) 任意点垂直受力的悬臂梁

$$y_{AB} = \frac{F x^2}{6EI}(3a - x)$$

$$y_{BC} = \frac{F a^2}{6EI}(3x - a)$$

在 $x = L$ 处 $y_{max} = \frac{F a^2}{6EI}(3L - a)$

$$\theta_{AB} = \frac{Fx}{2EI}(2a - x),\ \theta_{max} = \theta_{BC} = \frac{F a^2}{2EI}$$

在 $x = 0$ 处 $M_{max} = Fa$

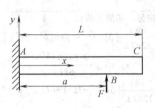

(3) 受均布载荷的悬臂梁

$$y = \frac{w x^2}{24EI}(6 L^2 + x^2 - 4Lx),\ \text{在}\ x = L\ \text{处}\ y_{max} = \frac{w L^4}{8EI}$$

$$\theta = \frac{wx}{6EI}(3 L^2 + x^2 - 3Lx),\ \text{在}\ x = L\ \text{处}\ \theta_{max} = \frac{w L^3}{6EI}$$

在 $x = 0$ 处 $M_{max} = \frac{w L^2}{2}$

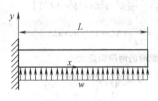

(4) 自由端受力矩作用的悬臂梁

$$y = \frac{M_0 x^2}{2EI},\ \text{在}\ x = L\ \text{处}\ y_{max} = \frac{M_0 L^2}{2EI}$$

$$\theta = \frac{M_0 x}{EI},\ \text{在}\ x = L\ \text{处}\ \theta_{max} = \frac{M_0 L}{EI}$$

$$M_{max} = M_0$$

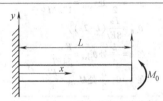

(5) 中点受力的简支梁

$$y_{AB} = \frac{Fx}{48EI}(3 L^2 - 4 x^2),\ \text{在}\ x = \frac{L}{2}\ \text{处}\ y_{max} = \frac{F L^3}{48EI}$$

$$\theta_{AB} = \frac{F}{16EI}(L^2 - 4 x^2)$$

在 $x = 0$ 处　$\theta_{max} = \frac{F L^2}{16EI}$

在 $x = \frac{L}{2}$ 处 $M_{max} = \frac{FL}{4}$

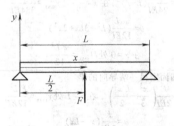

(6) 任意点垂直受力的简支梁

$$a < b,\ y_{AB} = \frac{Fbx}{6EIL}(L^2 - x^2 - b^2),$$

$$y_{BC} = \frac{Fa(L - x)}{6EIL}(2Lx - x^2 - a^2)$$

$$\theta_{AB} = \frac{Fb}{6EIL}(L^2 - 3 x^2 - b^2),$$

$$\theta_{BC} = \frac{Fa}{6EIL}(3 x^2 + a^2 + 2 L^2 - 6Lx)$$

$$M_{AB} = \frac{Fbx}{L},\ M_{BC} = \frac{Fa}{L}(L - x)$$

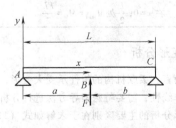

（续）

（7）受均布载荷的简支梁 $$y=\frac{wx}{24EI}(L^3-2Lx^2+x^3)$$ 在 $x=\frac{L}{2}$ 处 $y_{max}=\frac{5wL^4}{384EI}$ $$\theta=\frac{w}{24EI}(L^3-6Lx^2+4x^3)$$ 在 $x=0$ 处 $\theta_{max}=\frac{wL^3}{24EI}$ 在 $x=\frac{L}{2}$ 处 $M_{max}=\frac{wL^2}{8}$	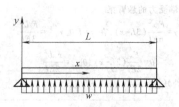
（8）一端固定另一端简支的梁 $$y_{AB}=\frac{Fbx^2}{12EIL^3}[3L(L^2-b^2)+x(b^2-3L^2)]$$ $$y_{BC}=y_{AB}+\frac{F(x-a)^3}{6EI}$$ $$\theta_{AB}=\frac{Fbx}{12EIL^3}[3x(b^2-3L^2)+6L(L^2-b^2)]$$ $$\theta_{BC}=\theta_{AB}+\frac{F(x-a)^2}{2EI}$$ $$M_{AB}=\frac{Fb}{2L^3}[L^3-b^2L+x(b^2-3L^2)]$$ $$M_{BC}=\frac{Fa^2}{2L^3}(3Lx-3L^2-ax+aL)$$	
（9）中点受载荷的两端固定梁 $$y_{AB}=\frac{Fx^2}{48EI}(3L-4x)$$ 在 $x=\frac{L}{2}$ 处 $y_{max}=\frac{FL^3}{192EI}$ $$\theta_{AB}=\frac{Fx}{8EI}(L-2x),$$ 在 $x=\frac{L}{4}$ 处 $\theta_{max}=\frac{FL^2}{64EI}$ 在 $x=0,\frac{L}{2}$ 处 $M_{max}=\frac{FL}{8}$	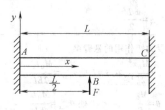
（10）受均布载荷的两端固定梁 $$y=\frac{wx^2}{24EI}(L-x)^2,\ 在\ x=\frac{L}{2}\ 处\ y_{max}=\frac{wL^4}{384EI}$$ $$\theta=\frac{wxL}{12EI}(L^2-3Lx+2x^2)$$ 在 $x=0$ 处 $M_{max}=\frac{wL^2}{12}$	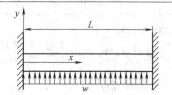
（11）一端固定另一端导向的梁 $$y=\frac{F}{2EI}\left(\frac{x^3}{3}-\frac{Lx^2}{2}\right),\ 在\ x=L\ 处\ y_{max}=\frac{FL^3}{12EI}$$ $$\theta=\frac{F}{2EI}(x^2-Lx)$$ 在 $x=\frac{L}{2}$ 处 $\theta_{max}=\frac{FL^2}{4EI}$ 在 $x=0,\frac{L}{2}$ 处 $M_{max}=M_0=\frac{FL}{2}$	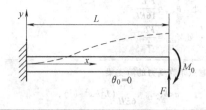

4.4　大变形分析

　　一般而言，柔顺机构的构件承受大变形，因此会引入几何非线性，需要特殊推导方法进行分析。大变形和小变形分析的主要区别在于求解如式（11.8-17）的 Bernoulli-Euler 方程的假设。对于小变形，假设斜率非常小，曲率可近似为如式（11.8-19）的变形的二次微分。如果斜率较大，那么此假设失效。若假设写成以下形式

$$\frac{\mathrm{d}\theta}{\mathrm{d}s}=C\frac{\mathrm{d}^2y}{\mathrm{d}x^2} \qquad (11.8\text{-}22)$$

　　那么

$$C = \frac{1}{[1+(\mathrm{d}y/\mathrm{d}x)^2]^{3/2}} \qquad (11.8\text{-}23)$$

对于小变形，假设 $C=1$。当变形增加，C 值也随之改变，它与单位 1 的偏差就表示出小变形假设的不准确性。斜率很小时，C 接近于 1，随着斜率的增加，C 值减小。

以自由端受到力矩作用的悬臂梁为例，如图 11.8-10 所示，其 Bernoulli-Euler 方程为

$$\frac{\mathrm{d}\theta}{\mathrm{d}s} = \frac{M_0}{EI} \qquad (11.8\text{-}24)$$

其中，M_0 在沿着梁的长度上都是常量。梁末端的变形角 θ_0 可以通过分离变量后积分求得，即

$$\int_0^{\theta_0} \mathrm{d}\theta = \int_0^L \frac{M_0}{EI}\mathrm{d}s \qquad (11.8\text{-}25)$$

$$\theta_0 = \frac{M_0 L}{EI} \qquad (11.8\text{-}26)$$

其中，θ_0 的单位为弧度。因为是对沿着梁方向的距离 s 的积分，而不是对水平距离 x 的积分，因此，方程中无小变形假设。

通过积分可以得到无量纲形式的梁垂直变形为

$$\frac{b}{L} = \frac{EI}{M_0 L}(1-\cos\theta_0) \qquad (11.8\text{-}27)$$

用类似的方法可以得到无量纲形式的梁水平坐标为

$$\frac{a}{L} = \frac{\sin\theta_0}{\theta_0} = \frac{\sin[M_0 L/(EI)]}{M_0 L/(EI)} \qquad (11.8\text{-}28)$$

无量纲水平变形为 $1 - a/L$。式（11.8-27）和式（11.8-28）所表示的变形如图 11.8-10 中的虚线所示。

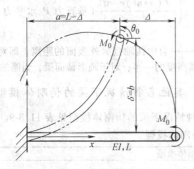

图 11.8-10 自由端受力矩作用的柔性悬臂梁

4.5 基于伪刚体模型的建模方法

伪刚体模型是用具有等效力-变形关系的刚体构件来模拟柔性部件的变形，这样刚体机构的理论就可以用来分析柔顺机构。伪刚体模型将刚体机构与柔顺机构理论联系起来，这种方法对于柔顺机构的设计来说非常有用。对每一个柔性片段，伪刚体模型可以预测其变形轨迹和力-变形关系，其运动是用具有铰链的刚性杆来模拟的，柔顺片段的力-变形关系是用附加的弹簧来准确描述的。伪刚体模型建立的关键是确定特征铰链的位置以及扭转弹簧的参数。

4.5.1 短臂柔铰

如图 11.8-11a 所示的悬臂梁，它有两段，一段短而柔，而另一段则长而硬。如果短段比起长段足够短而且柔软的多，即

$$L \gg l \qquad (11.8\text{-}29)$$

$$(EI)_L \gg (EI)_l \qquad (11.8\text{-}30)$$

则短段称为短臂柔铰。为清楚起见，图 11.8-11 中的 l 是用夸大了的长度表示的，一般来说，L 的长度是 l 的 10 倍以上。对端点受一力矩作用的柔性片段，其变形方程为

$$\theta_0 = \frac{M_0 l}{EI} \qquad (11.8\text{-}31)$$

$$\frac{\delta_y}{l} = \frac{1-\cos\theta_0}{\theta_0} \qquad (11.8\text{-}32)$$

$$\frac{\delta_x}{l} = 1 - \frac{\sin\theta_0}{\theta_0} \qquad (11.8\text{-}33)$$

这可以用来定义短臂柔铰的简单伪刚体模型。由于柔性部分比刚性部分短得多，此系统的运动可以用由特征铰链连接的两根刚性杆来模拟，如图 11.8-11b 所示，特征铰链位于柔性铰链的中点。因为变形仅发生在比刚性部分短得多的柔性部分，所以这种假设是准确的。基于这个原因，柔性段上几乎任何点都可以作为特征铰链的安装点，而中点用起来比较方便。伪刚体杆的角度 Θ 称为伪刚体角。对于短臂柔铰，伪刚体角等于梁末端角

$$\Theta = \theta_0 \text{（短臂柔铰）} \qquad (11.8\text{-}34)$$

梁末端的 x 和 y 坐标分别用 a 和 b 表示，可近似为

$$a = \frac{l}{2} + \left(L + \frac{l}{2}\right)\cos\Theta \qquad (11.8\text{-}35)$$

及

$$b = \left(L + \frac{l}{2}\right)\sin\Theta \qquad (11.8\text{-}36)$$

或表示成无量纲形式为

$$\frac{a}{l} = \frac{1}{2} + \left(\frac{L}{l} + \frac{1}{2}\right)\cos\Theta \qquad (11.8\text{-}37)$$

和

$$\frac{b}{l} = \left(\frac{L}{l} + \frac{1}{2}\right)\sin\Theta \qquad (11.8\text{-}38)$$

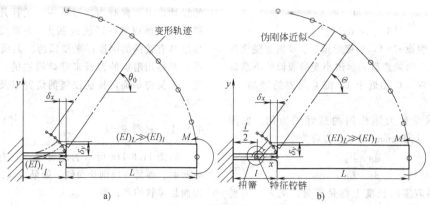

图 11.8-11　短臂柔铰及其伪刚体模型

a) 短臂柔铰　b) 伪刚体模型

对于给定的角变形，所求的近似梁的刚性部分将会是平行的，这使得分别用两种方法确定出的相应轨迹点之间的距离与刚性部分两端点间的距离相等，此距离 d 随着 l 的减小而减小，如图 11.8-12 所示。

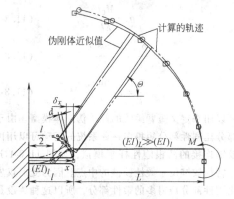

图 11.8-12　短臂柔铰的近似误差

梁的抗变形能力可用以弹簧常数为 K 的扭簧来模拟。使扭簧产生角变形为 Θ 的力矩为

$$T = K\Theta \qquad (11.8\text{-}39)$$

弹簧常数 K 可以根据有关梁的基本理论确定。末端有力矩作用的梁的末端转角为

$$\theta_0 = \frac{Ml}{(EI)_l} \qquad (11.8\text{-}40)$$

整理可以求出 M 为

$$M = \frac{(EI)_l}{l}\theta_0 \qquad (11.8\text{-}41)$$

注意到 $M = T$ 和 $\theta_0 = \Theta$，可求得弹簧常数 K 为

$$K = \frac{(EI)_l}{l} \qquad (11.8\text{-}42)$$

如果柔铰中弯曲是主要载荷，这一模型就更加精确，如果横向和轴向载荷比弯曲力矩大，则此模型会引入较大的误差。由于在推导过程中没有做小变形假设，因此在纯弯曲情况下，即使是对大变形来说，式（11.8-31）至式（11.8-33）仍然是精确的，这是此模型的一个优点。

对于短臂柔铰，最大应力 σ_{max} 发生在固定端，其值为

$$\sigma_{max} = \begin{cases} \dfrac{M_0 c}{I} \ (\text{末端受力矩载荷} M_0) \\[2mm] \dfrac{Pac}{I} \ (\text{自由端受垂直力 } P \text{ 载荷}) \\[2mm] \pm\dfrac{P(a+nb)c}{I} - \dfrac{nP}{A} \ (\text{垂直力 } P, \text{水平力 } nP) \end{cases}$$

$$(11.8\text{-}43)$$

式中　c——自中性轴到梁外表面的距离，即对于矩形梁，为梁高度的一半；对于圆形截面梁，为圆的半径。

4.5.2　其他各种情况下梁的伪刚体模型

各种情况下梁的伪刚体模型见表 11.8-9。

表 11.8-9　各种情况下梁的伪刚体模型

类　型	伪刚体模型
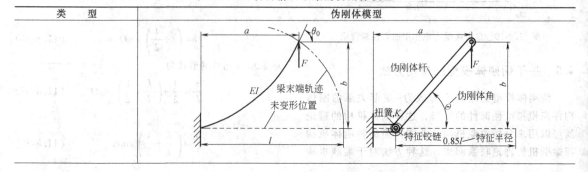	

（续）

类　型	伪刚体模型

伪刚体模型

$$a = l[1 - 0.85(1 - \cos\Theta)] \tag{11.8-44}$$

$$b = 0.85l\sin\Theta \tag{11.8-45}$$

$\Theta < 64.3°$　用于精确的位置预测

$$\theta_0 = 1.24\Theta \tag{11.8-46}$$

$$K = 2.25\frac{EI}{l} \tag{11.8-47}$$

$\Theta < 58.5°$　用于精确的力预测

$$\sigma_{max} = \frac{Pac}{I}　在固定端 \tag{11.8-48}$$

自由端受垂直力作用的悬臂梁

式中　c—从中性轴到梁外表面的距离，即对于矩形梁，为梁高度的一半；对于圆形截面梁，为圆的半径

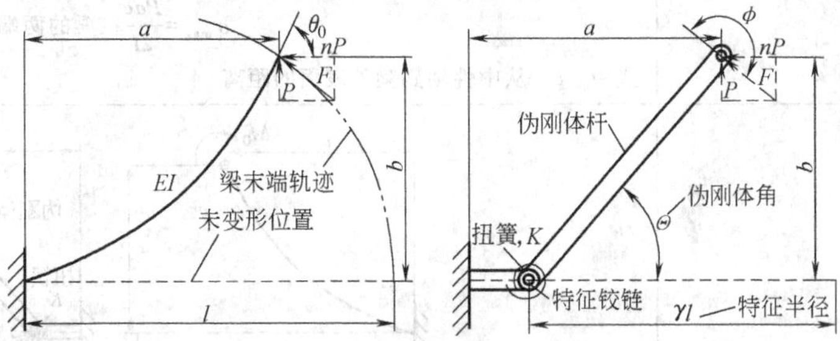

说明：梁所受力的角度用水平分量和垂直分量的比值 n 来描述。在柔顺机构中，这表示一端有铰链的柔性梁

$$a = l[1 - \gamma(1 - \cos\Theta)] \tag{11.8-49}$$

$$b = \gamma l\sin\Theta \tag{11.8-50}$$

$\Theta < \Theta_{max}(\gamma)$　用于精确的位置预测

$$\theta_0 = c_\theta\Theta \tag{11.8-51}$$

$$K = \gamma K_\Theta\frac{EI}{l} \tag{11.8-52}$$

自由端受力的悬臂梁

式中　c_θ—梁末端变形角与伪刚体角之间的转换系数；

　　　γ—特征半径系数。

$\Theta_{max} < \Theta_{max}(K_\theta)$ 用于精确的力预测

$$\Phi = \arctan\frac{-1}{n} \tag{11.8-53}$$

$$\gamma = \begin{cases} 0.841655 - 0.0067807n + 0.000438n^2 & (0.5 \leqslant n < 10.0) \\ 0.852144 - 0.0182867n & (-1.8316 \leqslant n < 0.5) \\ 0.912364 + 0.0145928n & (-5 < n < -1.8316) \end{cases} \tag{11.8-54}$$

$$K_\Theta = \begin{cases} 3.024112 + 0.121290n + 0.003169n^2 & (-5 < n \leqslant -2.5) \\ 1.967647 - 2.616021n - 3.738166n^2 - 2.649437n^3 - 0.891906n^4 - 0.113063n^5 & (-2.5 < n \leqslant -1) \\ 2.654855 - 0.509896 \times 10^{-1}n + 0.126749 \times 10^{-1}n^2 - 0.142039 \times 10^{-2}n^3 \\ \quad + 0.584525 \times 10^{-4}n^4 & (-1 < n \leqslant 10) \end{cases}$$

$$\tag{11.8-55}$$

或者对快速逼近：$K_\Theta \approx \pi\gamma$。表 11.8-10 列出了 γ 和 K_Θ 的数值

$$\sigma_{max} = \pm\frac{P(a + nb)c}{I} - \frac{nP}{A}　在固定端 \tag{11.8-56}$$

式中　c—从中性轴到梁外表面的距离

固定-导向梁

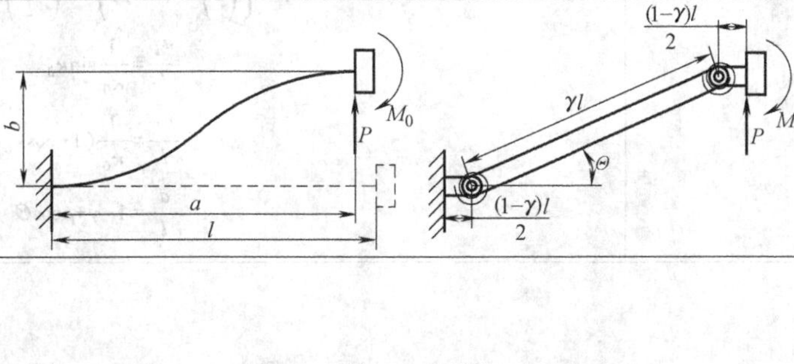

（续）

类　　型	伪刚体模型
固定-导向梁	说明：梁在一端固定，另一端发生变形，而端点处的角变形保持恒定，梁的形状关于中心对称。这种类型的梁在平行运动机构中出现。力矩 M_0 是保持梁末端角不变的反力 $$a = l[1 - \gamma(1 - \cos\Theta)] \qquad (11.8-57)$$ $$b = \gamma l \sin\Theta \qquad (11.8-58)$$ $\Theta < \Theta_{max}(\gamma)$ 用于精确的位置预测 $$\theta_0 = 0 \qquad (11.8-59)$$ $$K = 2\gamma K_\Theta \frac{EI}{l} \qquad (11.8-60)$$ $\Theta_{max} < \Theta_{max}(K_\Theta)$ 用于精确的力预测 γ、K_Θ、$\Theta_{max}(\gamma)$ 和 $\Theta_{max}(K_\Theta)$ 的值见表 11.8-10 $$\sigma_{max} = \frac{Pac}{2I} \text{在梁的两端} \qquad (11.8-61)$$ 式中　c—从中性轴到梁外表面的距离
自由端受力矩作用的悬臂梁	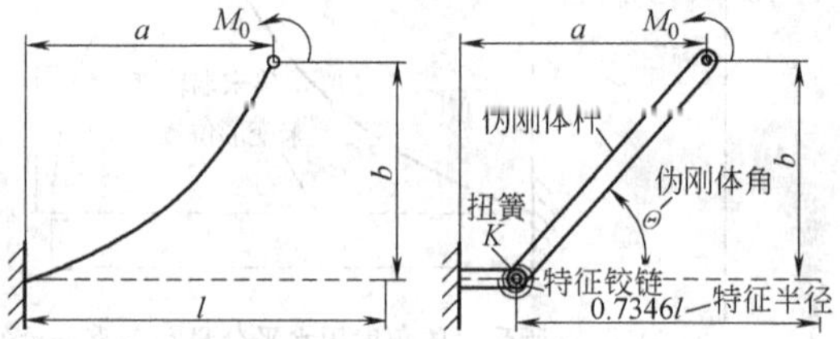 说明：在自由端受力矩载荷的柔性悬臂梁 $$a = l[1 - 0.7346(1 - \cos\Theta)] \qquad (11.8-62)$$ $$b = 0.7346 l \sin\Theta \qquad (11.8-63)$$ $$\theta_0 = 1.5164\Theta \qquad (11.8-64)$$ $$K = 1.5164 K_\Theta \frac{EI}{l} \qquad (11.8-65)$$ $$\sigma_{max} = \frac{M_0 c}{I} \qquad (11.8-66)$$ 式中　c—从中性轴到梁外表面的距离
初始弯曲悬臂梁	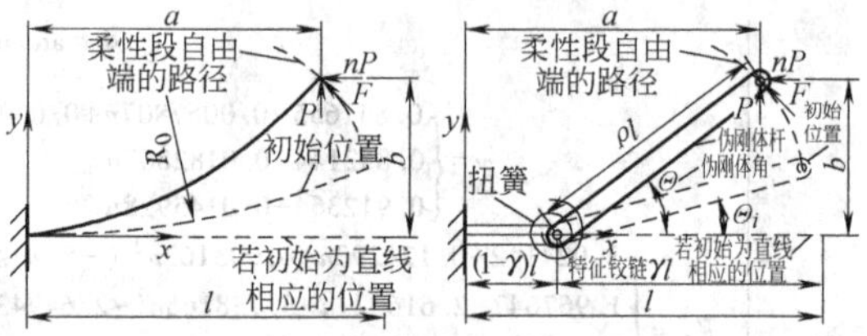 说明：未变形时曲率半径为常量的悬臂梁，在自由端有力作用 $$\kappa_0 = \frac{l}{R_i} \qquad (11.8-67)$$ $$\Theta_i = \arctan\frac{b_i}{a_i - l(1-\gamma)} \qquad (11.8-68)$$ $$\rho = \left[\left(\frac{a_i}{l} - (1-\gamma)\right)^2 + \left(\frac{b_i}{l}\right)^2\right]^{1/2} \qquad (11.8-69)$$ $$\frac{a_i}{l} = \frac{1}{\kappa_0}\sin\kappa_0 \qquad (11.8-70)$$ $$\frac{b_i}{l} = \frac{1}{\kappa_0}(1-\cos\kappa_0) \qquad (11.8-71)$$ $$\frac{a}{l} = 1 - \gamma + \rho\cos\Theta \qquad (11.8-72)$$

（续）

类　　型	伪刚体模型
初始弯曲悬臂梁	$$\frac{b}{l}=\rho\sin\Theta \qquad (11.8\text{-}73)$$ $$K=\rho K_{\Theta}\frac{EI}{l} \qquad (11.8\text{-}74)$$ $$\sigma_{\max}=\pm\frac{P(a+nb)c}{I}-\frac{np}{A} \text{在梁的固定端} \qquad (11.8\text{-}75)$$ 式中　c—从中性轴到梁外表面的距离。表 11.8-11 给出了各种κ_0值对应的γ、ρ、K_{Θ}值
铰接-铰接片段	说明:在两端只受力、没有力矩作用的柔性片段。此片段可以用两端铰接的弹簧来模拟。弹簧常数取决于具体的几何尺寸和所用材料的特性。下面给出了常见类型的铰接-铰接片段的一种模型 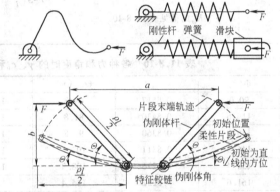 说明:未变形时曲率半径为常量的悬臂梁,两端铰接 初始坐标 $$\frac{a_i}{l}=\frac{2}{\kappa_0}\sin\frac{\kappa_0}{2} \qquad (11.8\text{-}76)$$ $$\frac{b_i}{l}=\frac{1}{\kappa_0}\left(1-\cos\frac{\kappa_0}{2}\right) \qquad (11.8\text{-}77)$$ $$\Theta_i=\arctan\frac{2b_i}{a_i-l(1-\gamma)} \qquad (11.8\text{-}78)$$ $$a=l(1-\gamma+\rho\cos\Theta) \qquad (11.8\text{-}79)$$ $$b=\frac{l}{2}\rho\sin\Theta \qquad (11.8\text{-}80)$$ $$K=2\rho K_{\Theta}\frac{EI}{l} \qquad (11.8\text{-}81)$$ $$\rho=\left[\left(\frac{a_i}{l}-(1-\gamma)\right)^2+\left(\frac{2b_i}{l}\right)^2\right]^{1/2} \qquad (11.8\text{-}82)$$ $$\gamma=\begin{cases}0.8063-0.0265\kappa_0 & 0.500\leqslant\kappa_0\leqslant0.595\\ 0.8005-0.0173\kappa_0 & 0.595\leqslant\kappa_0\leqslant1.500\end{cases} \qquad (11.8\text{-}83)$$ $$K_{\Theta}=2.568-0.028\kappa_0+0.137\kappa_0^2 \text{ 对于 } 0.5\leqslant\kappa_0\leqslant1.5 \qquad (11.8\text{-}84)$$ 表 11.8-12 列出了每种不同κ_0值对应的γ、K_{Θ}和$\Delta\Theta_{\max}$数值 $$\sigma_{\max}=\pm\frac{Fbc}{I}-\frac{F}{A} \text{ 在单元中点} \qquad (11.8\text{-}85)$$ 式中　c—从中性轴到梁外表面的距离

（续）

类 型	伪刚体模型
末端受力-力矩复合载荷的梁	说明:初始为直线的柔性片段在末端同时受力和力矩作用。如同两端固定在可进行相对运动的刚性片段上所出现的情况。这种近似的精度大大低于前面讨论的其他伪刚体模型,但是,此处提出这种模型可作为研究具有这类载荷的柔性片段的出发点 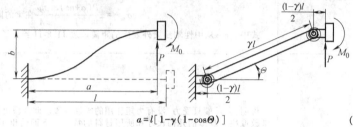 $a = l[1-\gamma(1-\cos\Theta)]$ (11.8-86) $b = \gamma l \sin\Theta$ (11.8-87) $K = 2\gamma K_\Theta \dfrac{EI}{l}$ (11.8-88) γ 和 K_Θ 的值见表 11.8-10

表 11.8-10 各种力和角度时的 γ、c_θ 和 K_Θ 值

n	$\Phi(°)$	γ	$\Theta_{max}(\gamma)$	c_θ	K_Θ	$\Theta_{max}(K_\Theta)$
0.0	90.0	0.8517	64.3	1.2385	2.67617	58.5
0.5	116.6	0.8430	81.8	1.2430	2.63744	64.1
1.0	135.0	0.8360	94.8	1.2467	2.61259	67.5
1.5	146.3	0.8311	103.8	1.2492	2.59289	65.8
2.0	153.4	0.8276	108.9	1.2511	2.59707	69.0
3.0	161.6	0.8232	115.4	1.2534	2.56737	64.6
4.0	166.0	0.8207	119.1	1.2548	2.56506	66.4
5.0	168.7	0.8192	121.4	1.2557	2.56251	67.5
7.5	172.4	0.8168	124.5	1.2570	2.55984	69.0
10.0	174.3	0.8156	126.1	1.2578	2.56597	69.7
-0.5	63.4	0.8612	47.7	1.2348	2.69320	44.4
-1.0	45.0	0.8707	36.3	1.2323	2.72816	31.5
-1.5	33.7	0.8796	28.7	1.2322	2.78081	23.6
-2.0	26.2	0.8813	23.2	1.2293	2.80162	18.6
-3.0	18.4	0.8869	16.0	1.2119	2.68893	12.9
-4.0	14.0	0.8522	11.9	1.1971	2.58991	9.8
-5.0	11.3	0.8391	9.7	1.1788	2.49874	7.9

4.5.3 利用伪刚体模型对柔性机构建模分析

图 11.8-13a 所示一个常见的平行四边形柔性机构,该机构由两根相同的柔性梁组成。沿 z 轴方向的宽度为 50mm,材料弹性模量 $E = 2 \times 10^{11}$ Pa。该机构左侧固定,右侧受到一沿 y 轴正向的力 F 的作用。下面利用伪刚体模型法求解该机构右侧刚体部分在 x 轴和 y 轴方向上的位移 U_x 和 U_y。

对该机构进行分析,利用表 11.8-9 所述的固定-导向梁结构建立如图 11.8-13b 所示的伪刚体模型,查表可得模型参数 $\gamma = 0.8517$、$K_\Theta = 2.65$,相应的载荷-位移关系可以表示为

$$F\gamma L\cos\phi = 4 \times 2\gamma\, K_\Theta \frac{EI}{L}\phi \quad (11.8-89)$$

$$U_y = \gamma L\sin\phi \quad (11.8-90)$$

$$U_x = \gamma L(1-\cos\phi) \quad (11.8-91)$$

代入数值可得 $U_x = 0.54$mm,$U_y = 9.56$mm。

由于单根梁上的实际载荷会随着机构的运动发生变化,因此在理想的情况下,增加位移的每一步迭代,伪刚体模型的参数都要更新,这里假设模型参数的这种变化可以忽略。

表 11.8-11 各种 κ_0 值对应的 γ、ρ 和 K_θ 值

κ_0	γ	ρ	K_θ
0.00	0.85	0.850	2.65
0.10	0.84	0.840	2.64
0.25	0.83	0.829	2.56
0.50	0.81	0.807	2.52
1.00	0.81	0.797	2.60
1.50	0.80	0.775	2.80
2.00	0.79	0.749	2.99

表 11.8-12 初始弯曲的铰接-铰接片段的伪刚体杆特性

κ_0	γ	ρ	$\Delta\Theta_{max}(\gamma)$	K_θ	$\Theta_{max}(K_\theta)$
0.50	0.793	0.791	1.677	2.59	0.99
0.75	0.787	0.783	1.456	2.62	0.86
1.00	0.783	0.775	1.327	2.68	0.79
1.25	0.779	0.768	1.203	2.75	0.71
1.50	0.775	0.760	1.070	2.83	0.63

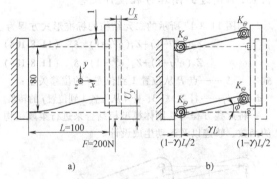

图 11.8-13 平行四边形柔性机构及其伪刚体模型
a) 平行四边形柔性机构 b) 伪刚体模型

5 柔顺机构的综合与设计方法

柔顺机构的运动取决于作用力的大小、方向和作用点。柔顺机构在实际几何尺度上有很大的限制，如柔性铰链不能整周转动，很多柔顺机构要保证完全在平面内，因此交叉杆件通常是不能接受的。与刚性机构相比，柔顺机构的设计更加重视应力和疲劳问题，对于一个要完成某种运动的柔顺机构，其中部分构件必须有变形，因此就会带来应力问题。

柔顺机构的综合主要分为两类：转换刚体综合和柔顺综合。

5.1 转换刚体综合

柔顺机构综合最简单的形式是用柔顺机构的伪刚体模型来完成的，假设杆件长度不变，直接应用刚体运动学方程。当柔顺机构用来完成传统刚性机构的任务，如轨迹或运动生成，而不考虑柔性构件中的能量存储时，这种方法很有效。一旦机构的运动几何关系确定后，柔性构件的结构性质就可以按照许用应力和所需的输入来选择。这种将刚体方程直接应用到伪刚体模型中的综合问题称为转换刚体综合。在转换刚体综合中，伪刚体模型相当于刚体机构模型，相应的柔顺机构由这些模型确定。

5.1.1 Hoeken 直线机构综合

Hoeken 直线机构上有一连杆点 P，其轨迹在很大程度上几乎是直线。该机构杆件长度可定义为曲柄长度 r_2 的函数

$$r_1 = 2r_2, \quad r_3 = 2.5r_2, \quad r_4 = 2.5r_2, \quad a_3 = 5r_2$$

(11.8-92)

$r_2 = 1$ 时机构的轨迹如图 11.8-14 所示。直线轨迹的中点是 $\theta_2 = 180°$，为柔顺机构的未变形位置。

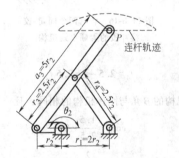

图 11.8-14 刚性杆 Hoeken 直线机构

该机构的刚体原理图与所求柔顺机构的伪刚体模型相似。如图 11.8-15a 所示，将每个铰链用柔性铰链代替，就可以设计出一个全柔顺机构。此机构的伪刚体模型与图 11.8-14 中的相同，只是在每个铰链处用扭簧来反映柔性片段的应变能。该机构不能整周转动，但是可以在大部分直线轨迹内运动。在曲柄两端都用铰链连接，而在其他部分用短臂柔铰连接的部分柔性机构可以实现整周转动，如图 11.8-15b 所示，其短臂柔铰的中心位于伪刚体模型中铰链的位置。

另一种可能的结构是用两个固定-铰接的片段，如图 11.8-16 所示。

特征铰链应处于合适的位置：

$$l_2 = \frac{r_2}{\gamma}$$

(11.8-93)

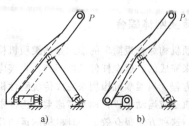

图 11.8-15　柔顺直线机构

a) 含有四个短臂柔铰　b) 含有两个短臂柔铰

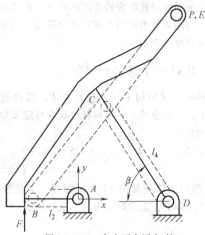

图 11.8-16　含有两个固定-铰
接片段的柔顺直线机构

$$l_4 = 2.5 \frac{r_2}{\gamma} = 2.5 l_2 \qquad (11.8-94)$$

此机构的 β 角与刚体机构的相同，且

$$\cos\beta = \frac{1.5}{2.5} = 0.6 \qquad (11.8-95)$$

$$\sin\beta = \frac{2}{2.5} = 0.8 \qquad (11.8-96)$$

可用这些值来计算表 11.8-13 所列的点 A 至点 E 的初始坐标。例如，对点 C，有

$$x_c = 2 r_2 - l_4 \cos\beta = 2 r_2 - 1.5 \frac{r_2}{\gamma} \qquad (11.8-97)$$

$$y_c = l_4 \sin\beta = 2 \frac{r_2}{\gamma} \qquad (11.8-98)$$

如图 11.8-16 所示，假设力 F 作用于点 B，可应用虚功原理确定该机构的力与变形关系为

$$F = \frac{T_3 h_{42} - (T_2 + T_3) h_{32} + T_2}{r_2 \cos\theta_2 - b_3 \sin\theta_3 h_{32}} \qquad (11.8-99)$$

具体的几何关系为

$$b_3 = l_2(1 - \gamma) \qquad (11.8-100)$$

$$h_{32} = \frac{\sin(\theta_4 - \theta_2)}{2.5 \sin(\theta_3 - \theta_4)} \qquad (11.8-101)$$

$$h_{42} = \frac{\sin(\theta_3 - \theta_2)}{2.5 \sin(\theta_3 - \theta_4)} \qquad (11.8-102)$$

$$T_2 = -\gamma K_\Theta \frac{E I_2}{l_2}(\theta_2 - \theta_{20}) \qquad (11.8-103)$$

表 11.8-13　图 11.8-16 所示柔顺直线机构的各点坐标

点	x	y
A	0	0
B	$-r_2/\gamma$	0
C	$2 r_2 - 1.5 r_2/\gamma$	$2 r_2/\gamma$
D	$2 r_2$	0
E	$2 r_2$	$4 r_2$

$$T_3 = -\gamma K_\Theta \frac{E I_4}{l_4}[(\theta_4 - \theta_{40}) - (\theta_3 - \theta_{30})]$$

$$(11.8-104)$$

假设未变形时的位置如图 11.8-16 所示，则

$$\theta_{20} = \pi \qquad (11.8-105)$$

$$\theta_{30} = \arccos(1.5/2.5) \qquad (11.8-106)$$

$$\theta_{40} = \arccos(-1.5/2.5) \qquad (11.8-107)$$

这个例子介绍了转换刚体方法，其中将已知的刚体机构直接用柔顺机构替代。另一种方法是利用刚体综合方程设计柔顺机构。下面通过封闭环方程用一些例子说明这个概念。

5.1.2　通过封闭环方程设计综合

如图 11.8-17 所示的二元结构的标准形式方程为

$$Z_2(e^{i\phi_j} - 1) + Z_3(e^{i\gamma_j} - 1) = \delta_j \qquad (11.8-108)$$

$$Z_5(e^{i\gamma_j} - 1) + Z_4(e^{i\psi_j} - 1) = \delta_j \qquad (11.8-109)$$

式中　δ_j——点 P 从位置 1 到位置 j 的位移矢量；

ϕ_j, γ_j, ψ_j——杆2、杆3、杆4从位置 1 到位置 j 的转角。

将这些方程与伪刚体模型相结合来进行柔顺机构的函数、轨迹以及运动生成设计。

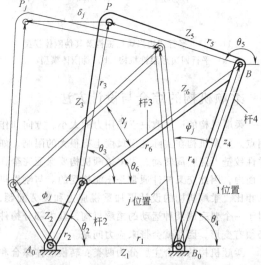

图 11.8-17　包含连杆点 P 的四杆机构矢量环

（1）函数生成

综合一个柔顺机构以满足如下连架杆角度要求：$\phi_2 = 20°$，$\phi_3 = 40°$，$\psi_2 = 30°$，$\psi_3 = 50°$。该机构的伪刚体模型为一个四杆机构。

伪刚体机构的两连架杆都不能是柔顺构件，如果连架杆为柔性片段，那对于其伪刚体模型来说，可保持所需的输入与输出之间的关系，但连架杆实际上为一柔性梁，而不是一个按给定角度转动的刚性杆件。图 11.8-18a 所示为一个柔顺函数生成机构，图 11.8-18b所示为它的伪刚体模型。

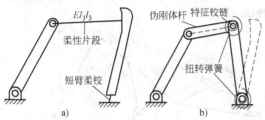

图 11.8-18 柔顺机构及其伪刚体模型

a）柔顺函数生成机构 b）伪刚体模型

既然对于这个问题有许多自选变量，可以将虚拟连杆上某点的变形描述为自选变量。这样，可用式（11.8-108）和式（11.8-109）求出剩余的未知数。

自选量取为 $\gamma_2 = 10°$、$\gamma_3 = 15°$、$\delta_2 = (1, 1)$、$\delta_3 = (2, 2)$，并应用这种方法可得

$$Z_1 = -5.20 - i6.26 = 8.14\ e^{i(-129.7°)}$$
$$Z_2 = -0.30 - i3.95 = 3.96\ e^{i(-94.4°)}$$
$$Z_3 = 5.13 - i1.67 = 5.39\ e^{i18.0°} \quad (11.8\text{-}110)$$
$$Z_4 = -3.66 - i4.32 = 5.66\ e^{i(-130.3°)}$$
$$Z_5 = 13.68 + i9.30 = 16.00\ e^{i31.9°}$$
$$Z_6 = -8.56 - i6.64 = 10.83\ e^{i(-142.2°)}$$

图 11.8-19 所示为伪刚体模型的原理图。因为没有能量存储方面的限制，所以柔性构件发生变形时的位置可以任意选择。如果特征半径参数 $\gamma = 0.85$，那么柔性构件的长度为

$$长度 = \frac{|Z_6|}{0.85} = 12.74 \quad (11.8\text{-}111)$$

（2）定时轨迹生成

要求设计一个全柔顺（单片式）机构，在给定时间内满足三个精确点的轨迹生成。要求连杆上点的位移为当 $\phi_2 = 10°$时，$\delta_2 = -5 + i3$；当 $\phi_3 = 25°$时，$\delta_3 = -8 + i10$；机构的一般形式如图 11.8-20a 所示，其伪刚体模型如图 11.8-20b 所示，图 11.8-21 所示为该机构的伪刚体计算模型原理图。如果将剩余的未知角选为自选变量，那么求解是线性的。式（11.8-108）和式（11.8-109）可以整理为

$$\begin{pmatrix} e^{i\phi_2}-1 & e^{i\gamma_2}-1 \\ e^{i\phi_3}-1 & e^{i\gamma_3}-1 \end{pmatrix} \begin{pmatrix} Z_2 \\ Z_3 \end{pmatrix} = \begin{pmatrix} \delta_2 \\ \delta_3 \end{pmatrix} \quad (11.8\text{-}112)$$

$$\begin{pmatrix} e^{i\phi_2}-1 & e^{i\gamma_2}-1 \\ e^{i\psi_3}-1 & e^{i\gamma_3}-1 \end{pmatrix} \begin{pmatrix} Z_4 \\ Z_5 \end{pmatrix} = \begin{pmatrix} \delta_2 \\ \delta_3 \end{pmatrix} \quad (11.8\text{-}113)$$

自选变量取为 $\gamma_2 = -8°$、$\gamma_3 = -25°$、$\psi_2 = 10°$、$\psi_3 = 15°$，解式（11.8-112）和式（11.8-113）可得

$$Z_1 = -45.75 + i15.26 = 48.23\ e^{i161.6°}$$
$$Z_2 = -19.48 + i29.85 = 35.65\ e^{i123.1°}$$
$$Z_3 = -48.82 - i4.22 = 49.01\ e^{i(-175.1°)}$$
$$Z_4 = -0.25 + i21.30 = 21.30\ e^{i89.3°}$$
$$Z_5 = -22.80 - i10.92 = 25.28\ e^{i154.4°}$$
$$Z_6 = -26.02 - i6.70 = 26.87\ e^{i165.6°}$$
$$(11.8\text{-}114)$$

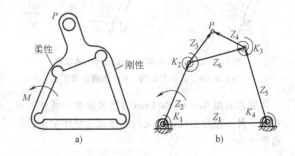

图 11.8-20 全柔顺机构

a）轨迹生成全柔顺机构 b）其伪刚体模型

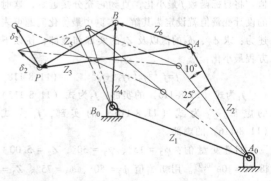

图 11.8-19 函数生成柔顺机构的伪刚体原理图

图 11.8-21 轨迹生成柔顺机构的伪刚体原理图

（3）运动生成

一个柔顺机构及其伪刚体模型如图 11.8-22 所示，要求进行三精确点运动生成的综合。在前面提到的例子中，取自选变量使之得到线性求解，但是本例中，因为 Z_2 值受控制，没有剩下足够的自选变量来进行线性求解。预定的运动可描述为：$\delta_2 = -10+i5$、$\delta_3 = -15-i2$、$\gamma_2 = -20°$、$\gamma_3 = -10°$、$Z_2 = 10e^{i60.0°}$。根据式（11.8-108）和式（11.8-112）可知，ϕ_j 值也不可能当作自选变量，因为那样可能会变成过约束问题。然而选定式（11.8-109）中的 ψ_j 值，可使式（11.8-113）线性求解。剩余的非线性方程可以利用式（11.8-112）来表达

$$Z_2(e^{i\phi_2}-1)+Z_3(e^{i\gamma_2}-1)-\delta_2 = 0$$

$$(11.8\text{-}115)$$

$$Z_2(e^{i\phi_3}-1)+Z_3(e^{i\gamma_3}-1)-\delta_3 = 0$$

$$(11.8\text{-}116)$$

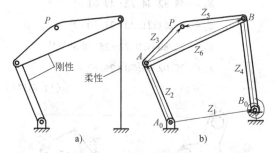

图 11.8-22　示例柔顺机构及其伪刚体模型
a）运动生成柔顺机构　b）伪刚体模型

通常应用 Newton-Raphson 方法来解决非线性方程系统。另一种方法就是用无约束最优化程序来使目标函数最小化：

$$f = f_1^2 + f_2^2 + \cdots + f_n^2 \qquad (11.8\text{-}117)$$

f_i 为标量方程 i 的值，设计变量是问题中的未知值。将目标函数 f 最小化，直到它充分接近零，这时的设计变量值就设定为其解。本例中最优化问题可表述为：求 ϕ_2、ϕ_3 的值以及 Z_3 的实部和虚部，使以下方程最小化：

$$f = f_1^2 + f_2^2 + f_3^2 + f_4^2 \qquad (11.8\text{-}118)$$

f_1 为式（11.8-115）的实部；f_2 为式（11.8-115）的虚部；f_3 为式（11.8-116）的实部；f_4 为式（11.8-116）的虚部。

自选变量值：$\psi_2 = 15°$、$\psi_3 = 30°$、$Z_2 = 5.00 + i8.66 = 10e^{i60.0°}$。用初始值 $\phi_2 = 50°$、$\phi_3 = 75°$、$Z_3 = 1.87+i3.26$，可得到以下结果

$$Z_1 = 15.09+i14.10 = 20.56\,e^{i(-43.1°)}$$

$$Z_3 = -10.73-i7.65 = 13.17\,e^{i(-144.5°)}$$

$$Z_4 = -3.20+i27.20 = 27.38\,e^{i(-96.7°)}$$

$$Z_5 = -17.6-i12.08 = 21.36\,e^{i145.6°}$$

$$Z_6 = 6.89+i4.43 = 8.20\,e^{i32.8°}$$

$$\phi_2 = 47.7°$$

$$\phi_3 = 92.1°$$

$$(11.8\text{-}119)$$

图 11.8-23 所示为该机构的伪刚体计算模型原理图。

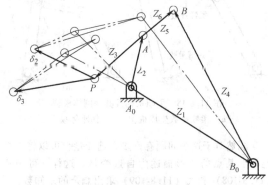

图 11.8-23　运动生成柔顺机构及其伪刚体原理图

5.2　柔顺综合

如果柔顺机构综合需要考虑能量的存储时，柔顺机构的本质特征可以用来设计具有给定能量存储特性的机构。综合方程不仅包括从伪刚体模型中产生的刚体封闭环方程，还涉及给定能量存储关系的方程。这种类型的综合称为柔顺综合，因为同时考虑到运动和静力特征，所以也可以称为运动静力综合。

在柔顺机构中，能量以应变能的形式存储在柔性构件中。考虑这种能量存储的一个方法是将具有适当刚度的弹簧放在伪刚体模型中的适当位置处，所得到的模型可以用来确定机构的性能，从而利用虚功原理进行分析。应用这种方法，只需要考虑必要的力即可，下面介绍其设计步骤。

5.2.1　附加方程和未知量

在转换刚体综合中只需要刚体方程，对于各种任务所需方程和未知量的数目见表 11.8-14。在考虑能量的综合中，对于每一精确点还需要增加一个描述能量存储或输入和输出之间关系的方程。在精确点 j 处能量方程的给定值可用 E_j 表示。

在设计中考虑能量问题会增加新的未知量，弹簧刚度值和各柔性片段的未变形位置都包括在未知量中，

这些量表示为 k_i、θ_{0i}，其中 $i=1$，2，…，m，m 为机构中柔性片段的数目。弹簧刚度 k_i 根据柔性片段的性质可取不同的形式，短臂柔铰链的刚度值为 $k=KI/l$，对于二级功能型固定铰接片段来说，$k=K_\theta \gamma KI/l$。根据机构的几何关系，θ_{0i} 的形式也有所变化。对于不同的任务要求，已知变量和未知变量见表 11.8-14。注意，Z 和 δ 为复数形式，因此每个值都表示两个标量变量。各种任务时未知量、标量方程和自选变量的数目见表 11.8-15。其中 n 是精确点的数目，m 为柔性片段的数目或伪刚体模型中弹簧的数量。

表 11.8-14　考虑能量的综合中的已知变量和未知变量

任务	已知量	未知量
函数	E_k、ϕ_j、ψ_j	Z_2、Z_4、Z_6、γ_j、k_i、θ_{0i}
未给定时间轨迹	k_i、δ_j	Z_2、Z_3、Z_4、Z_5、ϕ_j、γ_j、ψ_j、k_i、θ_{0i}
给定时间轨迹	E_k、δ_j、ϕ_j	Z_2、Z_3、Z_4、Z_5、γ_j、k_i、θ_{0i}
运动	E_k、δ_j、γ_j	Z_2、Z_3、Z_4、Z_5、ϕ_j、ψ_j、k_i、θ_{0i}

表 11.8-15　各种综合问题中未知量、方程和自选变量的数目

任务	未知量数	方程数	自选变量数
函数	$5+n+2m$	$3n-2$	$7-2n+2m$
非定时轨迹	$5+3n+2m$	$5n-4$	$9-2n+2m$
定时轨迹	$5+2n+2m$	$5n-4$	$10-3n+2m$
运动	$5+2n+2m$	$5n-4$	$10-3n+2m$

5.2.2　方程的耦合

在综合问题中，输入/输出方程或能量/存储方程的引入将给要求解的方程系统增加 n 个方程，如果这些方程能从运动方程中解耦，或耦合效应能被最小化，则可单独求解运动综合和能量综合方程。

在 n 个精确点问题中考虑能量因素会增加最多 n 个方程和 $2m$ 个未知量。典型的情况是，这些附加方程中也包含未知的运动学变量，这使得方程耦合可采用将系统分解为弱耦合的方法求解，在弱耦合系统中，运动综合方程可以在不考虑能量方程的情况下求解，一旦所有的运动学变量已知，则可用能量方程求解其他未知量。系统可以变为弱耦合的条件为

$$2m \geqslant n \qquad (11.8\text{-}120)$$

然而如果系统中引入方程的数目大于未知量的数目，那么前面处理成自选变量的运动变量就要当成未知量。这样系统就成为强耦合的了，而且运动方程和

能量方程必须同时求解。

在一些特殊情况下，运动方程和能量方程可以完全解耦，一组方程可独立于另一组方程求解。给定输入转矩的两精确点综合就是一个例子，在其机架和输入杆之间用了一个柔性铰链。

5.2.3　设计约束

可将用于确定刚体综合和转换刚体综合的可行方案的约束应用到考虑能量的综合中，但是还必须考虑一些附加约束。下面给出考虑能量因素的函数、轨迹和运动生成例子，这些例子包括弱耦合、非耦合以及强耦合方程系统。

给定输入转矩的函数生成：

在 5.1 节的柔顺机构函数生成综合实例是对前一例的运动特征以及给定的输入转矩进行综合。在精确点的输入转矩 M_2 指定为：$M_{21}=-56492.42$ N·mm、$M_{22}=6779.08$ N·mm、$M_{23}=22596.96$ N·mm。可以应用虚功原理来确定输入转矩 M_2。根据以前给出的伪刚体四杆机构公式，在精确点 i 处的 M_2 为

$$M_{2_i}=\frac{k_3}{r_6}\left[(\theta_{4_i}-\theta_{4_0})-(\theta_{6_i}-\theta_{6_0})\right](h_{62_i}-h_{42_0})+$$
$$k_4(\theta_{4_i}-\theta_{4_0})h_{42_i}$$
$$(11.8\text{-}121)$$

其中

$$k_3=\gamma\, k_\theta \frac{EI_3}{l_3} \qquad (11.8\text{-}122)$$

$$k_4=\frac{EI_4}{l_4} \qquad (11.8\text{-}123)$$

$$h_{62_i}=\frac{r_2\sin(\theta_{4_i}-\theta_{2_i})}{r_6\sin(\theta_{6_i}-\theta_{4_i})} \qquad (11.8\text{-}124)$$

$$h_{42_i}=\frac{r_2\sin(\theta_{6_i}-\theta_{2_i})}{r_6\sin(\theta_{4_i}-\theta_{6_i})} \qquad (11.8\text{-}125)$$

式中　γ——柔性连杆的特征半径系数；
　　　E——弹性模量；
　　　l——柔性片段的惯性矩；
θ_i、r_i 如图 11.8-24 中所定义。

在这个问题中引入能量方面的考虑，增加了三个方程（M_{2i}；$i=1$，2，3）和四个新未知量（k_3、k_4、θ_{4_0}、θ_{6_0}）。因为新的未知量数比方程数多，其中一个未知量可以看作自选变量。取 θ_{4_0} 为自选变量，可以将输入转矩方程表达成线性形式：

$$\begin{pmatrix} -(\theta_{4_1}-\theta_{6_1}-\theta_{4_0})(h_{62_1}-h_{42_1}) & (\theta_{5_1}-\theta_{5_0})h_{42_1} & h_{62_1}-h_{42_1} \\ -(\theta_{4_2}-\theta_{6_2}-\theta_{4_0})(h_{62_2}-h_{42_2}) & (\theta_{5_2}-\theta_{5_0})h_{42_2} & h_{62_2}-h_{42_2} \\ -(\theta_{4_3}-\theta_{6_3}-\theta_{4_0})(h_{62_3}-h_{42_3}) & (\theta_{5_3}-\theta_{5_0})h_{42_3} & h_{62_3}-h_{42_3} \end{pmatrix} \begin{pmatrix} k_3 \\ k_3\theta_{60} \\ k_4 \end{pmatrix} = \begin{pmatrix} M_{2_1} \\ M_{2_2} \\ M_{2_3} \end{pmatrix} \qquad (11.8\text{-}126)$$

式（11.8-126）中包含了位置分析的未知量，因此运动学和输入转矩的分析是耦合的。然而由于运动综合方程可以不依赖于输入转矩方程求解，所以该系统是弱耦合的，一旦运动变量已知，可以将式（11.8-126）作为线性方程组来求解，从而求出其他未知量的值。如果得到不合理的结果，可以修改自选变量，直到得到合理的结果。

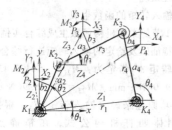

图 11.8-24 伪刚体四杆机构

在 5.1 节函数生成的例子中已完成了运动综合，当 $\theta_{4_0}=\theta_{4_2}=\theta_{4_1}+\phi_2=79.75°$ 时，由式（11.8-126）得

$$k_3=14.66$$
$$\theta_{60}=-154.90°$$
$$k_4=458.23 \qquad (11.8\text{-}127)$$

一旦 k_3、k_4 的值已知，柔性片段的具体尺寸就确定了。假设长度单位为 mm，$K_\Theta=2.65$，$\gamma_{ps}=0.85$，材料为钢，$E=2.07\times10^{11}$ Pa，短臂柔铰链长度为 5.08mm，相应的两柔性片段惯性矩 $I_3=1.15\text{mm}^4$。用厚度为 0.794mm、宽度 $b_3=27.69\text{mm}$、$b_4=30.48\text{mm}$ 的矩形截面构件，得到的机构如图 11.8-25 所示。

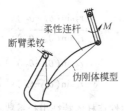

图 11.8-25 给定输入转矩的函数生成柔顺机构

5.2.4 $\theta_0=\theta_j$ 的特殊情况

柔顺机构中柔性构件的未变形位置可以指定在精确点，这种情况下，$\theta_0=\theta_j$。假设所有柔性构件未变形位置都处在同一个精确点上，此位置的能量存储为零，即 $E_j=0$。

因为 $E_j=0$，并且机构的未变形位置已经给定，

减少了一个能量方程和 m 个未知数，其自选变量的数目见表 11.8-16。这种特殊情况非常重要，因为它可以描述出现稳态平衡位置的地点。由于在这个位置能量很低，所以当机构在此位置附近时就有向它靠近的趋势，它就是机构在静止时所选择的位置。

表 11.8-16 当 $\theta_0=\theta_j$ 时未知量、方程和自选变量的数目

任务	未知量数	方程数	自选变量数
函数	$5+n+2m$	$3n-3$	$8-2n+m$
非定时轨迹	$5+3n+m$	$5n-5$	$10-2n+m$
定时轨迹	$5+2n+m$	$5n-5$	$11-3n+m$
运动	$5+2n+m$	$5n-5$	$11-3n+m$

（1）给定势能的轨迹生成

考虑 5.1 节中定时轨迹生成的例子。现在要设计该机构，使之稳态位置处于第一精确点位置 $[\theta_{0i}=\theta_{i1}\ (i=1,\ 2,\ 6,\ 5)]$，各精确点处的总势能 V 为

$$V_1=0$$
$$V_2=564.9\text{mm}\cdot\text{N}$$
$$V_3=3389.63\text{mm}\cdot\text{N} \qquad (11.8\text{-}128)$$

柔性铰链处的扭转弹簧常数可近似为 KI/l，与之相应的势能为

$$V=\frac{KI}{2l}(\theta-\theta_0)^2 \qquad (11.8\text{-}129)$$

在点 j 处的系统总势能为

$$V_j=\frac{1}{2}k_1(\theta_{2_j}-\theta_{20})^2+k_2[(\theta_{2_j}-\theta_{20})-(\theta_{6_j}-\theta_{60})]^2+k_3[(\theta_{5_j}-\theta_{50})-(\theta_{6_j}-\theta_{60})]^2+k_4(\theta_{5_j}-\theta_{50})^2$$

$$(11.8\text{-}130)$$

然而，由于 $\theta_{0i}=\theta_{i1}$，系统可以简化为

$$V_1=0$$
$$V_2=\frac{1}{2}[k_1\phi_2^2-k_2(\phi_2-\gamma_2)^2+k_3(\psi_2-\gamma_2)^2+k_4\psi_2^2]$$
$$V_3=\frac{1}{2}[k_1\phi_3^2-k_2(\phi_3-\gamma_3)^2+k_3(\psi_3-\gamma_3)^2+k_4\psi_3^2]$$

$$(11.8\text{-}131)$$

因为上面的方程中仅有 $k_i\ (i=1,\ 2,\ 6,\ 5)$ 为未知量，能量方程和运动方程是非耦合的。一旦自选变量 γ_j 和 ψ_j 确定后，无论是能量方程还是运动方程都可以相互独立求解。

能量方程中包括四个未知量和两个方程，结果有两个自选变量。假设柔性构件为条形弹簧钢，其中

$E=2.07\times10^{11}\mathrm{Pa}$。当自选变量为 k_2 和 k_3，构件的厚度、宽度、长度分别为 $0.794\mathrm{mm}$、$25.4\mathrm{mm}$、$50.8\mathrm{mm}$ 时，可得到结果为 $k_2=k_3=4310.13\mathrm{mm}\cdot\mathrm{N}$。将式 (11.8-131) 整理成线性形式，可求得 k_1 和 k_4 的值，即有

$$\begin{pmatrix}\phi_2^2 & \psi_2^2\\ \phi_3^2 & \psi_3^2\end{pmatrix}\begin{pmatrix}k_1\\ k_4\end{pmatrix}=\begin{pmatrix}2V_2-k_2(\phi_2-\gamma_2)^2-k_3(\psi_2-\gamma_2)^2\\ 2V_3-k_2(\phi_3-\gamma_3)^2-k_3(\psi_3-\gamma_3)^2\end{pmatrix}$$

$$(11.8\text{-}132)$$

解方程，可得

$$k_1=6304.79\mathrm{mm}\cdot\mathrm{N} \qquad (11.8\text{-}133)$$
$$k_4=2856.93\mathrm{mm}\cdot\mathrm{N} \qquad (11.8\text{-}134)$$

如果厚度为 $0.794\mathrm{mm}$，宽度为 $25.4\mathrm{mm}$，长度可以由 k_3 和 k_4 计算得到：$l_3=34.8\mathrm{mm}$ 和 $l_4=76.71\mathrm{mm}$。至此，给定势能、指定平衡位置、指定时间条件下的机构轨迹生成综合已经完成。

（2）给定输入转矩的运动生成

对于 5.1 节中讨论的运动生成机构例子进行运动生成和给定输入转矩的综合，各精确点的输入转矩 M_{2j} 为

$$M_{2_1}=56.49\mathrm{mm}\cdot\mathrm{N}$$
$$M_{2_2}=56.49\mathrm{mm}\cdot\mathrm{N}$$
$$M_{2_3}=225.96\mathrm{mm}\cdot\mathrm{N} \qquad (11.8\text{-}135)$$

用虚功附加原理可求得输入转矩为

$$M_j=k_4(\theta_{4j}-\theta_{40})\frac{r_2\sin(\theta_{6j}-\theta_{4j})}{r_4\sin(\theta_{4j}-\theta_{6j})}\quad(j=1,2,3)$$

$$(11.8\text{-}136)$$

这里增加了三个方程却仅有两个未知量 k_4 和 θ_{40}，因此有一个附加运动变量必须当作未知量。运动方程和输入转矩方程中共同含有三个变量，所以该系统为强耦合系统，该耦合系统需要联立求解含有 11 个未知变量的 11 个非线性方程。

在前面的运动分析中，将 ϕ_2、ϕ_3、Z_2 选择为自由变量，在此分析中需要一个附加未知量，结果仅有一个自选变量，选择 $\phi_2=15°$，$Z_2=10e^{60°}$，ϕ_3 为未知量，解 11 个非线性方程得

$$Z_1=6.48+i2.64=7.00\,e^{i22.2°}$$
$$Z_3=-10.74-i7.64=13.17\,e^{i(-144.6°)}$$
$$Z_4=0.46+i16.97=16.98\,e^{i88.4°}$$
$$Z_5=-12.68-i18.59=22.50\,e^{i(-124.3°)}$$
$$Z_6=1.95+i10.95=11.21\,e^{i79.9°} \quad(11.8\text{-}137)$$
$$\phi_2=47.7°$$
$$\phi_3=92.1°$$
$$\psi_3=44.2° \qquad (11.8\text{-}138)$$

其中 $\qquad k_4=500.53\mathrm{mm}\cdot\mathrm{N} \qquad (11.8\text{-}139)$

假设 $K_\Theta=2.58$、$\gamma=0.83$、$E=2.07\times10^{11}\mathrm{Pa}$，柔性构件的长度 $l=r_5/\gamma_{ps}=519.43\mathrm{mm}$，矩形横截面的厚度为 $0.794\mathrm{mm}$，宽度为 $14.07\mathrm{mm}$，机构的初始未变形位置如图 11.8-26 所示。

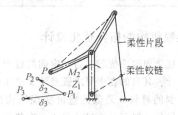

图 11.8-26　处于变形位置的柔顺机构

第一种方法是最直接的，当进行刚性机构分析时，将常量 γ、K_Θ 的值应用到伪刚体模型中，因为 γ、K_Θ 值在分析和综合时总保持一致，所以可以得到精确的给定轨迹；第二种方法是在伪刚体模型中使用更新的 γ、K_Θ 值，当机构处于不同位置时，载荷方向改变，γ、K_Θ 值也发生改变，由于 γ、K_Θ 值变化很小，所以这种方法得到的结果与用常 γ、K_Θ 值所得到的结果是相似的；还有一种分析方法是非线性有限元分析，这种方法在得到初始设计后用它检验设计还是非常有用的。

表 11.8-17 列出了不同曲柄转角（精确点位置）时 P 点的位移矢量 δ_j。在精确点 3 处，用有限元分析和伪刚体模型所得结果在 y 轴上位移的相对误差为 3%，这是计算出的最大误差。

表 11.8-17　连杆点位移比较

位置参数	有限元分析	伪刚体模型	
		更新的	常量
60.000	0.000+i0.000	0.000+i0.000	0.000+i0.000
107.674	-10.006+i5.009	-10.006+i5.008	-10.000+i5.000
152.095	-15.030-i1.941	-15.011-i1.982	-15.000-i2.000

表 11.8-18 列出了在精确点处连杆的角度 θ_6，精确点处输入转矩 M_2 的值列在表 11.8-19 中，更新的伪刚体模型与有限元分析之间的最大相对误差为 2.2%。

表 11.8-18　连杆角度比较

位置参数	有限元分析	伪刚体模型	
		更新的	常量
60.000	79.963	79.966	79.919
107.674	59.920	59.925	59.919
152.095	69.681	69.873	69.919

表 11.8-19 输入转矩比较

位置参数	有限元分析	伪刚体模型	
		更新的	常量
60.000	0.47916	0.47743	0.50000
107.674	0.48319	0.50304	0.50000
152.095	1.96510	2.00758	2.00000

5.3 柔顺机构的拓扑优化设计

结构优化通过系统的、目标定向的过程与方法代替传统设计，其目的在于寻求既经济又适用的结构型式，以最少的材料、最低的造价实现结构的最佳性能。结构优化一般可分为尺寸优化、形状优化和拓扑优化。拓扑优化以结构的最大约束尺寸范围作为设计区域，通过有限元分析和数值计算得到最优结构，最初的拓扑结构是未知的，完全摆脱了对设计者经验的依赖。

按照优化对象不同拓扑优化可分为两大类：离散体拓扑优化设计和连续体拓扑优化设计，离散体拓扑优化设计包括桁架、刚架、网架等，连续体拓扑优化设计包括平面问题、板壳问题、实体结构等。离散体结构拓扑优化设计是在一定的边界条件下，寻求结构组成部件的最优布局形式、杆件尺寸和连接方式等。连续体拓扑优化设计是在一定边界条件和给定载荷的情况下，把一定百分比的给定材料放到设计区域，使材料在某些区域聚集，在某些区域形成孔洞，得到最优的拓扑结构。

拓扑优化的拓扑描述方式和材料插值模型是优化设计的基础，主要的拓扑表达形式和材料插值模型方法有均匀化方法、密度法、独立连续映射模型法、分级结构模型法、变厚度模型法、水平集法。均匀化方法和密度法应用最为广泛。拓扑优化问题数值求解，最初采用数学中判断最优解的 K-T 条件，即优化准则法。后又引入数学规划法，其中主要方法有复合形法、可行方向法、惩罚函数法和序列规划法等，近来泡泡法、进化结构拓扑优化方法、模拟退火算法、人工神经网络算法、遗传基因算法也引入到拓扑优化之中。拓扑优化的数值求解过程中会出现多孔材料、棋盘格式、网络依赖和局部极值等不稳定问题，进而造成优化结果可靠性下降、可制造性差和得不到工程可行解等问题。可通过合理选用高阶单元，滤波法和实用小波函数来降低不稳定性，得到可行的拓扑优化结构。连续体拓扑优化商用优化软件主要有 Optistruct、Tosca、Ansys Workbench 中的 ACT 插件，以及 Ansys 和 Comsol 的拓扑优化模块。

连续体结构拓扑优化中的一个重要应用就是对柔性机构进行拓扑结构设计，拓扑优化可以在仅已知给定设计域和指定输入输出位置的情况下，综合出新的功能型柔性机构。

下面应用拓扑优化方法设计两种典型的柔性机构：位移反向机构和柔性微夹钳，设计域如图 11.8-27 所示，其中 F_{in} 为输入力，K_{out} 为虚拟弹簧输出刚度，u_{out} 为虚拟输出位移，Ω 为设计域。

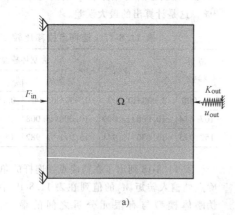

a)

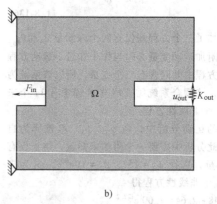

b)

图 11.8-27 典型柔性机构设计

a) 位移反向机构 b) 柔性微夹钳

一般结构优化问题数学模型可表示为

$$\min : J(u) = \int_{\Omega} j(u) \, d\Omega \quad (11.8-140)$$

$$s.t. : V \leqslant V_{max}$$

式中 u——状态变量；

V_{max}——可用材料的总体积；

J——某种性能，如柔度 C 和几何增益 GA 等。

结合 SIMP 方法优化模型可以改写成

$$\min : c(x) = U^T K U = \sum_{e=1}^{N} (x_e)^p u_e^T k_e u_e$$

$$s.t.: \frac{V(\boldsymbol{x})}{V_0}=f \qquad (11.8\text{-}141)$$

$$\boldsymbol{KU}=\boldsymbol{F}_{\text{in}}$$

$$0<\boldsymbol{x}_{\min}\leq \boldsymbol{x}\leq 1$$

式中　$c(\boldsymbol{x})$——柔度目标函数；
　　　　$\boldsymbol{K}$——整体刚度矩阵；
　　　　$\boldsymbol{U}$——整体位移矢量；
　　　　$\boldsymbol{x}_e$——单元相对密度；
　　　　N——设计区域离散化的元素数目；
　　　　p——惩罚因子（通常取 $p=3$）；
　　　　$\boldsymbol{u}_e$——元素的位移矢量；
　　　　$\boldsymbol{k}_e$——元素的刚度矩阵；
　　　　$V(\boldsymbol{x})$——材料体积；

$$x_e^{\text{new}}=\begin{cases}\max(x_{\min},x_e-m) & if \\ x_e B_e^{\eta} & if \\ \min(1,x_e+m) & if\end{cases}$$

式中　m——正的移动界限；
　　　　η——数值阻尼系数（$\eta=0.5$）。

$$B_e=-\frac{\partial c}{\partial x_e}\Big/\lambda\,\frac{\partial V}{\partial x_e}$$

λ——拉格朗日乘子。

目标函数的敏感度为

$$\frac{\partial c}{\partial x_e}=-p\,(x_e)^{p-1}\boldsymbol{u}_e^{\mathrm{T}}\boldsymbol{k}_0\boldsymbol{u}_e \qquad (11.8\text{-}145)$$

过滤技术中网格独立性滤波器可表示为

$$\widehat{\frac{\partial c}{\partial x_e}}=\frac{1}{x_e\sum\limits_{f=1}^{N}\widehat{H}_f}\sum_{f=1}^{N}\widehat{H}_f x_f\frac{\partial \boldsymbol{x}}{\partial \boldsymbol{x}_f} \qquad (11.8\text{-}146)$$

式（11.8-146）卷积算子可表示为

$$\widehat{H}_f=r_{\min}-\text{dist}(e,f),\ \{f\in N\mid \text{dist}(e,f)\leq r_{\min}\},$$
$$e=1,\cdots,N \qquad (11.8\text{-}147)$$

$\text{dist}(e,f)$ 定义为元素中心 e 到元素中心 f 的距离。

应用 SIMP 方法进行拓扑优化设计流程如下：

1）定义设计域、非设计域、约束、载荷等，设计域中单元的相对密度可随迭代过程而变化，非设计域中的相对单元密度只能为 0 或 1；

2）对设计区域进行单元网格划分，计算所有单元的相对密度设置为 1 时的单元刚度矩阵；

3）初始化单元设计变量，预先设定设计域中的每个单元的相对密度值；

4）计算每个单元的材料特性，计算所有单元刚度矩阵，再对号入座将其组装到整个结构的刚度矩阵中，并计算节点位移；

5）计算目标函数值和约束函数值，并计算相应导数，用螺旋整数因子法处理设计变量；

6）用优化迭代算法更新设计变量值；

V_0——设计区域体积；
f——规定的容积率；
$\boldsymbol{F}$——力矢量；
$\boldsymbol{x}_{\min}$——相对密度最小向量；
$\boldsymbol{x}$——设计变量向量。

柔度 C 和几何增益 GA 可表示为

$$C=u^{\mathrm{T}}ku \qquad (11.8\text{-}142)$$

$$GA=\frac{u_{\text{out}}}{u_{\text{in}}} \qquad (11.8\text{-}143)$$

对式（11.8-141）应用拉格朗日乘数法，得到无约束优化的拉格朗日方程，满足库恩塔克必要条件，由此得到基于优化准则法的迭代公式

$$x_e B_e^{\eta}\leq \max(x_{\min},x_e-m)$$
$$\max(x_{\min},x_e-m)<x_e B_e^{\eta}<\min(1,x_e+m) \qquad (11.8\text{-}144)$$
$$\min(1,x_e+m)<x_e B_e^{\eta}$$

7）检验计算结果的收敛性，设计变量的相对误差或目标函数的相对误差都可以作为收敛判断条件：

$$\left|\frac{\max(x_{k+1})-\max(x_k)}{\max(x_k)}\right|<\varepsilon \quad \text{或} \quad \left|\frac{c_{k+1}-c_k}{c_k}\right|<\varepsilon \qquad (11.8\text{-}148)$$

若不收敛，则返回至第 4 步继续进行迭代计算，若收敛则进行第 8 步，结束迭代计算过程；

8）输出设计变量值，目标函数值和约束函数值，完成迭代计算。

优化过程如图 11.8-28 所示。

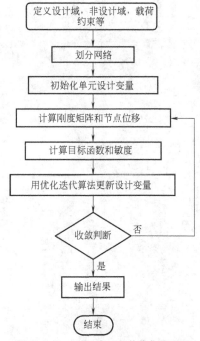

图 11.8-28　SIMP 方法拓扑优化流程图

对于位移反向机构的拓扑优化设计，设计域如图
11.8-27a所示。长宽比1∶1，设计域的左上角和左
下角均为固定支座，左侧中部受水平作用力 F_{in}。设
计域离散为 400×400 个四边形单元，体积约束为
30%，F_{in} 表示为 $K_{in}u_{in}$，取 $K_{in}=1$，$K_{out}=0.1$，按照
SIMP 法拓扑优化求解步骤，应用 Matlab 编程运行得
到拓扑构型如图 11.8-29a 所示。同理对于柔性微夹
钳，设计域如图 11.8-27b 所示。长宽比 5∶4，设计
域尺寸为 3000μm×2400μm，弹性模量为 4.4GPa，泊
松比为 0.22，$K_{out}=100N/m$，$F_{in}=6\mu N$，体积约束为
30%，按照 SIMP 法拓扑优化求解步骤，应用 Matlab
编程运行得到拓扑构型如图 11.8-29b 所示，输出与

输入位移之比为 9.57。

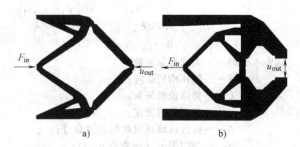

图 11.8-29　典型柔性机构拓扑构型
a）位移反向机构拓扑构型　b）两端固支梁拓扑构型

第9章 机 构 选 型

1 概述

设计机械首先依据工艺要求拟定从动件的运动形式、功能范围，正确选择合适的机构类型、动力传递方式及功率等，从而进行新机械、新机器的设计，同时分析其运动的精确性、实用性与可靠性等。所谓机构的选型就是选择合理的机构类型实现工艺要求的运动形式、运动规律。

机构选型的原则如下：

1）依照生产工艺要求选择恰当的机构形式和运动规律。机构形式包括连杆机构、凸轮机构、齿轮机构、轮系和组合机构等。机构的运动规律包括位移、速度、加速度及变化特点，它与各构件间的相对尺寸有直接关系，选用时应进行充分考虑，或按要求进行分析计算。

从生产工艺对从动件的运动特性、功能等方面的具体要求，选取最佳的机构形式，以实现生产中的连续或间歇运动，移动或摆动，等速或变速运动，直线轨迹或圆弧、圆或各种特殊曲线轨迹等，在功能上完成转位、抓取、旋紧、检测、控制、调节、增力伸缩以及定位联锁、安全保险等要求。此外，从动件在工作循环中的速度、加速度的变化应符合要求，其功能动作误差应不超过允许限度，以利于保证产品质量，并具有足够

的使用寿命。

2）结构简单，尺寸适度，在整体布置上占的空间小，布局紧凑，能节约原材料。选择结构时也应考虑逐步实现结构的标准化、系列化，以期降低成本。

3）制造加工工艺性好。通过比较简单的机械加工，即可满足构件的加工精度与表面粗糙度的要求。还应考虑机器在维修时拆装方便，在工作中稳定可靠、使用安全，以及各构件在运转中振动轻微、噪声小等环保要求。

4）局部或部件机构的选型应与动力机的运动方式、功率、转矩及其载荷特性能够相互匹配协调，与其他相邻机构正常衔接，传递运动和力可靠，运动误差应控制在允许范围内，绝对不能发生运动的干涉。

5）具有较高的生产率与机械效率，经济上有竞争能力。

2 匀速转动机构

主动件和从动件均做匀速转动的机构称为匀速转动机构，可分定传动比转动机构和可变传动比转动机构两类。

2.1 定传动比转动机构

定传动比转动机构见表 11.9-1。

表 11.9-1 定传动比转动机构

机构	结 构 图	说 明
	(1)摩擦传动机构	
摩擦轮传动机构	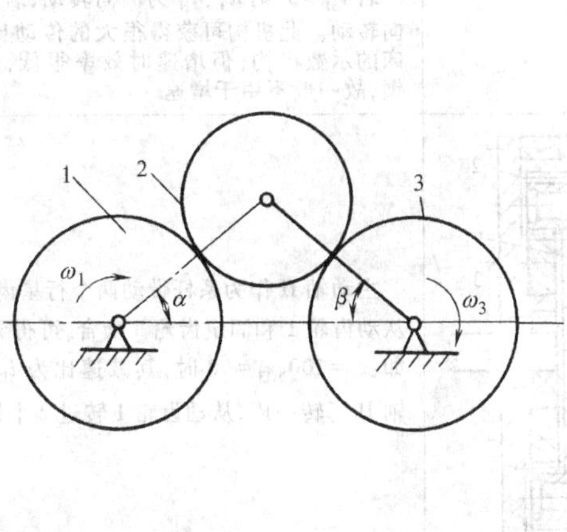	摩擦轮传动机构由主动轮 1 通过中间滚轮 2 带动从动轮 3 做匀速转动。滚轮 2 可自动调节压紧力，能可靠地楔入 1 和 3 之间。为保证机构正常工作，应使最小摩擦因数 μ 和 α、β 角值保持下列关系，当 $\alpha \neq 0°$、$\beta \neq 0°$ 时 $$\mu \geqslant \tan\frac{\alpha+\beta}{2}$$ 不考虑滚轮间的滑动，其传动比应为 $$i_{13}=\frac{\omega_1}{\omega_3}=\frac{r_3}{r_1}$$ 式中 ω_1、ω_3——1、3 轮的角速度； r_1、r_3——滚轮 1、3 的半径

（续）

机构	结　构　图	说　　明
（1）摩擦传动机构		
内滚轮机构	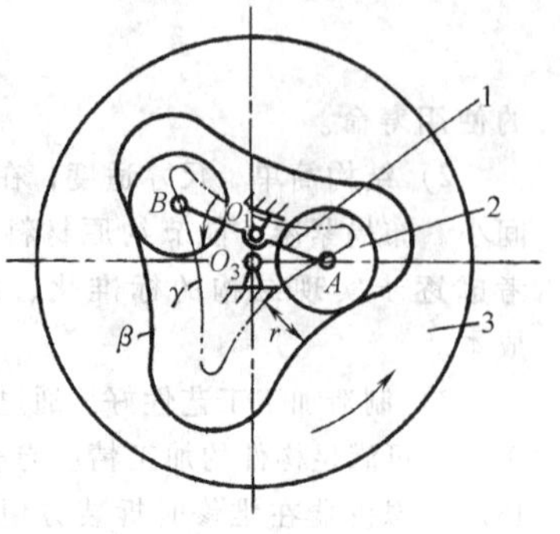	内滚轮机构以及双臂曲柄 1 作主动件，通过曲柄两端的滚轮 2 驱动从动轮 3 绕固定轴 O_3 与主动件同向匀速转动。滚轮中心 A、B 相对圆盘 3 的运动轨迹为摆线 γ，是圆盘内侧曲线 β 的等距线，两线相距滚轮半径 r。该机构主、从动轴中心距应符合要求：$$\overline{O_1O_3}\leqslant\frac{\overline{AO_1}}{2}$$ 否则 γ 曲线将出现交叉。主、从动轮的传动比为 $$i_{13}=\frac{n_1}{n_3}=\frac{3}{2}$$ 式中　n_1、n_3—轮 1、3 的转速
（2）齿轮轮系传动机构		
差动轮系机构	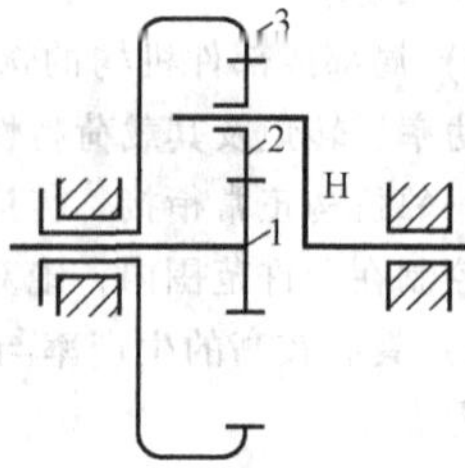 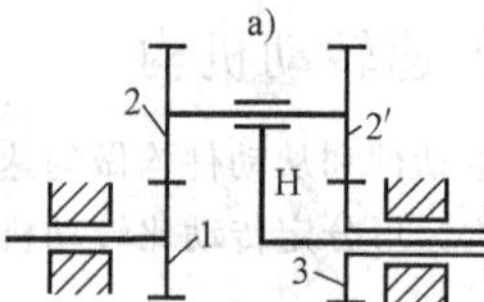	由中心齿轮 1、3，行星齿轮 2、2′ 和系杆 H 组成，机构自由度为 2。它的传动比不仅与各轮齿数有关，还与各轮转速有关。当给该机构一公共转速 "$-n_H$" 时，系杆 H 变为固定，差动轮系转化为定轴轮系，其传动比仅与齿数成反比 $$i_{13}^{H}=\frac{n_1-n_H}{n_3-n_H}=-\frac{z_3}{z_1}（图\ a）$$ $$i_{13}^{H}=\frac{n_1-n_H}{n_3-n_H}=\frac{z_2z_3}{z_1z_{2'}}（图\ b）$$ 式中　n_1、n_3、n_H—齿轮 1、3 和系杆 H 的转速 z_1、z_2、$z_{2'}$、z_3—各齿轮的齿数
行星轮系机构	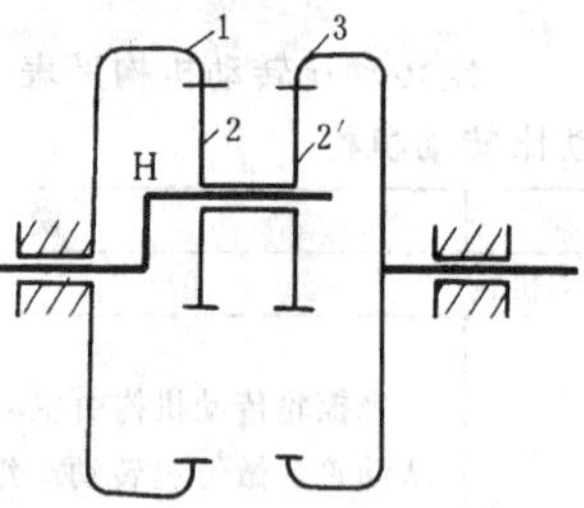	行星轮系与差动轮系不同，它有一个太阳轮是固定的，其自由度为 1，它们同属周转轮系。如图所示机构的传动比为 $$i_{3H}=\frac{n_3}{n_H}=1-\frac{z_1z_{2'}}{z_2z_3}$$ 式中　n_3、n_H—太阳轮 3 和系杆 H 的转速 z_1、z_2、$z_{2'}$、z_3—各齿轮的齿数 　　若 $i_{3H}>0$，则 n_3、n_H 为同向转动；若 $i_{3H}<0$，则为反向转动。此机构可获得很大的传动比，例如作为机床的示数机构；但增速时效率很低，甚至会产生自锁，故一般不用于增速
行星减速器	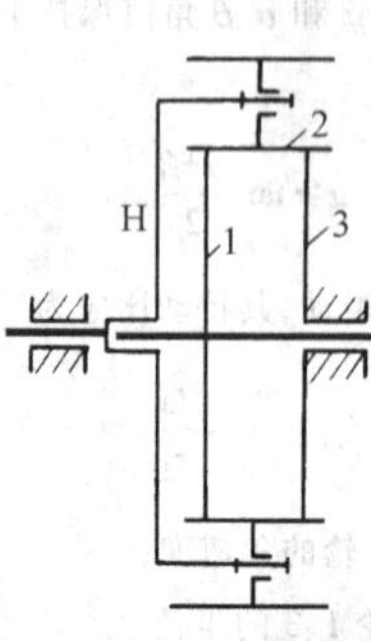 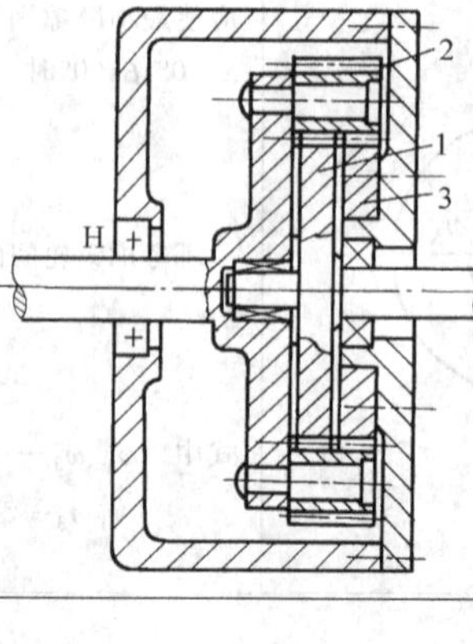	主动轴 H 作为系杆带动两个行星齿轮 2,2 同时与从动齿轮 1 和固定齿轮 3 啮合，可得到较大减速比。如：$z_1=100$、$z_3=98$ 时，其减速比为 $i_{H1}=50$，即主动轴 H 每转一周，从动齿轮 1 转过 2 个齿

（续）

机构	结　构　图	说　明
	(2)齿轮轮系传动机构	

有缺口齿轮机构

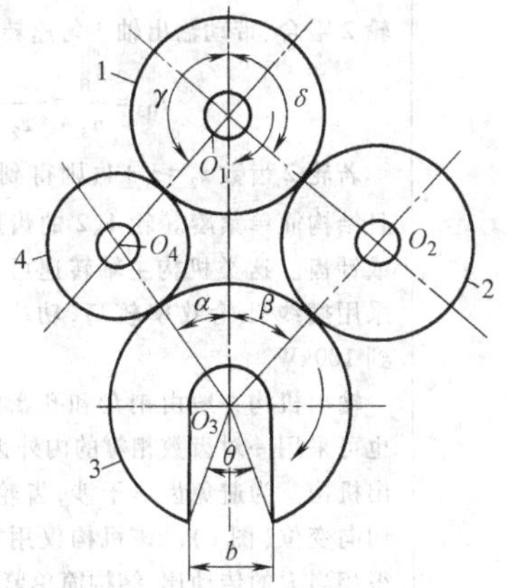

以齿轮 1 作主动轮，通过惰轮 2、4 驱动有缺口的从动轮 3。由于功率分流传动，可减小机构的体积和重量，为了满足生产要求，在轮 3 上开一宽度为 b 的钳口槽（如石油钻井的旋扣器），并保证从动轮 3 做整周转动。机构尺寸关系应满足下列条件

① 正确安装条件

$$\alpha(z_3-z_4)+\gamma(z_4-z_1)+\beta(z_3-z_2)+\delta(z_2-z_1)=2\pi k$$

式中　α、γ、β、δ—各齿轮中心线的夹角
　　　z_1、z_2、z_3、z_4—各齿轮齿数

② 槽宽 b 所对应的中心角 $\theta<\alpha+\beta$

③ 齿轮中心距

$$\overline{O_1O_3}>\frac{d_{a1}+d_{a3}}{2}$$

$$\overline{O_2O_4}>\frac{d_{a2}+d_{a4}}{2}$$

式中　d_{a1}、d_{a2}、d_{a3}、d_{a4}—各齿轮的齿顶圆直径

复合轮系机构

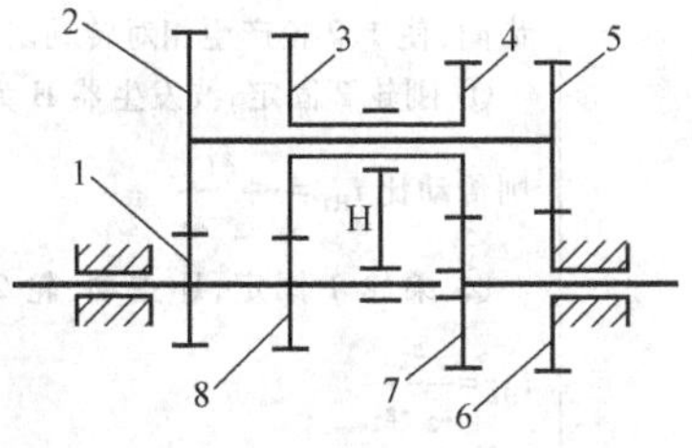

由周转轮系和定轴轮系或若干周转轮系组合而成的复杂轮系，也称混合轮系。图中由行星轮系1-2-5-6-H 和差动轮系8-3-4-7-H 组合而成。若 $z_1=z_8$、$z_6=z_7$、$z_4=z_5$，则传动比为

$$i_{71}=\frac{n_7}{n_1}=\frac{1-\dfrac{z_2}{z_3}}{1-\dfrac{z_2z_7}{z_1z_4}}$$

当 z_2 和 z_3 相差一个齿时，可获得结构紧凑的大传动比机构。例如 $z_1=32$、$z_2=81$、$z_3=80$、$z_4=z_5=20$、$z_6=z_7=50$，则 $i_{17}\approx426$

复合轮系多数用于减速器、变速器

---

3 个太阳轮的行星减速机构

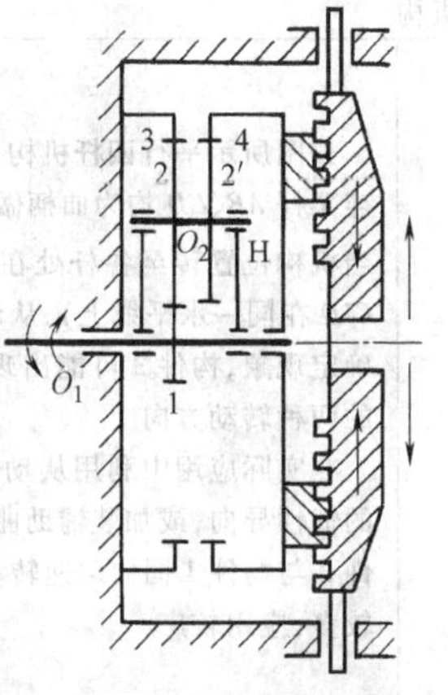

图为车床电动三爪自定心卡盘行星减速装置。主动轮 1 通过 H 所支承的齿轮 2 和 2′与固定齿轮 3 和从动齿轮 4 的啮合传动而驱使齿轮 4 转动，轮 4 上的阿基米德螺旋槽控制卡盘，使其卡紧或松开工件。传动比为

$$i_{14}=\left(1+\frac{z_3}{z_1}\right)\Big/\left(1-\frac{z_{2'}z_3}{z_4z_2}\right)$$

若齿数 $z_1=6$、$z_{2'}=z_2=25$、$z_3=57$、$z_4=56$，则 $i_{14}=-588$，负号表示齿轮 1 与 4 转向相反。该轮系结构紧凑，体积小、传动比大，但安装比较复杂，常用于中小功率传动或机械的控制部分

（续）

机构	结　构　图	说　明
	（2）齿轮轮系传动机构	
少齿差行星减速机构	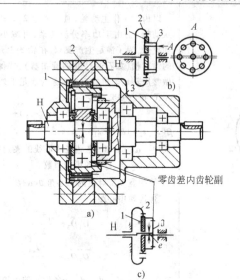	以系杆 H 为主动件，驱动行星齿轮 1 与固定太阳轮 2 啮合，带动输出轴 3 匀速转动，传动比为 $$i_{H3} = \frac{n_H}{n_3} = -\frac{z_1}{z_2 - z_1}$$ 若轮 2 齿数 $z_2 = z_1 + 1$，则得到大传动比 $i_{H3} = -z_1$，且结构简单紧凑。轮 1、2 的齿廓可用渐开线、摆线或针齿。这类机构主轴转速可达 $1500 \sim 1800$r/min，采用摆线针轮效率较高，功率可达 45kW，甚至达到 100kW 输出机构一般由销盘和孔盘组成，如图 b 所示。也可采用一对齿数相等的内外齿轮组成的零齿差输出机构。为避免齿形干涉，齿轮除径向变位外还要切向变位（图 c）。该机构仅用很少几个构件，可获得相当大的传动比，结构简单紧凑
谐波齿轮传动机构	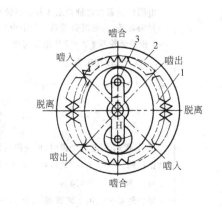	图示为双波发生器谐波传动机构，波发生器 H 的触头 3 将柔性齿轮 1 撑成椭圆形，在长轴处柔性齿轮 1 与刚性齿轮 2 沿全齿高啮合，在短轴处完全脱离啮合。当 H 转动时，将轮 1 的轮齿依次压入轮 2 齿间，使 1、2 轮产生相对转动。 ① 刚轮 2 固定，波发生器 H 为主动、柔轮 1 从动，则传动比 $i_{H1} = -\dfrac{z_1}{z_2 - z_1}$ ② 柔轮 1 固定，H 主动、轮 2 为从动，则传动比 $i_{H2} = \dfrac{z_2}{z_2 - z_1}$ 谐波传动的特点是传动比大，传动平稳，结构简单，效率高，且体积小，重量轻。但柔轮易出现疲劳损伤。谐波齿轮传动机构有双波、三波和单级、双级等各种类型
	（3）平行四杆机构	
简单平行四杆机构	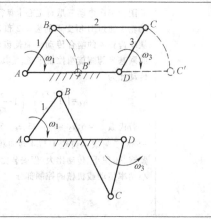	如图所示平行四杆机构 ABCD 中连杆 BC 做平动，连架杆 AB、CD 均为曲柄做匀速转动，传动比 $i_{13} = 1$。当机构位置转至各杆处在同一水平位置时（即 AB'C'D 在同一水平线上），从动件 C 点的运动将出现不确定现象，构件 3 可能出现与主动件 1 相同或相反的两种转动方向 在实际应用中利用从动件本身导向，或附加重量的惯性导向，或加装辅助曲柄等方法克服反转，使构件 3 与构件 1 同向匀速转动。平行四杆机构的类型较多，应用较广

（续）

机 构	结 构 图	说 明
	(3)平行四杆机构	

机 构	结 构 图	说 明
清障车平行四杆托举机构	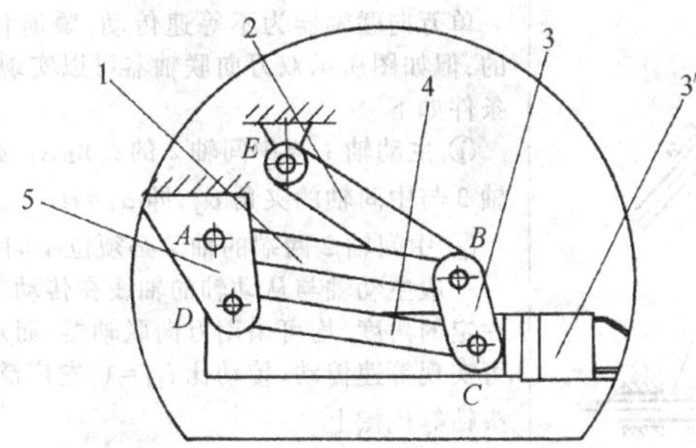	随着汽车拥有量的增加，各种道路上的交通量不断增长，交通事故不时发生。一般故障车多是前部冲撞失去正常行驶能力，而须迅速拖走故障汽车疏通道路，将其前轮托起拖离事故现场 　　平行四杆托举机构如图所示，机架（AD）5固定在车架上，上摇杆（AB）1、下摇杆（CD）4作为连架杆，相互平行，长度相等，和连杆3固连的托举臂3′做平动，始终平行地面。托举臂另设伸缩机构，完成放至地面，并伸入故障车前下部，由液压缸2拉起，将其抬高拖走
多头钻机构	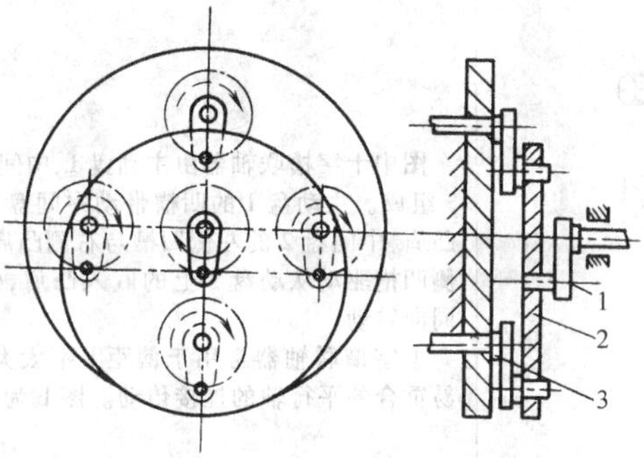	图中多头钻由多个平行四杆机构组成，偏心轴1为主动件，通过圆盘制成的连杆2带动四个具有相同偏心距的钻头3等做同向匀速转动。该机构结构紧凑，用于加工多孔、小孔距的工件，但要求较高的制造精度。如果润滑有保证，机构的平衡较好，可以在较高的转速下工作
可变轴距多平行四杆机构	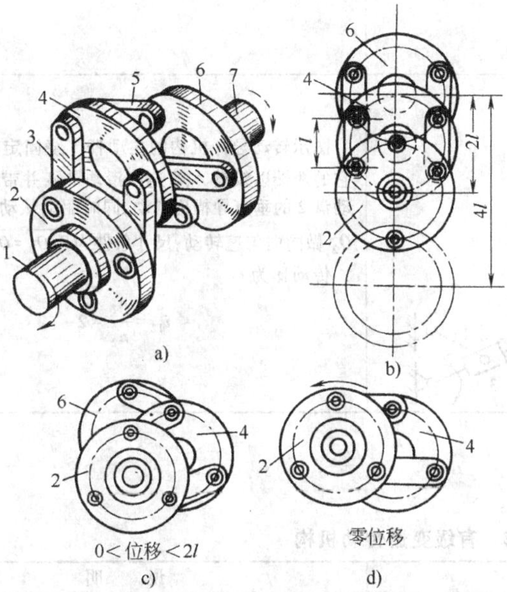	如图所示，主、从动轴距可变的多平行四杆机构，在圆盘构件2、4、6的等圆周上各设3个等间距的轴销，分别与长为l的连杆3、5等相互铰接，形成多个平行四杆机构。主动轴1通过连杆及中间盘带动从动轴7做同向同速转动，主、从动轴的轴距可根据需要改变，最大轴距为2l
砂轮边缘圆磨机构	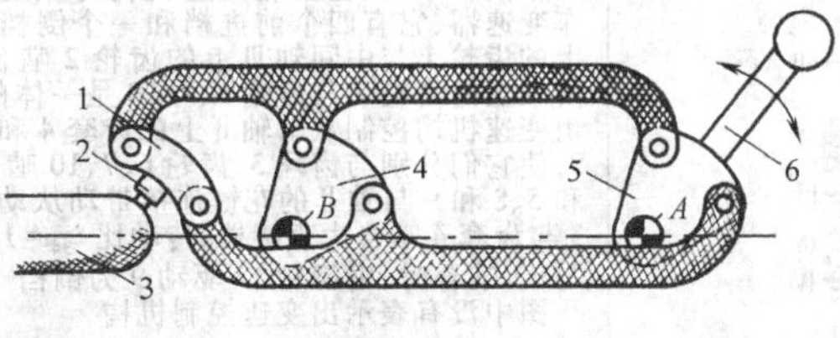	图中两个三角盘4、5分别绕固定支点A、B转动，当构件6做主动件往复摆动时，通过四杆机构带动从动件1做绕定点的摆动，构件1上的金刚石2做圆弧运动，把砂轮3的边缘磨成圆形。砂轮对称中心线与固定铰点A、B重合，故也称该机构为三支点机构

（续）

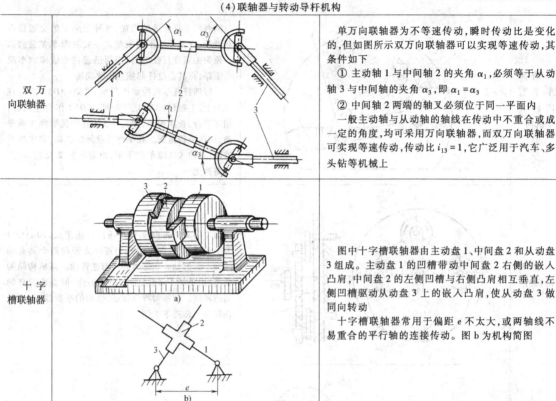

机构	结 构 图	说 明
	（4）联轴器与转动导杆机构	
双万向联轴器		单万向联轴器为不等速传动，瞬时传动比是变化的，但如图所示双万向联轴器可以实现等速传动，其条件如下 ① 主动轴 1 与中间轴 2 的夹角 α_1，必须等于从动轴 3 与中间轴的夹角 α_3，即 $\alpha_1 = \alpha_3$ ② 中间轴 2 两端的轴叉必须位于同一平面内 　一般主动轴与从动轴的轴线在传动中不重合或成一定的角度，均可采用万向联轴器，而双万向联轴器可实现等速传动，传动比 $i_{13} = 1$，它广泛用于汽车、多头钻等机械上
十字槽联轴器		图中十字槽联轴器由主动盘 1、中间盘 2 和从动盘 3 组成。主动盘 1 的凹槽带动中间盘 2 右侧的嵌入凸肩，中间盘 2 的左侧凹槽与右侧凸肩相互垂直，左侧凹槽驱动从动盘 3 上的嵌入凸肩，使从动盘 3 做同向转动 　十字槽联轴器常用于偏距 e 不太大，或两轴线不易重合的平行轴的连接传动。图 b 为机构简图
转动导杆机构	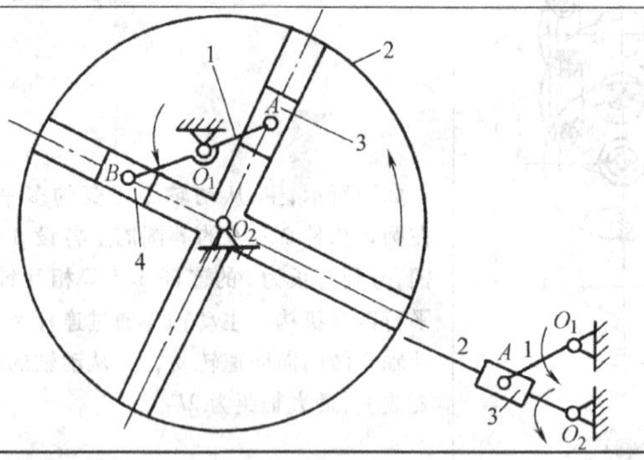	图示转动导杆机构的主动杆 1 绕固定轴 O_1 转动，它的两端以铰链 A、B 连接滑块 3、4 并带动滑块在从动盘 2 的垂直导槽内滑动，同时驱动从动盘绕固定轴 O_2 做同向匀速转动，尺寸条件为 $\overline{O_1 O_2} = \overline{O_1 B} = \overline{O_1 A}$ 传动比为 $$i_{12} = \frac{n_1}{n_2} = 2$$

2.2　可变传动比转动机构

可变传动比转动机构见表 11.9-2 和表 11.9-3。

表 11.9-2　有级变速传动机构

机构	结 构 图	说 明
圆柱齿轮变速机构	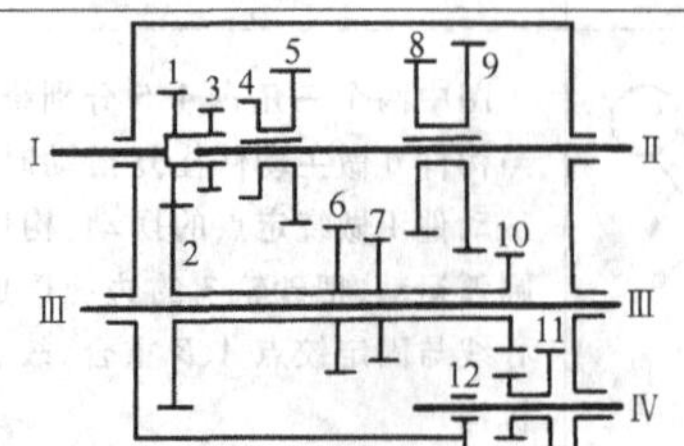	如图所示，圆柱齿轮变速机构为跃进牌 NJ130 汽车变速器，它有四个前进档和一个倒档。主动轴 Ⅰ 上的齿轮 1 与中间轴 Ⅲ 上的齿轮 2 啮合，空套在中间轴上的齿轮 2 与齿轮 6、7、10 是一体的。变速时，由变速机构控制从动轴 Ⅱ 上的齿套 4 和齿轮 5、8、9，使它们分别与齿环 3、齿轮 6、7、10 啮合，并通过 4 和 5、8 和 9 与 Ⅱ 轴的花键连接带动从动轴 Ⅱ。齿环 3 与齿套 4 啮合为直接档，传动比 $i_{34} = 1$。当齿轮 10 与 11 啮合时，由齿轮 12 驱动 9 为倒档 　图中没有表示出变速控制机构

（续）

机构	结构图	说明
三轴滑移式齿轮变速机构	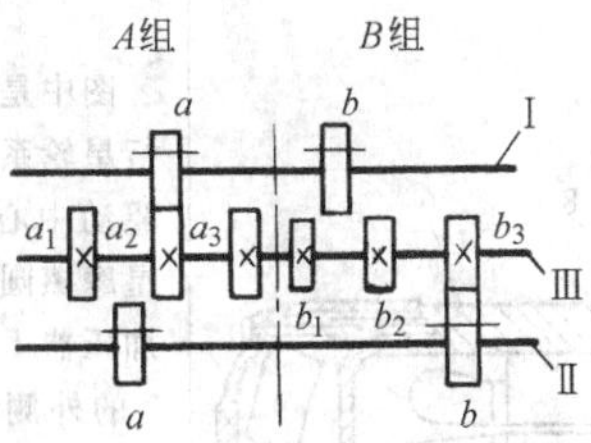 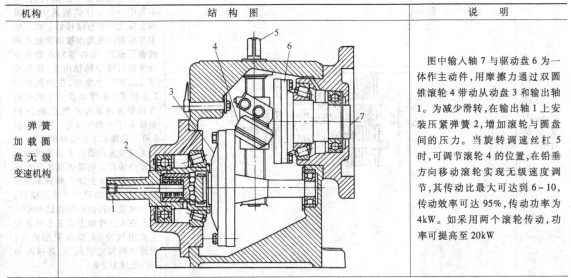	图中轴Ⅰ、Ⅱ、Ⅲ是相互平行的3根轴,轴Ⅰ、Ⅲ和轴Ⅲ、Ⅱ的中心距相等。在轴Ⅰ、Ⅱ上各有两个滑移齿轮a、b,分别与轴Ⅲ上的A、B两组公用同连齿轮啮合。各组齿轮模数相等,齿数不同但齿数差小于4。利用齿轮变位凑中心距,实现无侧隙啮合,获得多组变速。设Ⅲ轴上有N个齿轮,变速级数为K,则 $$K = N(N-1)+1$$ 该机构的各档传动比具有倒数关系,若用它作切制米制或寸制螺纹的基本传动组时,不需改变传动路线,可省去改变机构的麻烦和简化操作。也可用于按等差或等比级数排列变速,但设计计算较复杂
圆周布置的齿轮变速机构	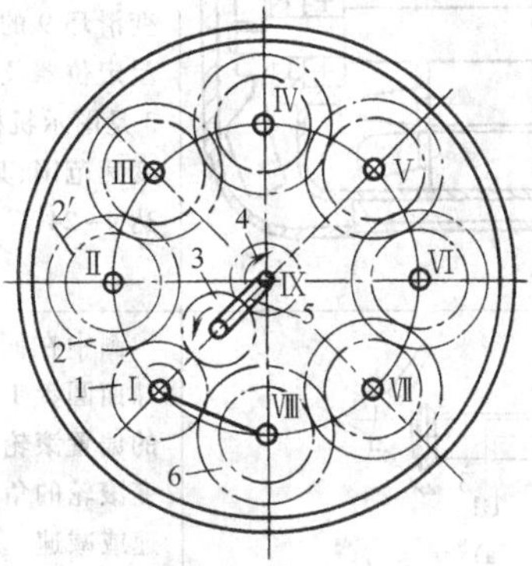	图示沿圆周方向布置的齿轮变速机构将各齿轮轴绕从动轴Ⅸ依定长半径沿圆周布置,包括主动轴Ⅰ和中间轴Ⅱ-Ⅷ。第一档为主动轮1通过惰轮3驱动从动轮4,轮1与轮4转向相同,传动比$i_{14}=\dfrac{z_4}{z_1}$。 其余各档由转动手柄5控制,如第二档为1-2-2-3-4齿轮啮合传动,从动轮在单数档和双数档转向相反。要使转向恒定,可采用另外附加惰轮的方式布置。图上的齿轮1和6是不啮合的 沿圆周布置可缩小机构尺寸,尤其是明显缩短了轴向尺寸
单齿轮滑移多级变速机构	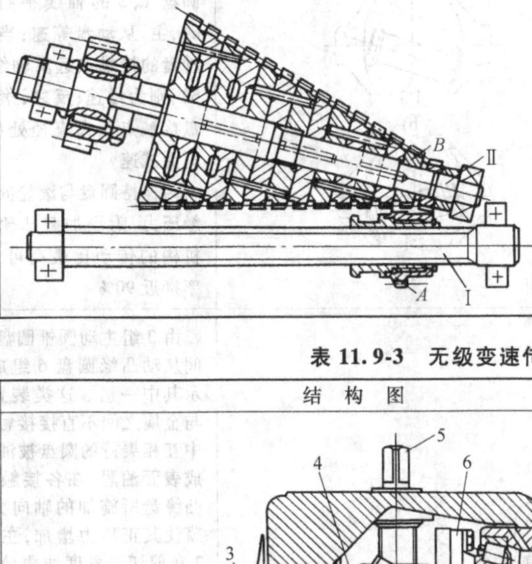	图中花键轴Ⅰ上装有一可滑动的直齿圆柱齿轮A,可与轴Ⅱ上的等高直齿锥齿轮组B中的任一锥齿轮啮合。锥齿轮组的各轮齿数按等差级数变化,由销子连接固定,保证所有锥齿轮有一齿槽在共同一条直线上,各齿轮之间留有足够的空隙,以便操纵主动轮A顺利由原来啮合位置脱离,并滑入另一啮合位置完成多级变速 该机构在运转中可进行变速,变速级数多,齿轮数目少,结构紧凑,刚性好,但啮合性能较差,啮合齿轮不能沿全齿宽啮合,且磨损不均匀

表 11.9-3 无级变速传动机构

机构	结构图	说明
弹簧加载圆盘无级变速机构		图中输入轴7与驱动盘6为一体作主动件,用摩擦力通过双圆锥滚轮4带动从动盘3和输出轴1。为减少滑转,在输出轴1上安装压紧弹簧2,增加滚轮与圆盘间的压力。当旋转调速丝杠5时,可调节滚轮4的位置,在铅垂方向移动滚轮实现无级速度调节,其传动比最大可达到6~10,传动效率可达95%,传动功率为4kW。如采用两个滚轮传动,功率可提高至20kW

（续）

机构	结构图	说明
行星圆锥无级变速机构	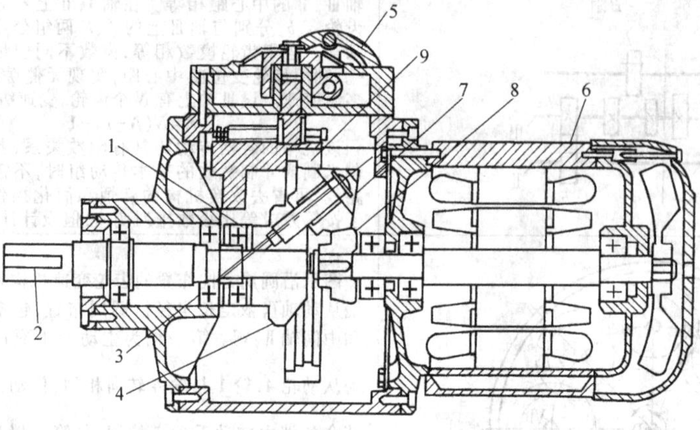	图中是以摩擦圆锥代替齿轮的行星轮系传动机构。由电动机6驱动中心圆锥摩擦轮8，通过行星摩擦圆锥7带动行星定位器4、加压器1和输出轴2。行星圆锥7的外侧锥面与不转动的滑环9内侧面接触，用速度控制轮5改变滑环9的轴向位置。可改变行星定位器及输出轴的转速。序号3是图示机构可得到较大的无级变速范围，其主、从动轴的传动比达4~24
球面滚轮无级变速机构	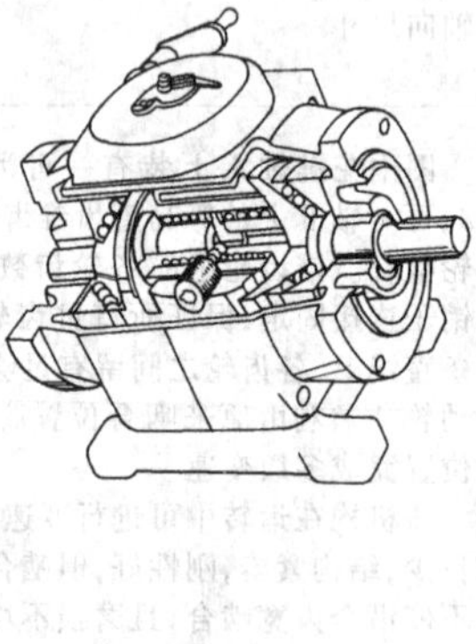 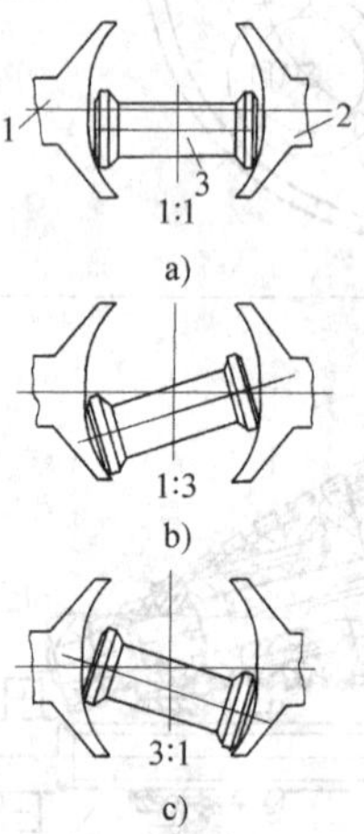	图中在同一轴线上的主、从动球面圆盘1、2之间装有球形端面的偏置滚轮3。通过操纵机构改变滚轮的角度，得到无级变速（增速或减速）。当滚轮3轴线与两圆盘1、2的轴线平行时（见图a），主、从动盘等速；当滚轮与主动盘的接触点远离轴线时（见图b），则为增速；反之，滚轮与从动盘接触点在大直径处（见图c），则为减速 　　为保持圆盘与滚轮间必需的接触压力，附设加载凸轮。该类型机构的传动比最高可达到9，效率接近90%
油膜圆盘无级变速机构	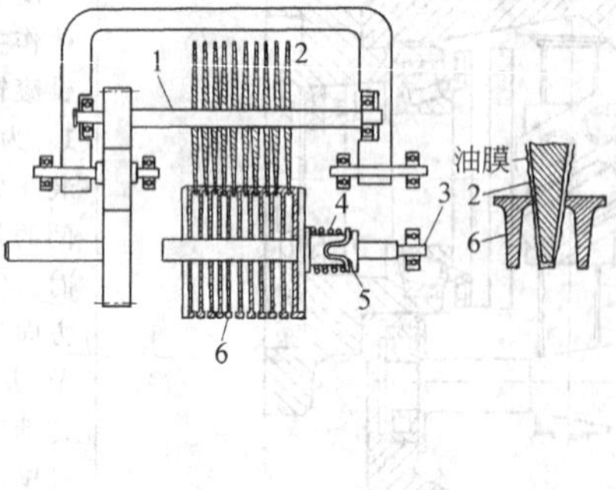	由3组主动圆锥圆盘2围着中间从动凸缘圆盘6组成，图仅表示其中一组。这类装置中，金属与金属之间不直接接触。在传动中互相夹持的圆盘被油涂敷而形成表面油膜，在各接触点处依靠凸缘盘所施加的轴向力，挤压油膜使其正压力增加，主动圆锥盘2在剪切高黏度油膜分子的同时将运动传给从动凸缘盘6，其传动效率可达85%以上。圆锥圆盘2可在花键轴1上做轴向移动 　　无级变速是通过主动圆锥盘向从动凸缘盘径向靠近或离开实现的。输出轴3上装有弹簧4和凸轮5，由弹簧的弹力压住凸缘盘。这种装置的传动功率可达60kW，甚至更大。冷却方式在小型装置上采用气冷，大型装置用液冷。滑转率在额定载荷下，高速时为1%，低速为3%

（续）

机　构	结　构　图	说　明
金属带式无级变速传动装置 CVT（Continuously Variable Transmission）	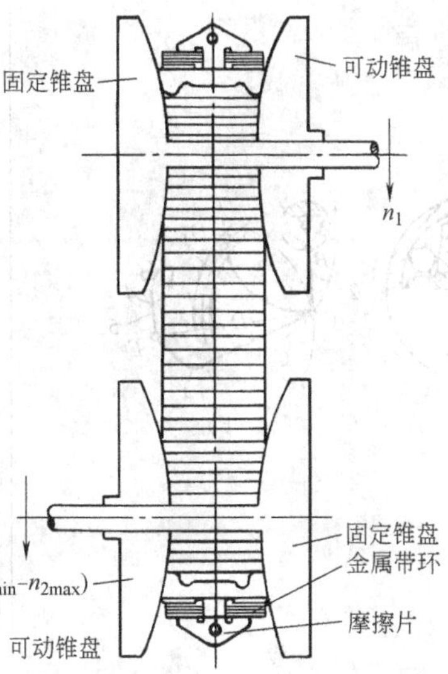 固定锥盘　可动锥盘　n_1　固定锥盘　金属带环　摩擦片　可动锥盘　$n_2 = (n_{2min} \sim n_{2max})$	它由上部主动锥盘形成的 V 形槽通过金属带摩擦片驱动下部从动锥盘同向转动。主、从动锥盘各有一盘固定，另一盘可做轴向移动，改变金属带与锥盘接触的节圆半径，达到无级变速传动的要求 金属带由相互挤推的 V 形薄片状摩擦片和若干很薄的金属带环连接而成，通过几百件摩擦片与主、从动锥盘的摩擦而传递转矩，金属带环承受较大的张力和上亿次的弯曲。一般由 10 片左右厚约 0.2mm 的无缝环带叠套一组，各环间有严格公差要求以求均载，两组金属环带分别嵌入摩擦片两侧平槽内 主、从动锥盘各设对轴固定的锥盘和可动锥盘、动盘，由液压或电动控制做协调的轴向移动，使金属带做整体平移，改变锥盘与摩擦片接触摩擦节圆，达到无级变速传动 荷兰 DAF 公司、VDT 公司率先于 20 世纪 70 年代将 CVT 金属带式无级变速器应用于轿车上，得到可观的效益，现在已大量投放欧美、日本轿车市场
液力变速机构	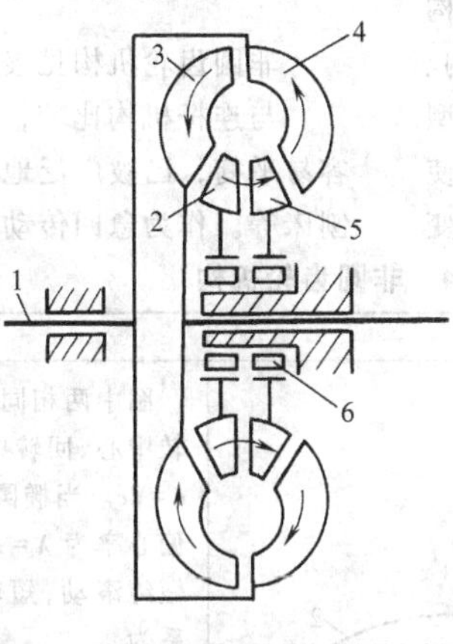	图中主动轴 1 带动泵轮 4 旋转，泵轮叶片搅动变矩器内的工作液推动输出涡轮 3 上的叶片，由涡轮输出转矩。视泵轮输入转矩与转速为常数，则涡轮输出转矩与其转速成反比，涡轮转速越高，输出转矩越小。构件 2、5 为导向轮，6 为超越离合器 液力变速机构常与行星变速器串联使用，在汽车上作为自动变速机构，也称它为液力变矩器。除图中所示四元件式外，还有三或五元件式，它们结构简单、效率高，且工作可靠，无冲击
脉冲式无级变速机构	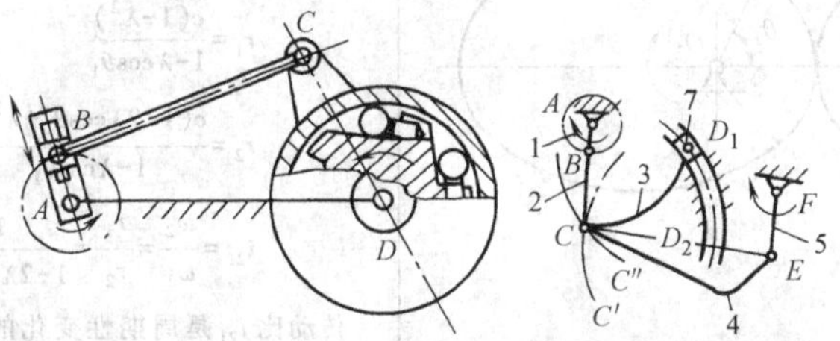 a)　b)	图中以单向离合器代替曲柄摇杆机构中的摇杆固定铰链，当曲柄做匀速转动时，摇杆通过单向离合器带动从动轴做单向脉冲转动。若改变曲柄长度或附加二级杆组，将获得脉冲式无级变速转动

（续）

机构	结 构 图	说 明
脉冲式无级变速机构	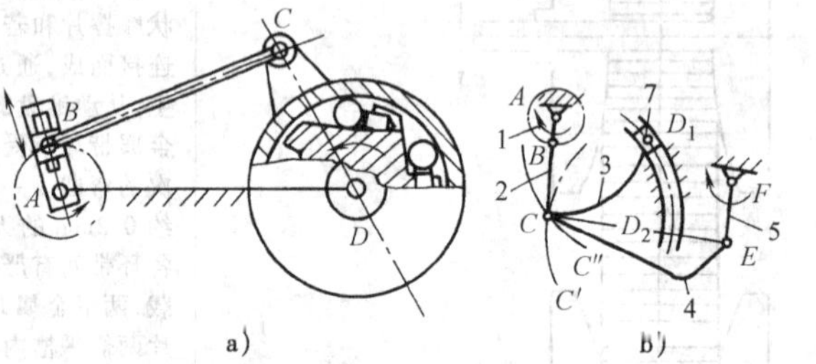 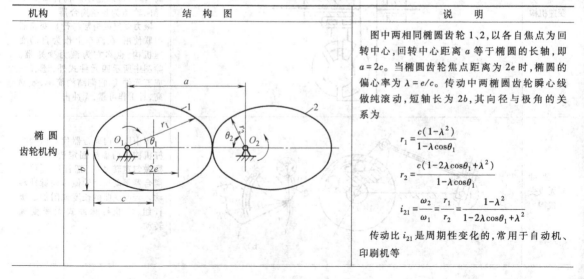	图 a 中曲柄上的销轴 B 可在滑槽中滑动,借以改变曲柄长度。摇杆 CD 与超越离合器的外环固连,曲柄每转一周,摇杆 CD 转动一定角度。曲柄(或机架)的长度改变,摇杆 CD 的转角也随之改变,输出轴 D 做单向脉冲间歇回转 　图 b 所示为多杆机构,铰链 D 在曲槽内固定在 D_1 或 D_2 位置,C 绕 D 转动的轨迹分别为 C″或 C′。当主动曲柄 1 匀速转动时,通过滑块 7 在曲槽内位置的改变(即改变机架 AD 的长度),使输出杆 5 实现变速 　一个曲柄摇杆机构带动一单向超越离合器,输出的单向脉冲转动是极不稳定的,为减少脉冲的不均匀性,常采用多相(3~5 相)并列,提高输出轴的均匀性。这种机构简单可靠、变速性稳定、停止和运行时均可进行调节,适用于中、小功率(约 10kW 以下)、中低速(40~1000r/min)的减速器,例如用在机床进给、搅拌机、轻工包装、食品等机械中

3 非匀速转动机构

　主动件做匀速转动,从动件做非匀速转动的机构称为非匀速转动机构。这里主要介绍非圆齿轮机构、双曲柄四杆机构、转动导杆机构和组合机构等。选型的主要依据是运动特点及特殊性,如急回作用,或使从动件角速度按特殊规律变化,即非线性函数的变化等。

3.1 非圆齿轮机构

　非圆齿轮机构见表 11.9-4。

　与连杆机构比较,非圆齿轮机构结构紧凑简单,容易平衡,已被广泛地应用于印刷机、剪切机、龙门刨床等。作为急回传动装置或某些自动进给机构。

表 11.9-4　非圆齿轮机构

机构	结 构 图	说 明
椭圆齿轮机构		图中两相同椭圆齿轮 1、2,以各自焦点为回转中心,回转中心距离 a 等于椭圆的长轴,即 $a = 2c$。当椭圆齿轮焦点距离为 $2e$ 时,椭圆的偏心率为 $\lambda = e/c$。传动中两椭圆齿轮瞬心线做纯滚动,短轴长为 $2b$,其向径与极角的关系为 $$r_1 = \frac{c(1-\lambda^2)}{1-\lambda\cos\theta_1}$$ $$r_2 = \frac{c(1-2\lambda\cos\theta_1+\lambda^2)}{1-\lambda\cos\theta_1}$$ $$i_{21} = \frac{\omega_2}{\omega_1} = \frac{r_1}{r_2} = \frac{1-\lambda^2}{1-2\lambda\cos\theta_1+\lambda^2}$$ 传动比 i_{21} 是周期性变化的,常用于自动机、印刷机等

（续）

机构	结 构 图	说 明
卵形齿轮机构	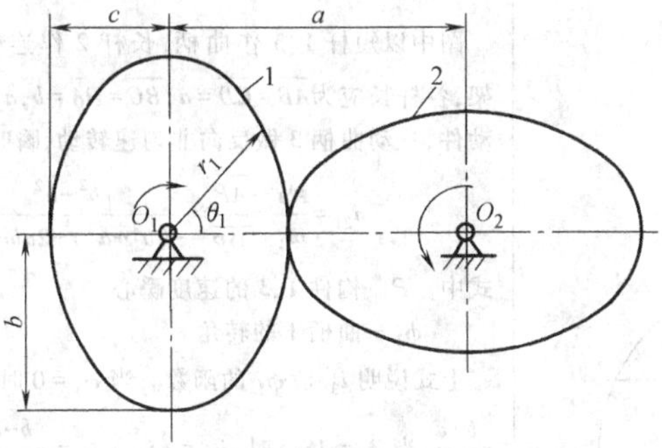	图中以卵形齿轮 1、2 的几何中心 O_1、O_2 作为回转中心的齿轮机构具有较好的平衡性。在每循环中传动比 i_{21} 周期变化 2 次。中心距 $a = b+c$，向径 r_1 与极角 θ_1 的关系为 $$r_1 = 2bc/[(b+c)+(b-c)\cos 2\theta_1]$$
偏心圆形齿轮及其共轭齿轮机构	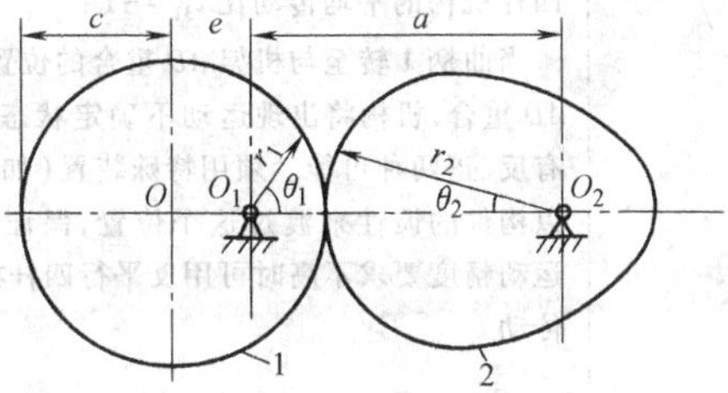	图中将标准圆柱齿轮 1 改作偏心齿轮,按本篇第 4 章设计其共轭齿轮 2,使传动比 i_{21} 周期性变化
对数螺线齿轮机构	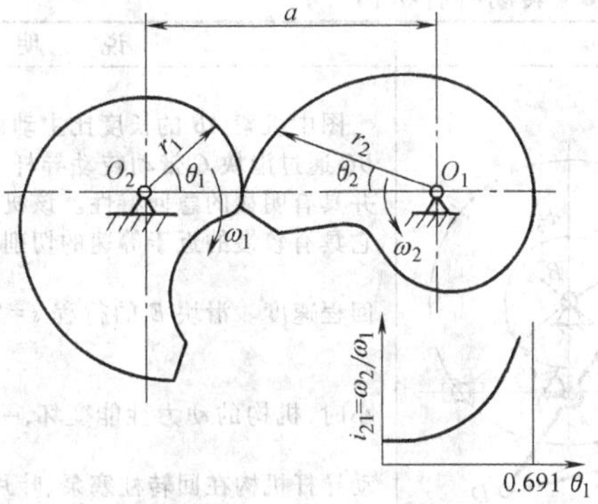	图中两相同的对数螺线齿轮啮合可获得一函数机构,其瞬心线不封闭,连续转动不到一圈。一般应用在计算机械上。基本方程为 $$r_1 = ce^{k\theta_1}$$ $$r_2 = a - r_1$$ 式中 r_1、r_2——对数螺线齿轮瞬心线向径 c、k——常数 e——自然对数的底 θ_1——齿轮 1 向径 r_1 所对应的极角 a——中心距

3.2 双曲柄四杆机构

双曲柄四杆机构见表 11.9-5。

3.3 转动导杆机构

转动导杆机构见表 11.9-6。

表 11.9-5 双曲柄四杆机构

机构	结 构 图	说 明
双曲柄惯性筛	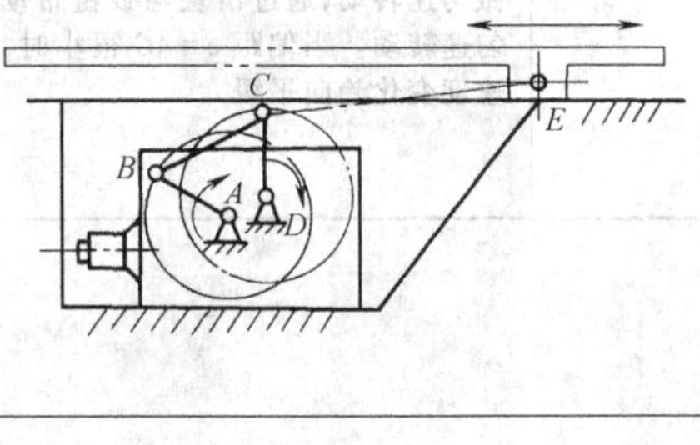	图中由双曲柄机构 ABCD 和偏置曲柄滑块机构 DCE 组成双曲柄惯性筛。铰链四杆机构实现双曲柄的条件是最短杆加最长杆的长度小于或等于其余二杆的长度之和,且最短杆作机架。主动杆 AB 做匀速转动,从动杆 CD 做变速转动,从动杆 CD 的角速度是机构位置的函数。双曲柄四杆机构与偏置滑块机构均有急回特性,两机构并用可增加急回作用,以期回程获得较大的速度,提高筛选效率

（续）

机构	结 构 图	说 明
反平行四杆机构	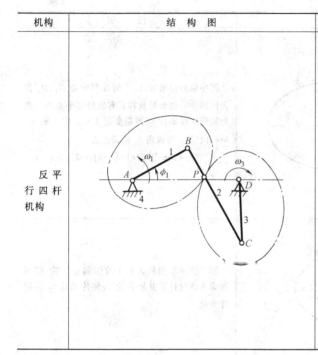	图中以短杆 1、3 作曲柄，长杆 2 作连杆，构件 4 为机架，各杆长应为 $\overline{AB}=\overline{CD}=a$，$\overline{BC}=\overline{DA}=b$，$a<b$，构件 1 为主动件，从动曲柄 3 做反向非匀速转动，瞬时传动比为 $$i_{31}=\frac{\omega_3}{\omega_1}=\frac{\overline{AP}}{\overline{DP}}=\frac{b^2-a^2}{-(b^2+a^2)+2ab\cos\phi_1}$$ 式中　P—构件 1、3 的速度瞬心 　　　ϕ_1—曲柄 1 的转角 　　上式说明 i_{31} 是 ϕ_1 的函数。当 $\phi_1=0$ 时，$i_{31}=(i_{31})_{\max}=-\dfrac{b+a}{b-a}$；当 $\phi_1=180°$ 时，$i_{31}=(i_{31})_{\min}=-\dfrac{b-a}{b+a}$。这种反平行四杆机构的平均传动比 $i_{31}=-1$ 　　当曲柄 1 转至与机架 AD 重合的位置时，从动杆 3 也与 AD 重合 机构将出现运动不确定状态，即从动件 3 转向有反、正两种可能。须用特殊装置（如死点引出器等）或以构件的惯性来渡过这个位置，保证从动件转向不变。运动精度要求不高时可用反平行四杆机构代替椭圆齿轮传动

表 11.9-6　转动导杆机构

机构	结 构 图	说 明
刨床转动导杆机构	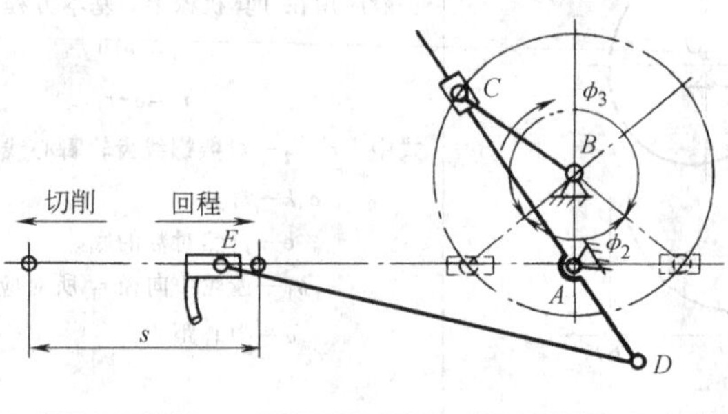	图中机架 AB 的长度比主动曲柄 BC 的长度短，BC 通过滑块 C 带动转动导杆 AC 做非匀速转动，并具有明显的急回特性。该机构用于刨床、插床，它具有较慢的近于等速的切削行程速度和较快的回程速度。滑块 E 的行程 $s=2\overline{AD}$，当比值 $\dfrac{\overline{BC}}{\overline{AB}}$ 较小时，机构的动力性能变坏，一般推荐 $\dfrac{\overline{BC}}{\overline{AB}}>2$。转动导杆机构在回转柱塞泵、叶片泵、切纸机及旋转式发动机等机器上均有应用
联轴器机构	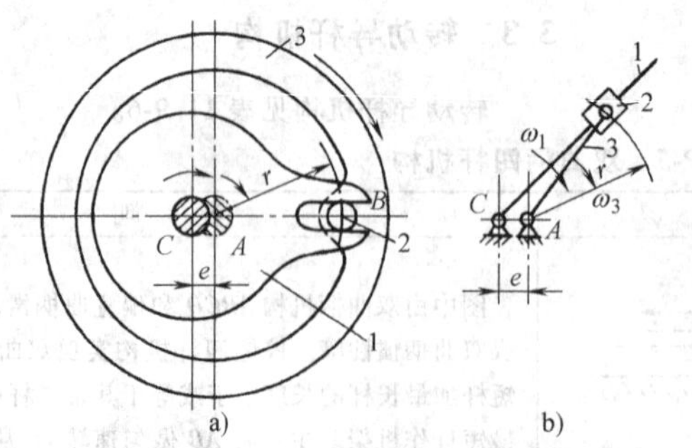	图中用联轴器连接轴心线不重合的两轴，在两轴间传递运动和动力 　　主动盘 1 绕 C 轴转动时，圆盘 1 上的滑槽拨动从动盘 3 上的销 2，使其绕 A 轴旋转。同时销 2 相对滑槽移动。该机构属于转动导杆机构。导杆 1 做匀速转动，通过滑块与铰链带动从动杆 3 做非匀速转动。当偏距 $c=AC$ 很小时，从动杆 3 的角速度变化趋向平缓

3.4　组合机构

　　组合机构见表 11.9-7。

表 11.9-7　组合机构

机构	结构图	说明
两齿轮连杆机构	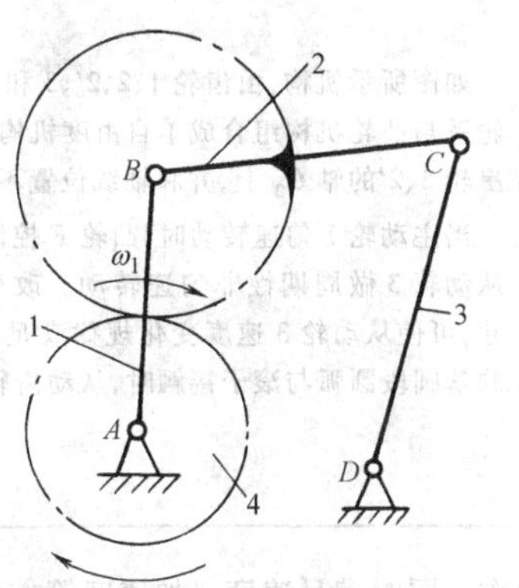	由四杆机构 $ABCD$ 和齿轮 2、4 组合而成,如图所示。行星齿轮 2 固连在连杆 BC 上,太阳轮 4 绕固定轴 A 转动。当主动件 1 以 ω_1 匀速转动时,通过构件 2 带动从动轮 4 做非匀速转动,其角速度为 $$\omega_4 = \omega_1 \left(1 + \frac{z_2}{z_4}\right) - \omega_2 \frac{z_2}{z_4}$$ 式中　z_2、z_4—齿轮 2、4 的齿数 　　　ω_2—齿轮与连杆固连构件 2 的角速度 由上式可见,ω_4 是两齿轮齿数 z_2、z_4 和 ω_2 的函数,当确定齿数后,上式中第一项为常数项,第二项是变量。ω_2 是各杆长与机构位置的函数。如果第一、二项瞬时相等,可得到瞬时停歇机构;如果第二项大于第一项,则将改变 ω_4 的转向,即变为逆转。显然用该机构可实现从动件的复杂运动规律
三齿轮连杆机构	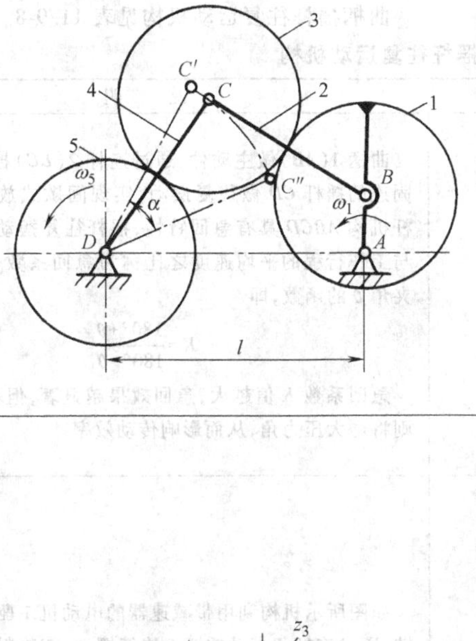	由曲柄摇杆机构 $ABCD$ 和安装在该机构上的 3 个齿轮组成,如图所示。齿轮 1 与主动曲柄 AB 固连,并绕 A 轴转动,齿轮 3、5 分别空套在 C、D 轴上。当主动曲柄 AB 做匀速转动时,通过齿轮 1、连杆 BC 和齿轮 3 带动齿轮 5 做非匀速转动,摇杆 4 在 α 角范围内做加速或减速摆动。各构件尺寸选择适当可使齿轮 5 实现瞬时停歇或逆转。齿轮 5 的角速度为 $$\omega_5 = \omega_4\left(1 + \frac{z_3}{z_5}\right) - \omega_2 \frac{z_3}{z_5}\left(1 + \frac{z_1}{z_3}\right) + \omega_1 \frac{z_1}{z_5}$$ 式中　ω_4、ω_2—摇杆 4、连杆 2 的角速度 当齿轮的齿数比和曲柄 AB 的长度一定时,如果适当调节机架 AD 的长度 l,可以得到齿轮 5 不同的运动规律
齿轮连杆差速机构	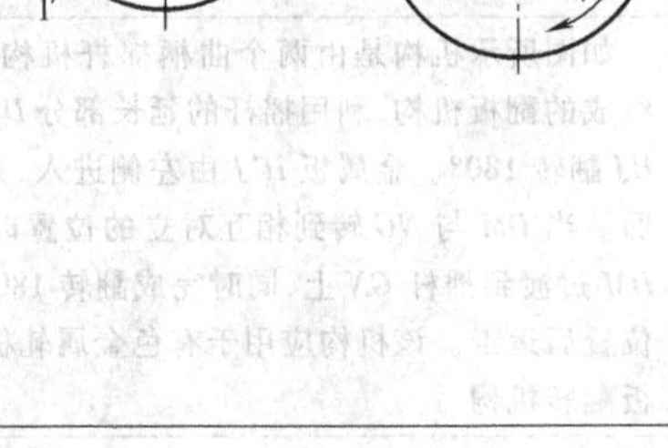	差速机构具有两个自由度,需要两个主动件。如图所示齿轮连杆差速机构主动齿轮 1 的角速度 ω_1 和主动曲柄 a 的角速度 ω_a 均为匀速转动。各轮齿数为 z_1、z_2、z_3、z_3'、z_4,如欲求从动件的角速度 ω_4,可把该机构看作由构件 a、b、c 作为系杆的 3 个差动轮系的组合 $$i_{21}^a = \frac{\omega_2 - \omega_a}{\omega_1 - \omega_a} = -\frac{z_1}{z_2}$$ $$i_{32}^b = \frac{\omega_3 - \omega_b}{\omega_2 - \omega_b} = \frac{z_2}{z_3}$$ $$i_{43}^c = \frac{\omega_4 - \omega_c}{\omega_3 - \omega_c} = \frac{z_3'}{z_4}$$ 上式联立求解可得 ω_4 $$\omega_4 = \omega_1 i_{21}^a i_{32}^b i_{43}^c + \omega_a \left[(1 - i_{21}^a) i_{32}^b i_{43}^c + (1 - i_{32}^b) i_{43}^c i_{ba} + (1 - i_{43}^c) i_{ca} \right]$$ 式中　$i_{ba} = \dfrac{\omega_b}{\omega_a}$,$i_{ca} = \dfrac{\omega_c}{\omega_a}$—铰链四杆机构 $ABCD$ 各杆长与机构位置的函数 如果齿轮 1 与曲柄 a 固连,$\omega_1 = \omega_a$,则 $\omega_4 = \omega_a [i_{32}^b i_{43}^c + (1 - i_{32}^b) i_{43}^c i_{ba} + (1 - i_{43}^c) i_{ca}]$

（续）

机构	结构图	说明
凸轮差动齿轮机构	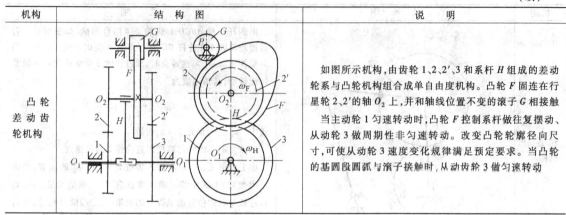	如图所示机构，由齿轮1、2、2'、3和系杆 H 组成的差动轮系与凸轮机构组合成单自由度机构。凸轮 F 固连在行星轮2、2'的轴 O_2 上，并和轴线位置不变的滚子 G 相接触 当主动轮1匀速转动时，凸轮 F 控制系杆做往复摆动、从动轮3做周期性非匀速转动。改变凸轮轮廓径向尺寸，可使从动轮3速度变化规律满足预定要求。当凸轮的基圆段圆弧与滚子接触时，从动齿轮3做匀速转动

4 往复运动机构

机器中常以各种往复运动机构变换运动形式或传递运动，或作为执行机构完成生产工艺所要求的功能动作，同时满足速度、加速度等方面的要求。

4.1 曲柄摇杆往复运动机构

曲柄摇杆往复运动机构见表11.9-8。

表 11.9-8 曲柄摇杆往复运动机构

机构	结构图	说明
摆动式供矿机构	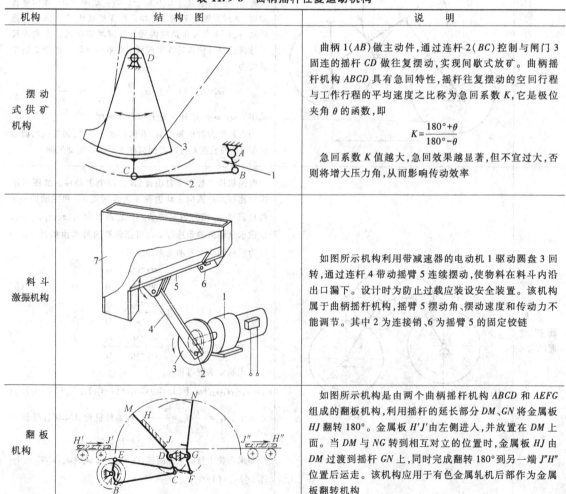	曲柄1(AB)做主动件，通过连杆2(BC)控制与闸门3固连的摇杆 CD 做往复摆动，实现间歇式放矿。曲柄摇杆机构 ABCD 具有急回特性，摇杆往复摆动的空回行程与工作行程的平均速度之比称为急回系数 K，它是极位夹角 θ 的函数，即 $$K = \frac{180°+\theta}{180°-\theta}$$ 急回系数 K 值越大，急回效果越显著，但不宜过大，否则将增大压力角，从而影响传动效率
料斗激振机构		如图所示机构利用带减速器的电动机1驱动圆盘3回转，通过连杆4带动摇臂5连续摆动，使物料在料斗内沿出口漏下。设计时为防止过载应设安全装置。该机构属于曲柄摇杆机构，摇臂5摆动角、摆动速度和传动力不能调节。其中2为连接销，6为摇臂5的固定铰链
翻板机构		如图所示机构是由两个曲柄摇杆机构 ABCD 和 AEFG 组成的翻板机构，利用摇杆的延长部分 DM、GN 将金属板 HJ 翻转180°。金属板 H'J' 由左侧进入，并放置在 DM 上面。当 DM 与 NG 转到相互对立的位置时，金属板 HJ 由 DM 过渡到摇杆 GN 上，同时完成翻转180°到另一端 J"H"位置后运走。该机构应用于有色金属轧机后部作为金属板翻转机构

（续）

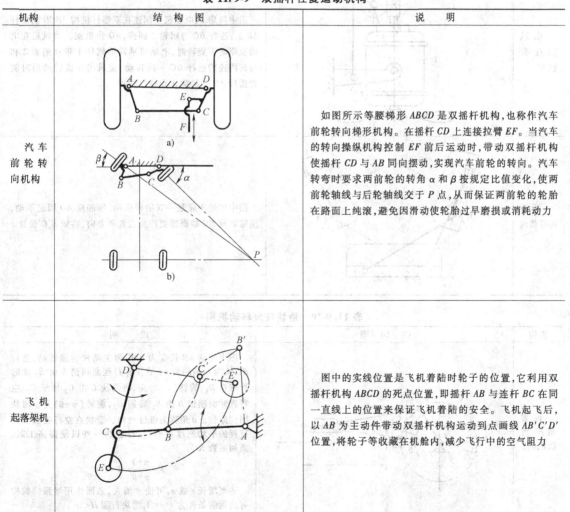

机构	结构图	说明
颚式 碎矿机构	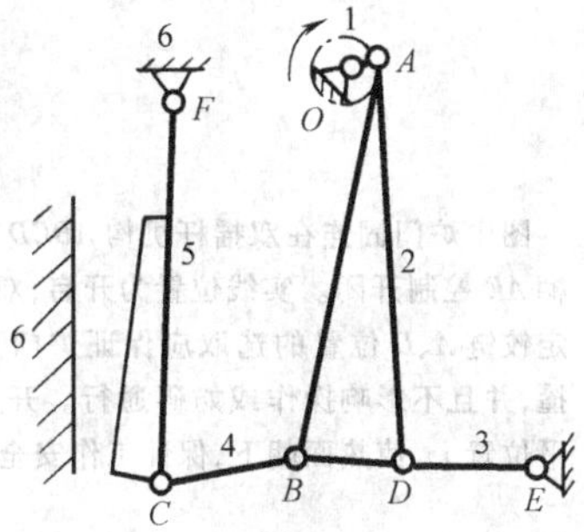	如图所示小机构由曲柄摇杆机构 *OADE* 加上 4、5 两杆组成。曲柄 1(*OA*) 做主动件，通过连杆 2 带动摇杆 3 (*DE*) 做摆动，同时驱使动颚 *CF* 往复摆动，相对定颚 6 不断挤压两颚之间的矿料，完成破碎矿料的工艺要求。两颚间的夹角必须进行分析计算，保证两颚挤压碎矿时矿料不被挤跑

4.2 双摇杆往复运动机构

双摇杆往复运动机构见表 11.9-9。

表 11.9-9 双摇杆往复运动机构

4.3 滑块往复移动机构

滑块往复移动机构见表 11.9-10。

机构	结构图	说明
汽车 前轮转 向机构	a) b)	如图所示等腰梯形 *ABCD* 是双摇杆机构，也称作汽车前轮转向梯形机构。在摇杆 *CD* 上连接拉臂 *EF*。当汽车的转向操纵机构控制 *EF* 前后运动时，带动双摇杆机构使摇杆 *CD* 与 *AB* 同向摆动，实现汽车前轮的转向。汽车转弯时要求两前轮的转角 α 和 β 按规定比值变化，使两前轮轴线与后轮轴线交于 *P* 点，从而保证两前轮的轮胎在路面上纯滚，避免因滑动使轮胎过早磨损或消耗动力
飞机 起落架机		图中的实线位置是飞机着陆时轮子的位置，它利用双摇杆机构 *ABCD* 的死点位置，即摇杆 *AB* 与连杆 *BC* 在同一直线上的位置来保证飞机着陆的安全。飞机起飞后，以 *AB* 为主动件带动双摇杆机构运动到点画线 *AB'C'D'* 位置，将轮子等收藏在机舱内，减少飞行中的空气阻力

（续）

机构	结 构 图	说 明
炉门开闭机构	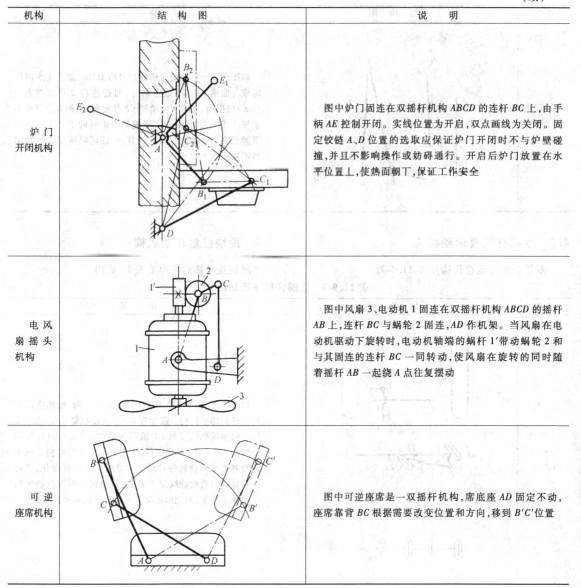	图中炉门固连在双摇杆机构 ABCD 的连杆 BC 上，由手柄 AE 控制开闭。实线位置为开启，双点画线为关闭。固定铰链 A、D 位置的选取应保证炉门开闭时不与炉壁碰撞，并且不影响操作或妨碍通行。开启后炉门放置在水平位置上，使热面朝下，保证工作安全
电风扇摇头机构		图中风扇3、电动机1固连在双摇杆机构 ABCD 的摇杆 AB 上，连杆 BC 与蜗轮2固连，AD 作机架。当风扇在电动机驱动下旋转时，电动机轴端的蜗杆 1′带动蜗轮2和与其固连的连杆 BC 一同转动，使风扇在旋转的同时随着摇杆 AB 一起绕 A 点往复摆动
可逆座席机构		图中可逆座席是一双摇杆机构，席底座 AD 固定不动，座席靠背 BC 根据需要改变位置和方向，移到 B′C′位置

表 11.9-10　滑块往复移动机构

机构	结 构 图	说 明
偏置曲柄滑块机构	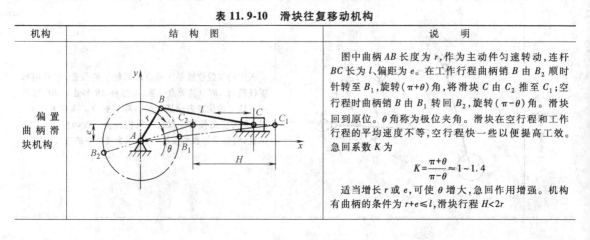	图中曲柄 AB 长度为 r，作为主动件匀速转动，连杆 BC 长为 l，偏距为 e。在工作行程曲柄销 B 由 B_2 顺针转至 B_1，旋转（π+θ）角，将滑块 C 由 C_2 推至 C_1；空行程时曲柄销 B 由 B_1 转回 B_2，旋转（π−θ）角。滑块回到原位。θ 角称为极位夹角。滑块在空行程和工作行程的平均速度不等，空行程快一些以便提高工效。急回系数 K 为 $$K=\frac{\pi+\theta}{\pi-\theta}\approx 1\sim 1.4$$ 　适当增长 r 或 e，可使 θ 增大，急回作用增强。机构有曲柄的条件为 r+e≤l，滑块行程 H<2r

（续）

机构	结　构　图	说　明
档车 轨机构	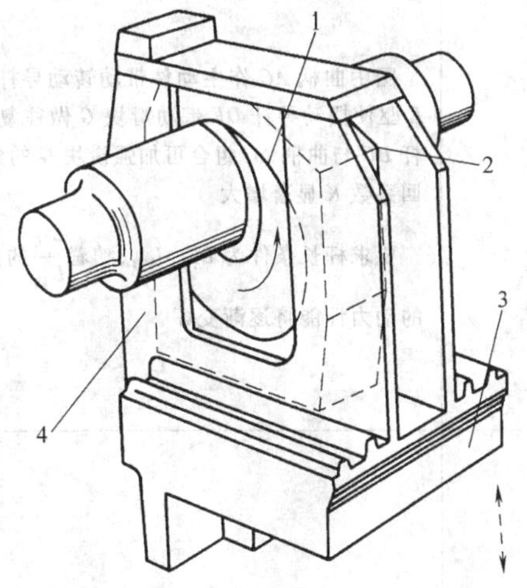	图中偏心轮 1 作为主动件,通过和它配合的档车轨 2 带动压头 3 在固定导轨 4 做上下往复运动。档车轨 2 是可在压头 3 上的水平导轨中运动的矩形滑块,而压头 3 是沿铅垂方向导轨 4 上下运动。本机构将偏心轮转动的铅垂方向分力直接传给压头实现锻压机的冲压运动。由于不用连杆,可降低设备高度,并提高设备的刚度,节省因构件变形所耗费的能量
牛头 刨机构	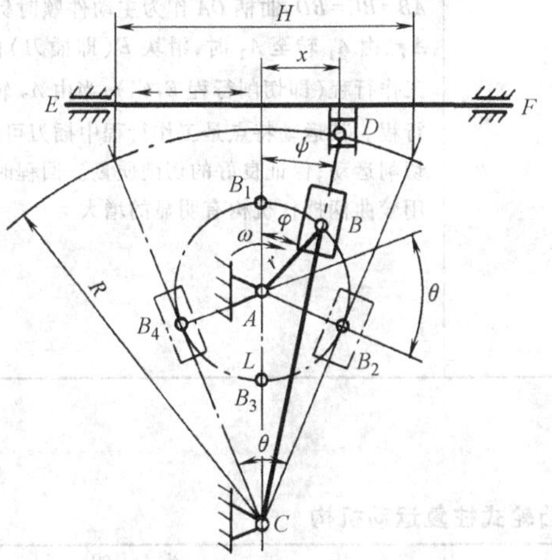	如图所示机构属于摆动导杆机构,由曲柄 AB 作主动件,通过滑块 B 驱动导杆 DC 做往复摆动。要求主动件杆长 r<L,L 为机架 AC 长度。导杆上端铰链 D 通过滑块带动 EF 做往复移动。该机构具有急回特性,极位夹角 $\theta = 2\arcsin\dfrac{r}{L}$,EF 的行程 $H = 2R\sin\dfrac{\theta}{2}$,R 为导杆 DC 的长度 　　当加大 r/L 的比值时,机构尺寸减小,导杆摆角增大,急回系数 K 增大、空行程速度变化剧烈。一般推荐 $r/L < \dfrac{1}{2}$,导杆摆角 $\theta < 60°$。该机构在各类机床中应用较多,如插床、刨床等
L 形 板送进 与定向 机构	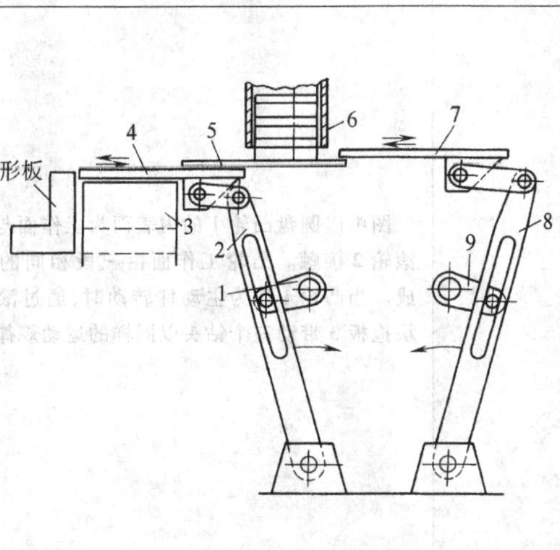	图中工件 L 形板由进给槽 6 连续供给,曲柄 9 为主动件,通过导杆 8 的往复摆动带动上推料板 7,将工件沿固定平板 5 送进,使 L 形板落入带有 V 形槽的工件定向块 3 中,在重力的作用下 L 形板较重的底边进入定向块底槽,成直立姿态。这时另一主动曲柄 1 通过导杆 2 带动下推料板 4 将直立工件推入工作区 　　主动曲柄 1、9 转向相同,它们互相联系协调工作。工件送进速率由工作区的工艺要求决定,该机构送进速率可达 360 件/h

（续）

机构	结 构 图	说 明
双导杆滑块机构	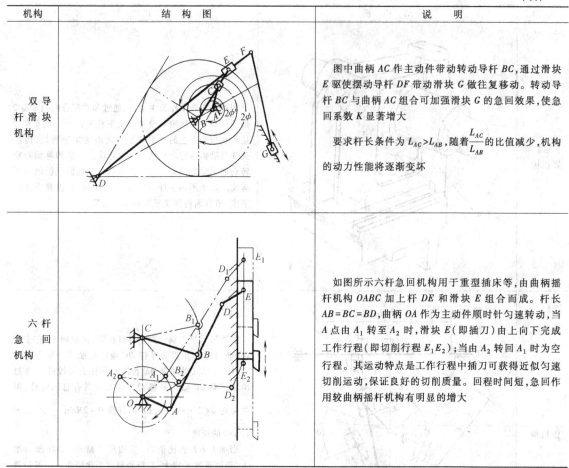	图中曲柄 AC 作主动件带动转动导杆 BC,通过滑块 E 驱使摆动导杆 DF 带动滑块 G 做往复移动。转动导杆 BC 与曲柄 AC 组合可加强滑块 G 的急回效果,使急回系数 K 显著增大 要求杆长条件为 $L_{AC}>L_{AB}$,随着 $\dfrac{L_{AC}}{L_{AB}}$ 的比值减少,机构的动力性能将逐渐变坏
六杆急回机构		如图所示六杆急回机构用于重型插床等,由曲柄摇杆机构 OABC 加上杆 DE 和滑块 E 组合而成。杆长 AB=BC=BD,曲柄 OA 作为主动件顺时针匀速转动,当 A 点由 A_1 转至 A_2 时,滑块 E(即插刀)由上向下完成工作行程(即切削行程 E_1E_2);当由 A_2 转回 A_1 时为空行程。其运动特点是工作行程中插刀可获得近似匀速切削运动,保证良好的切削质量。回程时间短,急回作用较曲柄摇杆机构有明显的增大

4.4　凸轮式往复运动机构（见表 11.9-11）

表 11.9-11　凸轮式往复运动机构

机构	结 构 图	说 明
三头钻进刀凸轮机构	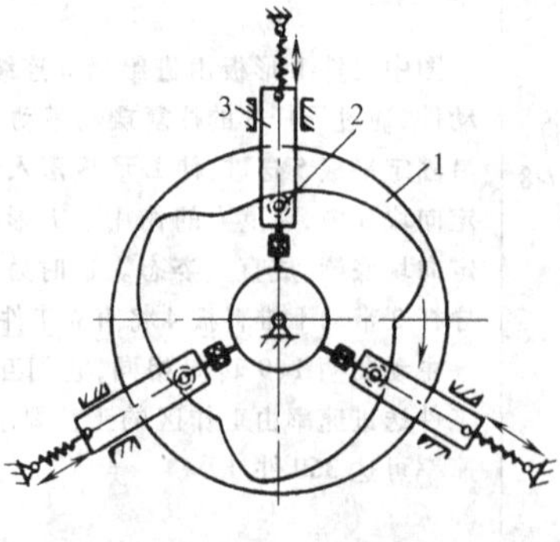	图中以圆盘凸轮 1 的内表面为工作面与三个均布的滚轮 2 接触。凸轮工作面由三段相同的复合曲线组成。当凸轮 1 作为主动件转动时,通过滚轮 2 控制三块拖板 3 带动三个钻头以同样的运动规律进刀和退刀

（续）

机构	结 构 图	说 明
盘形槽凸轮连杆机构	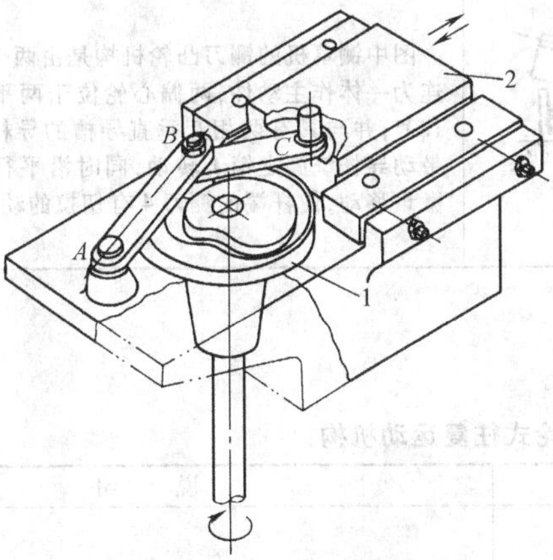	如图所示在曲柄滑块机构 ABC 的铰链 B 上，装有滚子与主动槽凸轮 1 配合，通过滚子带动 AB 与 BC 杆组成的肘杆驱动从动滑块 2 做往复直线运动。该机构多用于中等速度的挤压、冷矫正等压力机械
凸轮控制肘杆式冲压机构	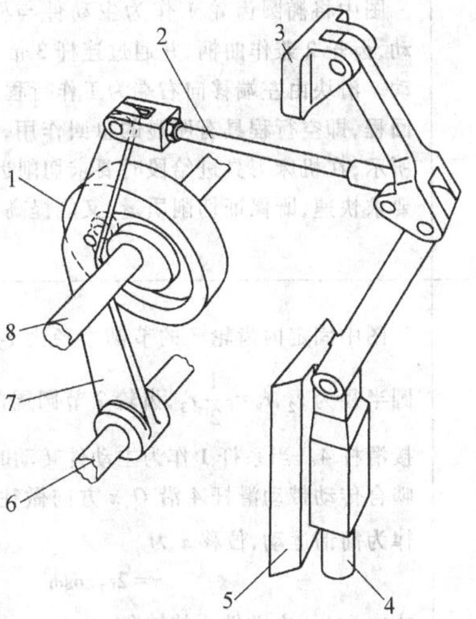	如图所示的冲压机构由盘形槽凸轮 1 控制，通过从动摆臂 7 拉动连杆 2 驱使冲压头 4 沿固定铅垂滑道 5 下降，完成对工件的冲压加工。随后凸轮槽带动从动臂反向运动使冲压头 4 升起。图中构件 3 为固定支架、6 和 8 为固定轴 该机构由连杆拉、推肘杆来完成对工件的冲压，它属于重型冲压设备，其结构紧凑、精密，也可制成双向对置肘杆机构，上、下两套机构对置，在上、下冲压头协调动作时，可对工件的顶部和底部同时冲压，或下部机构的冲压头只作为上部冲压头的支承。冲压头的运动规律取决于凸轮的槽形曲面
转、移动凸轮缠丝机导丝机构	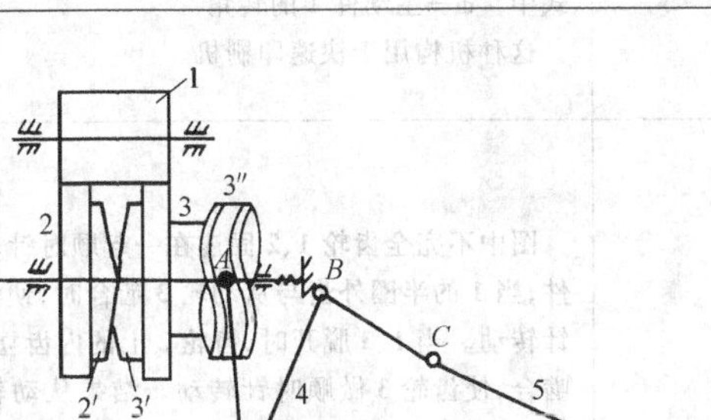	图中，主动件为齿轮 1，从动件为导丝器 5，由导丝器 5 带动丝做往复移动，工艺要求往复行程始末位置周期性变化，齿轮 1 与齿轮 2($z_2 = 60$) 及齿轮 3($z_3 = 61$) 同时啮合，齿轮 3、端面凸轮 3′ 及圆柱凸轮 3″ 固结为一体，可沿轴向移动；端面凸轮 2′ 与齿轮 2 固结，轴向位置固定。齿轮 3 及凸轮 3′ 转 1 周，齿轮 2 转 $1\frac{1}{60}$ 周，摆杆 4 及导丝器 5 做往复运动一次，由于齿轮 2、3 有相对转动，故两端面凸轮 2′ 及 3′ 的接触点变化，使圆柱凸轮 3″ 随同端面凸轮 3′ 做微小的轴向位移，改变导丝器 5 往复行程始末位置。当齿轮 3 转 60 周时，齿轮 2 转 61 周，两轮的相对位置及导丝器 5 的轨迹恢复到初始位置，所以，一个循环中，导丝器 5 往复运动 60 次
往复螺旋圆柱凸轮机构	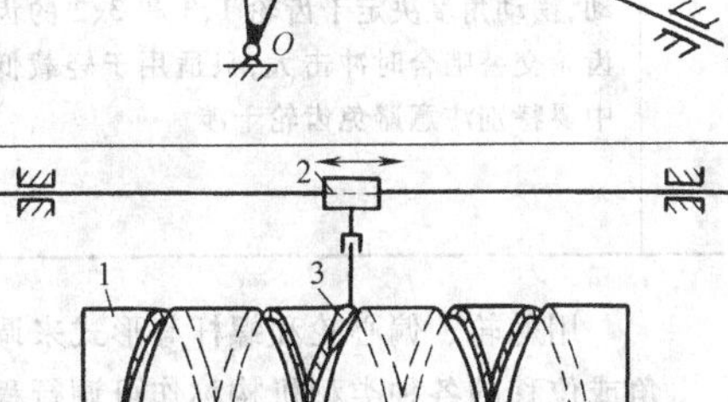	如图所示的圆柱凸轮 1 上刻有左右旋相互交叉的螺旋槽，二螺旋槽首尾均用圆滑圆弧连接。槽中装有与螺旋槽相吻合的船形导向块 3，导向块 3 与从动杆 2 相连。当凸轮 1 旋转时，螺旋槽通过导向块 3 带动从动杆 2 左右往复移动，在凸轮转过的圈数为两条螺旋槽导程的总数时，从动杆 2 完成一次往复循环。该机构效率低，一般用于低速运动，如卷筒式导绳机构、纺织机构等

(续)

机构	结 构 图	说 明
铡刀凸轮机构	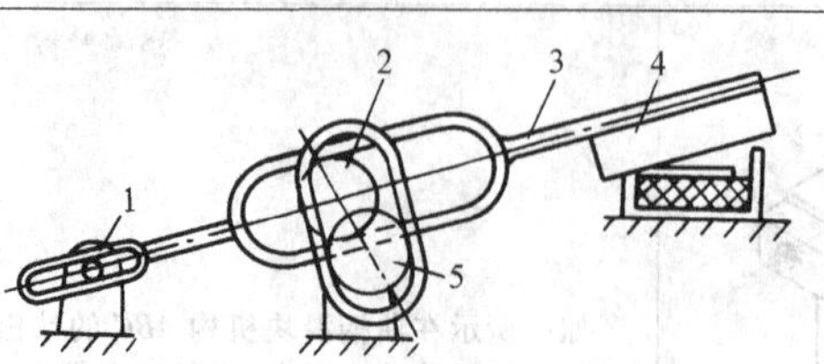	图中铡草机的铡刀凸轮机构是由两个偏心轮 2、5 固连为一体作主动件,两偏心轮位于两平行平面上相差 180°,并与具有两相互垂直导槽的导杆 3 连接。凸轮带动导杆绕固定销 1 转动,同时沿平行杆 3 的方向做微量移动,使杆端的铡刀 4 有切拉的动作以完成铡草

4.5 齿轮式往复运动机构(见表 11.9-12)

表 11.9-12　齿轮式往复运动机构

机构	结 构 图	说 明
椭圆齿轮往复移动机构	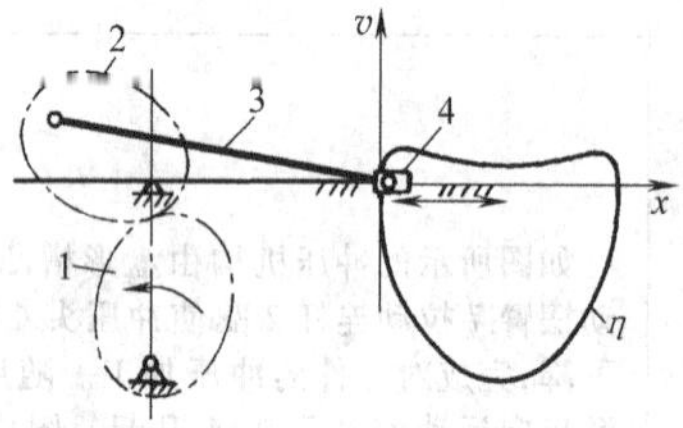	图中将椭圆齿轮 1 作为主动件与椭圆齿轮 2 啮合传动,齿轮 2 兼作曲柄,并通过连杆 3 带动滑块 4 做往复移动。滑块由左端移向右端为工作行程,其速度近似等速。回程,即空行程具有明显的急回作用,如图中速度曲线 η 所示,在机床刀具进给段时要求切削近似等速,在空行程要求快速,既保证切削质量,又能提高工效
行星齿轮简谐移动机构	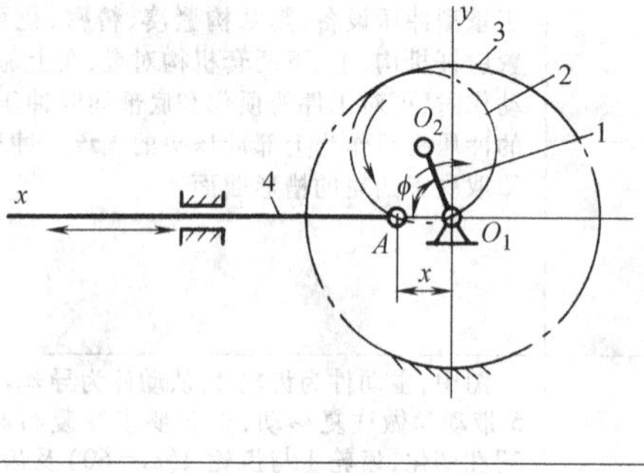	图中固定内齿轮 3 的节圆半径为 r_3、行星齿轮 2 的节圆半径为 r_2,$r_2 = \dfrac{1}{2} r_3$,齿轮 2 节圆周的 A 点上用铰链连接滑杆 4。当系杆 1 作为主动件转动时,通过齿轮 2、3 的啮合传动带动滑杆 4 沿 $O_1 x$ 方向做往复移动,其运动规律为简谐运动,位移 x 为 $$x = 2r_2\cos\phi$$ 式中　ϕ—主动件 1 的转角 　　这种机构用于快速印刷机
不完全齿轮往复摆动机构	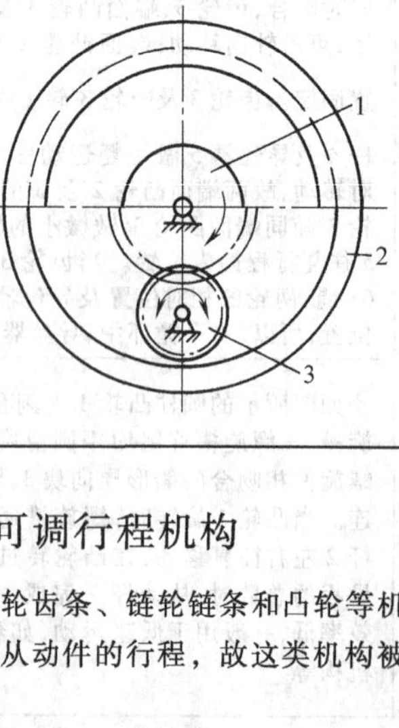	图中不完全齿轮 1、2 固连在一起顺时针转动作为主动件,当 1 的半圈外齿与从动轮 3 啮合时,使齿轮 3 做逆时针转动。当 1、3 脱开时,齿轮 2 上的内齿立即与从动轮 3 啮合,使齿轮 3 做顺时针转动。结果从动轮 3 做往复摆动,摆动角度决定于齿轮 1、3 和 3、2 的齿数比。不完全齿轮交替啮合时冲击大,只适用于轻载低速场合。设计中要特别注意避免齿轮干涉

5　行程放大和可调行程机构

　　由曲柄连杆、齿轮齿条、链轮链条和凸轮等机构的不同组合,可增大从动件的行程,故这类机构被称作行程放大机构。

用棘轮、偏心轮和螺杆等形式来调节从动件的摆角或位移的各种类型机构称作可调行程机构。

5.1　行程放大机构

　　行程放大机构见表 11.9-13。

表 11.9-13　行程放大机构

机构	结 构 图	说　明
曲柄齿轮齿条机构	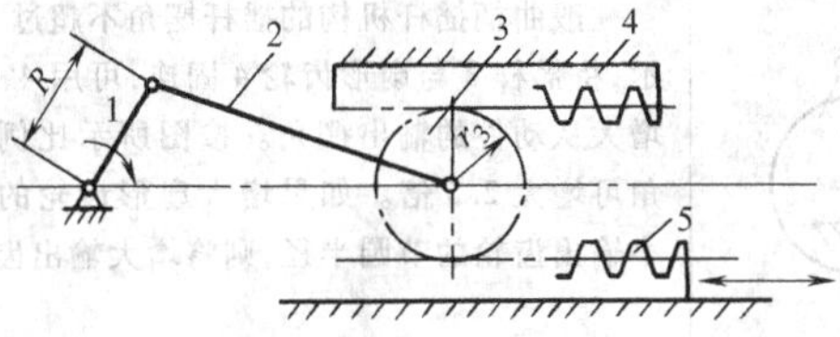	图中曲柄 1 半径为 R，作为主动件转动，通过连杆 2 推动齿轮 3 与上、下齿条 4、5 啮合传动，上齿条 4（或下齿条）固定，下齿条 5（或上齿条）做往复移动。齿条移动行程 $H=4R$ 若将齿轮 3 改用双联齿轮 3 与 3′，半径分别为 r_3、$r_{3'}$。齿轮 3 与固定齿条 5 啮合，齿轮 3′与移动齿条 4 啮合，其行程为 $$H=2\left(1+\frac{r_{3'}}{r_3}\right)R$$ 当 $r_{3'}>r_3$ 时，$H>4R$
齿轮连杆机构	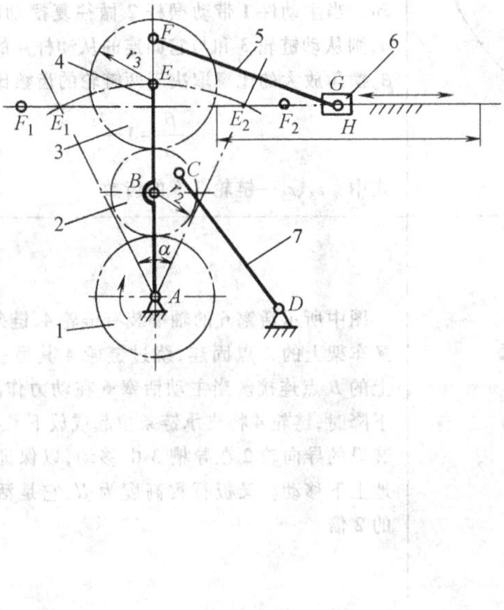	图中由双摇杆 ABCD、周转轮系和曲柄滑块机构等组合而成，用来增大滑块 6 的行程。齿轮 1、2、3 的节圆半径分别为 r_1、r_2、r_3，均与摇杆 4（系杆）铰接，其中齿轮 3 与连杆 5 铰接于 F，轮 2 与摇杆 7 铰接于 C。当齿轮 1 作为主动件顺时针转动时，通过齿轮 2、3 和系杆 4 等带动滑块 6 做往复移动，行程 H 为 $$H=\frac{a+r_2+r_3}{d}$$ $$\sqrt{2(b^2+c^2)+2(b^2-c^2)\cos\theta}+2L$$ $$\theta=\arccos\frac{a^2+(c-b)^2-d^2}{2a(c-b)}-$$ $$\arccos\frac{a^2+(b+c)^2-d^2}{2a(b+c)}$$ 式中　$a=\overline{AB}=r_1+r_2;d=\overline{DA};b=\overline{BC};c=\overline{CD};L=\overline{EF}$ 为保证 E 点由 E_1 到 E_2 时，F 点由 F_1 到 F_2，必须满足下列条件，即 $$r_3=r_2\frac{\pi+\theta}{\pi-\theta}=r_2\frac{\pi+\theta}{\phi_1+\phi_3+\phi_4}$$ 式中　$\phi_1=\arccos\frac{a^2+(b+c)^2-d^2}{2a(b+c)}$ $\phi_3=\arccos\frac{d^2+(b+c)^2-a^2}{2a(b+c)}$ $\phi_4=\arccos\frac{d^2+c^2-(c-b)^2}{2dc}$
滑块行程增大机构	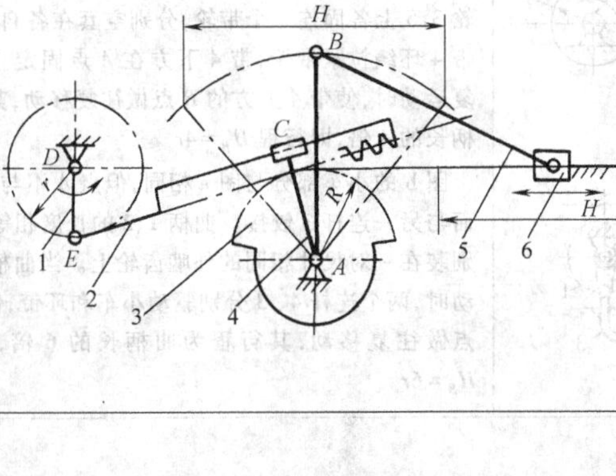	图中由齿条作为导杆的构件 2 与扇形齿轮 3 啮合，2 又与构件 4 的滑块在 C 点滑动，以保证齿条与齿轮的正常啮合。曲柄 DE 长度为 r，当曲柄作为主动件转动时，通过齿条推动齿轮，使固连在齿轮上的摆杆 AB 摆动，并由连杆 5 带动滑块 6 做往复移动，其行程为 $$H=2\,\overline{AB}\sin\frac{r}{R}$$ 式中　R—齿轮节圆半径 如 AB 较长，$\frac{r}{R}$ 值较小时，则 $H\approx2\,\overline{AB}\dfrac{r}{R}$

（续）

机构	结 构 图	说　明
摇杆齿轮机构	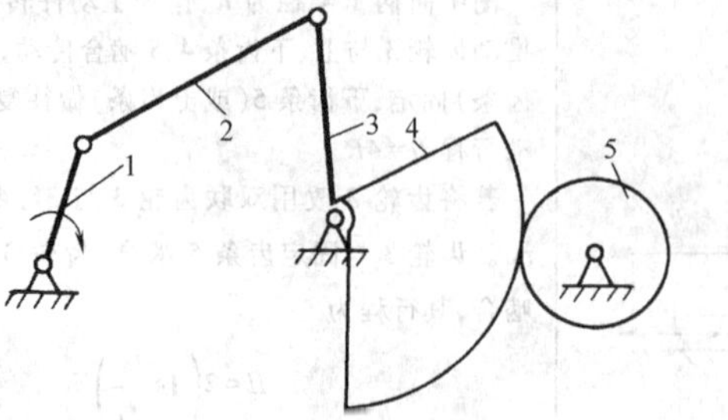	一般曲柄摇杆机构的摇杆摆角不超过 120°。如图所示，将摇杆 3 与扇形齿轮 4 固连，可用 4、5 的啮合传动增大从动件的输出摆角。按图所示比例，从动件 5 摆角可增大 2.5 倍。如果增大扇形齿轮的节圆半径，减小输出齿轮的节圆半径，则将增大输出齿轮的摆角
轮系行程放大机构	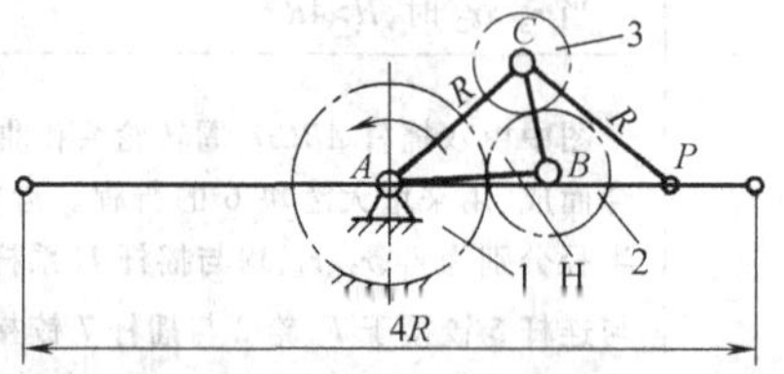	由齿轮 1、2、3 和系杆 H 组成如图所示的行星轮系放大机构。太阳轮 1 固定，系杆 H（△ABC）做主动件转动，通过行星轮 2、3 的啮合传动，使固连在齿轮 3 上的杆 CP 随之运动，这时 CP 上的 P 点的直线轨迹距离 $H=4R$。机构中杆长 $AC=CP=R$，且 $z_1=2z_3$
链轮摆动机构	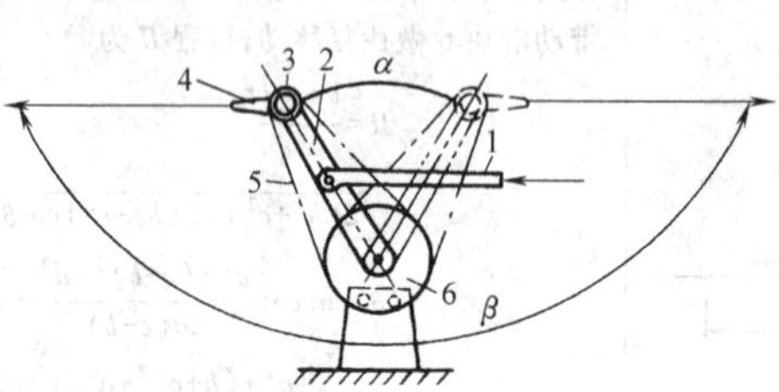	图中摆杆 2 的两端各与链轮 3 和 6 铰接，链轮 6 固定不动，从动链轮 3 是行星轮，两轮间用链条 5 连接传动。当主动件 1 带动摆杆 2 做往复摆动时，其摆角为 α，则从动链轮 3 和与它固连的从动杆 4 的摆角增大为 β，摆角放大的比率取决于两链轮的齿数比 $$\frac{\beta}{\alpha}=1-\frac{z_5}{z_3}$$ 式中　z_3、z_5—链轮 3、5 的齿数
叉车门架提升机构	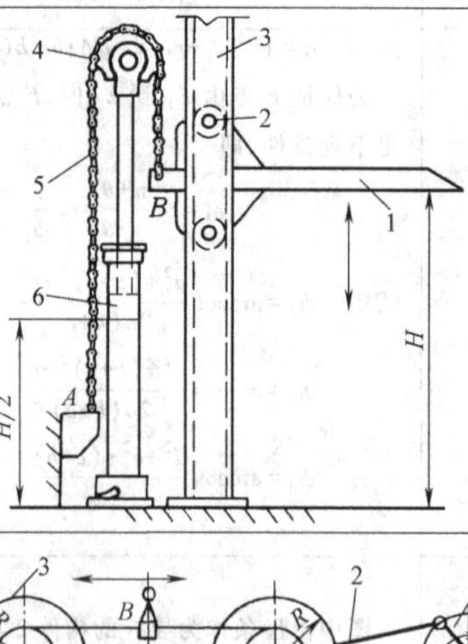	图中所示活塞 6 的轴端装有链轮 4，链条 5 的一端与叉车架上的 A 点固连，绕过链轮 4 其另一端与叉板 1 上的 B 点连接。当主动活塞 6 在动力作用下，上升或下降时，链轮 4 将支承链条拉起或放下叉板 1。叉板上装设的导向轮 2 在导槽 3 中移动，以保证叉板能灵活地上下移动。叉板行程高度为 H，它是活塞有效行程的 2 倍
带轮行程放大机构	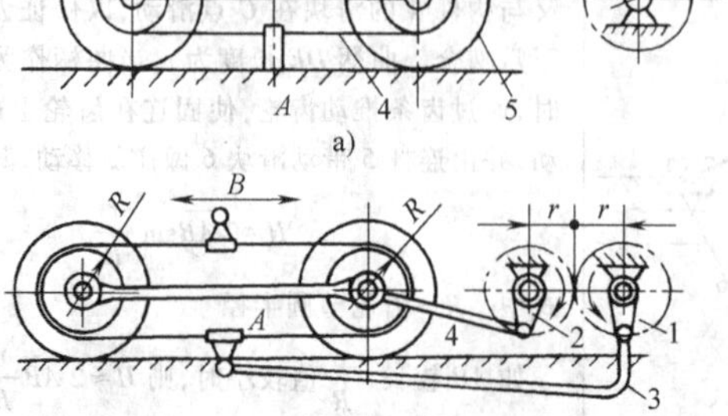 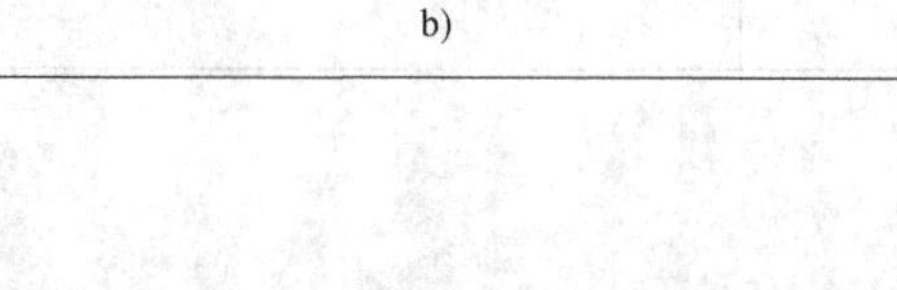	图中曲柄 1 长度为 r，当 1 作为主动件转动时，通过连杆 2 推动小车前后轮 3、5 做往复转动。在小车前后轮 3、5 上各固连一个带轮，分别空套在各自的轴上，以带 4 环绕拉紧带轮，带 4 下方在 A 点固定。当小车往复运动时，使带 4 上方的 B 点做往复移动，其行程为曲柄长的 4 倍，即行程 $H_B=4r$ 图 b 的小车部分与图 a 相同，但点 A 不与机架相连，而与另一连杆 3 铰接。曲柄 1、2 的长度相等均为 r，分别装在一对尺寸相同的外啮齿轮上。当曲柄之一为主动时，两个连杆 4、3 分别驱动小车和环带，使环带上 B 点做往复移动，其行程为曲柄长的 6 倍，即行程为 $H_B=6r$

（续）

机构	结 构 图	说 明
复式滑轮组行程放大机构	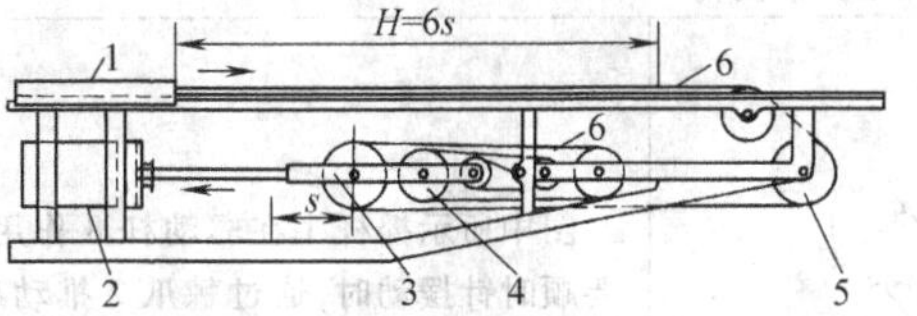	如图所示,主动气缸 2 以活塞杆 3 控制滑轮组 4,通过绳索 6、定滑轮 5 等拉动滑块 1 移动,滑块移动的距离 $H=6s$,其中 s 为活塞杆 3 的移动距离。该机构可用作弹射机构
双摆杆摆角增大机构	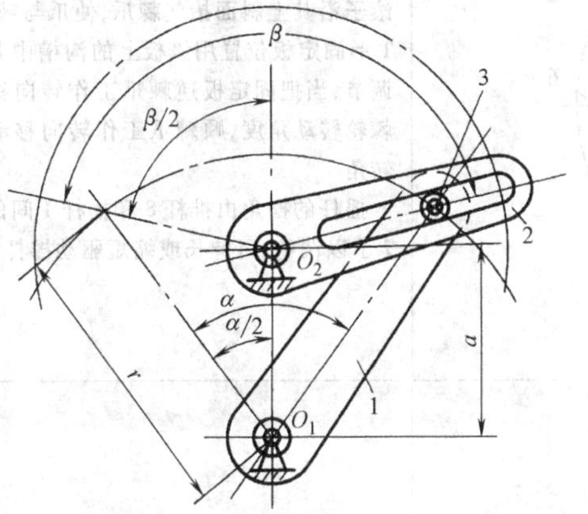	图中主动摆杆 1 端部的滚子 3 插入从动摆杆 2 的滑槽中,当杆 1 摆动 α 角时,杆 2 的摆角 β 大于 α 实现摆角增大。两杆中心距 a 应小于主动摆杆 1 的半径 r,这样方能实现摆角增大的目的。各参数之间的关系为 $$\beta = 2\arctan \frac{\frac{r}{a}\tan\frac{\alpha}{2}}{\frac{r}{a}-\sec\frac{\alpha}{2}}$$
双面凸轮行程放大机构	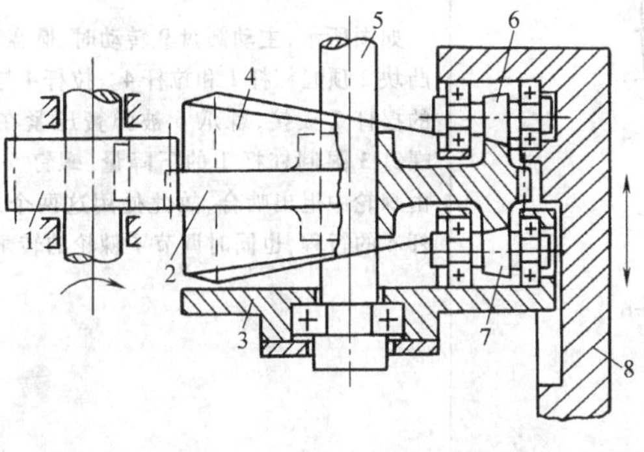	图中所示主动齿轮 1 与齿轮 2 啮合,并驱动与齿轮 2 为一体的双端面凸轮 4。凸轮 4 的上端面与滚子 6 接触,支承 6 的轴承固定在从动件 8 上;凸轮 4 的下端面与滚子 7 接触,支承滚子 7 的轴承固定在机架 3 上。当凸轮 4 转动时,用上端面通过滚子 6 控制从动件 8 做往复移动,同时下端面在滚子 7 的作用下使凸轮沿轴 5 往复移动。双面凸轮较单面凸轮的推程增大一倍
扇形齿轮齿条凸轮增大行程机构	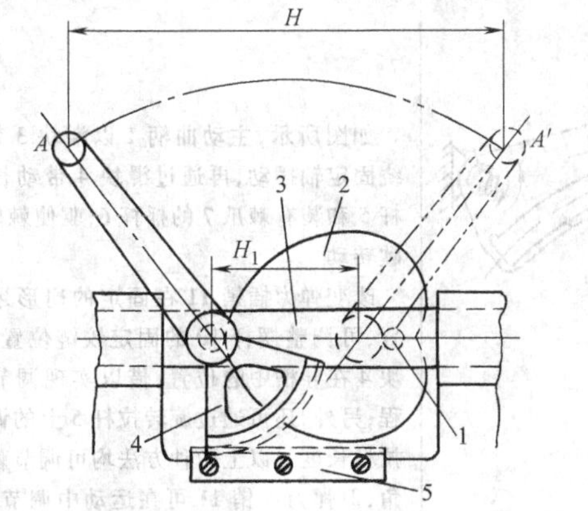	图中所示主动凸轮 2 绕固定轴 1 转动,通过滚子带动从动杆 3 做往复移动,移动行程为 H_1。在从动杆的滚子轴上装有扇形齿轮 4,扇形齿轮 4 与固定在机架上的齿轮 5 啮合,扇形齿轮 4 的摆杆随从动杆 3 做往复移动的同时还做摆动,其外端 A 点运动行程的直线距离为 $\overline{AA'}=H$。A 点运动行程的直线距离 H 显然比从动杆 3 的移动行程 H_1 大

5.2　可调行程机构

可调行程机构见表 11.9-14。

表 11.9-14　可调行程机构

机构	结 构 图	说 明
	(1)棘轮调节机构	
T 形固定板棘轮调节机构	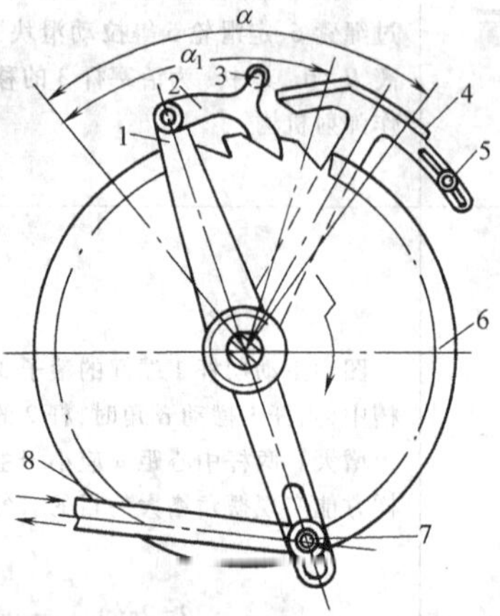	图中所示摇杆 1 在驱动杆 8 作用下摆动,当其要顺时针摆动时,通过棘爪 2 推动棘轮 6 同向转动。当棘爪上的滚轮 3 和 T 形固定板 4 接触时,滚子沿其上斜面抬起棘爪,使爪与棘轮脱离啮合。T 形固定板位置用该板上的沟槽中紧固螺钉 5 来调节,当把固定板逆棘爪工作转向移动时将减少棘轮转动角度,顺棘爪工作转向移动则增加棘轮转角 摇杆的摆角由推杆 8 和摇杆 1 间的可调连接销 7 予以调整,可伸长或缩短驱动摇杆的工作半径
螺钉限位棘轮调节机构	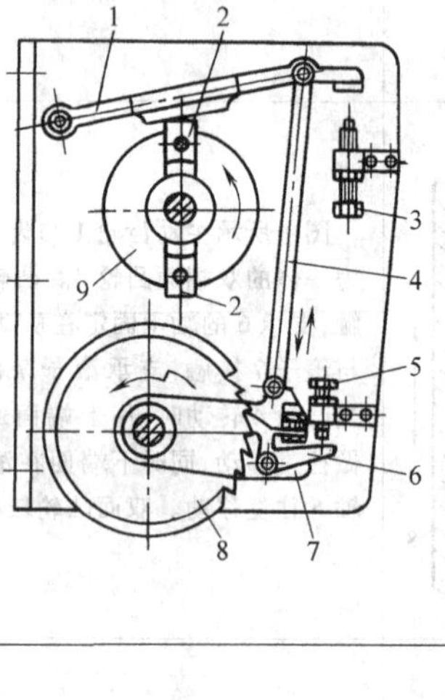	如图所示,主动圆盘 9 转动时,圆盘上可调节的凸块 2 顶起杠杆 1 和拉杆 4。拉杆 4 与装有棘爪 6 的摇杆 7 铰接,棘爪 6 被弹簧压紧在棘轮 8 上。螺钉 3 限制杠杆 1 的下降量,螺钉 5 可使棘爪 6 由棘轮中退出啮合,故此处用这两个螺钉调节拉杆 4 的行程,也同时调节了棘轮的转角
牙板式棘轮调节机构	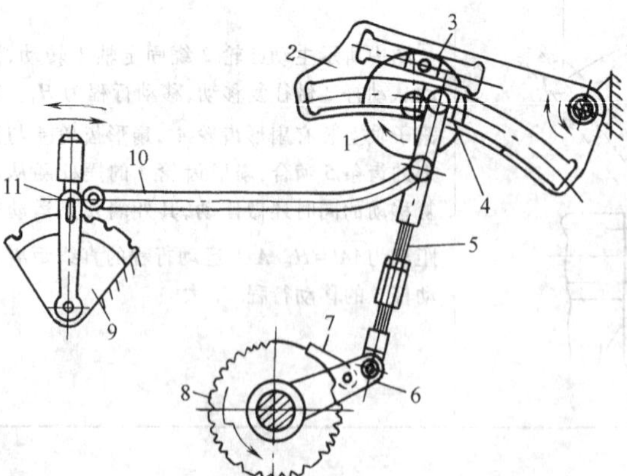	如图所示,主动曲柄 1 以滑块 3 带动复导板 2 绕固定轴摆动,再通过滑块 4 带动长度可调的拉杆 5 和装有棘爪 7 的摇杆 6,驱使棘轮 8 做定向间歇转动 改变弹力插销 11 在固定的扇形牙板 9 上的位置,可调整摆杆 10 的固定铰链位置,从而改变滑块 4 在导槽中的位置,借以实现调节拉杆 5 的行程;另外,还可通过旋转拉杆 5 上的调整螺母改变拉杆长度。以上两种方法均可调节棘轮的间歇转角,但弹力插销 11 可在运动中调节,而拉杆 5 上的螺母只在运动停止后方可调节

（续）

机构	结　构　图	说　明
	(1)棘轮调节机构	
定位销式棘轮调节机构	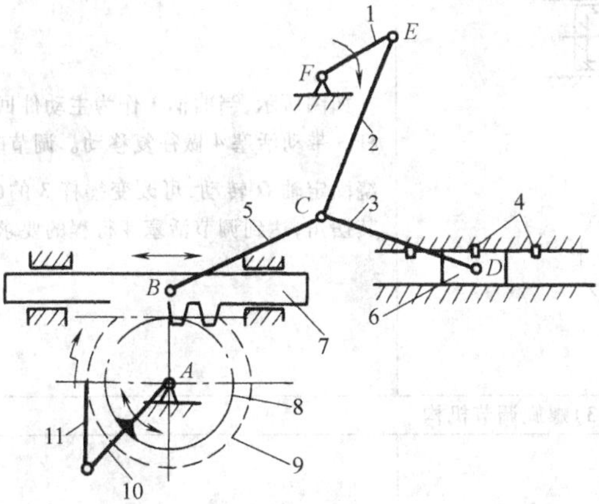	如图所示,主动曲柄1通过连杆2带动杆3、5。杆3铰接定滑块6,滑块6由定位销4固定在所需位置上。杆5通过齿条7使啮合齿轮8往复转动一定角度。摆杆10与齿轮8固连,齿轮8往复转动时通过固连杆10带动棘爪11,用11推动空套在A轴上的棘轮9做定向间歇转动。这种机构可在运行中调节定位销4,从而改变定滑块6的位置,使棘轮9的转角获得调节,以此来控制机床的进给运动
	(2)偏心调节机构	
偏心轮式调节曲柄长度机构	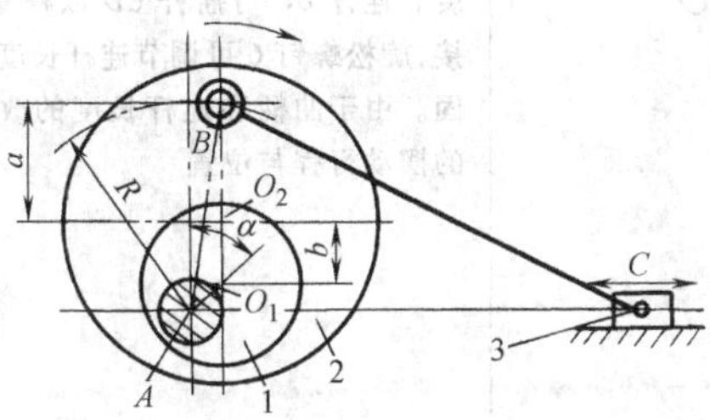	如图所示,主动盘上的曲柄AB绕A轴转动,通过连杆BC带动滑块3做往复移动。曲柄AB长度R可用圆盘2内的偏心轮1来调节。调节R时,将偏心轮1绕A转动α角后加以固定,R按下式计算 $$R=\sqrt{(a+b)^2+e^2+2(a+b)e\cos\alpha}$$ 式中　a——曲柄销B到圆盘2的圆心O_2的距离 b——圆盘2的圆心O_2到偏心轮1的圆心O_1的距离 e——偏心轮1的偏心距,$e=\overline{AO_1}$ α——偏心轮1的调节回转角度 曲柄半径的最大值$R_{max}=a+b+e$ 曲柄半径的最小值$R_{min}=a+b-e$
斜轴式偏心调节机构	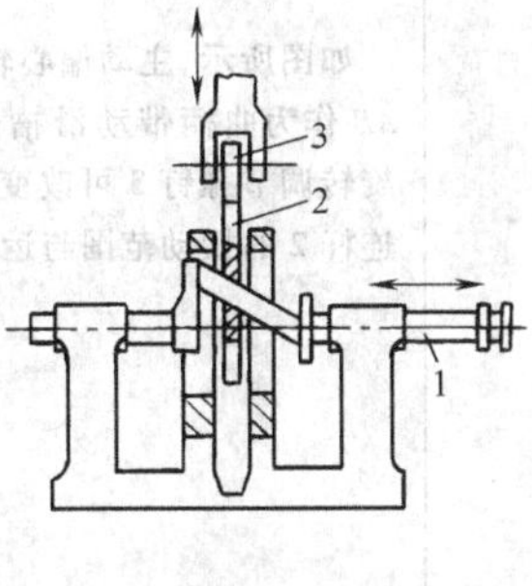	如图所示,凸轮2用滑键安装在轴1的倾斜轴颈上,当轴1在它的轴向移动一定距离时,改变了凸轮2在倾斜轴颈上的相对位置,即改变了凸轮的偏心距,从而改变滚子从动件3的行程

（续）

机构	结　构　图	说　明
（2）偏心调节机构		
偏心轮式调节摇杆长度机构	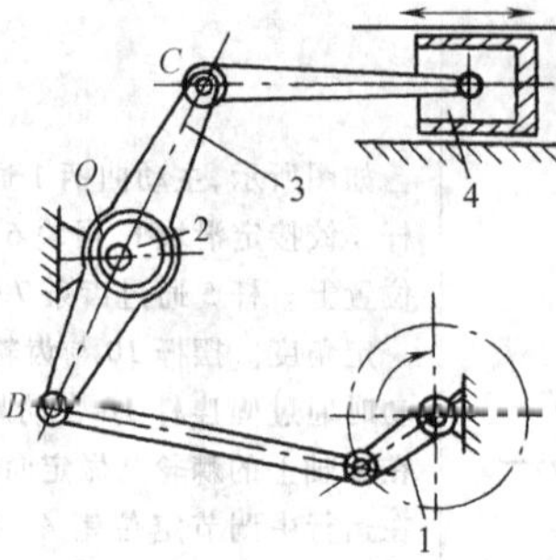	如图所示，当曲柄 1 作为主动件回转时，通过摇杆 3 带动活塞 4 做往复移动。调节时，将偏心轮 2 绕固定轴 O 转动，可改变摇杆 3 的 $\overline{OC}$、$\overline{OB}$ 长度及其摆角，达到调节活塞 4 行程的要求
（3）螺旋调节机构		
曲柄连杆长度可调机构	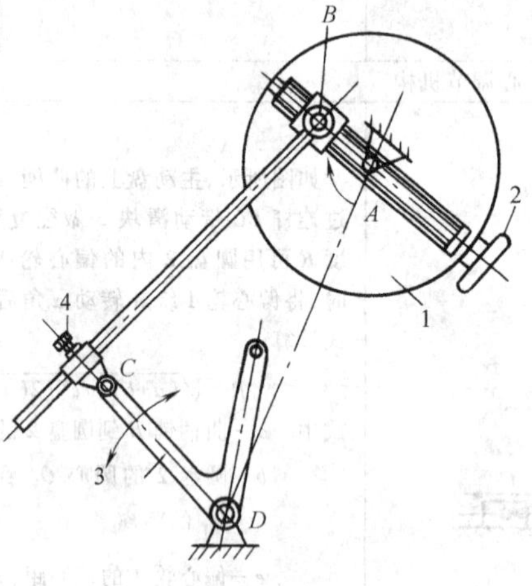	如图所示，曲柄摇杆机构 $ABCD$ 的曲柄和连杆长度都可用螺旋调整。主动圆盘 1 上装有调节螺旋 2 可改变曲柄销 B 的位置，即改变曲柄 AB 的长度。连杆 BC 与摇杆 CD 以杆套和紧固螺钉 4 连接，旋松螺钉 6 可调节连杆长度，随后将螺钉 6 紧固。由于曲柄和连杆长度的改变，调节了摇杆 3 的摆动行程与位置
滑槽连杆调节机构	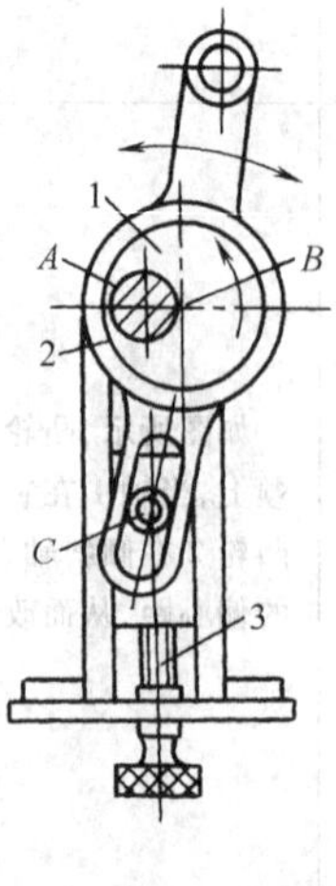	如图所示，主动偏心轮 1 绕固定轴 A 转动，即以 AB 作为曲柄带动滑槽连杆 2 做平面复杂运动。旋转调节螺钉 3 可改变滑销 C 的位置，结果改变连杆 2 的摆动范围与运动规律

（续）

机构	结 构 图	说 明
	（3）螺旋调节机构	
摆杆长度可调的凸轮机构	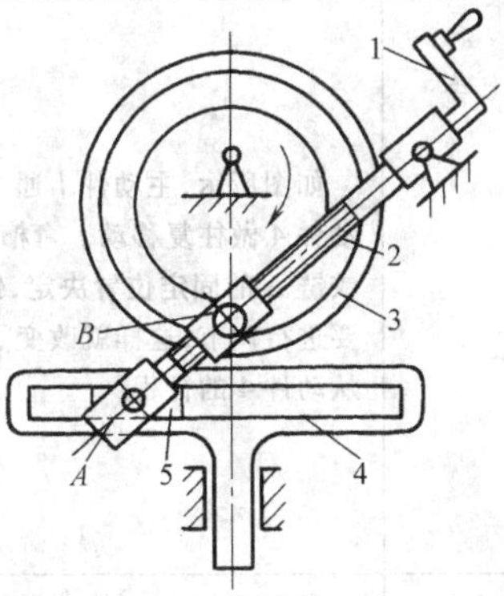	如图所示，主动偏心圆凸轮 3 上设有环形槽与摆杆 2 上的滚子 B 接触，通过滚子带动摆杆 2 做摆动，并以摆杆 2 杆端的铰链 A 与滑块 5 来驱动从动件 4 做上下往复移动 摆杆 2 是螺杆，它与滚子 B 外侧固连的螺母相配合，当旋转手柄 1 时，可用螺旋改变 AB 的长度，以此来调整从动件 4 的移动行程和运动规律
行程可调的导杆机构	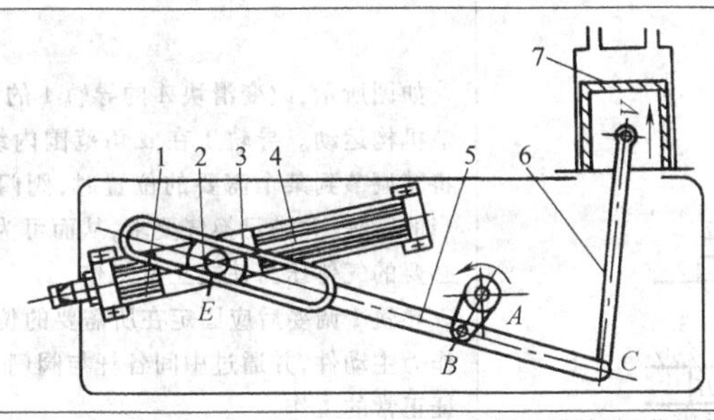	如图所示，滑块 2 与定滑块 3 铰接于 E 点，定滑块 3 的位置由螺杆 4 调节，使 3 在固定导轨 1 中移动，从而改变滑块 2 在导杆 5 中的相对位置，经活塞杆 6 实现对活塞 7 行程的调节
	（4）摇杆调节机构	
换向配气机构	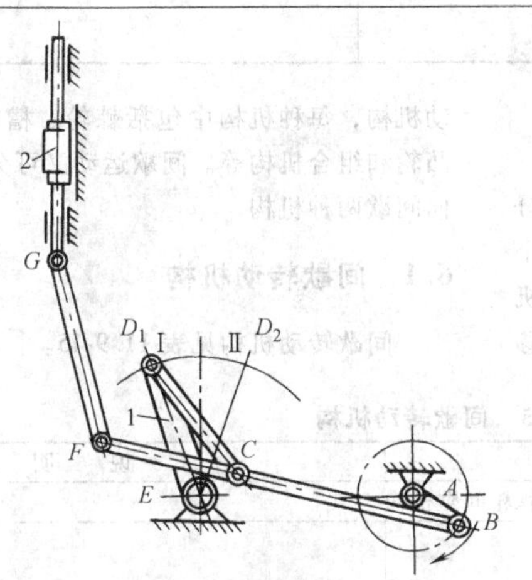	如图所示，铰链五杆机构 $ABCDE$ 有 2 个自由度，当摇杆 1（DE）根据生产工艺要求固定在 D_1E 或 D_2E 时，该机构就变为曲柄摇杆机构 $ABCD$。曲柄 AB 作为主动件转动，通过连杆 BF、FG 推动滑块 2 移动。当改变 DE 的位置后，可使滑块 2 完成生产工艺上所要求的换向配气工作
供油泵机构	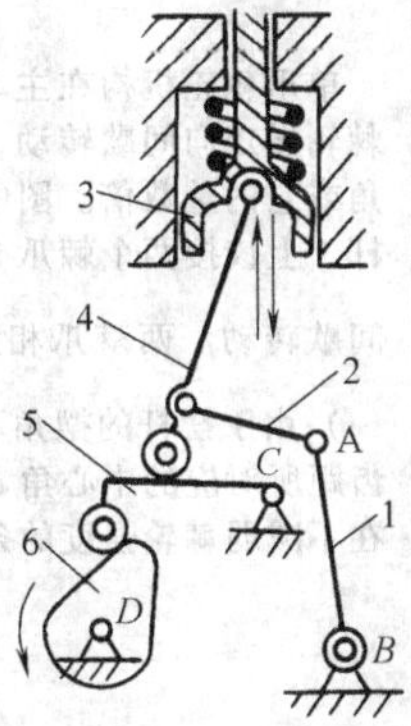	如图所示的机构为调节式柴油机的供油泵机构，可根据供油的需要量将摇杆 1 调节至规定位置，使摇杆 1 与杆 2 的铰链 A 在相应的位置上固定，从而改变杆 4 端部的滚子与凸轮从动件 5 的接触位置，达到控制柱塞 3 的行程和供油量的目的。主动凸轮 6 通过杆 5、4 带动柱塞 3 供油

(续)

机构	结 构 图	说 明
\(4\)摇杆调节机构		

双滑杆调节机构

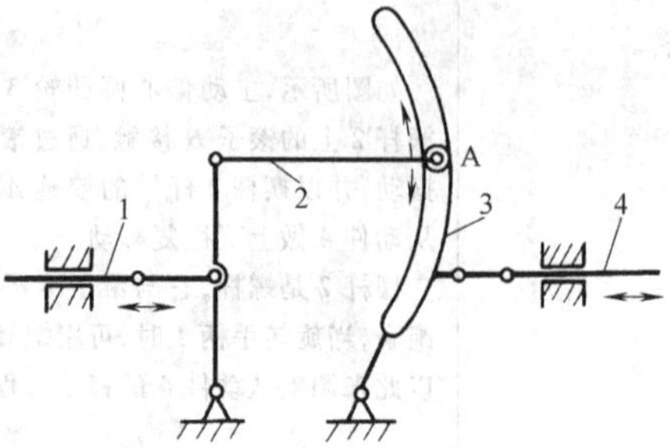

如图所示,主动件 1 通过连杆 2、摇杆 3 带动从动件 4 做往复移动。弯槽形摇杆 3 的长度由槽中铰链 A 的固定位置决定,铰链 A 的位置可根据需要进行调节,这样就改变了杆 3 的长度,同时调节从动件 4 的行程

滑块行程调节机构

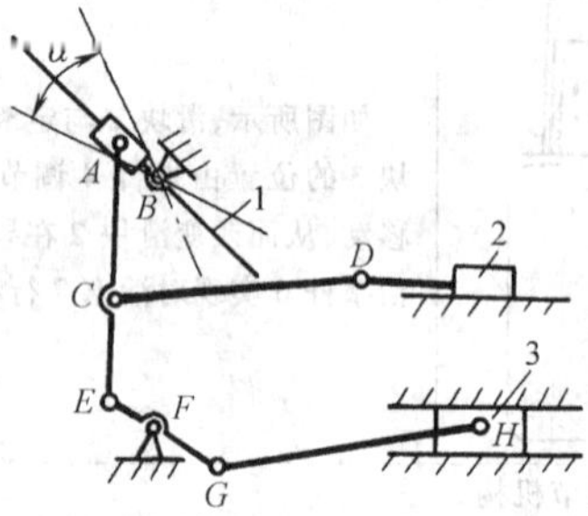

如图所示,改变滑块 4 的导轨 1 的导向,可以调节机构运动。导轨 1 在 α 角范围内绕 B 转动,当将其调节到某个需要的位置时,阀门 2 可得到恰当的行程,并满足换气要求,从而可为活塞 3 提供必要的气体压力使之正常工作

导轨 1 妥后应固定在所需要的位置上,活塞 3 作为主动件,并通过中间各杆与阀门 2 联动,以保证正常的工作

6 间歇运动机构

间歇机构广泛应用在各类机械上,常被作为分度、夹持、进给、装配、包装、运输等机构中的一个重要组成部分,尤其在自动机上应用较多。将间歇机构按其运动变换形式的不同分为间歇转动、摆动和移动机构,每种机构中包括棘轮、槽轮、不完全齿轮、凸轮和组合机构等。间歇运动又可分为单向间歇和双向间歇两种机构。

6.1 间歇转动机构

间歇转动机构见表 11.9-15。

表 11.9-15   间歇转动机构

机构	结 构 图	说 明
\(1\)棘轮间歇机构		

双爪棘轮机构

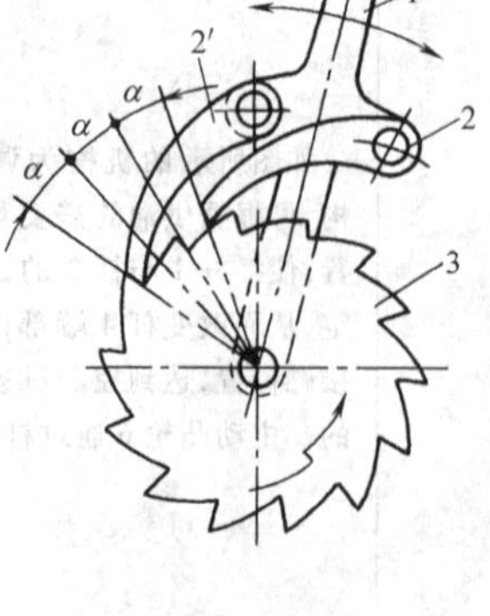

单爪棘轮机构在主动摆杆作用下,通过单爪推动棘轮做定向间歇转动,其转角为齿距所对应的中心角或它的整数倍。图中所示双爪棘轮机构的主动摆杆 1 上铰接两个棘爪 2、2′,通过棘爪驱动棘轮 3 做间歇转动。两棘爪相距 $1\frac{1}{2}$ 齿距(或 $2\frac{1}{2}$、$3\frac{1}{2}$、…),由于摆杆的摆角不同,可使棘轮每次转过半个齿距所对应的中心角 α 或它的整数倍。多爪机构可在不减弱棘轮强度的条件下得到较小的棘轮转角

（续）

机构	结构图	说明
	（1）棘轮间歇机构	
浮动棘轮机构	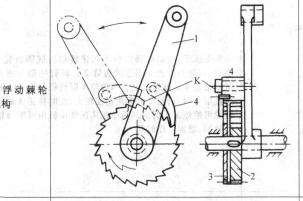	如图所示，浮动棘轮 3 空套在轴上与棘轮 2 的直径、模数、齿数均相同，但附有一个犬齿 K。在一般情况下主动摆杆 1 通过棘爪 4 同时驱动棘轮 2、3 做间歇转动，但当棘轮 3 上的犬齿 K 进入啮合时，棘爪 4 被抬起仅与犬齿啮合，只推动棘轮 3 空转，而棘轮 2 不动。棘轮 2 停歇不转的时间长短与犬齿 K 的齿数有关，犬齿的齿数多，停歇时间就长。棘爪与犬齿脱离啮合时，将仍间歇地推动棘轮 2、3 做同步转动。这种停歇时间不等的棘轮机构称作浮动棘轮机构
短暂停歇的棘轮机构	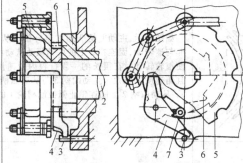	如图所示，链轮 5 和棘轮 6 固连于轴 2 上，主动套筒 1 空套在轴 2 上，套筒 1 上铰接有棘爪 4。若 1 顺时针转动时通过棘爪 4 带动棘轮 6 和链轮 5 同时转动。当棘爪 4 的端部与固定在机架上的档杆 3 接触时，棘爪 4 与棘轮 6 脱开，棘轮和链轮停转。1 继续转动到棘爪 4 与档杆 3 脱离时，在扭簧 7 的作用下棘爪再次与棘轮啮合带动链轮转动。此机构用于运送涂料零件通过干燥炉的链条式间歇运动机构，如印染烘干机等
摩擦式间歇机构	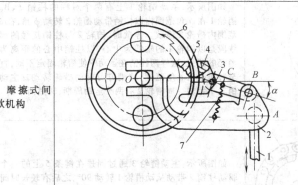	如图所示，主动杆 1 做上下往复移动，通过摇臂 2 和推杆 3 使摩擦片 4、5 夹紧从动轮 6 的内外轮缘而使其做定向间歇转动。当主动杆 1 向上推动摇臂 2 绕 O 点向上转动时，摩擦片 4 在摩擦力作用下使推杆 3 向下摆动，并借助辅助弹簧 7 的拉力使摩擦片 4 紧贴轮 6 外缘，因摇臂 2 继续向上转动的同时有微量横向外移使摩擦片 5 紧贴轮 6 内缘。结果摩擦片 4、5 夹紧轮 6 的轮缘并推动其做逆时针转动。当主动杆 1 拉摇臂 2 向下转动时，摩擦片 4 与轮 6 的摩擦力使推杆 3 向上摆动而成浮动，轮 6 静止，这样就形成了间歇转动。该机构的优点是摩擦面积大，可用于大载荷。但角 α 过大将减弱夹紧力，α 过小将造成回程时不易分离，一般取 $\alpha \leqslant 7°$
	（2）槽轮间歇机构	
附设模板的槽轮机构	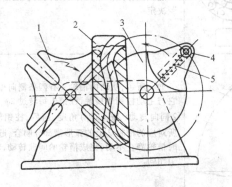	如图所示，柱销 4 可在销轮 3 上的滑槽中移动，并由弹簧 5 支撑。当主动销轮 3 匀速转动时，以可径向伸缩的柱销 4 带动槽轮 1 转动。同时柱销 4 也在附设凸轮模板 2 的曲线槽内运动，由曲线槽控制柱销 4 的驱动半径，使槽轮 1 做近似等速转动，或按工艺要求改变模板曲线槽的形状，从而改变从动槽轮的运动规律，以期得到较好的运动规律和动力特性

(续)

机构	结构图	说明
\(2\)槽轮间歇机构		
椭圆齿轮槽轮机构	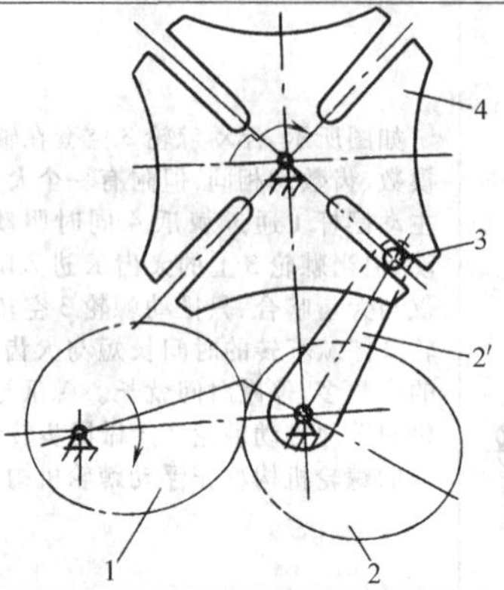	如图所示,主动椭圆齿轮 1 匀速转动与椭圆齿轮 2 啮合,带动与齿轮 2 固连的转臂 2′。转臂柱销 3 驱动从动槽轮 4 做间歇转动。当齿轮 1 以长径与齿轮 2 的短径啮合时,齿轮 2 瞬时角速度较大,此时柱销 3 驱动槽轮可缩短运动时间。用于机床的转位机构可缩短辅助时间,增加工作时间
双曲柄槽轮机构	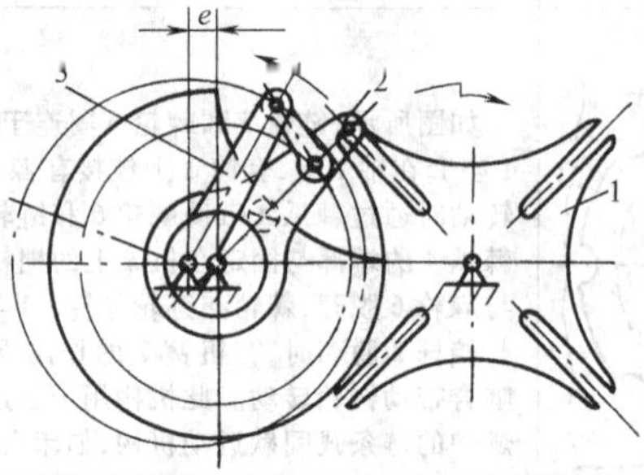	如图所示,主动曲柄 3 通过连杆带动从动曲柄 2 做非匀速转动,固连在 2 上的柱销驱动从动槽轮 1 转动,使槽轮转动时在很长的一段行程内角速度接近不变,且角速度值较大。主动曲柄 3 与从动曲柄 2 的轴距为 e。从动曲柄 2 上固连锁止弧控制槽轮 1 的稳定停歇
双柱销变形槽轮机构	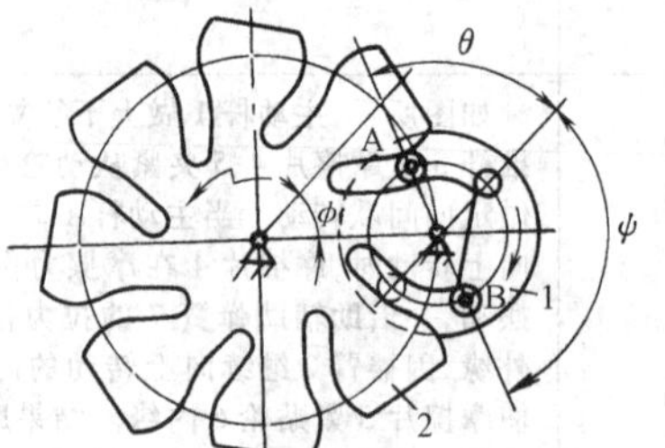	如图所示,主动销轮 1 上有两个对称的柱销 A、B。销轮 1 在 ψ 范围内以柱销带动槽轮 2 转动 ϕ 角;在 θ 范围内槽轮 2 停歇。停歇时,槽轮 2 与柱销接触的廓线段是以销轮 1 的轴线为中心、以柱销中心的距离为半径的圆弧,这样两柱销在运动中使槽轮固定不动,直至转角超过 θ 角范围,柱销方可带动槽轮转动。主动销轮 1 每转一周槽轮 2 有两个运动周期,转过两个槽
长时间停歇的槽轮机构	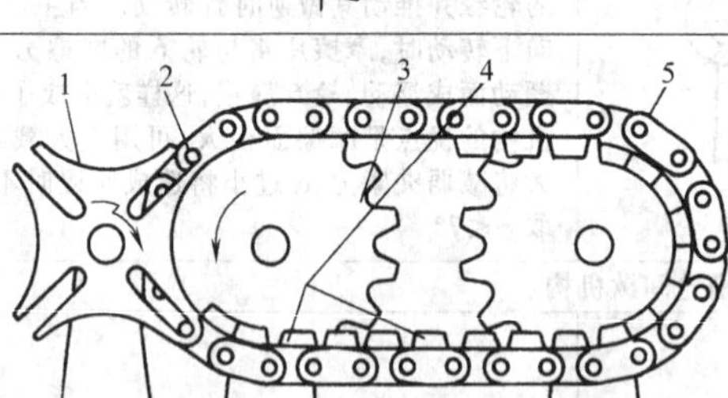	如图所示,主动链轮 3 通过固连在链条 5 上的一个驱动柱销 2 带动从动槽轮 1 转动 90°,之后有较长时间的停歇。部分链条上带有止动弧块 4,在槽轮不运动时起锁止作用。槽轮停歇时间的长短由两链轮的中心距决定
内槽轮机构	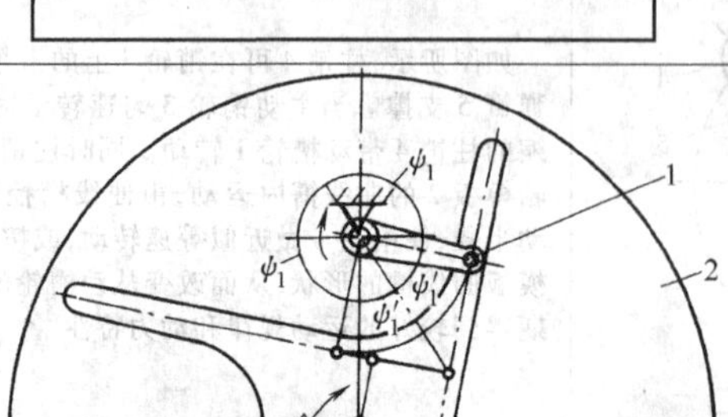	如图所示,从动内槽轮 2 有四条侧向槽成均匀分布,它与主动柱销 1 接触,柱销每转过 $2\psi_1$ 角度时,槽轮 2 同向转动 $(2\pi - 2\psi_1')$ 角度,随后,柱销转动的圆弧与所对应的槽轮 2 上的弧形槽部分吻合,起锁止作用,这时槽轮静止不动,完成槽轮的间歇转动,转向与主动柱销相同

(续)

机构	结　构　图	说　明
(2)槽轮间歇机构		

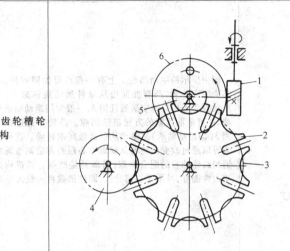

齿轮槽轮机构

　　如图所示,机构满足工艺要求分度角为定值(如齿轮 4 每次转 90°),并且有较好的动力特性,这里采用槽数较多的槽轮,用齿轮增速。这时机构的动力性能比槽数少的槽轮机构好。图中,销轮 5 与蜗轮 6 固连,由蜗杆 1 带动,槽轮 2 与齿轮 3 固连,齿轮 4 由齿轮 3 带动

　　增加槽轮的槽数固然优点较多,但将导致机构尺寸的增大,设计时应全面考虑

(3)凸轮间歇机构		

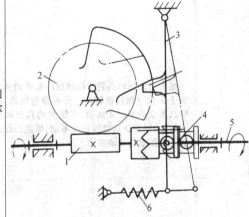

凸轮控制离合器间歇机构

　　图中主动蜗杆轴 1 通过离合器 4 带动从动轴 5 转动,同时蜗杆轴 1 又带动蜗轮 2 和与蜗轮 2 固连的凸轮转动,当凸轮与摆杆 3 上的挡块接触时,推动摆杆 3 向右摆动,使离合器脱开,中断主动轴 1 与从动轴 5 的连接,使轴 5 停止转动。这时凸轮仍继续转动直至它与挡块脱离,杆 3 在复位弹簧 6 的作用下使离合器重新啮合,从动轴 5 继续转动。更换凸轮(改变远停弧长)可调整从动轴 5 停、转的时间比例

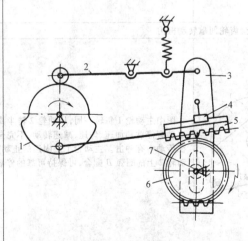

凸轮连杆齿轮间歇机构

　　图中凸轮 1 和连杆齿条 5、摆块 4 组成曲柄摆块机构,连杆齿条 5 做平面复合运动,既与摆块 4 一起摆动又与摆块 4 做相对滑动。凸轮 1 和摆杆 2 组成摆动从动件凸轮机构,带动杆 3 沿导槽与机架上的滚子 7 做相对滑动,又可做一定的摆动。当凸轮 1 顶起杆 2 上的滚子,使杆 3 向下运动时,3 下端的齿条与绕定点转动的齿轮 6 脱开,同时杆 3 带动在 3 上铰接的摆块 4,使齿条 5 与齿轮 6 啮合。主动凸轮 1 又通过齿条 5 驱动齿轮 6 转动

　　但在凸轮控制杆 3 上行时,杆 3 带动齿条 5 上行与齿轮 6 脱离啮合,而杆 3 下端的齿条与齿轮 6 啮合使其停歇。这样使齿轮 6 完成定向间歇转动

（续）

机构	结 构 图	说 明

（3）凸轮间歇机构

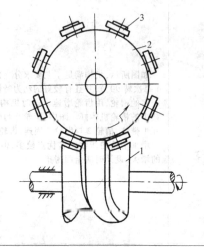

弧面分度凸轮机构

图中所示的主动凸轮 1 上有一条凸脊如同蜗杆,称其为弧面凸轮,凸脊曲面由从动件运动规律来确定。从动盘 2 上均匀地安装圆柱销 3,一般常用滚动轴承代替,并可采取预紧的方法消除间隙。凸轮 1 通过圆柱销 3(即滚动轴承)来带动从动盘做间歇转动。这种机构可以通过改变凸轮与从动盘中心距的方法调整圆柱销与凸轮凸脊的配合间隙,借以补偿磨损。该机构的动力性能好,可用于高速分度,圆柱销数目一般大于 6

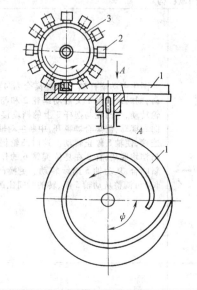

螺旋凸缘凸轮间歇机构

图中主动圆盘凸轮 1 以螺旋凸缘带动从动件 3 上的滚子 2,使 3 做间歇转动。在 ψ 角范围内,凸轮 1 的螺旋凸缘驱动滚子 2 运动,在螺旋的其他部分则限制滚子运动,以保证从动轮停歇不动,螺旋凸缘凸轮设计取决从动圆盘的运动要求

（4）不完全齿轮间歇转动机构

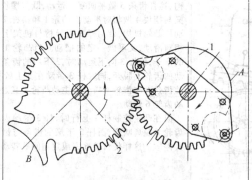

制鞋机的不完全齿轮机构

图中主动轮 1 每转一周,从动轮 2 转半周,从动轮的运动有停歇和加速、匀速、减速转动,不完全齿轮 1 和 2 在传动中有冲击。主动轮 1 上固连的止动圆弧 A 与从动轮 2 上的圆弧 B 配合,可保持可靠的停歇

（续）

机构	结 构 图	说 明
	（4）不完全齿轮间歇转动机构	
十进位计数器机构	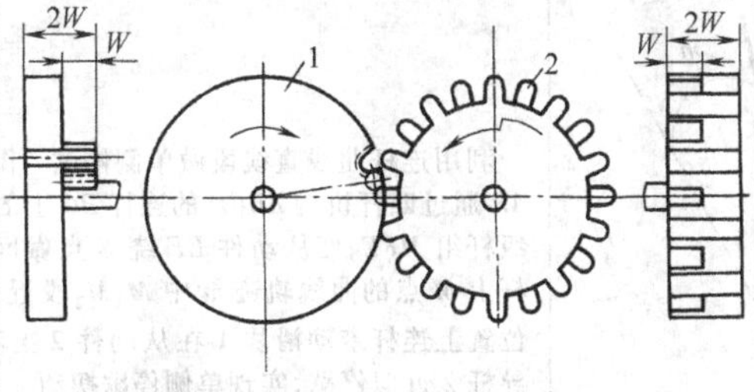	图中主动轮1圆周上有一凹口,凹口一侧有圆柱销。从动轮2有20个齿,轴向齿长为2W和W且长短相间排列。主动轮1转动时,圆柱销和凹口先后拨动从动轮2转过两个齿,然后主动轮1以圆弧和从动轮2的两长齿齿端圆角接触,锁住从动轮2。结果,主动轮1每转一周,从动轮2转1/10周。该机构动力性能差,只适用于低速轻载,可用它串联制成十进位计数器
两次停歇不完全齿轮机构	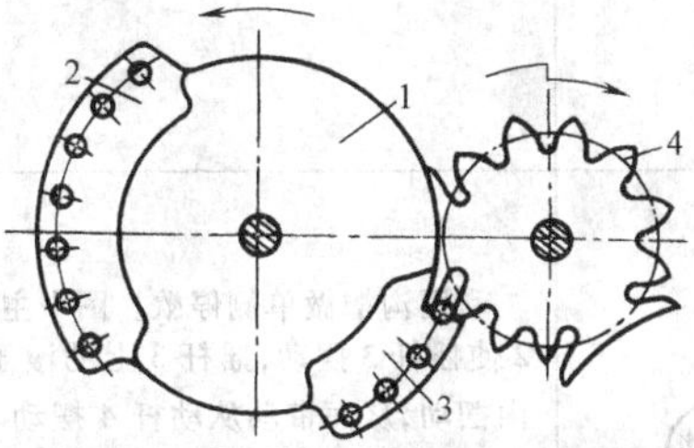	图中主动轮1上固连两扇形块2、3,扇形块2上附有7个针齿,块3上附有4个针齿。从动轮4制成与针齿数对应的齿槽数,以便齿槽与针齿正常啮合。为了使从动轮4在停歇和转动之间能平稳过渡,第一个齿槽和最后一个齿槽的廓线要特殊设计。主动轮1先以3带动从动轮4转动,然后用锁止弧锁止使主动轮4停歇;再以2带动从动轮4转动,并用另一锁止弧锁止使从动轮4停歇。这样,主动轮1每转一周,从动轮4间歇转动完成两次停歇
	（5）偏心轮分度定位机构	
偏心轮分度定位机构	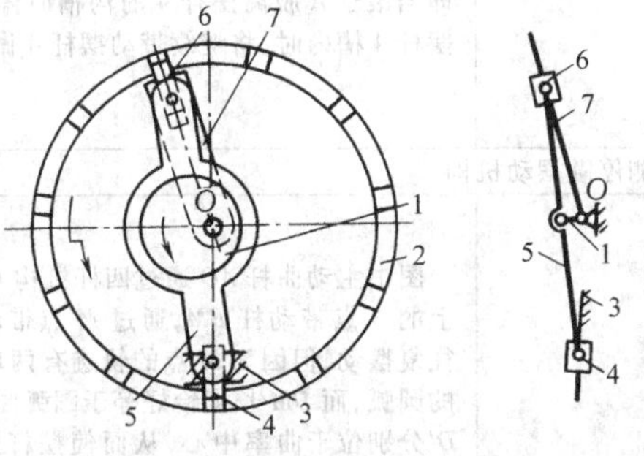	如图所示,端部有滑槽的杆7空套在轴O上,滑销6可在7的滑槽内移动,滑销6和滑销4均铰接于摆杆5的两端部,滑销4可在固定槽3内滑动。当主动偏心轮1转动时通过摆杆5使两滑销6、4交替拨动或锁住带有槽孔的从动盘2做单向间歇转动。主动偏心轮每转一周,通过摆杆5拨动从动盘2转过一定的角度,即相邻二槽孔的中心角,从而实现分度定位。该机构用在搓线机输送器上

6.2 间歇摆动机构

间歇摆动机构见表11.9-16。

6.3 间歇移动机构

间歇移动机构见表11.9-17。

表 11.9-16 间歇摆动机构

机构	机 构 图	说 明
	（1）单侧停歇摆动机构	
利用连杆曲线间歇摆动机构	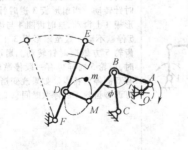	图中所示主动曲柄 AO 通过四杆机构 $OABC$ 的连杆 AB 带动Ⅱ级杆组 MDF,使从动件 EF 做间歇摆动。连杆 AB 上 M 点的曲线轨迹 m 类似椭圆形,选 DM 的长度近似等于 M 点处曲线短的曲率半径,D 点相当于曲率中心,以期 M 点至此段曲线处近似实现杆 EF 停歇不动,停歇时间约等于曲柄转过半周的时间 各杆长与其夹角可按下列比例数据选取:$\overline{AB}=\overline{BC}=\overline{BM}=1,\overline{AO}=0.305,\overline{CO}=0.76,\phi=114°,\overline{MD}=0.06,\overline{FD}=0.8,\overline{CF}=1.66,\overline{OF}=2.36$

（续）

机构	机 构 图	说　明
（1）单侧停歇摆动机构		
利用连杆曲线直线段间歇摆动机构	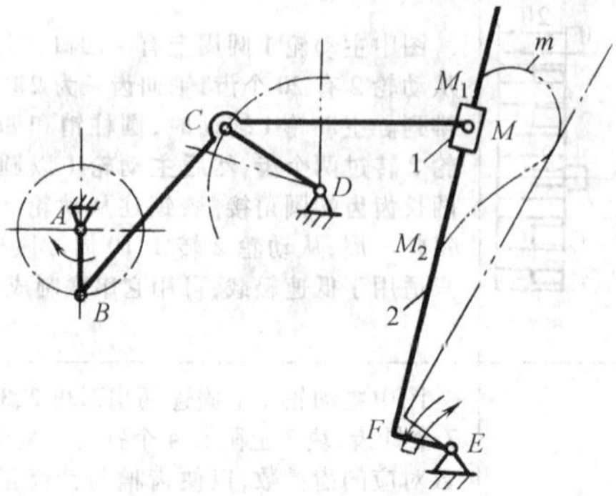	利用连杆曲线直线段做单侧停歇。图中主动曲柄 AB 通过四杆机构 $ABCD$ 的连杆 BC 上的 M 点带动 Ⅱ 级杆组 MFE，使从动件 EF 绕 E 点做间歇摆动。连杆上 M 点的曲线轨迹 m 中 $M_1 M_2$ 段近似直线，在此位置上连杆带动滑块 1 在从动件 2 上移动，使从动导杆 2 近似停歇，实现单侧停歇摆动
单侧停歇摆动机构	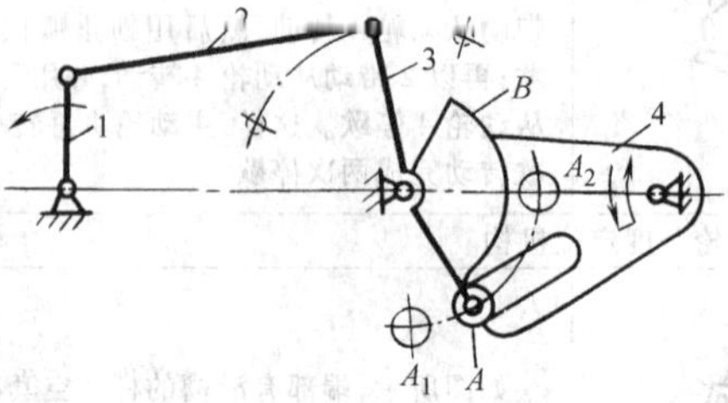	利用沟槽做单侧停歇。图中主动曲柄 1 通过连杆 2 使摇杆 3 摆动，摇杆 3 上的滚子 A 在弧 $A_1 A_2$ 范围内摆动，从而带动从动杆 4 摆动。但当滚子 A 由摆杆 4 的沟槽中脱离时，摇杆 3 上的锁止弧 B 锁止摆杆 4，使摆杆 4 停歇不动。该机构停歇也只在一侧，即当滚子 A 脱离摆杆 4 的沟槽时停歇，当滚子进入摆杆 4 槽内时，将继续带动摆杆 4 做摆动
（2）双侧停歇摆动机构		
两极限位置停歇摆动机构之一	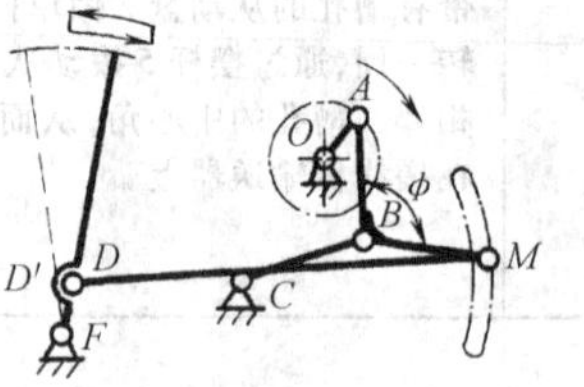	图中主动曲杆 AO 通过四杆机构 $OABC$ 的连杆 AB 上的 B 点带动杆 BM，通过 M 点带动从动件 DM 做往复摆动，但因为 M 点的轨迹有两段曲率近似相同的圆弧，而 DM 长度恰好等于圆弧曲率半径，且 D 和 D' 分别位于曲率中心，从而使摆杆从动件 DF 做在两极限位置有停歇的间歇摆动
两极限位置停歇摆动机构之二	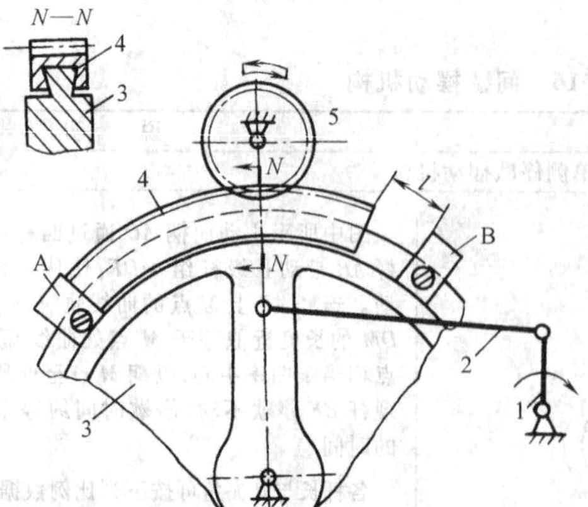	如图所示的机构中，主动曲柄 1 通过连杆 2 带动扇形板 3 摆动，在扇形板 3 上装有可移动的齿圈 4。当主动曲柄带动扇形板 3 顺时针转动时，扇形板 3 上的挡块 A 推动齿圈 4 与齿轮 5 啮合，使齿轮 5 逆时针转动。当扇形板 3 逆时针回摆时，齿圈 4 在扇形板 3 上滑动，这时齿圈 4 与齿轮 5 相对静止，齿轮 5 停歇不动。直至扇形板 3 上的挡块 B 推动齿圈，齿轮 5 方做顺时针转动。扇形板 3 再次变相摆动时，齿轮 5 同样也有一段停歇时间。因此该机构具有双侧停歇特点。如果改变挡块 B 与齿圈的间距 l，可调整齿轮 5 的停歇时间

（续）

机构	机　构　图	说　明

（2）双侧停歇摆动机构

机构	机构图	说明
瞬时停歇摆动机构	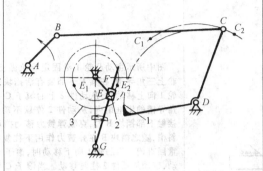	图中主动曲柄 AB 逆时针转动,带动摇杆 CD 和固连在 CD 上的扇形齿轮 1。齿轮 1 与齿轮 3 啮合使铰链在齿轮 3 上的滑块摆动,由滑块 2 驱动从动杆 EG 做往复摆动,且在两摆动极限位置时有瞬时停顿。摇杆 CD 在摆动的两极限位置 C_1D、C_2D 时角度较小,且改变方向。摆动导杆机构 FEG 的从动杆 EG 在两极限位置 E_1G、E_2G 附近时其角速度也较小,且改变方向。用轮 1、3 将它们联动起来,并使之同时达到极限位置,结果使导杆在两极限位置附近实现近似停歇,且可停歇较长的时间

（3）中途停歇摆动机构

机构	机构图	说明
中途停歇摆动机构	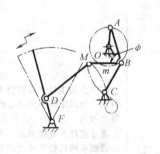	图中所示主动曲柄 OA 通过四杆机构 $OABC$ 的连杆 AB 上的 B 点带动杆 BM,通过 M 点带动摆动杆 DF 做往复摆动。因为 M 点的轨迹 m 的某段曲线与以 DM 为半径、D 为圆心的圆弧近似,即 D 是该段曲线的曲率中心,故使摆杆在摆动中途做近似停歇。各杆长度可参考下列比例数据 $\overline{AB}=\overline{BC}=\overline{BM}=1$,$\overline{MD}=106.3$,$\overline{AO}=0.54$,$\overline{FD}=0.695$,$\overline{CO}=1.3$,$\overline{CF}=1.8$,$\overline{OF}=2.78$,$\phi=80°$

表 11.9-17　间歇移动机构

机构	机　构　图	说　明

（1）单侧停歇移动机构

机构	机构图	说明
单侧停歇曲线槽导杆机构	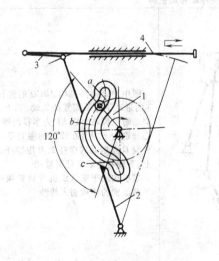	图中导杆 2 上的曲线导槽由 3 段圆弧 a、b、c 组成,当曲柄 1 作为主动件通过滚子带动导杆 2 摆动时,在图所示的 120° 范围内,滚子运动轨迹与曲线槽 b 段的圆弧相吻合,使导杆做单侧停歇。由导杆 2 通过连杆 3 带动滑杆 4 做单侧停歇的往复运动。该机构用于食品加工机械,作为物料的推进机构,如果导槽曲线由两段左右对称的曲率相同的圆弧组成,则可获得双侧停歇机构。该机构结构紧凑,制造简单,运动性能好,有急回作用,但噪声大,不适用于高速场合

（续）

机构	机 构 图	说 明
\(1\)单侧停歇移动机构		
移动凸轮间歇移动机构	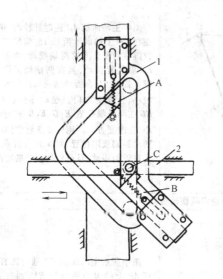	图中所示主动凸轮 1 沿固定导轨做往复移动,凸轮上三角导槽,在其上下部有活挡块 A、B。当凸轮 1 向上移动时,从动件 2 上的滚子 C 是在凸轮三角导槽的铅垂槽内,从动件 2 停歇不动。当滚子 C 接触下部挡块 B 时,克服弹簧力移动挡块 D 后进入斜槽,随之挡块 B 在弹簧力作用下往复挡住滚子 C 重回直槽。当凸轮 1 向下移动时,滚子 C 沿斜槽移动,带动从动件 2 往复移动。当滚子 C 接触活动挡块 A 时,克服弹簧力推移挡块 A 并再次进入直槽。这样,凸轮的往复移动就可以带动从动件做一端停歇的往复移动
行星轮内摆线间歇移动机构	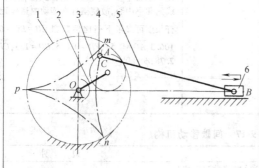	图中主动系杆 2 以铰链 C 带动行星齿轮 3 运动,齿轮 3 与固定的内齿中心齿轮 1 啮合。两齿轮的齿数比为 $z_3 : z_1 = 1 : 3$。在齿轮 3 的节圆上装有铰销 4,通过连杆 5 驱使滑块 6 做单侧停歇的往复运动。因铰销 4 随齿轮 3 移动时做内摆线运动,如图中点画线所示。取连杆 5 长等于弧 mn 段曲线的平均曲率半径,且使 B 点处在曲率中心位置,则滑块 6 在右极限位置上近似停歇,停歇时间相当于一个运动周期的 1/3
\(2\)双侧停歇移动机构		
滑块上下端停歇移动机构	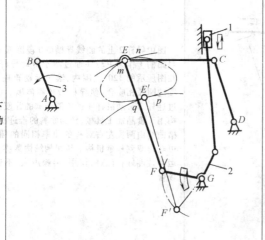	图中曲柄连杆机构 ABCD 的连杆 BC 在主动曲柄 3 的带动下做平面复杂运动,其上 E 点的轨迹在 E、E′点附近均与以 EF 为半径的圆弧近似,圆弧的中心分别为 F、F′,在线段的垂直平分线上取 G 点,设置绕 G 点摆动的摆杆 2,并用摆杆 2 来带动滑块 1 做上、下端有停歇的往复移动 　　该机构用于喷气织机开口机构中,利用滑块在上下端位置的停歇引入纬纱

（续）

机构	机构图	说明
（2）双侧停歇移动机构		
重力急回间歇式移动机构	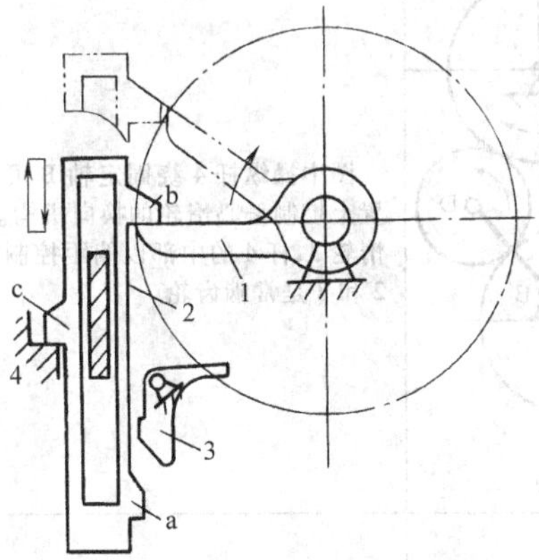	图中主动臂 1 通过从动件 2 的上凸耳 b 将 2 抬升，2 升至下凸耳 a 被摆动挡块 3 钩住，1 与 b 脱离，2 停止不动。转臂 1 继续转动到与 3 接触时使挡块 3 与 2 脱钩，2 以自身重力下落被机架上的凸台 4 挡住 2 上的凸耳 c，2 停歇不动。然后再由转臂抬起凸耳 b 继续下一循环。该机构具有上、下不等时的停顿和快速下落的急回特点
不完全齿轮往复移动间歇机构	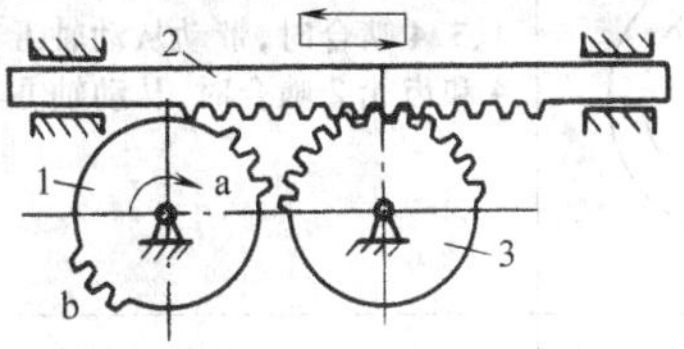	图中不完全齿轮 1 作为主动顺时针移动，用其齿轮交替地与从动齿条 2 及不完全齿轮 3 啮合，可使齿条做间歇往复移动。当齿轮 1 的 a 部分轮齿在顺时针移动时先于齿条啮合使之右移；脱开后，齿条有短暂的停歇。当 a 部分轮齿与齿轮 3 啮合时，齿轮 3 将带动齿条左移；脱开后，齿条再次停歇。b 部分轮齿转至 a 的初始位置后重复 a 的动作一次。结果主动齿轮 1 每转一周从动齿条往复移动两次。改变齿轮 1 上的齿数可调节齿条在两端的停歇时间 不完全齿轮机构在啮合开始和脱离啮合时均有冲击，故只适用于低速轻载场合，如印刷机等
（3）中途停歇移动机构		
滑块行程中间停歇的移动机构	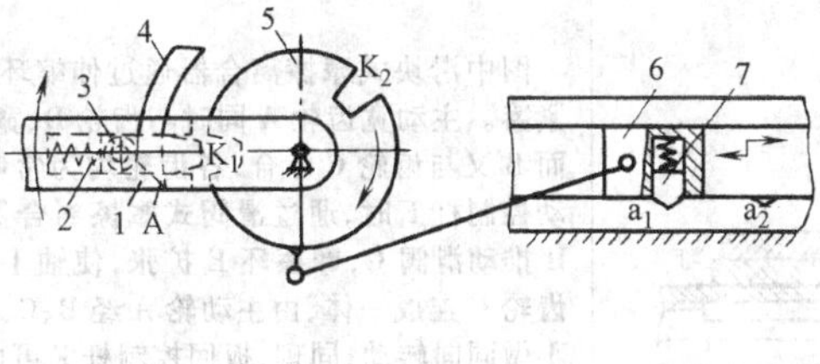	主动件 1 内部的滑槽中装有弹簧 2 以支撑可移动的插销 3，插销 3 由两部分组成，左端为滚子，右端为销块。当 3 的销块嵌在圆盘 5 的缺口 K_1 时，杆 1 带着圆盘一同转动。当经过固定挡块 4 前端的斜面 A 时，A 将插销 3 上的滚子向左推移，使 3 上的销块由圆盘 5 的缺口 K_1 中拔出，圆盘 5 立即停止转动。由圆盘 5 驱动的滑块 6 不动，并在弹簧定位销 7 作用下可靠地定位在 a_1 处。当 1 转至缺口 K_2 处时，在弹簧 2 的作用下销 3 嵌入 K_2 中，继续带动圆盘 5 一同转动，直至主动件 1 再次经过挡块 4 重复第二次停歇。主动件每转两周，圆盘 5 转一周，滑块 6 在 a_1、a_2 两处停歇

7　换向、单向机构

换向、单向机构见表 11.9-18 和表 11.9-19。

换向机构是通过操纵杆来变换传动机构间的关系，以改变从动件的运动方向，或是同时改变主、从动件的传动比；单向机构是指从动件在主动件的驱动下，做连续或间歇的定向移动或转动的机构。单向机构中的主动件是通过一些特殊的连接形式来驱动从动件的，它的特点是主动件改变方向时，从动件仍按原方向移动或不动。多数单向机构中，当从动件的转速超过主动件时，主动件就不再起驱动作用，因此也称这类单向机构为超越机构。

表 11.9-18 换向机构

机构	机 构 图	说 明
偏心惰轮换向机构	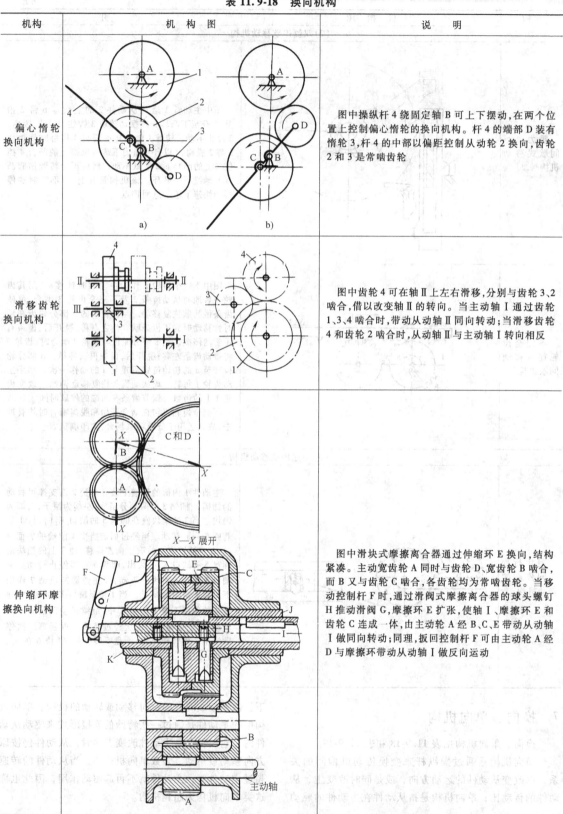 a)　　　　b)	图中操纵杆 4 绕固定轴 B 可上下摆动,在两个位置上控制偏心惰轮的换向机构。杆 4 的端部 D 装有惰轮 3,杆 4 的中部以偏距控制从动轮 2 换向,齿轮 2 和 3 是常啮齿轮
滑移齿轮换向机构		图中齿轮 4 可在轴 Ⅱ 上左右滑移,分别与齿轮 3、2 啮合,借以改变轴 Ⅱ 的转向。当主动轴 Ⅰ 通过齿轮 1、3、4 啮合时,带动从动轴 Ⅱ 同向转动;当滑移齿轮 4 和齿轮 2 啮合时,从动轴 Ⅱ 与主动轴 Ⅰ 转向相反
伸缩环摩擦换向机构		图中滑块式摩擦离合器通过伸缩环 E 换向,结构紧凑。主动宽齿轮 A 同时与齿轮 D、宽齿轮 B 啮合,而 B 又与齿轮 C 啮合,各齿轮均为常啮齿轮。当移动控制杆 F 时,通过滑阀式摩擦离合器的球头螺钉 H 推动滑阀 G,摩擦环 E 扩张,使轴 Ⅰ、摩擦环 E 和齿轮 C 连成一体,由主动轮 A 经 B、C、E 带动从动轴 Ⅰ 做同向转动;同理,扳回控制杆 F 可由主动轮 A 经 D 与摩擦环带动从动轴 Ⅰ 做反向运动

（续）

机构	机 构 图	说 明
离合器锥齿轮换向机构	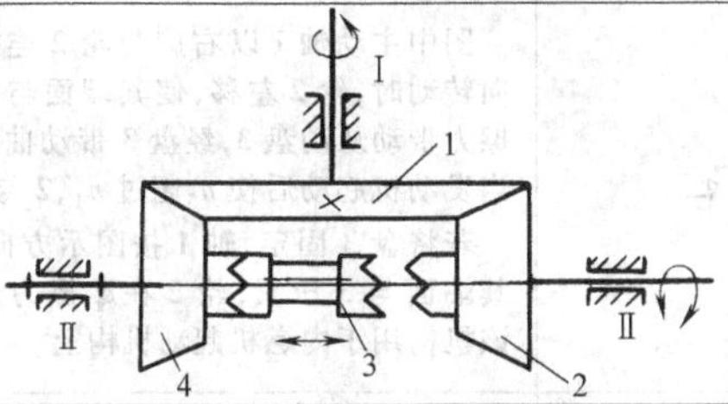	图中主动锥齿轮 1 与空套在轴 Ⅱ 上的锥齿轮 2、4 啮合，锥齿轮 2、4 转向相反。离合器 3 与轴 Ⅱ 为花键连接并同向转动。当离合器 3 在轴 Ⅱ 上向左移动与锥齿轮 4 接合，通过离合器带动轴 Ⅱ 转动；如离合器 3 向右移动与锥齿轮 2 接合，通过离合器 3 使轴 Ⅱ 反向转动
行星齿轮换向机构	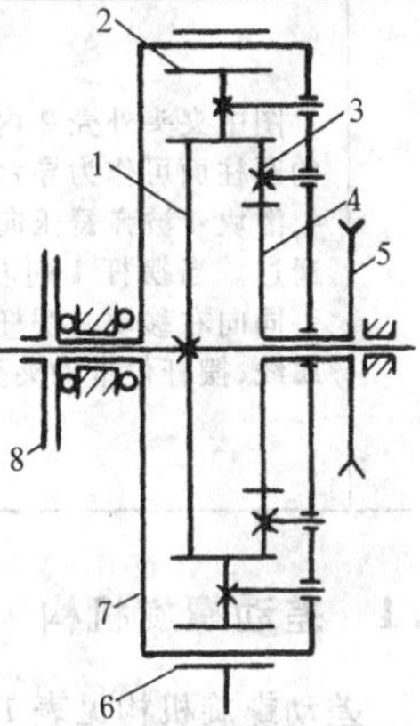	图中由主动太阳轮 1、从动太阳轮 4、行星轮 2、3 和支撑壳体 7 组成的行星轮系机构用于履带式水稻收割机的转向机构。当离合器 8 接通，制动器 6 松开时，$n_1 = n_7$。此时与轮 4 固连一体的从动链轮 5 也和轮 1 等速同向转动。当离合器、制动器都脱开时，轮 5 受外界阻力而处于停滞状态，$n_4 = n_5 = 0$，$n_7 = n_1 z_1/(z_1 + z_4)$。其中 z_1、z_4 均为齿轮齿数。当离合器脱开，制动器 6 制动时，$n_7 = 0$，$n_5 = -n_1 z_1/z_4$。从动链轮 5 与主动轮 1 的转向相反，转速不等

表 11.9-19　单向机构

机构	机 构 图	说 明
摩擦棘轮超越式单向机构	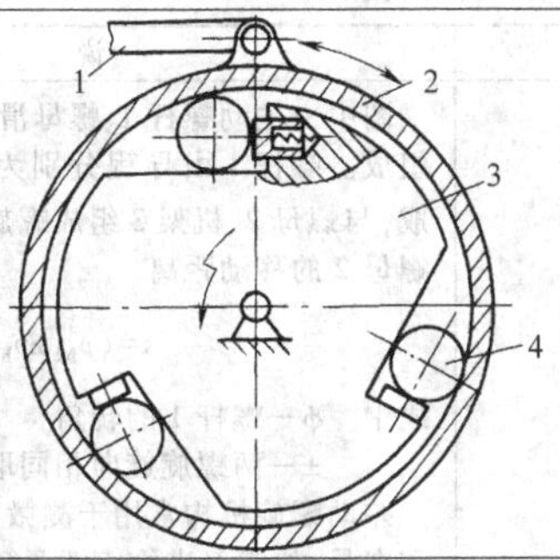	图中主动杆 1 带动外筒套 2 逆时针转动时，通过内壁与滚子 4 摩擦，将滚子挤向所在空间的尖角部位，从而将其楔紧在外筒套 2 与从动件 3 之间，使主动杆驱动从动件 3 一起同向转动。当 1 顺时针转动时，摩擦作用使 2、3 分开，从动件 3 不动；当 2、3 同时逆时针转动，但 $n_3 > n_2$ 时，则 2、3 也将分开，3 做超越转动。该机构不仅是单向机构，也可作为超越离合器使用
柱销超越式单向机构	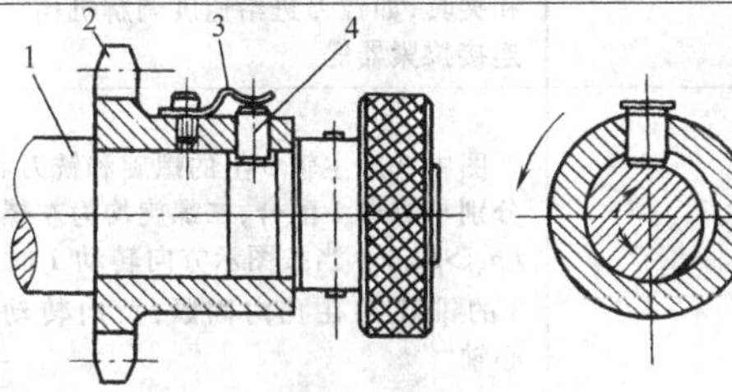	图中圆柱销 4 被弹簧 3 压紧在从动轴 1 的特制沟槽内，主动链轮 2 逆时针转动，通过 4 带动 1 同向转动。若 $n_1 > n_2$，则 1 可做超越转动。若 1 固定，则 2 逆时针转动被制动；若 2 固定，则 1 顺时针转动被制动
弹簧摩擦式单向机构	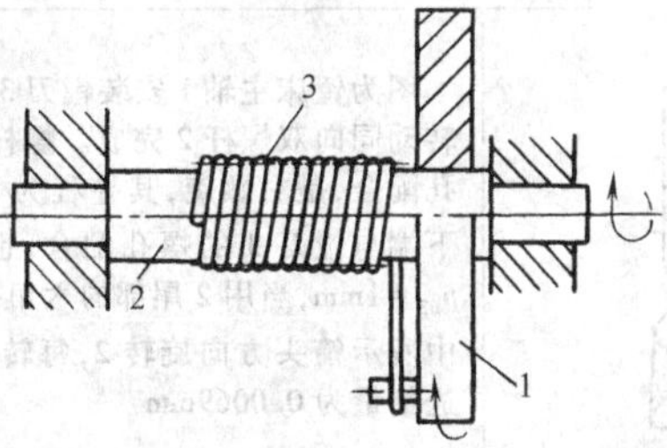	图中左旋弹簧 3 的内径稍小于轴 2 的外径，接合面上略有预压紧力，弹簧的右端与主动轮 1 上的拨销接触，左端为自由端。当主动轮 1 按图上实线箭头方向移动时，通过拨销旋紧弹簧使其内径缩小增大结合面压紧力和摩擦力，从而带动从动轴 2 同向转动。当主动轮 1 反转时，弹簧内径增大，接合面压紧力消失，不能带动轴 2 同向转动，使轴 2 只做单向转动。当 2 同 1 按图中所示方向转动且 2 的转速超过 1 的转速时，将使接合面压紧力消失成超越转动。如 1 或 2 中其一固定，将产生单向制动作用

（续）

机构	机 构 图	说 明
螺旋摩擦式单向机构	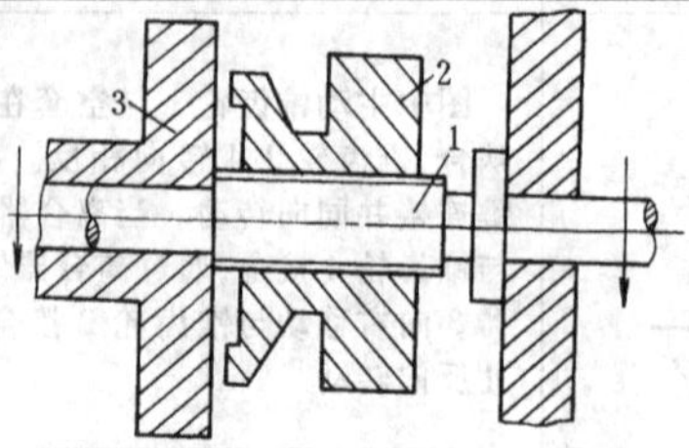	图中主动轴 1 以右旋与轮 2 连接,当 1 按图示方向转动时,轮 2 左移,使其端面与盘 3 压紧,通过摩擦力带动从动盘 3,经盘 3 带动曲柄来起动发动机。当发动机起动后使 n_3 超过 n_1,2 与 3 脱开 若将盘 3 固定,轴 1 按图示方向转动,轮 2 左移,其端面与 3 压紧,轮 2 在摩擦力的作用下被制动。该机构用于内燃机起动机构上
金属线送料单向机构	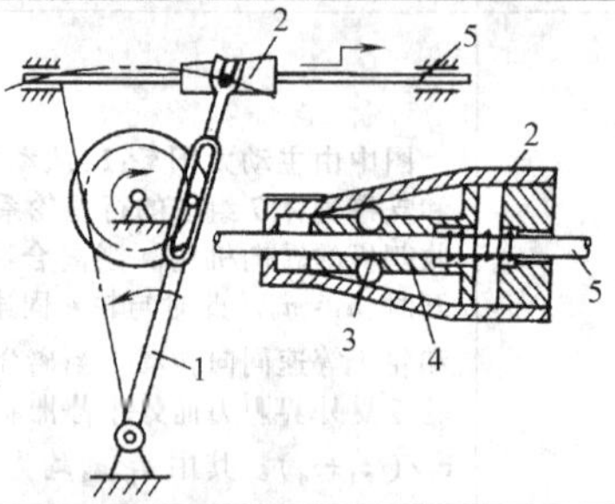	图中夹头外壳 2 内侧有圆锥面,两端有大小不同的圆柱面可作为导路,用它引导嵌着钢球 3 的滑块 4,滑块 4 被弹簧压向左边,金属线 5 由 4 内中心孔通过。当摆杆 1 向右摆动时,钢球 3 夹紧金属线 5 一同向右移动。摆杆 1 向左移动时,钢球 3 放松金属线,摆杆仅带动夹头返回,金属线不动

8　差动机构

差动机构主要用于将两个运动合成一个运动,实现微调、增力、均衡或补偿等目的。

8.1　差动螺旋机构

差动螺旋机构见表 11.9-20。

表 11.9-20　差动螺旋机构

机构	机 构 图	说 明
典型差动螺旋机构	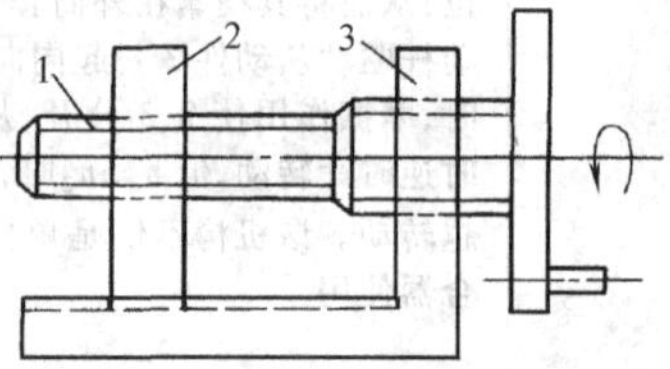	图中由主动螺杆 1、螺母滑块 2 和带螺孔的机架 3 组成。螺杆 1 由导程分别为 p_{h2}、p_{h3} 的两段螺纹制成,与螺母 2、机架 3 组成螺旋副。当螺杆 1 转动时,螺母 2 的移动距离 $$s=(p_{h2}\pm p_{h3})\frac{\phi}{2\pi}$$ 式中　ϕ——螺杆 1 的转角 　　　±——两螺旋旋向相同取"—";相反时取"+" 差动螺旋机构常用于测微计、分度机构、调解机构和夹具,如镗刀进给速度调解机构、反向螺旋的车辆连接拉紧器等
铣刀心轴紧固机构	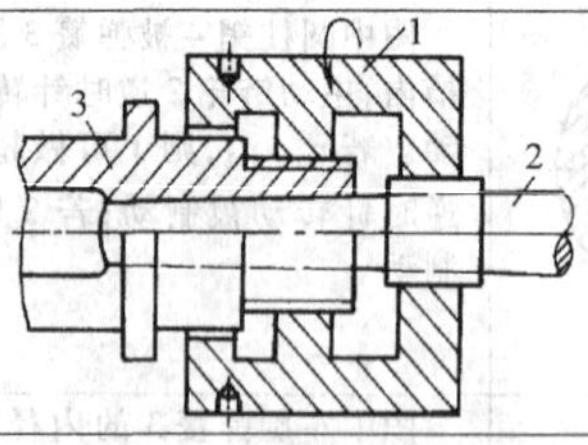	图中铣床主轴 3 上的螺旋和铣刀心轴 2 上的螺旋分别与螺母 1 配合,二螺旋均为左螺旋,其导程不等 $(p_{h2}>p_{h3})$。当按图示方向转动 1 时,使心轴 2 移向 3 的锥孔并在孔内固紧,反向转动 1 则松开拔出心轴
镗刀进给速度调节机构	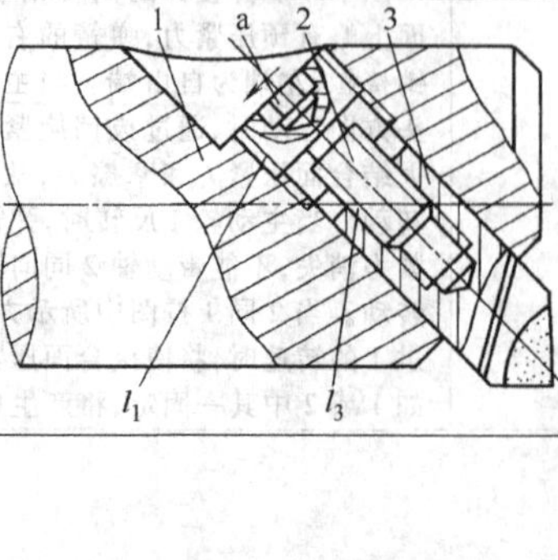	图为镗床主轴 1 安装镗刀 3,其进给速度的调节由转动同向双螺杆 2 完成。螺杆 2 上端与主轴 1 的螺孔配合,是右螺旋,其导程为 $p_{h1}=1.25$mm。螺杆 2 下端与镗刀 3 的螺孔配合,也是右螺旋,其导程 $p_{h3}=1$mm,当用 2 尾部的六角孔 a 调节镗刀时,按图中所示箭头方向旋转 2,每转 10°,镗刀沿刀杆方向进给量为 0.0069mm

（续）

机构	机 构 图	说 明
同心螺旋差动机构	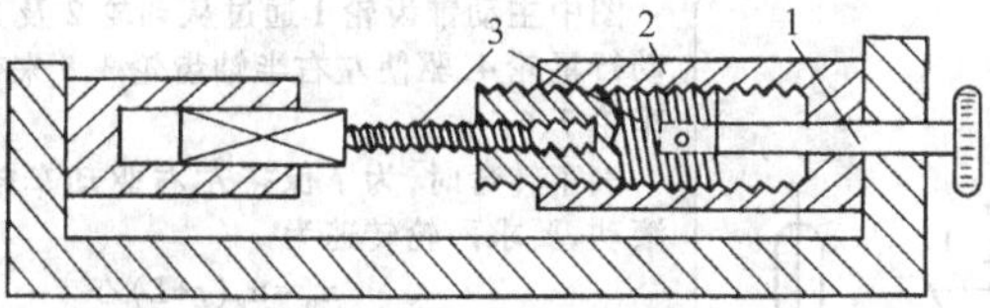	图中主动螺杆 1 的外螺旋与机架上的螺孔 2 配合,1 的内螺旋与阀门的螺杆 3 配合,组成同心同向螺距不等的差动螺旋机构。该机构可用于煤气罐气阀开关上,可缓慢开闭和微调
变转动为低速直动的差动机构	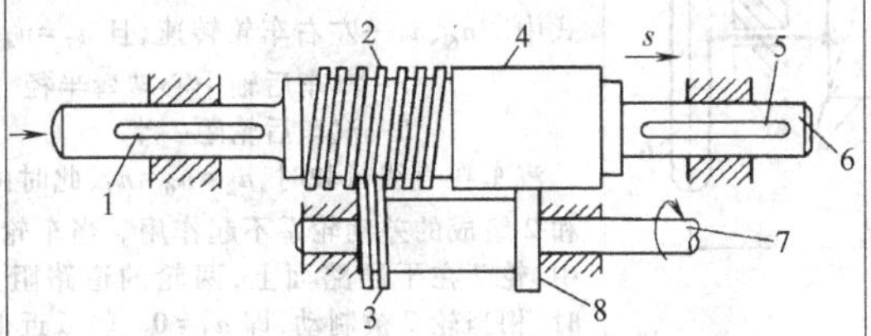	图中在主动轴 7 上固连齿轮 8 和右旋转 3,8、3 分别和空套在从动轴 6 上的宽齿轮 4、左螺旋 2 相互配合,4 和 2 连为一体,其两端有轴肩定位可与轴 6 同时做轴向移动。右旋螺距 $p_{h3} = 2.540$mm、左旋螺距 $p_{h2} = 2.527$mm,当主动轴 7 按图中所示方向每转一圈时,从动轴 6 在滑动键 1、5 的限制下向右做轴向移动,移动距离为 $s = 0.013$mm。这样就将高速转动转换为低速直线移动。当主动轴 7 改变转向时,从动轴 6 也将改变移动方向。该机构可用于机床的刀具进给机构
螺旋运动误差补偿机构	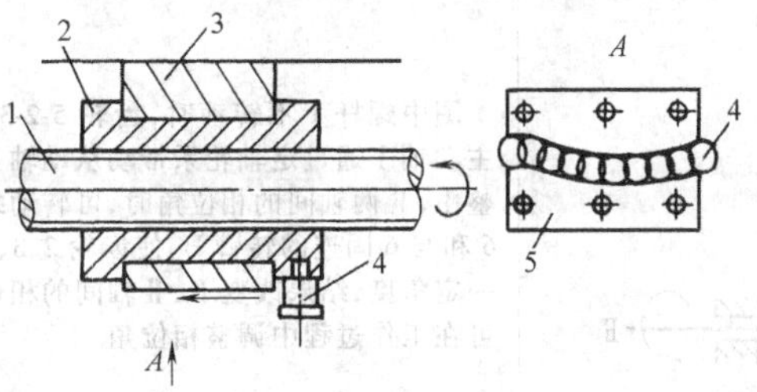	图中主动螺杆 1 通过螺母 2 带动拖板 3 做匀速移动。由于配合的误差,托板不能实现预期的匀速运动,用附加固定导板 5 进行找正。根据螺母运动实际误差制成导板上的曲线沟槽,并在螺母 2 上加装柱销 4,4 插入导板 5 的曲线槽内。当螺杆 1 带动螺母 2 和托板 3 移动时,曲线沟槽通过柱销 4 迫使螺母产生附加运动,借以补偿误差。为提高补偿精度,通常将螺杆与螺母的运动误差放大若干倍后制作导板曲线槽,再用杠杆系统大幅度缩小传递给螺母以产生附加运动
快慢速进退的差动螺旋机构	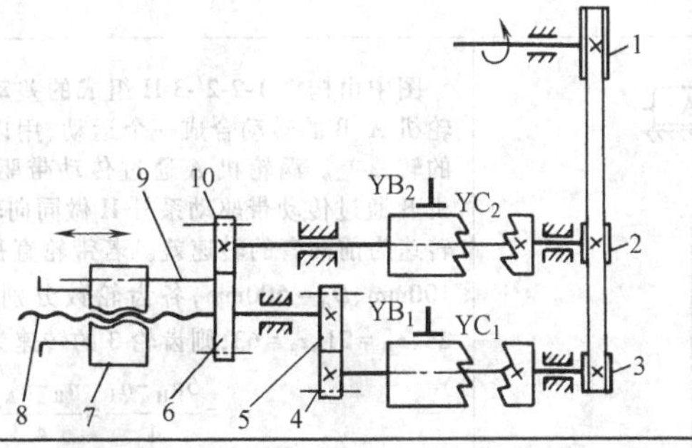	图中主动带轮 1 用传动带驱动从动轮 2,3 同向转动。齿轮 5 固连丝杠 8,齿轮 6 和螺母 7 用滑键 9 相连,二者可同时转动和相对移动,齿轮 6 空套在轮 5 的轴上。当离合器 K_2 断开、制动器 YB_2 制动、YB_1 松开、离合器 YC_1 接通时,即齿轮 10、6 不动,4 带动 5、8 转动,则丝杠 8 推动 7 做快速进给(7 不转);若制动器 T_1、T_2 同时松开且离合器 K_1、K_2 同时接通,机轮 4、5 和 6、10 同时转动,则螺母 7 除与丝杠 8 同向转动外,还相对丝杠 8 做轴向移动,即得到慢速进给;然后保持 T_2 开、K_2 通,而使 T_1 制动、K_1 开,则丝杠 8 不动,螺母 7 转动并快速退回。若使电动机反转,T_2 制动、T_1 开、K_2 开、K_1 通,则螺母 7 不转而得到快速退回

8.2 差动棘轮和差动齿轮机构

差动棘轮和差动齿轮机构见表 11.9-21。

8.3 差动连杆机构

差动连杆机构见表 11.9-22。

表 11.9-21 差动棘轮和差动齿轮机构

机构	机 构 图	说 明
内棘轮差动机构	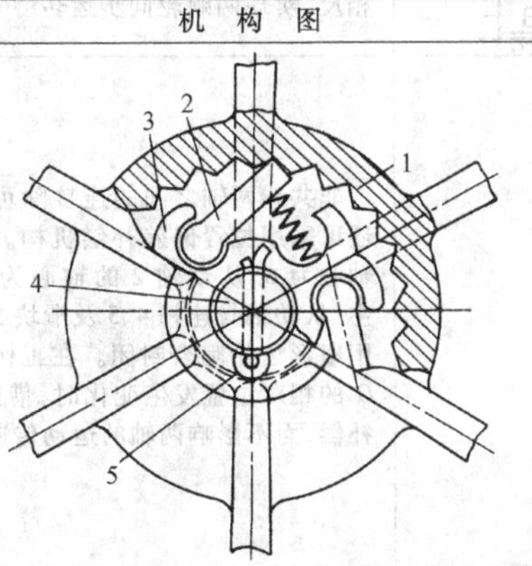	图中割草机轮轴 4 的两端各设有行走轮 1,在转弯时,要求左右轮转速不等,棘轮式差动机构可满足此要求。内棘轮 1 是行走轮,它空套在轴 4 上,六槽圆盘 3 用销 5 与轮轴固连,并装有棘爪 2 与内棘轮 1 啮合。当行走轮逆时针旋转时,带动轮轴转动;当行走轮顺时针转动时,轮 1 在棘爪上滑动,达到差动要求。该机构用于以行走轮为主动力的割草机

（续）

机构	机 构 图	说 明
锥齿轮差动机构	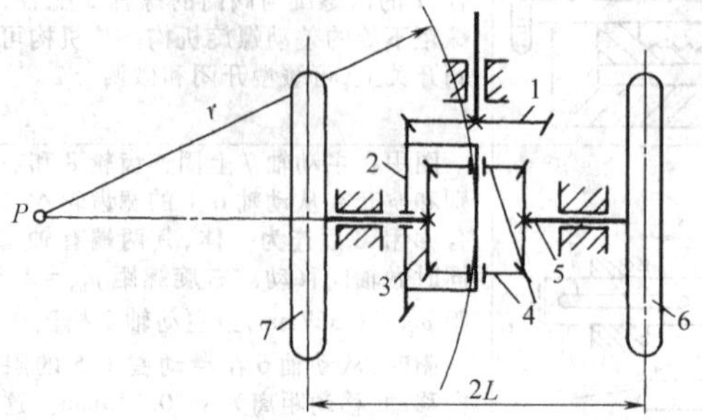	图中主动锥齿轮 1 通过从动轮 2 及 2 上的系杆带动行星轮 4,驱使左右半轴齿轮 3、5 来带动左右驱动车轮 7、6。 汽车转弯时,为了保持左右驱动车轮在地面做纯滚动,要求两轮转速为 $$n_6 = n_2(r+L)/r$$ $$n_7 = n_2(r-L)/r$$ 式中　n_6、n_7—左右车轮转速,且 $n_7 = n_4$,$n_6 = n_5$ 　　　r—汽车后轴中心转弯半径 　　　L—汽车后轮距一半 汽车在直线行驶时,$n_2 = n_6 = n_7$,此时由齿轮 3、4、5 和 2 组成的差动轮系不起作用。当车轮 6 陷入泥泞中,轮 7 在干硬路面上,两轮的道路阻力相差甚大时,相当轮 7 被制动,即 $n_7 = 0$。轮 6 近似没有阻力,则 $n_6 = 2n_2$
两轮相位角调整机构	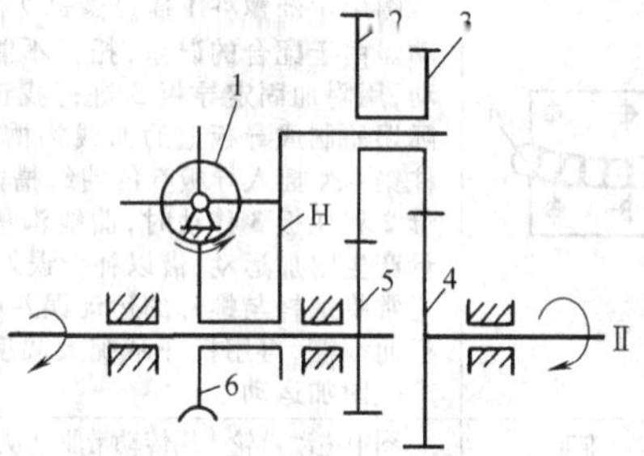	图中螺杆 1 不转动时,齿轮 5-2-3-4 为定轴轮系。主动轴 Ⅰ 通过定轴轮系带动从动轴 Ⅱ 转动。如要调整 Ⅰ、Ⅱ 两轴间的相位角时,可转动蜗杆 1 带动蜗轮 6 和与 6 固连的转臂 H,使齿轮 2、3、4 带动轴 Ⅱ 转动一定角度,结果改变 Ⅰ、Ⅱ 轴间的相位角。这种机构可在工作过程中调整相位角
同步转速仪差动机构	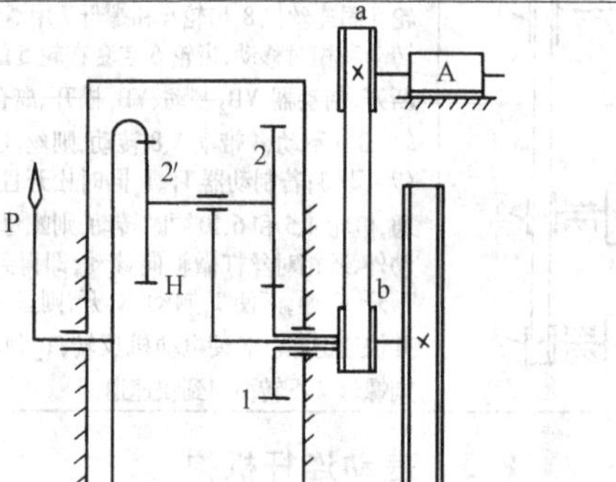	图中由构件 1-2-2′-3-H 组成的差动轮系将两个涡轮机 A、B 的转动合成一个运动,用以测定两涡轮机的转速差。涡轮机 A 通过传动带驱动齿轮 1,涡轮机 B 通过传动带驱动系杆 H 做同向转动。齿轮 3 的转速为前两者的转速差。若带轮直径 $D_a = D_b = D_c = 100$mm,$D_d = 500$mm,各齿轮数分别为:$z_1 = 18$,$z_2 = 24$,$z_{2'} = 21$,$z_3 = 63$,则齿轮 3 的转速为 $$n_3 = \frac{5n_H - n_1}{4} = \frac{n_B - n_A}{4}$$ 轮 3 固连指针 P,当涡轮机 A、B 转速相等(同步)时,$n_3 = 0$,齿轮 3 上的指针 P 不动,而且指针在"0"点;当 $n_B > n_A$ 时,$n_3 > 0$,为"+",则指针与涡轮机转向相同;当 $n_B < n_A$ 时,$n_3 < 0$ 为"-",则指针与蜗轮转向相反,实现两蜗轮同步运转
轴线位置偏差补偿机构	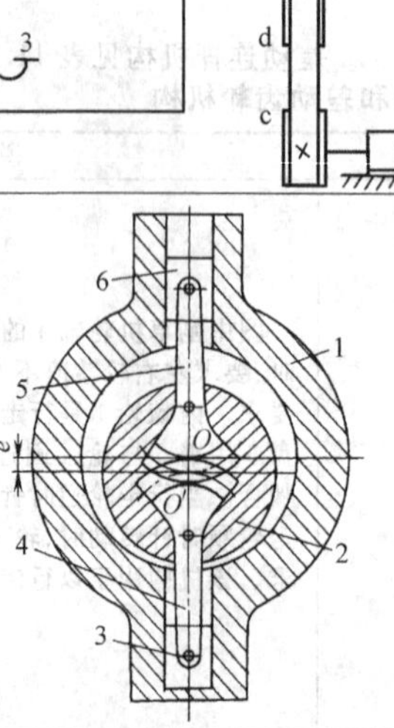	非共线两轴之间的连接除可采用各式联轴器外,还可采用位置偏差补偿机构。在图中,主动轴 1 的轴心为 O,从动轴 2 的轴心为 O',两轴线偏差 $= e$。主、从动轴与连杆 4、5 及滑块 3、6 组成差动机构,并用扇形齿轮啮合封闭。在工作过程中,当轴心 O 与 O' 的相对位置发生变化时,借助此机构可自动得到补偿,而不影响两轴的运动传递

表 11.9-22　差动连杆机构

机构	机 构 图	说 明
单制动均衡机构	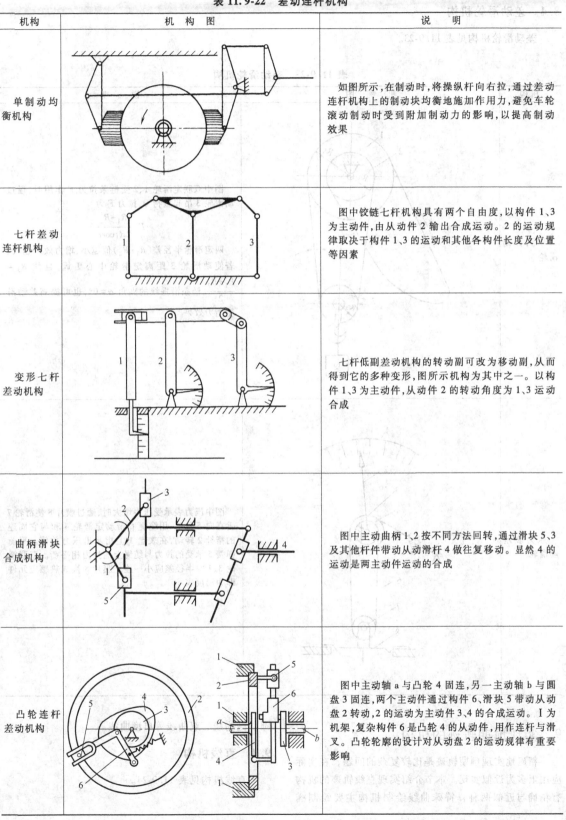	如图所示,在制动时,将操纵杆向右拉,通过差动连杆机构上的制动块均衡地施加作用力,避免车轮滚动制动时受到附加制动力的影响,以提高制动效果
七杆差动连杆机构		图中铰链七杆机构具有两个自由度,以构件 1、3 为主动件,由从动件 2 输出合成运动。2 的运动规律取决于构件 1、3 的运动和其他各构件长度及位置等因素
变形七杆差动机构		七杆低副差动机构的转动副可改为移动副,从而得到它的多种变形,图所示机构为其中之一。以构件 1、3 为主动件,从动件 2 的转动角度为 1、3 运动合成
曲柄滑块合成机构		图中主动曲柄 1、2 按不同方法回转,通过滑块 5、3 及其他杆件带动从动滑杆 4 做往复移动。显然 4 的运动是两主动件运动的合成
凸轮连杆差动机构		图中主动轴 a 与凸轮 4 固连,另一主动轴 b 与圆盘 3 固连,两个主动件通过构件 6、滑块 5 带动从动盘 2 转动,2 的运动为主动件 3、4 的合成运动。Ⅰ 为机架,复杂构件 6 是凸轮 4 的从动件,用作连杆与滑叉。凸轮轮廓的设计对从动盘 2 的运动规律有重要影响

8.4 差动滑轮机构

差动滑轮机构见表 11.9-23。

表 11.9-23 差动滑轮机构

机构	机 构 图	说　　明
增力差动滑轮	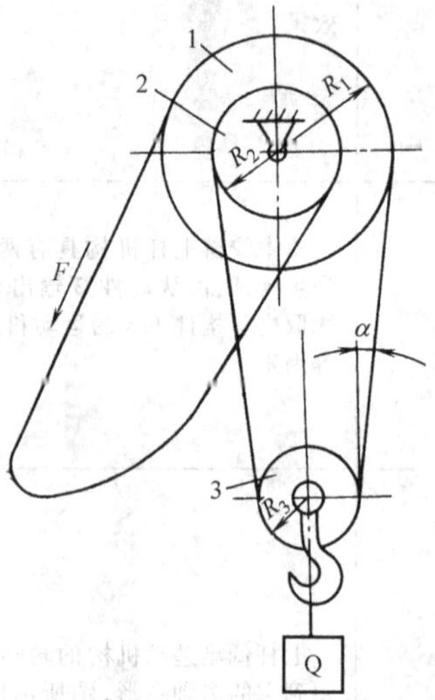	图中双联定滑轮 1、2 受链条拉力 F 作用时,通过动滑轮 3 吊起重物 Q,拉力 F 为$$F=\frac{R_1-R_2}{2R_1\cos\alpha}$$两定滑轮半径差(R_1-R_2)值越小,增力效果越大;若使动滑轮 3 距离定滑轮中心更远,且使 $R_3-\dfrac{R_1+R_2}{2}$,链条沿垂线的夹角 $\alpha=0°$,也可提高差动滑轮增力效果
压力表差动滑轮	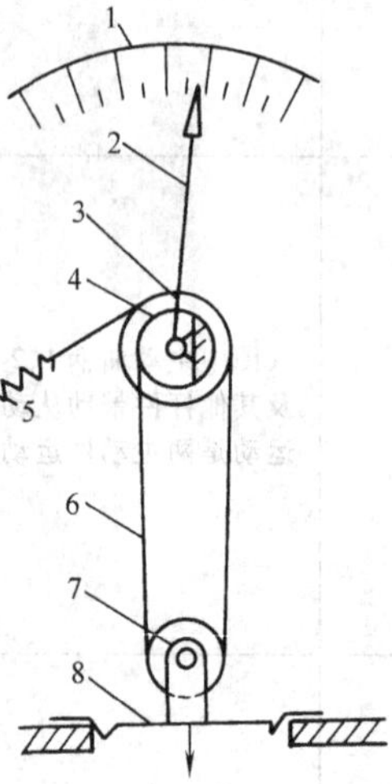	图中压力表承受压力增大时,通过膜片 8 使滑轮 7 垂直向下移动,用缆绳 6 带动定滑轮 4 和与它固连的指针 2 转动,在表盘 1 上指示出压力数值。平衡弹簧 5 承受的拉力与缆绳上的拉力相平衡。双联滑轮 3、4 的半径差应小一些。膜片 8 换成热感应元件即为温度表

9 实现预期轨迹的机构

精确地实现预期轨迹是比较复杂的问题,在实际应用上多为近似实现。本节介绍实现直线轨迹的机构有精确与近似两种,特殊曲线绘制机构主要绘制椭圆、抛物线、双曲线等典型曲线。

9.1 直线机构

直线机构见表 11.9-24。

表 11. 9-24　直线机构

(1)精确直线机构		
机构	**机　构　图**	**说　明**
锯床进给直线机构	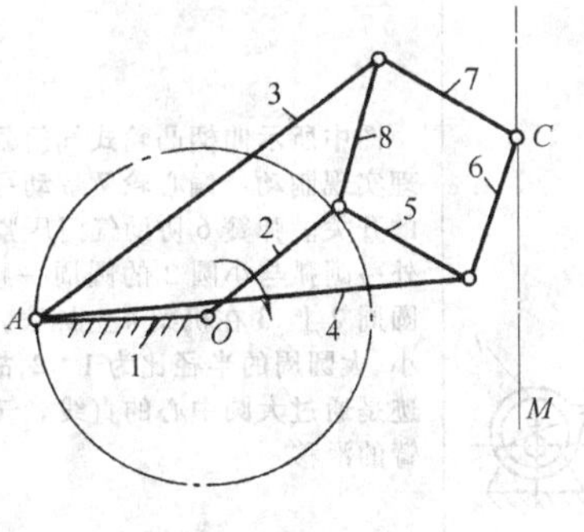	图中多杆机构各杆长度应满足下列条件 $$L_1 = L_2$$ $$L_3 = L_4$$ $$L_5 = L_6 = L_7 = L_8$$ 杆 2 作为主动件带动机构运动,铰链 C 点的轨迹为垂直 AO 的一条直线 CM,成为直线导向机构,用来实现锯床的进给运动等
曲柄滑块的连杆直线机构	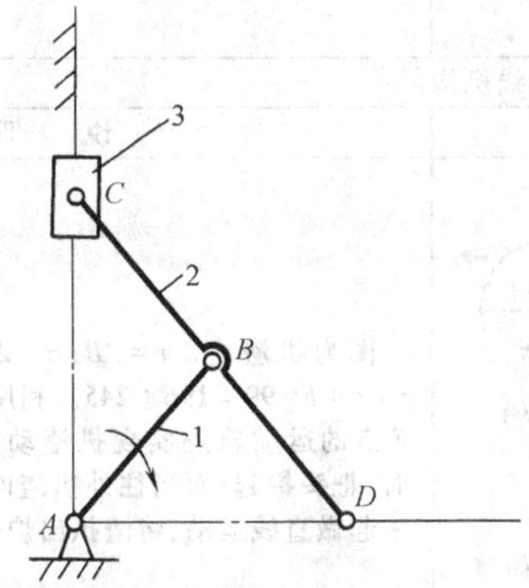	以构件 1 为主动曲柄,使滑块 3 沿直线导轨 AC 上下滑动,则连杆 2 上 D 点的轨迹为垂直于 AC 的一条水平直线
行星轮直线机构	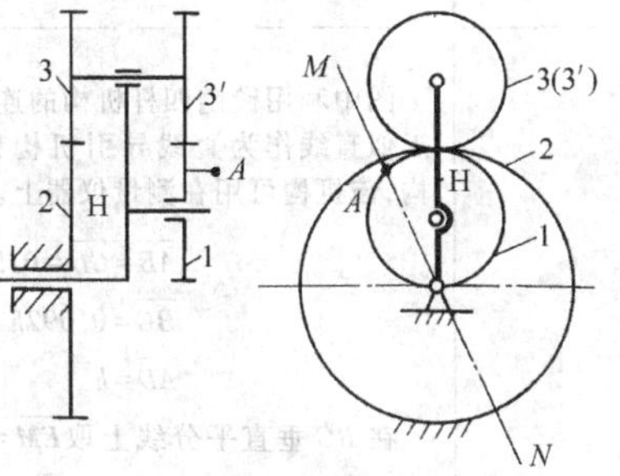	图中固定中心齿轮 2 的节圆半径等于行星齿轮 1 的节圆半径。主动系杆 H 带动双联行星齿轮 3(3′),使行星齿轮 1 转动,轮 1 节圆上点 A 的轨迹 MN 为直线,即点 A 做直线往复移动
卡尔登行星齿轮直线机构	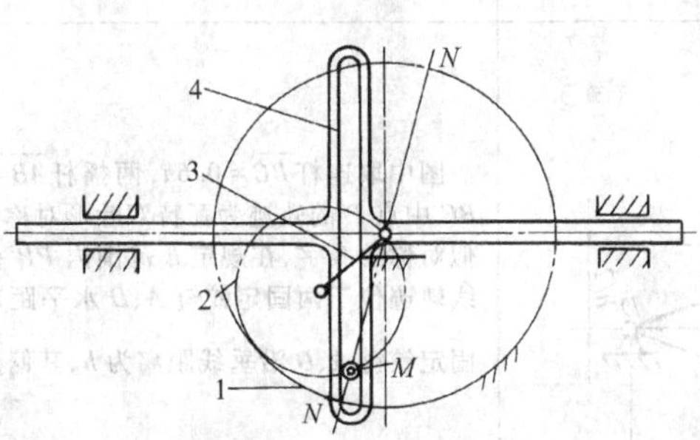	卡尔登行星齿轮直线机构形式较多。图中固定中心齿轮 1 采用内齿与行星齿轮 2 啮合,轮 1 的节圆半径等于轮 2 的节圆半径。当系杆 3 带动轮 2 转动时,轮 2 节圆上的 M 点轨迹为通过轮 1 中心的直线 NN。若在 M 点加设圆销与十字滑杆 4 的直槽配合,可与圆销带动滑杆 4 做往复移动。适量转动轮 1 的固定位置可调节滑杆 4 的往复行程大小

（续）

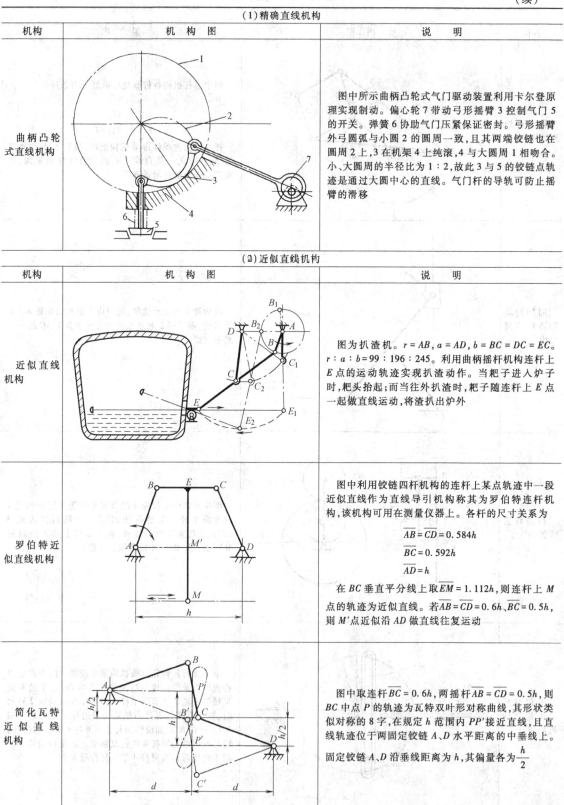

机构	机构图	说明

（1）精确直线机构

曲柄凸轮式直线机构

　　图中所示曲柄凸轮式气门驱动装置利用卡尔登原理实现制动。偏心轮 7 带动弓形摇臂 3 控制气门 5 的开关。弹簧 6 协助气门压紧保证密封。弓形摇臂外弓圆弧与小圆 2 的圆周一致，且其两端铰链也在圆周 2 上，3 在机架 4 上纯滚，4 与大圆周 1 相吻合。小、大圆周的半径比为 1:2，故此 3 与 5 的铰链点轨迹是通过大圆中心的直线。气门杆的导轨可防止摇臂的滑移

（2）近似直线机构

机构	机构图	说明

近似直线机构

　　图为扒渣机。$r = AB$，$a = AD$，$b = BC = DC = EC$。$r:a:b = 99:196:245$。利用曲柄摇杆机构连杆上 E 点的运动轨迹实现扒渣动作。当耙子进入炉子时，耙头抬起；而当往外扒渣时，耙子随连杆上 E 点一起做直线运动，将渣扒出炉外

罗伯特近似直线机构

　　图中利用铰链四杆机构的连杆上某点轨迹中一段近似直线作为直线导引机构称其为罗伯特连杆机构，该机构可用在测量仪器上。各杆的尺寸关系为

$$\overline{AB} = \overline{CD} = 0.584h$$

$$\overline{BC} = 0.592h$$

$$\overline{AD} = h$$

　　在 BC 垂直平分线上取 $\overline{EM} = 1.112h$，则连杆上 M 点的轨迹为近似直线。若 $\overline{AB} = \overline{CD} = 0.6h$、$\overline{BC} = 0.5h$，则 M' 点近似沿 AD 做直线往复运动

简化瓦特近似直线机构

　　图中取连杆 $\overline{BC} = 0.6h$，两摇杆 $\overline{AB} = \overline{CD} = 0.5h$，则 BC 中点 P 的轨迹为瓦特双叶形对称曲线，其形状类似对称的 8 字，在规定 h 范围内 PP' 接近直线，且直线轨迹位于两固定铰链 A、D 水平距离的中垂线上。

　　固定铰链 A、D 沿垂线距离为 h，其偏量各为 $\dfrac{h}{2}$

（续）

	（2）近似直线机构	
机构	机 构 图	说 明
2-4-5 连杆 直线机构	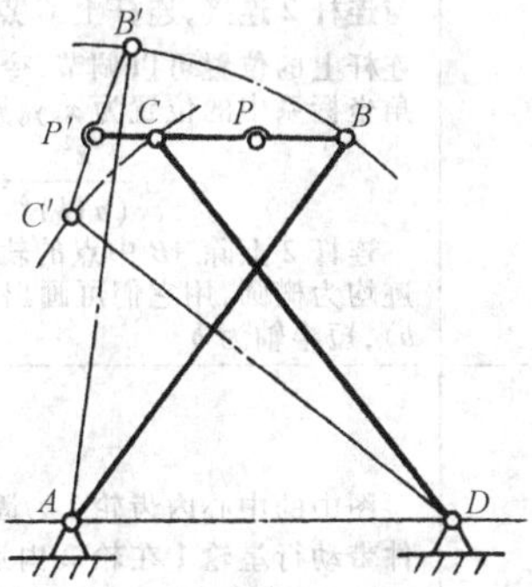	图中铰链四杆机构 $ABCD$ 的各杆长度取 $$\overline{AB} = \overline{CD}$$ $$\overline{BC} : \overline{AD} : \overline{AB} = 2 : 4 : 5$$ 　故此称作 2-4-5 连杆机构。当摇杆 CD 转到 $C'D$ 位置，连杆 BC 的中点 P 的轨迹 PP' 为近似直线，且平行于 AD
起重铲直 线机构	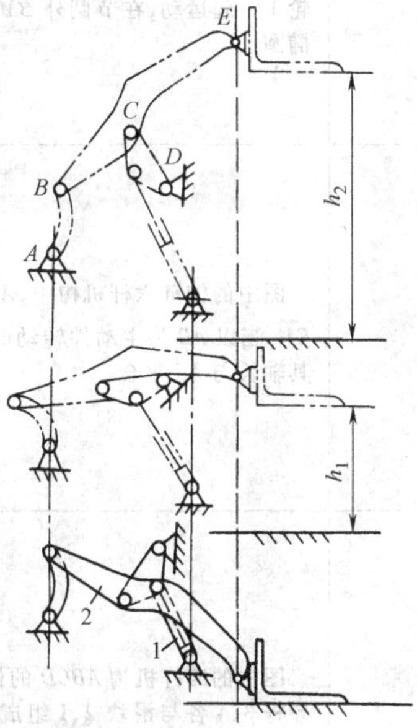	当机构各杆具有图中所示机构的尺寸关系时，主动液压缸 1 的活塞在液压作用下，用活塞杆的伸缩带动起重臂 2，使 2 上的 E 点沿铅垂线升降，保证和 E 固连的起重铲完成升降要求。图中 h_1、h_2 表示起重铲的两个升高位置
皮革打光 剂近似直线 机构	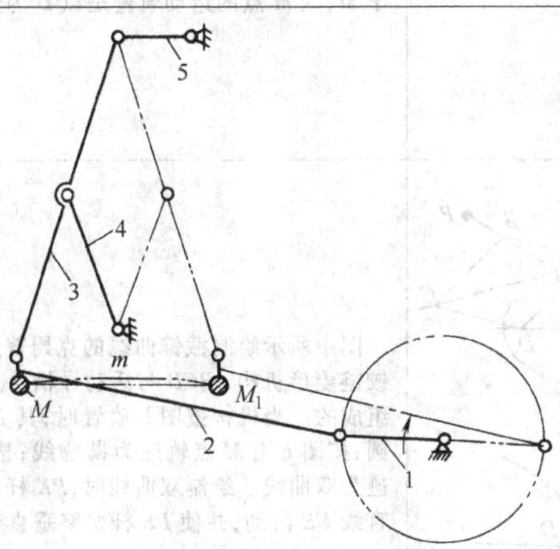	主动曲柄 1 带动杆 2 上的 M 点按图中所示双点画线 m 的轨迹运动，在 m 轨迹的下半部分是近似直线 MM_1。在 M 点设置抛光轮，可利用 M 点的直线轨迹部分用抛光轮在皮革上完成抛光作业，轨迹 m 的上半部分曲线抬高作为空行程

9.2　特殊曲线绘制机构

特殊曲线绘制机构见表 11.9-25。

9.3　工艺轨迹机构 （见表 11.9-26）

表 11.9-25 特殊曲线绘制机构

机构	机构图	说明
椭圆规机构	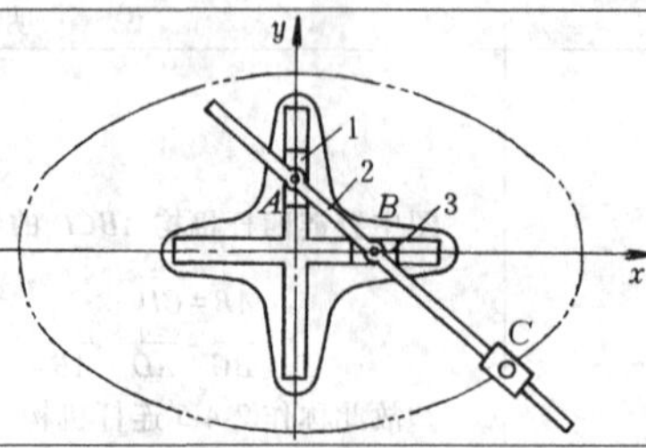	图中滑块 1、3 在十字滑槽中移动,并以铰链 A、B 与连杆 2 连接,连杆上 C 点的轨迹为椭圆。C 点在连杆上的位置可以调节,令 $\overline{AB}=a$、$\overline{BC}=b$,C 点在直角坐标系中的位置为 x、y,则 $$\frac{x^2}{(a+b)^2}+\frac{y^2}{b^2}=1$$ 连杆 2 上除 AB 中点的轨迹为圆外,其余各点的轨迹均为椭圆,用它们可画出各种椭圆,长半轴为 $(a+b)$,短半轴为 b
行星轮椭圆轨迹机构	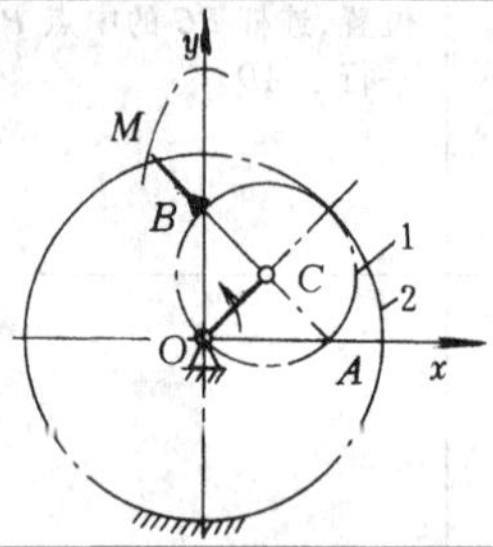	图中的中心内齿轮 2 为固定轮,系杆 OC 作为主动件带动行星轮 1 在轮 2 内运动,轮 2 的节圆半径等于轮 1 的节圆直径。固连在行星轮 1 上的杆 BM 随轮 1 一起运动,在节圆外 BM 上任一点 M 的轨迹为椭圆
铰链六杆椭圆轨迹机构	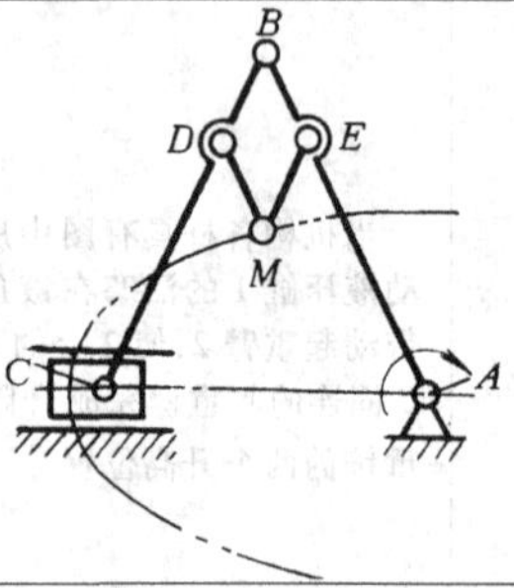	图中的铰链六杆机构中,$\overline{AB}=\overline{BC}$、$\overline{BD}=\overline{DM}=\overline{BE}=\overline{EM}$,当以 AB 为主动件转动时,M 点的轨迹为椭圆,其轴长与 AC 重合
双曲线轨迹机构	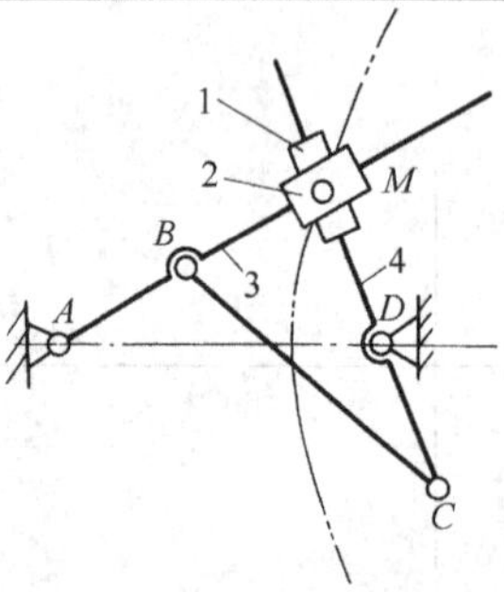	图中的四杆机构 $ABCD$ 的杆长,$\overline{AB}=\overline{CD}$、$\overline{BC}=\overline{AD}$,导杆 3、4 各与滑块 2、1 组成移动副,滑块 1、2 铰接于 M,则 M 点的运动轨迹是以 D 为焦点的双曲线
截锥曲线绘制机构	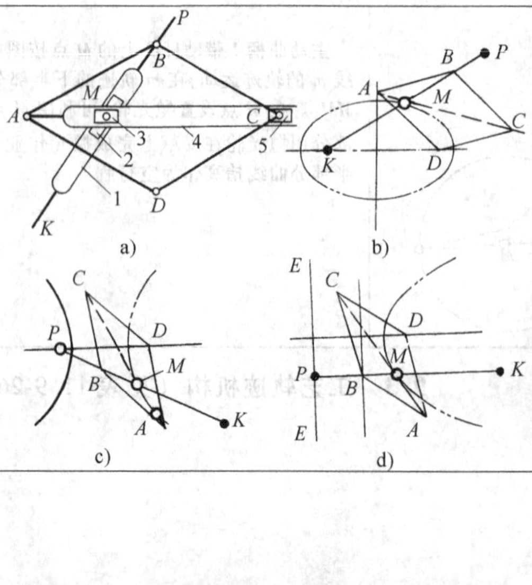	图中所示绘制截锥曲线的克姆普别尔机构是由四铰链菱形机构 $ABCD$ 与活动导槽 1、4 滑块 2、3、5 等组成的。当机构按图 b 放置时,其 M 点的轨迹为椭圆;按图 c 则 M 点轨迹为抛物线;按图 d 则 M 点轨迹为双曲线。绘制双曲线时,PK 杆末端的 P 点应沿直线 EE 滑动,并使 PK 杆始终垂直于 EE

（续）

机构	机 构 图	说 明
摆线正多边形轨迹机构	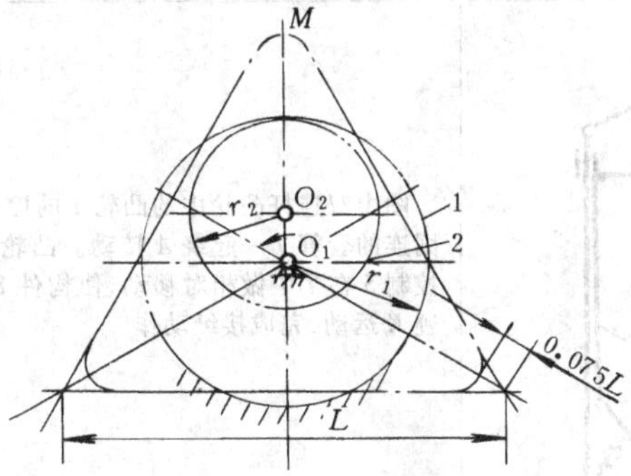	图中内齿轮 1 固定，系杆 O_1O_2 带动行星轮 2 在轮 1 内啮合转动。齿轮 2 节圆上任一点的轨迹为内摆线。轮 2 外部固连某点 M 的轨迹为余摆线。适当选择轮 1、2 的节圆半径比及 M 点的位置，用 M 点可画出近似直线的正多边形。如轮 2、1 的节圆半径比为 $r_2:r_1=2:3$，点 M 轨迹为正三角形；$r_2:r_1=3:4$ 则为正四边形；$r_2:r_1=4:5$ 则为正五边形；$r_2:r_1=5:6$ 则为正六边形

表 11.9-26　工艺轨迹机构

机构	机 构 图	说 明
掘薯机固定凸轮机构	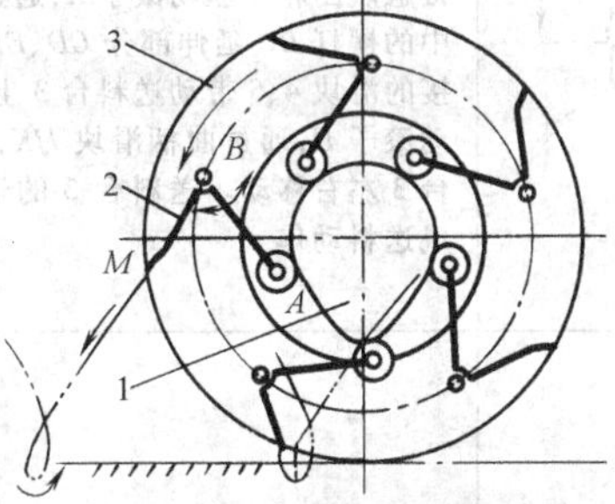	图中凸轮 1 固定在机架上，在地面上滚动的圆轮 3 上装有摆动杠杆 2，2 的一端以滚子 A 靠紧凸轮轮廓，另一端装有挖掘器 M。当轮 3 绕凸轮轴向前转动时，以铰链 B 带动摆杆 2 同向转动，滚子 A 随着凸轮向径的增大，使杆 2 另一端的 M 点逐渐外伸，并按图中所示双点画线轨迹运动，完成挖掘马铃薯的运动
机动插秧机分插机构	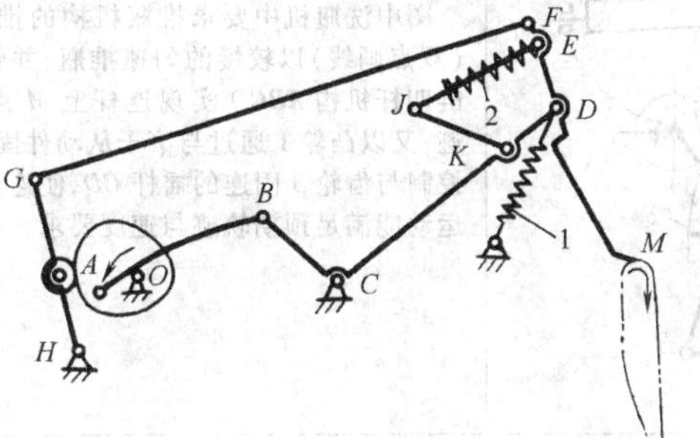	图中铰链五杆机构 $CDFGH$ 中，摆杆 CD 的运动由曲柄连杆机构 $OABC$ 控制，摆杆 HG 的配合运动由凸轮控制，连杆 FD（秧爪）上一点 M 按图中所示双点画线轨迹运动。为减少铰链间隙，对秧爪运动精度的影响，把凸轮机构的力封闭弹簧 2 放在 JE 上，因为作用于连杆 FD 上的弹簧力使构件间的接触相对稳定，从而提高了分秧精度。弹簧 1 用于平衡秧爪的惯性冲击力，使机构平稳地工作
实现任意轨迹的固定槽凸轮机构	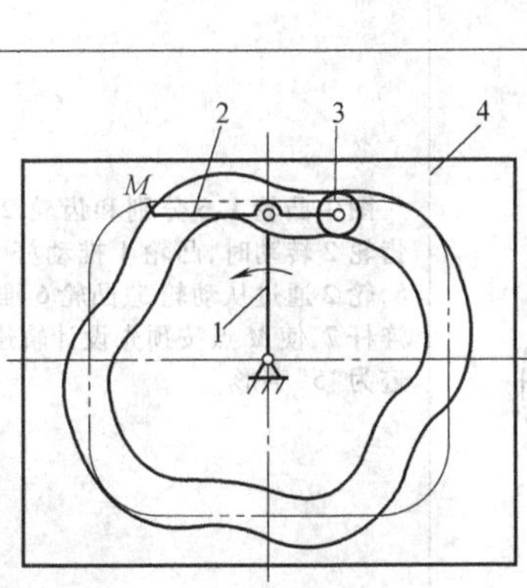	图中槽形凸轮 4 固定，当曲柄 1 转动时，带动从动件 3 和 2，使 2 上 M 点按要求轨迹运动，图中从动件 2 上的 M 点轨迹（即图示双点画线）为近似正方形，凸轮槽依据轨迹要求设计

（续）

机构	机构图	说明
接纸凸轮连杆机构	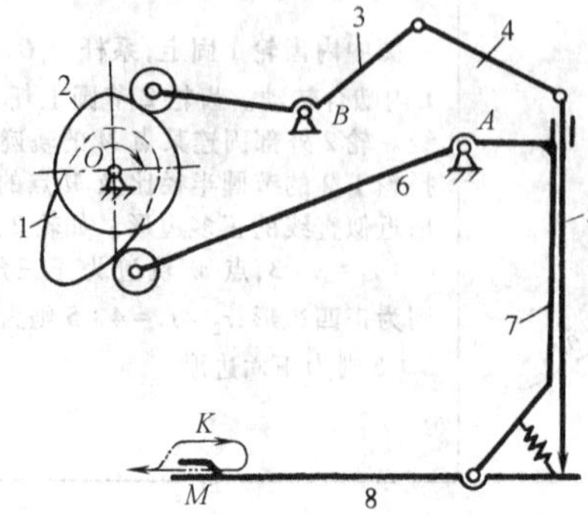	图中双连杆凸轮中的凸轮1的控制构件6和与其固连的套管7一起绕A转动。凸轮2通过构件3、4控制5在7中做相对移动，使构件8的左端M沿轨迹K运动，完成接纸动作
近似矩形送料凸轮连杆机构	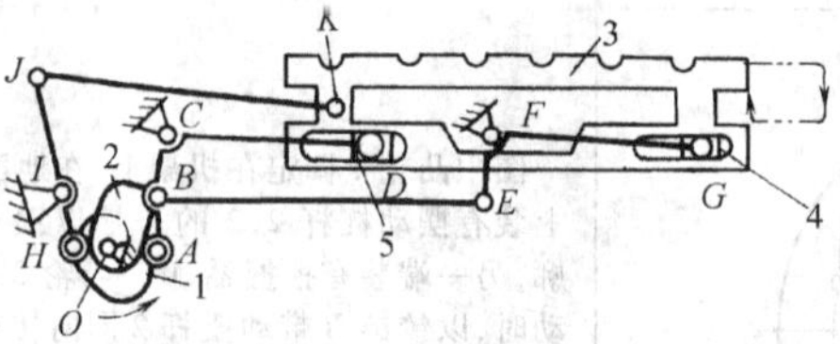	图中双联凸轮1、2作为主动件，分别与滚子A、H接触。凸轮1驱动滚子A，通过平行四杆机构BCFE中的摆杆BC延伸部分CD、EF延伸部分FG上所铰接的滑块4、5带动送料台3上升或下降。凸轮2驱动滚子H，通过曲柄滑块IJK，由铰接点K带动送料台3左右移动。送料台3的运动轨迹近似矩形，完成送料动作
推瓶凸轮连杆机构	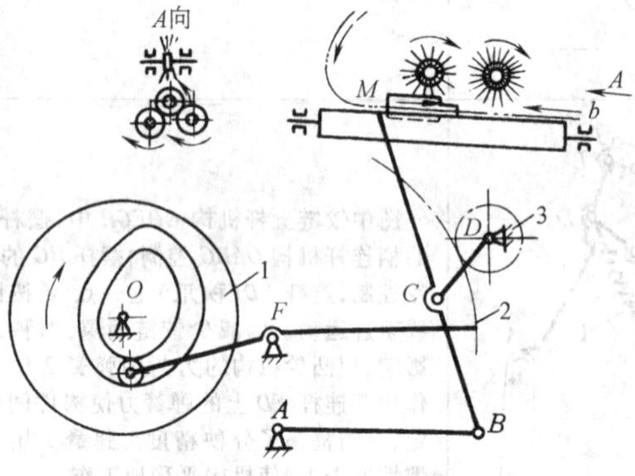	图中洗瓶机中要求推瓶机构的推头M沿轨迹ab（双点画线）以较慢的匀速推瓶，并快速退回。以铰链四杆机构ABCD实现连杆上M点的推平运动轨迹，又以凸轮1通过与滚子从动件固连的扇形齿轮2控制与齿轮3固连的摇杆CD，使连杆BC上的M点运动能满足预期轨迹与速度要求
实现任意轨迹的凸轮连杆机构	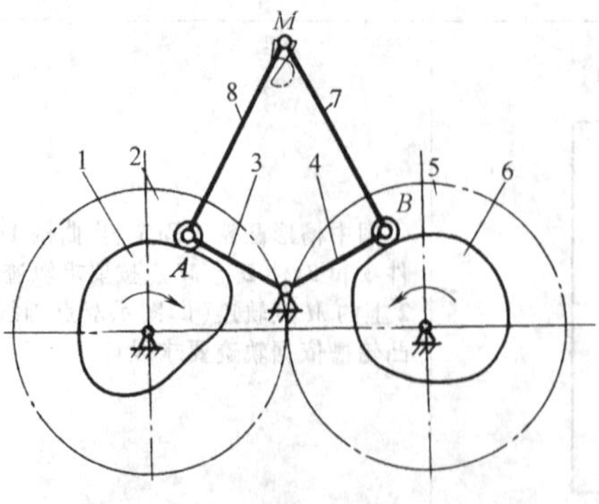	图中凸轮1、6分别和齿轮2、5固连一体，当主动齿轮2转动时，凸轮1推动杆3上的滚子A和连杆8，轮2通过从动件5、凸轮6推动杆4上的滚子B和连杆7，使M点按预先设计轨迹运动，图上的M点轨迹为"5"字形

（续）

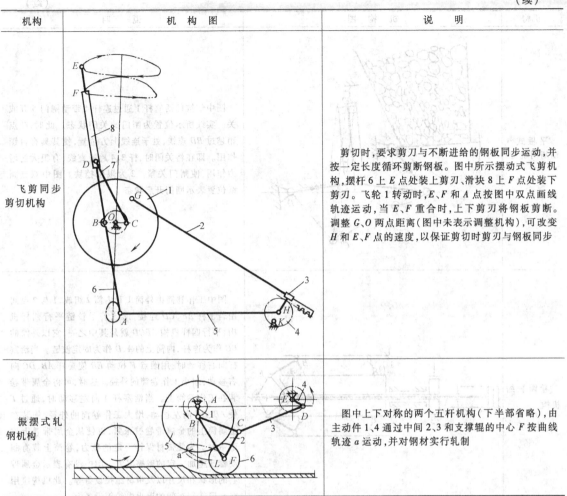

机构	机 构 图	说 明
飞剪同步剪切机构		剪切时，要求剪刀与不断进给的钢板同步运动，并按一定长度循环剪断钢板。图中所示摆动式飞剪机构，摆杆 6 上 E 点处装上剪刃，滑块 8 上 F 点处装下剪刃。飞轮 1 转动时，E、F 和 A 点按图中双点画线轨迹运动，当 E、F 重合时，上下剪刃将钢板剪断。调整 G、O 两点距离（图中未表示调整机构），可改变 H 和 E、F 点的速度，以保证剪切时剪刃与钢板同步
振摆式轧钢机构		图中上下对称的两个五杆机构（下半部省略），由主动件 1、4 通过中间 2、3 和支撑辊的中心 F 按曲线轨迹 a 运动，并对钢材实行轧制

10 气、液驱动连杆机构

气、液驱动连杆机构见表 11.9-27。

以气、液压缸为动力驱动连杆机构，将活塞的简单直线运动通过连杆机构变为复杂运动，以满足生产工艺对从动件的行程、摆角、速度和复杂动作等多方面要求。气、液压驱动在机械传动中广泛应用，其中多数采用一个或几个摆动、直动液压缸作为动力，这里介绍几个例子供参考（见表 11.9-27）。

表 11.9-27 气、液驱动连杆机构

机构	机 构 图	说 明
铸锭供料机构		图中主动水压缸 1 通过连杆 2 驱动双摇杆机构 ABCD，将由加热炉出料的铸锭 6 送到升降台 7 上。图中所示实线位置为出料铸锭进入盛料器 4 内，4 即是双摇杆的连杆 BC，当机构运动到双点画线位置时，4 翻转 180°，BC 到 B'C' 位置把铸锭卸放在升降台上

（续）

机构	机构图	说明
平板式气动闸门机构	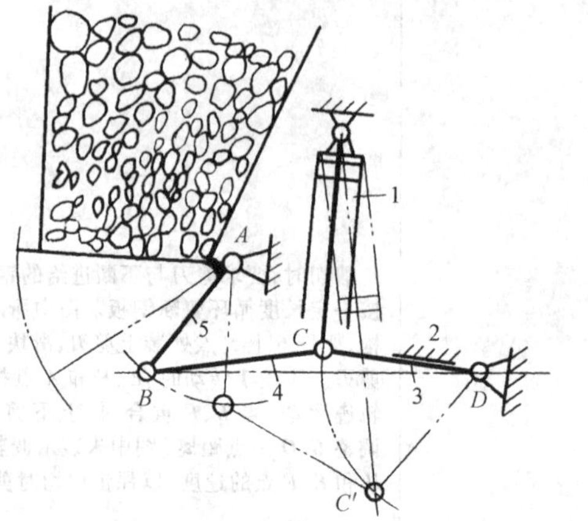	图中气缸的活塞杆 1 通过连杆 4 带动闸门 5 开或关。实线所示位置为闸门的关闭状态。此时,C 点稍越过 BD 连线,处于连线上方位置,使其具有自锁作用。即在将关闭时,杆 3、4 趋近直线,有很大的增力作用,使闸门关紧。2 为限位挡块。图中双点画线位置表示闸门开启状态
卷筒胀缩机构	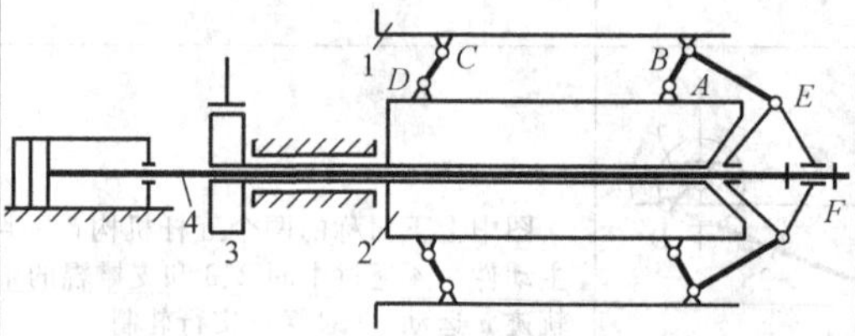	图中工作卷筒由外筒 1 和内筒 2 组成,1 与 2 筒间用若干杆 AB、CD 连接,形成若干铰链平行四杆机构,平行四杆机构 $ABCD$ 就是其中之一,它以外筒的 BC 作为连杆,内筒上的 A、D 作为固定铰链。当活塞杆向右移动时,用端点 F 拉动 EB 使摇杆 AB、DC 向右移动,缩小工作卷筒的外径。这时,可将金属带卷装在工作卷筒上。当活塞杆 4 向左移动时,通过 F 使 AB、DC 向左移动,增大工作卷筒的外径,使装在金属筒上的金属带卷被张紧,以便从金属带卷上拉下带材。为使带材保持一定的拉力,卷筒上装有制动器 3 施加一定的摩擦阻力。图中没有表示金属带卷的形状和尺寸以及带材施拉设备等。此机构应用在金属轧制车间的退火电炉等设备上
挖掘机机构	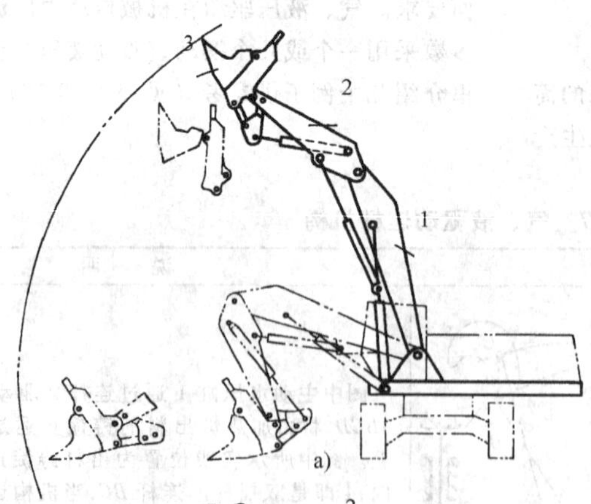	图为正、反铲挖掘机的动臂屈伸液压机构,分别由大臂 1、小臂 2 和铲头 3 组成,用三个液压缸驱动,控制大小臂和铲头的运动,使之完成不同高度的挖掘和卸载。各种装载机结构和挖掘机类似,不同的是用两个液压缸驱动

（续）

机构	机构图	说明
液压柱塞铰链式步行机构	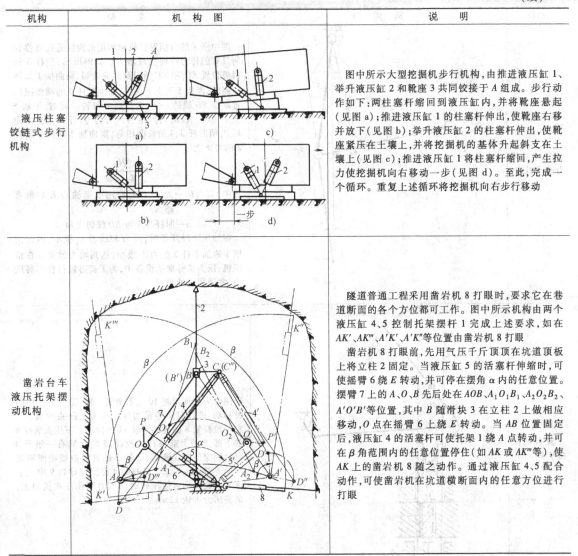	图中所示大型挖掘机步行机构，由推进液压缸 1、举升液压缸 2 和靴座 3 共同铰接于 A 组成。步行动作如下：两柱塞杆缩回到液压缸内，并将靴座悬起（见图 a）；推进液压缸 1 的柱塞杆伸出，使靴座右移并放下（见图 b）；举升液压缸 2 的柱塞杆伸出，使靴座紧压在土壤上，并将挖掘机的基体升起斜支在土壤上（见图 c）；推进液压缸 1 将柱塞杆缩回，产生拉力使挖掘机向右移动一步（见图 d）。至此，完成一个循环。重复上述循环将挖掘机向右步行移动
凿岩台车液压托架摆动机构		隧道普通工程采用凿岩机 8 打眼时，要求它在巷道断面的各个方位都可工作。图中所示机构由两个液压缸 4、5 控制托架摆杆 1 完成上述要求，如在 AK'、AK'''、$A'K'$、$A'K''$ 等位置由凿岩机 8 打眼 凿岩机 8 打眼前，先用气压千斤顶在坑道顶板上将立柱 2 固定。当液压缸 5 的活塞杆伸缩时，可使摇臂 6 绕 E 转动，并可停在摆角 α 内的任意位置。摆臂 7 上的 A、O、B 先后处在 AOB、$A_1O_1B_1$、$A_2O_2B_2$、$A'O'B'$ 等位置，其中 B 随滑块 3 在立柱 2 上做相应移动，O 点在摇臂 6 上绕 E 转动。当 AB 位置固定后，液压缸 4 的活塞杆可使托架 1 绕 A 点转动，并可在 β 角范围内的任意位置停住（如 AK 或 AK''' 等），使 AK 上的凿岩机 8 随之动作。通过液压缸 4、5 配合动作，可使凿岩机在坑道横断面内的任意方位进行打眼

11　增力和夹持机构

在机械制造中加工或传递工件需要可靠地夹紧，而且夹紧机构还要求结构简单、动作迅速或有一定的自锁能力，一般采用机构的死点、摩擦自锁等形式。另外，常用肘杆机构、双角斜楔、杠杆等作增力。增力和夹持机构见表 11.9-28。

表 11.9-28　增力和夹持机构

机构	机构图	说明
斜面杠杆式增力机构	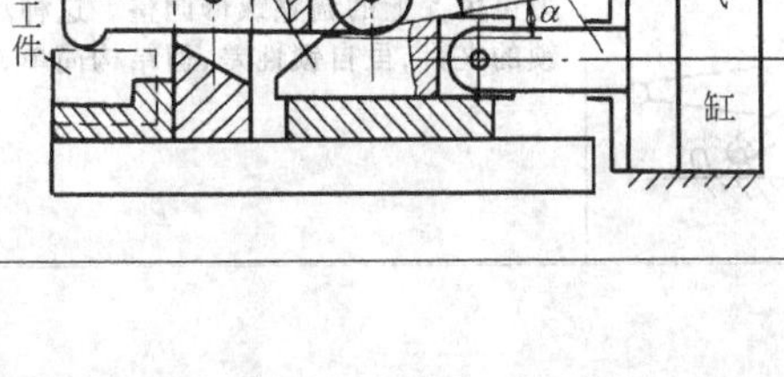	图中气缸通过与活塞 4 铰链的双角斜楔块 2 控制压紧杠杆 1 压紧工件。当双角斜楔块 2 与杠杆 1 上的滚子 3 接触时，先用大升角 $α_1$ 使杠杆压紧工件，然后用小角 α 使杠杆压紧工件，并能保持自锁

(续)

机构	机 构 图	说 明
肘杆式增力冲压机构	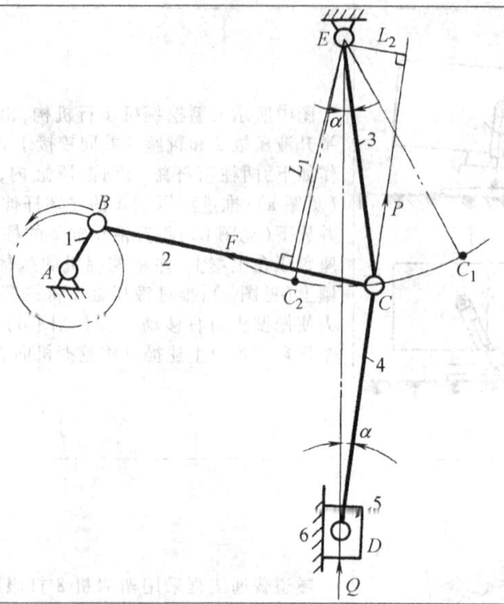	图中所示的曲柄肘杆机构利用机构接近死点位置所具有的传力特性实现增力。如图所示,肘杆 3 的两极位置 EC_1 和 EC_2 在 ED 线的两侧,则曲柄 1 每转一周时,滑块 5 可上下两次;如果肘杆 3 的两极限位置取在 ED 线的一侧,则当曲柄每转一周时,滑块 5 上一次。设滑块产生的压力为 Q,杆 2、4 受力为 F、P,两肘杆 3、4 的长度相等,则曲柄 1 施加于连杆 2 的力 F 为$$F=\frac{QL_2}{L_1\cos\alpha}$$式中 L_1、L_2——力 F、P 的作用线至轴心 E 的垂直距离 α——肘杆 3、4 与 ED 线的夹角 在加压阶段开始时,角 α 和线段 L_2 很小,因此曲柄 1 施加于杆 2 的力 F 很小,达到增力效果。在精压机、压力机等锻造设备中,为了获得短行程和高压力,常采用这种机构
卸载式压砖机构	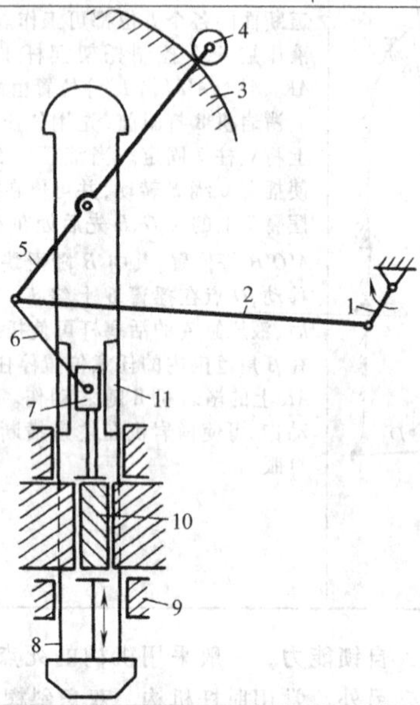	图中为保证砖坯 10 上下密度一致,需上下压头同时移动,进行双向等量加压。作为上压头的滑块 7 在与拉杆架 8 固连的导轨 11 中滑动。下压头装在 8 的下部,8 的上部与杆 5 铰接,5 的上端有一滚子 4 可沿固定凸轮 3 滚动,凸轮 3 的轮廓曲线应能满足双向等量加压要求。拉杆架 8 在固定导轨 9 中上下移动。此机构可使压砖时的压力不作用在机架上,最高压力可达 12MN
利用死点自锁的压紧机构		图中,逆时针方向转动手柄 1,使 1 与连杆 2 成一条直线处在铅垂位置时,将机构置于死点位置。这时摇杆 3 带动压头 4 把工件 6 压紧。压头 4 的压紧位置和压紧力可用 4 上的调整螺母调整。图 b 中,转动手柄 1,使 2 上的 BC 与摇杆 CD 成一直线,机构处于死点位置而自锁,并压紧工件。压头 5 的压紧力可由 5 上的调整螺母调整。这种利用死点实现自锁的夹具,虽自锁性差,但结构简单,动作迅速

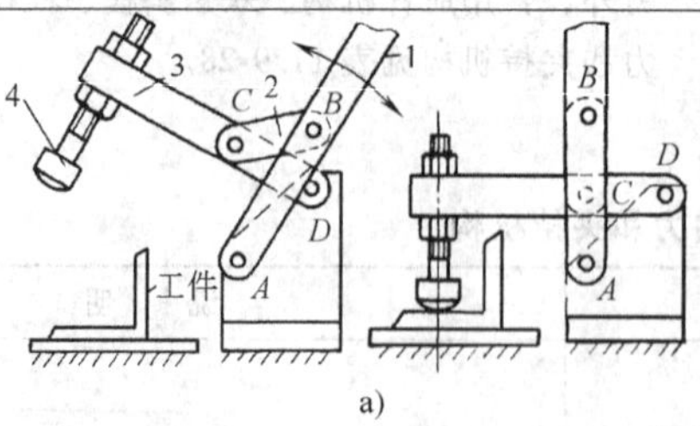

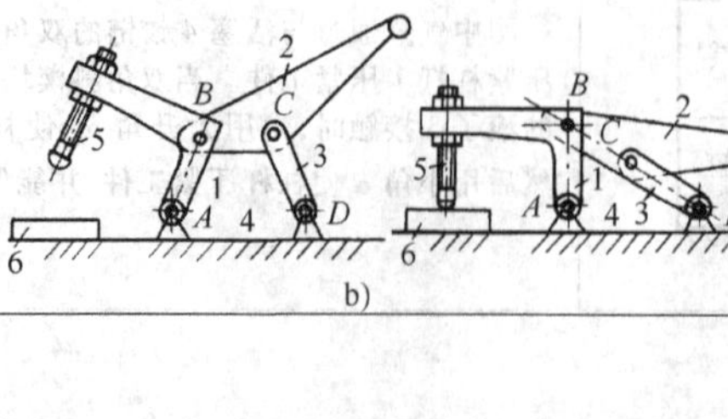

（续）

机构	机 构 图	说 明
压铸机合模机构	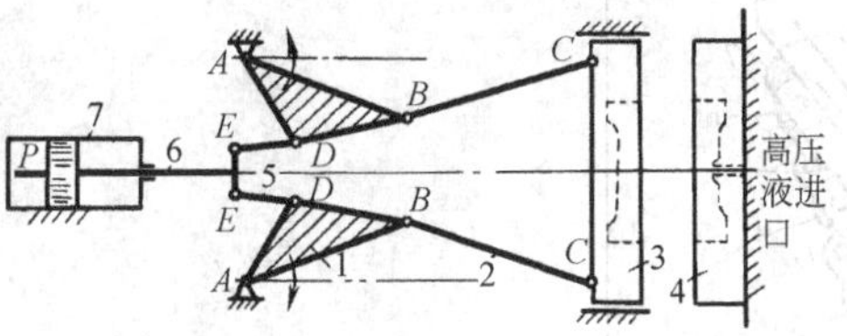	图中高压油进入液压缸 7 内推动活塞杆 6，驱动两个对称安装的摆杆滑块机构。驱动力 P 通过连杆 5 加在摆杆 1 上的 D 点处，迫使杆 1 绕 A 摆动，并通过连杆 2 使活动压模 3 向固定压模 4 靠近，当活塞移至右端位置时，两压模 3 和 4 正好合拢，而摆杆 1 的 AB 线刚好与连杆 2 的 BC 线共线。这时，金属液进入两模空间，因上下两套曲柄滑块机构同时处于死点自锁状态，虽然注入金属液产生几兆牛的压力，压模 3 也不会移动
简单机械手的夹持机构	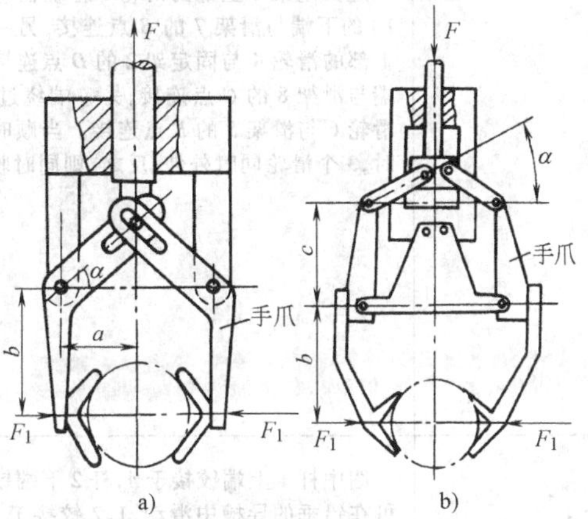	图中为滑槽杠杆式夹持机构，其结构简单动作灵活，手爪开闭角度大。如果尺寸 a、b 和拉力 F 一定时，增大 α 角可使夹紧力 F_1 增大，但 α 过大将导致驱动气缸行程过大，一般选取 $\alpha = 30° \sim 40°$。图 b 中连杆式夹持机构可产生较大的夹紧力，各杆的铰链连接处磨损较小，但结构比较复杂，适用于抓取重量较大的工件。如果 b、c 和推力 F 一定，减小 α 角可增大加紧力 F_1。当 $\alpha = 0°$ 时，利用死点能自锁，这时去掉外力 F，重物不会把手爪推开而脱落

12　伸缩机构和装置

在一些设备的安装、维修或某些专业的特殊工作中需要在长度上能伸缩的装置，或需要在高度上能升降的机构，这些装置或机构被称作伸缩机构和装置。本节介绍少量的典型实例（见表 11.9-29），选型中必须注意伸缩或升降轻便灵活、安全可靠。

表 11.9-29　伸缩机构和装置

机构	机 构 图	说 明
偏心套伸缩套管	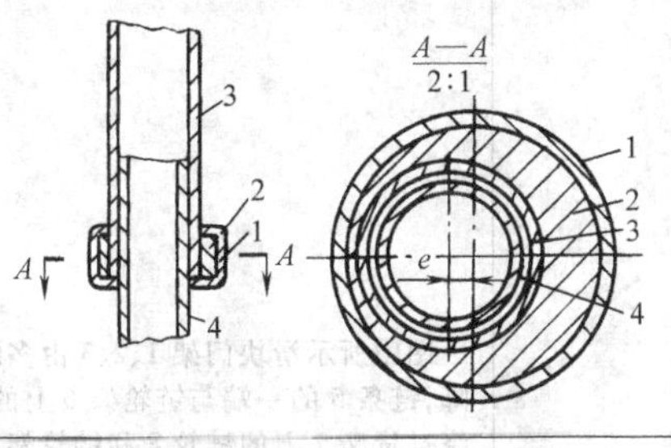	图中的偏心环 2 以偏心距 e 与外管 3 偏心固定在一起。偏心套 1 活套在偏心环 2 的外侧，且上下两端卷边包住偏心环 2，偏心套 1 的上端只需稍卷边，其下端卷边后的端面孔应与外管 3 同心，孔径稍大于内管 4 的外径，包卷后不影响 1、2 间的相对移动。当相对 2 旋转 1 时，内管 4 随偏心套下端面孔的偏摆与外管 3 楔紧，从而实现内外套管伸长、缩短后的紧固连接
销钉伸缩套管	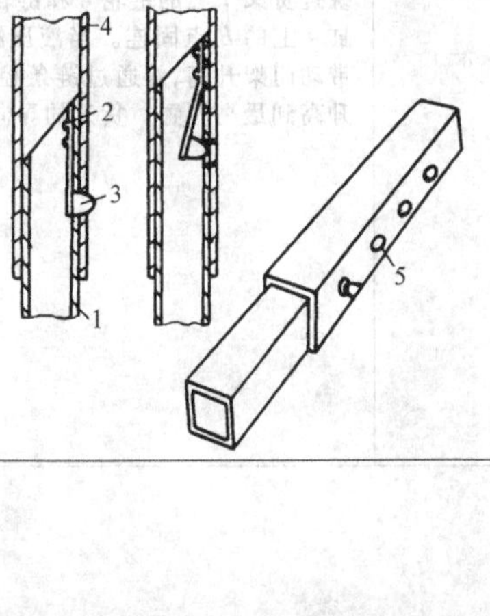	图中的方形内伸缩套管 1 上固定弹簧片 2，在弹簧片上固定销钉 3，销钉 3 可嵌入方形伸缩套管 4 上的定距孔 5 内，固定内外套管的伸缩位置。销钉 3 嵌入 4 上的不同孔 5，可得到不同长度的套管

（续）

机构	机 构 图	说 明
钢绳联动伸缩架	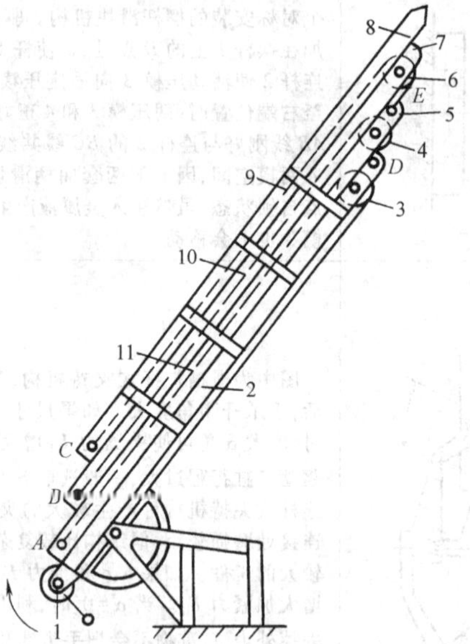	图中钢绳 11 的下端与滑架 5 的 A 点连接,另一端绕过固定架 2 上部的滑轮 3 缠绕在卷筒 1 上。钢绳 10 的下端与滑架 7 的 B 点连接,另一端绕过滑架 5 上部的滑轮 4 与固定架 2 的 D 点连接。钢绳 9 的下端与滑架 8 的 C 点连接,另一端绕过滑架 7 上部的滑轮 6 与滑架 5 的 E 点连接。当顺时针转动卷筒 1 时,3 个滑轮同时外伸,反之,则同时收缩
大行程剪式伸缩架	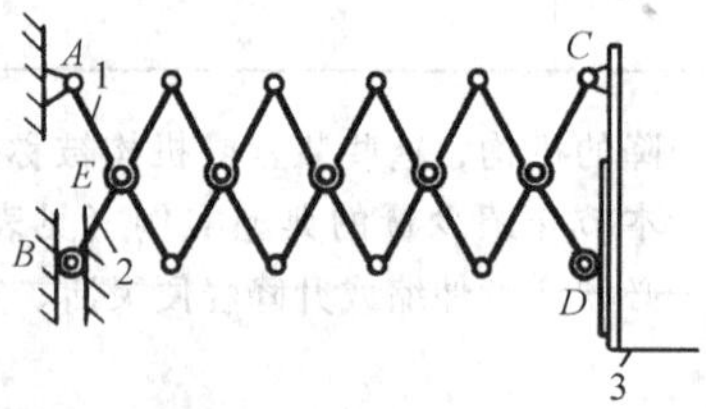	图中杆 1 上端铰接于 A,杆 2 下端铰接于滚子 B,B 可在铅垂的导槽中滑动,1、2 铰接于 E,中间通过若干平行四边形铰接组成剪式伸缩架。它的右上端 C 与托叉 3 铰接,而右下端铰接滚子 D 紧贴 3 的铅垂面,并可沿该面上下滑动。这样,托叉 3 可在水平方向左右移动。这种多个平行四边伸缩架以液压缸作为驱动控制升降,可获得较大的伸缩行程。铅垂升降的检修平台和仓库用升降台均可采用这种伸缩机构
叉车三级门架升降机构	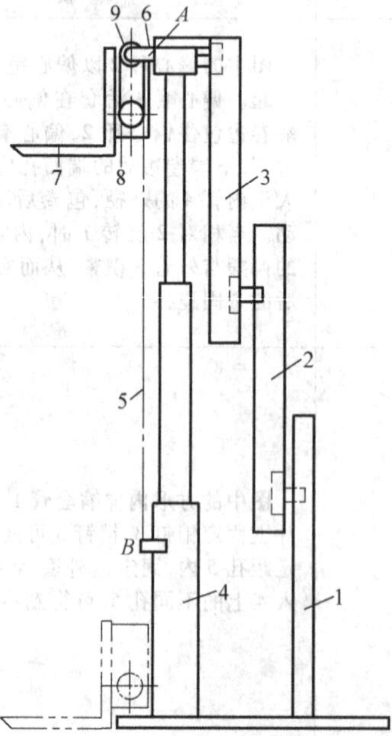	图中所示滑块门架 1、2、3 由多级液压缸 4 带动升降,链条 5 的一端与链轮架 6 上的 A 点固连,另一端绕过货叉 7 上的链轮 8 和链轮架 6 上链轮 9 与液压缸 4 上的 B 点固连。当液压缸驱动活塞杆外伸时,带动门架升高,并通过链条控制货叉 7 由最低位置升高到最高位置。货叉的导向架未在图上表示

（续）

机构	机 构 图	说　　明
平行四杆 平移升降台	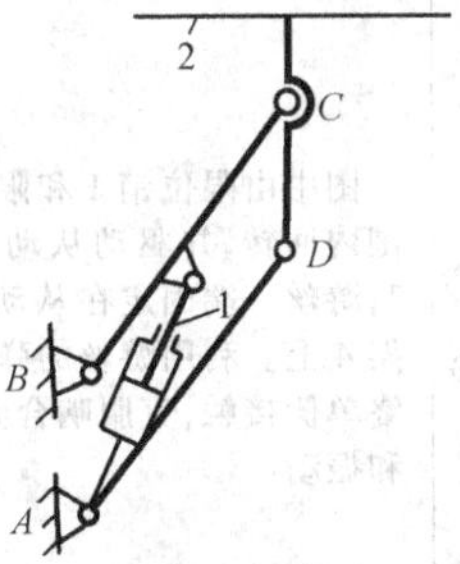	图中液压缸驱动活塞杆 1 伸缩，由活塞杆 1 控制平行四杆机构 ABCD，使工作台 2 平移升降，但平台 2 平移升降的轨迹并非直线，而是按圆弧轨迹平移
剪式升降台	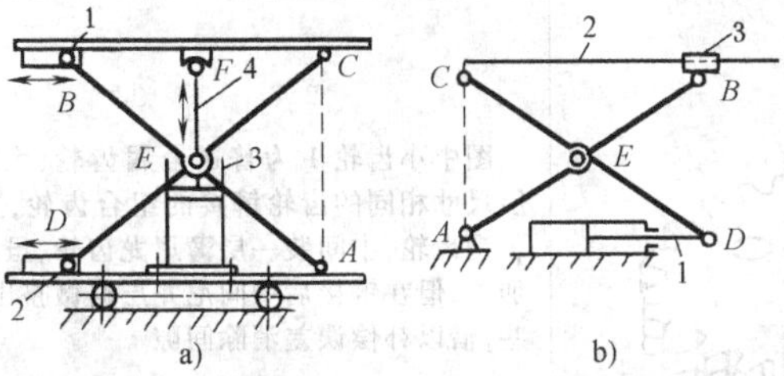	图 a 中，支撑杆 AB 和 CD 的长度相等，二杆的中点铰接于 E，滚轮 1、2 与支撑杆铰接于 B、D 点，并可在上下平板的导槽内滚动，支撑杆另一端与上下平板铰接于 C、A。驱动气缸 3 的下部固定在下平板上，上部的活塞杆 4 以球头与上平板球窝接触于 F 点。气缸 3 通过活塞杆 4 使上平板垂直升降。该机构为平行四杆机构的变形。图 b 中，等支撑杆 AB、CD 铰接于二杆的中点 E，二杆的 B、D 端分别与滑块 3、活塞杆 1 铰接，卧式液压缸驱动活塞杆 1 控制平台 2 铅垂升降
高空升降 作业车	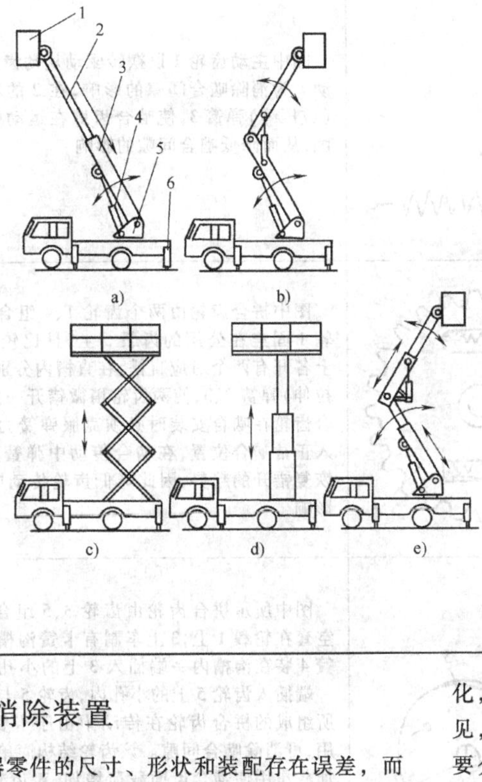	图中所示为五种基本形式的高空作业车。其中，图 a 为直臂伸缩式，在其高空作业前先将 4 个支撑腿 6 可靠牢固地支撑在地面上。安装在汽车底盘上的转动台 5 将主臂 3 随转台转动对准工作位置方向，以液压缸 4 驱动主臂摆动，另一液压缸驱动伸缩臂 2 伸出将工作斗 1 对正工作位置实施高空作业。各机构的动作都由发动机驱动液压系统控制。主臂、伸缩臂和工作斗等同回转台绕垂直地面的轴线做 360° 的回转。机构保证工作斗在任何升降位置时保持斗内底面平行地面。图 b 为折展臂式。图 c 为剪式垂直升降。图 d 为直臂垂直升降式。图 e 为混合式

13　间隙消除装置

　　由于机器零件的尺寸、形状和装配存在误差，而且零件在工作中将因受力而发生形变、磨损，因此造成零件配合间隙的增大，会使运动规律发生不良变化，甚至产生冲击振动和使噪声增大、寿命减短。可见，在机械设计中应适当选用间隙消除装置。本节主要介绍齿轮、螺旋机构的间隙消除装置（见表 11.9-30 与表 11.9-31）。

表 11.9-30　齿轮啮合间隙消隙装置

机构	机构图	说明
游丝控制齿轮啮合间隙装置	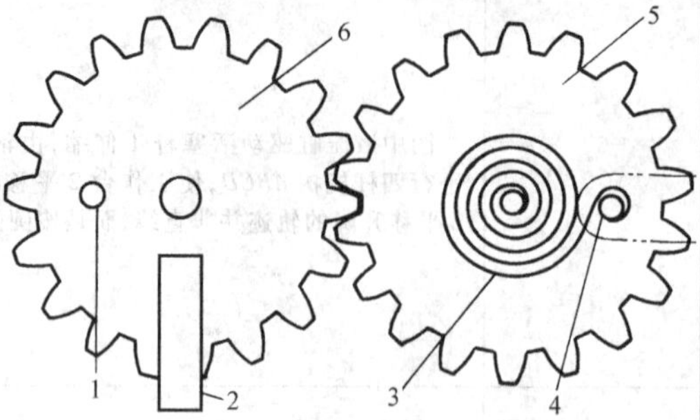	图中由限位销 1 和限位器 2 控制主动轮 6 在小范围内回转,并驱动从动轮 5。从动轮 5 上装有游丝 3,游丝一端固定在从动轮 5 轴上,另一端固定在机架 4 上。利用游丝的弹簧力使两啮合齿轮的齿廓始终单侧接触,克服啮合间隙的影响,减少齿廓的冲击和振动
多层叠合齿轮装置	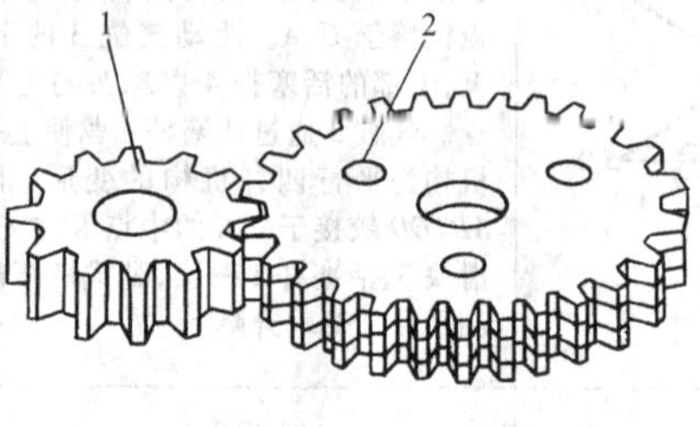	图中小齿轮 1 为普通金属齿轮,大齿轮 2 是由 3 层尺寸相同的齿轮铆接的组合齿轮,上下两层磷青铜齿轮,中间装一层薄尼龙齿轮,虽然按同一尺寸加工,但在铆接后中间尼龙层略微挤出,比铜轮稍大些,借以补偿误差消除间隙
拉簧控制齿轮齿条间隙消除装置	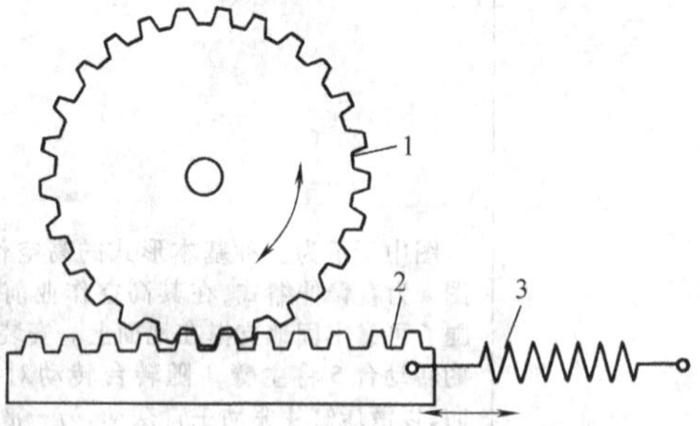	图中主动齿轮 1 以摆转驱动从动齿条 2 做往复移动。为消除啮合间隙的影响,在 2 的右端装有拉伸(或压缩)弹簧 3,使啮合齿廓在运动中始终一侧接触,从而降低啮合间隙的影响
张力弹簧拼合齿轮装置	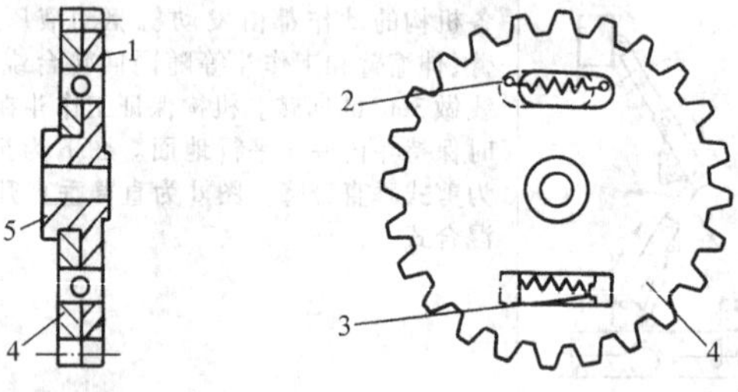	图中拼合齿轮由两个齿轮 1、4 组合而成,其中轮 1 固连在公用的齿毂 5 上,且比较宽。齿轮 1、4 上各开有两个对应直槽,在直槽内分别装有压缩(或拉伸)弹簧 2、3,使两齿轮稍错开一定的角度。拼合齿轮在啮合安装时必须克服弹簧力,齿轮方可进入正常啮合位置,在啮合传动中弹簧力仍有使 1、4 恢复错开的趋势,因此降低齿轮传动中啮合间隙的影响
卡簧拼合齿轮装置	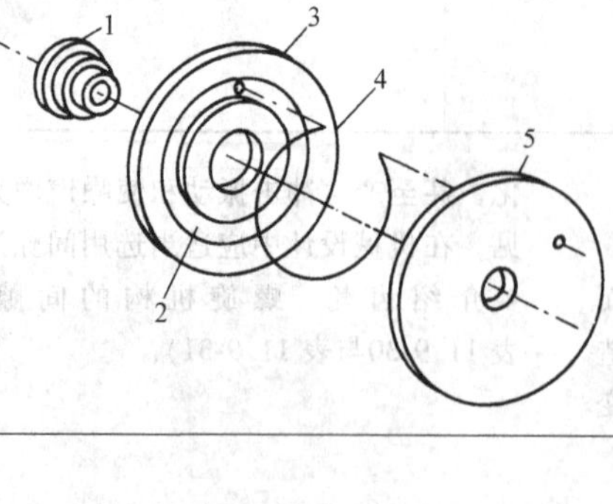	图中所示拼合齿轮由齿轮 3、5 组合而成,齿轮 3 空套在轮毂 1 上,3 上车制有卡簧沟槽 2 和孔销,卡簧 4 装在沟槽内一端插入 3 上的小孔内,卡簧的另一端插入齿轮 5 上的小孔内,齿轮 5 与轮毂 1 固连。所组成的拼合齿轮在传动中由于卡簧的弹簧力作用,可消除啮合间隙。该齿轮结构简单,但因卡簧的加载作用使啮合齿面载荷增加,对齿轮的疲劳寿命有一定影响

（续）

机构	机构图	说明
磁性齿轮装置	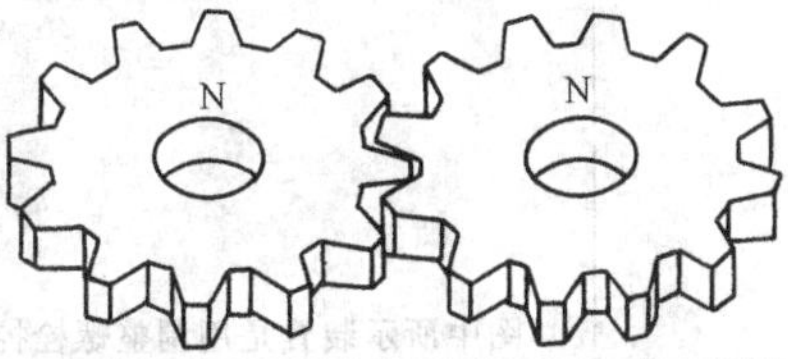	磁性齿轮传动装置应用在小转矩的齿轮机构中。图中的齿轮磁化后轴孔为 S 极、齿轮为 N 极，显然轮齿侧面都具有相同的磁性，在啮合传动中利用轮齿间的排斥力降低啮合间隙的影响，减小轮齿间的冲击与噪声

表 11.9-31　螺旋间隙消除机构和装置

机构	机构图	说明
摩擦式螺旋轴向间隙消除机构	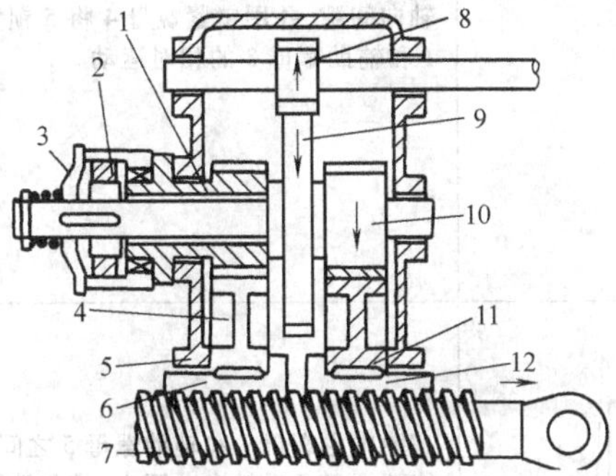	图中所示装置通过主动齿轮 8 以直接传动和通过离合器间接传动分别带动两个螺母，使从动轴做轴向移动，消除传动间隙的影响。主齿轮 8 通过中间齿轮 9 和与 9 固连的齿轮 10、啮合齿轮 11 带动右侧螺母 12；同时主动轮 8 通过 9、摩擦圆盘 3、摩擦离合器 2、齿轮 1、齿轮 4 带动左侧螺母 6，并由两螺母 12、6 带动从动轴 7 做轴向移动，由于摩擦离合器的作用可实现无间隙传动
切口螺母消除轴向间隙装置	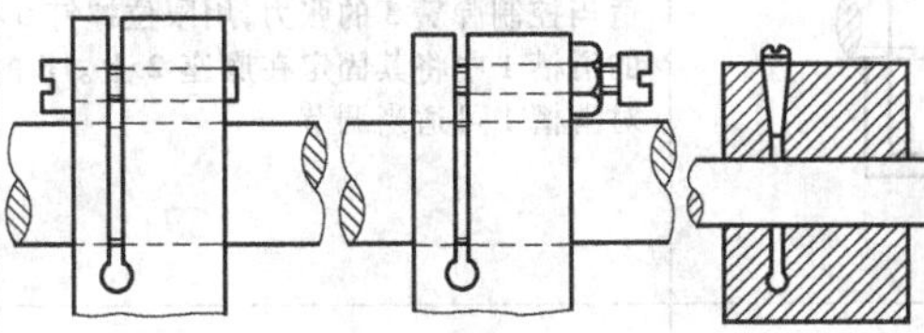	图中为消除螺杆和螺母的轴向间隙，将螺母制成切口，并在切口装有调整螺栓或螺钉。当旋紧调整螺栓或螺钉时，可改变切口尺寸，从而消除螺杆与螺母的轴向间隙。为防止调整螺栓松动可附设紧锁螺母和紧定螺钉等
双螺母式消除轴向间隙装置	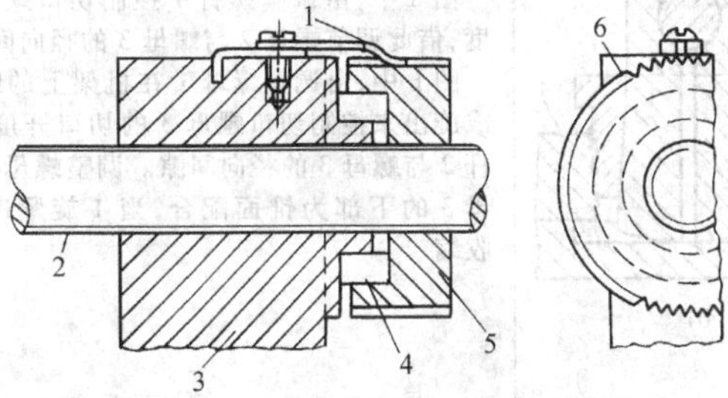	图中丝杠 2 与螺母 3 之间存在着轴向间隙，为消除间隙附设调整螺母 5，在 3 与 5 之间装有橡胶垫圈 4，3 上装有定位弹簧片 1，1 的右端与调整螺母 5 外圆周上的三角形牙齿 6 啮合。当旋紧调整螺母 5 时，可消除丝杠 2 与螺母 3 的配合间隙，并以弹簧片 1 定位
自动消除螺旋轴向间隙机构	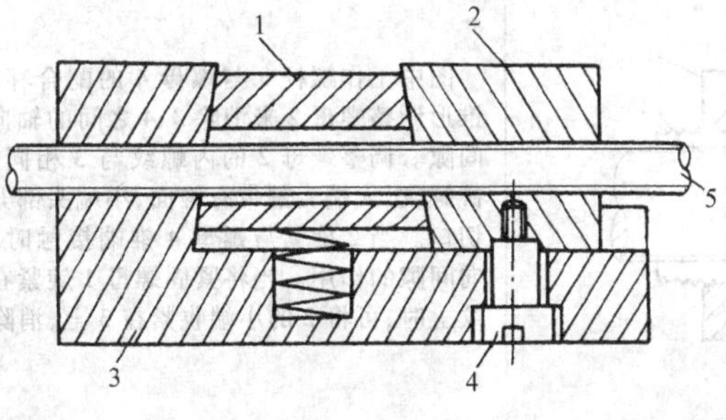	图中用螺钉 4 定位的调整螺母 2 上带有梯形切槽，推动调整螺母 2 做微小的轴向移动，以此消除主动螺杆 5 与螺母 3 的轴向配合间隙

(续)

机构	机 构 图	说 明
辅助螺母调整轴向间隙机构	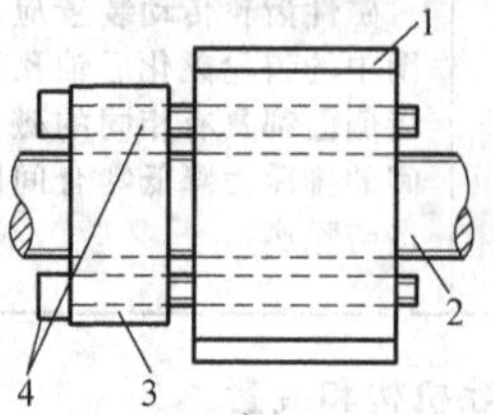 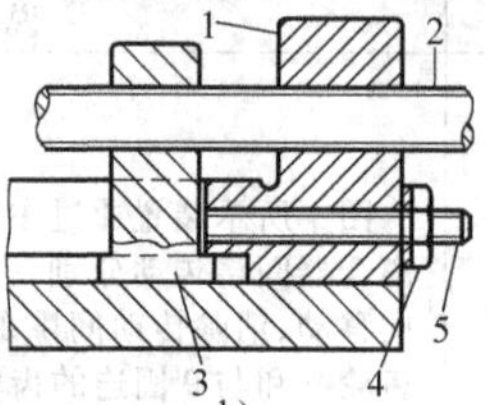	图中所示装置是用调整螺栓控制辅助螺杆的位置实现工作螺杆与螺母轴向配合间隙的调整。图 a 中,旋转调整螺栓 4 将工作螺母 1 和辅助螺母 3 拉紧,借以消除轴向间隙。图 b 中,旋转调整螺栓 5,使其端部顶住辅助螺母 3,消除工作螺杆 2 与螺母 1 的轴向间隙,并用锁紧螺母 4 将 5 锁紧,限制工作螺母 1 和辅助螺母 3 的相对运动
压缩弹簧消除螺旋间隙机构	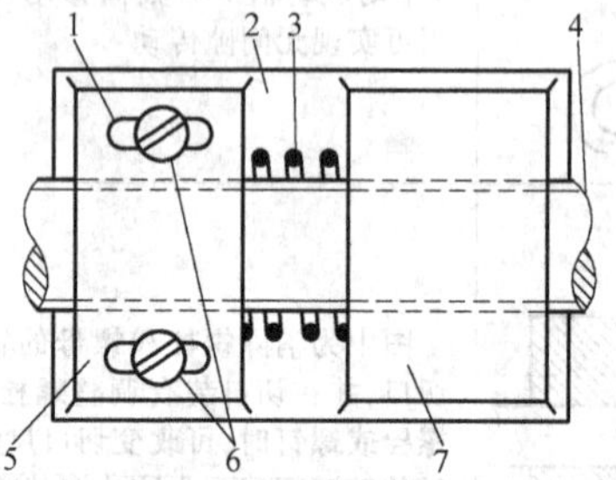	图中主螺母 7 和辅助螺母 5 之间装有压缩弹簧 3,使两螺母承受轴向分力,借此消除螺杆 4 与螺母 7 的轴向间隙。为防止运动中相对位置发生变化,并适当控制弹簧 3 的张力,用限位螺钉 6 在辅助螺母 5 的滑槽 1 中将其固定在底座 2 上。6 的固定位置相对滑槽 1 可适当调节
切口螺母消除径向间隙装置	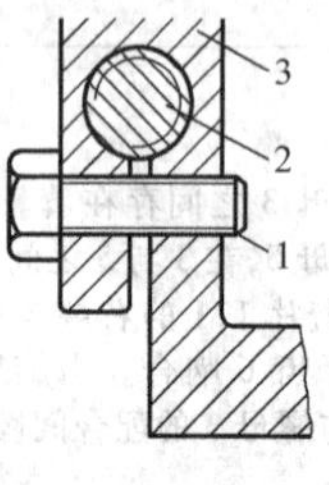 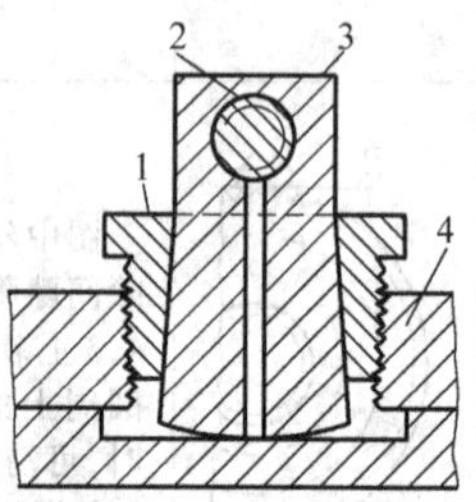	图 a 中,由调整螺钉 1 控制切口螺母 3 的切口开度,借此调节螺杆 2 与螺母 3 的径向间隙 图 b 中,由调整螺母 1 在机架上的螺孔 4 中旋入或旋出来控制切口螺母 3 的切口开度,借此消除螺杆 2 与螺母 3 的径向间隙。调整螺母 1 的内孔与螺母 3 的下部为锥面配合,当 1 旋紧时将 3 的切口收缩
锥形调整螺母消除间隙机构	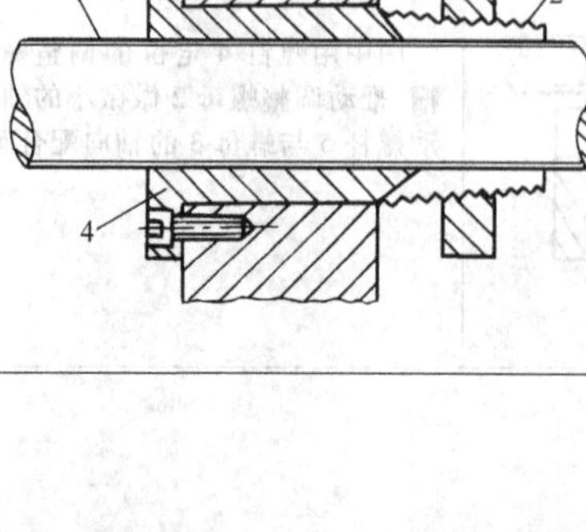	图中工作螺杆 3 与螺母 4 的配合存在间隙,可由锥形调整螺母 2 来消除 3、4 之间的轴向间隙和径向间隙。调整螺母 2 的内螺纹与 3 相同,外螺纹为圆锥螺纹,大端头部带有锥面,小端头部开有四个对称切口。当 2 旋紧与螺母 4 端接触时,产生消除轴向间隙的作用。当将紧固螺母 1 旋紧在 2 的圆锥螺纹上时,可将 2 的小端收紧在 3 上,消除径向间隙

（续）

机构	机 构 图	说 明
自动调整螺旋间隙装置	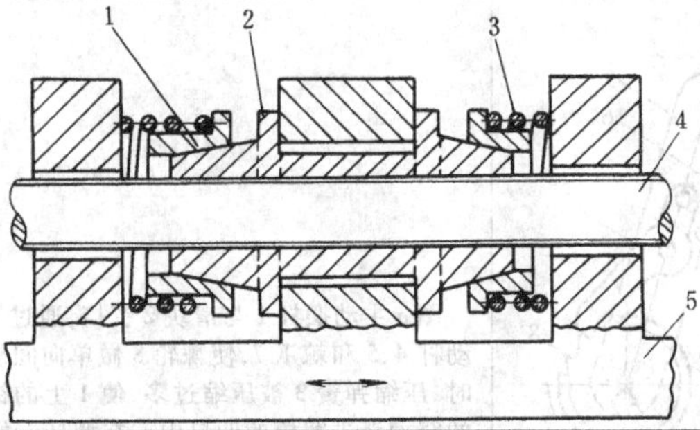 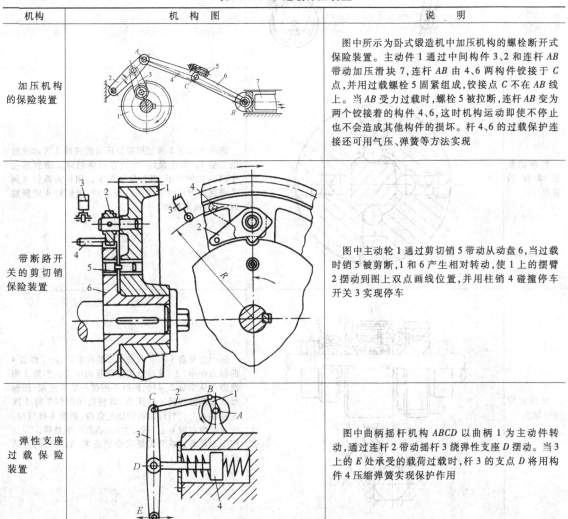	图中工作螺杆 4 与方形螺母 2 配合,2 的方形部分紧固在支撑架 5 上,2 的两端有对称锥形,锥形部分制有切口与锥套 1 配合,螺杆在转动中,由左右弹簧 3 将锥套 1 始终压紧在螺母 2 带有切槽的圆锥上,产生收紧力将自动螺杆 4 与螺母 2 的配合间隙收紧

14 过载保险装置

机件传递的动力,经常因载荷的变化而发生较大波动,如果超出机件的承受能力,就可能损伤机件,甚至造成事故性破坏。所以在一些机器上设置安全过

载保险装置是必要的,一般采用过载螺钉、剪切销和摩擦式保险装置,以螺钉、销子的折断或摩擦面的打滑等方式来切断动力,防止过载以保证安全。过载保险装置的例子见表 11.9-32。

表 11.9-32　过载保险装置

机构	机 构 图	说 明
加压机构的保险装置		图中所示为卧式锻造机中加压机构的螺栓断开式保险装置。主动件 1 通过中间构件 3、2 和连杆 AB 带动加压滑块 7,连杆 AB 由 4、6 两构件铰接于 C 点,并用过载螺栓 5 固紧组成,铰接点 C 不在 AB 线上。当 AB 受力过载时,螺栓 5 被拉断,连杆 AB 变为两个铰接着的构件 4、6,这时机构运动即使不停止也不会造成其他构件的损坏。杆 4、6 的过载保护连接还可用气压、弹簧等方法实现
带断路开关的剪切销保险装置		图中主动轮 1 通过剪切销 5 带动从动盘 6,当过载时销 5 被剪断,1 和 6 产生相对转动,使 1 上的摆臂 2 摆动到图上双点画线位置,并用柱销 4 碰撞停车开关 3 实现停车
弹性支座过载保险装置		图中曲柄摇杆机构 ABCD 以曲柄 1 为主动件转动,通过连杆 2 带动摇杆 3 绕弹性支座 D 摆动。当 3 上的 E 处承受的载荷过载时,杆 3 的支点 D 将用构件 4 压缩弹簧实现保护作用

（续）

机构	机 构 图	说 明
弹簧保险装置	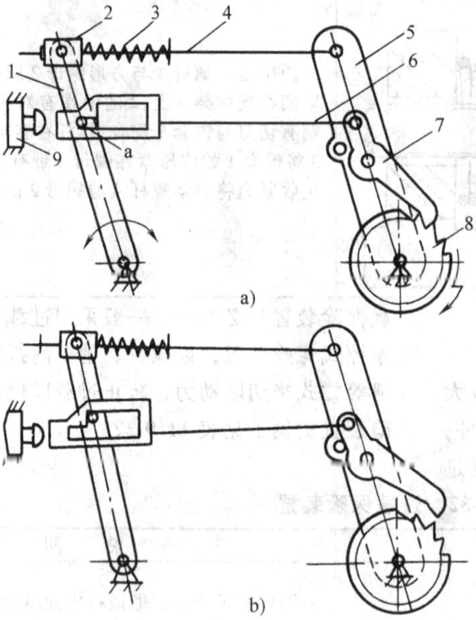 a) b)	图a主动摆杆1与滑块2铰接,通过压缩弹簧3推动杆4、5和棘爪7,使棘轮8做单向间歇转动。过载时,压缩弹簧3被压缩过多,使1上的销a由杆6上的窄槽滑进宽槽的凹口内。在摆杆1的回程中由销a带动杆6拉起棘爪7,如图b所示,杆5摆动不再推动棘轮。如果在主动摆杆1的左端适当位置安装断路停止开关9,在过载时杆1带动杆6的左端与开关9相碰撞时电路切断,实现停车
丝锥防断钢球保险装置	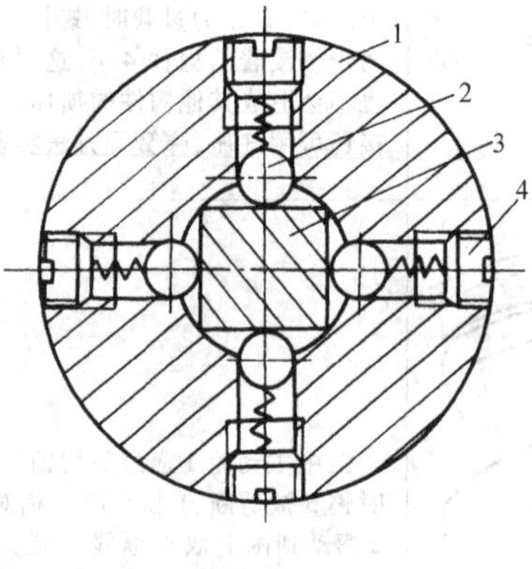	图中主动套1通过用弹簧压紧的钢球2带动丝锥的方柄3。当过载时,丝锥方柄将钢球2推到球孔中,1、3之间打滑,以防丝锥扭断。用调整螺钉4调节弹簧压力得到不同的打滑转矩,当螺钉4旋到底时,可得极限转矩
滚珠式安全联轴器	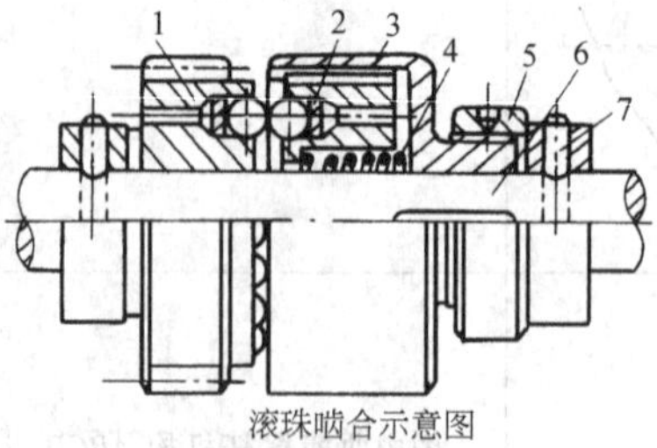 滚珠啮合示意图 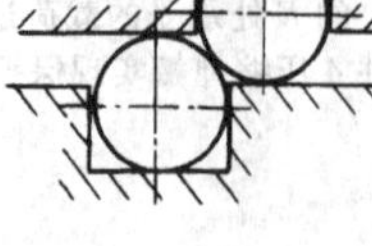	图中主动盘1和从动盘2都装有滚珠,由于弹簧4的推力作用,主、从动盘的滚珠互相啮合。套筒3用滑键与从动盘2连接,同时3用键与轴6连接,用螺母5来调整弹簧4的压力,调整后用销钉7将5固定在轴6上。当传递的转矩过载时,弹簧4被压缩,使从动盘在轴6上右移,主、从动盘产生滑移。该机构用于经常过载又需要安全的地方,如机床的进给机构

（续）

机构	机 构 图	说　　　明
爪式保险 离合器	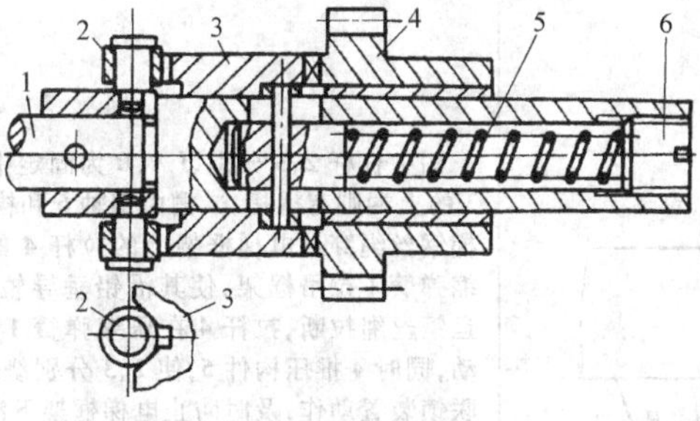	图中负载齿轮 4 和中间套 3 用爪式离合器连接，在 3 的左端隔 180°配有 V 形槽与滚子 2 接合，2 装在主动轴 1 上。过载时，V 形槽斜面与滚子相互作用，通过 3 克服弹簧 5 的推力，使 3、4 向右移动，将传动系统断开。当 1 转过 180°后，3 在弹簧的作用下其 V 形槽再度对准滚子重新接合。旋转螺塞 6 可调整弹簧力的压力
差动保险 离合器	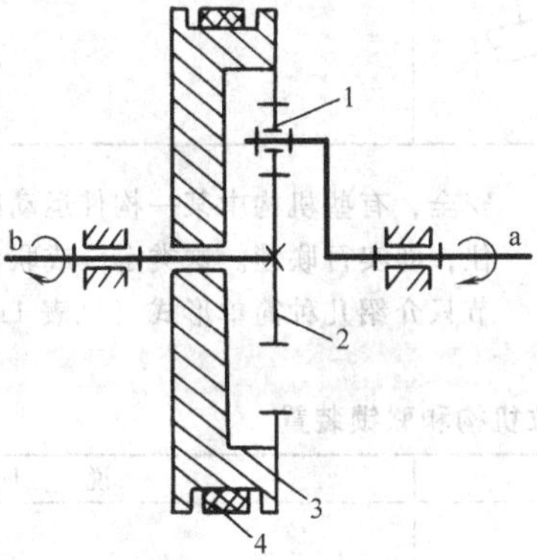	图中主动轴 a 作为系杆带动行星齿轮 1，使 1 分别与内齿太阳轮 3、外齿太阳轮 2 啮合传动，2 轮轴 b 是有负载的从动轴。如拉紧制动器 4，则 3 不动，a 带动 b 转动。如松开制动器 4，2 因有负载不转，3 空转。调整 4 的制动力矩，过载时可使 3 克服制动力矩而转动，起到保险作用
离心式保 险离合器	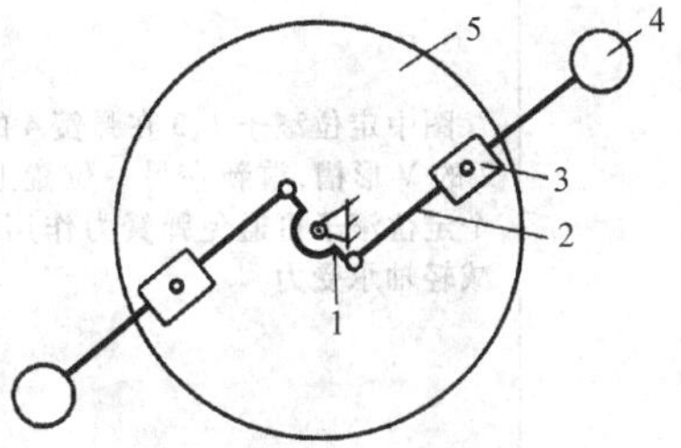	图中曲柄 1 为主动件，摇块 3 与从动盘 5 铰接，装有重锤 4 的杆 2 可相对 3 滑动。当曲柄 1 转速不高时，由于盘 5 带有负载不动，1、2、3 成为曲柄摇块机构。当曲柄 1 转速增高到一定值后，4 的离心力有使 1、2 拉成直线趋势，盘 5 被带动。若从动盘 5 过载，盘 5 将不动，构件 1、2、3 又成为曲柄摇块机构做不传力的运动
平面摩擦 保险离合器	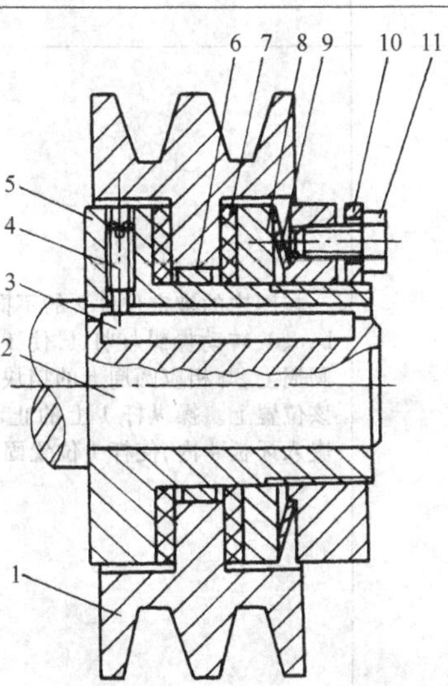	图中主动带轮 1 通过摩擦片 7 等用摩擦力带动套筒 5 和从动轴 2 转动。套筒 8 用作轴向定位。当轴 2 过载时，摩擦面打滑起保险作用。摩擦面间的压紧力是由碟形弹簧 9 产生的，旋转螺母 10 调整压紧力大小，可改变传递转矩的极限值。图中 3 是键，4、11 是紧定螺钉，6 为隔套。摩擦面也可做成锥面，以增大接触面间的摩擦力。压紧力可由弹簧产生，也可用斜面、杠杆压紧机构、液压机构、电磁力和离心力等产生

（续）

机构	机 构 图	说 明
杠杆式安全保险机构	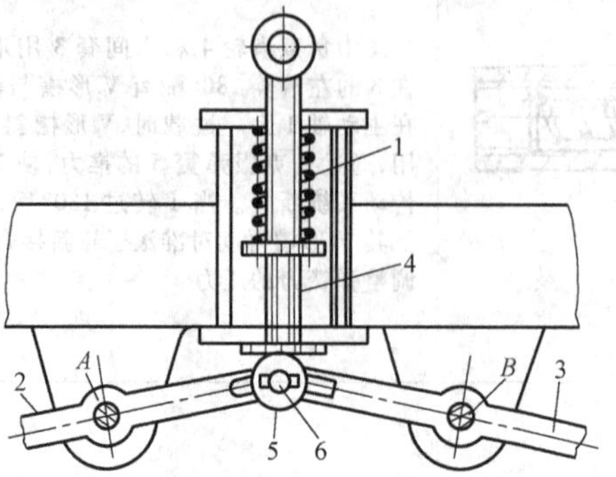 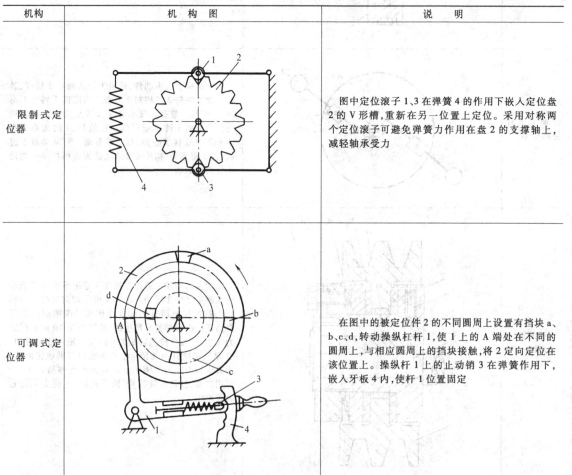	图中杠杆 2、3 分别以 A、B 为固定中心摆动，杆 2、3 的上端则有滑槽，二槽由销轴 6 和构件 5 连接。电梯钢丝绳穿过电梯框架上的拉杆 4 的顶环，通过压缩弹簧 1 拉吊框架，使其沿铅垂导轨上下运动。一旦钢丝绳拉断，拉杆 4 在压缩弹簧 1 推动下向下移动，同时 4 推压构件 5，使 2、3 分别绕 A、B 转动促使联锁装置动作，及时防止电梯框架下滑而保证安全

15　定位机构和联锁装置

一般采用球、销、挡块与凹槽等配合，将从动件定位，实现从动件的分度定位或控制机件位置。为了安全，有些机构中某一构件运动时，其他构件必须锁住，即实行联锁。这类定位或联锁装置形式较多，本节只介绍几种简单形式（见表 11.9-33）。

表 11.9-33　定位机构和联锁装置

机构	机 构 图	说 明
限制式定位器		图中定位滚子 1、3 在弹簧 4 的作用下嵌入定位盘 2 的 V 形槽，重新在另一位置上定位。采用对称两个定位滚子可避免弹簧力作用在盘 2 的支撑轴上，减轻轴承受力
可调式定位器		在图中的被定位件 2 的不同圆周上设置有挡块 a、b、c、d，转动操纵杠杆 1，使 1 上的 A 端处在不同的圆周上，与相应圆周上的挡块接触，将 2 定向定位在该位置上。操纵杆 1 上的止动销 3 在弹簧作用下，嵌入牙板 4 内，使杆 1 位置固定

（续）

机构	机 构 图	说 明
单销定位装置	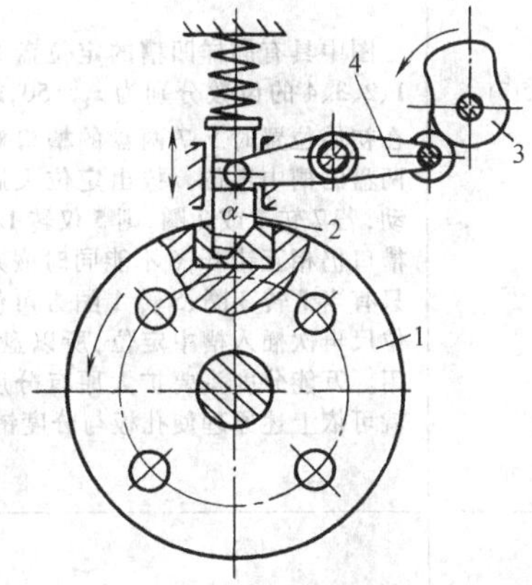	图中定位销 2 在弹簧力的作用下,嵌入转动轮 1 的定位槽孔内实现定位。利用凸轮 3 控制摆杆 4 使销 2 退出。为防止定位销自动滑出定位槽,其楔角应满足自锁条件,即 α 角应小于摩擦角,一般选择 α = 5° ~ 7°
双销定位装置	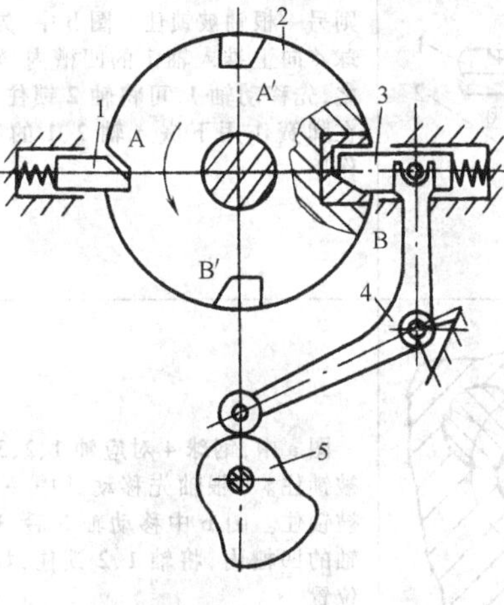	图中转盘 2 逆时针方向转位时,定位销 1 在斜面的作用下,从定位槽 A 中退出,同时主动定位销 3 在凸轮 5 和杠杆 4 的控制下由定位槽 B 中退出。转盘转位后,定位销 1 在其弹簧作用下插入定位槽 A′中。同时另一定位销 3 也在弹簧的作用下插入相应定位槽 B′。双销定位比单销定位可靠、磨损小、精度高,其精度主要由定位销 1 和滑槽接触面的精度保证,而主动定位销 3 主要是起控制作用
转位斜板分度定位机构	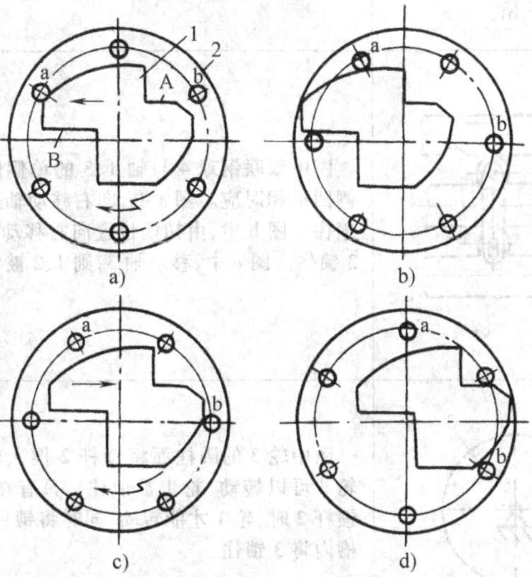	图中转位斜板 1 作为主动件往复移动。图 a 中,斜板 1 左移,以左斜面推动分度盘 2 上的销 a,使 2 转动一定角度。图 b 为 1 左移终止,斜板左端卡入 2 上的两销子中间使 2 定位。图 c 为 1 右移,以右斜面推动盘 2 上的销 b,使 2 定向间歇转动。图 d 为右移终止,2 定位。这种机构起动时有冲击现象,不宜用于高速分度定位。定位精度取决于斜板上的 A、B 平面分度盘上各柱销的位置精度

（续）

机构	机 构 图	说　　明
差动定位机构	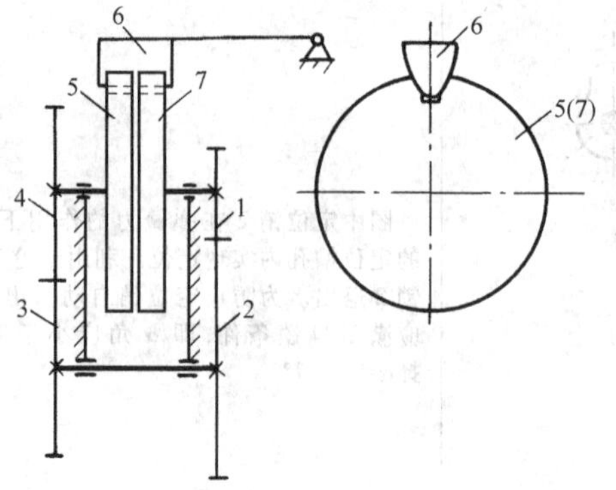	图中具有同样凹槽的定位盘 5、7 大小相同，齿轮 1、2、3、4 的齿数分别为 $z_1 = 50, z_2 = 150, z_3 = z_4 = 50$。在初始位置时 5、7 两盘的槽口对准，定位尺 6 插入两盘的槽中定位。拔出定位尺后，定位盘 7 开始转动，若 7 转 1 或 2 圈，则 5 仅转 1/3 或 2/3 圈，两盘的槽口仍相互错开，6 不能同时嵌入两盘槽口内定位。只有当 7 转 3 圈，5 转 1 圈方可使两盘槽口对准，定位尺再次插入槽中定位，所以盘 5 还可起计数的作用。万能分度头要扩大原有分度孔的分度数目时，就可依上述原理使孔板与分度销盘间产生转速差
两轴移动联锁装置	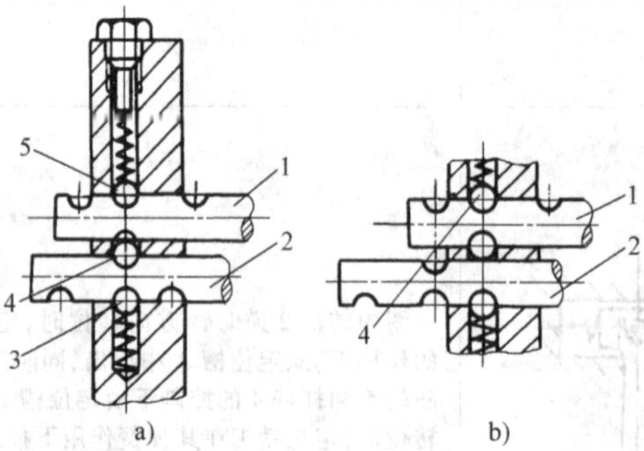	图中轴 1、2 用钢球 4 互相联锁，移动其中一根轴，则另一根轴被锁住。图 b 中，先移动轴 2，则 2 将钢球 4 向上推入轴 1 的凹槽内，轴 1 被锁住不动。反之，先移动轴 1，可将轴 2 锁住。图 a 中的钢球 3、5 在弹簧作用下嵌入轴 2、1 的凹槽内，起轴向定位作用
钢球式三轴移动联锁装置	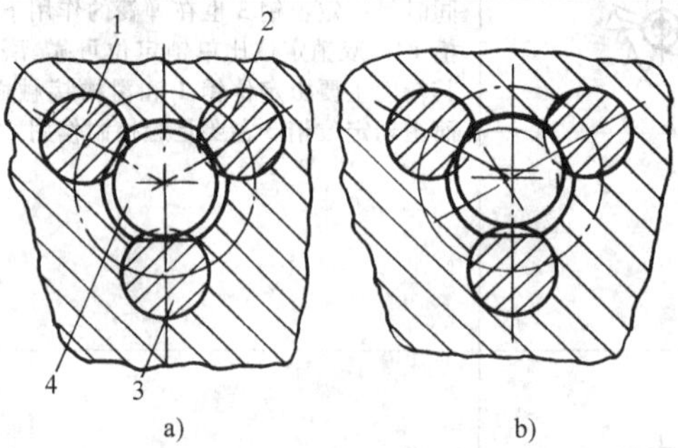	图 a 中，钢球 4 对应轴 1、2、3 的凹槽，3 根轴无一被锁住。3 根轴先移动其中一根，则其余两根轴就被锁住。图 b 中移动轴 3 后，迫使钢球 4 嵌入 1、2 轴的凹槽内，将轴 1、2 锁住，如图 b 中的实线所示位置
双联钢球式三轴联锁装置	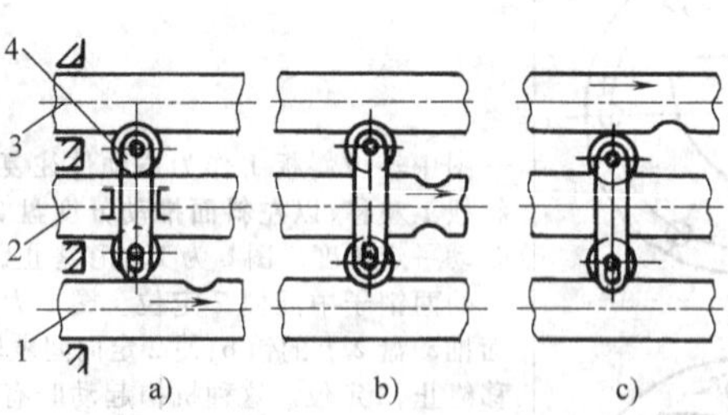	图中双联钢球 4 与轴 1、3 的单侧凹槽、轴 2 的双侧凹槽相对应。图 a 中，向右移动轴 1，使 4 将轴 2、3 锁住。图 b 中，由初始位置向右移动轴 2，则 4 将 1、3 锁住。图 c 中，移动轴 3，则 1、2 被锁住
锁杆式两转动轴联锁装置	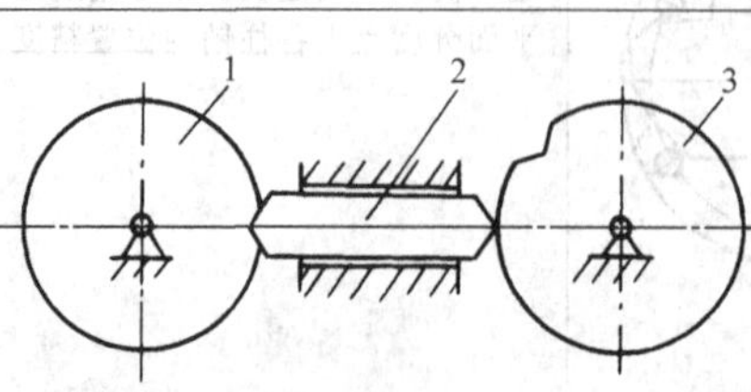	图中轮 3 的圆柱面将锁杆 2 推入轮 1 的凹槽时，轮 3 可以转动，轮 1 被锁住。只有在 3 的凹口对正锁杆 2 时，轮 1 才能转动，同时将锁杆 2 推入轮 3 凹槽内将 3 锁住

（续）

机构	机构图	说明
垂直交错轴的联锁装置	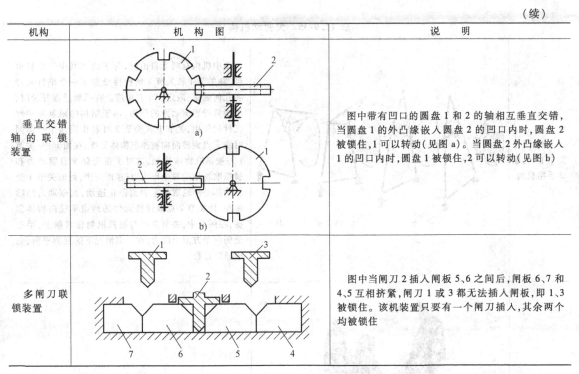	图中带有凹口的圆盘 1 和 2 的轴相互垂直交错,当圆盘 1 的外凸缘嵌入圆盘 2 的凹口内时,圆盘 2 被锁住,1 可以转动(见图 a)。当圆盘 2 外凸缘嵌入 1 的凹口内时,圆盘 1 被锁住,2 可以转动(见图 b)
多闸刀联锁装置		图中当闸刀 2 插入闸板 5、6 之间后,闸板 6、7 和 4、5 互相挤紧,闸刀 1 或 3 都无法插入闸板,即 1、3 被锁住。该机装置只要有一个闸刀插入,其余两个均被锁住

16　机械自适应机构

16.1　变机架机构

变机架机构见表 11.9-34。

16.2　欠驱动机构（见表 11.9-35）

表 11.9-34　变机架机构

机构	机构图	说明
挖掘机的步行机构		如图所示,图为步行开始移动靴板,以机体 4 为不动机架,用曲柄摇杆机构连杆 2 带动步行靴板离开地面并前移一个步行距离。当曲柄 1 继续转动时,靴板和地面为机架,挖掘机机身成为一个活动构件被抬起并向前拖动了一个步距。可见它已由曲柄摇杆机构变为主动件绕活动构件 2 上一点旋转的机构
液动挖掘机步行机构		如图所示,两个液压缸 1、2 铰接于机身 4 上,并共同连接于靴板 3,首先 2 柱塞缩回,将靴板 3 抬起。然后液压缸 2 不动而 1 柱塞伸出将靴板前移一个步距。此过程中以机身 4 为机架,然后将机身 4 抬起,柱塞 1 缩回将机身前移一个步距

表 11.9-35　欠驱动机构

含有两个关节的欠驱动手指机构	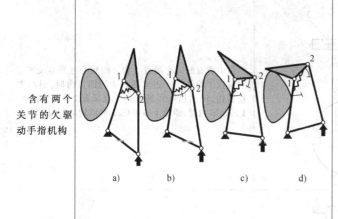　　a)　　b)　　c)　　d)　　　　图中机构有两个自由度,为了约束其中一个自由度,在关节 1 和关节 2 的铰接处加了一个单行元件和几何约束,限定一个自由度。在抓取过程开始时,手指只受到驱动力的作用,由于结构的限制和弹性元件的作用,关节 1 和关节 2 可看作同一个刚体同时绕支点旋转而向被抓取物体靠拢;在图 b 中,关节 1 与被抓取物体接触,这时手指受到来自驱动力和被抓取物体的两个作用力;在图 c 中,此时关节 1 受到物体外部轮廓的限制而停止运动,而驱动力继续施加,使关节 2 克服弹性元件的约束单独向物体靠拢;在图 d 中,关节 2 也与被抓取物体接触上,手指受到三个方向上的力,在一定情况下达到力平衡,完成抓取过程
三指机械手	　　图所示是基于欠驱动手指机构开发的 10 自由度超欠驱动三指机械手
毛 坯 剪 切 机	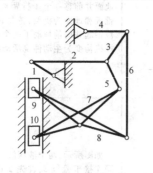　　如图所示,这是具有 2 个自由度的 10 杆机构。曲柄 1 为主动件。剪切开始时下滑块 10 不动,由曲柄驱动上滑块 9 下移,接触毛坯后,上滑块不动,由下滑块上移实现剪切

16.3　变胞机构

变胞机构是一种变自由度、变结构拓扑机构,能够根据工况的变化和任务需求,在机构运动过程中通过几何或力等约束,使某些运动副的运动被限定而另一些运动副的约束被解除,从而改变机构的构型,实现对变胞源机构构态的重构。

变胞机构的例子见表 11.9-36。

表 11.9-36　变胞机构

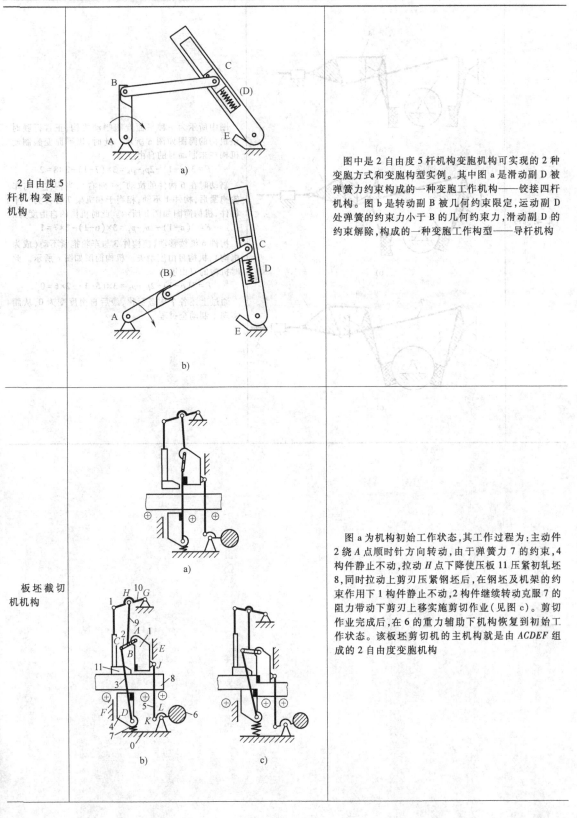

| 2 自由度 5 杆机构变胞机构 | 图中是 2 自由度 5 杆机构变胞机构可实现的 2 种变胞方式和变胞构型实例。其中图 a 是滑动副 D 被弹簧力约束构成的一种变胞工作机构——铰接四杆机构。图 b 是转动副 B 被几何约束限定,运动副 D 处弹簧的约束力小于 B 的几何约束力,滑动副 D 的约束解除,构成的一种变胞工作构型——导杆机构 |

| 板坯截切机机构 | 图 a 为机构初始工作状态,其工作过程为:主动件 2 绕 A 点顺时针方向转动,由于弹簧力 7 的约束,4 构件静止不动,拉动 H 点下降使压板 11 压紧初轧坯 8,同时拉动上剪刃压紧钢坯后,在钢坯及机架的约束作用下 1 构件静止不动,2 构件继续转动克服 7 的阻力带动下剪刃上移实施剪切作业(见图 c)。剪切作业完成后,在 6 的重力辅助下机构恢复到初始工作状态。该板坯剪切机的主机构就是由 ACDEF 组成的 2 自由度变胞机构 |

（续）

制动机构

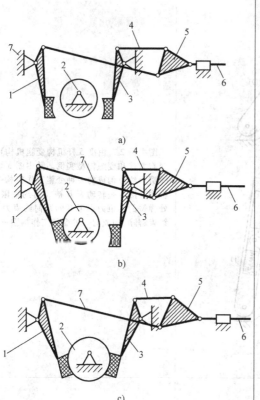

a)

b)

c)

图中所示为一种平面变胞制动机构,正常行驶时该机构的简图如图 a 所示。此时,该平面变胞制动机构在未制动时的自由度为

$$F = 3(n-1) - 2p_1 - p_h = 3 \times (7-1) - 2 \times 8 = 2$$

制动时在 6 构件的拉动下(向右),当构件 1 与车轮抱紧后,构件 1 不动,相当于和机架 7 合并为一个构件,机构简图如图 b 所示。此时机构的自由度为

$$F = 3(n-1) - 2p_1 - p_h = 3 \times (6-1) - 2 \times 7 = 1$$

构件 6 继续移动,使构件 3 与车轮抱紧不动(成为机构),机构自由度消失。机构简图如图 c 所示。此时机构的自由度为

$$F = 3(n-1) - 2p_1 - p_h = 3 \times (5-1) - 2 \times 6 = 0$$

通过上述各个构态变化,最后自由度变为 0,从而实现了制动全过程

第 10 章　机构创新设计

1　机构创新设计概述

　　机构是把一个或几个构件的运动变换成其他构件所需要的确定运动的构件系统。机构中的各构件可以都是刚性构件，也可以某些构件是柔性构件、弹性构件、液体、气体和电磁体等，而且可以将各驱动元件与构件融合在一起。

　　创新是人类引入新概念、新思想、新方法和新技术或运用已有的知识、经验和技能，研究新事物，解决新问题，产生新的思想及物质成果，创造出具有相当社会价值的事物、形式，用以满足人类物质和精神生活需求的社会实践活动。设计是一种创造性的实践活动，创新性是对设计的基本要求，人类社会中的一切物质文明成果都是设计的产物。在世界经济高速发展的今天，设计水平更是成为国家核心竞争力的重要标志。机械设计过程经过方案设计、运动方案设计、参数设计、结构设计和施工设计等阶段，通过选择机构、结构及其组合，实现所要求的功能。

　　创新设计要求设计者能够用与众不同的设计方法实现给定的功能，创新设计不仅是一种创造性的活动，还是一个具有经济性、时效性的活动。创新设计就是要能构思出与众不同的设计方案，相应地要求设计者具有与众不同的创新设计能力。

　　机构创新设计是指充分发挥设计者的创造力和智慧，利用人类已有的相关科学理论、方法和原理，进行新的构思，设计出具有新颖性、创造性及实用性的机构或机械产品的一种实践活动。机构创新设计的目标是由所要求的机构功能出发，改进和完善现有机构或创造发明新机构，实现预期的功能，并使其具有良好的工作品质和经济性。

2　机构创新设计方法

　　机构创新设计的基本形式：机构的组合，机构的演化与变异，机构的再生运动链等。创新技法一般又有以下方法：观察法、类比法、移植法、组合法、换元法、穷举法等（见表 11.10-1）。

2.1　机构的组合

　　机构的组合就是将几个简单的基本机构按照一定的原则或规律组合成一个复杂的机构以便实现复杂

表 11.10-1　几种创新技法

创新技法	基本概念
观察法	指人们通过感官或科学仪器,有目的、有计划地对研究对象进行反复细致的观察,再通过思维器官的综合分析,以解释研究对象本质及规律的一种方法
类比法	指两类事物加以比较并进行逻辑推理,即比较对象之间的相似点或不同点,采用同中求异或异中求同的方法实现创新的一种技法
移植法	指借用某一领域的成果,引用、渗透到其他领域,用以变革和创新,包括原理的移植、方法的移植和结构的移植
组合法	指两种或两种以上的技术、事物、产品、材料等进行有机的组合,以产生新的事物或成果的创新技法
换元法	指人们在创新的过程中,采用替换或代换的方法,使研究不断深入,思路获得更新
穷举法	把与待解决问题相关的众多要素逐一罗列,将复杂的事物分解后分别研究,帮助人们深入感知待解决问题的各个方面,从而寻求合理的解决方案
集智法	指集中大家智慧,并激励智慧进行创新

动作或运动规律。通过机构之间的运动约束或耦合，或者通过机构之间的运动协调和配合而形成的一种新机构。连杆机构、凸轮机构、齿轮机构和一些其他常用机构等单一基本机构都具有一定的局限性，在某些性能上不能满足使用要求，因此往往需要将某些基本机构进行适当地组合，克服单一机构的缺点，以满足现代机械的复杂运动与性能要求。

　　机构组合是机构创新构型的重要方法之一，组合方式一般分为：串联式组合、并联式组合、复合式组合等。见表 11.10-2，详见第 11 篇第 6 章。

2.2　机构的演化与变异

2.2.1　机架的变换与演化

　　机架的变换与演化是机构创新设计的主要方法之一，基本方法是变换机构中的运动构件或机架。按照相对运动原理，变换后机构内各构件的相对运动关系不变，但可以改变输出构件的运动规律，从而满足不同功能的要求。因此利用机架的变换与演化可以得到不同特性的创新机构。

表 11.10-2　机构组合基本形式

类　别	基 本 型 式	基 本 概 念
串联式组合	 输入 → 机构1 → 机构2 → 机构3 → 输出	串联式组合是将若干个基本机构顺序连接,每一个前置机构的输出运动是后置机构的输入,连接点设置在前置机构的输出构件上。串联式组合可以是两个基本机构的串联组合,也可以为三个或三个以上基本机构的多级串联组合。采用串联方式组合机构可以改善机构的运动与动力特性
并联式组合	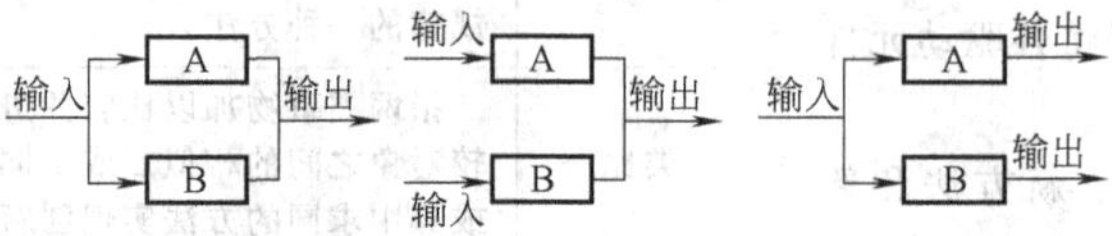 输入 → A/B → 输出（多个并列布置）	并联式组合是指两个或多个基本机构并列布置,运动并行传递,可实现机构的平衡,改善机构的动力特性,还可以实现需要相互配合的复杂动作与运动
复合式组合	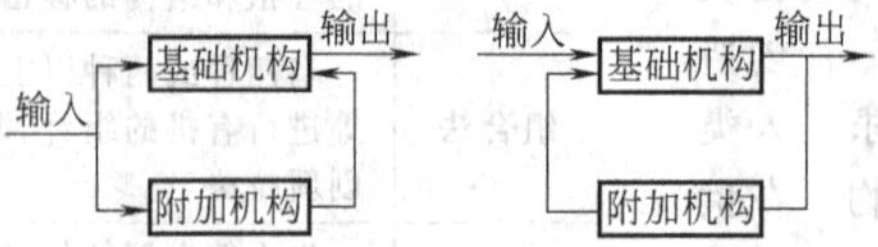 输入 → 基础机构/附加机构 → 输出	复合式组合是指具有两个或两个以上的机构为基础机构,将两个机构以一定的方式相连接,组成一个单自由度的组合机构。基础机构的两个输入运动中,一个来自机构的主动构件,另一个则与附加机构的输出件相联系。组合方式有构件并接式和机构反馈式两种

（1）低副机构的机架变换与演化。

1）铰链四杆机构的机架变换与演化。

铰链四杆机构在满足曲柄存在的条件下,取不同的构件为机架可以演化得到曲柄摇杆机构、双曲柄机构和双摇杆机构,见表 11.10-3。

2）含有一个移动副的四杆机构的机架变换与演化。

含有一个移动副的典型四杆机构是曲柄滑块机构,取不同的构件为机架可以演化得到转动（或摆动）导杆机构、曲柄摇块机构和移动导杆机构,见表 11.10-3。

3）含有两个移动副的四杆机构的机架变换与演化。

含有两个移动副的典型四杆机构是正弦机构,取不同的构件为机架可以演化得到双转块机构、曲柄移动导杆机构和双滑块机构,见表 11.10-3。

表 11.10-3　低副机构的机架变换与演化

	铰链四杆机构	含有一个移动副的四杆机构	含有两个移动副的四杆机构
构件4为机架	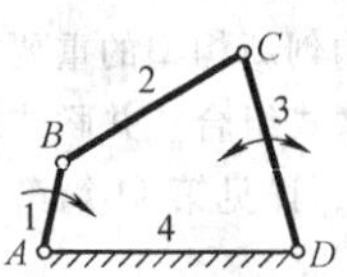 曲柄摇杆机构	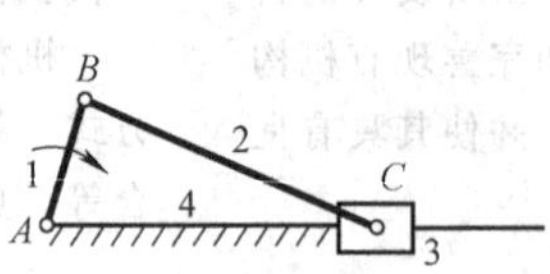 曲柄滑块机构	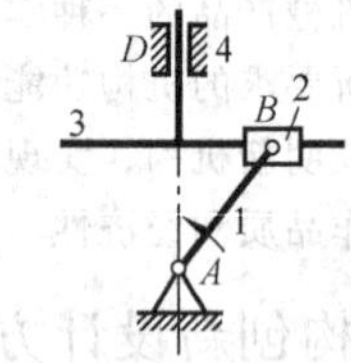 正弦机构
用途	搅拌机、颚式碎矿机等	压力机、内燃机、空气压缩机等	仪表、解算装置、织布机构、印刷机械等
构件1为机架	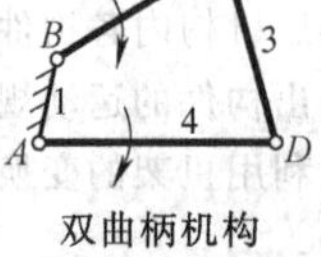 双曲柄机构	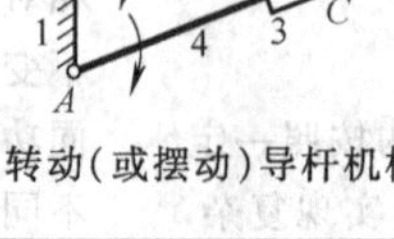 转动（或摆动）导杆机构	 双转块机构

（续）

	铰链四杆机构	含有一个移动副的四杆机构	含有两个移动副的四杆机构
用途	插床、惯性筛、平行双曲柄机构用于机车车轮联动机构，反向双曲柄机构用于车门开关等	回转式液压泵、小型刨床、插床等	十字滑块联轴器等
构件2为机架	曲柄摇杆机构	曲柄摇块机构	曲柄移动导杆机构
用途	同前面曲柄摇杆机构	摆缸式原动机，液压驱动装置，气动装置、插齿机主传动等	仪表、解算装置等
构件3为机架	双摇杆机构	移动导杆机构	双滑块机构
用途	鹤式起重机、飞机起落架及汽车、拖拉机上操纵前轮转向等	手摇唧筒、双作用式水泵等	椭圆仪等

（2）高副机构的机架变换

高副机构不具有运动的可逆性，通过机架的变换演化后可以产生新的运动形式。如图 11.10-1a 所示是凸轮机构常用的工作形式，此时凸轮 1 为主动构件，摆杆 2 为从动构件；如果对主动构件进行机架变换，摆杆 2 为主动构件，则可得到如图 11.10-1b 所示的反凸轮机构；如果对机架进行变换，构件 2 为机架，构件 3 为主动件，则得到如图 11.10-1c 所示的浮动凸轮机构；或凸轮固定，构件 3 为主动构件，则变成了如图 11.10-1d 所示的固定机构。

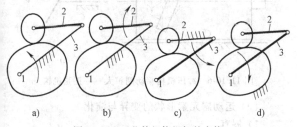

a)　　　b)　　　c)　　　d)

图 11.10-1　凸轮机构机架的变换

2.2.2　运动副的变异与演化

运动副是构件与构件之间构成的可动连接，其作用是传递运动、动力或改变运动形式。通过对运动副元素的变异与演化，可改变原有机构的工作性能。运动副的变异与演化有以下几种形式：高副与低副之间的变异与演化；运动副大小的变异与演化；运动副元素形状的变异与演化。

（1）高副与低副之间的变异与演化

根据一定的约束条件，将平面机构中的高副虚拟地用低副代替，这就是所谓的高副低代，它表明了平面高副与平面低副的内在联系。为了不改变机构的结构特性及运动特性，高副低代的条件如下：

1）代替前后机构的自由度完全相同。

2）代替前后机构的瞬时运动状况（位移、速度、加速度）不变。

如图 11.10-2a 所示，构件 1 和构件 2 分别为绕 A 和 B 转动的两个圆盘，两圆盘的圆心分别为 O_1、O_2，半径为 R_1、R_2，它们在 C 点构成高副，当机构运动时，AO_1、O_1O_2 和 O_2B 均保持不变。设想在 O_1、O_2 间加入一个虚拟的构件 4，它在 O_1、O_2 处分别与构件 1 和构件 2 构成转动副，形成虚拟的四杆机构，如图中虚线所示，用此机构替代原机构时，代替前后机构中构件 1 和构件 2 之间的相对运动完全一样，并且代替后机构中虽增加了一个构件（增加了三个自由度），但又增加了两个转动副（引入了四个约束，仅相当于引入了一个约束，与原来 C 点处高副所引入的约束数相同），所以替代前后两机构的自由度完全相同。因此，机构中的高副 C 完全可用构件 4 和位于 O_1、O_2（曲率中心）的两个低副来代替。

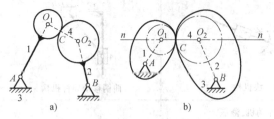

图 11.10-2　高副机构的高副低代（1）

图 11.10-2b 所示高副机构，两高副元素是非圆曲线，假设在某运动瞬时高副接触点为 C，可以过接触点 C 作公法线 n-n，在公法线上找出两轮廓曲线在 C 点处曲率中心 O_1 和 O_2，用在 O_1、O_2 处有两个转动副的构件 4 将构件 1、2 连接起来，便可得到它的代替机构，如图中虚线所示。需要注意的是，当机构运动时，随着接触点的改变，两轮廓曲线在接触点处的曲率中心也随着改变，O_1 和 O_2 点的位置也将随之改变。因此，对于一般高副机构只能进行瞬时替代，机构在不同位置时将有不同的瞬时替代机构，但是替代机构的基本形式是不变的。

高副低代的关键是找出构成高副的两轮廓曲线在接触点处的曲率中心，再用一个构件和位于两个曲率中心的两个转动副代替该高副。如两接触轮廓之一为直线，如图 11.10-3a 所示，则可把直线的曲率中心看成趋于无穷远处，此时替代转动副演化成移动副，如图 11.10-3b 所示。若两接触轮廓之一为一点，如图 11.10-4a 所示，那么点的曲率半径等于零，其替代机构如图 11.10-4b 所示。

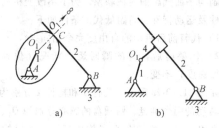

图 11.10-3　高副机构的高副低代（2）

（2）运动副大小的变异与演化

在图 11.10-5 所示的曲柄滑块机构中，若曲柄 AB 的结构尺寸很短而传递动力又较大时，在一个尺寸较短的构件 AB 上加工装配两个尺寸较大的转动副

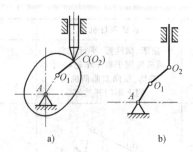

图 11.10-4　高副机构的高副低代（3）

是不可能的，此时可将曲柄改为几何中心与回转中心距离等于长度 AB 的圆盘，如图 11.10-5b 所示，常称此种机构为偏心轮机构。这种机构可以看成曲柄滑块机构中转动副 B 的半径扩大超过曲柄 AB 的长度。这种机构的转动副可以承受很大的力，故在压力机、剪床、夹具以及锻压设备中得到了广泛应用。

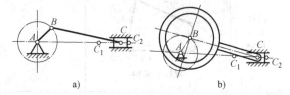

图 11.10-5　转动副的大小的变异与演化

移动副的扩大是指组成移动副的滑块与导路尺寸的增大，并且尺寸增大到将机构中其他运动副包含在其中。如图 11.10-6 所示是由正弦机构组成的冲压机构，将移动副 C 的尺寸扩大，将转动副 A 和移动副 B 包括在其中，由于滑块的质量很大，可产生很大的冲击力。如图 11.10-7 所示是由曲柄滑块机构构成的冲压机构，将构件 3 与滑轨之间移动副 C 扩大，将转动副 A 和移动副 B 包括在其中，由于滑块的质量很大，可产生很大的冲击力。

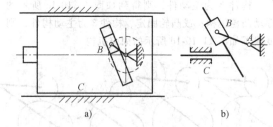

图 11.10-6　冲压机构移动副扩大——正弦机构

（3）运动副元素形状的变异与演化

1）展直。

如图 11.10-8 所示的曲柄摇杆机构中，将杆 3 的长度增大，则 C 点轨迹 β-β 的半径增大至无穷大，即 D 点位于无限远处，此时 C 点将沿直线 β'-β' 移动，即转动副 D 转化成移动副，曲柄摇杆机构则演化成偏距 $e \neq 0$ 的偏

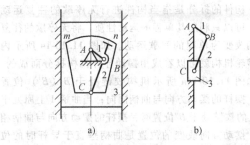

图 11.10-7 冲压机构移动副扩大——曲柄滑块机构

置曲柄滑块机构,如图 11.10-8b 所示,当偏距 $e=0$ 时称为对心曲柄滑块机构,如图 11.10-8c 所示。这种机构常应用在压力机和内燃机等机构中。若继续改变图 11.10-8c 中对心曲柄滑块机构中杆 2 的长度,转动副 C 转化成移动副,又可演化成双滑块机构,如图 11.10-8d 所示。这种机构常应用在仪表和解算装置中。

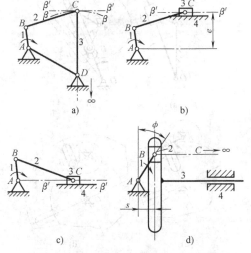

图 11.10-8 曲柄摇杆机构的运动副元素形状的变异与演化

2) 绕曲。

楔块机构的斜面接触,如图 11.10-9a 所示,若在移动平面上进行绕曲,就变成盘形凸轮机构的平面高副,如图 11.10-9b 所示,若在水平平面上绕曲就演化成螺旋机构的螺旋副,如图 11.10-9c 所示。

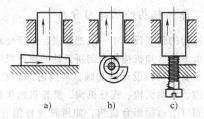

图 11.10-9 楔块机构运动副的绕曲

3) 重复再现。

当运动副元素在机构的一个运动周期内重复再现时,原始机构就演化为具有新功能的机构。如图 11.10-10a 所示为一摆动从动件弧面凸轮机构,将摆杆设计成垂直面的圆盘形状,并使高副接触的小滚子沿圆盘轮缘重复再现,就演化成凸轮式间歇运动机构,如图 11.10-10b 所示;如图 11.10-10c 所示为一移动从动件圆柱凸轮机构,将推杆设计成水平面的圆盘形状,并使高副接触的小滚子沿圆盘轮缘重复再现,就演化成凸轮式间歇运动机构,如图 11.10-10d 所示。

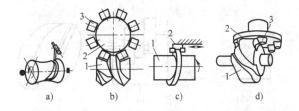

图 11.10-10 运动副元素的重复再现

2.2.3 构件的变异与演化

(1) 构件形状的变异

图 11.10-11 为圆盘式联轴器的变异与演化过程,它是由平行四边形机构(见图 11.10-11a),增加虚约束后变为图 11.10-11b,将连架杆 AOD 和 BCE 的形状变为两个圆盘(见图 11.10-11c),可实现一个圆盘转动带动另一个圆盘旋转。进一步缩小机架 OC 的尺寸,继续增加虚约束,以增加运动与动力传动的稳定性和联轴器的连接刚度,形成了圆盘式联轴器,将连杆和两个转动副 A、B 用高副替代,即构造成孔与销的结构,形成了孔销式联轴器,如图 11.10-11d 所示。这种联轴器结构紧凑,常用于摆线针轮减速器的输出装置中。

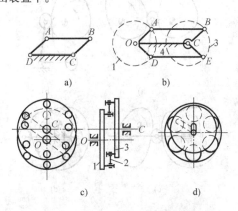

图 11.10-11 联轴器的变异与演化

十字滑块联轴器就是在如图 11.10-12a 所示的双滑块机构的基础上通过构件的变异与演化而成的。在图 11.10-12a 中构件 4 为机架，A、B 为两个固定转动副，当转块 1 为主动构件时，可以通过连杆 2 将转动传递给转块 3，将 1、2、3 构件的形状改变成含有滑槽和凸缘的圆盘形状，如图 11.10-12b 所示，可实现构件 1 和 3 的整周转动。其中连杆 2 变成了如图 11.10-12c 所示的两面各有矩形条状的凸缘圆盘，圆盘 2 的凸缘分别嵌入转盘 1 和转盘 3 相应凹槽内。机架支承两固定转轴，此时当转盘 1 转动时，转盘 3 以同样的速度转动，构成十字滑块联轴器。

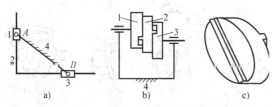

图 11.10-12　十字滑块联轴器的变异与演化

（2）构件的合并与拆分

构件的变异与演化还可以通过对机构中的某个构件进行合并与拆分，以实现新的功能或各种工作要求。

1）构件合并。

共轭凸轮可以看成是由主凸轮和从凸轮合并而成的，如图 11.10-13 所示。图 11.10-13a 和图 11.10-13b 为凸轮分开结构，这种结构需要同步驱动装置，而且体积大、成本高、应用较少；如果将主凸轮和从凸轮合并，从动件也相应改变，即可得到合并式共轭凸轮机构，如图 11.10-13c 和图 11.10-13d 所示，这种凸轮机构应用较多。

2）构件拆分。

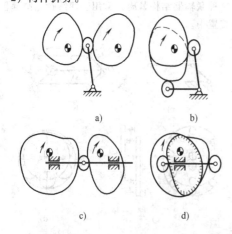

图 11.10-13　共轭凸轮的合并变异

构件的拆分是指当构件进行无停歇的往复运动时，可以只利用其单程的运动性质，将无停歇的往复运动改变为单程的间歇运动。如图 11.10-14 所示内外槽轮机构就可以看成由摆动导杆机构拆分而成的。当如图 11.10-14a 所示机构铰链处于 B（B'）位置时，摆杆的摆动方向与曲柄同向；当曲柄 1 上原处于 B 处的铰链处于 B'' 位置时，摆杆的摆动方向与曲柄相反，摆动方向改变的位置是曲柄垂直于导杆时的位置，如图 11.10-14b 所示。若以该垂直位置为分界线，把导杆形状改为盘形，则同时把导杆的槽分成两部分，一部分为外槽轮，一部分为内槽轮。当曲柄上的拨销进入外槽轮时，转盘 2 与曲柄 1 的转动方向相反，如图 11.10-14c 所示；当曲柄上的拨销进入内槽轮时，转盘 2 与曲柄 1 的转动方向相同，如图 11.10-14d 所示。

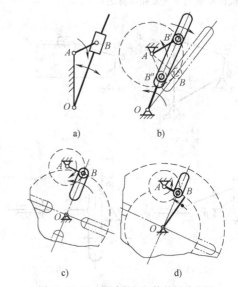

图 11.10-14　摆动导杆机构的拆分变异

2.3　机构运动链的再生

机构运动链再生是首先确定原始已有机构，并分析其机构组成，将原始机构转化成一般运动链，求出一般运动链图谱，将特定化运动链转化成特定化机构，即再生的新机构。

2.3.1　原始机构的选择与分析

在机构的创新设计中一般把能满足设计要求又具有开发潜力的已知机构作为创新设计的原始机构，原始机构是新型机构设计的基础，常用的原始机构有：齿轮机构、凸轮机构、连杆机构、槽轮机构和棘轮机构等。同时也包括组合机构，如齿轮连杆组合机构、凸轮连杆组合机构等。

2.3.2 一般化运动链

将原始运动链一般化的转化原则：

1) 将非刚性构件转化为刚性构件；
2) 将非连杆形状的构件转化为连杆；
3) 将高副转化为低副；
4) 将非转动副转化为转动副；
5) 各构件与运动副的邻接关系应保持不变；
6) 解除固定杆的约束，机构转化为运动链；
7) 运动链在转化过程中自由度应保持不变。

常用的弹簧、滚动副、高副、移动副、液压缸和力的一般化图例见表 11.10-4。

表 11.10-4 一般化图例

名称	图例	一般化	说明
弹簧		S	两构件之间的弹簧连接，用 II 级杆组代替，中间铰接点标注"S"
滚动副	1 2	R	两构件之间纯滚动接触，形成滚动副，用滚动副 R 代替
高副	1 O_1 2 O_2	HS O_1 O_2 2 1	构件 1 和 2 组成高副，O_1 和 O_2 分别为该高副在接触点的曲率中心，以一杆（HS）、两转动副 O_1 和 O_2 代替
移动副	1 2	P 1 2	移动副用转动副代替并标注"P"
液压缸	1 2	H	两构件之间构成变长度杆，用 II 级杆组代替，中间铰接点标注"H"
力	1 2	$F_p(F_r)$ 1 2	构件 1、2 之间作用力 F，该力的作用效果等价于弹簧力，可用 II 级杆组代替，当为主动力时，中间铰接点标注"F_p"；当为阻力时，中间铰接点标注"F_r"

图 11.10-15 是凸轮机构及其一般化运动链，图 11.10-16 是齿轮机构及其一般化运动链，图 11.10-17 是力作用构件及其一般化运动链，图 11.10-18 是夹持机构及其一般化运动链。

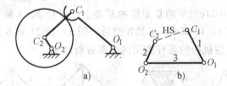

图 11.10-15 凸轮机构及其一般化运动链

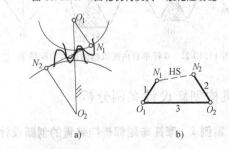

图 11.10-16 齿轮机构及其一般化运动链

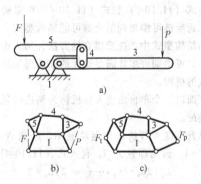

图 11.10-17 力作用构件及其一般化运动链

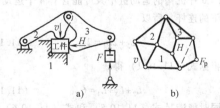

图 11.10-18 夹持机构及其一般化运动链

2.3.3 运动链的连杆类配

将机构转化为一般运动链后，可以得到一个或几个运动链，每一个运动链包含不同数量的运动副和杆，这些运动链的总合称为连杆类配。一般化运动链中的连杆类配可表示为：

$$L_A(L_2/L_3/L_4/\cdots L_n)$$

式中，L_2、L_3、L_4、$\cdots$、L_n 为具有 2 个运动副、3 个运动副、$\cdots$、n 个运动副的连杆数量。

连杆类配可分为两类：1）由原始机构转化成的一般化运动链得到的连杆类配，称为自身连杆类配；2）按照自由度不变、连杆数不变、运动副数量不变的原则，由一般化运动链推导出可能构成的连杆类配，称为相关连杆类配。根据相关连杆类配原则，相关连杆类配应满足下列条件：

$$L_2+L_3+L_4+\cdots+L_n=N（连杆数量不变）$$
$$(11.10-1)$$

$$2L_2+3L_3+4L_4+\cdots+nL_n=2J（运动副数量不变）$$
$$(11.10-2)$$

式中　N——运动链中的连杆数量；

　　　　J——运动链中的运动副的数量。

将上式代入平面连杆机构自由度公式得

$$F=3(N-1)-2J（自由度不变）$$

得　　$F=L_2-L_4-2L_5-\cdots-(n-3)L_n-3$　$(11.10-3)$

将式（11.10-2）与式（11.10-3）相减得

$$L_3+2L_4+3L_5+\cdots+(n-2)L_n=N-(F+3)$$
$$(11.10-4)$$

由式（11.10-1）和式（11.10-4）可以确定组成一般化运动链可能出现的全部可能结构型式。在这些可能的结构型式中，按照组合的方法，加入设计的约束条件，可得到许多能满足设计约束的再生运动链及其相应的机构。

下面以一个单自由度 6 杆机构为例进行运动链的连杆类配。

单自由度 6 杆机构的运动链中，杆数 $N=6$，自由度 $F=1$，运动副数 $J=7$。代入式（11.10-4）中得

$$L_3+2L_4+3L_5+\cdots+(n-2)L_n=2$$

由上式可知：因为 L_2、L_3、L_4、$\cdots$、L_n 为正整数，所以该运动链中不可能含有 5 个及以上运动副的杆，即 6 杆机构的运动链中只可能含有 4 个运动副元素以下的连杆，所以

$$L_3+2L_4=2 \qquad (11.10-5)$$

根据式（11.10-1）得

$$L_2+L_3+L_4=6 \qquad (11.10-6)$$

同时能满足式（11.10-5）和式（11.10-6）的 6 杆机构连杆类配方案，见表 11.10-5。

表 11.10-5　单自由度 6 杆机构运动链的类配方案

类配方案	L_2	L_3	L_4	$L_2+L_3+L_4$	L_3+2L_4
Ⅰ	4	2	0	6	2
Ⅱ	5	0	1	6	2

方案 Ⅰ 可表示为 $L_A(4/2/0)$，其连杆类配可用图 11.10-19 表示，方案 Ⅱ 可表示为 $L_A(5/0/1)$，其连杆类配可用图 11.10-20 表示。

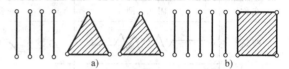

图 11.10-19　6 杆机构的运动链连杆类配

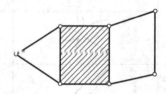

图 11.10-20　运动链 L_A (5/0/1)

将方案 Ⅰ 和方案 Ⅱ 中的 2 副元素杆和 4 副元素杆分别进行组合构建新的运动链，按照自由度不变的条件，方案 Ⅱ 只能构成如图 11.10-20 所示的运动链，而该运动链必然会出现一个由 3 构件构成的刚体，将这样的运动链还原成为 4 杆机构，已不同于原始 6 杆机构运动链的结构，因此 6 杆机构的运动链连杆类配方案只有方案 Ⅰ。

将方案 Ⅰ 中的 4 个 2 副元素杆和 2 个 3 副元素杆进行组合，能得到图 11.10-21a 的史蒂芬孙链（称为 Ⅰ 型链）和图 11.10-21b 所示的瓦特链（Ⅱ 型链）。在图 11.10-21a、b 的基础上，使 1、4 与 5 构成复合铰链，变成图 11.10-21c 所示的 Ⅲ 型链。在图 11.10-21c 所示的 Ⅲ 型链的基础上，使杆 2、3 和 6 构成图 11.10-21d 所示的 Ⅳ 型链。图 11.10-21 是 6 杆单自由度机构的连杆类配的全部分析结果。

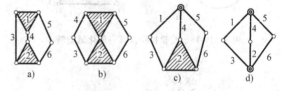

图 11.10-21　6 杆单自由度机构的连杆类配结果

3　机构创新设计案例分析

3.1　案例 1　摩托车尾部悬挂装置的创新设计

下面以摩托车尾部悬挂装置的设计为例，进一步

说明机构的再生运动链及创新设计。

（1）原始机构

选择如图 11.10-22 五十铃越野摩托车后轮悬架机构为原始机构，1 为机架、2 为支承臂、3 为摆动杆、4 为浮动杆、5 和 6 分别为减振器的活塞和气缸。

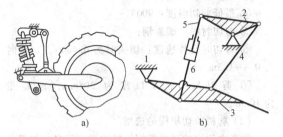

图 11.10-22　五十铃越野摩托车
后轮悬架原始机构简图

（2）设计约束

对悬挂系统中的连杆的功能和相互位置关系提出以下约束条件，作为新机构类型的创新设计依据：

1）必须有一个减振器 S；

2）必须有一个固定杆作为机架 G；

3）必须有一个安装后轮的摆动杆 S_w；

4）机架 G、减振器 S 和摆动杆 S_w 必须是不同的构件；

5）摆动杆 S_w 必须与机架 G 相邻。

（3）一般化运动链

将原始机构的机架释放，并将减振器（液压缸）用表 11.10-4 所列图例代替后，得到原始机构转化出的两种基本的一般化运动链，即史蒂芬孙运动链（见图 11.10-21a）和瓦特运动链（见图 11.10-21b）。将两种运动链中的连杆按应用功能进行组合分配。

1）两种运动链取不同的构件为机架，构成非同构形式的 5 种运动链形式，如图 11.10-23 所示。

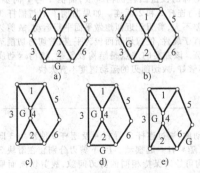

图 11.10-23　满足机架设置要求的再生运动链

2）由于只有Ⅱ级杆组才可以构成减振器，而在图 11.10-23e 中没有可以作为减振器的Ⅱ级杆组，故

在安排上机架 G 和减振器 S 后，运动链的非同构形式只有如图 11.10-24 所示的 4 种运动链形式。

3）将图 11.10-24 所示的 4 种运动链形式分别取不同的构件为摆杆 S_w，其可以构成如图 11.10-25 所示的 10 种非同构的结构型式，从而获得 10 种后轮悬挂机构的可行性方案。

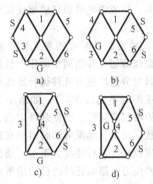

图 11.10-24　满足减振器设置要求的再生运动链

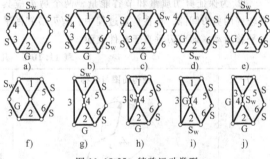

图 11.10-25　特殊运动类型

（4）新机构

对于实际设计问题，其约束是多变的。考虑摆动杆 S_w 必须与机架 G 相邻的约束条件。如图 11.10-25 所示的 10 种方案中只有图 11.10-25a、b、d、f、h、i 能满足实际要求，于是用一般化过程反推得到图 11.10-26 所示的 6 种机构。

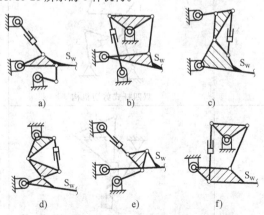

图 11.10-26　满足运动链条件的新机构

3.2　案例 2　飞剪机剪切机构的创新设计

（1）飞剪机的功能和设计要求

1）功能。

在轧钢过程中，能够横向剪切运行中轧件的剪切机称作飞剪机，将飞剪机安置在连续轧制线上，用于剪切轧件的头、尾或将轧件剪切成规定尺寸。

2）设计要求。

① 剪刃在剪切轧件时要随着轧件一起运动，即剪刃应同时完成剪切与移动两个动作，且剪刃在轧件运行方向的瞬时分速度应与轧件运行速度相等或稍大于扎件运行速度（不超过 3% ）。如果小于轧件的运行速度则剪刃将阻碍运行，会使轧件弯曲，甚至产生轧件缠刀事故。反之，如果剪切时剪刃在轧件运动方向的瞬时速度比轧件送进速度大很多，则轧件中将产生较大的拉伸应力，影响轧件的剪切质量并增加飞剪机的冲击载荷。

② 为保证剪切质量和节省能量，两个剪刃应具有较好的剪刃间隙，且在剪切过程中，剪刃最好做平面平移运动，即剪刃垂直于扎件表面。

③ 剪刃不得阻碍轧件的连续运动，即剪刃在空行程时应脱离轧件。

3）性能要求和原始数据

① 最大剪切力：300000N；

② 侧向推力：95000N；

③ 最大剪切截面：20mm×230mm；

④ 最低剪切温度：900℃；

⑤ 剪切材料：碳素钢；

⑥ 剪切时轧件速度：切头时为 0.4m/s，切尾时为 0.8~1.3m/s；

⑦ 剪刃尺寸：开口度为 205mm，重叠量为 10mm。

（2）剪机剪切机构的选型

生产中使用的飞剪机剪切机构类型很多，如圆盘式、滚筒式、曲柄摇杆式、摆式等，其结构特点、运动特性及适用范围各不相同，就剪切机构而言，可以是一个基本机构，也可以是组合机构。表 11.10-6 给出了几种飞剪机剪切机构，在机构选型时进行分析比较、评价选优。

表 11.10-6　几种飞剪机剪切机构

序号	结构简图与名称	机构组成、特点及应用
1	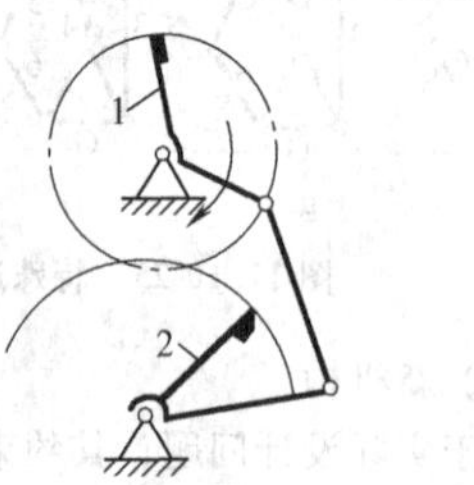 四连杆式剪切机构	上剪刃与曲柄 1 固连，下剪刃与摇杆 2 固连。剪切时上剪刃随主动件曲柄 1 做整周转动，下剪刃随从动件摇杆 2 做往复摆动。该方案结构简单，剪切速度高，但由于剪切过程中剪刃的间隙变化，所以剪切质量不好，且下剪刃空行程时将阻碍轧件运动
2	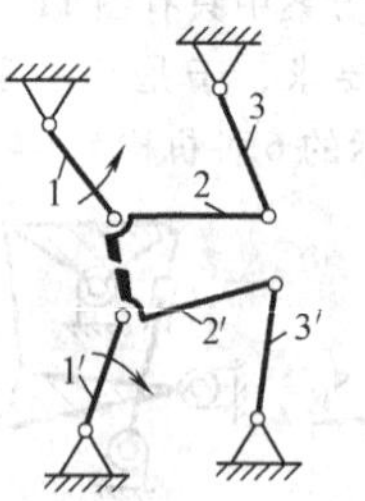 双四杆式剪切机构	由两套完全对称的铰链四杆机构组成，曲柄 1 与 1′ 同步运动。上、下剪刃分别与连杆 2 和 2′ 固连。如果曲柄 1、1′ 及摇杆 3、3′ 的长度设计得相差不大，剪刃能近似地做平面平行运动，故剪刃在剪切时切削刃垂直于轧件，使剪切断面较为平直，剪切时切削刃的垂叠也容易保证。该方案的缺点是结构较复杂，机构运动质量较大，动力特性不够好，故切削刃的运动速度不宜太快
3	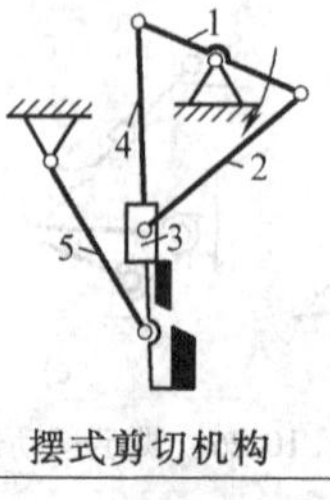 摆式剪切机构	构件 1 为主动件，通过连杆 2、导杆 4 及摆杆 5 使滑块 3 既相对于导杆移动，又随导杆一起摆动。上、下剪刃分别装在滑块 3 与导杆 4 上。该机构可始终保持相同的剪刃间隙，故剪切断面质量较好。如果将摆杆 5 制成弹簧杆，可保证剪切时剪刃随轧件一起运动，剪切结束靠弹簧力返回原始位置。该剪切机构能够剪切截面较大的钢坯

（续）

序号	结构简图与名称	机构组成、特点及应用
4	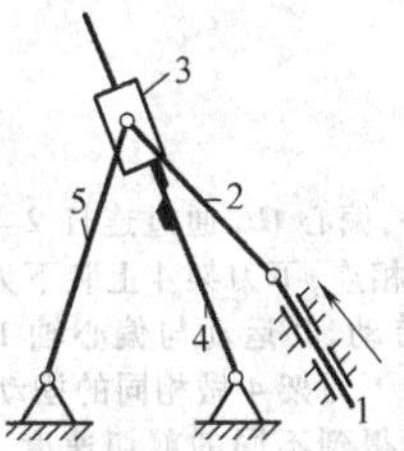 杠杆摆动式剪切机构	构件 1 为主动件，做往复移动，上、下剪刃分别安装在滑块 3 与构件 4 上。当主动件运动时，通过连杆 2 带动摆杆 5 往复摆动。由于构件 2、摆杆 5 与滑块 3 铰接，使其沿构件 4 滑动且带动构件 4 往复摆动。该机构无剪刃间隙变化，但由于主动件做往复移动，使剪刃的轨迹为非圆周的复杂运动轨迹，另外，由于往复运动的惯性，限制了剪切速度，一般用于速度较低的场合
5	 偏心轴式摆动剪切机构	偏心轴 1 为主动件，上、下剪刃分别安装在构件 3 与构件 2 上。偏心轴转动时，上、下剪刃靠拢进行剪切。该剪切机构主要用于剪切钢坯的头部，剪切断面较平直
6	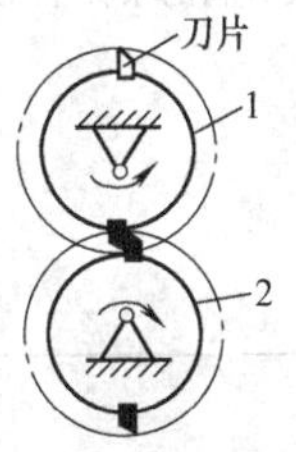 刀片 滚筒式剪切机构	上、下剪刃分别安装在滚筒 1、2 上。滚筒旋转时，刀片做圆周运动。当剪刃在图示位置相遇时，对轧件进行剪切。由于这种剪切机构的剪刃做简单的圆周运动，可以剪切运动速度较高的轧件，但由于上、下剪刃之间的间隙变化，剪切断面质量较差，仅适用于剪切线材或截面尺寸较小的轧件
7	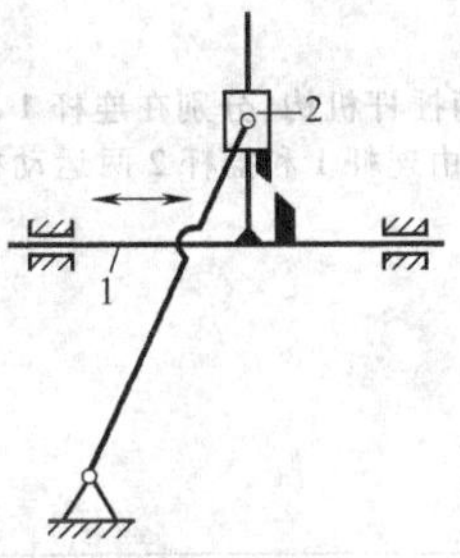 移动式剪切机构	含有两个移动副，移动导杆 1 为主动件，上、下剪刃分别安装在导杆 1 与滑块 2 上。当移动导杆运动时，上剪刃在前进过程中与下剪刃相遇将轧件剪断。该剪切机构剪刃无间隙变化，故剪切度量较好，但由于下剪刃装在移动导杆上，故其运动轨迹为直线
8	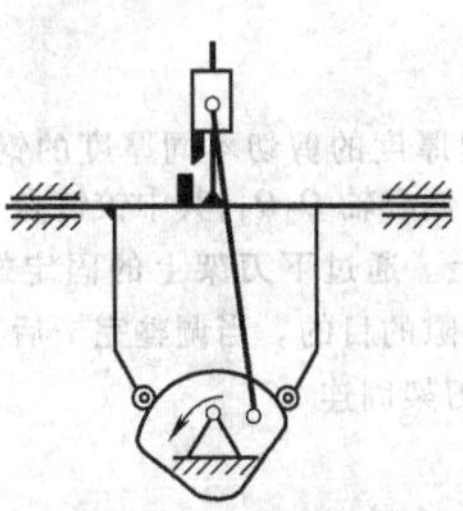 凸轮移动式剪切机构	该机构的执行构件与移动式剪切机构相同，只是主动件采用了等宽凸轮，凸轮机构的从动件则为移动导杆。与移动式剪切机构相比，由于主动件为连续的回转运动，避免了往复运动的惯性，剪切速度可相对提高，其他性能两者大致相同

（续）

序号	结构简图与名称	机构组成、特点及应用
9	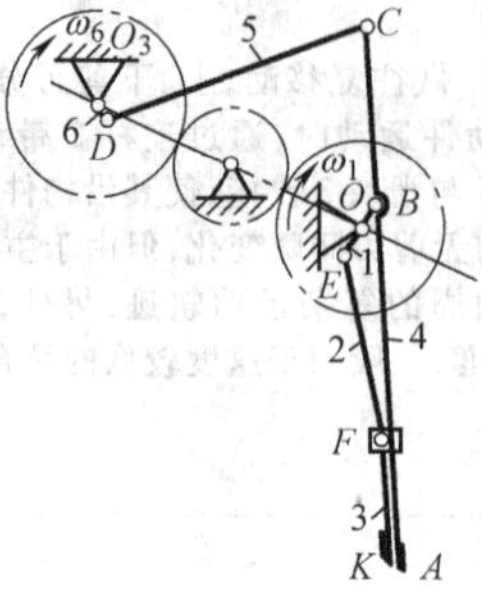 偏心摆式剪切机构	偏心轴 1 为主动件，偏心 OE 通过连杆 2 与上刀台 3 相连，另一偏心 OB 与下刀架 4 相连，下刀架 4 上装下刀台。偏心轴 6 由偏心轴 1 通过齿轮机构带动，其运动与偏心轴 1 同步。通过连杆 2、5 分别带动上刀台 3 与下刀架 4 做相同的摆动，同时又有相对移动，以完成剪切运作。为得到不同的剪切速度，还可将连杆 5 制成弹簧杆
10	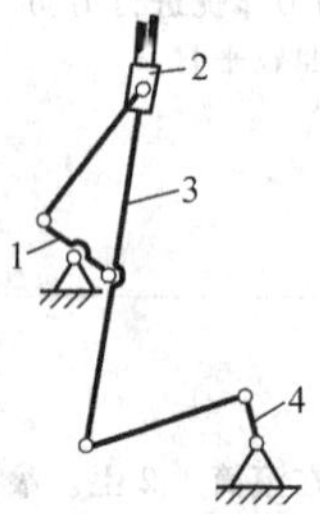 轨迹可调摆式剪切机构	构件 1 为主动件，下剪刃与滑块 2 固连，上剪刃固连于导杆 3 上。构件 4 为调节构件，可以通过其位置调节剪刃的运动轨迹和剪切位置，以使飞剪在最有利的条件下工作。剪切机工作时，构件 4 不动
11	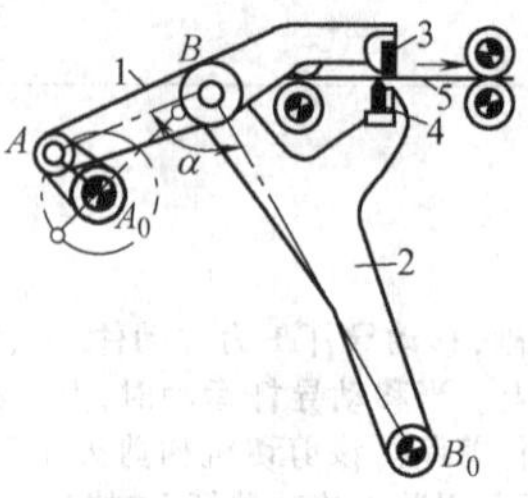 曲柄摇杆式剪切机构	主体机构为曲柄摇杆机构，分别在连杆 1 和摇杆 2 上安装上刀片 3 和下刀片 4。由连杆 1 和摇杆 2 两运动构件的相对运动将钢带 5 切断
12	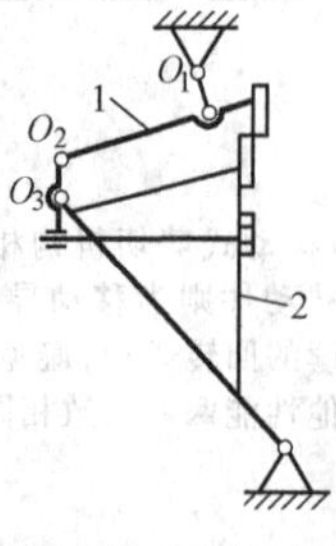 剪刃间隙可调剪切机构	为实现剪切不同厚度的剪切不同厚度的钢板，在上刀架 1 与下刀架 2 之间设置一偏心轴 O_2O_3，其中铰链点 O_2 固连于上刀架上，O_3 固连于下刀架上。通过下刀架上的固定螺栓，使偏心轴转动，以达到调整剪刃间隙的目的。当调整完毕后，O_2O_3 不能相对于下刀架运动，即与下刀架固连

（续）

序号	结构简图与名称	机构组成、特点及应用
13	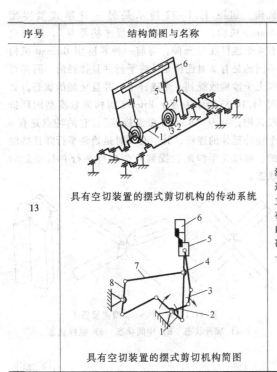 具有空切装置的摆式剪切机构的传动系统 具有空切装置的摆式剪切机构简图	构件 6、5 分别为上、下刀架，下刀架 5 在上刀架 6 的滑槽中上下滑动。上刀架 6 与剪切机构的主轴 1 铰接，刀架 5 与连杆 4 铰接，通过外偏心套 3 和内偏心套 2 装在主轴 1 上，内、外偏心套各自独立运动。只有当内、外偏心套转到最上位置，且主轴 1 上的偏心也在同一时刻转到最下位置时，上、下剪刃才能相遇进行剪切。如果内、外偏心套和主轴 1 的转速相同，则刀架每摆动一次就剪切一次。外偏心套的转速为主轴 1 转速的 1/2 时，刀架每摆动两次剪切一次

（3）飞剪机剪切机构方案评价

考虑满足基本运动形式的要求，即切头、切尾的速度要求及开口度和重叠量的要求。对 13 种方案进行分析、比较，筛选出满足要求的双四杆式剪切机构、摆式剪切机构、偏心摆式剪切机构为初选方案，进一步可以用模糊综合评价法进行评价选优。

3.3 案例 3 折展机构的创新设计

大型空间折展机构往往是由一系列基本折展单元按照一定的机构学原理连接而成的，折展机构网络组网的基础是将两个基本折展机构模块单元可动地连接在一起，可动连接的方式有：1）共用支链连接：两个基本机构模块单元的部分运动支链具有相同的运动度时，两个机构的这部分支链通过共用方式合并到一起；2）共用连杆连接：两个机构通过共用某个刚性体而连接到一起；3）共用附加机构连接：两个机构通过附加在第三个开环或者闭环机构上而连接到一起。

（1）共用支链连接

由于任何两个连杆连接到一个转动副上均具有绕着该转动副的转动自由度，这一点使得任何两个含有转动副的单闭环机构都可以共用两个连杆和一个转动副。如图 11.10-27 所示为两个 5R Myard 折展机构，由连杆 b、e 和转动副 D 所组成的支链与由连杆 c、e 和转动副 C 所组成的支链具有相同的自由度，则可以通过共用这部分运动链把两个相同的折展机构连接

到一起，相邻的两个单闭环支链共用了一个转动副和两个连杆，也可以通过共用任何一个具有相同运动度的支链将相邻的两个单闭环机构连接到一起。本方法称为共用支链的可动连接方法。如图 11.10-28 所示为 5R Myard 折展机构单元通过共用部分支链连接而成的四模块伞形机构，a）为展开状态，b）为中间状态，c）为折叠状态。

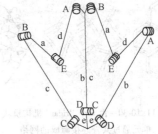

图 11.10-27　两个单闭环 5R 折展机构共支链连接

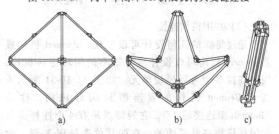

图 11.10-28　由 5R Myard 折展机构单元通过共用部分支链连接而成的四模块伞形机构

a）展开状态　b）中间状态　c）折叠状态

（2）共用连杆连接

两个机构还可以通过共用一个连杆的方式连接到一起，此时，如果仅有单独的两个闭环连接到一起，则两个闭环的运动度不能被关联起来，即两个单闭环机构可以独立地运动，相互之间没有影响。

如图 11.10-29 所示为两个 Bricard 机构，连杆 f_1 和 c_2 可以合并成为一个公共的连杆而把两个 6R 机构连接到一起。该种连接方式中，连杆 e_1 相对于 d_2 能够实现两个自由度的转动，由于两个单闭环机构的运动度没有被关联起来。为了把这些单闭环机构的运动度关联起来，需要采用 6 个这样的单闭环 6R 机构组合成一个更大的封闭环机构，组成一个变参数 Bricard 机构。如图 11.10-30 所示为机构的展开状态，展开时 6 个正六边形结构组合在一起，中间的封闭环含有 12 个转动副，通过 6 个 6R 机构把该 12R 单闭环机构约束成单自由度机构。

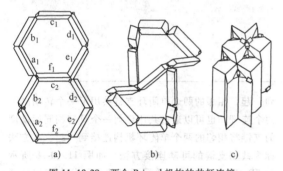

图 11.10-29　两个 Bricard 机构的共杆连接

a）展开状态　b）中间状态　c）收拢状态

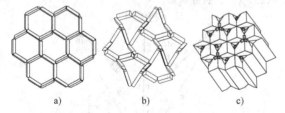

图 11.10-30　由 6 个 Bricard 机构模块

单元通过共杆连接而成的网络

a）展开状态　b）中间状态　c）收拢状态

（3）共用机构连接

通过特殊的几何设计可以发现，Bennett 机构或者 Bricard 机构可以设计成为紧凑的闭环连接机构，用于连接多个可展模块单元。如图 11.10-31 所示为基于 Bennett 机构的紧凑型封闭环机构，称为"Bennett 型连接器 I"，它的特点是有 4 个连杆是从封闭环机构往外延伸的，在展开状态呈现 X 形，而在收拢状态下 4 个连杆可以无干涉地收拢到 4 个连杆平行并且接触的状态，这四个连杆可以用于连接其他

机构。如图 11.10-32 所示是另一种形式紧凑型 Bennett 机构，称为"Bennett 型连接器 II"，同样也有 4 个连杆往外延伸，与前一种紧凑型 Bennett 机构不同的是有 2 对连杆是始终平行并且接触的，同样可以无干涉地收拢到 4 个连杆平行并且接触的状态。如图 11.10-33 所示为基于 Bricard 机构的紧凑型闭环折展机构，称为"Bricard 型连接器"，它的特点是有 6 个往外延伸的连杆，其中有 3 对是始终平行并且接触的，可以无干涉地收拢到 4 个连杆平行并且接触的状态。

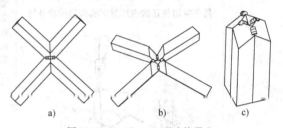

图 11.10-31　Bennett 型连接器 I

a）展开状态　b）中间状态　c）收拢状态

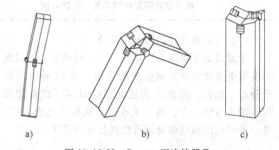

图 11.10-32　Bennett 型连接器 II

a）展开状态　b）中间状态　c）收拢状态

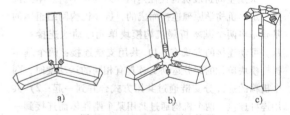

图 11.10-33　Bricard 型连接器

a）展开状态　b）中间状态　c）收拢状态

Bennett 型连接器 I 可以用于 Bennett 机构网络的构建，如图 11.10-34 所示是由 4 个 Bennett 封闭环机构通过共用 4 个 Bennett 型连接器 I 而组成的可展网络，机构可以紧凑地收拢到所有连杆平行并且接触的收拢状态。

采用 Bricard 型连接器可以把三个 Y 形折展 6R Bricard 机构单元连接到一起，整个机构连接后仍为单自由度机构，机构网络折展状态如图 11.10-35

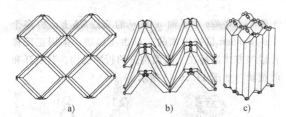

图 11.10-34 基于 Bennett 型连接
器 I 的 Bennett 机构组网
a）展开状态 b）中间状态 c）收拢状态

所示。

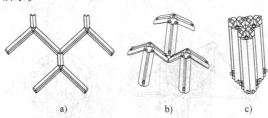

图 11.10-35 基于 Bricard 型连接器
的 Y 型 Bricard 机构组网
a）展开状态 b）中间状态 c）收拢状态

基于紧凑型封闭环机构的可动连接方式，两个闭环机构也可以以非紧凑型的封闭环机构可动地连接到一起。如图 11.10-36 所示是两个 Y 形折展 6R Bricard 机构单元通过共用一个非紧凑型的 Bennett 机构可动地连接到一起，机构可以紧凑地收拢到所有连杆平行并且接触的收拢状态，机构网络折展状态。

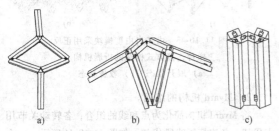

图 11.10-36 基于非紧凑型 Bennett 连接
器的 Y 型 Bricard 机构组网
a）展开状态 b）中间状态 c）收拢状态

如图 11.10-37 所示是三个 Y 形折展 6R Bricard 机构单元通过共用一个非紧凑型的 Bricard 机构而可动地连接到一起而构成的单自由度多闭环机构，机构可以紧凑地收拢到所有连杆平行并且接触的收拢状态，机构网络折展状态。

（4）典型机构单元的大尺度组网

1）4R Bennett 机构的组网。

如图 11.10-38 所示是 4R Bennett 机构通过共杆的可动连接方式构成大尺度的折展机构网络。在多模

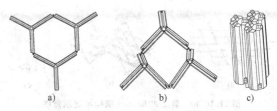

图 11.10-37 基于非紧凑型 Bricard 连接
器的 Y 型 Bricard 机构组网
a）展开状态 b）中间状态 c）收拢状态

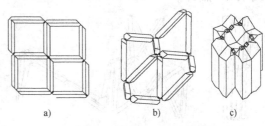

图 11.10-38 由 4R Bennett 机构模块
单元通过共杆连接组成的网络
a）展开状态 b）中间状态 c）收拢状态

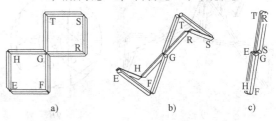

图 11.10-39 剪叉式 Bennett 机构示意图
a）展开状态 b）半展开状态 c）收拢状态

块的组网当中，它也是一种基于紧凑型 Bennett 机构的共闭环机构的连接方式，每 4 个 Bennett 模块通过共杆方式实现可动连接，4 个共用杆的交汇处形成了一个紧凑型的 Bennett 机构。Bennett 机构也可以通过空间剪叉机构与共紧凑型 Bennett 机构联合实现组网。如图 11.10-39 所示，两个几何参数完全相同的 Bennett 机构通过剪叉机构 G 连接，杆件 FG 和 GT 固连为一个杆件 FT，杆件 HG 和 GR 固连为一个杆件 HR，相当于杆件 FT 和杆件 HR 共用转动副 G，形成剪叉式 Bennett 机构的可动连接，剪叉 Bennett 机构的完全展开状态，最终各个杆件的轴线相互平行，达到完全收拢状态。

通过同时采用剪叉机构连接和共用紧凑型 Bennett 机构连接方式，则也可以把 Bennett 机构连接成为大尺度折展网络，如图 11.10-40 所示。

通过共用附加机构连接方式也可以对 Bennett 机构进行可动连接，如图 11.10-41 所示，中间连接处形成的 6R 机构为 Bricard 机构，其中转动副 A、B 和

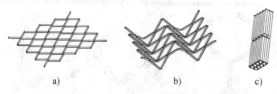

图 11.10-40　剪叉式 Bennett 机构扩展示意图
a) 展开状态　b) 半展开状态　c) 收拢状态

C 的轴线相交于一点 R，转动副 E、F 和 G 的轴线相交于另外一点 T。

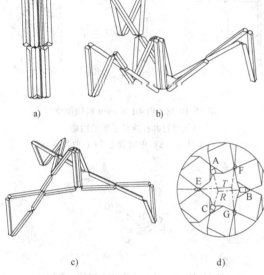

图 11.10-41　基于剪叉 Bennett 机构的单自由度模块
a) 收拢状态　b) 半展开状态
c) 最大展开状态　d) 中间连接处

将 4 个 Bennett 机构通过共用附加机构连接方式实现可动连接，如图 11.10-42 所示为 4 个 Bennett 机构组成的基本模块从完全收拢状态到完全展开状态。由于模块由 4 个单自由度 Bennett 机构组成，因此模块的自由度由中间连接处形成的 8R 机构所决定。对模块的实际运动分析可知，模块的自由度不唯一，但是在不加任何限制条件的情况下，模块从收拢状态到完全展开状态的整个过程中，整个机构是关于如图 11.10-42c 中的平面 α 和 γ 对称的，即在图 11.10-42d 的 8R 机构中，分别以 A、B、C 和 D 为轴线展开的角度始终是相等的，从而可以证明 E、F、G 和 H 的轴线始终交于一点。由于间隔的 Bennett 机构展开状态相同，相邻的展开状态一般不相同，这样过 A、B、C 和 D 的轴线一般不再交于一点，而是分别交于关于平面 α 和 γ 对称的不同的两点，同样可以得到如图 11.10-42b 转动副 T 和 R 的轴线交于一点，转动副 U 和 S 的轴线一般交于另外一点，这两个不同的交点位

于图 11.10-42c 中平面 α 和 γ 的交线 $\overline{MN}$ 上。将多个上述 Bennett 机构构成的二自由度模块，采用正反梯台连接方式连接在一起而构造的折展机构，其展开和收拢状态如图 11.10-43 所示。

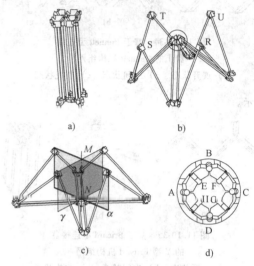

图 11.10-42　由 Bennett 机构构造的二自由度模块
a) 收拢状态　b) 半展开状态
c) 展开状态　d) 中间连接处

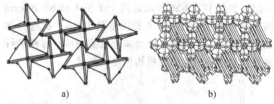

图 11.10-43　由二自由度模块采用正反
梯台连接方式构造的折展机构
a) 展开状态　b) 收拢状态

2) Myard 机构的组网。

将 Myard 机构简化为点和线的组合，各转动关节用点代替，各连杆用线段代替，如图 11.10-44 所示，一个 Myard 机构单元可以展开成一个平面构型，即等腰三角形。三角形的三个顶点为 A、B、D，点 C 为杆 2 和 3 的连接点，即边 BD 的中点，此三角形的顶角为原 U 副所在位置，大小为 $2\alpha_{12}$，两底角的大小均为 $90°-\alpha_{12}$。由于单个 Myard 机构完全展开后形成的三角形顶角为 $2\alpha_{12}$，那么 n 个 Myard 机构通过伞式连接装配在一起展开后会形成一个正 n 边形，则 $2\alpha_{12} \cdot n = 2\pi$，即推出满足伞式装配方式的几何协调条件为 $\alpha_{12} = \pi/n$。此新型机构完全展开后可构成一个平面正 n 边形，完全折叠后形成一捆，各杆均平行布置且垂直于中心底座，展开折叠过程像雨伞打开合拢过程一样，因此称此机构为伞形折展机构。图 11.10-45 为基于 Myard 机构的伞形折展机构的

实体模型图，展示了展开、中间和折叠三个状态，且满足 $\alpha_{12}=30°$；当 $\alpha_{12}=45°$ 时，伞形折展机构如图 11.10-46 所示；当 $\alpha_{12}=60°$ 时，伞形折展机构如图 11.10-47 所示。三种机构的中心底座分别采用正六边形、正方形和三角形底座，在棱边上均匀布置转动副与长杆相连，完全展开后分别形成正六边形、正方形和等边三角形构型。

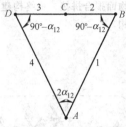

图 11.10-44　由 Myard 机构展开的平面三角形

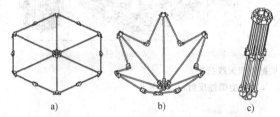

图 11.10-45　$\alpha_{12}=30°$ 的 Myard 机构的
伞形折展机构的实体模型图
a）展开状态　b）中间状态　c）收拢状态

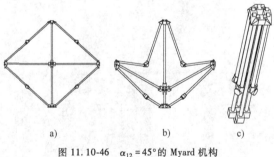

图 11.10-46　$\alpha_{12}=45°$ 的 Myard 机构
的伞形折展机构的实体模型图
a）展开状态　b）中间状态　c）收拢状态

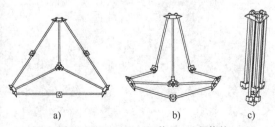

图 11.10-47　$\alpha_{12}=60°$ 的 Myard 机构的
伞形折展机构的实体模型图
a）展开状态　b）中间状态　c）收拢状态

按照上述装配方法，可以对满足 $\alpha_{12}=45°$ 和 $\alpha_{12}=60°$ 的 Myard 机构进行装配扩展，分别构造出另外两种第 I 类大尺度空间折展机构。如图 11.10-48 所示为满足 $\alpha_{12}=45°$ 的 Myard 机构进行伞形-闭环装配的模型图，验证了其运动折展特性。如图 11.10-49 所示为满足 $\alpha_{12}=60°$ 的 Myard 机构进行伞形-闭环装配的模型图，验证了其运动折展特性。

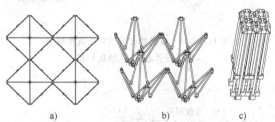

图 11.10-48　第 I 类基于 $\alpha_{12}=45°$ 的
Myard 机构装配模型图
a）展开状态　b）中间状态　c）收拢状态

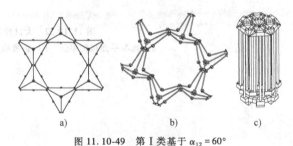

图 11.10-49　第 I 类基于 $\alpha_{12}=60°$
的 Myard 机构装配模型图
a）展开状态　b）中间状态　c）收拢状态

对空间大型模块化折展机构而言，组网方式与机构的性能有着密切的联系。从结构刚度和稳定性角度考虑，多层的桁架式结构能承受更高的载荷。如图 11.10-50 所示是一个更大的模块网络。

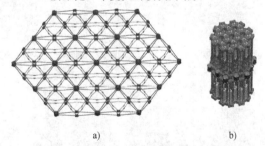

图 11.10-50　大型双层桁架式折展机构网络
a）大型网络展开状态　b）大型网络收拢状态

同样，6R Bricard 机构模块之间的连接可以采用公用机构连接的方式，即用转动副连接相邻模块之间的竖直杆，最后可以得到如图 11.10-51 所示的大型双层式曲面桁架机构。

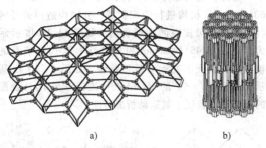

如图 11.10-52 所示，通过基本平面机构单元沿中心杆进行周向阵列构成折展模块，折展模块中的 6 个基本平面折展机构单元通过带有预张力的柔性索连接实现刚化。将多个折展模块通过变角度或者变杆长的方法进行抛物面拟合拼接，最终构建出大口径折展抛物面天线机构。

图 11.10-51　双层曲面天线背架机构模型
a）展开状态　b）收拢状态

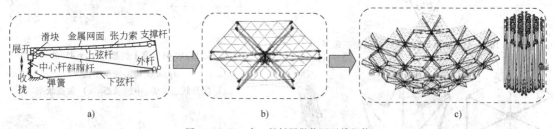

图 11.10-52　大口径折展抛物面天线机构
a）基本平面机构单元　b）折展模块　c）大型柔性反射面天线机构

第11章 机构系统方案设计

1 机构系统方案设计的基本知识

1.1 机构系统方案设计的主要步骤

机构系统是由若干执行机构组成的协调执行系统，用以完成工艺动作过程，达到实现总功能的要求。以下是机构系统方案设计的主要步骤。

（1）总功能要求

组成机器的机构系统要实现多个功能要求，各个功能的集成构成了机器的总功能要求。

（2）工艺动作过程的分解与实现

工艺动作过程的分解是指将工艺动作过程分解为若干个执行动作。工艺动作过程的实现是寻求实现分解得到的若干执行动作的可行机构类型。

（3）执行机构系统的方案设计及评价和选择

由于实现某一执行动作的机构方案不是唯一的，因此执行机构系统可行方案一般有很多可选方案，在众多的可行方案中按照一定的评价方法评价和选择最优的方案。

（4）执行机构系统的尺寸参数设计

执行机构系统方案的确定中，一般先确定各执行机构的类型。选择机构类型实现机械的工艺动作过程应根据机械的运动循环图所表达的执行构件的运动规律及运动时间关系来进行各执行机构的尺寸参数设计，这是一个循环往复选择、设计的过程。

1.2 机构系统方案设计的原则

机构系统方案设计就是根据总功能要求，提出所设计机器的基本功能和机构系统组成，通过类型和尺寸参数设计及方案优选，形成机构运动简图。机构系统方案设计是一个创新设计的过程，可以有多种不同的运动设计方案，各种运动设计方案可能又各具特色。确定运动方案是设计的最关键过程。一个机构系统一般是由原动机、不同类型的传动机构和执行机构并经适当组合而成的，用以实现不同工艺动作过程要求。机构系统方案设计的目的是从运动学角度考虑绘制出其性能完全满足设计要求的机构运动简图。首先，选择执行机构；其次，选择动力源；第三，设计传动和执行机构系统。机构系统方案设计一般应遵循以下基本原则：

（1）传动链应尽可能短

影响一部机器传动链过长的因素主要有：

1）一部电动机带动多条传动链，使中间传动环节过于复杂。

2）动力源安装位置距执行机构过远。

3）变换运动形式及转动方向的环节太多。

过长的传动链会引起传动精度和传动效率的降低，增加成本，或使故障率增加、可靠性降低。因此，设计中应尽量避免过长的传动链。

（2）机械效率应尽可能高

某些传动机构的效率较高，而另一些传动机构的效率较低。如齿轮传动效率较高而蜗杆传动和丝杠传动的效率均较低。一部机械的效率决定于组成机械的各机构效率的乘积，因此合理地选择传动机构非常重要。尤其是在主传动中，因其传递功率较大，所以更应使用传动效率高的机构。但也并不能因某机构传动效率低而完全不在主传动中采用，应全面比较其利弊后，再做决定。所占空间大小，成本高低，使用寿命长短等均应作为比较条件。

（3）传动比分配应尽可能合理

一部机器的总传动比一经确定之后，还应将其合理地分配给整个传动链中的各级传动机构。传动比的大小不应超出各种机构的常规范围，否则将造成机构尺寸增大，性能降低。带传动宜用于传动比 $i \leqslant 5$，直齿圆柱齿轮传动比 $i \leqslant 8$，链传动传动比 $i \leqslant 5$。多级齿轮传动视情况可选用大传动比减速器代之。当传动链为减速时，从电动机至执行机构间的各级传动比一般宜由小到大，这样有利于中间轴的高转速、低转矩，使轴及轴上零件有较小的尺寸，使机构结构紧凑。

（4）传动机构的安排顺序应尽可能恰当

带传动不宜传递大转矩，因此多安排在传动链的高速端，如安排在电动机轴一端，同时它还可起到减振的作用。凸轮机构能实现复杂的运动规律，但一般不能承受太大的载荷，所以安排在传动链的低速端。连杆机构不宜用于高速，常用于低速机械，或机械传动链的末端。斜齿圆柱齿轮运转平稳，用于传动链高速端较直齿圆柱齿轮有更大的优越性。传动机构的安排顺序有很大的灵活性，它与机器的功用、运转速度、运动形式等都有密切的关系，所以其安排顺序并非一成不变。

（5）机械的安全运转必须保证

机械运转必须满足其使用性能要求，但设计中对安全问题绝不可忽视。起重机械在重物作用下不可倒转，为此，可使用自锁机构，或安装制动器完成此项功能。某些机械为防止过载损坏，可安装安全联轴节或采用过载打滑的摩擦传动机构。在封闭狭窄空间中工作的多自由度机器人，为防止出现意外的超作业空间运动，可在手臂的某些关键部位安装上光电传感器，以限定其所达到的最远位置。

2　机构系统的协调设计与运动循环图

2.1　机构系统的工艺动作设计

执行机构系统一般由一系列执行机构组成，执行机构系统是组成机器的重要组成部分。一台机器的功能是要完成一系列工艺动作过程，一个公益动作过程又可以分解为若干个工序。根据机器总功能的要求，首先应选择机器的工作原理，机器完成同一种功能，可以应用不同的工作原理来实现。例如印刷机可以采用平版印刷工作原理，也可以采用轮转式印刷工作原理。工作原理的选择与产品加工的数量、生产率、工艺要求、产品数量等有密切关系。在选定和构思机器的工作原理时，不应墨守成规。构思一个优良的工作原理可使机器的结构既简单又可靠，动作既巧妙又高效。

2.2　机构系统的集成设计

机械系统的设计目标是实现所要求的功能。机械系统的设计包括：确定功能要求、选择工作原理、构思工艺动作过程、分解工艺动作过程为若干执行动作、创新或选定执行机构、执行机构的集成等。机械运动系统的集成设计是指如何将确定的执行机构按工艺动作过程要求进行系统集成，使机械运动系统中各执行机构之间达到运动协调、使系统整体功能达到综合最优。

下面是机械运动系统集成设计的基本原理。

（1）合理地分解工艺动作过程

在机械总功能和工作原理确定后，工艺动作过程的类型一般比较有限。将工艺动作过程分解成若干执行动作时应充分考虑这些执行动作能否用比较简单的执行机构来完成。同时也应考虑前后两执行动作的衔接的协调和有效的配合。总之，分解工艺动作过程要符合下列原则：

1）动作的可实现性。分解后的动作能被机构实现，因此设计人员应全面掌握各种机构的运动特性。

2）动作实现机构的简化。即所需实现的动作尽量采用简单机构，有利于机械运动系统的设计、制造。

3）动作的协调性。前后两执行机构产生的动作要相互协调和有效配合，尽量避免两执行机构产生运动会发生干涉和运动不匹配。

（2）选择合适的执行机构

对分解工艺动作过程后所得的若干执行动作要进行详细分析，包括它们的运动规律要求、运动参数、动力性能、正反行程所需曲柄转角等。选择执行机构应符合下列要求：

1）执行构件的运动规律与工艺动作的一致性；

2）执行构件的位移、速度、加速度（包括角位移、角速度、角加速度）变化要有利于完成工艺动作；

3）前后执行构件的工作节拍要基本一致，否则无法协调工作；

4）执行机构的动力特性和负载能力要能满足工艺动作要求；

5）机械运动系统内各执行机构应满足相容性，即输入和输出轴相容、运动相容、动力相容、精度相容等；

6）机械运动系统尺寸紧凑性，即要求各执行机构尺寸尽量紧凑。

2.3　机构系统的协调设计

根据机械的工作原理和工艺动作分析所设计构思机械工艺路线方案是机械运动方案设计的重要依据。由机械工艺路线，可以进行执行机构的选定和布局。此时必须考虑机械中的各执行机构的协调设计。需深入了解机械运动方案所采用各执行机构和传动系统的类型、工作原理和运动特点，同时要了解执行机构协调设计的目的和要求，掌握有关协调设计的基本方法。

当根据生产工艺要求确定了机械的工作原理和各执行机构的运动规律，并确定了各执行机构的形式及驱动方式后，还必须将各执行机构统一于一个整体，形成一个完整的执行机构系统。执行机构系统中的各机构必须以一定的次序协调动作，互相配合，以完成机械预期的功能和生产过程。

各执行机构之间的协调设计应满足以下几方面的要求：

（1）满足各执行构件动作先后的顺序性要求

执行机构系统中各执行机构的执行构件的动作过程和先后顺序，必须符合工艺过程所提出的要求，以确保系统中各执行机构最终完成的动作及物质、能量、信息传递的总体效果能满足所规定的总功能要求和技术要求。

（2）满足各执行构件在时间上的同步性要求

为了保证各执行构件的动作不仅能够以一定的先

后顺序进行，而且整个系统能够周而复始地循环协调工作，必须使各执行构件的运动循环时间间隔相同，或按工艺要求成一定的倍数关系。

（3）各执行机构运动速度的协调配合

有些执行机构运动之间必须保持严格的速比关系。例如，滚齿或插齿按范成法加工齿轮时，刀具和齿坯的范成运动必须保持某一运动的转速比。

（4）满足各执行机构在操作上的协同性设计

当两个或两个以上的执行机构同时作用于同一操作对象完成同一执行动作时，各执行机构之间的运动必须协同一致。

（5）各执行构件的动作安排要有利于提高生产率

为了提高生产率，应尽量缩短执行机构系统的运动循环周期。通常采用以下两种方法：

1）尽量缩短各执行机构工作行程和空回行程的时间，特别是空回行程的时间。

2）在前一个执行机构回程结束之前，后一个执行机构即开始工作行程，即在不发生相互干涉的前提下，充分利用两个执行机构的空间裕量。在系统中有多个执行机构的情况下，采用这种方法可取得明显效果。

（6）各执行机构的布置要有利于系统的能量协调和效率的提高

当进行执行机构的系统协调设计时　不仅要考虑系统的运动和完成的工艺动作，还要考虑功率流向、能量分配和机械效率。

2.4　机构系统的运动循环图

为了保证具有固定循环周期的机械完成工艺动作过程时各执行构件间的动作协调配合关系，在设计机械系统时，应编制用以表明在机械系统的一个循环中，各执行构件运动配合关系的机械运动循环图。用它的运动位置（转角或位移）作为确定各个执行构件的运动先后次序的基准，表达整个机械系统工艺动作过程的时序关系。

（1）机械的运动循环周期

机器的运动循环是指完成其功能所需的总时间，通常用字母 T 表示。在机器的运动循环内，各执行机构必须实现复合工件的工艺动作要求和确定的运动规律，有一定的顺序的协调动作。执行机构完成某道工序的工作行程、空回行程（回程）和停歇所需要时间的总和，称为执行机构的运动循环周期。

（2）机械系统运动循环图设计的步骤与方法

机械系统运动循环图是用来表示各执行机构之间有序的、既相互制约又相互协调配合的运动关系。机器的生产工艺动作顺序是通过拟定机器的运动循环图选用各执行机构来实现的。因此，机器的运动循环是

设计机器控制系统和设计执行机构非常重要的依据。

常用机械运动循环图有三种形式：即直线式、圆周式和直角坐标式。

绘制机械运动循环图的步骤如下：

1）分析加工工艺对执行构件的运动要求。一般以工艺过程开始点作为机器运动循环的起始点，确定最先开始运行的那个执行机构在循环图上的位置，其他执行机构也按照工艺动作先后顺序列出。

2）确定执行构件的运动规律。主要确定执行构件的工作行程、回程、停歇与时间或主轴转角的对应关系，根据加工工艺要求确定各执行构件工作行程和空回行程的运动规律。尽量使各执行机构的动作重合，以便缩短机器的运动循环周期，提高生产率。

3）根据上述要求和条件绘制机械运动循环图并反复修改。

现以牛头刨床为例讨论运动循环图的绘制方法。牛头刨床所进行工作的最终目的是刨削出合格的工件表面。其结构及传动系统简图如图 11.11-1 所示。为完成整个工件表面的刨削，夹紧工件的工作台必须有垂直于刀具运动方向的移动，这一运动称之为工作台的横向进给运动。为了使刀具能与被加工件接触，并刨削掉多余的金属表面层，工作台及刀架应能上下运动，称其为工作台及刀架的垂直进给运动。为刨削掉多余金属，刀具的前后往复移动称之为切削运动。上述三种运动必须协调动作，有机配合才能完成工件的刨削任务。如在刀具完成了一次前进刨削返回后，工作台才能进行横向进给。工件的一层表面被刨削完成后，才能进行工作台或刀架的垂直进给。为实现以上三种运动，该牛头刨床由多种机构组成：实现切削运动的连杆机构 1，其中装有刨刀的滑枕为执行构件；实现工作台横向进给的是棘轮机构 2 及丝杠传动机构 5；实现工作台及刀架垂直进给的丝杠传动机构 3 和 4，其中工作台及刨刀为执行构件。

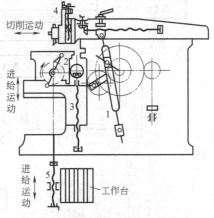

图 11.11-1　牛头刨床传动系统简图

图 11.11-2a、b、c 分别为牛头刨床的直线式、圆周式及直角坐标式运动循环图。它们都是以曲柄导杆机构中的曲柄为定标件的。曲柄回转一周为一个运动循环。工作台的横向进给是在刨头空回行程开始一段时间以后开始，在空回行程结束以前完成的。这种安排考虑了刨刀与移动的工件不发生干涉，也考虑了设计中机构容易实现这一时序的运动。

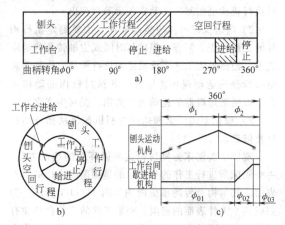

图 11.11-2 牛头刨床的机械运动循环图

3 机构系统方案设计过程

设计一台新机器，必须构思且拟定好运动方案，在此过程中，可以运用多种设计方法，例如：系统设计法、功能分析法等，但其总的步骤及各步骤之间的相互关系，大体上可由图 11.11-3 来描述。

3.1 运动方案构思与拟定的步骤

图 11.11-3 描述了设计拟定机器运动方案的全过程：明确总的功能要求；把总功能逐项分解为各分功能；给各分功能选择合适的机构形式；对机构系统各执行机构进行协调设计，画出机构系统的运动循环图；对各机构进行尺度综合，判断所选机构是否满足功能要求，最后画出机构系统的运动简图。上述过程并不总是单方向、直线式进行的，有时要经过多次反复，以便对各种运动方案进行评价、检验相判断才能拟定出一个综合评价优的运动方案。

3.2 总功能分析

机械功能分析需求见表 11.11-1。

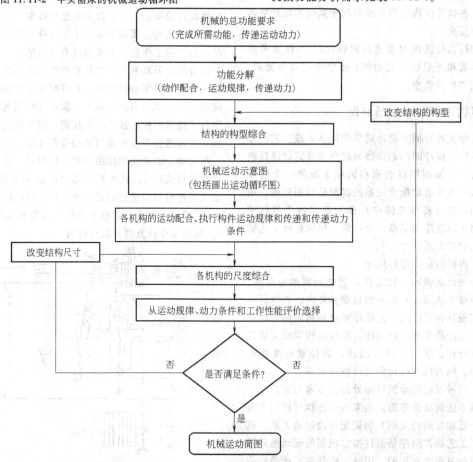

图 11.11-3 运动方案拟定的过程与步骤

表 11. 11-1 机械功能分析需求表

机器规格	(1)动力特性、能源种类(电源、汽液源等)、功率 (2)生产率 (3)机械效率 (4)结构尺寸的限制及布置	使用功能	(1)使用对象、环境 (2)使用年限、可靠度要求 (3)安全、过载保护装置 (4)环境要求:噪声标准、振动控制、废异物的处置 (5)工艺美学:外观、色彩、造型等 (6)人机工程学要求:操纵、控制、照明等
执行功能	(1)运动参数:运动形式、方向、转速、变速要求 (2)执行构件的运动参数 (3)执行动作顺序和步骤 (4)在步骤之间要否加入检验 (5)可容许人工的程度	制造功能	(1)加工:公差、特殊加工条件、专用加工设备等 (2)检验:测量和检验的仪器、检验的方法等 (3)装配:装配要求、地基及现场安装要求等 (4)禁用物质

3.3 功能分解

机器的功能是多种多样的,但每一种机器都要完成若干个工艺动作,仔细的剖析、确定这些独立的或相关的工艺动作,这一过程就是把总功能分解为分功能的过程。然后把这些工艺动作,即分功能,用树状功能图来描述,使机器的总的功能及各分功能一目了然。实现这些工艺动作需要采用和设计合理的执行机构来完成。根据上述要求可画出如图 11. 11-4 及图 11. 11-5 所示的四工位专用机床的执行动作要求图和树状功能图。

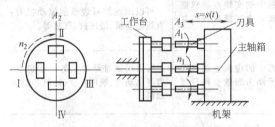

图 11. 11-4 四工位专用机床执行动作

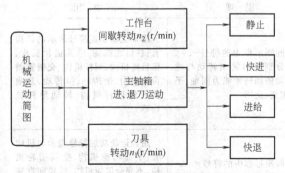

图 11. 11-5 四工位专用机床树状功能图

机器工艺动作过程分解一般采用以下原则:动作最简化原则、动作可实现性原则和动作数最小原则。

例如,设计一台四工位专用机床,它可以分解为下列几个工艺动作:

1) 安置工件的工作台要求进行间歇转动,转速 n_2 (r/min)。

2) 安装刀具的主轴箱能实行静止、快进、进给、快退的动作。

3) 刀具以转速 n_1 (r/min) 转动来切削工件。

3.4 机构的选择

机构选型,就是创造或选择合适的机构形式,实现机器中所要求的各种执行动作和运动形式。由于实现同一种功能,可采用不同的技术原理,不同的技术原理可选择不同的机构,这样的组合就有许多种机构选型方案。机构选型,要求设计者具有丰富的实践经验和机构学知识。它是机械运动方案拟定中非常重要,也是最具创造性的一个环节。

3.4.1 按运动形式选择机构

常见的机器工艺动作所要求的运动形式列于表 11.11-2 中。另外,还有要求是实现构件上一点轨迹:直线轨迹、圆轨迹、曲线轨迹和实现构件上的运动是两种运动的合成:移动加移动、转动加转动、转动加移动。按上述运动形式、在轨迹分类的机构有关手册中搜寻到。如果不能满足要求,则可在已有机构形式的基础上,采用增加辅助机构或组合成新机构的方法,来实现构件的运动要求。

3.4.2 按运动转换基本功能选择机构

机械系统中的传动机构和执行机构都是承担运动转换功能的,不同的机构承担不同的运动转换功能,每一种机构都有输入运动形式转换为输出运动形式的功能,这种功能称为运动转换基本功能。运动转换基本功能常用运动转换基本功能表达符号表示,运动转换基本功能表达符号列于表 11.11-3 中。符号一般由五部分组成:

左边箭头表示运动输入，左边矩形框内的符号表示输入运动的运动特性，中间矩形框内的符号表示输出运动与输入运动的相对位置关系，右边矩形符号表示输出运动的运动特性，右边的箭头便是运动的输出。特殊运动功能常用特殊运动功能单元表达符号表示，特殊运动功能单元表达符号列于表 11.11-4 中。

表 11.11-2　运动形式与表达符号

符号名称	符　号	说　明	应　用
连续转动	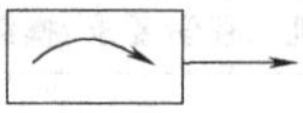	符号左边矩形框中的实线圆弧箭头表示原动机的运动为连续转动	可以用该符号表示的原动机有：三相交流电动机、步进电动机、交流伺服电动机、直流伺服电动机、内燃机、液压马达、气动马达等
间歇转动	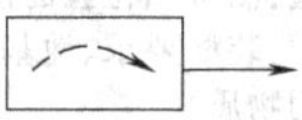	符号左边矩形框中的虚线圆弧箭头表示原动机的运动为间歇转动	可以用该符号表示的原动机有：步进电动机、交流伺服电动机、直流伺服电动机、液压马达等控制原动机
连续摆动	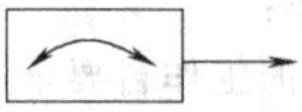	符号左边矩形框中的实线圆弧双箭头表示原动机的运动为连续摆动	可以用该符号表示的原动机有：步进电动机、交流伺服电动机、直流伺服电动机、液压马达等控制原动机
间歇摆动	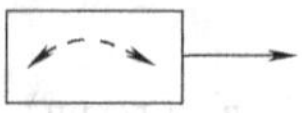	符号左边矩形框中的虚线圆弧双箭头表示原动机的运动为间歇摆动	可以用该符号表示的原动机有：步进电动机、交流伺服电动机、直流伺服电动机、液压马达等控制原动机
连续直线移动	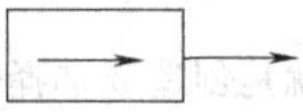	符号左边矩形框中的实线直线箭头表示原动机的运动为连续直线移动	可以用该符号表示的原动机有：直线电动机、液压缸、气缸等
连续往复移动	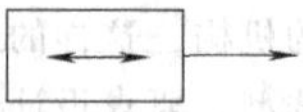	符号左边矩形框中的实线直线双箭头表示原动机的运动为连续直线往复移动	可以用该符号表示的原动机有：直线电动机、液压缸、气缸等。
间歇往复移动	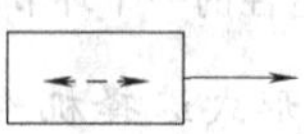	符号左边矩形框中的虚线直线双箭头表示原动机的运动为间歇直线往复移动	可以用该符号表示的原动机有：直线电动机、液压缸、气缸等控制原动机

表 11.11-3　运动转换基本功能表达符号

符号名称	符　号	说　明	应　用
连续转动转换为连续转动	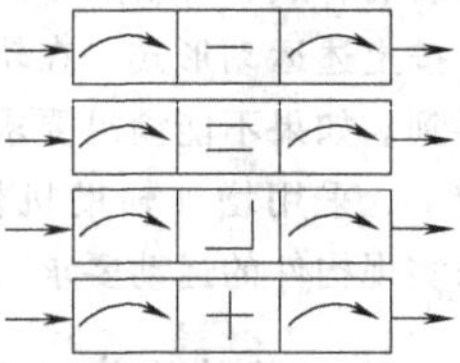	中间矩形框中的符号 -、=、⌐、+ 分别表示输出转动与输入转动的回转轴线为同轴、平行、相交、交错	用该运动功能符号表示的机构有：柱齿轮机构、非圆齿轮机构、锥齿轮机构、蜗杆机构、交错轴斜齿轮机构、带传动、链传动、双曲柄铰链四杆机构、转动导杆机构等
连续转动转换为间歇转动	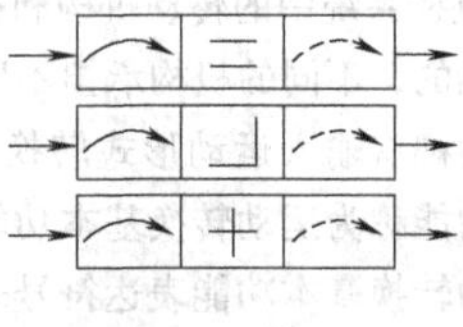	中间矩形框中的符号 =、⌐、+ 分别表示输出转动与输入转动的回转轴线为平行、相交、交错	用该运动功能符号表示的机构有：平面槽轮机构、空间槽轮机构、不完全齿轮机构、针轮间歇运动机构、圆柱凸轮分度机构、蜗杆凸轮分度机构、偏心轮分度定位机构、内啮合行星轮间歇机构、组合机构等

（续）

符号名称	符号	说明	应用
连续转动转换为连续摆动	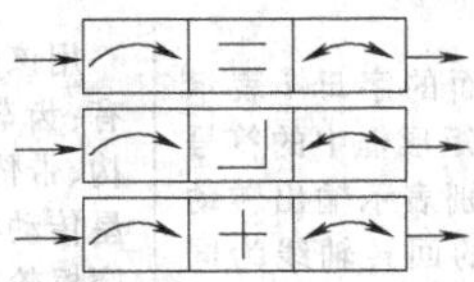	中间矩形框中的符号 =、⌐、+分别表示输出转动与输入转动的回转轴线为平行、相交、交错	用该运动功能符号表示的机构有：平面曲柄摇杆机构、空间曲柄摇杆机构、摆动从动件盘形凸轮机构、摆动从动件圆柱凸轮机构、曲柄摇块机构、电风扇摇头机构、摆动导杆机构、曲柄六连杆机构、组合机构等
连续转动转换为间歇摆动	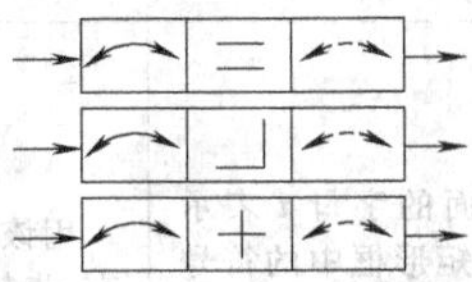	中间矩形框中的符号 =、⌐、+分别表示输出转动与输入转动的回转轴线为平行、相交、交错	用该运动功能符号表示的机构有：摆动从动件盘形凸轮机构、摆动从动件圆柱凸轮机构、连杆曲线间歇摆动机构、曲线槽导杆机构、六杆机构两极限位置停歇摆动机构、四杆扇形齿轮双侧停歇摆动机构、组合机构等
连续转动转换为预定轨迹	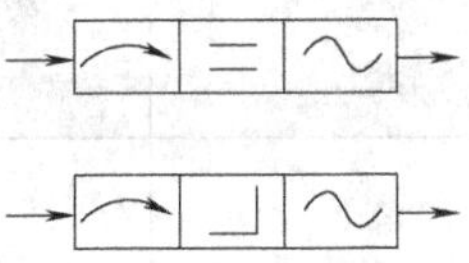	中间矩形框中的符号 =、⌐分别表示输出轨迹的运动平面与输入转动的运动平面平行、相交	用该运动功能符号表示的机构有：连杆机构、连杆凸轮机构、行星轮直线机构、联动凸轮机构、起重机近似直线机构、铰链六杆椭圆轨迹机构、曲柄凸轮式直线机构、行星轮摆线正多边形轨迹机构、组合机构等
连续摆动转换为间歇转动	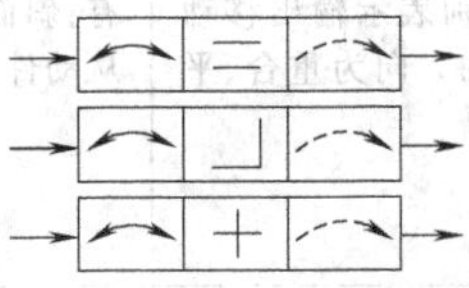	中间矩形框中的符号 =、⌐、+分别表示输出转动与输入转动的回转轴线为平行、相交、交错	用该运动功能符号表示的机构有：棘轮机构、组合机构等
连续转动转换为单向连续直线移动	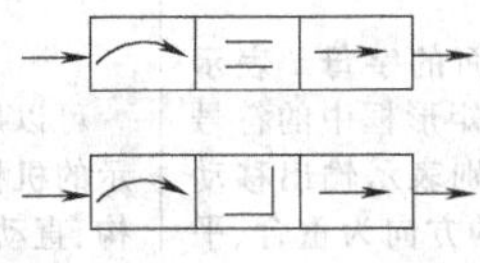	中间矩形框中的符号 =、⌐分别表示输出移动的运动平面与输入转动的运动平面平行、相交	用该运动功能符号表示的机构有：齿轮齿条机构、螺旋机构、带传动机构、链传动机构、组合机构等
连续转动转换为往复连续直线移动	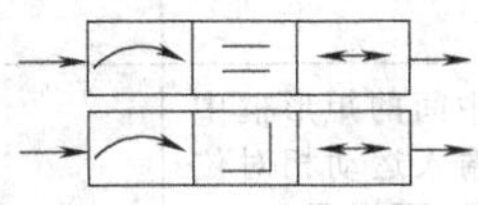	中间矩形框中的符号 =、⌐分别表示输出移动的运动平面与输入转动的运动平面平行、相交	用该运动功能符号表示的机构有：曲柄滑块机构、六连杆滑块机构、移动从动件凸轮机构、不完全齿轮齿条机构、连杆组合机构、正弦机构、正切机构、组合机构等
连续转动转换为往复间歇直线移动	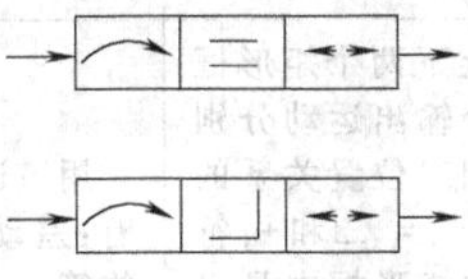	中间矩形框中的符号 =、⌐分别表示输出移动的运动平面与输入转动的运动平面平行、相交	用该运动功能符号表示的机构有：连杆单侧停歇曲线槽导杆机构、移动凸轮间歇移动机构、行星轮内摆线间歇移动机构、不完全齿轮齿条往复间歇移动机构、不完全齿轮导杆往复间歇移动机构（用于印刷机）、移动从动件凸轮机构、八连杆滑块上下端停歇机构（用于喷气织机开口机构）、组合机构等

（续）

符号名称	符 号	说 明	应 用
连续转动运动缩小	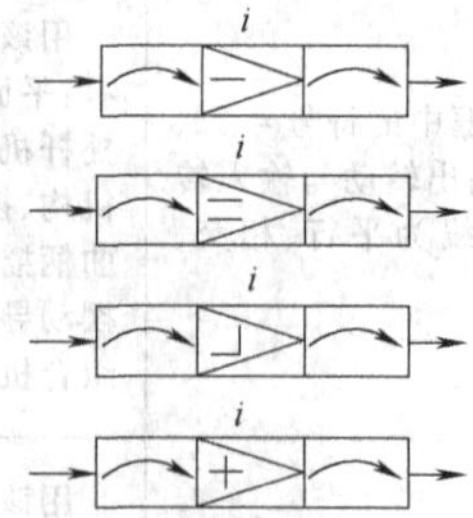	矩形框上面的字母 i 表示传动比；中间矩形框中的符号 -、=、⌐、+ 分别表示输出转动与输入转动的回转轴线为同轴、平行、相交、交错	用该运动功能符号表示的机构有：齿轮传动机构、谐波传动机构、带传动机构、链传动机构、行星传动机构、摆线针轮传动机构、摩擦轮传动机构、蜗杆机构、螺旋传动机构、连杆机构等
连续转动运动放大	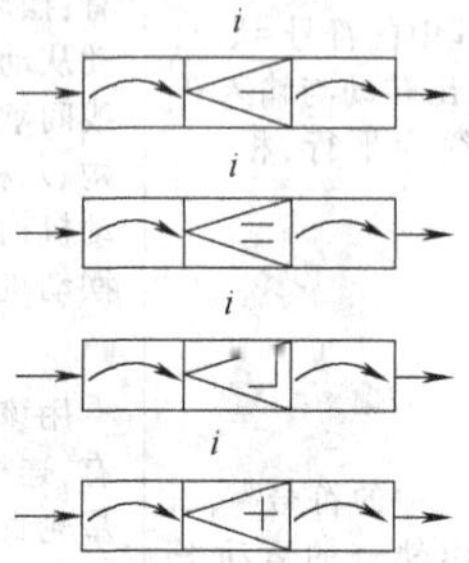	矩形框上面的字母 i 表示传动比；中间矩形框中的符号 -、=、⌐、+ 分别表示输出转动与输入转动的回转轴线为同轴、平行、相交、交错	用该运动功能符号表示的机构有：齿轮传动机构、带传动机构、链传动机构、行星传动机构、摩擦轮传动机构、连杆机构等
连续直线移动运动缩小	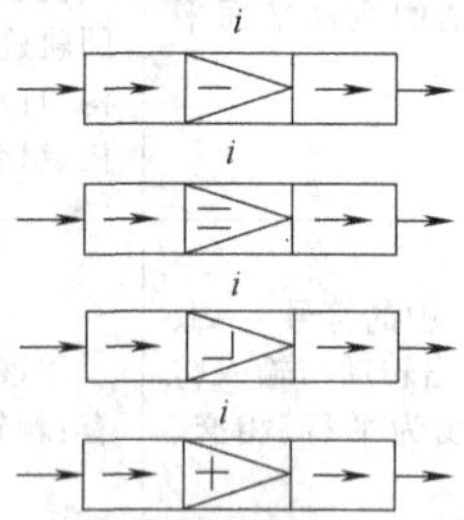	矩形框上面的字母 i 表示传动比；中间矩形框中的符号 -、=、⌐、+ 分别表示输出移动与输入移动的方向为重合、平行、相交、交错	用该运动功能符号表示的机构有：斜面机构、双滑块机构、直动从动件移动凸轮机构等
连续直线移动运动放大	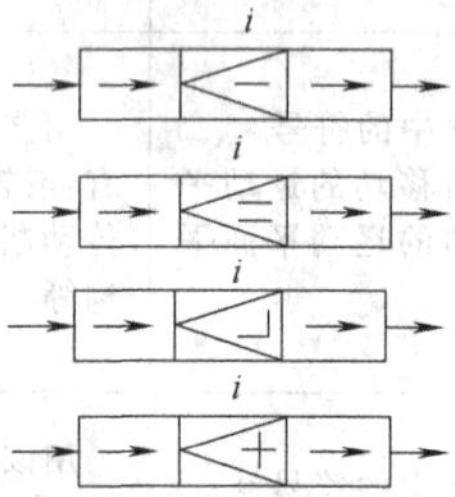	矩形框上面的字母 i 表示传动比；中间矩形框中的符号 -、=、⌐、+ 分别表示输出移动与输入移动的方向为重合、平行、相交、交错	可以用该运动功能单元符号表示的机构有：斜面机构、双滑块机构、直动从动件移动凸轮机构等
运动合成	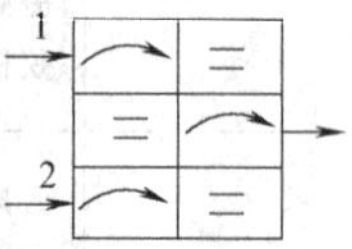	符号左端中间的矩形框中是表达两个输入运动相对位置关系的符号，可以是 -、=、⌐ 和 +；符号右端上下两个矩形框中是表达输出运动分别与两个输入运动相对位置关系的符号，可以是 -、=、⌐ 和 +	可以用该运动功能单元符号表示的机构有：差动螺旋机构、差动轮系、差动连杆机构等
运动分解	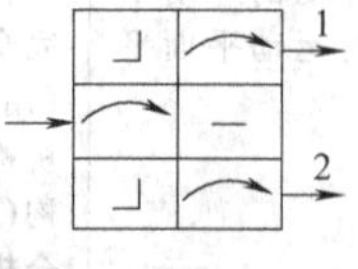	符号左端上下两个矩形框中是表达两个输出运动分别与输入运动相对位置关系的符号，可以是 -、=、⌐ 和 +；符号右端中间的矩形框中是表达两个输出运动相对位置关系的符号，可以是 -、=、⌐ 和 +	用该运动功能符号表示的机构有：差动轮系、其他两自由度机构等

（续）

符号名称	符　号	说　明	应　用
有级变速	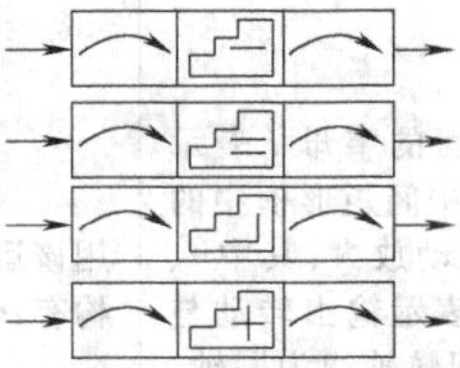	符号中间矩形框中的阶梯符号 ⌐⌐ 表示输入运动经过有级变速后输出，其中 -、=、⌐、+ 分别表示输出转动与输入转动的回转轴线为同轴、平行、相交、交错	用该运动功能符号表示的机构有：塔轮变速机构、配换挂轮变速机构、滑移齿轮变速机构等
无级变速	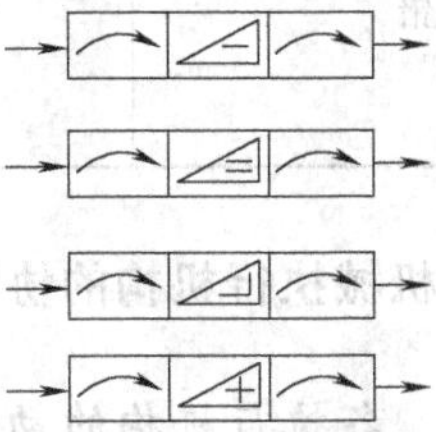	符号中间矩形框中的斜面符号 ◺ 表示输入运动经过无级变速后输出，其中的 -、=、⌐、+ 分别表示输出转动与输入转动的回转轴线为同轴、平行、相交、交错	用该运动功能单元符号表示的机构有：带式无级变速器、钢球无级变速器、摩擦盘无级变速器等

表 11.11-4　特殊运动功能表达符号

符号名称	符　号	说　明	应　用
运动分支	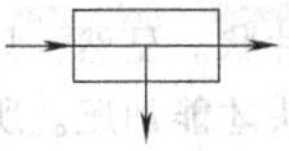	输出运动可以有 2 个以上。每个输出运动的运动特性均与输入运动相同	用该运动功能符号表示的功能结构有：同一回转轴上固连多个输出齿轮或带轮等
运动连接	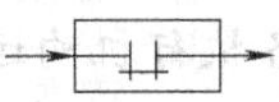	把输出运动与输入运动连接，输出运动的运动特性与输入运动相同	用该运动功能符号表示的功能结构有：弹性联轴器、滑块联轴器、齿式联轴器、套筒联轴器、凸缘联轴器等
万向联轴器	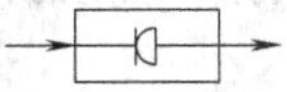	把输出运动与输入运动连接。输出运动的运动特性与输入运动或相同或不同	用该运动功能符号表示的功能结构有：万向联轴器
运动离合	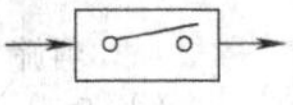	根据需要把输出运动与输入运动连接或断开。连接时，输出运动的运动特性与输入运动相同	用该运动功能符号表示的功能结构有：摩擦离合器、电磁离合器、牙嵌离合器、自动离合器、超越离合器等
过载保护	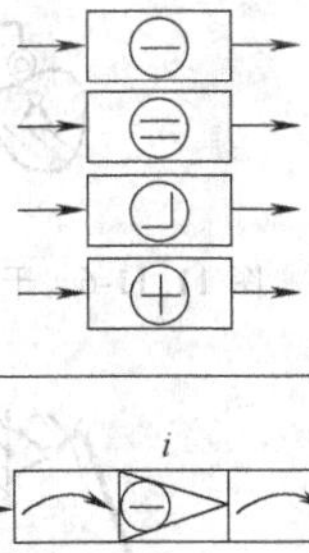	符号中间矩形框中的符号 -、=、⌐、+ 分别表示输出运动与输入运动的相对位置关系	用该运动功能符号表示的功能结构有：带传动、摩擦轮传动、安全联轴器、安全离合器等
减速过载保护	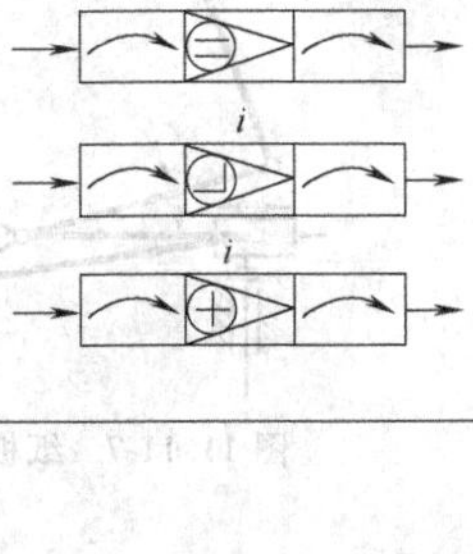	矩形框上面的字母 i 表示传动比；符号中间矩形框中的符号 > 表示运动缩小，其中的 -、=、⌐、+ 分别表示输出转动与输入转动的回转轴线为同轴、平行、相交、交错	用该运动功能符号表示的功能结构有：带传动、摩擦轮传动等

（续）

符号名称	符 号	说 明	应 用
增速过载保护		矩形框上面的字母 i 表示传动比;符号中间矩形框中的符号<表示运动放大,其中－、＝、⌐、+分别表示输出转动与输入转动的回转轴线为同轴、平行、相交、交错	用该运动功能符号表示的功能结构有:带传动、摩擦轮传动等

由表 11.11-3 可知,实现一运动转换基本功能的机构有多种,因此,把这些机构按传动链中的顺序组合起来构成的运动方案也有很多种。

3.4.3 按执行机构的功能选择机构

1）用于执行作业:分度、定位、夹紧、供给、分离、整列、挑选、装配、检查、包装、机械手。

2）用于控制:控制动作、联锁、制动、导向。

3）用于检测:测量、放大、比较、计算、显示、记录。

设计者可根据所指定的功能,在有关机械设计手册中去查阅、选择有关机构形式。

3.4.4 按不同的动力源形式选择机构

常用的动力源:电动机、气液动力源、直线电动机等。当有气、液压动力源时常选用气动、液压机构,尤其对具有多个执行构件的工程机械、自动生产线和自动机等,更应优先考虑。

3.4.5 机构选型时应考虑的主要条件

1）运动规律。执行构件的运动规律及其调节范围是机构选型及机构组合的基本依据。

2）运动精度。运动精度低则所选机构结构简单,易于设计、制造,反之则要求高。

3）承载能力与工作速度。各种机构的承载能力和所能达到的最大工作速度是不同的,因而需根据速度的高低、载荷的大小及其特性等选用合适的机构。

4）总体布局。原动机与执行构件工作位置,以及传动机构与执行机构的布局要求是机构选型和组合安排必须考虑的因素。要求总体布局合理、紧凑,尽量使机械的输出端靠近输入端,这样可省掉不必要的传动机构。

5）使用要求与工作条件。使用单位对生产工作要求,车间的条件、使用和维修要求等等,均对机构选型和组合安排有很大影响。

3.5 机械执行机构的协调设计

3.5.1 各执行机构的动作在时间和空间上协调配合

如图 11.11-6 所示为一干粉料压片机。料筛由传送机构送到上、下冲头之间,通过上、下冲头加压把粉料压成片状。显然,只有当料筛位于上、下冲头之间时,冲头才能加压。所以送料、上、下冲头之间的运动在时间顺序上有严格的协调配合要求。

3.5.2 各执行机构运动速度的协调配合

例如按展成法加工齿轮时,刀具和工件的展成运动必须保持某一预定的转速比。

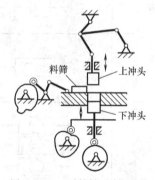

图 11.11-6 干粉料压片机机构

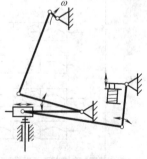

图 11.11-7 纸板冲孔机构

3.5.3　多个执行机构完成一个执行动作时，执行机构运动的协调配合

图 11.11-7 为一纸板冲孔机构，完成冲孔这一工艺动作，要求由两个执行机构的组合运动来实现：由曲柄摇杆机构带动冲头滑块上下摆动；由电磁铁动作带动摇杆滑块机构中的滑块（冲头）在动导路上移动，移至冲针上方。上述两组运动的组合，才能使冲针完成冲孔任务。所以这两个执行机构的运动必须协调配合，否则就会产生空冲现象。

3.5.4　机构系统运动循环图

机械在一个运动循环中，各执行机构之间有序的、制约的、相互配合的运动关系可在一个图中表达出来，该图称为运动循环图。

如图 11.11-6 所示的干粉料压片机为例，可用三种形式的运动循环图来表示，见表 11.11-5。

表 11.11-5　运动循环图类别

名称	特点	图例
圆周式运动循环图	曲柄转一周为一个运动循环，描述各工艺动作的先后次序和动作持续时间的长短	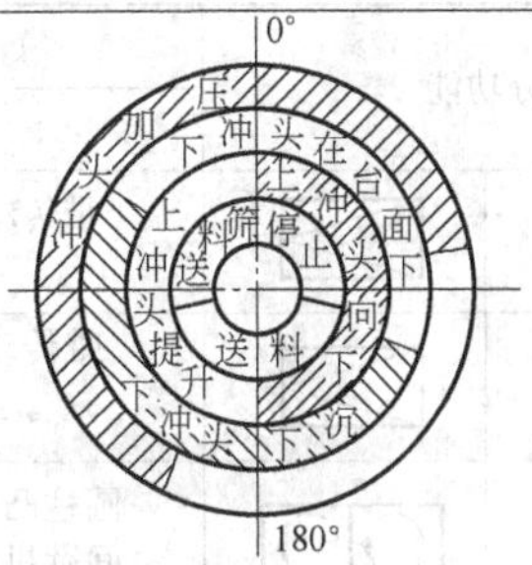
直线式运动循环图	定标构件为曲柄，φ 为曲柄转角	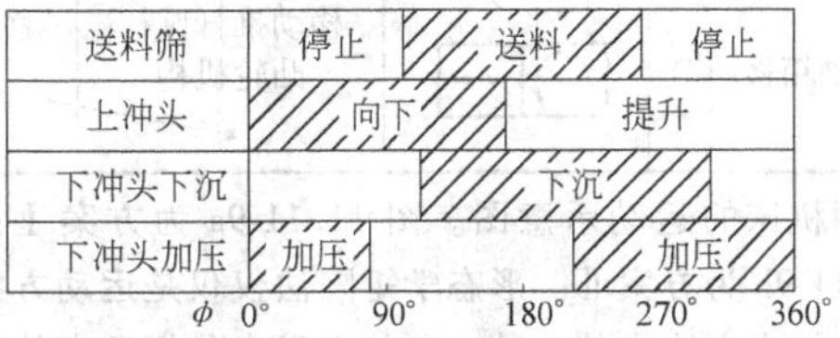
直角坐标式运动循环图	横坐标 φ 是曲柄转角，纵坐标为运动位移，能描述执行动作的运动规律、配合关系	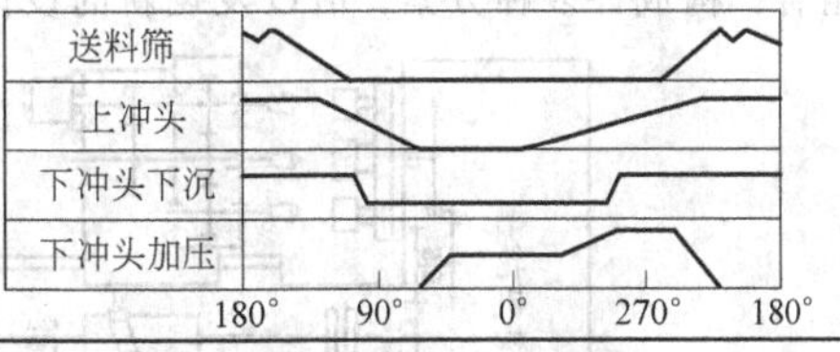

3.6　形态学矩阵及运动方案示意图

3.6.1　传动链的运动转换功能图

选定原动机的形式及个数，确定原动机到执行构件之间的传动链：通过变速、分支、运动转换，原动机的运动形式变成执行构件的运动形式，描述这一过程的图称为传动链的运动转换功能图。

图 11.11-8 为 3.3 节所述四工位专用机床的运动转换功能图。选用两个电动机，由 3 条传动链来实施运动转换，以满足 3 种工艺动作的需要。

3.6.2　四工位专用机床的形态学矩阵

根据传动链运动转换功能图，以每一矩形框——基本运动转换功能为列；以基本运动转换功能的载体作为行，构成一个矩阵，该矩阵称为形态学矩阵。

对该形态学矩阵的行、列进行组合，可以求解得很多方案。理论上可得到 N 种方案

$$N = 5 \times 5 \times 5 \times 5 = 625 \text{ 种方案}$$

在这些方案中剔除明显不合理的，再进行综合评价是否满足预定的运动要求，运动链中机构安排是否合理，制造的难易、经济性、可靠性等，然后选择较好的方案。表 11.11-6 中挑选出两种方案：Ⅰ 为实线所示，Ⅱ 为虚线所示。

3.6.3　四工位专用机床的运动示意图

把方案Ⅰ与方案Ⅱ分别按运动传递线路及选择的机构形式，用机构简图组合画在一起形成两个四工位

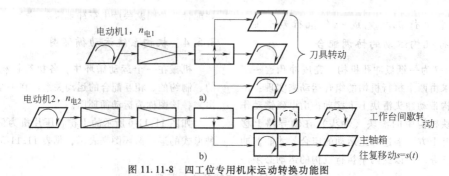

图 11.11-8　四工位专用机床运动转换功能图

表 11.11-6　四工位专用机床形态学矩阵

分功能		分功能解（功能载体）				
		1	2	3	4	5
减速 A		带传动	链传动	蜗杆传动	齿轮传动	摆线针轮传动
减速 B		带传动	链传动	蜗杆传动	齿轮传动	行星传动
工作台间 歇转动 C		圆柱凸轮 间歇机构	弧面凸轮 间歇机构	曲柄摇杆 棘轮机构	不完全齿轮 机构	槽轮机构
主轴箱移动 D		移动推杆圆柱 凸轮机构	移动推杆盘形 凸轮机构	摆动推杆盘 形凸轮与摆杆 滑块机构	曲柄滑块机构	六杆（带滑 块）机构

专用机床的运动示意图。图 11.11-9a 为方案 I；图 11.11-9b 为方案 II。形态学矩阵法仅仅是运动方案构思与拟定方法中的一种。它的出发点是把已有的机构进行组合，构成许多种方案，借以发现新的设计方案。在运用形态学矩阵法的同时，设计者还可同时运用：机构演绎法、变异法及其他一些创造技法，构思创造出好的新颖的设计方案。

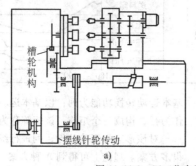
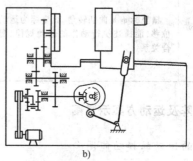

图 11.11-9　四工位专用机床运动方案示意图
a）方案 I　b）方案 II

3.7　机构的尺度综合

　　机械运动示意图只是定性地描述了由原动机到执行构件间的运动转换功能，及执行动作的可行性。要完全肯定所选机构能定量地实现执行构件所需的运动参数，必须先对各机构进行尺度综合，设计出各机构中各构件的几何尺寸或几何形状（如凸轮廓线）。然后再对设计出的机构进行评价，如果不满足设计要求，则根据图 11.11-3 所示，须回到前面的步骤：或改变机构尺寸，或改变机构的形式，直至满足为止。

3.8　机构系统运动简图

　　经尺度综合后，把满足运动要求的机构，按真实尺寸的比例画出各机构简图。机械运动简图是一个机构系统，它反映了机构各构件间的真实运动关系。机械运动简图上的运动参数、动力参数、构件尺寸等可作为机械总图和零部件设计的依据。

4　机构系统方案设计实例

4.1　纹版自动冲孔机的方案设计

4.1.1　设计任务与总功能分析

1）总体功能。微机控制纹版自动冲孔系统，由扫描系统、微机图像处理系统、冲孔机 3 部分组成。光学扫描系统从织物的意向图（或小样图）中获得图像信息，经微机图像系统处理后，控制冲孔机在纹版上冲出各种排列的孔。然后把一批冲成各种排列孔的纹版送至提花织机，就可织出所需图案的织物。本题目是设计冲孔机。

2）纹版规格。厚度为 0.8～1mm 的纸板，纸板的规格如图 11.11-10 所示，每块纹版上最多能冲 16 排孔，每排最多能冲 98 个孔，孔径为 0.3mm。

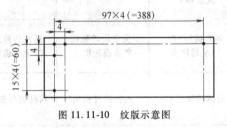

图 11.11-10　纹版示意图

3）生产率。15 块/min。

4）执行动作。分纸、递纸、步进送纸、冲孔、集纸。

5）控制。冲孔指令由微机发出，每排冲针为 98 个，由微机提供信息，控制每个冲针的动作（冲孔或不冲孔）。纹版做间歇步进运动，冲完 16 排孔。这些冲成不同排列孔的纹版，就代表着所需的图案信息。

6）结构与环境。冲孔机的结构要紧凑、动作要稳定可靠、精确。该机与光学扫描系统、微机控制系统设置在环境洁净的室内。

4.1.2　纹版冲孔机的功能分解

根据总体功能的要求，把工艺动作用图 11.11-11 的树状功能图来描述。

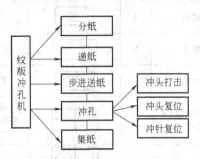

图 11.11-11　纹版冲孔机树状功能图

4.1.3　纹版自动冲孔机的功能原理

1）根据树状功能图，确定完成这些分功能的技术原理。

2）选择原动机的形式及运动参数。确定执行构件的运动形式。

3）确定传动链。仔细分析电动机的运动参数与各执行构件的运动形式、运动参数；考虑总体布局，通过减速器、离合器、运动分支和变向，把电动机的转动通过传动机构转化为执行机构所要实现的运动形式。

把上述的传动链构思用运动转换功能图来表示，如图 11.11-12 所示。

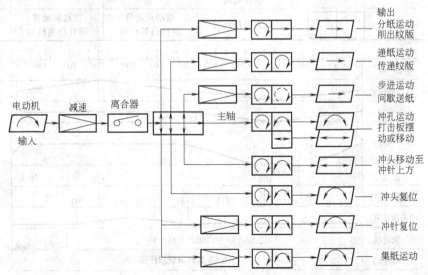

图 11.11-12　纹版自动冲孔机运动的功能原理图

4.1.4 纹版自动冲孔机的运动循环图

根据表 11.11-7 纹版自动冲孔机的功能原理和图 11.11-12 纹版自动冲孔机运动的功能原理图,把每一

个矩形框中的基本运动进行功能转换,以主轴转角 φ 为横坐标,各执行机构中执行构件的运动为纵坐标,形成纹版冲孔机中,分纸、递纸、步进、冲孔动作之间相互协调配合的运动循环图,如图 11.11-13 所示。

表 11.11-7 纹版自动冲孔机的功能原理

分功能			分功能解(匹配机构或载体)			
			1	2	3	4
减速	A		带传动(平带、V带)	链传动	齿轮传动	蜗杆传动
离合	B		电磁离合器	—	—	—
减速	C		同步带传动	链传动	齿轮传动	摆线针轮传动
分纸:把纹版从库中分离出来	D		摆动从动件盘形凸轮机构+摇杆滑块机构	摆动从动件圆柱凸轮机构+摇杆滑块机构	移动从动件盘形凸轮机构	移动从动件圆柱凸轮机构
递纸:传送纹版	E		摩擦叶轮机构使纹版移动	链传动机构使纹版移动	带传动使纹版移动	—
间歇送纹版	F		槽轮机构+摩擦滚轮机构	棘轮机构+摩擦滚轮机构	不完全齿轮机构+摩擦滚轮机构	圆柱凸轮间隙运动机构
冲孔运动:打击板摆动或移动	G		曲柄摇杆机构	曲柄滑块机构	六杆摇杆机构	六杆摇杆机构
冲头(滑块)移动至冲针上方	H		曲柄滑块机构	—	—	—
冲头(滑块)复位	I		摆动从动件盘形凸轮机构+四杆摇杆机构	—	—	—
冲针复位	J		摆动从动件盘形凸轮机构+四杆摇杆机构	—	—	—
集纸运动	K		曲柄摇杆机构	摆动从动件盘形凸轮机构	摆动从动件圆柱凸轮机构	—

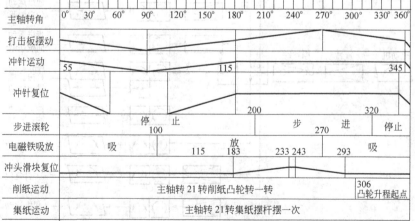

图 11.11-13 纹版冲孔机运动循环图

4.1.5　纹版自动冲孔机的运动方案设计

图 11.11-14 为方案 I 的运动方案设计机构简图。

1）分纸运动：由图 11.11-14 中 1 的凸轮连杆滑块机构把纹版从库中逐张削出。

2）递纸运动：由图 11.11-14 中 2 的摩擦滚轮把纹版传送至步进机构处。

3）步进送纸：由图 11.11-14 中 3 槽轮机构带动摩擦滚轮，接住递纸滚轮送来的纹版，使之做间歇移动，移距为 4mm。

4）冲孔运动：由图 11.11-14 中 5 曲柄摇杆机构控制冲头上下摆动；由图中 8 电磁铁控制的曲柄滑块机构控制冲头或在冲针上方或不在冲针上方，这两个机构的组合运动使冲头打击冲针或不打击冲针，以达到冲孔或不冲孔的目的。而电磁铁吸、放的信号是由微机控制系统提供的。

5）冲针复位运动：由图 11.11-14 中 6 凸轮连杆机构带动梳子板摆动使冲针向上运动复位。

6）冲头复位运动：由图 11.11-14 中 7 凸轮连杆机构带动镶齿摆动，向左摆动把冲头推至冲针上方而复位。起到类似计算机清零的作用，以防止发生误冲孔的动作。

7）集纸运动：由图 11.11-14 中 9 曲柄摇杆机构的摇杆接住已冲好孔的纹版，通过摆动把纹版按顺序堆放起来。该机构的曲柄亦与原动机通过传动链相连接。

4.2　冰淇淋自动包装机的方案设计

4.2.1　设计任务与总功能分析

冰淇淋自动包装机的总功能见表 11.11-8。

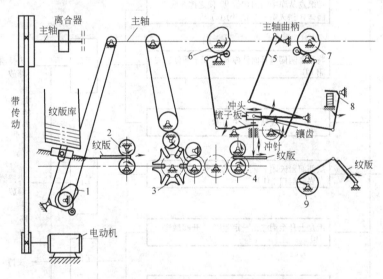

图 11.11-14　纹版自动冲孔机运动方案示意图

1—削纸凸轮滑块机构　2—递纸机构　3—槽轮机构　4—步进滚轮　5—冲孔曲柄摇杆机构　6—冲针复位凸轮连杆机构　7—冲头复位凸轮连杆机构　8—电磁铁驱动曲柄滑块机构　9—集纸曲柄摇杆机构

表 11.11-8　冰淇淋自动包装机的总功能

1. 生产率 30~40 盒/min
2. 盒式冰淇淋的纸盒容量为 83g
3. 把片状纸盒从库中分离出来，展开成盒状，封好底盖，传送纸盒，灌装冰淇淋，封好顶盖，送至冰库。这一系列动作都由自动包装机完成
4. 机器运行过程中不污染食物
5. 机器便于装拆，并能经常冲洗（电器元件应有较好的绝缘性，并应配以密封装置）
6. 结构简单、动作可靠、易于维修、造价低

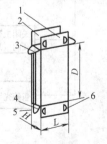

1—上前盖　2—上后盖　3—上塞耳
4—下塞耳　5—下后盖　6—上后盖

4.2.2 冰淇淋自动包装机的功能分解

从纸盒库内将压平的片状纸盒，展开成长方形六面体容器，直至冰淇淋灌装，包装结束，可分解成如下几个动作，如图 11.11-15 所示。a. 纸盒库中的纸盒成片状；b. 把纸盒从库中吸出；c. 把纸盒转位 90°使之撑开成六面体；d. 将底部两侧塞耳向外撑开，以便于两侧边关闭；e. 底部后盖关闭；f. 底部前盖关闭，同时两塞耳塞进耳孔内，以使底部封口；g. 纸盒上升至灌注口一定距离，开阀灌注冰淇淋；h. 纸盒离开灌注口下移，上端前后盖及塞耳恢复直立状态；i. 关闭上端后盖；j. 关闭上端前盖；k. 封闭上端两塞耳，顶部封口，然后送入冰库。

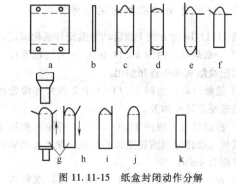

图 11.11-15 纸盒封闭动作分解

4.2.3 冰淇淋自动包装机的功能原理

图 11.11-16 为冰淇淋自动包装机功能分解后的树状功能图。

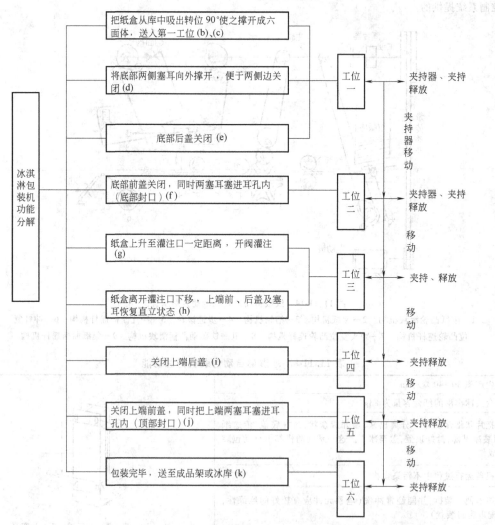

图 11.11-16 冰淇淋自动包装机的树状功能图

表 11.11-9 为树状功能图向运动功能图的转化步骤。由此可把冰淇淋自动包装机的树状功能图进而用图 11.11-17 的运动转换功能图来描述。

4.2.4　冰淇淋自动包装机的运动循环图

根据表 11.11-10 冰淇淋自动包装机的功能原理和图 11.11-17 冰淇淋自动包装机运动转换功能图，把每一个矩形框中的基本运动进行功能转换，以主轴转角度为横坐标，各执行机构中执行构件的运动为纵坐标，其运动循环图如图 11.11-18 所示。

表 11.11-9　树状功能图向运动功能图的转化步骤

1. 分析找出各分功能所要求的不同的运动形式

2. 选择电动机形式，通过减速、运动分支、运动轴线平移、运动再分支，把转动转化为各分功能所需的运动形式

3. 把灌装阀门的摆动运动、纸盒的升降运动、夹持器的进退运动，用电磁阀气路系统单独控制，使机器不显得庞杂，且能使机械传动和气动相得益彰、各尽其长

4. 把上下塞耳分别塞进耳孔的运动，在纸盒输送移动的过程中，分别在第二、第五工位内实施

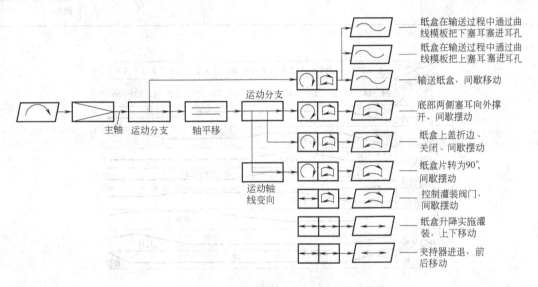

图 11.11-17　冰淇淋自动包装机运动转换功能图

表 11.11-10　冰淇淋自动包装机的功能原理

分功能			分功能解（匹配机构或载体）		
			1	2	3
减速	A		摆线针轮传动	蜗杆传动	圆柱齿轮传动
纸盒输送，塞耳塞进耳孔	B		摆动从动件圆柱凸轮+连杆滑块机构,特制曲线模板	摆动从动件盘形凸轮+连杆滑块机构,特制曲线模板	电磁阀控制气缸活塞移动,特制曲线模板
运动轴线平移	C		链传动	带传动	齿轮传动
纸盒片分离转出 90°	D		摆动从动件盘形凸轮+扇形齿轮吸头机构	不完全齿轮+吸头机构	电磁阀控制气缸吸头机构
底部两塞耳向外撑开	E		移动从动件盘形凸轮+连杆机构	摆动从动件盘形凸轮+连杆滑块机构	电磁阀控制气缸+连杆机构
纸盒上、下盖折边关闭	F		摆动从动件圆柱凸轮+连杆机构	摆动从动件盘形凸轮+连杆机构	电磁阀控制气缸+连杆机构
灌装阀摆动	G		四杆摆块机构	—	电磁阀控制摆动气马达机构

（续）

分功能			分功能解（匹配机构或载体）		
			1	2	3
纸盒升降	H		移动从动件盘形凸轮机构	摆动从动件盘形凸轮+连杆滑块机构	电磁阀控制移动气缸机构
夹持器进退前后移动	I		—	—	电磁阀控制移动气缸机构
信号控制	J				信号凸轮发出信息控制电磁阀动作

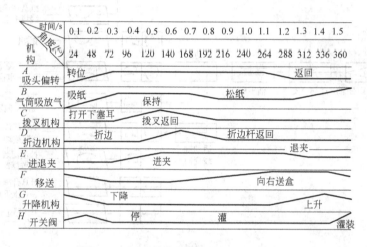

图 11.11-18　冰淇淋自动包装机的运动循环图

4.2.5　冰淇淋自动包装机的运动方案设计

此处设计了两套冰淇淋自动包装机的运动方案。方案1的运动方案图，如图11.11-19所示；方案2的运动方案图，如图11.11-20所示。设计方案的信息流是由控制凸轮按如图11.11-21所示的时序发出信号；由电器控制如图11.11-22所示中电磁阀及气动元件，执行各动作，实施有序地取纸、成形、下底封闭、移送、灌装、上端封口，送入冰库的功能。实施过程中还把物质流、能量流信息反馈给系统，如当纸库里纸盒量少到一定程度时，反馈信息发出警报声，告之要添空纸盒。当灌注头下没纸盒时，光控信息告诉系统不能打开灌注阀。根据需要还可设置其他反馈信息，使系统能安全、顺利地输出产品。

4.3　产品包装生产线的方案设计

4.3.1　设计任务与总功能分析

某产品包装生产线功能描述如图11.11-23所示。

输送线1上为已包装产品，其尺寸为长×宽×高 = 600mm×200mm×200mm。采取步进式输送方式，将产品送至托盘 A 上（托盘 A 上平面与输送线1的上平面同高）后，托盘 A 上升5mm、顺时针回转90°，把产品推入输送线2；托盘 A 逆时针回转90°，然后下降5mm，回复到原始位置。原动机转速为1430r/min，产品输送数量分三档可调，输送线1每分钟分别输送7、14、21件小包装产品。

4.3.2　绘制包装生产线初始机械运动循环图

该生产线需要四个工艺动作完成其功能。第一个工艺动作是产品在输送线1上的推送动作，由执行构件Ⅰ实现；第二个工艺动作是产品向输送线2的推送动作，由执行构件Ⅱ实现；第三个工艺动作是产品在托盘上的升降动作，由执行构件Ⅲ实现；第四个工艺动作是产品在托盘上的回转动作，由执行构件Ⅲ实现。根据包装生产线的功能描述和功能简图，可以绘制出执行构件Ⅰ、执行构件Ⅱ、执行构件Ⅲ的初始机械运动循环图，见表11.11-11。

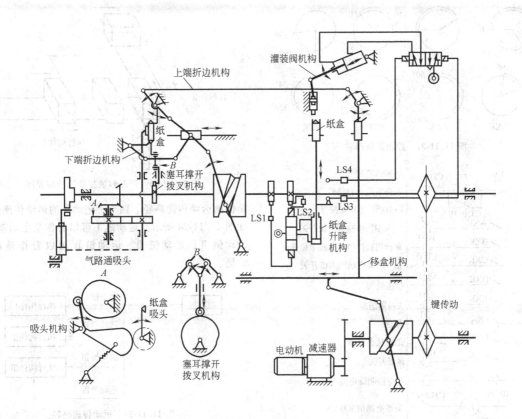

图 11.11-19　冰淇淋自动包装机的运动示意图（方案 1）

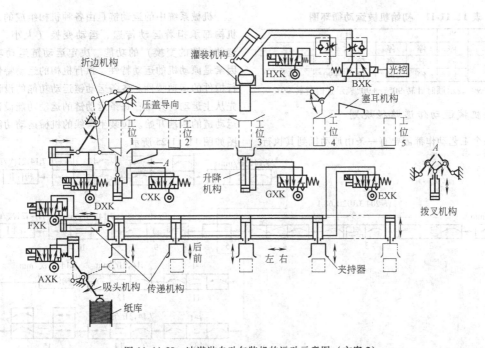

图 11.11-20　冰淇淋自动包装机的运动示意图（方案 2）

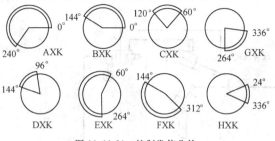

图 11.11-21 控制发信凸轮

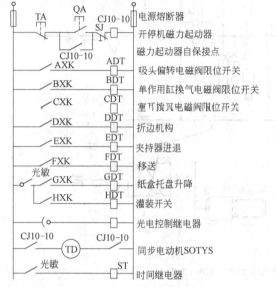

图 11.11-22 电气控制图

表 11.11-11 初始机械运动循环图

构件 I	进	退				
构件 II	停	停	停	进	退	停
构件 III	停	升	停	停	停	降
	停	停	-90°	停	+90°	停

注: -90°表示顺时针转 90°; +90°表示逆时针转 90°。

4.3.3 机械运动传递路径规划

每一个工艺动作都需要有一条由原动机到其执行

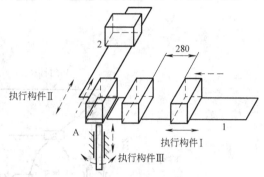

图 11.11-23 产品包装生产线功能简图

构件的运动传递路径。四个工艺动作的运动传递路径如图 11.11-24 所示。运动链 I 可以看作是主运动链,运动链 II、运动链 III、运动链 IV 可以看作是副运动链。

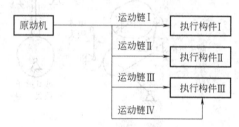

图 11.11-24 运动传递路径

4.3.4 机械运动功能系统图

机械系统中的运动链是由各种机构组成的,每种机构都承担着运动传递、运动变换 (大小、方向、运动特性的变换) 的功能。决定运动链运动功能的因素是原动机的运动特性、执行机构的运动特性及执行构件的运动特性。各条运动链运动功能的设计应首先从主运动链开始;每条运动链的运动功能设计,从运动链的两端开始。包装生产线的机械运动功能系统图如图 11.11-25 所示。

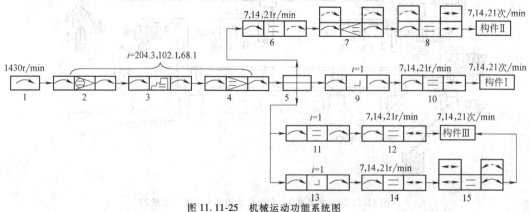

图 11.11-25 机械运动功能系统图

4.3.5　机械系统运动方案

根据图 11.11-25 所示的机械运动功能系统图，选择合适的机构逐一替代图 11.11-25 中的各个"运动功能单元表达符号"，便可形成图 11.11-26 所示的包装生产线的机械系统运动方案。

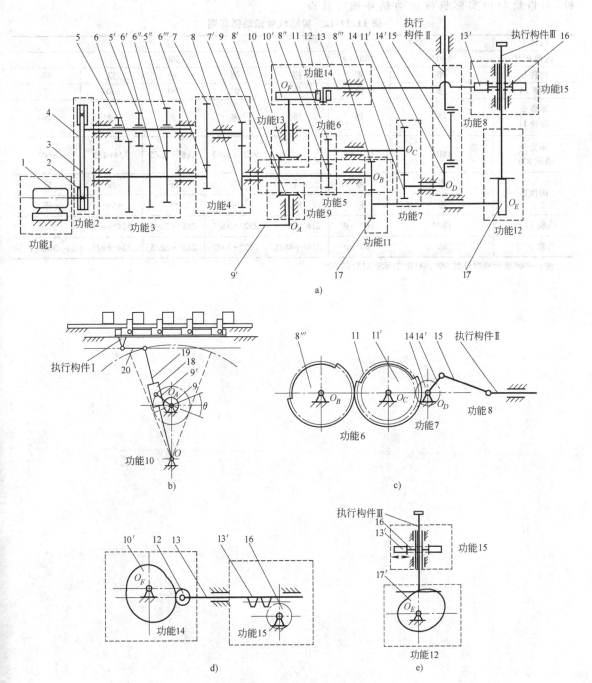

图 11.11-26　机械系统运动方案

a）机械系统运动方案　b）执行机构Ⅰ　c）执行机构Ⅱ　d）凸轮机构　e）执行构件Ⅲ

1—电动机　2，4—带轮　3—传动带　5，5′，5″，6，6′，6″，6‴，7，7′，8，8‴，11′，14，16，17—齿轮

8′，9，10—锥齿轮　8″，11，—不完全齿轮　9′，14—曲柄　10′，17′—凸轮　12—滚子

13—推杆　13′—齿条　15，20—连杆　18—滑块　19—摇杆

4.3.6　实际机械运动循环图

对包装生产线的机械系统运动方案进行运动分析，可以绘制出实际机械运动循环图（见表 11.11-12）。通过对实际机械运动循环图进行分析，可以判断该机械系统运动方案能否实现其功能描述的运动功能。

表 11.11-12　实际机械运动循环图

构件 I	进		退				
曲柄 9′0°	180°	180°+θ	360°				
构件 II	停	停	停	停	进	退	停
曲柄 14′	停	停	停	0°	180°	360°	停
不完全齿轮 11	停	停	停	停	动	动	停
不完全齿轮 8″0°	180°	180°+θ		252°+3θ/5	288°+2θ/5	324+θ/5	360°
构件 III	停	停	升	停	停	停	降
	停	停	停	-90°	停	+90°	停
凸轮 17′0°	180°	180°+θ	216°+4θ/5	252°+3θ/5	288°+2θ/5	324°+θ/5	360°
凸轮 10′0°	180°	180°+θ	216°+4θ/5	252°+3θ/5	288°+2θ/5	324°+θ/5	360°

注：-90°表示顺时针转 90°；+90°表示逆时针转 90°。

参考文献

[1] 机械工程手册电机工程手册编辑委员会. 机械工程手册:机械设计基础卷 [M]. 2 版. 北京:机械工业出版社, 1997.

[2] 闻邦椿. 机械设计手册:第 2 卷 [M]. 5 版. 北京:机械工业出版社, 2010.

[3] 闻邦椿. 现代机械设计师手册:上册 [M]. 北京:机械工业出版社, 2012.

[4] 闻邦椿. 现代机械设计实用手册 [M]. 北京:机械工业出版社, 2015.

[5] 机械设计手册编辑委员会. 机械设计手册:第 2 卷 [M]. 3 版. 北京:机械工业出版社, 2004.

[6] 秦大同, 谢里阳. 现代机械设计手册:第 2 卷 [M]. 北京:化学工业出版社, 2011.

[7] 成大先. 机械设计手册:第 1 卷 [M]. 6 版. 北京:化学工业出版社, 2016.

[8] 王启义. 中国机械设计大典:第 4 卷 [M]. 南昌:江西科学技术出版社, 2002.

[9] 全国技术产品文件标准化技术委员会. GB/T 4460—2013 机械制图 机构运动简图用图形符号 [S]. 北京:中国标准出版社, 2014.

[10] 邓宗全, 于红英, 王知行. 机械原理 [M]. 3 版. 北京:高等教育出版社, 2015.

[11] 孙恒, 陈作模. 机械原理 [M]. 6 版. 北京:高等教育出版社, 2000.

[12] 陈明. 机械原理课程设计 [M]. 武汉:华中科技大学出版社, 2014.

[13] 吕庸厚, 沈爱红. 组合机构设计与应用创新 [M]. 北京:机械工业出版社, 2008.

[14] 成大先. 机械设计手册:第 1 卷 [M]. 5 版. 北京:化学工业出版社, 2007.

[15] 吕庸厚. 组合机构设计 [M]. 上海:上海科学技术出版社, 1996.

[16] 邓宗全. 空间折展机构设计 [M]. 哈尔滨:哈尔滨工业大学出版社, 2013.

[17] Howell L L. 柔顺机构学 [M]. 余跃庆, 译. 北京:高等教育出版社, 2007.

[18] 陈定方. 现代机械设计师手册 [M]. 北京:机械工业版社, 2015.

[19] 于靖军, 毕树生, 宗光华, 等. 基于伪刚体模型法的全柔性机构位置分析 [J]. 机械工程学报, 2002, 38 (2):75-78.

[20] Howell L L, et al. 柔顺机构设计理论与实例 [M]. 陈贵敏, 等译. 北京:高等教育出版社, 2015.

[21] 王雯静. 柔顺机构动力学分析与综合 [D]. 北京:北京工业大学, 2009.

[22] 吴鹰飞, 周兆英. 柔性铰链的设计计算 [J]. 工程力学, 2002, 19 (6):136-140.

[23] Kota S, Ananthasuresh G K. Designing compliant mechanisms [J]. Mechanical Engineering-CIME, 1995, 117 (11):93-97.

[24] Boyle C, Howell L L, Magleby S P, et al. Dynamic modeling of compliant constant-force compression mechanisms [J]. Mechanism and machine theory, 2003, 38 (12):1469-1487.

[25] 谢先海, 罗锋武. 柔顺机构自由度的一种计算方法 [J]. 华中理工大学学报, 2000, 28 (2):40-41.

[26] Howell L L, Midha A. A method for the design of compliant mechanisms with small-length flexural pivots [J]. Journal of Mechanical Design, 1994, 116 (1):280-290.

[27] Howell L L, Midha A, Norton T W. Evaluation of equivalent spring stiffness for use in a pseudo-rigid-body model of large-deflection compliant mechanisms [J]. Journal of Mechanical Design, 1996, 118 (1):126-131.

[28] Howell L L, Midha A. Parametric deflection approximations for end-loaded, large-deflection beams in compliant mechanisms [J]. Journal of Mechanical Design, 1995, 117 (1):156-165.

[29] 李海燕, 张宪民, 彭惠青. 大变形柔顺机构的驱动特性研究 [J]. 机械科学与技术, 2004, 23 (9):1040-1043.

[30] 李海燕. 柔顺机构的分析及基于可靠性的优化设计 [D]. 汕头:汕头大学, 2004.

[31] 黄进, 谢先海. 平行导向柔顺机构的加工制造与性能测试 [J]. 实验技术与管理, 2002, 19 (6):7-9.

[32] 吴鹰飞, 周兆英. 柔性铰链的应用 [J]. 中国机械工程, 2002, 13 (18):1615-1618.

[33] 于靖军, 郝广波, 陈贵敏, 等. 柔性机构及其应用研究进展 [J]. 机械工程学报, 2015, 51 (13):53-68.

[34] Mahomoud Mohamed K. H. Atiia. 柔性微夹持器的拓扑结构优化设计 [D]. 哈尔滨:哈尔滨工业大学, 2011.

[35] 胡三宝. 多学科拓扑优化方法研究 [D]. 武汉: 华中科技大学, 2011.

[36] 李冬梅. 多场耦合及多相材料的柔顺机构拓扑优化研究 [D]. 广州: 华南理工大学, 2011.

[37] 楼鸿棣, 邹慧君. 高等机械原理 [M]. 北京: 高等教育出版社, 2000.

[38] 闻邦椿, 韩清凯, 姚红良. 产品的结构性能及动态优化设计 [M]. 北京: 机械工业出版社, 2008.

[39] 高志, 刘莹. 机械创新设计 [M]. 北京: 清华大学出版社, 2009.

[40] 李艳. 基于 TRIZ 的印刷机械创新设计理论和方法 [M]. 北京: 机械工业出版社, 2014.

[41] Neil Sclater. 机械设计实用机构与装置图册 [M]. 邹平, 译. 北京: 机械工业出版社, 2015.

[42] 李瑞琴. 机构系统创新设计 [M]. 北京: 国防工业出版社, 2008.

[43] 邹慧君. 机构系统设计与应用创新 [M]. 北京: 机械工业出版社, 2008.

[44] 于靖军, 裴旭, 宗光华. 机械装置的图谱化创新设计 [M]. 北京: 科学出版社, 2014.

[45] 张春林, 曲继方, 张美麟. 机械创新设计 [M]. 北京: 机械工业出版社, 2001.

[46] 杨家军. 机械创新设计技术 [M]. 北京: 科学出版社, 2008.

[47] 张春林. 机械创新设计 [M]. 北京: 机械工业出版社, 2013.

[48] 张有枕, 张莉彦. 机械创新设计 [M]. 北京: 清华大学出版社, 2011.

[49] 张美麟. 机械创新设计 [M]. 北京: 化学工业出版社, 2005.

[50] 王树才, 吴晓. 机械创新设计 [M]. 武汉: 华中科技大学出版社, 2014.

[51] 高志, 黄纯颖. 机械创新设计 [M]. 2 版. 北京: 高等教育出版社, 2010.

[52] 徐起贺. 机械创新设计 [M]. 北京: 机械工业出版社, 2013.

[53] 徐灏. 新编机械设计师手册 [M]. 北京: 机械工业出版社, 1995.

[54] 机械工程师手册编委会. 机械工程师手册: 第 5 篇 [M]. 2 版. 北京: 机械工业出版社, 2000.

[55] 孟宪源. 现代机构手册 [M]. 北京: 机械工业出版社, 1994.

[56] 卜炎. 机械传动装置设计手册 [M]. 北京: 机械工业出版社, 1999.

[57] 辛一行. 现代机械设备设计手册: 第 1 卷 [M]. 北京: 机械工业出版社, 1996.

[58] 黄继昌, 等. 实用机械机构图册 [M]. 北京: 人民邮电出版社, 1996.

[59] 邹慧君, 等. 机械原理 [M]. 北京: 高等教育出版社, 1999.

[60] 邹慧君, 高峰. 现代机构学进展: 第 1 卷 [M]. 北京: 高等教育出版社, 2007.

[61] 邹慧君, 颜鸿森. 机械创新设计理论和方法 [M]. 北京: 高等教育出版社, 2012.

[62] 沈允楣. 机构设计的组合与变异方法 [M]. 北京: 机械工业出版社, 1982.

[63] 华大年, 等. 连杆机构设计与应用创新 [M]. 北京: 机械工业出版社, 2008.

[64] 谢存禧, 李琳. 空间机构设计与应用创新 [M]. 北京: 机械工业出版社, 2008.

[65] 曹龙华, 蒋希成. 平面连杆机构综合 [M]. 北京: 高等教育出版社, 1990.

[66] 张启先. 空间机构的分析与综合 [M]. 北京: 机械工业出版社, 1987.

[67] 石永刚, 徐振华. 凸轮机构设计 [M]. 上海: 上海科学技术出版社, 1995.

[68] 殷鸿樑, 朱邦贤. 间歇运动机构设计 [M]. 上海: 上海科学技术出版社, 1996.